DSM-5 更新版

（第六版）
SIXTH EDITION

0—12岁儿童心理学

THE DEVELOPING PERSON THROUGH CHILDHOOD

[美] Kathleen Stassen Berger 著
陈会昌 译

中国轻工业出版社

图书在版编目（CIP）数据

0—12岁儿童心理学：第六版／（美）凯瑟琳·史塔生·伯格尔（Kathleen Stassen Berger）著；陈会昌译．—北京：中国轻工业出版社，2016.10（2023.8重印）
ISBN 978-7-5019-8638-5

Ⅰ．①0… Ⅱ．①凯… ②陈… Ⅲ．①儿童心理学 Ⅳ．①B844.1

中国版本图书馆CIP数据核字（2017）第001125号

责任编辑：孙蔚雯
策划编辑：孙蔚雯　　责任终审：杜文勇
责任校对：刘志颖　　责任监印：吴维斌

出版发行：中国轻工业出版社（北京东长安街6号，邮编：100740）
印　　刷：三河市鑫金马印装有限公司
经　　销：各地新华书店
版　　次：2023年8月第1版第6次印刷
开　　本：850×1092　1/16　印张：31.75　插图：6
字　　数：493千字
书　　号：ISBN 978-7-5019-8638-5　定价：88.00元
著作权合同登记　图字：01-2014-3494
读者热线：010-65181109，65262933
发行电话：010-85119832　传真：010-85113293
网　　址：http://www.chlip.com.cn　http://www.wqedu.com
电子信箱：1012305542@qq.com
如发现图书残缺请拨打读者热线联系调换
140580Y2X101ZYW

作 者 简 介

凯斯琳·斯塔森·伯格尔（Kathleen Stassen Berger） 早年在美国斯坦福大学和拉德克里夫学院读教育系本科，后在哈佛大学获硕士学位，在叶史瓦大学获硕士和博士学位。作为一位教育工作者，她工作经历丰富，曾做过幼儿园园长，在联合国国际学校做行政管理，在福特汉姆大学给研究生讲授儿童与青少年发展心理学，在新泽西蒙特克莱尔州立大学和康涅狄格州昆尼皮亚克大学给本科生讲授发展心理学，也曾在纽约州新新监狱讲授社会心理学。

伯格尔职业生涯的大部分时间在纽约城市大学布隆克斯社区学院从事教学工作并出任教授20余年，曾教过心理学概论、儿童与青少年发展、成年期和老年期发展、社会心理学、变态心理学、人的动机等课程。她的学生们，无论族群、经济条件、教育背景，也无论年龄和兴趣，都对她的教学给予了很高的评价。

伯格尔还编著过两本书，《人的毕生发展》（*Developing Person Through the Life Span*）和《毕生的邀请》（*Invitation to the Life Span*）。

本书除英文外，还有西班牙语、法语、意大利语和葡萄牙语译本，已被全世界700多所高等院校使用。她的研究兴趣主要有青少年同一性、多代家庭、移民、欺凌等，曾针对《威利心理学百科全书》（*Wiley Encyclopedia of Psychology*）中的发展专题发表过多篇论文，也曾在美国高等教育协会（American Association for Higher Education）和美国高等教育学会（National Education Association for Higher Education）的学术会议上发表多篇成果。现在她仍坚持每个学期都从事教学工作，并在编写每一本教材时不断地学习。

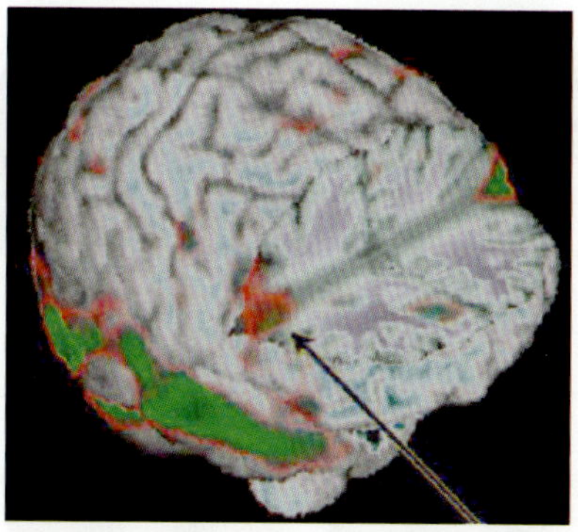

亮起来（第 23 ～ 24 页"科学观点"专栏的插图） 在左侧照片中，箭头所指的红色区域显示，当一只恒河猴使用其运动能力时（如伸手去拿一根香蕉），此区域就会激活，而且当另一只猴子看到别的猴子做出这一动作时，此区域也会激活。

性染色体的可能组合

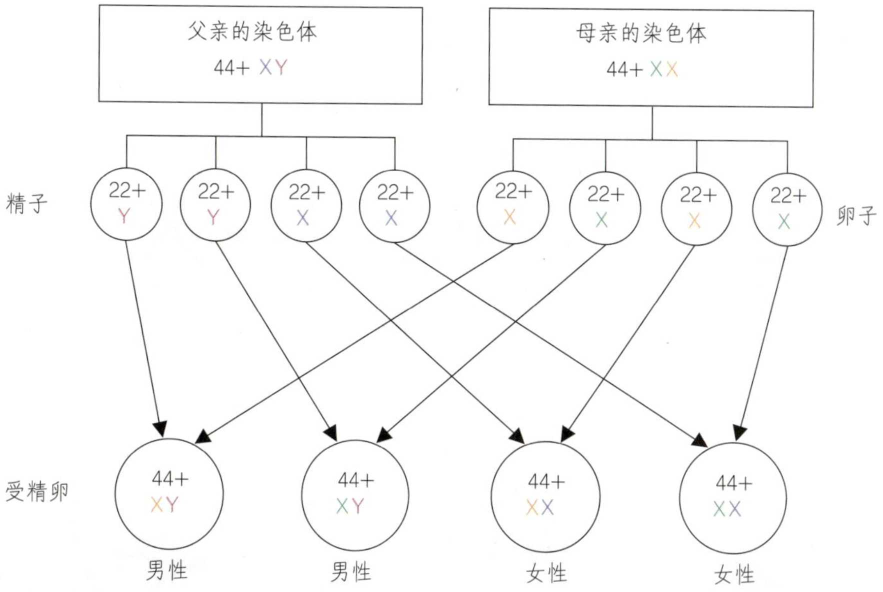

图 3.2（彩）

决定受精卵的性别 一对夫妇可以产生四种染色体组合；两种会生女孩，两种会生男孩。女性的卵子总是具有一条 X 染色体，所以男性的精子才是决定孩子性别的关键。Y 精子与卵子结合会生出男孩，X 精子与卵子结合会生出女孩。但是与 X 相关的条件非常重要，因为来自母亲的某条 X 染色体会携带一些特殊性状。

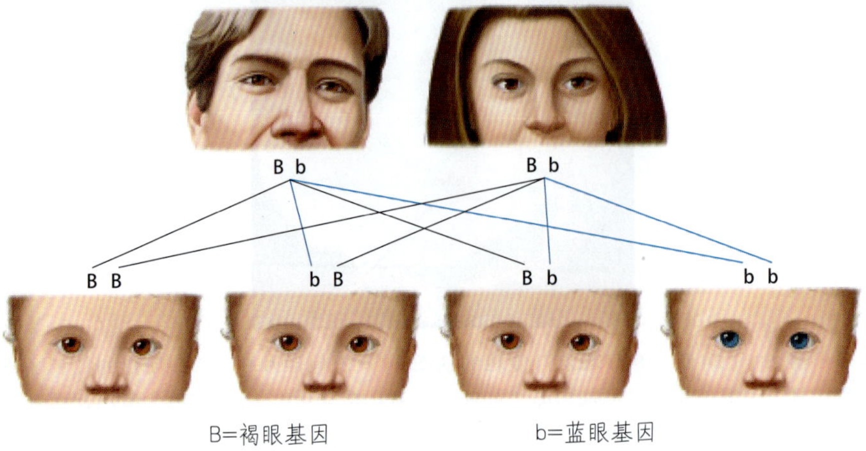

图 3.5（彩）

一种改变？ 许多褐色眼睛的人携带着一个蓝眼睛隐性基因。要确切了解这一点，唯有看其是否有一个蓝眼睛的父亲或母亲（他或她会把一个蓝眼基因遗传给所有后代），或看其是否有一个蓝眼睛的子女。其他隐性基因还能导致红头发、Rh 阴性血和许多遗传疾病。

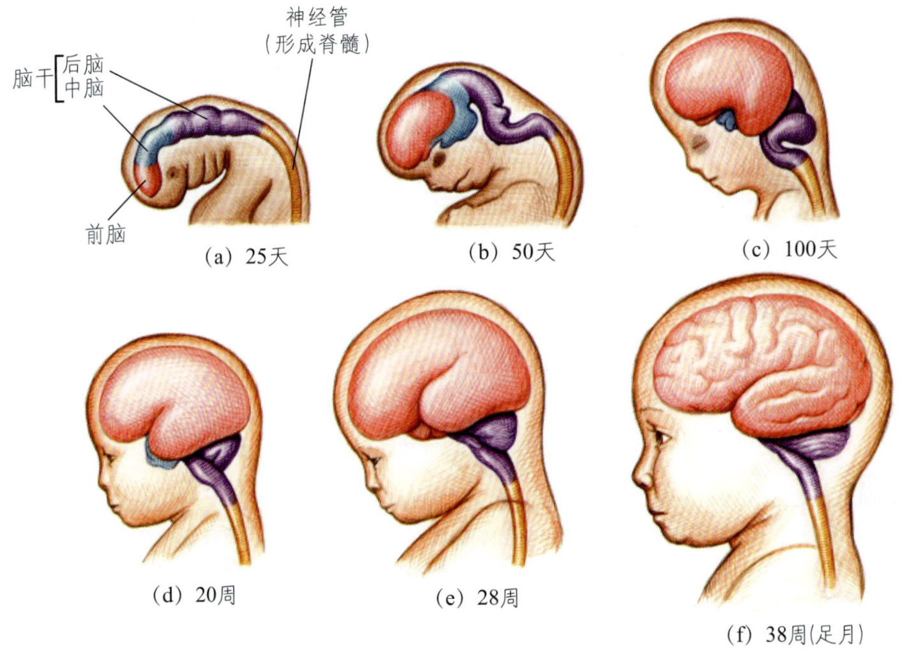

图 4.3（彩）

孕期脑发育 受精后第 25 天 (a)，中枢神经系统开始显现。此时的人脑和 100 天时的人脑 (c) 不同。妊娠第 28 周 (e)，脑活动开始，可辨识脑的不同部位。胎儿足月时 (f)，脑的所有部位，包括大脑皮层（外层）都已形成，由于脑细胞数量的增多，褶皱互相覆盖呈盘绕状或皱纹状。

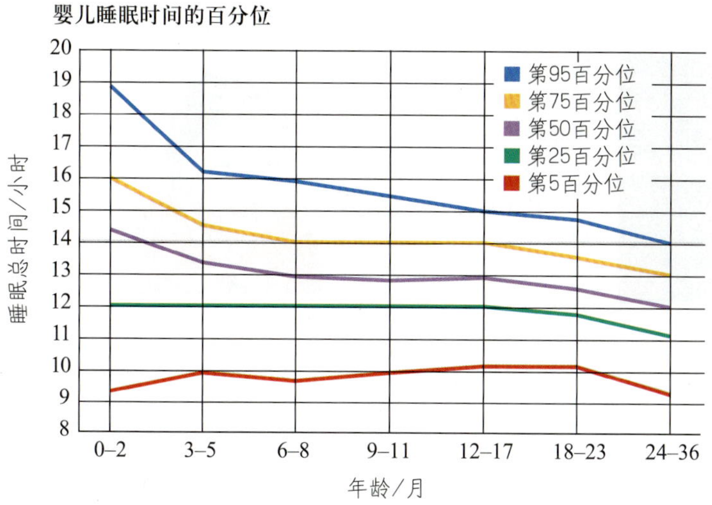

图 5.2（彩）

月亮再见　图中显示的是婴幼儿每 24 小时的平均睡眠的百分位数，影响婴幼儿睡眠时间的变量很多。根据这一研究结果绘制另一个图显示了婴幼儿夜间和白天的睡眠时间。多数 1 岁的婴儿在夜里的睡眠约为 10 小时，白天约为 2 小时，但有些婴儿的睡眠时间少得多；3 岁时，约 10% 的幼儿在白天不睡觉。本数据来自美国父母填写的网络问卷。对多个族群的实际睡眠监控和报告可能会得到不同的结果。

据 Sadeh et al., 2009.

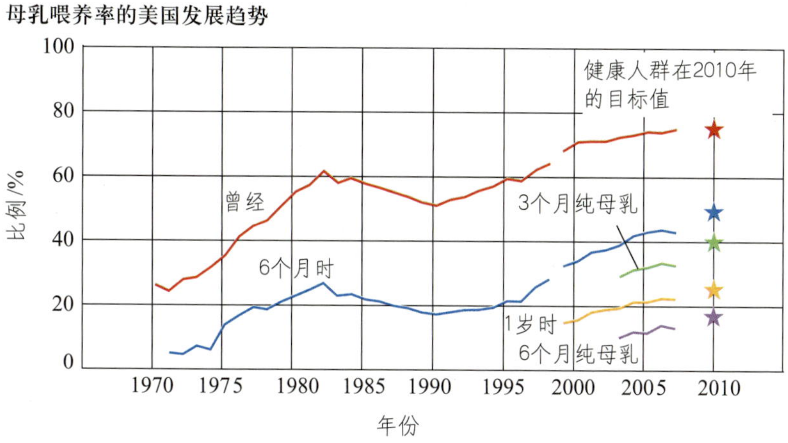

图 5.8（彩）

一个明智的选择　1970 年，受过教育的女性被告知，营养成分表是提供营养的一个明智而新式的方法——但现在已不是这样了。今天，受教育程度较高与母乳喂养率呈较高的正相关。美国有大约一半的拥有大学学位的女性在孩子 3 个月前会采用纯母乳喂养——无饮料，无水，无谷物。

注：1999 年以前数据来源不同，所以曲线有中断。

据 1970—1998，罗斯母亲调查 [38, 39, 40]，1999—2007，美国疾控中心，全国免疫调查 [41]。

表 6.2（彩） 用于考查脑机能的神经科学所用的技术

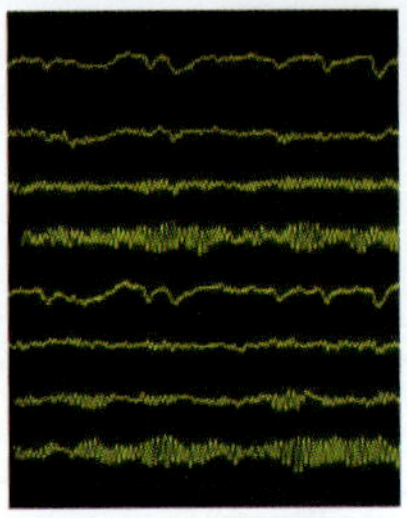

SPL / PHOTO RESEARCHERS

脑电图（正常大脑）

技术

脑电图（EEG）

用途

测量大脑外层（皮层）的脑电活动。

局限性

研究者感兴趣的婴儿大脑活动很多发生在皮下。

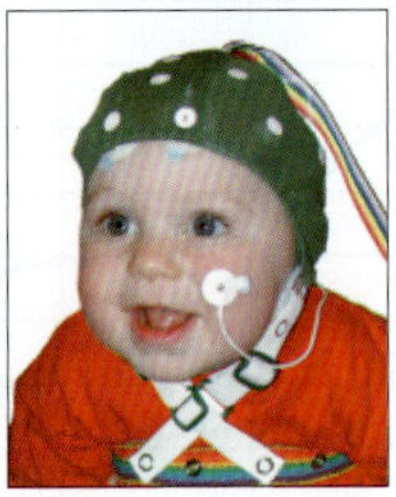

© 2001 UNIVERSITY OF WASHINGTON, INSTITUTE FOR LEARNING AND BRAIN SCIENCES

倾听时的事件相关电位

技术

事件相关电位（ERP）

用途

记录皮层特定部位对不同刺激做出反应的脑电活动的振幅和频率的脑电波（如图所示）

局限性

大脑皮层的反应显示的是知觉反应，但是对脑电波的振幅和时间不易做出解释。

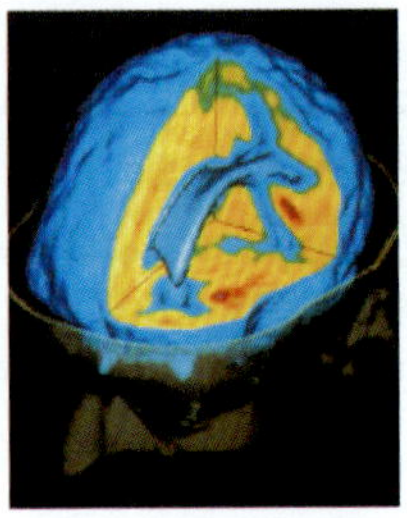

VOLKER STEGER / PETER ARNOLD

谈话时的功能性核磁共振成像

技术

功能性核磁共振成像 (fMRI)

用途

测量大脑各部位（不只是外层）的血流变化。

局限性

可显示大脑活动，但婴儿有时过于活跃，使仪器失效。

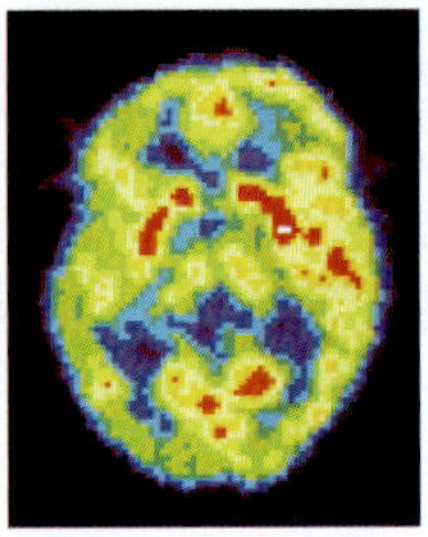

HANK MORGAN / PHOTO RESEARCHERS

睡眠时的正电子发射断层扫描图

技术

正电子发射断层扫描 (PET)

用途

显示大脑各部位的活动（与功能性核磁共振成像类似）。可以精确定位，但需注射放射性染料为大脑活跃部位着色。

局限性

很多父母和研究者不愿向婴儿大脑注射放射性染料，除非怀疑婴儿有严重异常。

不论从实际操作的可行性还是从伦理来说，这些技术都不能用于对大样本正常婴儿的研究。神经科学面临的挑战之一是发展一种无害的、便于使用的、综合的研究方法，来研究正常的儿童。一个更加直接的挑战是用更便于解释与理解的方式描述数据。

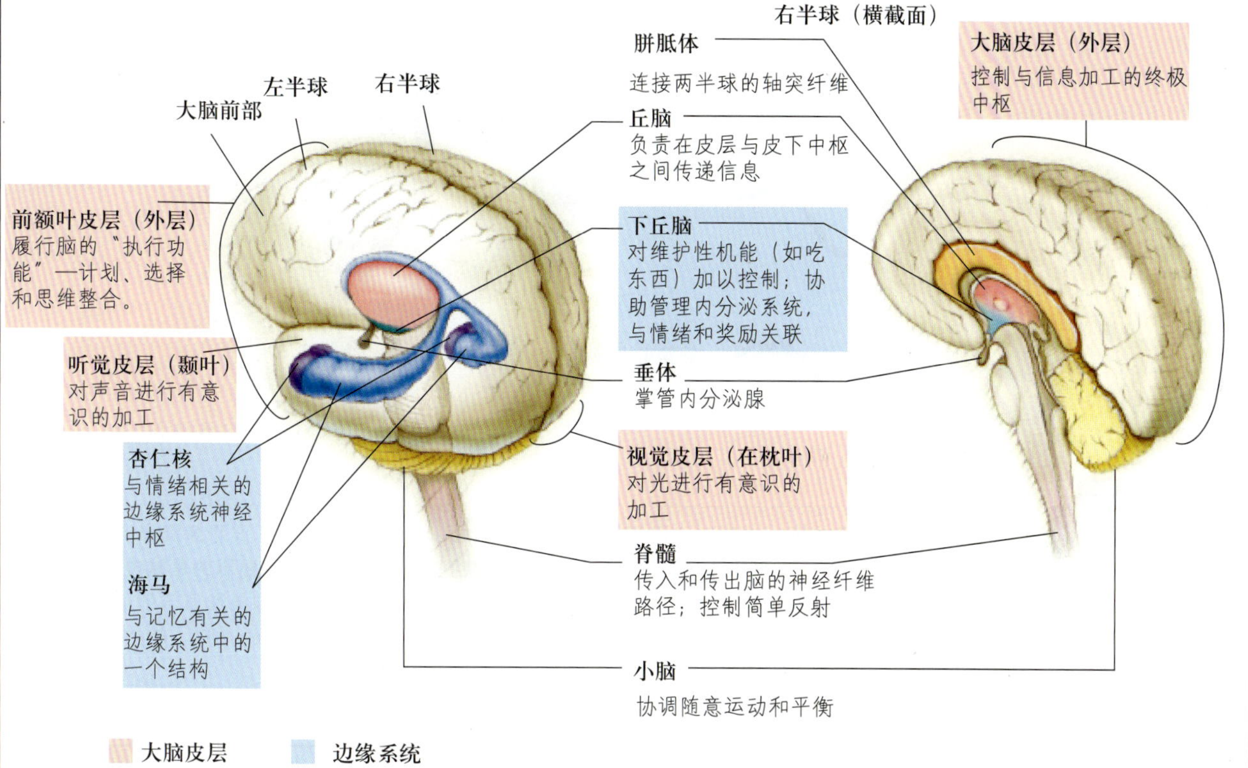

图 8.2（彩）

联结 图中显示了人脑的各部位。每个脑区有专门的机能，但整个脑是互相连接的。例如，情绪过程主要发生在边缘系统，但其他脑区也参与其中。

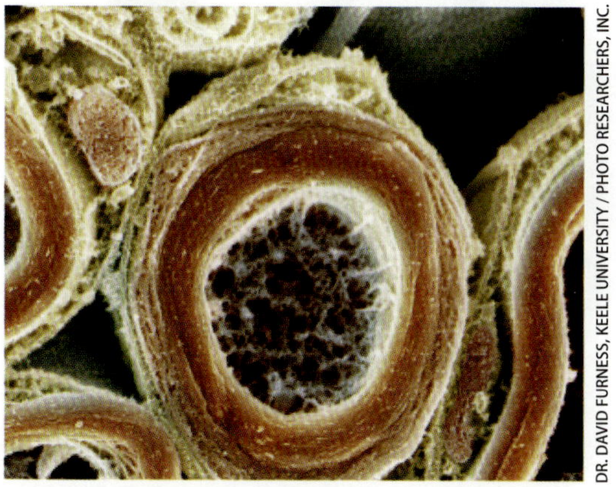

图 8.3（彩）

越来越快 髓鞘化是持续一生的过程。图中显示的是一个轴突（中间黑色部分）的横截面，它被外周的很多许旺氏细胞（Schwann cells）包围。在整个儿童期，将有越来越多的髓磷脂包围在轴突周围。在成年期，髓鞘层的逐渐消失将导致各种心理过程减速。

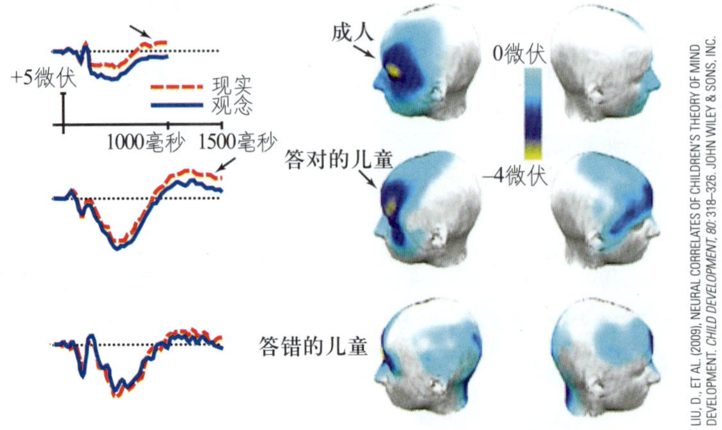

图 9.5（彩）

工作中的脑（彩） 神经科学证明了前额叶皮层对心理理论发展的重要作用。向成人和 4—6 岁儿童提出 40 个有关心理理论的问题，成人都能正确回答，4—6 岁的儿童有的回答正确，有的回答错误。左侧曲线显示的是脑电波，中间一列显示的是大脑的活动（fMRI），右侧一列显示的是分辨现实与观念时的心理活动。成人的脑电波显示他们回答迅速，右侧图显示，他们在迅速作答时几乎毫不费力；但是做出正确回答的儿童在回答前需要较长的时间。研究者的结论是“社会认知与脑是共同发展的”。

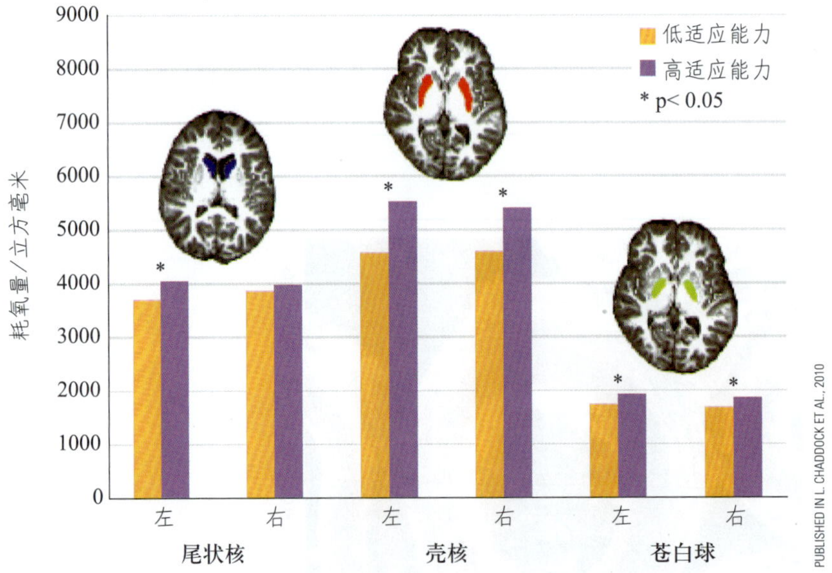

第 374 页“3. 脑扫描”的插图 对 59 名儿童（平均年龄 10 岁，无注意缺陷/多动障碍者或进入青春期者）大脑的有氧适应能力进行了测量（测量运动后的耗氧量），然后对大脑进行扫描。脑的大小与耗氧量不相关——基因和早期营养对此可能更重要。但是发展良好的儿童在与控制性认知（注意、考虑背景、计划）有关的重要区域的耗氧量明显更高。这是你该多带孩子出去骑车、跑步或游泳的另一个原因。

是赔偿损失还是让犯错误者感到痛苦？9岁儿童的反应

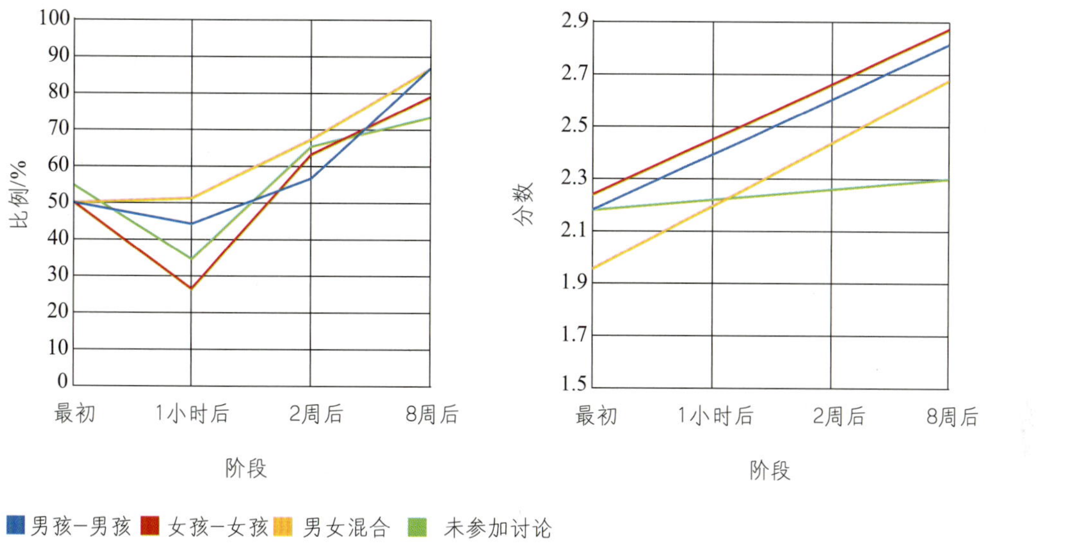

图 13.2（彩）

时间与讨论的作用　左图显示，多数儿童对打碎窗户事件的最初反应是主张立即惩罚，而不是用赔偿窗户的损失来补偿。但是过了一段时间经过反思后，他们向皮亚杰认为更成熟的看法转变了。右图显示，参加讨论的儿童即使在没听过的新故事中，也较多地转向选择补偿性惩罚，但未参加对第一个故事的讨论的儿童的这种进步则不明显。

据 Leman & Björnberg, 2010.

译者序

近年来在我国出版的心理与教育类专业级著作和译作中，聚焦于0—12岁儿童的不算多。专门论述从生到死的毕生发展的论述成为最近20年来的主流。这种趋势从心理学研究和教学角度来看很有好处，但是从服务实践的角度来看则有缺陷，因为广大父母和儿童教育工作者往往关注他们的子女或他们所教学生的心理特点。至于中老年期的情况，离他们还比较遥远。

这本《0—12岁儿童心理学》是近几年来国外不可多得的一部聚焦于0—12岁儿童心理发展和教育的著作，作为一本大学本科教材，本书从1986年的第一版出版以来，已经以多种语言文字出版，并被全世界700多所大学使用，受到广大师生欢迎。

我理解，本书受欢迎的原因主要有以下几点：

第一，以往的发展心理学教材多以身体发育、认知发展和情绪社会性发展作为发展的三个领域。本书则以生物社会性、认知和心理社会性作为发展的三个领域。作者从社会实际需要出发，凭借自己多年的幼儿教育、大学教育和在其他行业从事心理教育工作的经验，在内容体系中加入了大量社会学和教育学方面的内容，从而拉近了心理学知识与社会实践的距离。

第二，从1986年的第一版到现在的第六版，本书总是以新研究、新内容作为一大法宝。例如，在本版前言中，作者提示的内容更新点就多达70处，针对《精神障碍诊断与统计手册》（第五版）而做的更新有4处，有关文化与多样性的新研究和新观点有43处，仅关于脑的新研究结果就有25处。这些更新很好地反映了21世纪有关人脑、儿童心理与教育、社会政策等方面的最新研究成果。

第三，进入21世纪后的十几年中，世界各地都出现了与人的健康、心理密切相关的问题，如食品安全、生育技术、儿童精神疾病与药物、幼儿的学习与发展、幼儿学习第二语言的敏感期、幼儿园和小学的同伴欺凌、蒙台梭利教育的与时俱进、家庭结构的变化，等等。本书作者明智地追逐了这些社会热点问题，结合大量实例对这些问题进行了探讨。

由于以上特点，本书也受到广大家长和儿童教育工作者的欢迎。

如作者在书中所说的，婴幼儿教育在中国得到了空前发展。在这一领域，我国当前面临着新的二胎政策、父母对子女教育的高度重视、广大家长迫切需要心理学知识、东部和中西部的经济发展差异和文化差异、幼儿教师的职业培训等亟待解决的问题。和我国教育发展的需要相比，我国的相应研究没有跟上。引进国外研究结果，翻译一些内容好、资料新的著作，是解决这一问题的办法之一。

同时，读者也特别要注意研究结果的文化差异性，除了生物、生理、卫生保健等方面的差异较小之外，其他如情绪、社会性、家庭结构、学前教育等方面与文化相关的领域，一些研究结果不一定适合我国国情。对此，读者要有鉴别力。

谈到读者对象，我认为，本书不但适合发展心理学、学前教育专业的研究生和本科生做教材和参考书，而且适合做各种早教、幼教、初等教育培训班的教材，更可直接给婴幼儿和小学生的父母阅读。

本书的翻译、校对工作系由我本人完成。“万千心理”的孙蔚雯编辑对一些术语的翻译问题提出了很好的意见，在此表示感谢。

陈会昌

2016年8月18日于北京学知园

前　言

“又一个新版，真有什么变化吗？”人们往往会问这个问题。

我很想告诉他们，如果他们理解儿童发展，就会意识到，变化是普遍存在的。对人脑、文化、基因、教育和其他各方面的事物，科学工作者现在比几年前知道得更多。人类本身也在变化，因为每一代人都面临着世界上层出不穷的新鲜事，如电子媒体、化学添加剂在食品中的应用、全球化、艾滋病、寿命延长、生育率下降……我们可以开出长长的清单来细数影响我们生活的社会文化变化。

就让我谈谈自己的生活，把它当作一扇小窗，一窥我们周围的巨大变化。例如，在过去两年里，我的两个孙子阿萨和卡勒布出生了。因为我看着他们长大，所以我又一次见识了儿童早期和为人父母的情形。从我第一次做母亲到现在，情况已经发生了翻天覆地的变化，推荐的母乳喂养时间变长了，人们更担心有毒物质了，母亲也需要工作了，还要为孩子日后上大学而存钱。穿戴装备也不一样了，有更加宽大豪华的婴儿车、纸尿裤、防滑拖鞋、自动摇篮、婴儿读物、更好玩的会移动的玩具，真是令人眼花缭乱。

那么儿童发展科学是如何为了适应这些变化而发展的呢？请看我的经历。

我的女儿贝莎妮怀孕时请我陪伴她生孩子，因为她知道我懂得儿童发展。这对我来说是无上的荣誉。我们一起去了学习班，而我也觉得自己已经准备好迎接那个大日子的到来了。但人们还是建议我女儿请一位好的助产士和产妇陪护——幸亏如此，虽然我知道会发生什么，也懂得怎样看生命检测系统，相信医护人员能做好接生工作，但是当看到宝宝降生时，我还是忍不住泪流满面。

我待在角落里，不让贝莎妮看见我的激动情绪。婴儿出生时，我按照护士的指导帮她用力，拉住她的一只胳臂，一位护士拉住另一只。卡勒布出生了，他娇小而完美；贝莎妮抱起他，给他喂奶。这真是个奇迹。

之后我就昏过去了。

我突然发现自己躺在地板上，六个医护人员围着我，而不是围着我女儿和新外孙。

“我没事。”我向她们保证，让她们去照顾贝莎妮。她们不去。她们坚持说，根据医院规定，必须把我推到急诊室。我一再推辞，直到一位护士说：“到那儿你可以拒绝治疗。”

为了让她们去照顾贝莎妮，我坐上了轮椅，一到急诊室就告诉急诊护士，我是因为情绪激动而且整夜没吃、没喝、没睡才昏过去的，并说：“我不用治疗。”她和负责检查的助手给我做了检查，然后允许我回到贝莎妮那里。那位助产士还在耐心地等着胎盘的娩出。

这些事情和发展有何关系？有以下三点：

1) 情绪可能压倒其他原因。你们将看到，我们都是双向思维者。我的知识使我忽略了自己的情绪，这是大错特错。
2) 知识是有帮助的。从那以后我才知道，在产妇分娩时，有不少家庭成员会晕倒。如果我事先了解这一点，就会给自己的身体补充营养，而不会和贝莎妮保持一致（她不能吃东西）。我会注意到自己觉得头昏眼花，应该坐下来。无知的危害处处可见，而与大家分享丰富的知识，既是我写本书的原因，也是你们学习发展心理学的原因。

3) 发展会带来变化。个人的变化显而易见：生育四个可爱的女儿（从没晕倒过）和亲眼看着其中一个女儿自己生孩子是完全不同的。代际变化也同样明显：现在，父亲、朋友、奶奶、姥姥可以待在产房里，所以需要准备一些新的教育内容，例如，怎样避免晕倒。过去我不知道，现在知道了。这也是发展心理学教材需要更新的理由。

所有这些都使我再次想起了自己为什么要研究人的发展。我们都需要知道更多的东西；这些知识能给我们、我们的亲人和所有人带来更多的快乐与满足，并让伤害与失望变少。

教学与写作让我一直在紧张地工作着，并保持着对生活的热情。我努力使这本教材既富有挑战性，又能被每个学生接受，我不会忘记是学生们鼓励着我写出一本一流的发展心理学教材的。学生理应有一本尊重他们兴趣和经验的教材，他们不希望发展心理学学起来既枯燥又晦涩。

无论如何，我深信世界会变得更好，因为今天的学生会变成明天的领袖。我希望他们从这本教材中学到的知识能造福他们的家人——从孩子到大人，从这一代到下一代。

要了解本书的更多特点，尤其是本版更新的材料，请继续读下去。也可以翻到本书第一章开始学习。

一、人的发展与 DSM–5

《精神障碍诊断与统计手册》（*Diagnostic and Statistical Manual of Mental Disorders*，DSM）为精神病医生、心理学工作者和其他卫生保健人员提供了对精神障碍加以分类的共同语言和标准化指标。该手册也用于学校和保险公司，以制订可获得某些服务的标准，包括政府为残疾人提供的特殊教育优惠。

这次的 DSM 和以前各版一样，都经过了热烈的讨论，参加讨论的既有残疾儿童的父母，也有研究者和政界人士。由于在新版 DSM 中有些变化颇具争议，所以本书大部分内容仍与旧版非常相似。但是学习发展心理学课程的学生大都希望了解一些障碍的最新诊断标准，尤其是关于泛孤独症障碍和注意缺陷 / 多动障碍。DSM 中的一些更改过于专业，难度较大，因此很在一本入门的人类发展教科书中全面概括；我提供的只是对变化的概览，而不是详细总结。

下面的表格按章节显示了 DSM–5 中有变化之处。

章	变化	变化的特点
第七章（p235）	反应性依恋障碍的新覆盖范围	反应性依恋障碍是一种非常罕见的诊断分类，只见于完全没有机会形成依恋（即使是非安全依恋）的幼儿。
第十一章（p376）	更新了注意缺陷 / 多动障碍的覆盖范围	根据 DSM–5 更新了注意缺陷 / 多动障碍的覆盖范围。
第十一章（p377）	新术语“破坏性心境障碍”的覆盖范围	详细介绍了 DSM–5 中的新标准。
第十一章（p380）	更新了泛孤独症障碍的覆盖范围	DSM–5 描述了泛孤独症障碍，而阿斯伯格综合征不再被看作一种单独的诊断。

二、新材料

科学工作者每年都会发现并解释一些新概念，发表新研究。本书汲取了近年来发表的资料的精华，包括数百篇关于各种主题的文献，如犯罪行为的遗传学、婴儿营养学、双相障碍和泛孤独症障碍、早期依恋的重要性、儿童期脑发育，等等。鉴于人类发展的跨学科性质，我综合介绍了多种学科的内容，包括生物学、社会学、教育学、人类学、政治学，以及我自己的专业——心理学。

遗传和社会背景是贯穿始终的。书中描述了婴儿日托和学前教育中蕴含的各种变量和危险因素；考察了不同家庭结构（包括单亲家庭、混合家庭和同性父母家庭）的潜在影响，介绍了小学教育的关键作用等问题。

（一）关于脑的研究

在本书的每一页里，你都能找到一些新研究和新理论。脑发育是最突出的例子：每三章都有一节关于脑的内容，大多配以图表、照片，帮助学生理解脑的内部工作情况。下面是关于脑的重点内容清单：

（二）新的教育目标

在本书中，每章会从提出“你将学到什么？”的问题开始，指出本章需关注的重点概念。每章最后的总结有一个“你学到了什么？”，可帮助学生对学过的内容进行归纳。

1. 学习提示

学生学习本课程的效果，与其态度、方法和观点有关，这些都是很难量化的。书中的一些学习提示，对应该掌握的重点内容做了补充。本版在每章开头列出了两种学习提示。第一种“你将学到什么？”出现在各章开头处，用通俗且应用性较强的问题给出学习提示。第二种在每章结尾的“本章总结”处（“你学到了什么？”），提示了已学过的内容。

学生应该根据刚学过的知识，用几句话简短地回答出这些问题。一些问题比较简单，只需根据本章内容作答即可。还有一些问题则需要进行比较、领会并做出评价。

2．问题有易有难

学习提示中的问题有易有难，例如，在第五章的“你学到了什么？”中，第1题比较简单：“1岁以内有什么具体的事实说明了婴儿的快速成长？”而第19题则较难：“主张或反对婴儿吃母乳到1岁的理由各是什么？”

第一个问题只需答出以下要点：婴儿4个月大时体重为出生时的2倍，周岁时体重为出生时的3倍，同时身长增加30厘米，或说出其他各方面的发育情况。但学生可能会被第19题难住，因为该章用了大量篇幅介绍了母乳喂养的好处。较好的答案可能是这样的：

> 母乳喂养的好处很多，如预防疾病、早期免疫、易消化、易形成联结，对智力发展可能有长期影响。母乳喂养无论对母亲还是对家庭都有好处，几乎找不到什么坏处。但是如果母亲经常服药或无法进行母乳喂养，则可使用婴儿食品。如果母亲或当地文化认为不需要给1岁多的婴儿添加其他食物、辅食或维生素，婴儿可能会像吉亚娜（见第173页的“研究个案”专栏）一样，出现营养不良。

这个例子说明，并没有唯一的好答案，但学生应该利用自己的语言和批判性思考技能，指出该章所介绍的特定内容。

三、第六版内容的变化

儿童发展科学像其他学科一样，都建立在已有知识的基础上。很多事实和概念像脚手架一样，长期以来保持着优势地位，如发展阶段与年龄、标准与变量、危险因素与多样性、经典理论与引人瞩目的应用等。但是，由于新发现和经验的积累，对发展的研究也不断变化，因此，第六版几乎没有一个段落与第五版雷同，和第一版相比变化就更大了。第六版对一些地方做了重要修订，所引用的新例子多达几百处。

由于学习本课程的很多学生都是准备做教师的，因此每章都有一个专门针对教师的问题。其他还有专门针对护士、父母、研究人员等的问题。有些学生打算从事与早期儿童发展有关的职业，为了帮助他们，书中介绍了美国幼儿教育协会提供的一些标准，列于附录中，由皮尔斯学院的温迪·巴斯·科尔（Wendy Bass Kerr）编撰。

第六版更新的主要内容如下：

第一部分：开端

第一章　概论

- 在本书开始部分，以神秘的婴儿猝死综合征已成为一种假设和拯救生命的实践为例，对科学方法进行了解释
- 第一章阐述了天性—教养的相互关系以及关键期与敏感期问题
- 以中国和美国母亲给学步儿读书为例，说明了文化或族群差异
- 以青少年违法行为为例，说明了包括遗传学、神经科学、儿童养育和社会背景等多学科观点
- 第四章和第五章通过语言学习说明了关键期和敏感期
- “科学观点”专栏：镜像神经元的特征

第二章　理论

- 理论、事实和常模之间的差别
- “批判性思考”专栏以如厕训练为例，介绍了行为主义的应用
- 本章介绍了信息加工学说
- 把人本主义作为一种经典理论进行了着重介绍
- 介绍了进化论，在“科学观点”专栏讲述了爱情中的嫉妒现象的性别差异

第三章　遗传与环境

- 较详细地阐释了实验胚胎学，包括甲基化作用和基因表达

- 在“批判性思考”专栏介绍了体外受孕的特点
- 介绍了干细胞及其应用
- 辅助生育技术与多胞胎
- 在“科学观点”专栏介绍了聚焦于精神分裂症、对心理疾病的基因检测的争论

第四章 孕期发展与出生

- 本版关于出生的一节紧跟在孕期发育一节之后（以前版本在这两节中间有“降低危险”一节）
- “批判性思考”专栏：家庭分娩的特点及国际比较
- 对产妇陪护在高危婴儿护理与低危分娩中的作用的研究
- 更多地强调了父亲参与（或在场）在妻子怀孕、孩子出生（包括分娩过程）中的重要性
- 新生儿健康的多种测量法：对体重、月龄、阿普加分数、布雷泽尔顿评价量表与条件反射的评价
- 畸形胎与天生脆弱性
- 对并发症风险的分析和建议（如戒酒、忌吃的鱼类以及孕期检查）

第二部分：人生的前两年

第五章 0—2岁的生物社会性发展

- “批判性思考”专栏提出了婴儿与父母同床睡、一起睡和婴儿的睡眠模式的问题
- 讨论了触觉中的疼痛问题
- 脑的梭状回面孔区及经验对人脸识别的专门化与分化的影响
- 当前的婴儿免疫问题，特别是2010年美国加利福尼亚州百日咳流行的问题
- 世界范围内的婴儿生存问题，尤其是用母乳喂养战胜营养不良、补充维生素D预防佝偻病和利用蚊帐降低疟疾发病率

第六章 0—2岁的认知发展

- 皮亚杰研究局限性的范围明显扩大
- 信息加工学说的应用，尤其是在婴儿记忆方面的应用
- 在会说第一个词之前，语言发展的压力，包括在双语家庭中的压力
- “批判性思考”专栏：教育视频对婴儿的价值
- 用实例对语言学习的标准和理论进行解释

第七章 0—2岁的心理社会性发展

- 广泛讨论了大脑发育对婴儿和学步儿情绪发展的影响
- 介绍了联觉及其在婴儿期和以后发展中的差异
- 如厕训练的年龄变量，以及在婴儿发展中怎样用如厕训练考察反射理论
- “科学观点”专栏：气质的持久性与可变性及家庭和文化的影响
- 个人理论的影响及其会发生怎样的改变
- 关于婴儿日托的讨论，对10个国家日托政策的比较及可能的积极和消极影响

第三部分：幼儿期

第八章 幼儿期的生物社会性发展

- 对大脑发育的扩展讨论，包括前额叶的成熟，以及重组并扩充了有关边缘系统和压力影响一节
- “科学观点”专栏：儿童虐待的长期影响
- 对人类与黑猩猩的社交理解力的比较
- “研究设计”专栏：在环境危险一节介绍了对哮喘病危险的新研究

第九章 幼儿期的认知发展

- 模仿在儿童学习中的作用，非西方儿童和西方儿童的比较
- 早期干预策略有效促进几年后小学生阅读能力的新研究
- 对幼儿园研究项目内容的更新，包括蒙台梭利教育、瑞吉欧·艾米莉亚教育，以及对早期启蒙项目的全国性评估
- “科学观点”专栏：通过让儿童作为犯罪行为的目击者来看儿童的认知能力

第十章 幼儿期的心理社会性发展

- 扩展了对游戏的讨论，包括文化差异和向同伴学习

- 道德发展的重要部分，亲善行为和违反社会规则行为的类型和起源，以及从惩罚法中学到的教训
- 更新了关于新媒体影响的相关研究

第四部分：小学期

第十一章 小学期的生物社会性发展

- “研究个案”专栏：社会经济地位对哮喘病的影响
- 关于肥胖和压力的微观影响的跨国资料
- 智力与智商的差异，来自大脑扫描的资料
- 对儿童期双相障碍的解释及其与注意缺陷/多动障碍的对比
- 以同一结果和多种结果为例介绍了精神疾病
- 关于具有不同特殊需要的儿童（包括天才儿童）的一节新内容

第十二章 小学期的认知发展

- 学习方法（个人学习与合作学习，发现式学习与直接指导）的文化差异
- 开展全民初等教育的情况（如印度）
- 关于学习的各种测量方法的更新，如数学与科学学习趋向（TIMSS）、国际阅读与写作能力研究项目（PIRLS）、教育进步国家级评价（NAEP）、美国不让一个儿童掉队法案
- 课程内容由什么人来决定（特许学校还是纳税人）

第十三章 小学期的心理社会性发展

- 自尊的复杂性；讨论了高自尊和跨文化差异问题
- 更新了关于家庭结构的资料，包括核心家庭、继亲家庭、大家庭、单亲家庭、同性父母家庭和其他类型的家庭
- 社会经济地位（包括高收入和低收入家庭）对儿童的影响
- 道德价值观，包括同伴影响、欺凌、惩罚和赔偿

四、保留的特点

从第一版以来，本书的一些特点一直备受读者喜爱，因此在本次修订时被加以保留。

（一）汇聚了本领域令人兴奋的、具有挑战性的研究成果

人类发展科学的回顾应是生动的，因为所研究的是活生生的人。本书处处传达了这样的思想。每章开头的一小段插曲意在吸引读者的目光。大量的例子和解释能帮助学生把理论、研究和亲身经历联系起来。

（二）多样性

跨文化、国际性、多族群、性取向、健康、年龄、性别……这些字眼和概念对于了解儿童发展都是至关重要的。研究无法覆盖令人眼花缭乱的相似性和巨大的差异性：人有很多共同点，但每个人又都是不同的。从第一章对社会背景的讨论到第十三章关于道德推理的文化差异的论述，每一章都彰显了各种可能性和变化性。遗传素质是新内容，这是变化的另一个来源。

新研究包括家庭结构、移民、双语和健康的族群差异，涉及的课题很多，显示了人类的多样性。下面列出的是新版中关于文化与多样性部分的讨论。全书贯穿着对人类差异的尊重。你们会看到来自世界各地的例子和研究，它们不是额外的亮点，而是对各年龄整体描述的组成部分。

发展研究要包括各种人群（p12–13）

关于性别差异的讨论（p13）

关于文化、族群、种族及社会经济地位的定义（p13–15）

社会文化理论（p56–60）

人本主义与进化论（p61–67）

男性和女性染色体（p77–79）

双胞胎出生率的国家差异（p80–82）

英国、非洲和亚洲儿童近视眼的遗传和环境因素（p92–93）

性染色体异常及与性染色体相关的遗传问题（p94–98）

不同国家剖宫产比例（p116）

不同文化的分娩方式（p117–119）

不同国家低出生体重儿的比例（p130–132）

母子一起睡与同床睡风俗（p147）

动作技能发展的族群差异（p165–167）

婴儿语言学习的文化价值观与实践（p200–202）

对学步儿情绪鼓励的文化分歧（p216）

埃里克森的自主性对羞怯（p223）

情绪发展的族群理论（p225）

近端型父母养育法和远端型父母养育法（p226–229）

作为学步儿的社会参照的拉丁美洲父亲（p238）

不同国家婴儿出生后的父母休假政策（p239–241）

幼儿身高的族群差异（p252）

国家与族群对营养的态度差异（p252–254）

文化对幼儿心理理论的影响（p301）

婴儿和幼儿的双语使用（p201–202, p305–307）

美国的幼儿双语教育（p314–316）

情绪调节的性别差异（p327–329）

幼儿游戏的文化差异（p330）

为人父母的方式的族群差异（p336–337）

“科学观点”专栏：儿童纪律训练的文化差异（p346–347）

有关性别差异的理论（p351–352）

不同国家的儿童肥胖状况（p366–367）

维果茨基论学龄期儿童学习的文化因素（p393–396）

小学期第二语言学习（p402–403, p409–410）

数学学习成绩的国际差异（p407–408, p412）

“天才与有才华”儿童的划分标准在性别与社会经济地位上的差异（p411）

作为一种社会建构的自尊的文化差异（p424）

同性家庭（p435–436）

家庭结构的文化差异（p438）

儿童的文化（p443–445）

中国儿童的害羞与傲慢（p444）

欺凌行为的性别差异（p445–446）

文化对儿童道德价值观的影响（p448–453）

（三）最新的内容

我的指导老师鼓励我抱有好奇心、具有创造性和怀疑一切；因此，我如饥似渴地阅读了数以千计的论文和著作，内容从孤独症到纯合子，不一而足。近期神经科学和遗传学研究的激增对我又是一个挑战，首先我自己要搞明白，然后才能解释许多复杂的发现和理论的飞跃。我的学生不断给我提出问题，和我分享他们的经验，给我提供了新观点、新思考。

（四）以年龄为框架组织内容

本书的基本组织结构保持不变。第一部分用四章分别讲概念、理论、遗传学和孕期发展。这几章不仅阐述了发展的基础，而且作为一个结构，阐释了毕生发展观、可塑性、天性和教养、多元文化观、风险评估、丧失与获得、家庭关系和其他许多概念，它们给人启发，以更好地理解人的发展。

另外三个部分讲述了发展的三个年龄段。每一部分包含三章，每章又分三个领域，分别讲生物社会性发展、认知发展和心理社会性发展。把内容组织到一个时间框架内可以帮助学生理解年龄与各发展领域的相互关系。

（五）三个系列性专栏

为了深化内容，本书设计了三个系列专栏来对相关内容进行深入讨论。其中“科学观点”专栏在前几版中就有了，第六版新增了“批判性思考”和“研究个案”两个专栏。

（六）每章结尾的总结

每章结尾都有一个总结、关键术语（并标明了该术语出现的页码）、“你学到了什么？”问题，以及三四道应用练习来让学生将所学概念用于日常生活。教材中的术语为黑体字，对术语的解释放在页边，教材的最后还有一个总术语表。每章的第一页列出了本章的学习目标和“你将学到什么？”思考问题。

每节结束的“小结”让学习者有机会停下来反思自己刚学过的东西。观察小测验鼓励读者仔细观察相关的图片、表格和插图。页边处的“给……的问题”多数是第六版的新内容，目的是让读者把概念应用于现实的职业生活和社会角色中去。

五、致谢

我谨向学术审稿人表示感谢，他们阅读了本书的各个版本，提出了许多建议、批评、参考文献和对我的鼓励。他们帮助提高了本书的质量。在此，我列出本版审稿人如下：

Melanie Arpaio, *Sussex County Community College*
Elaine Barry, *Penn State Fayette, The Eberly Campus*
Kris Bliss, *Mesa Community College*
Paul Boxer, *Rutgers University*
Natasha Fratello Breitenbach, *American River College*
Jamie Brown, *UNC–Charlotte*
Melinda Burgess, *Southwestern Oklahoma State University*
Dominic Carbone, *Sussex County Community College*
Ron Craig, *Edinboro University of Pennsylvania*
Timothy Croy, *Eastern Illinois University*
Laura Dell, *University of Cincinnati*
Patricia Dilko, *Canada College*
Elaine Francisco, *Skyline College*
Kate Fletcher, *University of Florida*
Heather Gelhart, *Cypress College*
Michael Goldblatt, *Bucks County Community College*
DeDee Goldsmith, *Oakton Community College*
Myra Harville, *Holmes Community College*
Tywanda Jiles, *Governors State University*
Jennifer Kampmann, *South Dakota State University*
Deena Kausler, *Jefferson College*
Megan Kelly, *University of Maryland*
Regina Kijewski, *Naugatuck Valley Community College*
Margaret King, *Ohio University*
Larry Kollman, *North Iowa Area Community College*
Kathryn Kotowski, *Cuyamaca College*
Michael Leffingwell, *Tarrant County College*
Kris Leppien-Christensen, *Saddleback College*
Martina Marquez, *Fresno City College*
Krista McClain-Rocha, *Skyline College*
Martha Myklebust, *Mendocino Community College*
Lori Nanney, *Cleveland Community College*
Sherri Palmer, *Truman State University*
Nicole Porter, *Modesto Junior College*
John Prange, *Irvine Valley College*
Melita Baumann Riddle, *Glendale Community College*
Joel Shapiro, *Green Mountain College*
Donna Sims, *Fort Valley State University*
Latoya Smith-Jones, *University of Texas at Arlington*
Cecilia Jane Spruill, *Pensacola State College*
Valerie Taylor, *Washtenaw Community College*
Peggy Thelen, *Alma College*
Sharron Thompson, *Chaminade University of Honolulu*
Tara Vargas, *Lewis and Clark College*
Anne Christine Watson, *Chapman University*
Lois Wedl, *College of Saint Benedict*
Julia Yoo, *Lamar University*

我还要向审读在线资料的以下教师们表示

感谢。我们尝试把他们使用上一版媒介材料时积累的丰富经验和启发运用到本版中，使本版得到改进。

Patty Dilko, *Canada College*
Tony Fowler, *Florence Darlington Tech College*
Heather Gelhart, *Saddleback College*
Lisa Hagan, *Metropolitan State College of Denver*
Brantlee Haire, *Florence-Darlington Technical College*
Vicky Hammer, *Cloud County Community College*
Kris Leppien-Christensen, *Saddleback College*
Angela Lily, *Houston Community College*
Cheryl McGill, *Florence Darlington Tech College*
Lynn McKinley, *Grossmont College*
Wendy Bianchini Morrison, *Montana State University*
Patricia Puccio, *College of DuPage*
Rodney Raasch, *Normandale Community College*
DeAnna Timmerman, *Eastern Oregon University*
Curtis Visca, *Saddleback College*
Bridget Walsh, *University of Nevada-Reno*

另外，我愿感谢参加了我们在线调查的教师们。我们也尝试利用他们的反馈对本版书做了改进。

Farah Alam, *De Anza College*
Sindy Armstrong, *Ozarks Tech Community College*
Sherri Black, *Western Nevada College*
Deborah Barton, *York College of Pennsylvania*
Don Bower, *University of Georgia*
Diane Brown, *Everett Community College*
Sandra Broz, *Northeast Community College*
Stephen Burgess, *Southwestern Oklahoma State University*
Lanthan Camblin, *University of Cincinnati*
Catherine Camilletti, *University of Texas at El Paso*
Toni Campbell, *San Jose State University*
Donna Carey, *Keystone College*
Maria Casey, *Immaculata University*
Carolyn Cohen, *Northern Essex Community College*
Lauren Cooley, *Napa College*
Catherine Currell, *Central Michigan University*
Jennifer DeCicco, *Hunter College*
Gretchen DeHart, *Community College of Vermont*
Sorah Dubitsky, *Florida International University*
Natalie Ebner, *Yale University*
Robert C. Gates, *Cisco College*
Amy Gerney, *Misericordia University*
Zebbedia Gibb, *University of Northern Iowa*
Margie Goulden, *Pierce College*
Troianne Grayson, *Florida State College at Jacksonville*
Jerry Green, *Tarrant County College*
Christine Grela, *McHenry College*
Robert Hagstrom, *Northern Arizona University*
Danielle Hodge, *California State University–San Bernardino*
Kristin Homan, *Grove City College*
Alishia Huntoon, *Oregon Institute of Technology*
Matthew Isaak, *University of Louisville at Lafayette*
Mehraban Khodavandi, *Lakeland College*
Timothy L. Kitzman, *Blackhawk Technical College*
Kristina Klassen, *North Idaho College*
Jennifer King-Cooper, *Sinclair Community College*
Charles P. Kraemer, *LaGrange College*
Alison Kulak, *Concordia University of Alberta*
Karen Kwan, *Salt Lake Community College*
Krista Morris Lehman, *LeTourneau University*
Kathy Lein, *Community College of Denver*
Pei-Wen Ma, *William Paterson University*
Alisha Marciano, *Lynchburg College*
Dorothy Marsil, *Kennesaw State University*
Kris McAleavey, *Longwood University*
Alex McEntire, *Penn Valley Community College*
Kittie Myatt, *Argosy University–Nashville*
Nancy Neveau, *Northeast Wisconsin Technical College*
Liz O'Dell, *Northwest State Community College*

Alan Oda, *Azusa Pacific University*
Nancy Ogden, *Mount Royal University*
Bonnie Ortega, *Trinidad State Junior College*
Andrea Phronebarger, *York Technical College*
Cynthia Putman, *Charleston Southern University*
Cyd Quarterman, *Toccoa Fall College*
Jennifer Reid Reichert, *Marquette University*
Nancy E. Rizzo, *Valencia Community College*
Michael Rhoads, *University of Northern Colorado*
George Sayre, *Seattle University*
David J. Schieffer, *Minnesota West Community and Technical College*
Sheryl R. Schindler, *University of Utah*
Pamela Schuetze-Pizarro, *Buffalo State College*
Robert Schwartz, *Bergen Community College*
Deborah Sedik, *Bucks County Community College*
Sean Seepersad, *California State University*
Jane Tiedt, *Gonzaga University*
Tonya Toutge, *Bethel University*
Anne Unterkoefler, *Delaware County Community College*
Michel Vallante, *Quinsigamond Community College*
Ruth A. Wallace, *Butler Community College*
Steve Wisecarver, *Lord Fairfax Community College*
Susan Wolle, *Kirkwood Community College*
Rebecca Wood, *Center Connecticut State University*

Kathleen Stassen Berger

2011 年 10 月于美国纽约市

目　录

第一部分

第三部分

第一部分

（第一章—第四章）

开　端

本书第一部分描述了多种开端：第一个定义、研究设计和理论，这些逐渐变成了人类发展的科学；人的生命开端，从两个细胞变成一个合子，最后变成了一个婴儿（当然，有时会变成几个婴儿）。

具体来说，第一章概述了人的发展研究要研究什么、为什么要去研究、怎样进行研究，并介绍了一些主要的研究方法和策略。第二章回顾了几种发展理论，既有经典理论，也有新理论。第三章介绍了基因与周围化学物质的相互作用，它们影响着身体的一切特征，从脚指甲的薄厚到脑电波的波动快慢。第四章描述了生命的早期发育，从单个细胞的分裂到出生那一刻。

我们就要开始探究儿童的发展了，在这四章里，你将看到学科和理论的多样性，以及人们怎样给新生命的降生创造条件。

概　论

你将学到什么？

1. 什么让对儿童（差异巨大且难以预料）的研究成了一门科学？
2. 文化怎样改变了儿童发展的方式？
3. 为什么说发展是动态的，而不是静态的？
4. 为什么拿不同年龄的人进行比较并不是理解人如何随着年龄增长而发生变化的好方法？
5. 以科学方法研究儿童是不道德的吗？

2010 年 12 月 26 日，一场暴风雪袭击了美国的大西洋中部各州。你的第一反应可能是认为这只是一种与人的发展无关的自然力。但很快，你就会发现，年龄不同、经历不同、来自不同的家庭和社会环境的人会对这场暴风雪做出截然不同的反应。

工作场所关闭了，五金店卖出大量铁锹，手套丢失在冰雪中，扫雪车卡在雪中动弹不得，轿车和公交车在街上抛锚，政治领袖的支持率飙升或暴跌。纽瓦克市市长（科里·布克尔，41 岁，未婚）在推特[①]上对选民做出回应。他给一位困在雪中的市民带去了纸尿裤，批评了一个骂人者，羞辱了一个让母亲和妻子出去扫雪、自己却待在家里发推文的人。而新泽西州的州长（克里斯·克里斯蒂，48 岁，已婚，4 个孩子的父亲）却飞到佛罗里达，因为他答应要带全家去迪士尼乐园。他回复一个记者说，如果他妻子去了，而他没去，他的婚姻就要亮红灯。在河那边，纽约市市长（麦克尔·布隆伯格，68 岁，离婚）未发出大雪紧急警报，导致多条街道几天不通车。布克尔受到称赞，推特上跟帖上百万；克里斯蒂受到了抨击，但也有人为他辩解；布隆伯格受到的全是批评，他的副市长因此辞职。

与此同时，不同年龄的孩子们却欣喜若狂。我那正学走路的孙子急切地戴上手套，穿上靴子，来到哈德逊河公园玩。我不禁想起自己的童年，于是把孙子放在洁白的雪地上，为他做了个雪地小天使，还堆了个小雪人。但是他不在乎什么天使之翼或雪人；只顾着

① Twitter 是美国一家著名社交网络及微博客网站，一般中文译为“推特”。它可以让用户更新不超过 140 个字符的消息，这些消息也被称作“推文（Tweet）”。——译著注

把雪团扔进河里。

一位父亲在附近堆了个大雪人，用松针当头发，用雪雕出鼻子。他那6岁的儿子对此也不关心，雪人刚堆起来，他就过来打算把雪人推倒。他爸爸希望保存自己的作品，说要“让别人欣赏”；儿子争辩道：“要是一个恶霸过来就会把它打倒。”此时，发展心理学来救援了：我正好刚读过中国人是怎样教育孩子的——表扬要在行为之前，而不是之后。

“你不是个小恶霸，而是个好孩子！”我跟他说。

后来，这个雪人在原地矗立了5天，直到化掉。

发展就像天气。出生、成长、死亡，人人如此，而个人会对此做出反应。本章将描述发展的共性和特性，首先介绍科学规律和普遍适用的定义，之后会介绍具体的研究方法和应用。

一、理解发展的机制与原因

人类发展科学 (science of human development)：探索不同年龄、来自不同环境的人怎样随着时间而变化或保持不变，以及原因是什么。

人类发展科学试图理解人们——各种类型、来自世界各地、各种年龄的人——是怎样随着年龄而发生变化的，以及为什么会发生这些变化。这个定义中有三个要点：科学、人和变化。

发展研究是一门科学。它和其他学科一样，依赖于理论、数据、分析、批判性思考以及完整的方法论。发展学家提出问题，做出回答，查明个中机制和原因——即探索发展过程以及这些过程的原因。为了寻找答案，科学家要收集在研究中掌握的证据（例如，化学元素和光线），在本学科中，证据则是儿童行为。多学科性是人类发展科学的特点之一；就是说，来自许多学科（如生物学、心理学、社会学、人类学、经济学、历史学等）的科学家都会为我们对人类发展的理解做出贡献。

研究人尤其需要科学，因为生活依赖于科学的回答。在一些问题上，人们的意见往往截然不同，如孕妇应该吃什么，应不应该让婴儿哭，应该怎样惩罚孩子，教师该不该给学生讲性知识。在这些问题上的主张通常依据情感、文化和教育，而不一定是根据科学证据。科学工作者就是要把主张变为真理，把主观的东西变为客观的东西，把愿望变为结果。

科学探索获得的知识会指导实际应用。早期研究儿童的专家们开办了学校，给父母提出建议，创建了社区中心，用法律的武器来反对虐待儿童。科学家划分出基础研究和应用研究，认为不管基础研究的结果是否能在不远的将来得到应用，其本身都是有价值的。但多数发展学家都渴望用科学来解决现实生活中的问题。一位学者指出：

> 40多年来，儿童早期发展科学取得了巨大进步，在21世纪的第一个10年即将结束之际，政策制订者面对的挑战很明确，是时候利用新的科学知识来构建新的干预策略了。
>
> (Shonkoff, 2010, p. 361)

但是，事实可能被扭曲，应用所依据的可能还是假设而不是确凿的数据。由于发展研究是一门科学，因此它基于客观证据，例如，脑活动的神经科学机制、关于家庭结构的数据、学习的特性等。同时，因为它考察的是人的生命与成长，也难免带有主观性，从而带来偏差。客观与主观、事实与可能性、普遍性与特例间的相互作用，给发展科学带来了挑战、质疑甚至是变革。

（一）科学方法

为了避免接纳未经检验的观点和个人偏见的加深，研究者提出**科学方法**的五个步骤：

科学方法（scientific method）：用实证研究和以数据为基础的结论来回答问题的方式。

- **第一步：从好奇开始**。以**理论**为基础（将在第二章阐述），进行预研究或个人观察，并提出问题。
- **第二步：提出假设**。用**假设**来反映问题，假设是可被检验的特定的预测。
- **第三步：检验假设**。设计并完成研究，以收集**实证性**（可观察、可证实的）证据（数据）。
- **第四步：提出结论**。用证据来支持或拒绝假设。
- **第五步：报告结果**。分析数据、结论及其他可能的解释。

理论（theory）：一整套思想观点。

假设（hypothesis）：一个可被检验的特定预测。

实证性（empirical）：以观察、体验或实验为基础，而不是以理论为基础的研究。

1．可证实性

发展学家最初受好奇心驱使，然后会去寻找事实，在谨慎考察之后得出结论。**重复**——在不同的参与者身上用相同的研究程序和方法重复研究——往往是第六步。人人都想了解关于自己的更多情况；正因为如此，对人的生活的研究才充满魅力。但是我们需要的答案是超越个人的有效的答案，这些答案也不一定与我们的预感和假设相一致。进行重复研究，不论是精确地复刻还是略做修改，就是要达到这个目的。

重复（replication）：对不同的参与者（如不同年龄的、来自不同的社会经济地位或文化背景的人们）重复进行研究。

科学家要研究其他科学家在考察同样问题时的研究程序以及所报告的结果。他们阅读出版物、参加会议、用电子邮件进行交流，有时还要从一个国家跑到另一个国家做合作研究。研究的结论被修改、完善和重复验证。当问题涉及儿童发展时，其他人尤其要对研究结果加以分析和应用。

2．婴儿猝死综合征——一个例子

本书讨论的每个问题都基于以科学方法进行的研究。在这里，我会以**婴儿猝死综合征**为例说明这一过程。到 20 世纪 90 年代中期，每年都有成千上万的婴儿死于婴儿猝死综合征，它在北美被称为猝死 (crib death)，在英国被称为摇篮死 (cot death)。睡觉前，娇小的婴儿还冲养育者笑了，还在不停地挥舞着双臂，他们小小的手指头还抓不住东西，睡觉时一切还好好的，但他们再也没醒过来。当父母为孩子的不幸而痛苦不堪时，科学工作者会问，这是为什么（第一步），并检验假设（猫？被子？天然蜂蜜？谋杀？变质的牛奶？），但均无结果——婴儿猝死是一种神秘现象。

婴儿猝死综合征（sudden infant death syndrome, SIDS）：本来健康的 2—6 个月大的婴儿在睡眠时毫无前兆地突然停止呼吸并死亡。

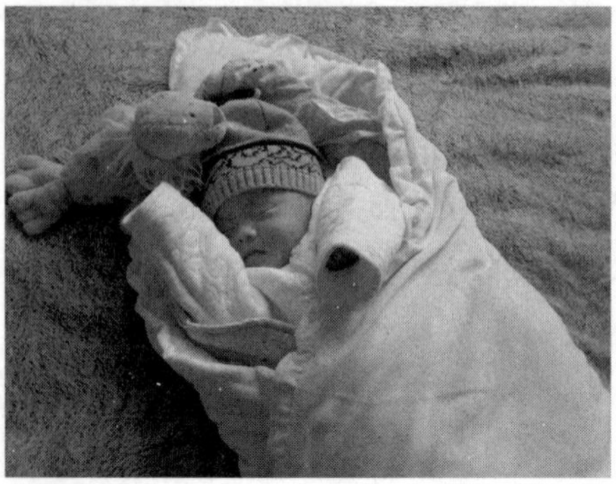

©万千心理

我会死吗？　不大可能。“在我醒来之前”就死去，在1990年以前，这种情况在很多国家并不少见，但是在亚洲国家就不一样了。正如已被证实的科学假设猜测的那样，亚洲父母会让他们的婴儿“仰着睡”，这减少了婴儿猝死的风险。

观察小测验　仰着睡的婴儿有时会蠕动，使盖在身上的被子松开，这是导致婴儿猝死的另一个危险因素。怎样做才能避免这种情况的发生？（答案见第7页）

一位名叫苏珊·比尔 (Susan Beal) 的学者多年来在南澳大利亚研究婴儿猝死综合征，探索在各种情况下可能增加危险的因素。有些因素看起来与之毫无关联（如出生顺序），有些因素可能增加了婴儿猝死的风险（如母亲吸烟和盖了羊皮毯子）。比尔取得了一个突破，她发现了一个族群变量：华裔澳大利亚人的婴儿猝死的数量远远少于欧裔澳大利亚人的婴儿。这是遗传的原因吗？很多专家认为是。但是比尔经过科学观察发现，华裔婴儿是仰着睡觉的，而欧美的习俗是趴着睡。她提出了一个新的假设（第二步）：猝死与睡姿有关。

为了检验这一假设（第三步），比尔说服一批非华裔父母，让她们的新生儿仰着睡觉。这些新生儿几乎无人猝死。根据她用了数年时间收集的数据，比尔得出了一个语惊四座的结论（第四步）：仰着睡能防止婴儿猝死，并且发表了她的报告 (Beal, 1988)（第五步）。这引起了一些荷兰医生的注意：在荷兰，儿科医生一直告诉父母该让婴儿趴着睡。于是两位荷兰学者 (Engelberts & de Jonge, 1990) 向数千名父母建议，让孩子仰着睡。一年之内，荷兰的婴儿猝死事件就减少了40%——一个绝佳的重复研究（第六步）。

重复研究与应用的结果被传播开来。1994年，“仰着睡”运动戏剧性地大幅降低了许多国家婴儿的猝死率 (Kinney & Thach, 2009; Mitchell, 2009)。在美国，1984年有5245个婴儿死于婴儿猝死综合征；在1996年，这个数字降为3050；在过去10年，这一数字继续下降，每年因此死亡的婴儿大约为2000个（见图1.1）。这一结果说明，仅在美国，当今在世上的儿童和青少年若生于1990年以前，大约有40 000人会早早夭折。这一场运动非常成功，就连行为训练师都说，现在的婴儿学爬行的时间应比过去晚些，他们主张增加俯卧时间——在婴儿醒着的时候，让他们的肚子朝下，以促进肌肉发育 (Zachry & Kitzmann, 2011)。

趴着睡已被反复证明是一种危险因素，但它并非唯一的危险因素，婴儿猝死仍会发生。目前，加拿大和日本婴儿的猝死率远远低于美国，但是高于新西兰，其原因尚不清楚。除国家与睡姿之外，其他危险因素还包括低出生体重、脑干畸形导致分泌的特殊化学物质（5-羟色胺，一种神经递质）过少、家人吸烟、被子或枕头太软，以及与父母同床睡 (Duncan et al., 2010; Ostfeld et al., 2010)。多数猝死婴儿都面临着多种危险因素：如果没有上述危险因素，就没有婴儿会猝死 (Ostfeld et al., 2010)。

天性 (nature)：在发展过程中每个个体在父母的精子和卵子结合的那一刻从父母那里遗传而来的特质、能力和局限性。

教养 (nurture)：在发展过程中，个体在其父母的精子和卵子结合之后所受到的所有环境影响，包括从母亲孕期营养到文化影响在内的所有影响。

（二）天性与教养之争

婴儿猝死综合征的例子突显出一个历史性难题，即天性与教养之争。**天性**指人的遗传基因的影响。**教养**指环境影响，从怀孕母亲的健康、饮食，到持续一生的影响因素，包括家庭、学校、文化和社会。对婴儿猝死综合征而言，天性包括

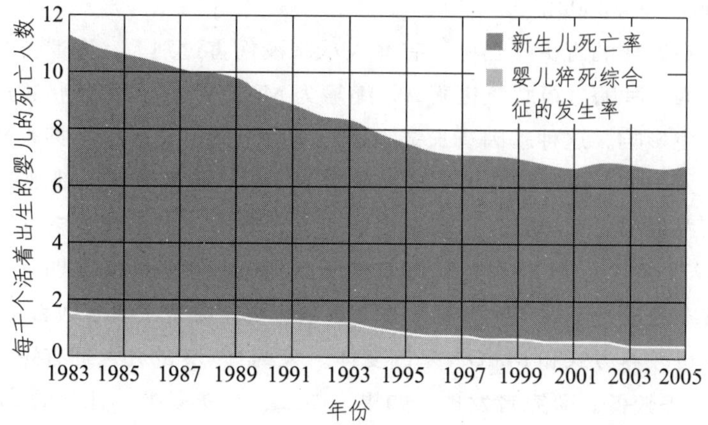

图 1.1

婴儿猝死综合征的发生率 因婴儿猝死综合征而死亡的婴儿数量明显减少是一个科学发现的直接结果，即婴儿仰着睡更容易生存。下一个挑战是降低其他因素对婴儿死亡的影响。图中的数据来自美国，其他国家的数据或低于或高于美国。对婴儿猝死综合征的国际比较有利于增加婴儿的生存机会。

据 www.sidscenter.org/statistics.html

观察小测验 在美国，由婴儿猝死综合征导致的婴儿死亡率大约占多大比例？（答案见第 8 页）

脑部分泌的 5– 羟色胺和生理成熟性；教养包括父母吸烟和婴儿睡姿等。

天性与教养之争有多种说法，如*遗传—环境*、*成熟—学习*、*先天论—经验论*。不管怎么说，基本问题都是一种特征、行为或情绪有多少来自基因，有多少来自环境。注意，问题是“*有多少*”，而不是“*是哪一个*”。基因与环境都影响着人的每种特征。天性永远影响教养，而教养也永远影响天性。

>>观察小测验（第 6 页）的答案 襁褓不但要包住婴儿，还要系紧。

有些学者认为，基因与环境之间的相互作用是如此多样化、如此具有爆发性、如此影响深远，因此问“*有多少*”并不合理 (Gottlieb, 2007; Meaney, 2010; Spencer et al., 2009)。这种问题暗示了比例关系，即两部分各起多大作用。但是婴儿死于猝死综合征并非由于在天性上加了一点教养，或是在教养上加了一点天性，而是由于多种危险因素的共同作用：遗传因素或环境因素不是分别起作用的。

下面来看一个较复杂的例子，它进一步说明了在天性与教养的问题上，既不该问孰多孰少，也不该问孰是孰非。

1. 遗传学

有些青少年喜欢暴力，他们伤害别人，也伤害自己。如果一个人要杀害别人，他很可能在 15—25 岁做这件事。医学、心理学和社会学研究者发现了青少年暴力的很多相关因素，如儿童期受虐待和当前所处的环境等。暴力犯罪的青少

干得好 有人把垃圾扔在南迈阿密这个海滩上，但是这几个青年志愿者却在这里捡垃圾。人们很容易把这种好行为归于文化、家庭和社区，但是基因也会起作用。有些人生来就更倾向于关爱他人。

>> 观察小测验（第 7 页）答案　这要看年代。1983—1995 年约为 18%，2005 年则只有 3%。

年往往是小时候经常挨打、在学校惹是生非、住在毒品泛滥且拥挤不堪的社区中的孩子 (Maas et al., 2008)。

但是，在这样的青少年当中，有些人从来没伤害过别人，而遗传学解释了其中的原因。为一种酶（单胺氧化酶 A，缩写为 MAOA）编码的遗传物质会对几种神经递质产生影响。这种基因有长链和短链两种形式，使一些人拥有较高水平的 MAOA，而另一些人拥有较低水平的 MAOA。不过，这两种情况都是正常的。

在新西兰但尼丁市进行了一项著名的研究，样本几乎涵盖了该市从 1972 年 4 月 1 日到 1973 年 3 月 31 日出生的每个孩子。从这些孩子的幼儿期开始，研究者对他们及其家庭进行了数十次测量，在大量数据的基础上发表了数百项研究成果，主要涉及父母教养方式和 MAOA 基因变体。大约有 1/3 的儿童拥有短链基因，因此 MAOA 水平较低。研究者发现，如果，*而且仅仅是如果*，儿童的 MAOA 是低水平的，而不具备长链 MAOA，那么被父母虐待的男孩表现出的严重攻击行为（出现行为障碍、暴力行为、反社会倾向，最终实施暴力犯罪）大约是其他儿童的 2 倍 (Caspi et al., 2002; 见图 1.2)。不过，有些遭受虐待的男孩——他们拥有高水平的 MAOA——却成了模范公民。

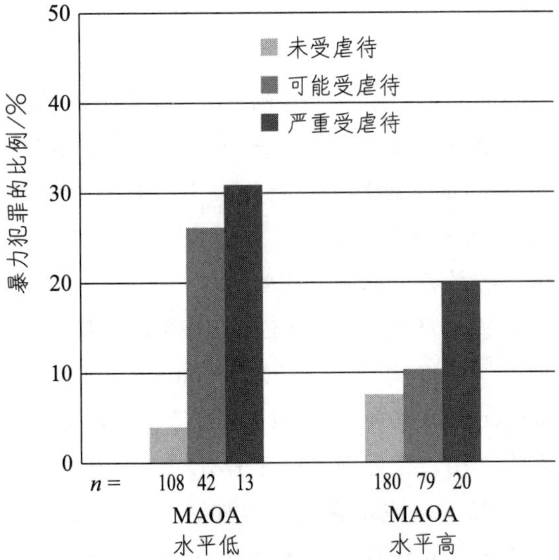

图 1.2

暴力犯罪的遗传起源　父母是否虐待孩子和产生单胺氧化酶的基因变式相互作用，影响着儿童暴力犯罪的可能性。在“可能被虐待”的男孩中，具有高水平单胺氧化酶者，暴力犯罪的比例为 10%，但是具有低水平单胺氧化酶者的这一比例达到了 26%。

据 Caspi et al., 2002

这是否等于说，具有暴力倾向的那些人肯定是 MAOA 水平低的人？不是。如图 1.2 所示，如果未受虐待，这些具有低水平 MAOA 的男孩比具有高水平 MAOA 的男孩*更*可能成为遵纪守法、平和温顺的成人（66.3%∶64.5%）。这样的结果当时曾引起轰动，但近期另一些学者发现，基因或环境以两种方式起作用，使人们要么取得异乎寻常的成功，要么陷入精神异常的境地 (Belsky et al., 2011; Keri, 2009)。

2．分化的敏感性

现在，人们已经意识到这种敏感性的差异，发展学家更是认识到：某种特殊的基因结构可能使人更容易产生特殊的缺点或特殊的优势。对但尼丁研究的重复验证工作并非都能证实 MAOA 与暴力之间的直接联系。但是，基因的作用究竟是积极的还是消极的，这取决于环境，且已被很多研究者证实。社会环境——如母亲孕期饮食、对婴儿的疼爱、早期智力刺激、小学期遭受的欺凌或建立的友谊——影响着遗传密码的表达。遗传的危险因素影响着后期行为，但这种影响会随着被研究者的所在地、年龄和背景而变化。

来看一项对另一群人的研究：对来自美国佐治亚州乡村的 11 岁非裔美国儿童的研究 (Brody et al., 2009)。在这一项目中，父母及其子女被随机安排到两组中，一组没有任何干预；另一组参加了 7 次讨论会，目的是增强族群自豪感、家庭支持、真诚沟通，遵守游戏规则等。(结果证实了之前的一些研究结果，发现自豪感和父母参与可以预防早期性行为和致瘾物滥用)。追踪研究发现，一些参与者具有短链 5– 羟色胺基因（单胺氧化酶），另一些人只具有长链基因。

微小的遗传差异具有重要作用：具有长链基因的人，无论是在干预组中，还是在控制组中，表现得都很好。但是拥有短链基因且参加了讨论会的青少年，比拥有短链基因但未参加家庭训练的青少年，更不可能出现早期性行为和致瘾物滥用；且后者的违法行为更多。天性与教养的相互作用也很重要：特殊的教育方式超越了天性的敏感性，抹平了不同天性者的差异。

对于具有不同基因型的参与者来说，这种说法看上去是正确的。具有短链基因的人很常见——在欧裔中约占一半，在亚裔中约占 3/4——但是文化与家庭也影响着它会成为优势还是劣势 (Chiao & Blizinsky, 2010)。回顾对攻击性的所有研究，我们会发现，天性与教养处于重要而复杂的相互作用中 (Tremblay, 2011)。

（三）关键期与敏感期

天性与教养的相互作用带来了另一个问题：时机。在出生后的一年之内，婴儿很可能因猝死综合征而死去。这通常发生在婴儿 2—4 个月大时，此时，他们的呼吸反射正在发生转变。十几岁的青少年很可能会冒险，所以青少年早期是父母给予其指导的最佳时机。而青少年晚期是容易发生暴力死亡的时期。在儿童期移民的人更容易认同他们的新国家；而让成年晚期移民的人做到这种认同则不大可能 (Cheung et al., 2011)。这几个例子引出了发展的一个基本问题：年龄很重要。对成长来说，存在着关键期和敏感期。

1．唯一时间和最佳时间

关键期是为了确保个体正常发展，必须发生某件事的时间段，或唯一可能发生某种异常的时间段。例如，胎儿长出胳膊、腿、手、脚、手指、脚趾的时间都

关键期 (critical period)：对正常发展来说，一种（身体或行为方面）特殊类型的发展必须发生的时间段。

是在怀孕后的第28—54天之内，在此以后就太晚了——与昆虫不同，人类永远不会长出新的四肢。1957—1961年曾发生过一起悲剧，来自30个国家的数千名刚怀孕的女性服用了沙利度胺，一种抗呕吐药物。母亲在养育上的变化破坏了天性（遗传程序）的表达。如果怀孕母亲在胎儿发育的关键期服用了沙利度胺，胎儿就会发生四肢畸形或失去四肢 (Moore & Persaud, 2007)。胎儿具体的病情取决于孕妇服用该药物的具体时间。令人惊奇的是，如果孕妇在怀孕的第28天之前和第54天之后服用该药物，就没有发生伤害。

敏感期 (sensitive period)：一种特定的发展很可能发生的时间段，但也可能因为一些问题而较晚发生。如儿童期被认为是语言学习的敏感期。

像这样的关键期在人的一生中很少见。更常见的是某种特殊的发展在特殊时间里更容易发生，但在其他的时间里发生也是可能的。这样的时间段叫作**敏感期**。语言是一个例子。如果儿童在1—3岁没有开始说出其最早的语言，等他们再大一些也会开始说话（也就是说，3岁前不是关键期），但他们有可能不能很好地掌握语法（也就是说，1—3岁是敏感期）。与此类似，对于学习第二种和第三种语言来说，儿童期是敏感期。

作为发展过程中常有的现象，由此及彼的推论（如上述的推论）并不适用于每一个人。通常来说，人们在青春期之前就能够掌握无口音的语言，但是一些拥有与众不同的天性与教养经历（具有语言天赋并身处一种说新语言的环境里）的青少年和成人，能完美无瑕地掌握第二种语言 (Birdsong, 2006; Muñoz & Singleton, 2011)。

2. 儿童期与成年期

语言不是最适于在儿童期学习的唯一事情。你们将会看到，早期发展往往是以后生活的基础。例如，1岁时严重营养不良的儿童到中年期时更容易超重或患糖尿病和心脏病。也就是说，早年的生活是营养摄入的敏感期。6岁以前是学习情绪控制的最佳时期，缺少了情绪控制，成人就容易发脾气，事后又后悔。早期人际关系——婴儿期与父母的关系、在学校与朋友的关系、青少年期与爱情伴侣的关系——都影响着成人对其子女的行为。

可塑性 (plasticity)：该观点认为，人的能力、人格和其他特征会随时间而变化。可塑性在儿童期表现得非常明显，但老年人也不都是“一成不变”的。

所有这些都证明，儿童期是一个敏感时期。同时，研究证明，儿童期也具有很高的**可塑性**。可塑性对于发展有两方面可互补的影响：人的特质可以被塑造，同时，人的同一性也会保持某种持久性。在发展心理学中，可塑性这一概念具有希望和现实这两层意思——“希望”是说人的一生都可能发生变化；“现实”是说发展建立在过去的基础上，不是比过去好，就是不如过去。营养不良的儿童不一定会患糖尿病，因为天性和教养可以保护他们。同样，儿童期人际关系不良的人长大以后也可能成为充满爱心和责任心的父母。但是在这两个例子中，他们在长大成人的过程中都面临着一定风险。

可塑性也在另一个方向上发挥着作用：早期的潜能不一定会变成现实。例如，一项对超常儿童（3岁时就对数字着迷，或5岁就能流利阅读，或9岁就成了小提琴家）的综述研究发现，基因、训练、天赋和动机从生命早期就共同影响着儿童的大脑发育和能力的发展。然而，早期的天赋不一定长远：有的具有奇才的儿童后来变成了平庸的成人，还有些儿童原来并不引人注目，后来却变得才能出众

研究个案

可塑性与戴维

我嫂子在第三次怀孕的初期得了风疹（德国麻疹），但大家并没有意识到这件事的严重性，直到戴维出生——他一生下来就失明了并且濒临死亡。出生第三天进行的心脏手术救了戴维一命，但是他在6个月大时进行的摘除白内障手术伤了他的眼睛。他的手指、踝关节、牙齿、双脚、脊柱和脑都明显畸形。预后非常悲观，一些人甚至认为戴维的父母应该把他送到福利院。在生命的头几年里，戴维既不会走路，也不会说话。

幸运的是，有关残疾儿童的观念已经在转变了，专家们开始认识到儿童是具有可塑性的。拿戴维来说，9个月时，他还不会爬，因为他的父母为安全起见，始终把他抱在怀里。而肯塔基盲人学校的一位咨询师建议把他放在一块大毯子上，教他感觉毯子的边界，并且安全地爬行。2岁时，他还不会说话，但是一位听力矫正专家发现他能听见，就鼓励我哥哥和嫂子唱歌给他听。2岁半时，他还不会咀嚼，但是一位营养学家向他的父母演示了怎样强迫他吃非流食的东西。到儿童中期，医生给戴维修复了心脏，切除了白内障，对下巴做了调整，用一对玻璃眼睛替换了已丧失功能的眼睛，调直了他的脊柱。还有十几位专业人员也在帮助戴维提升生活质量。戴维进过三家特教幼儿园，之后进入了一所主流的公立学校，接着又进入了一所特教中学，最后考入了美国路易斯维尔大学——每一步都是在教师们根据可塑性研究的指导下完成的。

请记住，可塑性不能抹掉基因和儿童期的经历，也抹不掉永久性损伤。戴维的能力低下问题一直跟随着他。但是天性和教养的相互作用使戴维在10岁时跳了一级；在五年级时，阅读水平就达到十一年级的水平。他学习了德语和俄语，还学了一点西班牙语和韩语，并且学会了怎样绕开他的身体障碍，比如，既然不能像大多数肯塔基男孩那样打篮球，他就通过练习游泳来保持身材。

戴维现在从事德语教材翻译工作，而且他很享受这一工作。他说："我喜欢为学校提供服务，让学生们获得一些他们尚不具备的东西。"这个孩子的出生曾经令人绝望，但是他长大成人之后，为他的家庭和社会做出了贡献。是我的哥哥和嫂子、他们的另外两个儿子，以及上百位教师和专业人员，经过数十年的研究，在新法律的支持下，再加上戴维自己的努力，使他克服了与别人的差距。现在，他仍然要依赖别人提醒他洗头并在社交场合中给予他指导，他仍然需要按时看医生。然而，可塑性是存在的，戴维证明了这一点。

GLEN STASSEN / KATHLEEN BERGER

亲密的家庭 看看这三个微笑的兄弟，从右往左分别是迈克、比尔和戴维。毫无疑问，我为我侄子们感到骄傲。

(Horowitz et al., 2009)。

这里有一个重要概念。前面已讲过，我们对发展的理解常常得益于神经科学和遗传学。孩子品行不端曾经被认为是因为父母没有教育好；现在我们相信，父母的教育只是因素之一。当今的人们常把儿童行为一概归咎于脑发育不成熟或具有破坏性的基因。而我们要掌握的这个重要理念是：人的任何行为都有多重原因，而且在人的一生中都是可塑的，尤其是在人生早期 (Nelson, 2011)。这对每个人都适用，尤其适用于出生时具有多种残疾的婴儿，我的侄子戴维的经历便是明证。

小　结

人的发展可以用多种方法来研究，因为每个人既是唯一的，又是和其他人们相似的。对发展的研究开始于好奇，然后会依次提出假设，收集数据，得出结论。结论的产生需根据实证证据，而不能根据自己想当然的想法或偏见。

天性与教养永远是相互作用的。在关键期，为确保正常发展，必须发生某些事情；关键期也是唯一会发生某些异常的时间段。敏感期是某种发展最容易发生的时间段。有很多限制阻碍着发展，但是人能够改变环境，绕过困难，显示出可塑性：人的一生都是可以发生改变的。■

二、研究各种各样的人

发展科学定义的第二个要素——所有类型的人——也同样重要。发展学家研究年轻人和老年人，富人和穷人，来自各种族群、背景、性取向、文化和国家的人。为了对研究加以组织，他们把人们划分为不同的年龄阶段，如婴儿期、儿童期、青少年期和成年期，每个阶段都可根据大致的年龄来确定（见表 1.1）。

表 1.1　不同发展阶段的年龄范围

婴儿期	0—2 岁
儿童早期（幼儿期）	2—6 岁
儿童中期（小学期）	6—11 岁
青少年期（中学期）	11—18 岁
成年初显期	18—25 岁
成年期	25—65 岁
老年期	65 岁及以上

在这里，一个挑战是给普遍性和差异性下定义，并以同时照顾到整个人类和每个个体的方式对普遍性和差异性进行描述。基于数量有限的一群人而得出结论是否是有风险的；更危险的想法是认为只有自己所在群体是正常的，其他群体都

不正常。这称为**差异等于缺陷谬误**，人们往往容易注意到差异，然后仓促地下结论，而漏掉了一些重要的东西。于是，每个差异都被看作一种缺陷 (Gernsbacher, 2010)。通过研究所有类型、所有年龄和背景的人，发展学家已经认识到了这种谬误的危险性，并在努力避免犯这种错误。很多的多样性都是受人欢迎的差异，而不是需要补救的缺陷。

差异等于缺陷谬误 (difference–equals–deficit error)：一种错误观念，认为对某个标准的偏离必然比符合标准的行为或特征差。

（一）性别差异

先来看看男性和女性之间的差异。当然，两性在很多方面都相似：在现代化国家，男孩和女孩吃同样的食品，学习同样的课程，而且除非所在文化有特别的要求，否则男孩和女孩穿的衣服也是相同的。但是人们还是喜欢关注差异，不然约翰·格雷 (John Gray) 的《男人来自火星，女人来自金星》(*Men Are from Mars, Women Are from Venus*, 1992/2004) 怎么会畅销了 20 年，而且又在近期推出了姊妹篇《火上的金星，冰上的火星》(*Venus on Fire, Mars on Ice*; Gray, 2010)? 夸大两性差异是一种曲解，这种曲解正是发展学家要极力避免的。正如珍妮·海德 (Janet Hyde, 2007) 所说的，人类既不来自火星，也不来自金星，人类来自地球，两性间的相似性远远多于差异性。

但当考虑性取向时，接受性别差异的重要性就显示出来了。在历史上，人们若被同性别的人吸引，是会被看成有问题的。在 50 年前，同性恋者的自杀率远高于异性恋者的自杀率 (Herek, 2010)。但是同性恋权利运动、有关同性恋的科学资料和其他因素加在一起，带来了戏剧性的逆转：在 20 世纪 70 年代，精神病学家和心理学家宣称，“同性恋本身并不意味着判断力、坚定性和可靠性的缺陷”(Conger, 1975, p. 633)。于是，同性恋者的自杀率陡然下降，而且在一些国家里下降得尤为明显。

（二）文化、族群和种族

无论是科学工作者还是非科学工作者，在提到文化、族群和种族时，都会对多样性感到困惑。这些术语都属于**社会建构**，即它们是被社会建构出来或制造出来的术语。社会建构的力量可以很强大，影响着人们的思维，但是由于这些建构来自社会，所以也会因社会而变化。

如果错误地使用文化、族群和种族等术语，就可能导致差异等于缺陷谬误。下面的定义可以帮我们避免这种谬误。

1. 共享的观念体系

对于社会科学工作者来说，**文化**是“共享观念、习俗、规范、行为、期望和符号表征的体系，它能持续一段时间，并制订出了社会行为规则”(Bornstein et al., 2011, p. 30)。文化远远多于食物或仪式性的东西；它是一种强大的社会建构。

每个家庭、社区或大学都有自己的文化，这些文化可能是互相冲突的。例如，几十年前，我的一个朋友从一个乡下小镇来到大学校园，上第一节课时，她穿着自己最好的衣服：颜色鲜亮的紧身裙，配以条纹外套。坐在教室里，她环顾周围，感

社会建构 (social construction)：建立在共同的认知上而非客观现实基础上的观念。许多与年龄有关的术语（如儿童期、青少年、雅皮士、老年人）都属于社会建构，它们与生物学特质有关，但是受到了社会假设的强烈影响。

文化 (culture)：共享观念、习俗、规范、行为和期望的体系规范着社会行为和思想。

晚饭吃什么？　市场到处都有，但每种文化里都有独特的产品、商店和售卖人的组合模式。可以把泰国曼谷这个水上食品市场和北美的超市进行比较。

到非常窘迫，于是一下课就冲去了二手服装店，买了牛仔裤和T恤衫。

人们通常会用文化一词来指由其他人组成的大群体，如“亚洲文化”或“西班牙文化”。这就带来了一种偏见，因为在这些大群体中，还有很多种不同的文化。例如，从韩国和日本来的人很清楚彼此的差异，墨西哥人和危地马拉人也如此。而且，某些来自这些文化的人也从不遵从其所属文化推崇的“观念、习俗、规范和行为。”对文化的概括和差异等于缺陷谬误仅有一步之遥，我们应在文化流动性和变异性中理解文化。

2．读书：一个例子

跨文化研究揭示出了人们没有意识到的共享行为。让我们以给学步儿读书为例。因为这种行为能促进学步儿的语言发展，所以欧裔美国人经常批评墨西哥裔父母很少给他们的孩子读书。但这种批评可能反映出了一种差异等于缺陷谬误，因为跨文化研究发现，很多墨西哥裔父母会采用其他方式培养孩子的读写能力 (Hammer et al., 2011)。

同样是父母给学步儿读书这件事，不同的父母传递的信息也不一定相同。研究者设计了一本没有文字的图画书，让来自不同国家的中产阶级父母和他们20个月大的孩子一起看，并把他们说的话都记录下来和加以分析（见“研究设计”专栏）。

还有一个明显的文化差异。美国妈妈使用的名词比动词多；中国妈妈则相反。例如，对一张蒲公英的照片，美国妈妈指出了花瓣、叶子、茎和各种颜色，如“黄花”“绿叶”。相形之下，中国妈妈强调动作：蒲公英能摘，能闻，因为蒲公英在照片上，所以孩子可能想到外边摘一朵 (Chan et al., 2009)。

研究设计

研究者：Cheri C. Y. Chan, Amanda C. Brandone, Twila Tardif

出版物：《跨文化心理学杂志》(*Journal of Cross-Cultural Psychology*, 2009)

参与者：49对母亲和学步儿，其中25对来自美国的一座城市，24对来自中国北京。对两组参与者的年龄和文化水平做了配对。

实验设计：每对母子都会被带进一个游戏室，并在以下三次各10分钟的游戏环节中记录了他们的言行：（1）玩机械玩具；（2）玩普通玩具；（3）看同一本图画书。（为了平衡两个组，所读的书是专为本研究设计的，且与美国和中国常用的书页数相同。）

主要研究结论：获得了某些共同性方面的证据。例如，所有的妈妈都受到环境背景的影响，在玩机械玩具时，会使用更多的动词。同时，差异也很明显。美国妈妈较少发出命令，如“坐下”和“听着”，允许孩子说出一些离题的评论。在一起阅读时，中国妈妈用的动词多于名词（大约多20%），而美国妈妈用的名词比动词多。

评论：这一研究显示，文化的相似性和差异性都存在。所有妈妈都鼓励孩子玩和说话。但已有研究显示，美国儿童学习物体名称比其他国家的儿童快些，中国文化鼓励人们在与其他人的积极关系中看待自己，而不是把自己看作孤立的个体。很多亚裔人倾向于感知背景中的客体和经验，而不是把它们从其具体的用途和周围事物中分离出来。这些文化差异是否会反映在母亲给学步儿解释图画书里的图片时呢？

令人感兴趣的是那些被当作缺陷的差异。研究者对这项研究最初的数据重新进行了分析，因为一些研究者假设，中国妈妈对孩子严格，她们频繁使用的动词往往是一些命令（例如，“坐下”“注意”）。在排除了所有与读书无关的单词后，详细的再分析揭示出了不同的结果。这一差异并不是一个缺陷；所有的父母都会教孩子和自己的文化相关的词汇和态度。

© 万千心理

不一样 乍一看，这是个标准场景：世界各地的家长都会给自己的学步儿喂饭。但仔细看看，就能发现环境、家长的性别、使用的餐具等是不同的。但是核心的文化变量看不出来：父亲说了什么，学步儿又在关注什么。

3．族群与种族

来自一个**族群**的人们共享一定的属性，这些属性几乎总是包括祖先传统和民族起源、宗教和语言 (Whitfield & McClearn, 2005)。族群不同于文化群体：来自特定族群的人不一定共享一种文化（如爱尔兰的有爱尔兰血统的人和北美的有爱尔兰血统的人），而且有些文化分布广泛，包括几个族群的人们（如不列颠文化）。

族群是受社会背景影响的社会建构。对每个人来说，如果符合以下两个条件，族群认同感都会很强烈：(1) 该群体的其他成员就在附近；(2) 其他群体排斥这个人。例如，在非洲出生但长期居住在北美的人通常认为自己是非洲人，但是在非洲出生而且在非洲大陆生活的人往往认同一个更特殊的族群。相似的认同在每个人身上都表现得很明显：如果同一族群的其他人住在附近，而且其他族群的人们强调族群差异，那么，族群认同会更具体、更突出（例如，认为自己是西西里人而不仅是意大利人；是韩国人而不只是东亚人）。

族群 (ethnic group)：和祖先出生在同一地区、具有同样的语言、文化和宗教的人们。

种族这一术语用于根据生理差异（尤其是外表差异）对人们进行分类。但是，外貌不是生物学、遗传学或发展心理学中可信的指标（美国人类基因组研究所种族、族群和遗传学的工作小组，2005）。皮肤颜色（常作为一种种族标志）尤其具有误导性，因为祖先来自非洲的、深色皮肤的人具有高水平的种群遗传多样性 (Tishkoff et al., 2009, p. 1035)。深色皮肤、祖先不是来自非洲的人，与非洲人相比，无论是基因还是文化都是不同的。

种族 (race)：人的群体，他们自己或别人都因身体外貌和肤色而认为他们与其他人群不同。社会科学家认为种族是一个误导性的概念，因为外貌并不能代表生物学上的差异。

社会科学家不认为种族是遗传的。几位心理学研究者认为：“种族是一个社会建构，其中的个体在其生理特征的基础上被贴上不同种族的标签，并且往往被当作特定群体的人来对待” (Goldston et al., 2008, p. 14)。和遗传差异不同，社会建构可能在几十年内消失：这种情况已经在种族的问题中发生过了 (Rothenberg, 2010)。例如，在 19 世纪，希腊人和意大利人曾被认为是黑人，但是到了 20 世纪，他们又被看作白人 (Jacobson, 1998)。

（三）社会经济地位

人与人之间的另一个差异与**社会经济地位（SES）**有关，有时也称为社会阶级（如中产阶级和工人阶级）。一家之主或夫妻二人的受教育程度和职业，有时还有附近邻居的平均受教育程度和平均收入，也被用于确定社会经济地位。

社会经济地位 (socioeconomic status, SES)：由收入、职业、教育程度和居住地决定的人的社会地位（有时也称为社会阶级）。

社会经济地位影响着发展的各方面，也影响着生活本身（见图 1.3）。社会经

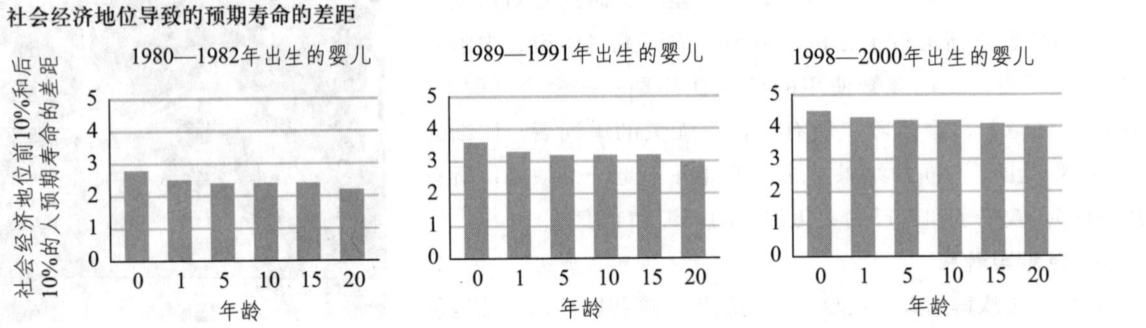

图 1.3

每个人都会活得更长，但是……　医学和公共卫生事业的发展延长了每个人的寿命，无论人们处于何种社会经济地位（未显示）。但是在美国，在社会经济地位前 10% 和后 10% 的人口之间，预期寿命延长的时间差异越来越大。如图所示，出生在 2000 年的婴儿的这一差异达到了 4.5 年（预期寿命分别是 80 岁和 75 岁）。经济地位的平等没有跟上卫生事业发展的步伐。

据 Singh & Siahpush, 2006.

济地位为什么会对个体的发展产生影响呢？社会科学家有很多理论，本书将会介绍其中一些。毫不奇怪，经济学家和社会学家比神经学家和心理学家更倾向于强调社会经济地位的差异。但是，所有的发展学家都承认，社会经济地位影响着每个人的生活，且对人的早期影响可能大于后期影响。

（四）寻找平衡

前面提到，人类发展科学试图寻找普遍性与特殊性之间的平衡。所有人都是相似的，但每个人又是独一无二的。性别、文化、族群和社会经济地位的差异非常明显。这是一个矛盾，一个两难困境，还是一个极具诱惑的挑战呢？

事先说明：在从许多资源（如 2010 年美国人口普查、联合国的报告和学者的相关研究）里获得的数据中，人群是根据种族划分的，如非裔人、欧裔人、西班牙裔人和亚裔人等。其他数据则是根据性别、性取向、民族血统和社会经济地位对人群进行划分的。这些社会建构有时对学者、社会和个体很重要。这不是一种苛求：我们需要关注人群中的差异，为的是让“所有类型的人”都在研究范围内，从而避免假设所有人都是以同样的方式发展的。一位著名的发展学家有说服力地指出了这一点：

> 有的心理学者和精神病学者写出了这样的话：“带有 5- 羟色胺转运体短等位基因的人，如果过去经受过压力，则容易患抑郁症。”……我建议他们应该更多地写出类似下面的话，“拥有 5- 羟色胺转运体短等位基因、生活在远离家庭的大城市、出生次序靠后、在贫困家庭长大的欧洲血统女性，可能有抑郁的危险。”
>
> ——凯根 (Kagan, 2011, p. 111)

凯根的建议是对夸大事实的批评：普遍性与特殊性之间的准确平衡不明显，而发展的结论不应该忽略背景方面的证据 (2011, p. 112)。我们一定要避免做出关于组间或组内差异的简单结论。某一组里的一个儿童的发展和另一组或本组里的另一个儿童并不相似。这种差异不一定是缺陷导致的；这些分类也都是社会建构，而非永恒的差别。这引出了我的定义里的第三个方面：随着时间的变化。

小　结

各个年龄、来自每种文化和背景的发展中的人让我们意识到了什么是普遍的，什么是独一无二的。人与人的差异不一定是缺陷，尽管有些人错误地认为自己所走的路对所有人都是最好的。族群、种族和社会经济地位都以不同方式互相叠加地影响着发展。■

三、观察随着时间发生的变化

个体、文化和社会都会随着时间而变化。连续性和不连续性、一贯性与转变、突然地爆发与逐渐地转变——这些都是发展科学里的焦点问题。如果人们每年以相同的速度成长（称为线性生长），或者说成长只发生在迈入下一个阶段时（就像台阶一样），发展研究就会容易很多。多年来，发展学家一直在争论，在连续性发展和不连续性发展中，哪个才是更准确的发展模式。不过，发展的模式不止这两种（见图 1.4）。

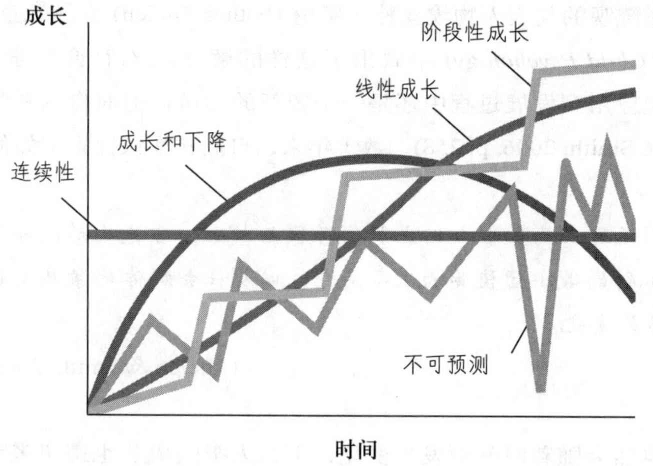

图 1.4

发展成长的模式 详细的研究发现了发展中的多种成长模式。虽然线性（或非线性）模式看似最普遍，但研究者发现，人的变化没有一个方面是符合准确的线性模式的。

无论是哪种模式，年龄对发展学家来说都是重要的。一个男孩受挫了，他躺在地上又踢又叫的表现正常吗？如果他只有2岁，正常；如果他已12岁，则不正常。一个女孩对一个男孩感兴趣，这正常吗？如果她已16岁，正常；如果她才6岁，则不正常。更普遍来说，儿童的思维、游戏和学习都在不同程度上取决于他们的年龄：每一年龄的常模与特殊模式正是发展科学的基础，对于所有儿童工作者都是非常重要的。

（一）动力系统

发展的每个方面都在反复地与其他方面相互作用；每个人也都在与其他人相互作用；所有的条件和经验都随着时间的推移而持续地相互作用；一个人身上的每个发展变化都影响着他身上的其他每个方面，也影响着他家庭里、社区内外的每个人。

动力系统（dynamic system）：关于人的发展的一种观点，把发展看作身体、认知和心理社会性之间不断变化的相互作用。其核心观点是：发展不是静态的，而是动态的，既被多个系统的发展影响，也影响着它们的发展。

因此，如今的学者们会把发展看作**动力系统**的产物。之所以说是“系统”，是因为一个人、一个家庭或社会某一方面的变化都影响着其他所有方面，因为每一部分都与其他所有部分相联系（Thelen & Smith, 2006；见图1.5）。身体本身是一个系统，它又是由很多亚系统（心血管系统、呼吸系统、生殖系统等）组成的；一个家庭是一个系统；周围的邻居、一座城市、一个国家乃至整个世界，也都是系统。每个人身上的每个方面都与他身上的其他很多系统相联系，并且影响着其他很多人，因此随着时间的延伸，也影响着其他很多系统。举个简单的例子，头胎出生的宝宝把一个女人变成了妈妈，把一个男人变成了爸爸，个人与整个家庭系统也发生了激动人心的巨变，并会导致习惯、生活目标、睡眠、兄弟姐妹竞争、邻里关系、国家出生率等许多方面的变化。

持动力系统观的代表人物埃丝特·泰伦（Esther Thelen）在《儿童心理学手册》（*Handbook of Child Psychology*）中做出了这样的解释：“对社会科学工作者来说，把动力系统观应用到发展过程中还是一个较新的尝试；但对自然科学工作者则不然”（Thelen & Smith, 2006, p. 258）。数十年来，自然科学家探索了如何

> ……通过云的聚散、树生长的形状与大小、雪花的形成和消融、我们觉察不到的微小动植物的生命周期，以及社会群体的聚集与解散，来测量季节的变化。
>
> （Thelen & Smith, 2006, p. 271）

既然大自然会随着时间而发生变化，那么人类的成长也遵照多种模式和速率就不足为奇了。人们已经不再认为发展是线性的而进步是必然的了，取而代之的是另一种观点，即连续性与不连续性都是每个生命的组成部分，在各个年龄都有得有失，变化是以多种方式发生的（见图1.5）。

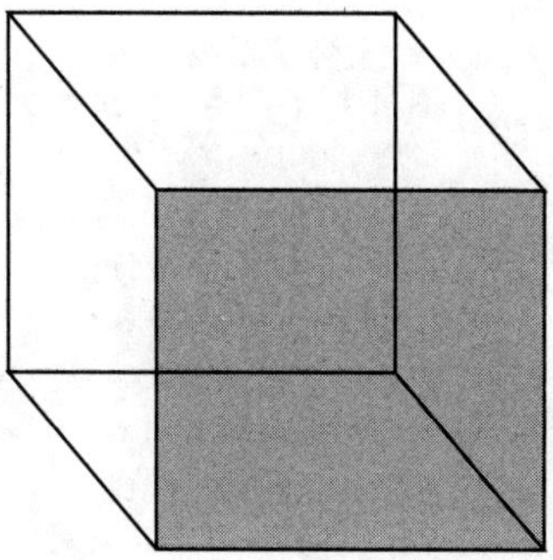

图 1.5

简化的动力系统 如果少了这 12 条线中的一条还能构成一个盒子吗？哪里是前部、顶部或底部呢？如果把它翻过来，它还和原来一样吗？希望这个简单的例子能帮助你理解动力系统的复杂性——发展的每一方面都与其他方面相联系，而且发展结果可能在任何时候发生变化。

尽管动力系统观是一个较新的观点，但实际上，此前已经有类似的探索了。20 世纪末期最著名、最有影响力的发展学家之一，尤里·布朗芬布伦纳 (Urie Bronfenbrenner) 提出了发展研究的**生态系统论** (Bronfenbrenner, 1977)。他认为，发展学家必须像自然科学家考察每个有机体的环境并考虑到有机体与环境的相互作用那样，考察每个人周围的多个系统。在即将结束自己生命之前，他把自己的理论更名为生物生态学理论，为的是反映出自然环境与生物过程也包括在其理论中 (Bronfenbrunner & Morris, 2006)。

生态系统论 (ecological-systems approach)：关于人的发展的一种观点，考虑到了发展的所有背景的影响（*后更名为生物生态学理论*）。

布朗芬布伦纳描述了影响人的三水平嵌套结构（如图 1.6 所示），分别为小环境系统（直接环境成分，如家庭）、外环境系统（本地机构，如学校和工作场所）以及大环境系统（大背景，包括文化价值观、经济政策、政治进程）。为了反映小环境、外环境和大环境系统之间的动态交互作用，布朗芬布伦纳又命名了第四个系统——中环境系统——表示其他几个系统之间的互动。

中环境系统的一个例子是学校与家庭之间的交互作用。中环境系统里的一些成分（如家长会）就是明显的例子。其他的还有设定奖励标准、学生课程选择，或是要求每天下午 3 点，父母中必须有一人在家的学校作息安排等，都起源于大环境系统，因为国家认识到了人口教育与经济发展之间的关系。

（二）历史背景

随着时间的变化不仅发生在每个人身上，而且发生在家庭、社区、国家和整个世界当中。布朗芬布伦纳看到了这一点，他创造了一个术语“时序系统 (chronosystem)”。其他很多发展心理学家，出于充分的原因，也强调历史背景。今天 10 岁的儿童已经看到或经历了新技术的出现、气候变化、全球化、艾滋病、学校课程变化和其他很多现象，这与他们的爷爷辈在 10 岁时的经历是不同的。他们的身体发育也不同（见图 1.7）。

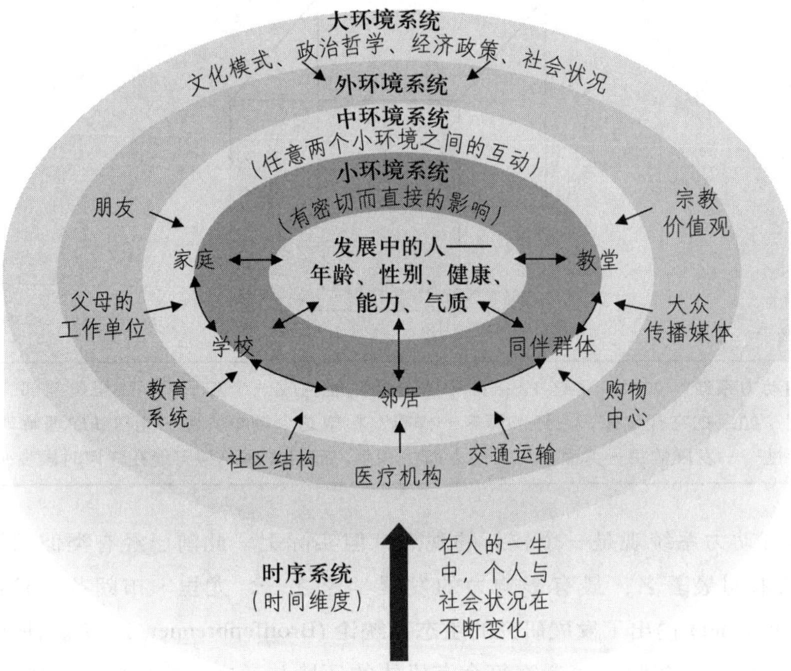

图 1.6

生态学模型　发展心理学家尤里·布朗芬布伦纳认为，每个人都受到相互重叠的几个系统之间的相互作用的影响，这些系统给发展提供了环境。小环境系统（家庭、同伴群体、班级、邻居、教堂）密切而直接地影响着人的发展。围绕并支持着小环境的是外环境系统（包括所有的外部网络，如社区结构、本地教育、医疗、职业和通信系统）。大环境系统对这两个系统都有影响，它包括文化模式、政治哲学、经济政策和社会状况。中环境系统指当父母与教师互相协调教育一个孩子时，系统之间的相互作用。布朗芬布伦纳后来又提出了第五个系统，称作时序系统，强调了历史时期的重要性。

年龄群 (cohort)：出生在相同历史时期的人们。他们一同开始生命旅程，经历着相同的事件、新技术的涌现和同时代的文化变迁。例如，互联网的影响取决于一个人属于哪一年龄群。

出生在某一时间段的所有人称为**年龄群**，这一群体一起走过其生命之旅，经历相似的环境。其中每个成员都受到所处时代的价值观、发生的大事件、技术的革新与文化的影响。例如，21 世纪发达国家的幼儿几乎都要参加早期教育课程，他们学会了更多的词汇，交了更多的朋友，而且往往是来自其他族群的朋友。50 年前的年龄群可不是这样，这种历史变化影响着这一代人的智力、动机和价值观，这是过去几代人难以想象的。

如果你怀疑国家的变化趋势、事件与个人有关，就请看你的名字——专门为你选择的一个词。来看表 1.2，每一行都分别列出了从 1910 年到 2010 年，美国每隔 25 年选出的一批最流行的男孩名和女孩名。人们的名字和人们对它的反应受时代的影响。研究发现，名字会受到出生地所在州何时加入美国联邦的影响：控制了族群背景后，和出生在早期 13 个州的婴儿相比，出生在西北部太平洋“沿岸”或“山区”的几个州（蒙大拿、俄勒冈、内布拉斯加等）的婴儿起流行名字的可

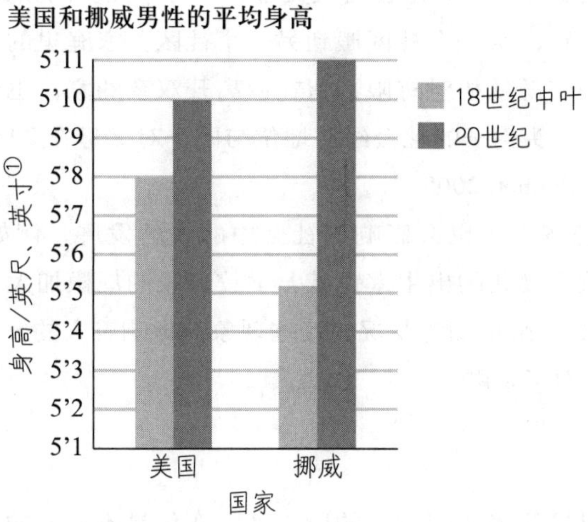

图 1.7

系统与梯级效应　随着时间的推移，系统的任一部分都影响着其他所有系统。18 世纪初，机器的使用提高了农业生产效率，改善了孕妇的营养，成人的体重增加了，健康状况得到了改善，寿命增加了几十年。本图显示了两个国家人口的身高在 18 世纪中期和 20 世纪的对比。有追踪记录的国家都发现了相似情况。另一个结果是，19 世纪以来，人的平均寿命增加了一倍多。但是 20 世纪的人口爆炸导致 21 世纪家庭的平均规模的大幅缩小。所以，如果你想要兄弟姐妹，也不该责备父母，该责备拖拉机。

能性低得多 (Varnum & Kitayama, 2011)。

表 1.2　在 1910、1935、1960、1985 和 2010 年美国最流行的男孩名和女孩名的前五位

年份	占前五位的女孩名	占前五位的男孩名
_____	玛丽、苏珊、琳达、卡伦、唐娜	大卫、迈克尔、詹姆斯、约翰、罗伯特
_____	玛丽、海伦、玛格丽特、多萝西、露丝	约翰、詹姆斯、威廉、罗伯特、乔治
_____	伊莎贝拉、索菲亚、埃玛、奥利维亚、埃娃	雅各布、伊桑、迈克尔、杰登、威廉
_____	玛丽、雪莉、芭芭拉、贝蒂、帕特丽夏	罗伯特、詹姆斯、约翰、威廉、理查德
_____	杰西卡、阿什莉、詹妮弗、阿曼达、莎拉	迈克尔、克里斯托弗、马修、乔舒亚、丹尼尔

据美国社会保障局网页（http;//www.ssa.gov/OACT/babynames），于 2011 年 5 月 16 日提取。

先猜猜　如果你的回答是，自上而下分别是 1960 年、1910 年、2010 年、1935 年和 1985 年，你就正确地察觉到了年龄群的影响。如果你答错了，原因可能是这些资料取自实际应用的社会保险号，因而忽略了那些没有社会保险号的人。

经济领域的一个例子更能代表历史的变迁。社会经济地位的变化对儿童发展的影响更普遍、更重要。就连对于出生在同一个家庭中的不同的孩子来说也有影响。一般来说，从一个家庭的组建到其消亡，家庭的收入状况会发生波动，教育

① 1 英尺 =30.5 厘米，1 英寸 =2.54 厘米。——译著注

与职业状况会发生变化（尤其是在为人父母者只有十几岁的家庭中），工作可能丢了，也可能刚刚找到，从一个社区搬到另一个社区。家庭里的子女如果过多，那么每个孩子占有的资源就相对有限；留在或离开双亲的家，也会改变社会经济地位。出于很多原因，头生子的社会经济地位与同一对父母在 20 年后生的孩子有很大不同 (Conley & Glauber, 2008)。

整个社会的经济变化也会影响该社会中的人的发展。例如，2007 年开始的全球经济危机导致了婴儿的出生率锐减、学校班级的规模加大（班级学生人数增多）、人的平均结婚年龄增加等状况。这些现象都影响着人的发展，至于具体是如何影响的，本书后面将要讲到。

（三）三个领域

生物心理社会性发展 (biopsychosocial development)：强调发展的三个领域（生物社会性发展、认知发展和心理社会性发展）相互作用的术语。虽然研究者必须对这三个领域分别进行研究，但任何发展都是生物心理社会性发展。

显然，要同时检测多年间发生的所有动力变化是不可能的。研究者每次只研究发展的一个方面，然后把它和其他方面结合起来，对一个人做出描述。发展学家一般把研究划分为三个领域：生物社会学领域、认知领域和心理社会学领域（见图 1.8）。每个领域都包括几个学科：生物社会学领域包括生物学和医学，认知领域包括心理学和教育学，心理社会学领域包括社会学和人类学。而神经科学和遗传学这两个新学科则对这三个领域都有贡献。

因为，发展的每个方面与这三个领域都有关，所以就有了“**生物心理社会性发展**”这一术语，来反映这三个领域的相互作用。生物心理社会性发展并不意味着

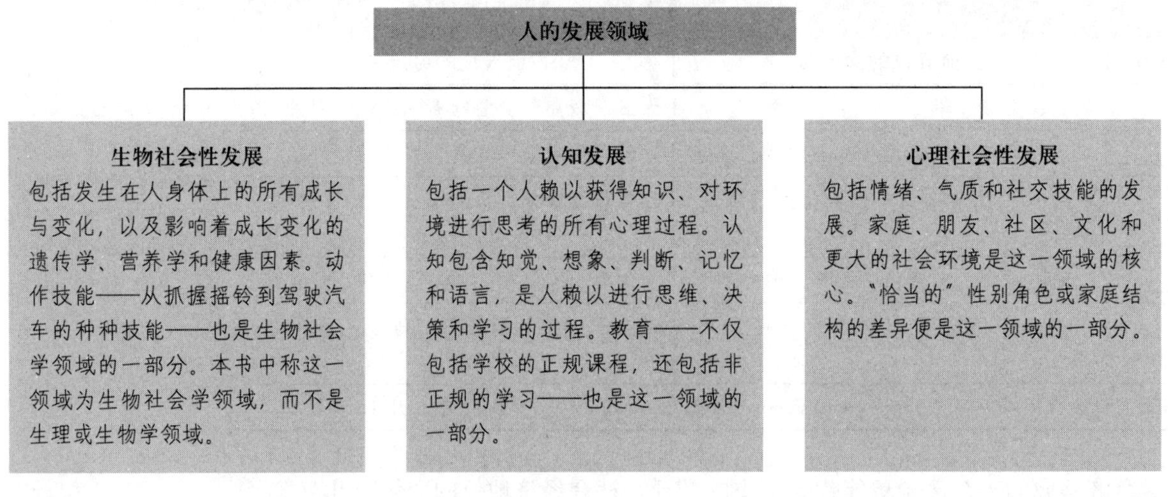

图 1.8

三个领域 为方便研究，人的发展可分为三个领域，但是需要注意，大部分因素都不是只属于某一个领域的。发展不是零碎的，而是整体的：发展的每个方面都与这三个领域有关。

生物学变化优先于另两个领域的变化——有时候次序反过来可能更准确 (Cohen, 2010)。例如，婴儿开始说话是由于脑与声带的成熟（生物学），这使他们能把客体与词之间的联结表达出来（认知），但是这些发展并不足以使他们学会说话，除非有人一直和他们说话（心理社会性）。换言之，婴儿要想学会说话，生物学角度的前提是能知觉到言语，但是婴儿如果没有机会听到言语，就无法实现脑的成熟。事实上，如果深度聋儿在出生几年以后才开始语言学习，他们就永远不会正常地说话，因为其相应的脑区没来得及发展 (Buckley & Tobey, 2011)。

这里有一个难题：字要一个一个读，书要一页一页翻，而思维一次只能产生一个思想，所以我们很难想象所有领域同时发展。但是由于随着时间的推移，每件事和每个人的变化都是相互联系的，所以一个领域的发展性研究发现就有可能为其他学科的同行提出研究的课题。一个例子来自**镜像神经元**——会对人看到的行为做出反应，好像他自己实际做出了那个行为——下面的“科学观点：镜像神经元”专栏有详细解释。

镜像神经元 (mirror neurons)：一种脑细胞，当看到另一个人做出一个动作时，该细胞被激活，就像观察者亲自完成了该动作一样。

科学观点

镜像神经元

20年前，科学家惊奇地发现，恒河猴脑中的一个特定的动作反应区域会在其观察到一个动作时发生反应，好像它自己实际做出了那个动作一样 (Gallese et al., 1996)。例如，当一只猴子看到另一只猴子拿到一根香蕉时，两只猴子的同一脑区会做出同样的反应（大脑扫描发现，在同一区域出现亮点，见文前彩页）。在恒河猴大脑皮层运动区F5区，有一种所谓的“镜像神经元”，会对恒河猴观察到的东西做出反应。随着技术的不断进步，研究者已经在人脑的几个区域发现了镜像神经元 (Keysers & Gazzola, 2010)。对于芭蕾舞演员观看芭蕾舞剧和足球运动员观看其他球队比赛时的研究证实，行动者和观察者脑中同一区域的神经元均按顺序发生了激活。

人类大脑能够反映的东西比拿到一根香蕉或踢进一个球多得多。“人类的镜像神经元系统的功能可能超越对所见的别人的动作的模仿，还能对他们的意图甚至心理状态做出推断” (Coward, 2008, p.1494)。反复的观察就像反复做出动作一样，终使大脑得到了发展。来自多学科的研究者对其机制进行了探索 (Rizzolatti & Fabbri-Destro, 2010)：

- 人类学家假设，镜像神经元也许能够解释文化传递与社会组织现象 (Losin et al., 2009)。
- 精神病理学家认为孤独症是镜像神经元受损导致的 (Marsh & Hamilton, 2011)。
- 精神病学家相信，大脑镜像机能的丧失可能引发精神分裂症的症状 (Buccina & Amore, 2008)。
- 语言学家相信，镜像神经元支持了语言学习 (Corballis, 2010; Rossi et al., 2011)。
- 认知心理学家认为，镜像神经元可以解释新生儿进行观察学习时，对所看到的行为的模仿能力 (Diamond & Amso, 2008)。

- 社会心理学家认为，镜像神经元可帮助人们对他人共情 (Decety, 2011; Iacoboni, 2009)。

尽管众多学科的发现让科学家激动万分，但他们也相当谨慎。众所周知，对人脑的研究是艰难的。神经网络极其复杂；镜像神经元当然不能解释人类学习的全部，也不能解释社会责任感 (Plotkin, 2011; Wheatley et al., 2007)。不过，由于发展研究是多学科共同的课题，数以千计的研究儿童的学者正试图查明对恒河猴大脑的意外发现所带来的启示及其应用价值。

小　结

动力系统观发现，在生命的全程，同时存在着发展的连续性与不连续性，不稳定的变化与线性的进步，以及获得与丧失。发展学家所探讨的是影响人的生物社会性发展、认知发展和心理社会性发展的诸多因素。尤里·布朗芬布伦纳的生物生态学理论主张，每个人都处在家庭、学校、社区和文化等更大的系统中。年龄群、文化和社会经济地位影响着每个人的发展，生物学因素的影响则无时不在。镜像神经元的例子重新解释了人类的学习与发展。从神经学的角度说，当婴儿、幼儿和成人看到别人做什么事情时，他们自己也经历了那些事情。■

四、采用科学方法

给希望孩子喜欢体育的父母的问题　如果你的孩子太小，还不能和别人一起游戏和参加体育活动，那么镜像神经元的研究会给你什么启示呢？（答案见第 25 页）

科学方法的问题包括研究设计和对证据进行分析。统计测量可以帮助研究者从他们所收集的数据中发现各个变量之间的关系（表 1.3 介绍了部分统计方法）。每种研究设计、方法和统计测量方法都既有长处，也有短处。你也许注意到了，本书的每一章都包含一个“研究设计”专栏，会具体介绍一项研究，来帮助你理解其中的变量和研究设计的缺点。如果可以正确地理解这些研究，将有助于你加深对发展的理解。下面介绍研究设计的三种基本类型：观察法、实验法和调查法，下一节将讨论发展学家有哪三种途径来查明随着时间而所发生的改变。

（一）观察法

科学观察法 (scientific observation)：一种检验假设的方法，以系统、客观的方式观看并记录参与者的行为，往往发生在自然环境、实验室或查找档案资料的过程中。

我们都在观察。发展学家使观察成了科学，他们找到了很多办法对被观察者加以限制，以便根据数据而不是假想来得出结论。**科学观察法**要求研究者系统、客观地记录儿童的行为，记录时要依据行为定义（注意看到的实例，如观察攻击行为的实例），还要记录时间数据（例如，记录每 10 秒发生的事情）。观察往往是在自然环境中（如家庭、学校和公园）进行的，在这些地方，人们的行为往往能像平时一样。在理想的状况下，观察者可能会被忽视，甚至完全没有被注意到。科学观察法还可以在实验室中进行，研究者可以在那里记录人在各种情境中的行为，这时常会使用安装在墙上的摄像机，研究者本人也就不必和被观察者共处一室了。

表 1.3 分析研究结果时常用的统计测量方法

测量	应用
效应量	反映一个变量如何影响另一个变量的指标。效应量的范围是 0~1：当效应量等于 0.2 时，影响较小；当效应量等于 0.5 时，影响适中；当效应量等于 0.8 时，影响较大。
显著性	该指标反映了结果是否可能是意外出现的。一个结果发生的概率若小于 5%，显著性水平则为 0.05；一个结果发生的概率若小于 1%，显著性水平则为 0.01；当概率小于 1‰，显著性水平则为 0.001.
成本效益分析	比较一个自变量的成本和将来所能带来的效益。这对于计算公共开支非常有用。例如，一项成本效益分析显示，在一项较昂贵的学前教育项目中，每个儿童需花费 15 166 美元，但是到其 40 岁时可带来 21 500 美元的效益，而效益表现在减少了特殊教育的花费、失业率以及入狱的可能性等方面 (Belfield et al., 2006)
比值比	拿一个特定变量与一个设定为 1 的标准进行比较。例如，一项研究发现，尽管只有不到 1% 的杀童案件发生在校园中，且公立学校与私立学校的比例相当，但是，这种死亡在高中发生的可能性是小学或初中（设定为 1）的 18.47 倍 (MMWR, January 18, 2008)。
因素分析	影响一个行为的变量可能有数百个。许多变量可能是重叠的（如家庭收入和父母的受教育水平）。考虑到这一点，因素分析可以揭示出那些可以聚合为一个因素的变量，所以一个因素中可以包括多个变量。例如，社会经济地位可以成为一个因素，儿童人格可以成为另一个因素。
元分析	一种"对研究的研究"。使用统计工具对以前做的多项研究加以综合。利用每项研究的权重，对累积的结果进行分析。这种方法可以通过把参与者很少、结果达不到显著水平的多个研究结合起来，而改善数据分析。

什么人可以参加研究？
对所有的研究来说，参加研究的人（参与者）的特征都很重要，例如参与者的数量。

观察法是人类学家的最主要方法，他们生活在一个社区里，细致入微地留意着其中的文化。历史学家在细心阅读过去的记录时，也会使用观察法来得到启发；社会科学家也会分析出于其他原因（例如，人口普查）而收集来的数据。尽管如此，即使研究者经过了严格的训练，控制好了时间，且动机未受主观影响，观察法仍旧有其局限性：它无法揭示行为的原因。

还记得苏珊·比尔对澳大利亚婴儿的观察吗？她基于数百项详细的观察提出了一条重要的假设，但她仍需要比观察更多的资料。每一项观察都有貌似合理的解释。以婴儿猝死综合征为例，在观察中国婴儿与澳大利亚婴儿之间的差异时，研究者可能会发现中澳两国在孕期护理、母亲的饮食、母乳喂养、面部特征、婴儿毯的面料等方面均有差异，这些都可能是造成婴儿猝死率不同的原因。要支持比尔的假设——即睡姿的差异是最关键的——她还需要更多的证据。

>>回答希望孩子喜欢体育活动的父母（问题见第 24 页） 镜像神经元的研究表明，所有年龄的人都能通过观察别人的身体运动来学习。这就告诉我们，父母应该让孩子有很多机会观察别人扔球、跑步或从事体育活动。

（二）实验法

实验法是研究者用来查明因果关系的研究方法。在社会科学中，实验人员一般会对参与者进行特殊处理，或让他们处在特殊的条件下，然后再观察他们的行为是否有变化。

自变量 (independent variable)：在一项实验中，用来查明对因变量有何影响的变量（也称实验变量）。

因变量 (dependent variable)：在一项实验中，可能因实验者加入的新条件或新情境而发生变化的变量。因变量依赖于自变量。

用学术术语来表达，实验者要操纵**自变量**，它是一种施加的处理或特殊条件（也称为实验变量）。这一变量可能影响实验者所研究的、称为**因变量**的变量（它们依赖于自变量）。自变量是一个新的、特殊的处理；因变量的变化就是结果。如果实验操作严谨，研究者就能得出结论，自变量是否导致了因变量的变化。比尔劝说了数千名非华裔父母，让他们的婴儿仰着睡（自变量），并减少了婴儿死亡（因变量）。

一项实验的目的是查明一个自变量是否对因变量产生了影响。如果实验设计严谨（见图 1.9），那么，至少应该有两组人参加研究，而且两组人具有相似的背景特征（相同的年龄、性别比例、族群背景等）。其中一个组作为实验组，并得到了特殊处理（自变量）。另一组是对照组（也称控制组），不受特殊处理。实验结束之后，对两个组的因变量进行测量，查明自变量是否导致了因变量的变化，而且这些变化不是无关变量（如时间、环境等）造成的。

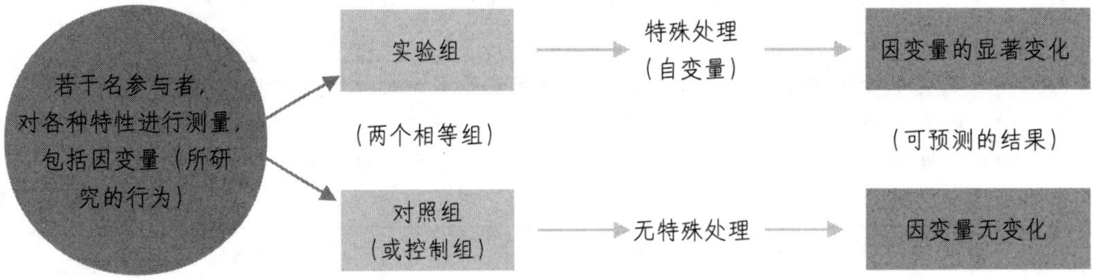

程序：

1）把参与者分为两组，需匹配两组的一些重要特征，尤其是本研究所考察的作为因变量的行为。

2）对其中一组（实验组）给予特殊处理或干预。

3）比较两组因变量的变化。如果有不同，自变量可能就是导致差异的原因。

4）发表研究结果。

图 1.9

怎样做一项实验？　这是可用于所有实验的基本步骤图解。一些额外因素（特别是表 1.3 中提到的统计测量，以及减少实验误差的各种方法）也会影响实验结果能否发表。（科学期刊会拒绝发表那些所采用的方法与分析不严谨的实验报告。）

（三）调查法

调查法 (survey)：采用访谈、填写问卷或其他手段从一个大样本人群中收集信息的研究方法。

第三种研究方法是**调查法**。采用访谈、问卷或其他手段从一个大样本人群中收集信息。调查法是快捷、简便地获得数据的方法，人口普查、政治民意测验和公司消费者调查等都采用了这种方法。

不过，获取有效数据远比看起来困难得多。以选举为例，如果人们能如他们声称的那样投票，未决定投给谁的人们都随大流，拒绝说出自己打算的或未被问及的人和做出了回答的人的投票情况相似，那么选举的结果就很容易预测（从不会“势均力敌”）。但现实情况并不是这样的：人们会隐瞒或改变他们的想法；未做出决定的人会以出乎意料的方式做出反应；不会跟陌生人谈及自己的看法的人和那些乐于表达意见的人很不相像；大学生、监狱服刑人员和使用手机的人们不大可能参与调查，他们往往太年轻而且比一般人更难预测。内行的研究者可以对这些因素加以矫正，但难免有些不确定性。

给护士的问题 在医学领域，为什么要用实验法来检验新药物或治疗方法？（答案见第 29 页）

此外，影响回答的还有问题的措辞、问题的次序以及选择性记忆。例如，1991 年以来，美国每年都有数以万计的中学生被问及是否在 13 岁以前与他人发生过性关系。而且在每一年，九年级学生回答“有”的比例（2009 年为 8%）都比十二年级学生多 1 倍（4%，见图 1.10）。这怎么可能呢？是十二年级学生忘记了，还是九年级学生在说谎，还是“性关系”一词有不同的含义，再或者是性欲旺盛的九年级学生退学了？每年对 20 多万名学生的调查都说不清楚这是怎么回事。

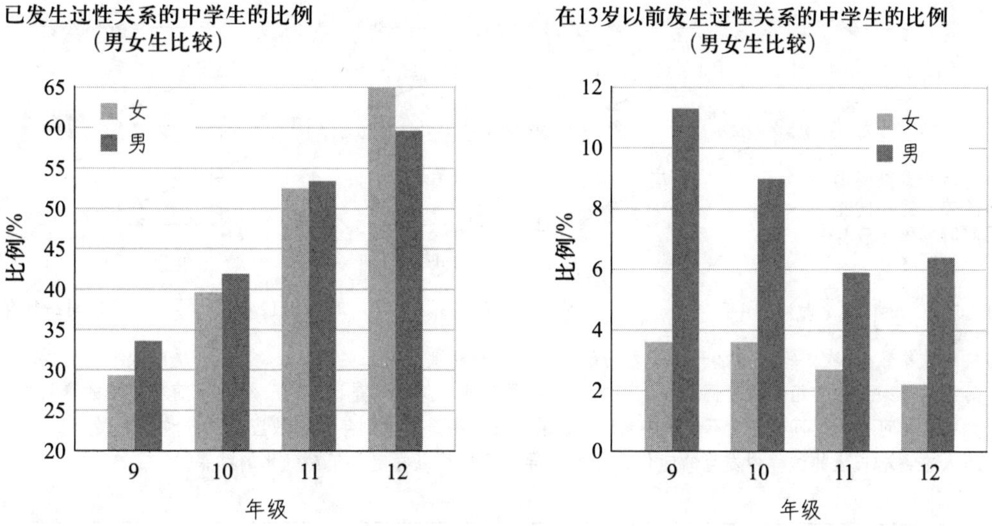

图 1.10

人人都是这样吗？ 不是的。大约有 1/3 的高中生和一半的九～十二年级学生（无论男女）从未有过性关系。图中的数据来自青年危险行为调查，这是一项全国性年度调查，每年都使用相同的问题、对全美的九～十二年级学生进行调查。据 MMWR, June 4, 2010.

（四）研究发展

各学科的社会科学工作者都使用了这三种方法（观察法、实验法和调查法）来探索人的行为。一般来说，在结论被接纳之前，不但需要重复研究，而且还要用其他方法对同一课题进行研究。

发展学家还有一个额外的要求：考虑动态的变化，而不是静态的结果。为了研究随着时间发生的变化，他们采用了横断研究、追踪研究或年龄群序列研究

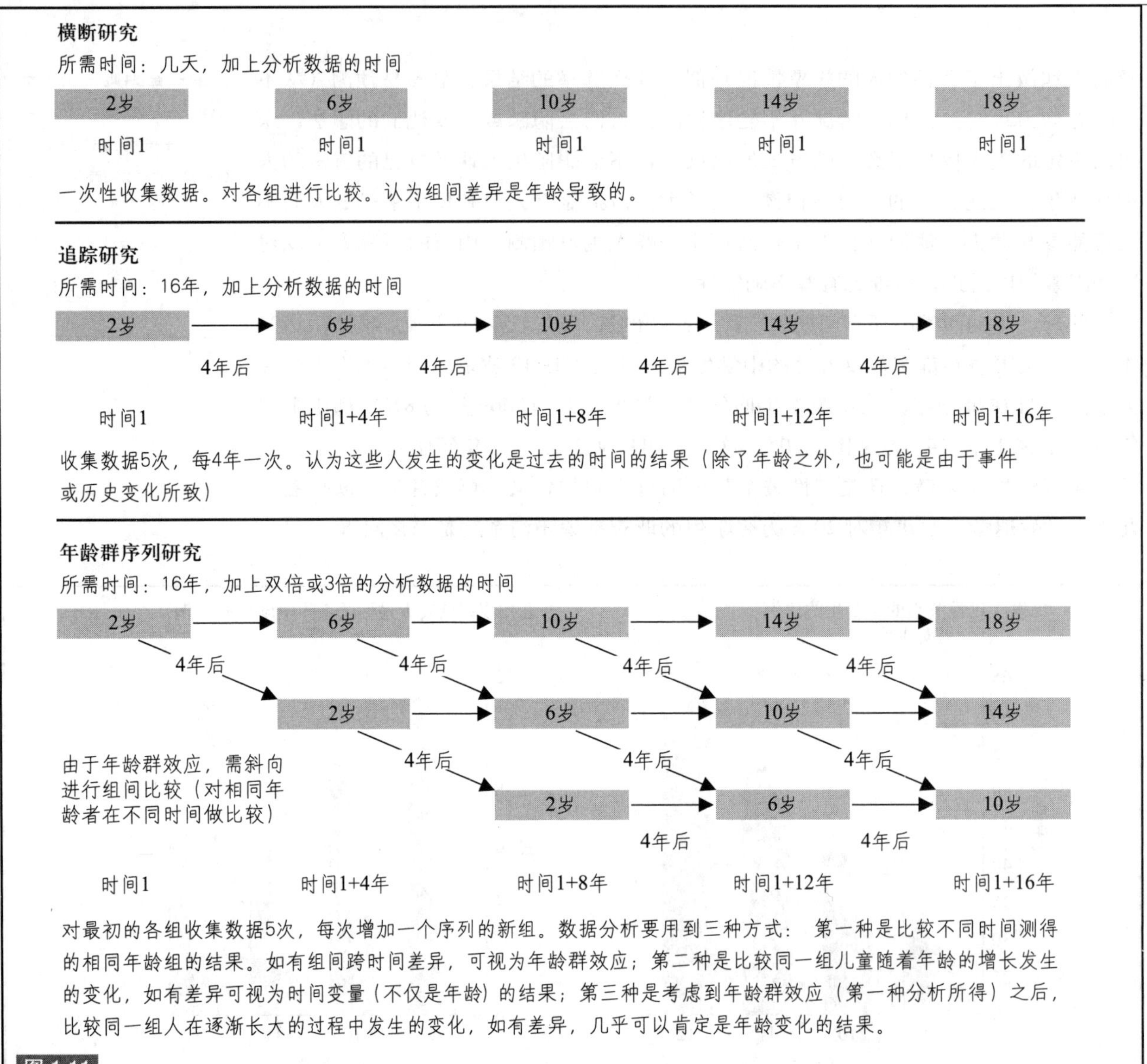

图 1.11

哪种方法最好？　年龄群序列研究是最耗时、最复杂的方法，但是能获得最好的资料。因为这个原因，成百上千的研究者对一些相同的课题进行研究，并重复彼此的工作，不用等待几十年，就能获得年龄群序列研究成果。

据 MMWR, June 4, 2010.

（见图 1.11）。

1．横断研究与追踪研究

横断研究 (cross-sectional research)：对特征相似、年龄不同的人群进行横向比较的研究设计。

要研究随着时间发生的发展性变化，最方便（快捷而且花费最少）的方法是**横断研究**，也就是对不同年龄组的人们进行横向比较。

例如，美国有一项重复性的多项医学测量调查（验血以及对身高、体重的测量等），并采用了对多个年龄组进行横断比较的方法。根据儿童肥胖症的指标，在2007—2008 年，2—5 岁组的肥胖率为 12%，6—11 岁组的肥胖率为 20% (Ogden, 2010; 见图 1.12)；成年组则为 32%。这些数据显示，美国人随着年龄增长，会变得越来越胖，在其他国家也发现了类似的情况。

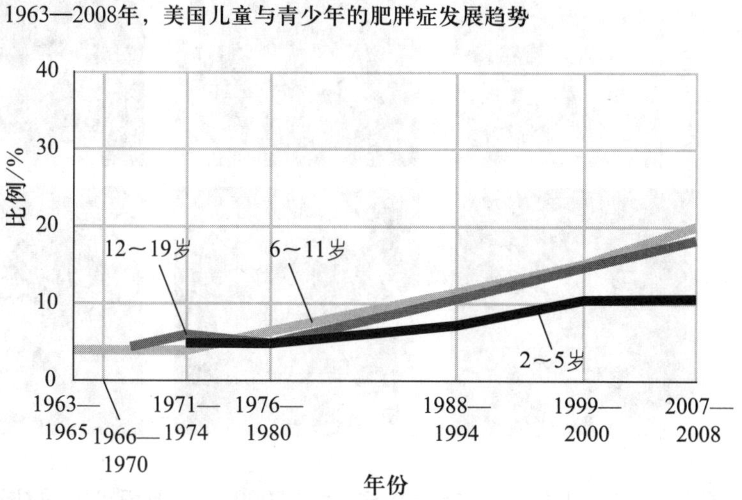

图 1.12

情况越来越差 美国的肥胖率随着年龄和年龄群的变化而上升。成人让他们的孩子吃得过多，他们自己也如此。1/3 的成人达到肥胖水平，另外 1/3 体重超重但尚未达到肥胖水平。据 Ogden & Carroll, 2010.

>>**回答护士（问题见第 27 页）** 实验法是确定因果关系的唯一途径。如果我们希望确定一种新药或新疗法确实安全有效，就必须通过实验来证明该药物或疗法有利于健康。

但是，横向比较数据不一定能可信地证明发展过程：等现在 2—5 岁的儿童长到 6—11 岁时的情形，不一定和现在 6—11 岁的儿童一样。他们的经历会有所不同。大约到 2030 年长大成人时，他们可能比现在的成人瘦些或胖些。（从平均水平来看，50 年前的成人和现在的成人相比，体重更轻，个子更矮）。

为了查明究竟是年龄还是历史趋势导致了发展性变化，研究者采用**追踪研究法**，对同一批人重复收集数据。追踪研究尤其适用于持续多年的发展研究 (Elder & Shanahan, 2006; Hofer & Piccinin, 2010)。例如，为了对儿童肥胖症的长期影响做出

追踪研究 (longitudinal research)：对相同的一组人进行跟踪并多次测量其发展变化的研究设计。

把这两组人比一比 这两幅照片中的两组人看起来是横断研究的理想人选。看看左图里的小孩子，他们勾肩搭背，开怀大笑。但是随着年龄的增长，就像右图里刚刚高中毕业的同班同学，虽然微笑着，却矜持得多。如果采用横断研究，就不能确定这种鲜明的对比究竟是年龄增长的结果，还是由收入、年龄群效应或文化等其他变量导致的。

人生的六个阶段　这些照片展示了1980年出生在瑞士的萨拉－玛丽亚的六个人生阶段：婴儿期（1岁）、幼儿期（3岁）、小学期（8岁）、青少年期（15岁）、成年初显期（19岁）和成年期（30岁）。

观察小测验　追踪研究最能揭示发展的连续性和非连续性。对萨拉－玛丽亚来说，在她人生的前30年中，什么发生了变化，什么没有变化？（答案见第31页）

预测，一项研究记录了出生在1945—1984年的5000名美国印第安原住民（肥胖者占29%），并记录在成年晚期死亡的人。在11岁时体重处于前25%的人中，早死者的比例相当于体重处于后25%的人的2倍 (Franks et al., 2010)。然而，造成死亡率偏高的原因并不像预期的那样，由糖尿病之类的疾病导致，更多与饮酒造成的疾病有关。

肥胖的青少年更容易过量饮酒吗？是肥胖与饮酒的相互作用造成的死亡更多，还是单独肥胖或单独饮酒造成的死亡更多？到成年晚期的高死亡率明显吗？糖尿病更容易致死吗？要回答这些问题，还需要做更多的研究，但是如果不做追踪研究，我们甚至无法提出这些问题。

发展学家认同，追踪研究揭示了横断研究无法揭示的一些关系。但是进行追踪研究要付出的精力和时间比横断研究多得多，而且追踪研究限制了参与者的人数。前面提到的著名的新西兰追踪研究，开始时有1037名参与者，但是只有13个男孩在受到了严重虐待的低水平单胺氧化酶组中，其中4人在成年以后被判暴力犯罪；而在42名“可能受虐待”的有低水平单胺氧化酶的男孩中，有11人被判暴力犯罪。这个比例的确很高，但是他们的总人数并不多。

此外，当发展学家想知道儿童期经历到底会产生怎样的影响时，他们需要花几十年，等待来自追踪研究的结论。但他们等来的可能是灾难性的结果。例如，在追踪研究结果出来之前，有数百万青少年开始吸烟，因为他们的父母、学校和朋友都认为吸烟无害。现在，由于人们害怕塑料中的化学物质（邻苯二甲酸）会致癌，很多父母都开始给孩子用玻璃奶瓶。那么，不小心打碎的玻璃瓶会比塑料中的化学物质伤害更多的人吗？追踪研究能告诉我们答案，但需要等上50年。

2．方法和策略相结合

横断研究与追踪研究各有优势，可以弥补对方的劣势。科学家已经找到第三种研究策略，让这两种研究方法结合起来，并运用更复杂的统计方法来分析数据。

这就是**年龄群序列研究**（或称交叉序列研究或时间序列研究），研究者对几组不同年龄的人进行测量（横断法），并且在多年时间里对他们进行追踪（追踪法）。一项年龄群序列设计使研究者可以对一个组的结果进行比较，例如，把现在25岁的一组人与他们20岁、15岁、10岁、5岁时的结果相比较，也可以把该结果与现在20岁、15岁、10岁和5岁的几组的结果相比较。因此，年龄群序列研究可以帮助研究者解决年龄与历史背景问题。

年龄群序列研究（cohort-sequential research）：一种研究设计，先考察不同年龄的几组人（横断法），然后在若干年内追踪这几组人（追踪法）。亦称交叉序列研究或时间序列研究。

一项著名的年龄群序列研究（西雅图追踪研究）发现了关于学龄儿童的一些结果：老年人的数学能力比年轻人还强，但不是因为数字能力会随着年龄的增加而增强（情况不是这样），而是因为几十年前，学校更强调数学学习，这一发现是单独的横断研究或单独的追踪研究都无法得到的。对父母和教师来说，这一发现的意义在于，12岁以前的课堂学习可以影响50年以后的智力水平。

给未来研究者的问题 什么是最好的收集数据的方法？（答案见本页）

小　结

社会科学工作者可使用多种研究方法，每种方法各有利弊。观察研究要求认真、系统地记录所发生的事情。实验法通过查明因变量的变化，建立因果关系。一项真实验要对各方面相匹配的至少两个组进行比较，其中一组接受特殊处理（自变量），另一组不做处理。第三种是适用于较大群体的调查法。但是调查结果的准确性取决于一些不确定的因素，如问题的措辞和回答问题的是什么人。

发展学家需要研究随着时间发生的变化，为此他们要采用更多的方法。横断设计与追踪设计都很常用，但都有较大的局限性。把这两种方法合并起来的一种方法称为年龄群序列设计，是一种理想方法，但操作和统计都较复杂。■

>>观察小测验（第30页）答案 很多地方变了，很多地方没变。萨拉－玛丽亚愉快的微笑显然具有连续性，但是她的发型却不具连续性，这反映了时代与年龄群上的变化。

五、科学的警示与挑战

科学方法意在阐述并证明人的发展。没有科学，一些已经显露的事实、假设和可能性就无法被人们了解。有了科学，不同年龄的人们会变得更健康、能力更强。例如，和几十年前相比，现在的婴儿死亡、幼儿营养不良、青少年自杀、各年龄的种族歧视和性别歧视等问题都少多了。由于更多的儿童健康地活到了成年，发达国家的平均寿命已经达到了80岁，而100年前则只有50岁。科学对此做出了巨大的贡献，如果没有科学，我们中的很多人都不能健康地活着。

发展学家发现了许多难以预料的伤害源头。后面的章节会讲到，含糖饮料、电视、含铅涂料、视频游戏和父母离婚等在儿童期造成的伤害比人们预计得更严重。新的保护因素和新发现的危险因素都是科学带来好处的例证。

但是科学也可能被误解，也可能被错误地应用。下面要讨论三个问题：相关关系、量化研究和伦理问题。

>>回答未来的研究者（问题见本页） 对收集数据来说，没有一种方法是最好的。该使用什么方法，取决于很多因素，例如，参与者的年龄（比如，婴儿就无法完成调查问卷）、所研究的问题以及时限。

（一）相关关系与因果关系

相关关系（correlation）：表示两个变量之间关系、从 1.0 到 −1.0 之间的一个值。用可能性这个词来表述，相关表达的是，当一个变量出现时，另一个变量将会或不会出现的程度。相关只意味着两个变量之间有某种关系，但不能说明孰因孰果。

人们最常犯的错误之一就是在解释研究结果时，把相关关系理解为因果关系。科学工作者都要记住这句话：相关不等于因果。**相关关系**存在于两个变量之间，当一个变量出现时，另一个变量也可能（或不可能）出现。如果两个变量倾向于同时增大或同时减小，它们即为正相关关系；如果一个变量增大、另一个变量减小，它们即为负相关关系；如果两个变量之间没有联系，则为零相关。

例如，从出生到 9 岁，在年龄与身高之间存在正相关，即随着年龄的增长，个子越长越高。在年龄与睡眠时间之间存在负相关，即年龄变大，睡眠时间变少。年龄与脚趾数量之间为零相关，因为除非因意外事故或严重的糖尿病而截肢，人类从怀孕第八周起就有 10 个脚趾并持续终生。（现在可去做表 1.4 里的小测验了。）

指出这三对变量之间的关系是正相关、负相关还是零相关。然后试着想一想可能决定相关关系方向的第三个变量。正确答案见下面颠倒的文字。

答案：

1. 正相关；第三个变量是气温。
2. 负相关；第三个变量是年龄。
3. 零相关；每个儿童都有性别不同的父母；没有第三个变量。

表 1.4　关于相关关系的小测验

两个变量	是正相关、负相关，还是零相关？	为什么（第三个变量）
冰激凌的销量与谋杀率	________	________
阅读能力与乳牙的数量	________	________
成人的性别与其子女的平均数量	________	________

在统计学上，相关系数在 +1.0（最大正相关）和 −1.0（最大负相关）之间摆动。完全的正相关或完全的负相关在实际中是永远不会出现的，因为总有一些例外会降低相关的强度。达到 +0.3 或 −0.3 的相关就已经值得注意了；若达到 +0.8 或 −0.8，相关程度就很高了。

一些相关是出人意料的。例如，头生儿患哮喘病者多于在后几胎出生的人；男性青少年的自杀率高于女性青少年；另外，至少在北美，移民父母生的婴儿比其他婴儿更健康（在后面的章节里将会讨论这一发现）。相关研究无法回答这都是为什么，正如那句话说的：相关不等于因果。

（二）量化与质化

量化研究（quantitative research）：可以获得用数字（如等级和分数）描述的数据的研究。

第二个需要提醒你的问题是，研究者应该在多大程度上依赖**量化研究**所得的数据（“量”这个词表示多少、高低、范围大小、比例、计分等）。因为量化资料是用数字计量的，所以容易进行跨文化推论，并将其应用在不同人群中。量化研究的一个实例是将学生的学校测验分数用于测量教师的有效性，决定哪些学生应该留级，或判断一所特殊教育学校是该拿到一笔基金还是该关门。

由于量化的东西容易计算、比较、作图和重复验证，所以很多研究者喜欢量化研究。人们说，量化数据是“严谨的、实证的、可验证的表述”(Nesselroade & Molenaar, 2003, p. 635)。如果不用量化方法测量人的能力和成绩，学生可能会由于族群、宗教或社会经济地位等因素而被大学招生部门不公正地拒绝。

但是，当一切资料都被还原为数字时，人与人之间的细微区别和差异就丢失了。因此，很多发展研究者回到了**质化研究**上，问的问题是开放性的，人们用叙述而不是用数字来作答，“在感兴趣的现象上，得到了内容丰富的描述”(Hartmann & Pelzel, 2005, p. 163)。质化研究能反映多样性与复杂性，但是它容易受到个人偏见的影响，且很难重复验证。特别是对一个人进行的个案研究，所得出的结论可能是特质性的（我在本章前面讲了我侄子的一个个案。他是一个不典型的、具有误导性的、给人以空洞希望的个案吗？假如他死了，或一直不会走，不会说话，不会思考，我是否也应该讲出他的事情？）

质化研究(qualitative research)：以质而不是以量为主的研究，往往强调叙述性观点和个体差异。

解决问题的办法是，把质化研究与量化研究相结合。科学工作者有时会把质化研究转换成量化的资料；有时候，他们用质化研究为量化研究提出假设。让我们再回到科学方法问题上。虽然新闻有时会把一项研究得到的出人意料的结果作为头条大肆报道，但是科学工作者一般不会草率承认这一发现，除非它得到几组研究者的确认，最好是在重复研究之后，再采用质化和量化的几种方法对多组不同参与者进行研究，最后得到了相同结论。

给大学招生人员的问题 大学招生应该重质还是重量？（答案见第 34 页）

（三）科学研究的伦理

所有科学工作者，尤其是研究人的学者，都需要遵守一系列伦理标准。每一门学科或专业协会都有一套**伦理规范**（或道德原则）。

伦理规范(code of ethics)：专业人员或组织需要遵守的一套道德原则。

根据美国联邦法律，大多数教育和医疗机构都有**机构审查委员会**，而且监督研究人员必须遵循一定的指导方针。尽管机构审查委员会常常拖慢学术研究，但是未经机构审查委员会审查就开展的一些研究往往是违反伦理的，尤其是当参与者是儿童、少数族裔成员、囚犯或动物的时候 (Blum, 2002; Washington, 2006)。

机构审查委员会(Institutional Review Board, IRB)：在多数教育和医疗机构设立的一个群体，它要确保研究遵循了已设立的伦理原则。和几十年前不同，现在大多数关于人的发展的研究在开始之前都必须经过机构审查委员会的同意。

1. 对研究参与者的保护

机构审查委员会的工作核心是确保参加研究的人员是自愿的、信息是保密的，且不会受到伤害。在西方国家，这就是所谓的*知情同意权*，即参与者知道研究程序和其中包含的任何危险。如果参加研究的是儿童，则必须得到其父母和儿童本人的知情同意。父母和儿童必须有权在研究的任何时间退出研究，且不会因此而受惩罚。举个例子，如果给参加研究的儿童玩具，或付给父母报酬，那么在研究结束之前退出了研究的人也必须得到和完成了研究的那些人相同的酬劳。此外，礼品或酬金只能是微额的，以免参与者只是为了物质报酬才来参加研究。

2. 研究结果的意义

研究结束之后，又会出现新的伦理问题。研究人员“有义务确保结果的准确性、诚实性和真实性”(American Psychological Association, 2010)。不得为了支持政治、经济、宗教或文化立场而歪曲研究结果。结果必须认真地呈现（原则第 14 条）。

故意扭曲事实的情况比较罕见，但是在无意当中潜藏着危险，例如，给出有

给未来研究者和科学作家的问题 当一个作者打算写出有关家庭成员、朋友或研究参与者的经历时，他需要遵循哪些伦理原则？（答案见第 34 页）

>>回答大学招生人员（问题见第33页） 多数高等教育机构都重视量化数据，如SAT、GRE、GPA和班级排名等。你自己可以判定这是否比质化资料更公平。

偏见的结论，发表时隐瞒结果，尤其是“在商业类基金会的巨大压力下，忽略了一个良好的科学发现”(Bateson, 2005, p. 645)。一些非营利性的研究团队或学术机构也会给科研人员压力，让他们拿出可发表的研究结果。

由于这一原因，科学训练、合作和重复验证就显得非常重要。一些保障措施被纳入科学方法论中，例如，在专业期刊上发表报告时，必须经过与作者无关的同行的评价。报告中一般要注明：(1) 研究者的工作单位和资金来源；(2) 可供进行重复研究的研究细节；(3) 研究的局限性；(4) 可选择的解释。

3. 我们应该研究什么？

对所有的发展学家来说，在设计一项研究并发表结果之前，遇到的第一个伦理问题就是：“做什么研究能使更多的人生活得更满意，过上更具建设性的生活？”来看下面的问题：

- 我们是否充分了解孕期的药物滥用问题，以保护每一个胎儿？
- 为了使每个人都健康，我们对贫穷有充分的了解吗？
- 为了预防艾滋病、意外怀孕和性虐待，我们对性冲动是否有充分的了解？
- 为了让所有儿童掌握基本技能和正确的价值观，我们对学习有充分的了解吗？

对这些问题的回答都是响亮的“不”。其原因有很多，最主要的一个就是对这些问题仍有争论。一些研究者对这些问题退避三舍，害怕那些不受欢迎的、无知的宣传 (Kempner et al., 2005)。个别基金会热衷于支持有关致瘾物滥用、贫穷、性或价值观的研究，因为这些信息与公众的看法相冲突。但是发展学家应该做的是设法给所有家庭以帮助。很多人有问题却得不到重视和关注，甚至无人可求。所以，民众需要更多的研究和研究的应用 (Keating, 2011)。

下一代的发展学家将依赖已有的研究成果。他们面临的挑战是，针对全世界69亿人口的生活中亟待解决的问题，努力寻找答案。本章和本书只是在这一方向上迈出的第一步。

>>回答未来的研究者和科学作家（问题见第33页） 对。当你要描述别人时，必须征得他们同意，他们必须完全了解你的意图。如要署名，必须征得他们的许可。例如，对家人逸事的描述，包括本书中的一些内容，必须征得他们的同意。我的侄子就曾读过本书的草稿，看到自己的经历可以帮助别人，他感到很开心。

小　结

在过去的一个世纪中，科学为了使人们更长寿且更幸福地生活，已经以各种方式给人们提供了帮助。但是，在科学研究中仍有一些潜在的严重缺陷。例如，相关关系很有用，但人们往往把它们看作因果关系，而不仅是相关关系。量化研究比质化研究更客观，更容易重复，但是它容易忽略质化研究所能揭示的细节。

科学工作者要遵循伦理规范，保证研究参与者的知情权及其身心健康。近年来，研究规范变得越来越严格。研究者还必须对结果的含义保持警觉，不能对其做出错误的解释。最迫切的发展问题往往是仍在争论中的问题，而且是很难进行客观研究和如实报告的问题。这也是我们还需要进一步研究的原因。

本章总结

一、理解发展的机制与原因

1. 人的发展研究是一门科学，旨在理解人是如何随着时间变化而发生改变或保持不变的。科学都从问题和假设开始，采用各种方法收集实证资料，最后基于证据得出结论。
2. 一项科学研究的结论可被重复验证、修改或拒绝。在儿童发展领域，先做重复验证，再付诸应用，这一过程可帮助下一代，例如，科研结果的应用已使婴儿突然死亡的现象大幅减少。
3. 人类发展的普遍性和每个个体发展的唯一性，在天性（基因）和教养（环境）两方面都表现得很明显，没有一个人和另一个人完全一样。天性和教养永远是相互作用的，人的所有特征都会受到这种相互作用的影响。某些基因会提高或降低儿童接受环境影响的可能性。
4. 时间是人的发展研究中的一个重要变量。在关键期，某些变化必须发生，才能确保正常发展，它也是某种异常发生的唯一时间。敏感期是某些特定的发展容易发生但并不绝对会发生的一段时间。
5. 在生命全程，人的发展都是可塑的。可塑性指人会因为发展而改变其特征或行为，人的童年经历影响着后期发展。

二、研究各种各样的人

6. 发展学家会研究各种年龄、来自不同文化和背景的各类人，他们认为，很多变量都是社会建构的结果，而不是生物学的事实。发展研究的目的是找到人类发展的普遍模式，同时认识到每个人的独特性。
7. 在研究人的各种变量时，需避免的错误之一是差异等于缺陷谬误。例如，男女对立的观念可能导致认为一种性别优于另一种性别的谬误。
8. 文化、族群和种族都是社会建构，即这些概念都是由社会创建的。文化指观念和行为方式，族群指拥有同一祖先的人群。“种族”这一社会建构容易被误用，因此社会科学工作者不用这一术语。
9. 社会经济地位对人的发展有重要影响，它影响着一个人可获得的机会、健康状况和在不同年龄阶段的能力水平。发展学家对待一切差异的态度都是在寻找相似性与尊重差异之间找到平衡。

三、观察随着时间发生的变化

10. 发展的动力系统观强调，由于一方面的发展会影响其他方面的发展，所以变化在生命过程中会不断发生。将成长看作线性的，认为必然发生进步的观点已经陈旧了，取而代之的是：在发展过程中，连续性（相同性）和不连续性（突然转变）同时存在；在所有年龄，都是既有获得，也有丧失。
11. 尤里·布朗芬布伦纳的生态系统论或生物生态论认为，每个儿童都处在更大的家庭、学校、社区和文化的系统内。一个人的变化或环境中的变化影响着系统的其他所有方面。
12. 每个年龄群的人都受到某种经历或创新精神的影响，因为他们作为同时代的人，共同经历了一些重要的历史事件。镜像神经元提示，观察别人的经验对每个人都有很强的影响，这可能是年龄群影响力强大的原因之一。

四、采用科学方法

13. 常用的研究方法有观察法、实验法和调查法。每种方法都能提供启发，发现研究前不明显的事实。
14. 发展研究者面临的另一个挑战是考察随着时间的推移而发生的变化。两种传统的研究设计是横断研究（对不同年龄的人们进行比较）和追踪研究（随着时间的推移对同一组人进行研究）。两种方法都有局限，因此研究者又提出了年龄群序列设计（把前两种设计结合起来）。每种研究方法都既有优势，又有劣势。

五、科学的警示与挑战

15. 相关关系能显示两个变量是有关系的，但是它并不能证明一个变量的变化导致了另一个变量的变化，因为两个变量之间的因果方向可能与预期相反，而且两个变量的关系也可能是第三个变量导致的。
16. 量化研究可获得数量资料，最易于对不同环境与文化中的儿童进行比较。相比之下，质化研究报告的是没有被量化的信息。质化研究容易获得个体生活中的细节资料，量化研究则容易重复、解释和验证。
17. 研究伦理是各门学科的重要问题。参与者不仅必须得到保护、数据必须可信（这是机构审查委员会最重视的），而且对结果必须做出不带偏见的报告和实事求是的解释。科学工作者对其研究结果的意义的解释必须非常谨慎。
18. 对科学研究的恰当应用取决于对科学工作者的培训和职业化。最重要的伦理问题是，科学工作者的研究设计、实施过程、分析、出版和应用能否符合人们的迫切需要。

关键术语

差异等于缺陷谬误，p13
重复，p5
调查法，p26
动力系统，p18
关键期，p9
横断研究，p28
机构审查委员会（IRB），p33
假设，p5
教养，p6
镜像神经元，p23
科学方法，p5
科学观察法，p24
可塑性，p10
理论，p5
量化研究，p32
伦理规范，p33
敏感期，p10
年龄群，p20
年龄群序列研究，p31
人类发展科学，p4
社会建构，p13
社会经济地位（SES），p15
生态系统论，p19
生物心理社会性发展，p22
实证性，p5
天性，p6
文化，p13
相关关系，p32
因变量，p26
婴儿猝死综合征（SIDS），p5
质化研究，p33
种族，p15
追踪研究，p29
自变量，p26
族群，p15

你学到了什么？

一、理解发展的机制与原因

1. 什么原因使人类发展研究成为一门科学？
2. 科学方法的五个步骤是什么？
3. 对婴儿猝死综合征的研究怎样显示出了儿童发展科学的重复研究和应用？
4. 关于婴儿猝死的原因，我们知道了哪些，还不知道哪些？
5. 天性和教养有何不同？
6. 为什么问“人的行为起源于天性还是教养”是错误的？
7. 神经科学中表明敏感性的差异的例子是什么？
8. 关键期和敏感期的区别是什么？
9. 为什么了解发展中的敏感期何时出现很重要？
10. 怎样证明儿童期的可塑性和长期影响都存在？

二、研究各种各样的人

11. 为什么说夸大性别差异是差异等于缺陷谬误的一个实例？
12. 来自几个族群的人怎样共享一种文化？
13. 族群和种族有何区别？
14. 哪些因素组成了人的社会经济地位？

三、观察随着时间发生的变化

15. 如果把人的发展看作一个动力系统，这意味着什么？
16. 为什么把发展看作一个系统比分别考察各个部分更准确？
17. 布朗芬布伦纳在他的生态系统观中强调了什么？
18. 了解一个人属于哪个年龄群为什么重要？
19. 发展的三个领域有何差别？

四、采用科学方法

20. 科学观察和实验有哪些不同？
21. 为什么实验者要使用控制组（对照组）和实验组？
22. 自变量和因变量是怎样使人了解因果关系的？
23. 调查法有何长处和短处？
24. 横断研究和追踪研究有何不同？
25. 横断序列研究的优势和劣势是什么？

五、科学的警示与挑战

26. 为什么相关研究不能证明因果关系？
27. 为什么一些研究者偏爱量化研究，另一些人偏爱质化研究？
28. 为什么大多数大学和医院都有机构审查委员会？
29. 在科学工作者研究人的时候，基本伦理原则有哪些？
30. 为什么关于人的发展中的一些重要问题至今仍未找到答案？

应　用

1. 有人说，文化是无处不在的，而人们却意识不到它。列出你今天做的有别于另一种文化的 30 件事。请在一开始就写出你是从哪里和怎样意识到这种差异的。
2. 如果你的父母的社会经济地位比目前情况高得多或低得多，你的生活会有何不同？要全面考虑到三个发展领域上的不同。
3. 设计一项实验来回答你自己关于人的发展的问题。提出这个问题和假设，并描述一下你的实验。你在得出结论时该怎样避免偏见和主观性？（参见附录 B）
4. 一项个案追踪研究可以给人启发，但在推论时会受到局限。描述一下你的一位老年亲戚的生活，说说他的发展在哪些方面是独特的，哪些方面是存在共性的。

第二章

理 论

你将学到什么?

1. 理论与事实有何不同?
2. 发展是分阶段出现的，还是日复一日连续实现的?
3. 与新的发展理论相比，弗洛伊德、埃里克森、华生、斯金纳和皮亚杰的理论有何共同的局限性?
4. 为什么使用几个理论比单独一个理论更好些?

小时候，我常去爷爷的农场，那是我父亲和他三个兄弟、一个姐姐儿时的家。我母亲唱着歌：“跨过河流，穿过树林，我们要去奶奶家！”到了那儿，我哥哥和我会跟我们的12个表兄弟姐妹一起玩，其中有三个和我年龄相仿的女孩。我记得火鸡、土豆泥和柠檬酥皮馅饼；牲口棚里的马和干草；奶奶系着围裙；爷爷的大手里捧着大咖啡杯；客厅里摆着一圈木制椅子。但是我印象最深的是一件痛苦的事：一次过圣诞节，奶奶送给我们女孩礼物——旧式的芭比娃娃。我的那个穿桃红色长裙，我表姐那个穿白色的结婚礼服，还蒙着面纱。

我为什么不高兴？从事后的眼光看，我能想到几个恰当的理由来解释表姐为什么得到了婚纱娃娃。可是当时我才6岁，我的关于礼物和结婚的简单理论让我愤愤不平。

本章介绍了五个关于人的发展的理论——实际上是十个，因为每个理论至少有两个版本。不过后面还要讲到，关于人的一生，有几百个理论。在开始讲这些之前，你们应该知道，理论化是人的天性的一部分。根据“理论的理论”，幼儿会自发地编造出理论来解释他们看到的任何事物，因为人们就是这样做的 (Gopnik & Schulz, 2007)。我的理论使我深信，奶奶爱我的表姐胜过爱我。

一、理论的作用

发展理论是对发展的一般原理的系统陈述，它以一个条理清楚的框架帮助人们理解，随着人逐渐长大，他们是怎样变化以及为什么变化的。“发展理论试图使我们的观察……更有意义，构建一个从婴儿走过儿童期或成年期的人类旅途的故事”(Miller, 2011, p. 2)。这个故事，或理论，把各种事实与观察同模式与解释连接起来，把生

发展理论 (developmental theory)：一整套阐述并解释关于人的成长的成千上万个观察结果的观点、设想和概念，它提供了一个解释发展模式和问题的框架。

活的细节编织成一个有意义的整体。发展理论胜过人的预见和假设，它比我天真的婚纱娃娃理论更全面。我的假设是不“系统”的，也谈不上是“条理清楚的框架”。而发展理论会给人以广泛而深刻的启发，它比用以提出理论的许多观察和观点更具综合性。

这和盖房子的过程有点相似。如果一个人有一堆木料、钉子和其他材料，但是没有计划和工人，那堆木头就不会变成一座房子。而且，不是每座房子都长得一样：在人们的心中，有自己关于房子的理论（通常并不是外显的），这一理论让我们对房子有几层、有几间卧室和几个大门等产生了偏好。同样，对人的发展的观察和实证研究也是一堆毛坯材料，只有理论才能把这些材料组织起来。

正如科特·勒温 (Kurt Lewin, 1943) 所说的，“理论胜过实践”。理论与理论也不一样，一些理论不如另一些理论那样完备或充分（就像为什么忘了设计后门）；一些理论不再适用（就像没有洗澡间）；一些理论只反映了一种文化，而不符合另一种文化（就像让大门朝东开）。但是若没有理论，我们就只有一堆木料。

（一）问题与回答

第一章讲过，人的发展科学的第一步是提出问题，问题往往来自发展理论。在成千上万的问题中，每一个都涉及本章将要介绍的五个理论之一：

1) 早期经验（如母乳喂养、依恋类型或被忽视）即使被忘记了，也会对成年期产生影响吗？
2) 学习是否依赖于特殊的指导、惩罚和榜样示范？
3) 即使不教儿童什么是对错，他们也会形成道德原则吗？
4) 文化会引导行为吗？为什么日本冲绳的投票率高于美国俄克拉何马州？
5) 生存是基本本能和个人及社会决策的基础吗？

对这五个问题，精神分析理论、行为主义理论、认知理论、社会文化理论和两个普遍性理论（人本主义和进化论）会依次对应地给出肯定的答案，而对其他问题则会回答“不是”或“不一定”。这又可以引出更多的问题：为什么是或为什么不是？什么时候是和怎样是？然后又会怎样？最后这个问题对人的发展科学来说是个关键问题；这些答案带来的启示和应用性影响着每个人的日常生活。

理论还有一些特殊作用：

- 理论能产生假设；
- 理论能带来发现；
- 理论能指导实践。

一本对父母养育提出建议的畅销书《虎妈战歌》(*Battle Hymn of the Tiger*

Mother; Chua, 2011) 主张，父母应该采用强调高成就的教育方式。例如，作者蔡美儿曾拒绝接受她 4 岁女儿用手工赶制的生日贺卡，她说：

> 我不想要这个……我想要更好的东西——加入了你的想法和努力的东西……我该得到更好的。
>
> (p. 103)

读者对蔡美儿的书褒贬不一，要么认为很好（五星评价），要么认为很差（一星评价）。该书出版 6 个月后，亚马逊网站的前 500 名读者对其所做的评价是：42% 给予 5 星，23% 给予 1 星，给 2 星、3 星、4 星的人分别占 7%、11% 和 17%。一位专业人员对这种评价的解释是：

> 物极必反。养育孩子的那些年，我们太强调超负荷养育了——母乳喂养要持续到两三岁，给孩子买一件又一件的婴儿装，要和孩子一起睡觉，给孩子看《小小莫扎特》的 DVD……在对"自由放养"……（和）"简单式养育"的推崇风潮之后，又兴起了一种时髦刺激的养育方式：这是一种新的"强硬而少废话"的态度，时常不无自豪地声称——做个坏妈妈。
>
> (Warner, 2011, p. 11)

蔡美儿对两极化的反应也很吃惊。其实每个人都对儿童发展有着坚定的看法，有时甚至会极力鼓吹这些看法，只是许多人并未意识到。这些看法往往来自下面要讲的五种理论。

（二）事实与标准

标准是平均意义上的或通常的事件或经验。它和"正常"这个词有关系，但有不同意义。例如，在西方文化中，婚礼上穿象征纯洁的白色婚纱是一个标准；但是在中国文化中，结婚时要穿红色，代表喜庆。有时，形容一件事用"反常（不正常）"表示不对；但是标准与否并不意味着是对是错。标准是一种平均现象，尽管它不只是算数中的平均数或中位数。标准是造出来的，是生物或社会压力导致的一种常见行为。标准反映了事实，并且可以计算出来（如婴儿开始走路的年龄和结婚礼服的颜色），但是若存在差异，并不意味着缺陷。

标准 (norm)：行为或成就的平均的、典型的标准，如婴儿会走的年龄标准，或与陌生人打招呼的标准。

不要把理论与事实混淆起来。理论可以引出问题，形成假设，进而促成一项研究，然后收集实证数据。这些数据是赖以得出结论的事实。后面将要介绍的每一个发展理论都能带来研究、数据和结论，从而验证或反驳该理论的某一方面，进而促进发展科学取得进展。

因此，一个理论可能是正确的，也可能是错误的，可能是好的，也可能是不好的。理想的情况是，理论具有鼓动性而且实用性，能引发假设和探索性研究。例如，有些人认为，达尔文的进化论“只是一个理论”，而不以为意；另一些人则相信它是事实，可以解释开天辟地以来自然界中发生的一切。这两种观点都不对。好的理论既不应该被不予理会，也不应该等同于事实。正确观点应该是：理论是深刻的思想；它们是有用的（像一个盖房计划），能带来新的解释、研究和观点。

如上所述，发展理论是包罗万象又详尽细致的，不像一些简单的有关儿童的理论或每种文化中的风俗和臆断之下的隐性理论。为了澄清理论与事实之间的差别，让我们回到婚纱娃娃这一简单的理论上。我的怨恨源于我小时候在文化中占主导的理论——维护家庭价值理论 (pro-family theory)。根据这一理论，很多事都是理所当然的，包括每个人都应在 20 岁时离开父母，和一个人结婚并白头偕老，至少生两个孩子，并定期看望父母；父母应该和子女分开住，不仅因为可以让子女看望父母，而且因为几代人生活在一起是令人悲哀的、不体面的。我祖父母的 5 个孩子和我外祖父母的 9 个孩子（外祖父母一共有 12 个孩子）都遵循着这一理论衍生出的标准。人人都同情我那未婚的伊达姨妈和玛丽姨妈，以及只有一个孩子的阿尔玛姨妈。

由于这一在我童年时代占主导的理论，我常幻想着自己的婚礼，给我想象中的 7 个孩子起名。当玛丽姨妈终于迈入婚姻的大门时，我由衷地替她高兴；但当母亲说玛丽姨妈因为年纪太大已经不能生育宝宝时，我真深深地替她伤心。这一理论也反映在当时的法律与社会观念中：拥有多个配偶是错误的（重婚者要去坐牢），离婚意味着婚姻的“失败”和家庭的“破碎”，“独生子女”也往往有心理问题。

但是，现在的研究显示，有差异并不意味着有问题，上述的每一种观念都不一定正确。认识到该理论的不足之后，标准也会发生相应的改变。追踪研究发现，独生子女往往是高成就者，在生活中很成功 (Falbo et al., 2009)，而且中国的“独生子女”政策也在一个时期带来了经济上的成功。而在一些国家（意大利和日本等），只生一个孩子已成为一个新标准。

有人说，至少在西方中产阶级文化中，维护家庭价值理论已被另一种未经检验的理论代替：个人幸福才是生活的目的。这导致了思想的转变：父母应该努力使孩子幸福，不幸福的配偶应该离婚，自尊比学习成绩更重要——这些正好导致了虎妈的挫败。

显然，我们有必要进行更多的科学研究。我们应该认识到，理论不是事实，“每一种发展心理学理论都是对人的一种观点，反映了哲学、经济和政治上的信念” (Miller, 2011, p. 17)，科学工作者要探讨这些标准，提出假设并且设计研究。因此，科学会得出结论，推翻一些理论，修正另一些理论，为所有人造福。

理论不但能提出问题，还能给人启发和指导，尤其是在遇到发展方面的问题时（如婴儿啼哭，学步儿打人，幼儿欺负人，小学生学习成绩不良，青少年酗酒，等等）。没有理论，我们就会不知所措，随波逐流，对一些问题愈加困惑，只能盲目追随我们的文化和偏见。理论是有用的，它能带领我们进行核实、探索和应用。最终，我们将能发展出更好的理论，没有它们，我们将陷入狭隘、幼稚的观念中——就像我拿到娃娃时那样。

小　　结

理论提供了一个框架，帮助我们组织并理解在发展的方方面面观察到众多结果和日常行为。理论不等同于事实，但是它允许我们质疑标准，提出假设，并为我们提供指导。因此，理论又有实际用途：把我们的一切经验加以构建和组织。■

二、经典理论

20 世纪上半叶，两个互相对立的理论——精神分析理论和行为主义理论（又称学习理论）——开始成为心理学的通用理论，这两个理论都在儿童发展中得到了应用。到 20 世纪中叶，认知理论开始崛起，成为研究假设的主要发源地。这三个理论都是“大理论”，尽管未被普遍接受，但它们都具有综合性、持久性并被广泛应用 (McAdams & Pals, 2006)。

精神分析理论 (psychoanalytic theory)：关于人的发展的经典理论之一，强调非理性、无意识的驱力和动机，它们通常起源于儿童期并成为人的行为的基础。

（一）精神分析理论：弗洛伊德和埃里克森

内驱力、深层动机和起源于儿童期的无意识需要，是**精神分析理论**的基础。这些基本的、潜在的力量影响着思维和行为的各个方面，从日常生活的细枝末节到一生中的重大选择。

1. 弗洛伊德的思想

精神分析理论是由西格蒙德·弗洛伊德 (Sigmund Freud, 1856—1939) 首先提出的，他是奥地利的一名医生，为精神疾病患者进行治疗。他倾听患者对梦和幻想的陈述，以及他们毫无保留的思维流，他据此构建了一个复杂而全方位的理论。他认为，儿童早期是至关重要的。

工作中的弗洛伊德　弗洛伊德是世界上的第一位精神分析学家，还是一位多产的作家。他的许多论文和个案对患者的异症状及无意识性冲动进行了描述，使他的精神分析理论在大半个 20 世纪占有统治地位。

弗洛伊德认为，出生后前 6 年的发展分为三个阶段。他把这些阶段称为心理性阶段，因为每个阶段的核心是儿童从身体相应部位获得性快感。这种观点（婴儿性欲）是人们拒绝精神分析理论的一个原因，因为在保守的维多利亚时代，占统治地位的理论认为，儿童是天真、无性的生命。在弗洛伊德看来，在婴儿期，引起性快感的身体部位是嘴（口唇期）；在学步期，这一部位是肛门（肛门期）；在幼儿期，这一部位是生殖器（性器期），生殖器使男孩既自豪又恐惧，女孩则感到悲伤和羡慕。幼儿期之后还有两个发展阶段：性器期之后是潜伏期；青春期来临时，进入生殖期并一直持续到整个成年期。（表 2.1 描述了弗洛伊德提出的这些阶段。）

弗洛伊德认为，在每个阶段，性满足（来自口唇、肛门和生殖器）都与主要的发展需要及挑战相联系。例如，在口唇期，吸吮不仅能满足营养需要，而且能带来身体快感和对母亲的依恋。成年期的亲吻就是口唇期留下的痕迹。到肛门期，快感来自被控制和自我控制——由排便和如厕训练导致。

弗洛伊德影响最大的一个观点是，每个阶段都有一些潜在冲突。例如，母亲给婴儿断奶时（口唇期），或老师希望幼儿不要依赖父母时（性器期），这种冲突就会出现。弗洛伊德认为，人怎样体验到并解决这些冲突——尤其是与断奶、如厕训练和性快感有关的冲突——决定着人格的发展，因为“早期阶段为成人的行为打下了基础”(Salking, 2004, p. 125)。

弗洛伊德认为，青春期之后就不再出现新阶段了；他认为，成人的人格和习惯一直受到早期阶段的影响。发源于儿童期各阶段的无意识冲突可能在成人行为中有所显现，例如，吸烟（口唇期），花钱谨慎小气（肛门期），或对好多年长的同伴展示性吸引力（性器期）。精神分析理论声称，所有人童年时期的幻想和记忆都以强大的力量保持终生，尤其是这些东西作用于我们的性驱力时（弗洛伊德称之为力比多）。如果你不懂情侣之间为什么会互称“宝贝儿”，或者为什么很多人称他们的配偶为“老婆子”或“老色鬼”，弗洛伊德理论给出的解释是：父母与子女的关系是所有亲密关系的榜样。

埃里克·埃里克森　在 30 岁以前，埃里克森从未融入过任何一个当地社区，因为他需要频繁地在多个国家辗转，经常转校，从事不同职业。后来他遇到了琼。在婚后的 50 年里，他们建立了家庭，写出多部著作。

精神分析理论的其他很多内容也可以解释人的行为。弗洛伊德指出，人格有三部分：本我（无意识驱力，与生俱来且类似动物，大多表现为性和攻击性）、超我（道德理想、良心，从父母和社会中习得）和自我（有意识的自我）。本我在婴儿期占主导地位，超我会在性器期得到发展，自我则在整个一生中防备着来自本我和超我的攻击。这种防卫与防御机制一起发生，控制着本我和超我。原则上，子女在幼年时期，父母帮助他们形成了强大的自我，以便在本我和超我冲动出现时，对其加以监控。

2．埃里克森的思想

弗洛伊德的一些追随者后来也成了著名的理论家。他们承认无意识和儿童早期经验的重要性，但是又各自扩展和修正了弗洛伊德的思想。其中之一，埃里克·埃里克森 (Erik Erikson, 1902—1994) 因为其发展理论而广受尊重。

埃里克森从未见过他那丹麦籍的父亲。他的童年在德国度过，青少年期在意大利流浪，成年初期在奥地利追随安娜·弗洛伊德。在第二次世界大战开始前移民美国，并娶了一位美国人。他在多个州的工作经历——如对哈佛大学学生的研究，在波士顿对儿童游戏的研究，对苏族和尤洛克印第安人的儿童养育方法的研究——使埃里克森看重文化多样性、社会变迁和持续一生的心理危机 (Erikson, 1969)。

埃里克森描述了八个发展阶段，每个阶段都以一个特殊的挑战或发展中的危机为特征（见表 2.1）。尽管埃里克森在每个阶段的危机中都命名了一对反义词来描述发展的结果，但是他意识到了发展的结果往往落在每两个反义词之间。多数人在每个阶段的发展都不会位于两个极端，而是处在中间的某个位置。每个危机解决得如何取决于个人与社会环境间的相互作用。

例如，在主动性对内疚感阶段，3—6 岁幼儿希望从事超越父母、社会给他们设定了限制的活动。他们会自己跳进游泳池，用自己的食谱烤蛋糕，一个人到处游荡。这种独立行动的努力使他们感到自豪，但是若父母管教过严，他们会感到失败和愧疚。

我是谁？ 在埃里克森提出的八个人生危机中，最出名的是同一性危机，在青少年时期，年轻人发现，他们自己要回答“我是谁”的问题。埃里克森在给自己起名字的时候就是这样做的，他把自己的名字定为“我自己的儿子”(Erik, Erik's son)。照片上这个日本东京原宿的女孩和全世界数百万青少年一样，表现出的自我同一性不同于其父母那一代。

表 2.1 比较弗洛伊德的心理性阶段和埃里克森的心理社会阶段

相应年龄	弗洛伊德（心理性阶段）	埃里克森（心理社会阶段）
0—1 岁	口唇期： 唇、舌和牙龈是婴儿身体的主要快感来源区，吸吮和喂奶是最具刺激性的活动。	信任对不信任： 养育者细心地满足婴儿的基本需要，包括营养、温暖、清洁和身体接触，婴儿就对周围人产生信任感；如果养育者做不到这些，婴儿就产生不信任感。
1—3 岁	肛门期： 肛门是学步儿身体快感的主要来源区，大小便训练是最重要的活动。	自主性对羞怯、怀疑： 学步儿要么在各种活动中建立起信心，如大小便、吃饭、走路、探索和说话，要么怀疑自己的能力。
3—6 岁	性器期： 生殖器是最重要的身体部位和快感来源区。男孩因为有阴茎而骄傲；女孩不解自己为何没有阴茎	主动性对内疚感： 幼儿要么希望从事很多成人式的活动，感到自己很大胆；要么把成人的限制和禁令内化，感到内疚。
6—11 岁	潜伏期： 不是一个真实的阶段，而像是幕间曲，儿童的性需要暂时消退，他们把心理能量投入了常规活动，如学习和体育活动。	勤奋对自卑： 儿童忙于学习、掌握新技能、争取成为有能力且有成效的人；否则，会因为想做的事做不成和碌碌无为而自卑。
青少年期	生殖期： 生殖器成为快感区，年轻人从异性关系中寻找性刺激和性满足。	同一性对角色混乱： 青少年试图回答“我是谁”的问题，形成性、政治、宗教和职业等方面的同一性；否则，会因不知自己该承担什么角色而困惑。

续表

相应年龄	弗洛伊德（心理性阶段）	埃里克森（心理社会阶段）
成年期	弗洛伊德认为，生殖期将持续整个成年期。认为健康生活的目标是“努力地爱，加上努力地工作”。	亲密对孤独： 年轻成人会寻求伴侣和爱，或因害怕拒绝和失望而陷入孤独中。 繁衍感对停滞感： 中年人通过有意义的工作、创造性活动和组成家庭等来为下一代做贡献；否则，将产生停滞感。 完整感对绝望： 老年人希望自己的生活有意义，把一生看作有意义的整体；否则，会因过去未曾达到的目标而绝望。

给教师的问题　你的学前班里的孩子总是吵吵闹闹、到处走动，他们很少能安静地坐下来听你讲话。此时，埃里克森会给你什么建议？（答案见第48页）

表2.1显示，埃里克森的前五个阶段与弗洛伊德的阶段有密切联系。埃里克森和弗洛伊德一样，也相信成年生活中的问题是童年未解决的冲突的反映。例如，一个成人之所以无法与生活伴侣建立安全、对等的关系，可能是因为他从未解决婴儿期信任对不信任的冲突。即使到老年期，也有的人说话直言不讳，有的人却害怕说错话，因为他们在幼儿期解决主动性对内疚感的冲突上有不同的结果。然而，埃里克森的阶段至少在一个关键点上与弗洛伊德不同：他不强调性冲动，而强调每个人与家庭及文化的关系。

（二）行为主义：条件反射与社会学习

第二个经典理论与精神分析的无意识观点完全对立。约翰·华生宣称，如果心理学要成为一门真正的科学，心理学者就只应该检验他们能看到、能测量的东西——行为，而不是非理性的思想和内心冲动。用他的话来说：

> 我们何不把能观察到的东西变为心理学真正的研究领域？让我们把自己限制在那些可以观察到的事物上，制订仅仅考察那些东西的规则……我们能够观察行为，即机体做出或说出的东西。
>
> (Watson, 1924/1998, p.6)

一位早期行为主义者　约翰·华生（John Watson）是学习理论的创始人。他的思想至今仍然既有影响，又有争议。

在华生看来，如果心理学者把注意力放在行为上，他们将会发现，任何事情都是可以学会的。他写道：

> 给我一打健康的、发育良好的婴儿，把他们放在我所设计的特殊环境里培养，我保证，我能够把他们中间的任何一个人训练成我所选择的任何一类专家——医生、律师、艺术家、商人和首领，甚至还能变成乞丐和盗贼，无论他的天资、嗜好、倾向、能力、天命和种族是什么。
>
> (Watson, 1924/1998, p. 82)

另一些心理学家，特别是美国心理学家，也同意这一观点。他们建立了**行为主义**，以可观察、符合科学的方式来研究实际行为。行为主义也被称为学习理论，因为它能描绘出人是怎样按部就班地学习的，是怎样形成习惯的。对各个年龄的任何人来说，行为主义者都能详细刻画出简单的动作和对环境的反应是如何组成复杂能力的，如阅读一本书，或做一顿家庭晚餐。

行为主义 (behaviorism)： 关于人的发展的一种经典理论，主要研究可观察的行为，亦称学习理论，因为它描述了学习行为的规律和过程。

学习理论家相信，发展是一小步一小步地实现的，一个人无论学说话，学读书，还是学其他任何事情，都要假以时日，聚沙成塔。由于认为变化是积累而成的，所以行为主义者和弗洛伊德、埃里克森不同，他们没说有什么发展阶段 (Bijou & Baer, 1978)，而是聚焦于**条件反射**规律，这是一个把反应与刺激相联系的过程，又称为 S-R (stimulus-response) 条件反射。在 20 世纪上半叶，行为主义者描述了两种条件反射：经典条件反射和操作条件反射。

条件反射 (conditioning)： 行为主义认为，在把反应与特定的刺激相联系的过程中有学习发生。条件反射就是强调重复练习，就像一个运动员，通过长时间练习，在身体与正确完成一个动作之间形成条件作用一样。

1. 经典条件反射

一个世纪前，俄国科学家伊万·巴甫洛夫 (Ivan Pavlov, 1849—1936) 开始考察刺激与反应之间的联系，后来，他因为对动物消化过程的研究获得了诺贝尔奖。在研究唾液分泌时，巴甫洛夫发现，实验中的狗不但闻到食物气味会流口水，而且在听到饲养员的脚步声时也会流口水。这一观察帮助巴甫洛夫完成了一项著名的实验：他训练狗在听见一种特定声音时出现条件反射。

巴甫洛夫在向狗呈现食物之前，先发出了一个声响，当这种做法重复多次之后，狗开始在听见声响时就流口水，即使食物并未出现。这个简单的实验证明的就是**经典条件反射**（亦称反应性条件作用）。

经典条件反射 (classical conditioning)： 一种学习过程，一个有意义的刺激（如对饥饿的动物来说，就是食物的味道）与一个原来没有特殊意义的中性刺激（如声响）建立起联系（又称反应性条件作用）。

在条件反射中，经过条件作用的人或动物把一个中性刺激与一个有意义刺激联系起来，像对有意义刺激做出反应那样，逐渐对中性刺激也做出反应。在巴甫洛夫最初的实验中，狗就把声音（中性刺激）与食物（有意义的刺激）联系起来，学会了对声音做出反应，认为声音就等于食物。对声音的条件反射（声音现在已不是中性的，而是一个条件刺激）就是学习发生的证据。

与弗洛伊德同时代的人 伊万·巴甫洛夫是一位生理学家，他曾因研究消化过程于 1904 年获诺贝尔奖。正是沿着这条道路，他才发现了经典条件反射。

行为主义者在人的发展中发现了很多经典条件反射的实例。婴儿学会对父母微笑，是因为他们把父母与食物和游戏联系起来；如果学步儿曾受到汽车噪声的惊吓，他们就会害怕车辆繁忙的街道；小学生是否喜欢坐在课桌前学习，取决于他们过去的经验。

观察小测验 从表面上看，巴甫洛夫和弗洛伊德有何相似之处？照片上的两位理论家看上去有何不同？（答案见第 49 页）

斯金纳　斯金纳最著名的实验是用白鼠和鸽子做的，但是他还把他的实验结果用在人的行为上。他曾给女儿设计了一个用玻璃罩住的婴儿床，里面的温度、湿度和知觉刺激都可以控制，以便使孩子在里面的时间既快乐又受到教育。他运用操作条件反射原理描写了一个理想社会，在那里，从事不太理想工作的工人会得到更多奖励。

操作条件反射（operant conditioning）：一种学习过程，一个特定行为紧跟着一些期望的结果（使人或动物更可能重复该行为），或一些不希望的结果（使该行为不大可能被重复）。亦称工具性条件反射。

强化（reinforcement）：一个行为后面跟随着期望的结果，比如，食物之于饥饿的动物，或温暖的微笑之于一个孤独的人。

>>回答教师（问题见第46页）　埃里克森会注意到，5岁儿童的行为受到其发展阶段和所处文化的影响。因此，你也许可以设计一套适合好动、爱吵闹的儿童的课程。

2. 操作条件反射

斯金纳（B. F. Skinner, 1904—1990）是北美最有影响力的行为主义者。斯金纳赞同心理学应该对行为进行科学研究。他对心理科学的重要贡献是提出了另一种条件反射——**操作条件反射**（又称工具性条件反射）。在操作条件反射中，在动物或人的动作之后，会紧跟着出现一个结果。如果这个结果是愉快的，动物就会重复该动作；如果结果是不愉快的，动物就不再重复该动作。一般来说，学习只有在结果的多次重复后才会发生。

愉快的结果有时被称为奖励，不愉快的结果则称为惩罚。行为主义者会回避使用惩罚之类的词，但是有些被称为惩罚的东西实际上是一种奖励，反之亦然。例如，父母会采用不给甜点吃、打一巴掌、不让玩、严厉批评等方式惩罚孩子，但是有的孩子根本不喜欢甜点，不给甜点吃对他就算不上惩罚；还有的孩子不在乎挨几下打，特别是当挨打成了孩子获得父母关注的唯一方式时，于是惩罚其实就变成了奖励。

同样，为了惩罚行为不良的学生，教师有时会把他们赶出教室，或让他们停课。然而，对憎恨老师的学生来说，离开教室是一种奖励。近期对学校纪律的研究发现，有些惩罚方式，如停课，反而会使学生的不良行为增多（Osher et al., 2010）。真正该检验的是对个体后来行为的影响，而不管在主观上所采取的措施是奖励还是惩罚。一个孩子或成人之所以会重复犯错误，可能是在初次犯错误时受到了强化而不是惩罚。在**强化**的过程中，导致一个行为频次增多或力度增强的东西称为强化物（Skinner, 1953）。

行为主义的一个发现是：每个人对强化和惩罚的反应不同，像前面提到的打巴掌的例子。再举一例，对儿童身体活动（如从事体育活动或锻炼等）的追踪研究发现，对男孩来说，父亲的奖励尤其重要。对女孩来说，强化能起作用，但母亲的表率作用影响更大（Cleland et al., 2011）。

3. 社会学习

说明了母亲榜样的重要作用的实例给行为主义理论带来了一个新的启示。首先，行为主义者认为，所有行为都是从学习反应的一个环节中产生的，条件反射的结果既基于一个刺激与另一个刺激的联结（经典条件反射），也基于一个刺激与个体体验到的结果之间的联结（操作条件反射）。这种已被多项研究证明的条件反射证实了学习理论的这一部分。然而，人类是社会性的、主动的，并不仅仅是被动地做出反应。人不仅会对自己的直接经验做出反应，“人（还会）对环境采取行动。他们在社会性的相互影响中创造环境，保护环境，改造环境，甚至破坏环境……”（Bandura, 2006, p. 167）

在这一思想的影响下，诞生了**社会学习理论**（见图 2.1）。该理论认为，人有时无须强化就能学习。这出现在**榜样模仿**中，即人们会复制他们看到的别人的行为（也称观察学习）。榜样模仿不是简单的模仿。人只在某些背景中，模仿某些人的行为。例如，你可能认识一些成人，他们小时候就目睹过父母打架。这样的人长大之后，有的会虐待自己的配偶，有的则会小心翼翼地避免婚姻冲突。这两种反应看起来截然相反，其实都来自儿时的观察导致的社会学习。还有些人看上去并没有为此而苦恼，分化的敏感性（第一章曾讲过）可能是其原因。

社会学习理论 (social learning theory)：行为主义的一种扩展，强调其他人行为的影响。即使没有强化，每个人也可以通过观察和模仿别人学到很多东西（又称观察学习）。

榜样模仿 (modeling)：社会学习的核心过程，人观察别人的行为并加以复制。

学习的三种类型：

- 经典条件反射。通过联结：中性刺激变成了条件刺激
- 操作条件反射。通过强化：弱或少的反应变成了强和多的反应
- 社会学习。通过榜样模仿：观察到的行为变成了复制的行为

图 2.1

学习的三种类型 行为主义又称学习理论，因为它强调学习过程，如图所示。

一般来说，榜样模仿最可能发生在不成熟的缺乏经验的观察者身上（这可以解释，榜样模仿为什么在儿童期最容易发生），而且榜样往往值得钦佩，很强大，善于照顾别人，或与观察者相似 (Bandura, 1986, 1997)。如果你的谈吐、发型、对鞋的选择和一个名人如出一辙，那么请问问自己，是什么原因使你照搬名人的行为的？是敬佩，还是相似性？假如孩子说话带脏字，但这些脏字是他们的父母从来不说的，那么谁是孩子的榜样，为什么这些人会被孩子钦佩呢？

给教师的问题 对于相同的问题（学前班儿童好动、吵闹），行为主义者会提出什么建议？（答案见第 50 页）

社会学习把人的知觉与对经验的解释联系起来。一个非常重要的解释是**自我效能感**，即相信个人成就取决于个人行动。当一个人看到别人顺利解决了问题时，就从中学会了树立远大的抱负，为取得成功而努力，这时候，他就形成了自我效能感 (Bandura et al., 2001)。同样的情况还可能发生在族群、文化和国家中。

自我效能感 (self-efficacy)：在社会学习理论中，人相信能改变自己并有效地适应社会环境。

学习理论的应用常常把行为主义的三方面策略结合起来。例如，在一项研究中，当儿童（5—10 岁）出现睡眠问题时，对他们的治疗方法包括建立经典条件反射（安静的房间、蓝色的墙）、操作条件反射（同伴鼓励），以及社会学习理论的自我效能感（说服儿童及其父母，让其相信改善睡眠并不是难事）。研究者得出的结论是，这三方面的结合明显减少了高唤醒度问题和在夜里做噩梦的现象 (Schlarb et al., 2011)。

>>观察小测验（第 47 页）答案 两人都秃顶、留白胡子。注意，本章的其他理论家都不留胡子，这是年龄群差异，而不是意识形态差异。

（三）精神分析理论对行为主义理论

精神分析理论和行为主义理论都具有挑战性、创新性、全面性并且令人惊叹；两个理论都具有持久性，因为它们给发展的重要问题提供了启示。在这些理论出

他的自豪与快乐　这位爸爸对他的摔跤术感到骄傲，但他更为儿子骄傲，他不希望只是自己会摔跤。这种骄傲是互相的：男孩希望变得和爸爸一样。

观察小测验　除这些姿势之外，还有什么能说明这个男孩会模仿他的爸爸？（答案见第 52 页）

现之前，很少有人想到，儿童期的影响力竟如此巨大（精神分析）；也很少有人想到，成人的行为都来自早期的强化（行为主义）或观察（社会学习）。

这两种理论也都受到了批评。弗洛伊德本人认为，他是一名科学工作者，但是很多心理学者不承认精神分析理论是一门科学 (Mills, 2004; Tauber, 2010)。另有很多人不接受行为主义，认为它贬低了人的潜力 (Chein, 2008)。在某些方面，这两个理论是相反的（见表 2.2）。另一种理论，人本主义理论（后面将介绍）以这两种理论为对立面而崛起，声称这两个理论都忽视了人的潜力。尽管如此，像所有的好理论一样，这两个理论都引出了大量假设，以及验证这些假设的成千上万的研究，而且这两个理论至今仍在被应用。请看“批判性思考：如厕训练——怎样训练和何时训练”专栏。

>>回答教师（问题见第 49 页）　行为主义者相信，任何人都能学会任何东西。如果你的目的是让儿童安静并集中注意，只要对某一段安静的时间或某一个安静的儿童给予强化，其他儿童很快就会效仿，以至安静时间能达到几分钟以上。

表 2.2　精神分析理论与行为主义理论的比较

意见不一致的领域	精神分析理论	行为主义理论
无意识	强调人自己不知道但对所有人都力量强大的无意识愿望和冲动	认为无意识不仅不可知，而且对发展变化起破坏作用
可观察的行为	认为可观察的行为只是表面现象——冰山一角——而不是原因，问题的大部分是潜在的	必须考察可观察的行为——人是怎样做的，而不是怎样想、怎样感觉或怎么想象的
儿童期的重要性	认为儿童早期，特别是婴儿期，非常重要；即使人不记得发生了什么，早期遗留的东西也会影响其一辈子	认为当前的条件反射非常重要；如果使用恰当的强化和惩罚，早期的习惯可以改变，甚至往相反的方向发展
科学的地位	认为人类发展的多数问题是科学实验难以企及的；把古代神话、精神病人的言语、梦、游戏和诗歌作为研究素材	一门科学的价值，取决于可验证的数据和严格控制的实验；应摈弃那些听起来不错但不可证明的观点

（四）认知理论：皮亚杰与信息加工

认知理论 (cognitive theory)：关于人的发展的一种经典理论，聚焦于思维随着年龄增长的变化。这一理论认为，人的思维影响着人的态度、观念和行为。

从**认知理论**看来，思维和经验深深地影响着人的态度、观念、价值观、假设和行动。大约从 1980 年起，这一理论就在心理学中占据了统治地位，而且具有不同版本的分支。

1. 皮亚杰的发展阶段

皮亚杰 (Jean Piaget, 1896—1980) 是认知理论的第一位先驱，但他最初受到的是生物学的科学训练。他曾受雇去做 IQ 测验的标准化工作，在观察某年龄的每个儿童对某题的回答是否正确的过程中，他开始对儿童的思维产生了兴趣，因为儿

批判性思考

如厕训练——怎样训练和何时训练

还记得吧，理论很实用。这一点在儿童早期尤其明显。当面对一些实际问题时，如怎样回应婴儿的哭闹，做父母的往往赞成两种完全相反的意见。有人对他们说，忽视孩子的哭闹会有损孩子将来的幸福感（精神分析理论看重孩子对父母的依恋）；但是也有人说，每当孩子哭闹就做出一次反应，能教会孩子提出更多要求，从而把孩子宠坏（行为主义理论主张培养坚强的性格）。没有一种理论能对这些可怕的后果做出直接预测，但是每个理论都各执一词。

另一个很特殊的例子是大小便训练。在19世纪，很多父母认为，应该对孩子的身体机能尽早加以控制；他们在孩子出生第一个月时就进行大小便训练 (Accardo, 2006)。后来，精神分析理论主张，出生第一年是口唇期（弗洛伊德）或对周围人产生信任（埃里克森）的关键期，此后，学步儿才会进入肛门期（弗洛伊德）或自主性需求阶段（埃里克森）。这样一来，广大父母受精神分析理论的影响，延后了大小便训练的时间，以避免孩子后期出现各种人格问题。这种观点很快成了各种儿童养育手册的内容之一，尤其被一位著名的儿科医生巴里·布雷泽尔顿（Berry Brazelton）推荐，他写文章指出，大小便训练应该在儿童从认知、情绪和生物学角度做好准备之后才开始，2岁开始白天大小便训练，3岁开始夜间训练。

“作为一个社会，我们对儿童大小便问题的过度焦虑导致人们过早地对儿童进行大小便训练。我甚至不喜欢‘如厕训练’这种提法。确切地说，应该是如厕学习。”

(Brazelton & Sparrow, 2006, p. 193)

到20世纪中期，美国的很多心理学者开始拒绝精神分析理论，变成了行为主义者。他们相信，学习从一开始就依赖于条件反射。一些人提出，何时进行如厕训练，要看父母的愿望，而不应定在某个特定的年龄 (Azrin & Foxx, 1974)。一种训练方法（行为主义的应用之一）是，让儿童喝一定量的喜欢的果汁饮料，然后坐在马桶上，父母在旁边陪伴。只要大小便一出现，父母就给予儿童表扬和奖励。这样，儿童很快（只需一天，取决于训练者）就能学会在想大小便时去找便盆。

一些西方父母不接受这两种理论的建议，他们很早就开始对孩子进行如厕训练。一位美国妈妈在孩子出生33天时就开始训练自己的儿子。她发现，当儿子想拉和尿时，就把他抱到马桶上，这样到儿子6个月大时，训练已经完成了 (Sun & Rugolotto, 2004)。行为主义者可能会说，这是妈妈在被训练，而不是儿子。她在教自己怎样敏感地留意儿子的身体状况，当她读懂了儿子的线索时，她就受到了强化。

哪一个才是最好的方法呢？各派理论与父母们五花八门的实践使一位儿科论文的作者得出了以下结论：“尽管数代家庭和医生都在讨论这个问题，但是众人仍然没有一致确定出最好的方法，就连如厕训练的标准定义都没定论” (Howell et al., 2011, p. 262)。对如厕训练方法的一项比较研究发现，行为主义方法对具有严重能力低下的年长儿童最有效，而对一般儿童来说，几乎每一种方法都是有效的。貌似没有一种方法会导致明显的消极情绪后果 (Klassen et al., 2006)。来自很多方面的证据说明，因为每个儿童都不同，因此谈不上什么方法是“正确”的。

较晚开始的训练时，儿童可能会掌握得比较快。一项研究追踪了几百名学步儿，其父母在他们 18 个月—3 岁时开始如厕训练。较早开始训练的学步儿用了大约一年的时间完成了训练（大小便可不用人帮助），较晚开始训练的只用了大约 3 个月就完成了 (Blum et al., 2003)。当然，如果训练目标是自己去卫生间，脱裤子，解手，事后洗手，还需要等孩子足够成熟时方能做到，但是很多父母不愿意等 3 年以后才对孩子进行如厕训练。

对这些理论的比较引出了一个重要问题：如厕训练的目标是什么？每种理论、每种实际做法的背后隐藏着什么样的价值观？其实，认识到每个孩子都不同，而我们没办法确定哪种方法最好，这也是儿童发展理论自然发展的结果（马上要讲到的社会文化理论）。这里没有一个简单的答案，我们需要批判性地思考。

童对问题的错误回答引起了他的注意。怎样才能进一步揭示儿童的思维呢？皮亚杰的总结是：要了解儿童知道什么？

>>观察小测验（第 50 页）答案 泳裤的款式。你可能认为，小男孩穿一件短一些、紧一些的泳裤更好，但是，那就和他爸爸不一样了。

当时，大多数学者认为，婴儿还没有思维，但皮亚杰对他的三个孩子进行了科学观察，发现他们有好奇心，也能够进行思考。后来，他考察了数百名小学生。根据这些研究，皮亚杰提出了认知理论的核心论题：儿童的思维是怎样随着年龄的增长和经验的积累而变化的，他们的思维过程怎样影响着他们的观点和行动。根据认知理论，要理解人的行为，就必须理解人的思维。

皮亚杰提出，认知发展包括四个与年龄相关的阶段：感觉运动阶段、前运算阶段、具体运算阶段和形式运算阶段（见表 2.3）。每个阶段都能形成相应的认知过程；例如，婴儿会凭借感觉进行思考，儿童期尚不具备的抽象逻辑，到青春期才可能出现 (Inhelder & Piaget, 1958; Piaget, 1952b)。

表 2.3 皮亚杰的认知发展阶段

年龄范围	阶段	该阶段的概况	该阶段的主要进步
0—2 岁	感觉运动阶段	婴儿运用感觉和运动能力理解周围环境。学习是主动的；还没有概念思维和反应性思维。	婴儿知道，当一个客体看不见时仍然存在（客体永存性），开始运用心理动作来思考。
2—6 岁	前运算阶段	儿童像魔术般或诗歌般地思考，运用语言理解世界。思维是自我中心的，导致儿童从自己的观点感知世界。	想象力活跃，语言成为自我表达和接受他人影响的主要手段。
6—11 岁	具体运算阶段	儿童理解并运用逻辑运算或原理，客观、理性地解释经验。思维局限于他们能够看到、听到、触碰到和体验到的东西。	儿童凭借逻辑能力学会了理解守恒概念、数概念、分类和其他许多科学观点
12 岁—成年期	形式运算阶段	青少年和成人对抽象事物和假设概念进行思考。他们基于分析而不只是情感进行推理，能够对从未经历过的事物进行逻辑推理。	伦理学、政治、社会与道德问题吸引着青少年和成人，用更宽广、更理论化的方式看待经验。

在皮亚杰眼中，智力进步靠的是人在每个年龄阶段寻求**认知平衡**——一种心理平衡状态。求得这种平衡的最简单的方式，就是用原有观点来解释新经验。例如，婴儿曾经抓住一个物品，后来以同样的方式抓住另一个；儿童在解释其父母的行为时会假设，成人的想法和儿童做同样事情时的想法一样。

认知平衡 (cognitive equilibrium)：在认知理论中所指的是一种心理平衡状态，在这种状态下人不感到迷惑，因为他能用已有的思维过程理解当前的经验和观点。

取得平衡并不那么容易。有时，一个新经验或新问题很难懂。此时，人就体验到了认知不平衡，这是一种会造成迷惑的不平衡。如图 2.2 所示，在出现认知不平衡时，如果人能改变思维方式，就能导致认知成长。皮亚杰描述了两类认知适应：

- **同化**：新经验被重新解释，因此适合旧观点，或被旧观点同化。
- **顺应**：旧观点被重新建构，因此包括或顺应了新经验。

同化 (assimilation)：对新经验重新进行解释，使之符合旧观点。

顺应 (accommodation)：对原有观点重新建构，使之包括新经验。

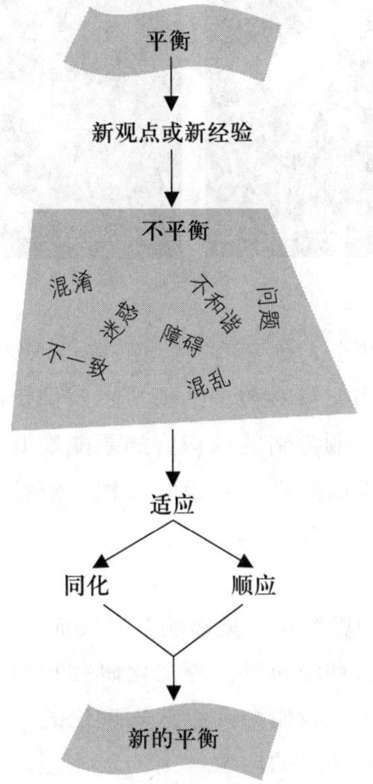

图 2.2

对我的挑战 多数人在多数时候都喜欢自己的常规想法带来的舒适感。但是皮亚杰认为，当新观点打乱人们的思维时，就有机会扩展自己的认知，得到更全面、更深层的理解。

顺应比同化更难，但它会促成智力的进步。例如，当一个朋友对一个问题的意见和你的意见不一致，或者当你喜欢的下棋策略导致了失利，或当你母亲说了一些出乎你预料的话，这时候，不平衡就出现了。在最后一种情况下，你可能会猜想，母亲的话并不是她字面上说的那个意思，以此来同化之；你也可能会暗示自己，她在复述书里的一句话；再或者是你听错了她说的话。但是，只有当你改变了对母亲的看法时，智力的成长才会发生，以顺应一种新的、扩展的观点。

(a)

(b)

(c)

(d)

对花的想法　一个人的认知发展阶段影响着他对各种事物的想法，例如花。(a) 对感觉运动阶段的婴儿来说，他们是通过摘、闻和尝来“知道”花的。(b) 在具体运算阶段，儿童更富有逻辑性。这个男孩可能知道，花的生长需要阳光、水分和时间。(c 和 d) 在成年期的形式运算阶段，花可能成为一个更大的逻辑图式中的一部分——可以用来赚钱，也可以培养美感。思维是从生到死不断发展的积极过程。

在理想的情况是，当两个人意见不一致或一个人对另一人说的话感到惊讶时，也能够互相适应。例如，当父母对孩子的想法感到惊讶时，父母可以修正他们关于儿童及其观点的概念，以顺应新的认识。如果能展开一次开诚布公的讨论，孩子也可能做到顺应。认知发展是一个积极的过程，依赖于互相冲突的具有挑战性的概念。

2．信息加工

皮亚杰因为发现了人的思维和知觉影响其发展而受到赞赏。但是很多人认为，皮亚杰的理论还不够充分。神经科学、跨文化研究和对认知的逐步了解揭示了皮亚杰理论的局限性。在这里，我们会介绍认知理论的一个新分支——信息加工理论。这一理论是受到计算机功能的启发产生的。该理论认为，人的心理在很多方面和一台复杂的计算机相似。

信息加工理论 (information processing theory)：这种观点把人的思维比作计算机分析数据的过程，这一过程包括感觉输入、建立联结、记忆存储和输出。

信息加工理论“不是一个单一的理论，而是以大量研究项目为特征的框架”(Miller, 2011, p. 266)。信息加工不像皮亚杰那样只对从婴儿期到儿童期的反应做出解释，而是在探索思维过程，即人的心理在做出反应之前是怎样运作的。信息加工的理论基础是加工过程中的细节能清楚地揭示特殊的结果。

对信息加工研究者来说，认知是从由五种感官获得的感觉输入开始的，接着是大脑的反应、联结的建立和记忆的储存，最后以某些形式的输出结束。对小婴儿来说，输出就是挥手、发出声音或盯着一个刺激的时间比看另一个刺激的时间长 1 秒钟。借助精细的技术，信息加工研究推翻了皮亚杰的一些发现，这些将在后面的章节讲到。

信息加工还探索了一个人的思维和另一个人的思维之间的关系。例如，当人作为某群体的一部分时，在某些条件下，思维会得到促进，但是在另一些条件下，群体会拖慢成员的思维发展。信息加工能帮助我们理解什么是差异 (De Dreu et al., 2008)。同样，对一些人说，看电视对幼儿有副作用，另一些人则不同意这个观点。信息加工研究帮助学者澄清了不同的意见：这样的研究可以准确地确定，电视屏幕上的哪些图像可能破坏哪些年龄儿童的认知过程 (Roseberry et al., 2009)。

这个认知流派还有很多其他的应用。例如，它使人们早就认识到，患注意缺陷/多动障碍的儿童不单表现为过于好动，还可能在学习、服从父母和交朋友方面存在困难。信息加工研究还发现，患有注意缺陷/多动障碍的儿童的某些大脑回路（额叶—纹状体系统）不能正常发挥功能。因此，他们无法读懂别人的表情和声调，因而难以理解别人的情绪 (Uekermann et al., 2010)。他们可能听不懂父亲说"过来"时究竟是在发出愤怒的命令，还是在和气地建议。信息加工理论可以帮助我们查明：如果一种特殊的脑机能可以得到改善，儿童就能学习到更多，更听话，结交更多的朋友。

你想和这个人谈谈吗？ 儿童喜欢和让·皮亚杰交谈，他会认真地倾听孩子们说的话，尤其是会仔细听他们错误的解释。在他以前，从没有人付出这样的努力。皮亚杰终其一生都在探讨儿童是怎样进行思考的。他称自己为"天生的认识论者"——致力于查明儿童在成长过程中是怎样获得关于世界的知识的。

小　结

几十年前崛起的三个经典理论，是由几位能力超群的学者创建的，他们的理论全面而富于创造性，因此都堪称"宏大的理论"。每个理论聚焦的问题不同：精神分析理论聚焦于情绪，行为主义理论聚焦于行为，而认知理论聚焦于思维（见图 2.3）。

弗洛伊德和埃里克森认为，无意识驱力和早期经验导致了后期的人格和行为。行为主义者强调刚刚过去的经验，主要考察通过建立联结、强化和观察进行的学习。认知理论认为，要了解一个人，必须知道他的思维。皮亚杰认为，认知发展要经过四个阶段。信息加工理论则认为，人的思想和观点的产生过程很像计算机的运作过程。■

三、更新的理论

你们可能已经发现了，之前介绍的几位开创性的理论家（弗洛伊德、埃里克森、巴甫洛夫、斯金纳、皮亚杰）都是男性，都来自欧洲和北美，出生在 100 多年前。这样的背景是有局限性的。（当然，女性、非西方的和当代的理论家也受到了自己所处的背景的局限。）尽管他们的思想给人留下深刻印象，但是这三个宏大的理论已失去它们曾经的辉煌，这在一定程度上是因为它们的局限性在 21 世纪变得愈加显著了。

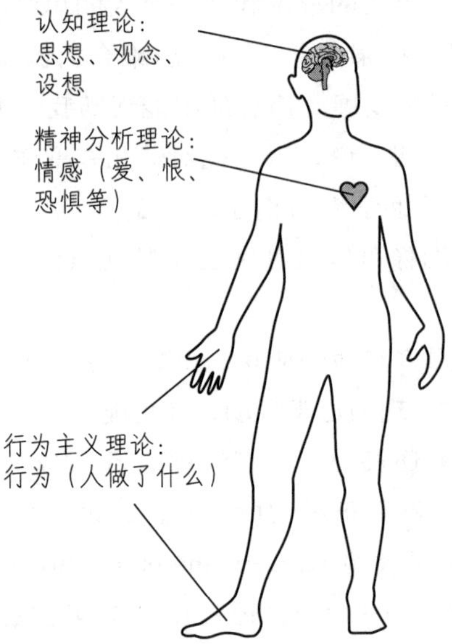

图 2.3

三个经典理论的研究焦点　这个简单的图显示，三个经典理论都承认人的思维、情绪和行为是相互作用的，但每个理论只聚焦于其中的一个方面。

几个新的理论已经出现了，它们与这三个宏大理论不同，它们是多元文化的、多学科的理论，因此更符合人的发展科学的当前观点。这里要说的第一个理论是社会文化理论，主要研究教育学、人类学和历史；然后是两个带有普遍性的理论，一个来自对神学、政治学和历史的研究（人本主义），另一个来自考古学、习性学和生物学（进化理论）。

（一）社会文化理论：维果茨基与后维果茨基

社会文化理论 (sociocultural theory)：一个更新的理论，认为发展是人与周围的社会文化力量动态地相互作用的结果。

社会文化理论的核心论题是，人的发展是成长中的人与他周围的社会之间动态的相互作用。文化不仅被看作影响成长中的人的外部东西，而且是把人每天在社会背景中取得的进步整合起来的东西（对动力系统的介绍见第一章）。

1．社会互动

社会文化观点的先驱是苏联心理学家列夫·维果茨基 (Lev Vygotsky, 1896—1934)。维果茨基是最早阐述文化与教育的相互作用的人。他发现，在他的祖国苏联（横跨亚欧两大洲，有多种信仰和语言），每个社区都会教育儿童养成符合当地文化价值观的观念和习惯。

思维学徒制 (apprenticeship in thinking)：维果茨基的术语，他认为，认知是在技能更好的社会成员的激励下发展的。

维果茨基考察了来自众多族群的人们的认知能力，其中包括有或没有特殊需要的儿童。他还曾研究农民是怎样使用工具的，不识字的人怎样使用抽象概念，能力不同的儿童怎样在学校学习。在他看来，不管上没上过学，每个人都能在更有技能的社会成员的指导下得到发展，而后者就是**思维学徒制**中的老师或良师益

友 (Vygotsky, 1934/1986)。

为了说明这一过程，维果茨基提出了**指导性参与**这一概念，父母、教师和整个社会都可以用这种方法把该文化所期望的技能和习惯教给新手。老师会加入学习者（也称*徒弟*）的学习中，和他们共同活动，不但提供指导，而且会一起参与到各种重要的文化实践当中，如讲故事、完成日常事务和做游戏等 (Rogoff, 2003, p. 285)。积极有效的学徒制是社会文化理论的核心概念，因为每个人都要依靠别人来学习。这一过程是非正式的、渗透性的和社会性的。

指导性参与 (guided participation)：人们向其他能指导自己获得经验并进行积极探索的人学习的过程。

例如，我的一个学生曾带着她的小儿子来到我的办公室。那小男孩一直盯着我的糖果碟，可是并没有拿里面的糖果。

我对他妈妈说："如果你觉得没关系的话，他可以拿一块糖。"

她点点头，对他说："伯格尔老师让你拿一块糖。"

他不好意思地笑笑，很快地拿了一块糖。

"你会说什么？"她提醒孩子。

"谢谢。"他答道，用眼睛的余光瞥了我一下。

"不客气。"我说。

在这片刻的时间里，我们三人都参与到了文化的传递中。我们被文化传统和习惯包围，包括我作为教授的权威，我有一间办公室和一个糖果碟（这是我从我的一位老师那里学来的习惯），那位妈妈对儿子有直接的权威，她在教儿子讲礼貌和听话。儿子作为一个学徒，需要被别人提醒说"谢谢"。我也在指导他，跟他说可以拿一块糖（这其中包括鼓励孩子学数数、听大人的话以及做事要适度）。虽然细节有所不同，但所有的成人都是这样教会儿童掌握自己的社会文化所期望的技能的。

社会文化理论的奠基人 列夫·维果茨基现在被公认为卓越的思想家，他的教育思想和对发展的研究是革命性的，他与弗洛伊德、斯金纳、巴甫洛夫和皮亚杰是同时代的人，但维果茨基生前并没有获得他们那种地位，一方面是因为在他所生活的时代，他所做的工作不易被西方世界接受；另一方面，他38岁就英年早逝。

在社会文化理论家看来，所有的文化模式和信念都是社会建构的，而不是自然法则。他们发现，习俗的力量非常强大，影响着每个人的发展。他们还发现，为了让所有人都得到更健康的发展，一些观念必须转变。维果茨基很强调这一点，他指出，心理上和身体上有残疾的儿童应该接受教育 (Vygotsky, 1925/1994)，这是美国在过去几十年里出现的一种文化观念，但是到现在仍未被其他许多国家接受 (Rogoff, 2003)。

2. 最近发展区

根据社会文化理论，所有的学习都是社会性的，无论所学的是手工技能、社会习俗还是语言。作为思维学徒制的一部分，良师（父母、同伴或专业人员）要找到一个**最近发展区**，而学习者已离学会一些技能、知识和概念很近了，但是若无帮助，他还不能完全掌握。

最近发展区 (zone of proximal development)：社会文化理论中一个带有比喻意思的领域或"区域"，指学习者已接近掌握的某些技能、知识和概念的范围，但只有在别人的帮助下才能进入这一范围。

经过对学习者的细心评估，良师加入徒弟当中，与其一起完成"共同建构的过程"，新知识就这样被掌握了 (Valsiner, 2006)。良师必须避免两种危险：厌倦和失败。挫折是不可避免的，但学习者必须主动面对，不能消极，也不能在困难面前低头（见图 2.4）。

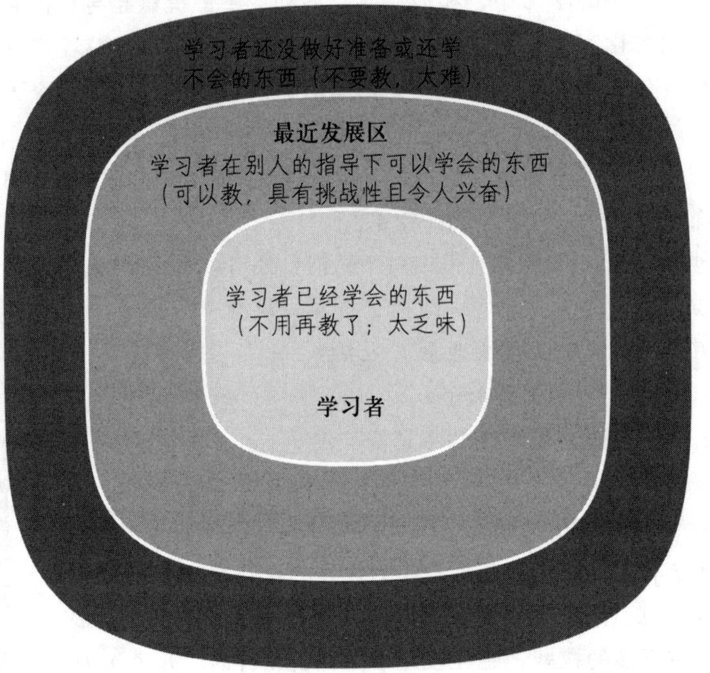

图 2.4

神奇的中间地带　在无趣和不可能之间的某个地方就是最近发展区，通过师生的互动，就能学到过去未掌握的知识。这一区域对智力的刺激是教育者和学习者快乐的源头。

为了使这一看来抽象的过程更具体，让我们来看一个父亲教女儿学骑车的例子：父亲开始时会帮女儿扶住车，防止车倒向一边，并告诉她怎样扶车把，怎样有节奏地蹬左右踏板，眼睛要看前方。等女儿感到舒服、自信了，他就把推车的速度加快一些，鼓励她骑得平稳些。学过几次以后，父亲开始跟在旁边跑，偶尔帮着扶一下车把。当他感觉女儿能自己保持平衡了，就鼓励她骑得再快些，并慢慢减少对她的控制。也许，在女儿还没意识到的时候，她就已经能自己骑车了。

注意，这不是在按照预先制订的规则进行教学。社会文化的学习是主动的，没有人能凭借阅读并记住写好的指导语来学会骑车，也没有一位老师仅凭重复备好的教案就能讲好课。因为每个学习者都有自己的特质、经验和抱负，所以学习必须是个别化的。学习方式也要随之变化，有些人需要比别人更有把握；有些人要用眼睛看才能学得更好，有些人则更善于通过听来学习。一位良师应该能察觉徒弟是需要帮助还是想独立完成学习，以及为徒弟找到学习的同伴是否更好（有时候同伴是最好的良师）。教师还应该知道，最近发展区是否需要扩大或改变。

进入并通过最近发展区，就像男孩被提醒说“谢谢”和女孩学骑车一样，对我们所有人都是很平常的事情。例子比比皆是。在美国的上千个科学博物馆里，儿童会问许许多多的问题，而成人则要给他们指导，让他们掌握科学知识(Haden, 2010)。同样的过程还表现在，儿童可以按照其他鼓手的节奏学习打鼓：儿童需要练习，但如果另一个鼓手不是自动机器鼓，而是一个比他们年长、打鼓更熟练的人，他们会学得更快 (Kleinspehn-Ammerlahn et al., 2011)。

美食家正在做饭 一些儿童有技能熟练的良师，良师和他们一起投入学习。切、搅和烤对这位爸爸厨师可能很容易，但是这两个做徒弟的孩子很快就能学会自己做了。

一般来说，良师的角色是把不断变化的能力与动机相协调，不断激励学生的能力达到新水平；学习者的角色则是问问题，表现出兴趣，显示进步，同时给良师以指导和启发。如果教育进展顺利，双方都能完全进入最近发展区并取得成效。在不同文化之间，特殊的技能和学习过程差异巨大，但是整个社会的互动是相通的。

3. 考虑到文化

社会文化观使当代研究者在每项研究中都把文化考虑在内。早期理论家则因为没有这样做而受到了批评。

对依恋的研究是一个好例子。第七章将会讲到，婴儿与养育者之间的关系是发展的一个主要论题，这种社会联结能够影响人的一生。12 个月时形成的安全依恋与母亲对婴儿早期生活的反应性相关，这一发现引出了“依恋的教养方式”（认为父母应该对婴儿的每次哭闹做出反应），后来则导致了本章早先时候提到的“超负荷养育”的现象。

起先，人们只研究了母子之间的依恋，发现对安全型婴儿来说（所研究的是 2—3 岁的婴儿），当母亲在旁边时，他们能高兴地玩耍，他们和妈妈很亲近但不会纠缠妈妈。这种早期研究受到精神分析理论的很大影响，弗洛伊德曾经指出(1940/1949)：母子关系是“影响儿童一生的唯一的、不可代替且不可改变的关系，母亲是儿童的第一个、感情最强烈的爱的对象，是以后爱情关系的原型”(p. 45)。

后来，研究又扩大到父亲、祖父母和其他养育者 (Hrdy, 2009)。一些婴儿对母亲和父亲的依恋程度相同，有些婴儿对父亲的依恋甚至超过母亲。“在美国和其他地方，多重依恋关系普遍存在 (Thompson, 2006, p. 43)。研究者在不同文化中考察依恋时发现：在日本婴儿中，缠着妈妈的婴儿的比例高于去周围探索的婴儿比例（显示这些婴儿属于不安全依恋）；而在德国婴儿中，敢去探索但对母亲冷漠（也属于不安全依恋）的婴儿比例较高。

但是，社会文化理论对诸如此类的差异有不同看法。依恋关系是普遍存在的重要关系，但是依恋的表达方式取决于文化背景。如果不考虑背景，发展正常的婴儿（如上述的日本和德国婴儿）可能被误判。在婴儿出生后的第一个月中，母亲的反应性曾被认为可以影响婴儿 1 岁时的依恋状况，但是现在的研究证明，母

给收养家庭的问题 依恋的重要性是否意味着，收养儿童不能与非亲生的养育者建立起安全的关系？（答案见第 61 页）

亲怎样对孩子做出反应，会在很大程度上受文化影响 (Kärtner et al., 2010)。此外，从一种文化到另一种文化，养育者的早期教育行为的宗旨也不同，多数西方家庭重视语言，因此对婴儿的发音很看重；但非洲的很多家庭重视社会责任，因此会教孩子敏感地互动 (Super et al., 2011)。随着研究扩展到各种文化中，很多发展的概念都需要重新评价，依恋的概念只是其中之一。

另一个引起了人们的兴趣的研究领域涉及性别与族群偏见，这种偏见在弗洛伊德所说的性器期和皮亚杰的具体运算阶段尤其突出。对这一问题的多数研究都出现在美国，过去半个世纪的研究发现，美国儿童越来越能意识到对非裔人的偏见了，而儿童本人是否容易产生这种偏见，第一要看其认知成熟度，第二要看他们特殊的生活环境 (Brown & Bigler, 2005; Nesdale et al., 2005)。

美国的研究显示，到青少年期，根据其个人经验，和拥有与多族裔一起上学的经历的人相比，在几乎专门招收欧洲裔美国人的学校上学的人并没有那么反对族群偏见 (Killen et al., 2010)。但是社会文化理论提醒人们，在这些问题上，是存在文化差异的。

例如，对丹麦儿童的一项近期研究发现，被调查的儿童都反对因其性别和族群背景（出生在丹麦的穆斯林儿童，其父母早在 20 世纪 60 年代就移民到了丹麦）而把一位儿童排除在一项活动之外 (Møller & Tenenbaum, 2011)。和行为主义及在美国的研究相比，在丹麦做的这项研究发现，儿童的态度并不受其所在学校有没有穆斯林儿童影响；和皮亚杰的理论相比，这项研究没有发现态度存在年龄差异。但是这项研究发现，儿童是按照习俗分辨公正与否的——这是社会文化差异（见“研究设计”专栏）。

研究设计

研究者： Signe J. Møller and Harriet R. Tenenbaum

出版物：《儿童发展》(*Child Development*, 2011)

参与者： 向 282 名儿童提出问题，其中大多数是丹麦儿童，年龄在 8—12 岁，来自 7 所学校，其中 4 所学校没有少数族裔儿童，另外 3 所学校有一些少数族裔儿童。学校都位于市郊，当地没有明显的族群差异。

设计： 让儿童单独、私密地对 8 张图片上的假设情境做出反应，图片中有一个儿童因为性别或族群而被老师或同学排挤。例如，“沙哈尔想玩骰子游戏，但是老师说她不能玩，因为已经有三个丹麦男孩和女孩在玩了。或者，老师说只有丹麦籍的同学才能玩。”

结果： 儿童不但认识到了其中的偏见，而且还强烈反对这种偏见。即使被排挤的孩子是因为性别甚至是因为其爱作恶而被排挤的，结果也是如此。当老师因为一个孩子是少数族裔就不让他参与活动时（如上面的例子描述的那样），反对的意见最强烈。老师的这种做法受到了来自不同族群的所有儿童的强烈批评。

结论： 在美国，年龄和日常生活影响着儿童对歧视的认识，但是由于丹麦的价值观主张平等，因此即使是没有和少数族裔同学的相处经验的儿童也认为族群排斥是不道德的，尤其是当教师这样做时。

评论： 在其他国家做的研究也发现，儿童能认识到歧视并且大多会反对这样做。儿童的这种态度的强烈程度很少受年龄和经验的影响，这表明一个国家的文化的影响力很大。类似研究还需在偏见易被接受的文化中进行，以便查明儿童能在多大程度上做出独立的判断，以及这在多大程度上是社会文化价值观的结果。

希望与笑声　马斯洛在学习心理学之前曾经学习法律，他乐于同逃离欧洲的精神分析理论家做深入的讨论。他相信人类的精神能战胜压迫，达到自我实现，那是信仰、希望和幽默的境界。

（二）普遍性理论：人本主义与进化论

没有一个发展学家怀疑每个人都是唯一的。但是一些社会科学家声称，过分关注文化（或族群、性别及经济）差异，会导致一种不平衡的人性观。我们属于同一物种，具有同样的冲动和需要。一些发展理论明确地表达了这种普遍性观点，虽然不同的人表达的方式不同，但是人们都一致认为，人类在基本水平上是相似的。下面，我们来介绍其中两个最著名的理论：人本主义和进化论。

1. 人本主义

许多社会科学家主张，人类精神中不乏有希望的、普遍存在的高尚东西，但是这些东西要么被精神分析理论所忽视（该理论只强调自私的本我和婴儿的性欲），要么被行为主义视而不见（该理论不承认自由意志）。两位美国人尤其反对这两个经典理论的局限性，他们是亚伯拉罕·马斯洛 (Abraham Maslow, 1908—1970) 和卡尔·罗杰斯 (Carl Rogers, 1902—1987)。他们都亲身经历了美国大萧条时期和两次世界大战，他们得出了结论：以往的心理学理论只关注人性恶的一面，忽视善的一面，因此低估了人的潜力。他们创立了**人本主义**理论，成为第二次世界大战之后的杰出心理学家，有数百万人读了马斯洛的《存在心理学探索》(*Toward a Psychology of Being*, 1962/1999) 和罗杰斯的《成为一个人》(*On Becoming a Person*, 1961/2004)。

人本主义 (humanism)：一种理论，强调所有人都有成为善良人的潜力，认为无论文化、性别或背景如何，所有人都有相同的基本需要。

1943 年，马斯洛首次提出他关于人的观点：所有人，无论其文化、性别或背景，都有相同的需要和驱力。他把这些需要分为五个层次（见图 2.5）：

1) 生理需要：食物、水、温暖和空气；
2) 安全需要：感觉受到保护，避免伤害和死亡；
3) 爱和归属：有朋友、家庭和群体；
4) 自尊：受到社会和其他人的尊重；
5) 自我实现：做真实的自己，实现个人潜能，欣赏人性之美。

当基本需要满足之后，人在最高水平上，能够成为完整的自己——具有创造性，精神充实，有好奇心，欣赏大自然，尊重每一个人。在自我实现水平上，人能产生“高峰体验”，此时，生命会感受到强烈的快乐，时间停止了，寻找自我的感觉消失了。鉴于现代生活的压力，很多东西被剥夺了，人本主义者认为，只有少数人能达到最高的自我实现水平。但是每个人都有可能达到这一层次，这就是人本主义的普适性。

>>回答收养家庭（问题见第 60 页）　完全不是。依恋是反应性的结果，而不是生物性的结果。在有些文化中，很多儿童从婴儿期就被收养，他们与养育者的情感联系并不比其他儿童差。

马斯洛的需要层次

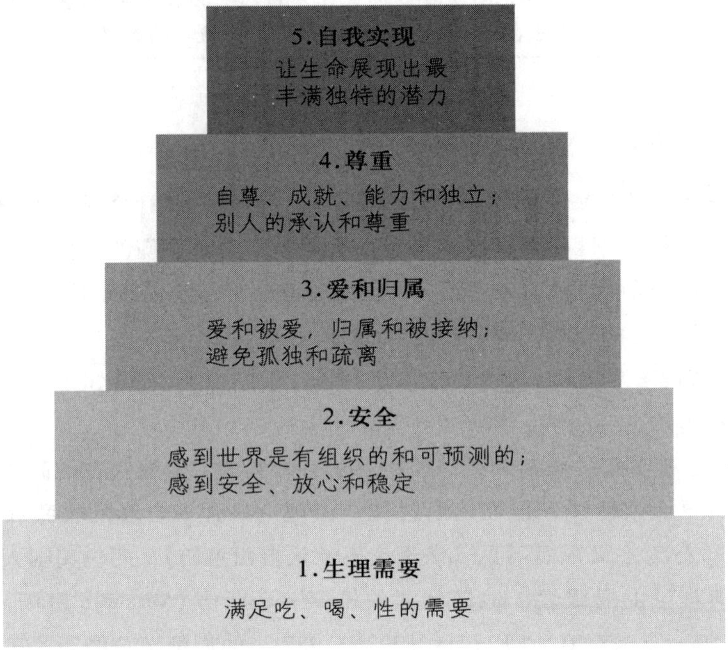

图 2.5

向上走，不要回头 马斯洛的需要层次像一个梯子：一个人只有稳稳地站到高一层的阶梯上，下面一层的需要才无须再满足。所以，一个已经到达第四级的人，不会再看重安全（第二级），他会冒着个人安全的风险争取被尊重。

据 Maslow, 1954.

罗杰斯也强调，人应该接纳和尊重自己的人格，同时尊重每一个人。他认为，人们应该给别人无条件的积极关注，意思是说，人应该以欣赏的眼光（积极）、不附带条件地（无条件）理解（尊重）别人。他认为，并不是每个人都做到了这一条，但是他相信，人是善良的，人“憎恨罪恶，但是爱那些犯罪的人”。在罗杰斯生命的最后岁月，他花费了大量精力到北爱尔兰、南非做斡旋工作。他认为，冲突各方都需要学会互相倾听。

人本主义者强调的是所有人共同拥有的东西，而不是他们的国家、族群或文化差异。马斯洛主张，每个人必须先满足较低层次的需要，才能向上一级需要迈进。例如，一个饥肠辘辘的人在找到食物之前，恐怕不会考虑安全问题（水平 1 领先于水平 2）；一个没有爱的女人，在得到爱之前，可能不大在乎自尊的事情(水平 3 领先于水平 4)。阻碍人们自我实现的破坏性行为与残忍行为可能是较低级需要未得到满足的结果。马斯洛在他晚年解释称，当一个人能够欣赏全部人性时，最高水平的超越自我将变得完全无私 (Maslow, 1971)。

人本主义没有划分发展阶段，这一理论在发展方面的应用是，儿童期需要的满足是今后自我接纳的关键。因此，当婴儿因饥饿而啼哭时，这种基本需要应该得到满足。如果一个人在小时候缺乏安全感，缺少爱，他就可能变成盗贼或杀人犯，不能展现自己的潜力，达到自我实现。罗杰斯也认为，儿童期未受到无条件积极关注的成人，可能会变为自私的反社会的人。他创立了一种被广泛应用的心理疗法，帮助人们接纳自己，也接纳他人。

这一理论至今在医学专业人员中仍然有重要地位，因为广大医生认识到，痛可能是生理性的（水平 1 和水平 2），也可能是社会性的（水平 3 和水平 4）(Majercsik, 2005; Zalenski & Raspa, 2006)。即使是病重之人也有爱和归属的需要（家人应该陪在他们身边）和自尊需要（在走向死亡的过程中也需要尊重）。

给护士的问题 健康科学中常常讲到马斯洛的需要层次，以提示医务人员重视患者的需要。哪些特殊的住院程序是有帮助的？（答案见第 65 页）

人本主义的回响也出现在教育和体育界，其基本思想是，当人们想要努力掌握知识和技能以做到“最好的自己”（达到个人潜力的高峰）时，他们的动机就能更有效地激发出来，而胜过只是努力争取在班里或队里做到最好 (Ravizza, 2007)。

2. 进化理论

达尔文及其在 150 年前发表的观点为人所共知，其精髓是植物、昆虫、鸟类和动物都有数百万年的发展史，生命是从最初的细胞进化到人类的 (Darwin, 1859)。但是在这一理论启发下对人类发展进行一系列研究是近些年的事。这一领域的两位带头人指出：

> *在过去的 20 多年，对人类本性的进化基础的研究成指数速率的增加。现在，它已成为跨学科的繁荣的科学领域，已处于社会与行为科学前沿。*
>
> (Gangestad & Simpson, 2007)

进化理论对人的发展的许多问题进行了有趣的探索，如女性的怀孕反应、1 岁婴儿对父母的依恋、青少年初期的青春期、成人性偏好的显现以及父母对子女的投资，等等。这一理论认为，人类的许多冲动、需要和行为帮助人类在几百万年的时间里得以生存、繁衍，尤其是使儿童得到保护 (Konner, 2010)。

这一理论主张，要理解人类发展，就必须承认从几千年前进化至今的情绪的力量。例如，为什么有些人害怕蛇（致死率为 1/1 000 000），但是没有人害怕机动车（致死率为 1/5000）？进化理论认为，由于蛇会伤及性命，因此人对蛇的恐惧本能在数千年中得到了进化，以保全性命。现在，我们应该知道，恐惧的进化速度永远赶不上现代发明创造的增长，所以人需要凭借自己的心理使自己不要沦为情绪的奴隶。虽然机动车导致的死亡率因人们设计出了更合理的道路、法律和车型而减少了一半，但另一些致死原因——气候变化、毒品成瘾、肥胖症——仍难以控制，因为本能与知识是对立的，因此进化理论主张，只有了解破坏性驱力的起源，我们才能有效地控制它。

根据进化理论，每一个物种都拥有具有生物学基础且长期存在的两个驱力：生存和繁殖。理解这两个驱力可给我们理解保护性的亲子关系、新生儿死亡、婴儿依赖性、青春期攻击性等问题提供一些启发 (Konner, 2010)。对这些内容，以后的章节将详细介绍。在这里，我们先举一个例子：人类和非人类的成年个体都认为婴儿或幼仔是迷人而可爱的，尽管婴儿（不仅是人类，也包括小狗、小猫等）没有毛发，下巴短小，短腿，圆肚——这些特征放在成年个体的身上都被认为是丑陋的特征。进化理论认为，其原因就在于所有物种的成年个体都有爱护幼仔的本能。

选择性适应 (selective adaptation)：有生命的物种（包括人类）适应环境的过程。有助于生存和繁殖的基因被选择出来，并在多代后固定下来。

进化论的基本观点——**选择性适应**——假设，当今人类的反应方式是从在远古时期有助于生存和繁殖的反应方式中进化而来的。选择性适应的一个例子是，有助于生存与繁殖的特质基因是随着时间的推移而被选择出来的，它使物种得以繁衍壮大（见图 2.6）。人类最优秀的一些品质——合作、精神高尚、自我牺牲——可能起源于几十万年前人类群体在生死关头能彼此照顾。尤其是人类幼年时长期依赖父母，也可以用进化论来解释 (Konner, 2010)。

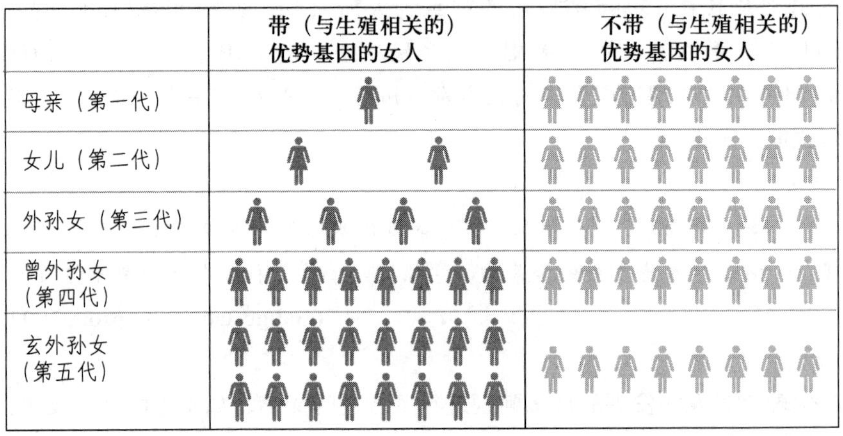

图 2.6

选择性适应说明　假设 9 位母亲中有 8 人只能生 1 个女儿，另一人的基因突变使她生出 2 个女儿，同时把这个基因传给了女儿，五代之后，最初这位母亲就有了 16 个女性后代，她们身上的这个基因就成了新的正常的基因。而其他母亲，每人只有 1 个女性后代。

给青少年的教师和咨询师的问题　青少年怀孕对青少年教育、家庭生活甚至身体健康都有破坏性。按照进化理论，我们可以做些什么？（答案见第 66 页）

选择性适应的过程大致是这样的：一个人身上偶然出现了一个可促进生存的基因，且这个基因可能遗传给下一代（因为此人生存的时间需要保证其能够繁殖）。这样的基因可能是由于突变而出现的，也可能是人与人之间不同的特征（如身高、体型、焦虑等）自然变化的结果。遗传到这样的基因的人更可能活到成年期、找到配偶并且有好几个子女，子女中又有一半人拥有这个优势基因。

例如，起初，所有人喝了牛奶以后都会因为乳糖不耐受特质而拉肚子 (Suchy, 2010)。后来，在少数地区，为了吃牛肉，牛被驯养。这些地方举行庆典时，常常要“杀肥牛”，为部落里的人办盛宴。在这些养牛的地区，如果有一个孩子因为基因突变偶然拥有了可消化牛奶的乳酶。有一次，他因为饥饿，喝了一些本来要喂小牛的牛奶，且没有生病，那么他以后就有机会活得更长久并且生儿育女，因为在人类早期，营养不良是死亡的主要原因。可以想象，一个具有这样基因的女孩，可能比起她那些乳糖不耐受、营养不良的姐妹们长得更强壮，更早地经历青春期，怀孕的次数更多，喂养孩子的时间更长。在她的后代中，可能有更多人遗传到这一基因。

这种选择性适应会一代一代持续下去。那种能消化牛奶的罕见基因在寒冷地区将会变得越来越普遍，因为那些地方缺乏植物蛋白，牛奶就意味着生存。这也许能够解释，为什么在斯堪的纳维亚地区，很少有人不耐受乳糖，而很多非洲人都不能耐受乳糖——这个事实对美国威斯康星州的奶农很有用。他们原打算用船把牛奶运到非洲的埃塞俄比亚，给那里营养不良的儿童补充营养。当他们知道这些牛奶会使一些非洲儿童生病以后，他们就只能想其他办法来救济饥饿的儿童了。尽管营养不良至今仍是全球性问题，但是营养不良的儿童还是比几十年前少多了，这在一定程度上是因为营养学家已查明，哪些食物容易消化，某种食物最适合哪些人。

来喝牛奶！ 瑞典的很多人（像这对父女）以及其他斯堪的纳维亚国家的人都习惯喝牛奶，而且容易消化牛奶。这可能是因为他们祖先的养牛业符合他们乳糖耐受的遗传倾向。

无论是群体还是个人，基因与环境的相互作用都影响着进化理论提出的两个基本驱力——生存与繁殖。当环境发生变化时，基因的变异尤其会带来好处，因为环境变化是导致基因多样性的原因之一，而基因多样性会给全人类带来好处。如果一个物种的基因库中不包括有利于在困难环境中（例如，容易罹患一种新疾病或环境中有毒素）生存的变异基因，整个物种将遭受灭顶之灾。这就可以解释，为什么生物学家非常担忧一个物种一直在同类中繁殖——多样性是所有物种都需要的。在曾经存在于世的所有物种中，90% 已经消失了，就因为生存条件的变化，导致每个成员在死前都没能留下后代 (Buss et al., 1998)。

人类中的遗传变异的灵活性（第一章讲过的可塑性）使人类能够生存繁衍。这不仅体现在生物特质上（如牛奶的消化能力），也体现在大脑所决定的那些特质上 (Tomasello, 2009)。例如，一定的基因使人社会化，能相互沟通，使用语言，这些能力帮助人类在旧石器时代就能互相交谈，几千年前的社会上就已经有文字，后来有书籍，再后来有了大学。由于教育和通信业的快速发展，现在的人类可以从历史中学习，也可以从另一半球的人们的经验中学习。

>>回答护士（问题见第 63 页） 护士所提供的保障（解释治疗程序）有助于满足前两个层次的需要，而探视、慰问卡片和呼叫有助于满足第三和第四层次的需要。显然，该采用何种具体的治疗程序取决于患者具体的病情，但每个人都需要得到尊重，同时也需要身体的护理。

由于有了人类的基因遗产，人们更加懂得清洁的饮用水、良好的营养和免疫的重要性，全世界人民的平均预期寿命从 1000 年前的大约 20 岁，增加到 100 年前的 35 岁，又增加到今天的 75 岁（有些国家已达 85 岁，有些国家只有 50 岁，但世界各地的平均预期寿命都比几十年前明显增长了）。从进化理论的角度来说，你们学习这本书，接受某些观点而拒绝另一些观点，而这就是人类基因遗产的一

>>**回答青少年的教师和咨询师（问题见第 64 页）** 进化理论强调人类基本的繁殖驱力，它给予青少年强大的性驱力。因此，仅仅告诫青少年照料新生儿绝非易事可能无法有效地阻止青少年怀孕的问题（有些中学的性教育课程只是给中学生人手一枚鸡蛋来让他们照料）。一种较好的办法是使青少年的生活更有规律，使怀孕成为不可能的事情，例如，严格监管或提供现成的避孕方法。

部分，它将为下一代做出贡献。

在发展科学中，进化理论颇具启发性且令人痴迷，但是其中一些观点也引起了热烈的争论。例如，对心理疾病的一种进化论的解释是，心理障碍是适应性特质的一个极端表现，比如生动的想象和焦虑感。这种解释的潜在含义是，要更多地接纳我们当中那些非同寻常的人。这是有争议的。更大的争议是进化理论对男女情绪差异的解释，请看下面的专栏——“科学观点：如果你的配偶不忠诚”。

进化理论的很多假设无法从科学上得到检验，很难被接受，这在一定程度上是因为，这是应用到发展研究中的最新的理论之一。一些批评认为，进化理论是从当前行为向想象中的史前情况的非科学“穿越”。无论如何，这一理论为其他方法难以解释的人类的普遍倾向提供了令人感兴趣的解释。

科学观点

如果你的配偶不忠诚

在世界各地，男性都会比女性寻找更多的性伴侣，新娘总要比新郎更年轻。显然，这些就是所谓的标准，虽然不是每个人都遵从，但在众多文化中都是适用的。为什么？进化论从生物学角度做了解释。由于只有女性会怀孕和哺乳，所以在人类历史的大部分时间里，女人都需要一个成熟、强壮的男人的保护，使那些掠夺者远离她和她的孩子。这样，她才能实现自己的进化使命，让她的基因存活下来，并传给她的子女，让子女活的时间长些，以便继续生儿育女。所以，女人要用一手好菜和性来让她的男人待在自家的篝火旁。

反之，男人更有机会通过基因遗传而获得更长的“生命”，他要做的就是生出尽可能多的子女，这意味着，他要拥有多个处于生育年龄的性伴侣。这就可以解释，为什么权力至高无上的国王妻妾成群，因为他要把基因传给很多后代。由于这个古老的需求，男人至今仍然更可能与多个女人（特别是年轻女人）寻欢作乐，而女人则希望寻找一个稳定的婚姻伴侣。

进化心理学的一些研究支持了这一解释。研究者们让不同年龄、国家和宗教的人们想象他们的爱侣正在与别人“陷入热恋”，或与别人“享受着充满激情的性关系”。想象之后，实验参与者要回答，在这两种情境中，哪一种使他们更痛苦 (Buss, 2003)。近期的一项重复研究对 212 名大学生进行了调查，他们都是美国公民，父母都出生在墨西哥 (Cramer et al., 2009)。和这类的其他研究一样，60% 的女性因为情感背叛而更痛苦，而 66% 的男性则因性背叛而更痛苦。

进化理论在解释这一反复验证的结果时指出，几个世纪以来，女人一直需要一个灵魂的伴侣，在感情上忠实于她，以确保他能供养她和她的孩子；而男人需要一个在性方面忠实于他的女人，以确保她生的孩子是他自己的。世界各地的男人如果怀疑妻子不忠，都更容易陷入嫉妒的愤恨中，有时甚至会为此杀死性伴侣，而女人则很少这样做 (Mize et al., 2009)。

很多女性不接受进化理论的这种解释，她们认为，导致现有的婚配模式的，是父权制和男性至上主义，而不是基因。相似的辩论还出现在这一理论的其他应用中。

人们有时会做出违反进化理论预测的事情，例如，有的父母会遗弃新生儿，有人敢拿蛇，等等。在前面提到的对墨西哥裔美国大学生的调查中，超过 1/3 的人并没有遵循典型的性模式 (Cramer et al., 2009)。即便如此，进化理论仍主张，发展学家需要理解人们，以便减小破坏性的冲动带来的危害（例如，制定防止“激情犯罪”的法律）并鼓励人类本性中那些高尚的东西 (Ackerman & Kenrick, 2009; Bulbulia, 2007; Gintis et al., 2007)。

小 结

和早期经典理论相比，较新的发展理论是多元文化的、涵盖面宽且多学科化。社会文化理论强调发展的文化背景的不同，认为像照料婴儿和教育儿童这样的基本行为也都是在周围人（社会）的指导下完成的。学习发生在最近发展区当中，是教师（也可能是父母或同伴）和准备迈出下一步的学习者之间积极互动的结果。

普遍性理论主要有人本主义和进化理论，二者都强调：所有人都有相同的基本需要。人本主义认为，每个人都值得尊重和积极关注，从而成为充分自我实现的人。进化理论认为，长时期的选择性适应使人类体验到了情绪和驱力，以满足所有物种都具有的两种普遍需要：生存与繁衍。只有认识和理解这些原始反应，才能促进物种的进步。■

四、理论的贡献

本章介绍的每一种理论都为我们理解人的发展做出了贡献（见表 2.4）：

- 精神分析理论使我们认识到儿童早期经历过、记住或未记住的冲动对后期发展的影响。
- 行为主义证明了即时反应、联结和榜样模仿对当前学习及随着时间延伸的学习的影响。
- 认知理论在帮我们了解智力发展的过程，以及人的思维和观点怎样影响发展的其他方面。
- 社会文化理论提醒我们，发展是在丰富而多方面的文化背景中、由于各种社会互动而发生的。
- 普遍性理论强调，在任何地方、任何时代，所有人共同具有的普遍特征远大于人与人的差异。

表 2.4　关于人的发展的五种理论

理论	重点领域	人应该做什么	强调天性或教养
精神分析理论	心理性阶段（弗洛伊德）或心理社会阶段（埃里克森）	与无意识冲动做斗争并克服主要危机	强调天性（生物性、性驱力和亲子关系）
行为主义理论	由刺激—反应构成的条件反射	对刺激、强化和榜样做出反应	强调教养（环境直接产生各种行为）
认知理论	思维、记忆、分析	努力理解个人经验，同时形成概念和认知策略	强调天性（人自己的心理活动与动机起关键作用）
社会文化理论	人、语言和习俗等社会背景	通过学徒制学习使用工具，掌握技能和社会价值观	强调教养（在社会背景中的师生互动）
普遍性理论	所有人作为同一物种，拥有相同的需要和驱力	凭借驱力、兴趣和行为方式来满足需要，求得物种生存	强调天性（适于所有人的需要；遗传进化）

选择性观点（eclectic perspective）：多数发展学者采用的方法，他们从多种发展理论中择其所长，为我所用，而不是诉诸一种理论。

没有一种发展的综合性理论能忽视这些理论，但是上述每种理论又都受到了严厉批评。精神分析理论因为过于主观而备受指摘；行为主义用过于机械论的方法研究人；认知理论低估了人的情绪；社会文化理论被批评忽视了个体；普遍性理论则轻视了文化、性别和经济变量。多数发展学家倾向于**选择性观点**，选择他们认为的每个理论中最好的东西。他们不是全盘吸收所有五种理论，而是择其良者，为我所用。

博采众长而不认定某个理论是有好处的，因为无论是科学工作者还是外行人，都可能产生偏见。采用选择性的观点就容易避免模棱两可的观点，但是把这五种理论都应用起来，有助于扩展我们的视野，打来我们的思路，关注到可能会被我们忽略的发展问题。有人对现有的七种发展理论（包括这里介绍的理论）进行了概述，做了以下的总结，“没有一种理论可以圆满地解释发展，问题的关键在于，发展学家要善于借鉴各种理论的内容、方法和理论性概念”(Miller, 2011, p. 437)。

你将在本书以后的各章中看到，理论能为理解行为提供新视点。我们可以设想一位家长和一位教师对一个孩子的行为进行讨论的情形。一个人提出的一种可能的解释会让另一个人发觉“我从没有那样想过”；如果他们敞开心扉，互相倾听意见，对孩子的理解就能更全面。掌握了这五种理论就好像一个拥有五种观点的观察者。这五种理论并不是总能有的放矢，但是用理论来拓宽视野比站在一条狭窄的小径上强得多。整只手的功能总好于每根手指的功能，虽然五根手指各有长短，却各有优势。

小 结

理论需要先提出假设，鼓励人们投入研究，最终找到答案，用实证证据取代未经检验的个人猜想。这五种理论都受到了合理的批评，但它们都能促进科学的发展。多数发展学家是折中的，他们从各个理论中选择有用的东西。这有助于防止偏见的产生，使学者、父母、学生和其他人对不同观点持开放的态度，了解人类生活的复杂性。■

本章总结

一、理论的作用

1. 理论可提供一般原理的框架，指导研究，对观察结果做出解释。五种经典理论（精神分析理论、行为主义理论、认知理论、社会文化理论和普遍性理论）中的每一种都从不同角度解释了人的发展，每种理论都在指导人们理解经验和行为是怎样随着时间发生变化的。
2. 理论可能正确，也可能有错误。理论不是事实，理论提出的是可检验的假设。好的理论是实用的：它们对研究、解释和日常生活都有帮助。
3. 标准是常见的行为规范。标准不是理论，但如果理论认为某个行为是恰当的行为，标准就可能是理论的结果。标准没有好坏之分，尽管标准的差异有时被错误地看作缺陷。

二、经典理论

4. 精神分析理论强调，人的行为和思想起源于无意识驱力和儿童期冲突。弗洛伊德的理论认为，根据儿童性冲动特征，儿童期发展分为三个阶段——口唇期、肛门期和性器期，此后是潜伏期和生殖期。
5. 埃里克森提出了相对于心理性阶段的心理社会阶段。他提出了八个连续的发展阶段，每个阶段都随着成熟而在相应的背景下面临一个危机。社会、文化和家庭成员会对每个人的发展做出反应。
6. 所有精神分析理论家都强调儿童期的影响力。根据弗洛伊德理论，与儿童性冲动有关的冲突对成人人格有持续影响。埃里克森认为，各阶段的危机的解决影响着成人人格。
7. 行为主义者或学习理论家相信，科学工作者应该研究可观察、可测量的行为。行为主义强调条件反射，这是持续终生的学习过程，一个刺激与另一个刺激之间的联结（经典条件反射）或强化与惩罚的结果（操作条件反射）指导着行为。
8. 社会学习理论认为，人可以通过观察别人而学习。儿童尤其容易受社会学习的影响。一个社会或一个个体都能表现出自我效能感。
9. 认知理论认为，思维和观念强烈地影响着态度、行为和观点。皮亚杰通过对认知平衡性的探索，提出了四个与年龄相关的认知发展阶段。信息加工理论主要研究认知输入、加工和输出等问题。

三、更新的理论

10. 社会文化理论用指导、支持和更有知识的社会成员通过文化和个人指导提供的结构来解释人的发展。维果茨基描述了学习是怎样通过社会互动发生的，即良师指导学习者通过他们的最近发展区。
11. 普遍性理论聚焦于所有人共有的驱力和需要。人本主义是普遍性理论之一。马斯洛认为，所有人都有五种基本需要，从最低的生存需要到最高的自我实现需要。罗杰斯认为，每个人都值得尊重和欣赏并受到无条件积极关注。

12. 进化理论在近期被应用于发展科学。该理论认为，现代人继承了人类物种在几万年中形成的生存与繁衍的遗传倾向。进化理论提出的一些假设极具挑战性，如男性和女性在配偶不忠时的反应差异。

四、理论的贡献

13. 精神分析理论、行为主义理论、认知理论、社会文化理论和普遍性理论都能帮助我们理解人的发展，但没有一个理论能全面解释人的经验的复杂性和多样性。多数发展研究者持选择性观点。

关键术语

榜样模仿，p49
标准，p41
操作条件反射，p48
发展理论，p39
经典条件反射，p47
精神分析理论，p43
强化，p48
人本主义，p61
认知理论，p50
认知平衡，p53
社会文化理论，p56
社会学习理论，p49
顺应，p53
思维学徒制，p56
条件反射，p47
同化，p53
信息加工理论，p54
行为主义，p47
选择性观点，p68
选择性适应，p64
指导性参与，p57
自我效能感，p49
最近发展区，p57

你学到了什么？

一、理论的作用

1. 理论怎样才能变为实践？
2. 标准和事实之间是何关系？
3. 理论与事实有何差别？

二、经典理论

4. 精神分析理论的基本观点是什么？
5. 弗洛伊德的婴儿性欲理论的主要观点是什么？
6. 口 唇期、肛门期和性器期分别与身体的哪些部位有关？
7. 埃里克森的理论在哪两个方面与弗洛伊德的理论不同？
8. 行为主义的基本观点是什么？
9. 为什么行为主义被认为是和精神分析理论“对立的”？
10. 经典条件反射和操作条件反射有何不同？
11. 社会学习理论看重哪些强化物？
12. 认知理论的基本观点是什么？
13. 皮亚杰的阶段和弗洛伊德的阶段有何相似点和不同点？
14. 同化与顺应有何相似之处？
15. 为什么信息加工理论不是阶段化的理论？

三、更新的理论

16. 新理论和传统经典理论之间有何根本的不同？
17. 为什么说“思维学徒制”是社会文化理论的一个实例？
18. 当学习者处于最近发展区的时候，老师应该做什么？
19. 马斯洛的需要层次论与埃里克森的阶段论有何不同？
20. 进化心理学怎样解释人的本能？
21. 为什么进化理论对人的情绪的解释会引起争论？

22. 选择性适应的观点对天性与教养之争有何启示?

四、理论的贡献

23. 对精神分析理论的主要批评有哪些? 其主要贡献是什么?
24. 对行为主义的主要批评有哪些? 其主要贡献是什么?
25. 对认知理论的主要批评有哪些? 其主要贡献是什么?
26. 对社会文化理论的主要批评有哪些? 其主要贡献是什么?
27. 对普遍性理论的主要批评有哪些? 其主要贡献是什么?
28. 选择性观点的优势和劣势分别是什么?

应 用

1. 发展学家有时会说起“民间理论”，这些理论是普通人提出来的，他们可能不知道自己把问题上升到了理论的高度。找出你所在的文化中常说的三个理论，例如，“省一分等于挣一分”，或“上梁不正下梁歪”。解释一下其基本含义，或人们这样说反映了什么理论。
2. 行为主义常被用于改变人的习惯。想出一个你打算改的习惯（如戒烟，多锻炼，少看电视），算一算你每周做出那种行为的频次，对每个行为要用什么强化物。然后，马上想出一个替代行为，对自己进行强化。用几天时间认真记录数据。你学到了什么?
3. 请三个人谈谈他们关于男性和女性在婚姻与性行为方面的差异的理论观点。在本章介绍的几种理论中，哪一种与他们的解释最接近? 哪些理论根本没被提到?

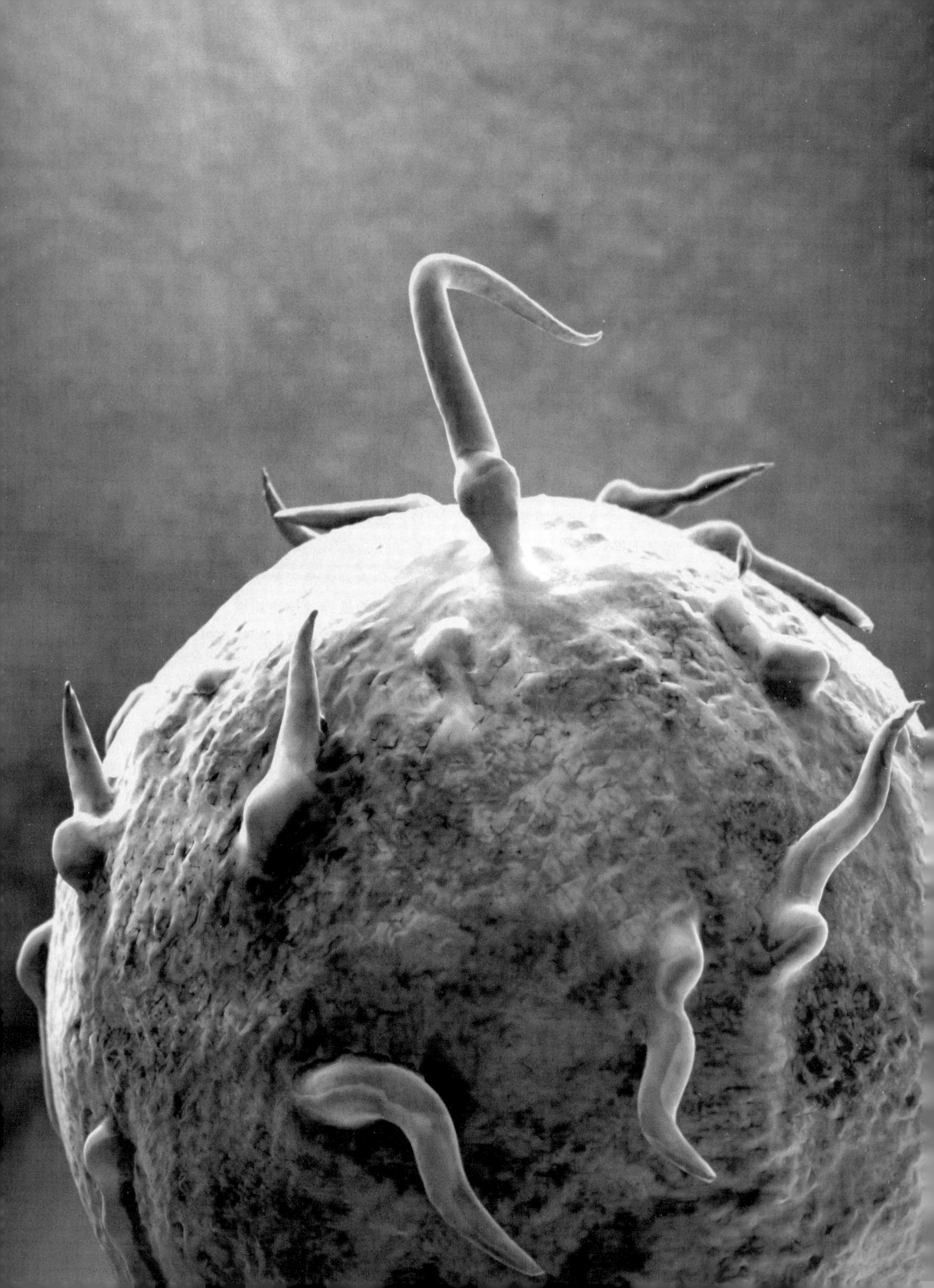

遗传与环境

你将学到什么？

1. 基因与染色体之间有何关系？
2. 性别差异源自染色体还是源自文化？
3. 一个儿童具有的遗传特质怎么会既不像母亲又不像父亲？
4. 假如父母酗酒，其子女会不会因为遗传也酗酒？
5. 为什么有些儿童生来就患有唐氏综合征？可以为他们做些什么？

“她需要上特殊学校。明年她回不来。”爱丽莎的中学校长告诉我。

马丁和我都惊呆了。看得出来，校长认为，我们可爱的、阳光的、活泼的女儿（马丁叫她“泡泡”）学习能力低下——更专业的说法是空间能力障碍。我们早就发现，她常把家庭作业放错地方，迷路，把书落在学校，忘记上课的教室……但是我们认为，比起她在阅读、分析和交朋友方面的长处，这些算不了什么。

我从遗传学的第一节课上就知道，遗传的影响无处不在，不仅影响身体外貌，还影响疾病和认知能力，所以我有点奇怪，爱丽莎从我们这里遗传到了什么。我们家的桌子上堆满了报纸，东西混杂在一起，放得到处都是。如果我们想找胶条、剪刀或银烛台，必须翻箱倒柜地找找这儿，翻翻那儿。这会是爱丽莎空间能力差的原因吗？

遗传学的第二堂课讲到，环境也是很重要的。我们夫妻二人都学会了如何弥补我们天生的组织能力上的不足。因为马丁有时会迷路，所以他从来不会因为找陌生人问路而不好意思；我也常把重要的文件放错地方，所以我必须把学生的论文放在有明显标记的文件夹里。无论我们的基因怎么样，我们两人都算成功；所以我们想，爱丽莎也应该很好。

意识到女儿的天性以后，我们改变了对她的教育方法。马丁会等把她送上公交车以后再把书包递给她；我给校长写了一封热情洋溢的信，跟他说，开除我女儿可能是不符合伦理的；我们请了一位老师，教爱丽莎如何列出家庭作业清单，做完之后如何检查，如何把作业认真地放在书包里，然后背着书包上学。爱丽莎也开始更勤奋地学习。我们的努力没有白费。爱丽莎在期末考试中门门成绩都是 A，于是校长同意她继续留在学校上学。她变成了一个熟练的组织者；15 年后，她代表她所在的法学院的班级在毕业典礼上致告别辞。

本章会先介绍天性的问题，然后着重讨论教养的问题。对有关基因和环境整合的伦理和实践问题也将贯穿本章。我希望读者认识到，你与孩子之间的相互作用从很早以前就开始了，远远早于他（或她）成为一名中学生。

一、遗传密码

一个精子和一个卵子的结合孕育出了一个新生命，而且每个新产生的细胞都包含着影响个体发展的全部基因。然而，发展是动态性的、持续不断的和相互作用的；个体拥有的东西远比其基因的产物多得多。

例如，基因限定了每个物种的最长寿命。老鼠是 4 年，人类是 122 年，北极露脊鲸大约是 200 年 (Austad, 2010)。一个人能否比另一个人活得长，决定因素是动态的、相互作用的，更多地取决于人在哪里生活，而基因起的作用相对较小。

某些国家的人均寿命比另一些国家长几十年，可见，基因并不是主要原因。人均寿命最短和最长的差距约为 40 年，例如，阿富汗的人均寿命是 45 岁，而日本是 84 岁（联合国，2011）。多数人的死亡时间比他们的遗传潜力早几十年。对语言流畅性、糖尿病、坚固的牙齿甚至是组织技能来说，掌管这些特质的基因能否表达，也取决于环境。要理解发展，必须从了解基因开始。但是不要忘记：遗传学所说的只是可能性（你可能会活到 122 岁），而不是结果（你大概活不到 122 岁）。

（一）基因是什么

脱氧核糖核酸 (deoxyribonucleic acid, DNA)：含有基因的高分子化合物，其中包括为细胞制造各种蛋白质的指令。

染色体 (chromosome)：人类的 46 条 (23 对）大分子链之一，人体每个细胞都含有这 46 条染色体，它们承载着人的全部基因。其他物种拥有的染色体数量有多有少。

基因 (gene)：染色体的一小段，是传递遗传物质的基本单位。一个基因含有一个化合物链，为给细胞制造蛋白质发送指令。

先复习一点生物学。一切有生命的东西都是由细胞组成的。细胞的作用由蛋白质来完成。每个细胞按照细胞核中**脱氧核糖核酸** (DNA) 中储存的指令，制造出一定量的蛋白质。这些 DNA 分子都在**染色体**上。

人类有 23 对（46 条）染色体，它们含有制造人体所需的全部蛋白质的指令（见图 3.1）。46 条染色体上的指令都安排在**基因**里，每个基因都位于一个染色体的一个段位上。人类基因数量为 18 000 ～ 23 000，每个基因都包含制造蛋白质的特殊的化学图谱 (Brooker, 2009)。

确切地说，蛋白质是什么？蛋白质是由 α - 氨基酸按一定顺序结合形成一条多肽链，再由一条或一条以上的多肽链按照其特定方式结合而成的高分子化合物。制造蛋白质的图谱中含有指令，能以正确次序生成正确的长链氨基酸。

这些指令通过四对被称为碱基的化学物质（腺嘌呤、胸腺嘧啶、胞嘧啶和鸟嘌呤，分别用 A、T、C 和 G 表示）传递给细胞。人类拥有超过 30 亿个碱基对，以三联体形式（每个三联体由三个碱基对构成）排列在约 20 000 个基因上。

（二）变异

多数基因都含有数千个碱基对，它们负责制造人所需的 20 种氨基酸。每个基因的三联体排列形式可能不同，但多数情况下相同。有些基因会发生三联体的转

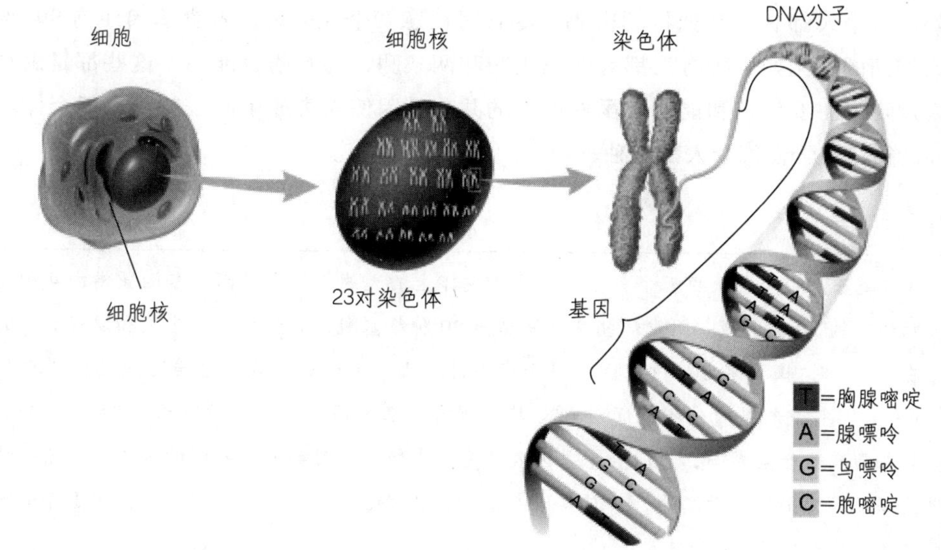

图 3.1

蛋白质是怎样制造的？ 位于细胞核的染色体上的基因向细胞发出指令，制造维持生命和发育所需的蛋白质。蛋白质的密码是 T、A、G、C 四种碱基的特殊组合。

换、删除或重复，但这些现象在相同基因的其他变体中没有发生。这种变异的基因被称为**等位基因**，含有多个等位基因的基因称为*多态基因*，专业名称为*单核苷酸多态性基因*(SNPs)。多数等位基因只会导致较小的差异（如眉毛的形状）；有些会导致不合理的差异；有些差异非常明显，甚至是破坏性的。

等位基因 (allele)：导致一个基因以某种方式不同于其他具有相同特征的基因的变异。多数基因从不变化，有些基因具有若干种可能的等位基因。

来自母亲的基因和来自父亲的基因之间的相互作用以多种方式影响着胎儿的生长。实际上，从合子形成的那一刻起，这种复杂的相互作用就开始了，因为每个人都继承了来自精子和卵子的一些等位基因，使他们与众不同。也就是说，每个人都有一些碱基对与别人不同，每个人又有一些多余的重复的基因片段，甚至是一整个基因。结果，每个人都有一些不匹配的成对基因。一位专家说："我们是基因组片段组成的马赛克，这可真酷。我们当中没有人是真正正常的" (Eicher, quoted in Cohen, 2007, p. 1315)。

给研究者的问题　100 年前，人类被认为有 48 条染色体，而不是 46 条；10 年前，人类被认为拥有 10 万个基因，而不是 2 万个，这是为什么？（答案见第 76 页）

不但如此，每个人还有一些额外的 DNA 和 RNA（另一种分子），它们不是基因，却给生命带来了危险：在一种所谓*甲基化*过程中，这种物质可能促进、转写、联结、授权并改变基因 (Shapiro, 2009)。这种非遗传物质曾被称为*废弃物*——现在已不再这样说了。成千上万的学者试图发现这些分子起什么作用，已没有人认为它们是垃圾了 (Wright & Bruford, 2011)。已查明的事实是，这种甲基化分子可以在受精卵形成的那一刻或在婴儿出生以后中断基因的表达。

制造生命有机体的完整的指令包被称为**基因组**。每个物种，包括形形色色的动植物，甚至是细菌和病毒，都有一个基因组。对人类基因组的认识才刚刚开始

基因组 (genome)：向某个物种的每个个体发送制造蛋白质指令的一套基因。

>>**回答研究者（问题见第75页）** 虽然错误的数字有一些科学证据（如黑猩猩有48条染色体），但实际情况是，人们倾向于高估一些事情，比如基因数量和下次考试的成绩。学者也是这样，他们喜欢高估，直到事实证明他们是错的。

(2001年人类基因组被完全解码)。在2001年以前，人们已经知道，除同卵双生子外，每个人都有一套独特的密码，尽管对任意两个人来说，人类基因组有99.9%是相同的。例如，所有人都有两只眼睛和两条腿，都有语言能力，这些都是由基因规定的主要特征和能力。虽然所有的共享基因使人类成了同一物种，但个体之间的微小差异使每个人都是独一无二的。

小　结

人类基因组含有数百万个分子，形成染色体上的大约2万个基因。基因凭借由4种化合物组成的30亿个碱基对发送指令，制造出20种氨基酸，并形成人的生长和发育必需的蛋白质。一些基因称为等位基因，属于多态性基因。由于每个人的遗传密码的微小差异（也许只因一个碱基对的不同）让他与其他所有人都不同。一种曾被称为废弃物的DNA会对基因表达产生影响，有时会令基因表达完全中断，有时会增强基因的影响力。这一结果使每个人既是独一无二的，又与其他人相似。基因组是一整套指令密码，存在于每个比针尖还小的细胞内。■

二、生命之初

配子(gamete)：生殖细胞，即精子或卵子。

受精卵(zygote)：精子和卵子结合而形成的单细胞。

生殖细胞称为**配子**，可能是精子，也可能是卵子。每个配子含有23条染色体。精卵结合就形成了**受精卵**——一个含有46条染色体的单细胞，人类的生命就从这里开始。

单细胞的受精卵不断地复制自身，发育成胚胎，胎儿，以及婴儿，最终变为拥有数万亿细胞的成人。每个细胞中都含有与最初的受精卵相同的46条染色体，以及相同的约2万个基因。在精子和卵子分别形成时，父或母的细胞一分为二，这使得配子中的每对染色体处只剩下一条染色体。例如，在精子的第10号染色体的位置上只剩一条，卵子的第10号位置也只剩一条，精卵结合之后，这两条染色体就结合为受精卵的第10号染色体，现在它包含两条染色体，一条来自精子，一条来自卵子。

来自每个父母的某个配子的每个染色体上的特殊成分是随机选择的。一个男性或女性能够生成223个不同的配子——相当于他们自己的46条染色体的800多万个变式。如果一对夫妇制造了100万个受精卵，其中每一个在遗传上都是独一无二的，因为每个配子的染色体都不同。等位基因、多态性基因和其他遗传性相互作用还会导致更多的变异。

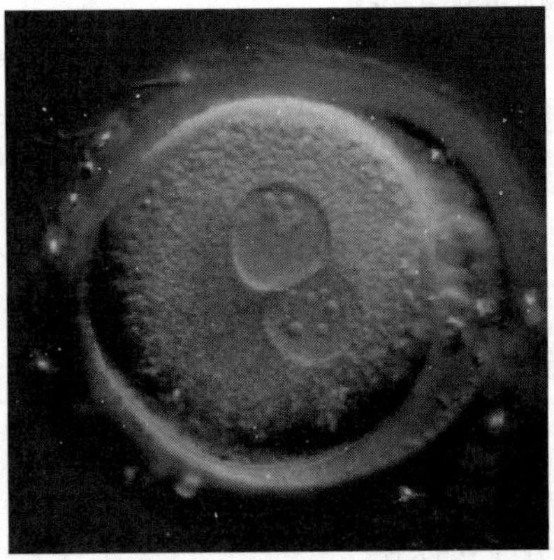

COURTESY OF LENNART NILSSON / BONNER FAKTA/STOCKHOLM

受精的一刻　这个卵子正要变成受精卵。一个精子正在钻进去，精子的细胞核将靠近卵子的细胞核，两个细胞核将融为一体，带着大约2万个基因来指挥发育过程。

（一）基因匹配

在受精的那一刻，父亲的染色体和母亲的染色体相匹配，和前述的 10 号染色体的形成一样，受精卵的 23 对染色体都以父方母方结合的方式形成了。（但这一过程也可能出现染色体多于或少于 46 条的问题，本章后面将谈到。）染色体上的基因建构起机体的基因遗产，或**基因型**，它将在人的一生中持续存在。生长发育要求这个初始细胞一次又一次地复制。

基因型 (genotype)：有机体遗传所得的全部基因，亦称遗传潜力。

在 23 对染色体中，有 22 对的两条染色体都密切匹配。这 44 条染色体称为常染色体，也就是说，它们都是独立于性染色体的。只有第 23 对是性染色体。每对常染色体（从 1 号到 22 号）都在相同位置以相同次序排列着几百个基因。在受精时，每条常染色体上的每个基因都和来自另一人的相同位置的基因相匹配。如果来自父亲基因的所有碱基对的密码和来自母亲基因的所有碱基对的密码完全匹配，这样的基因配对就是**纯合**的。

纯合 (homozygous)：一对基因的密码完全吻合。多数基因配对都是纯合的。

但是这种匹配并不总是完美的，因为母亲的等位基因可能和父亲相同位置的基因不同。如果一个基因密码不同于其等位基因的密码，那么当这两个基因配对之后，这个合子（以后变为人）就称为**杂合**的。一般来说，这没有问题，下面还要讲到，在有些特质上，杂合比纯合好。让我们先来看看最富戏剧性的与众不同的那对染色体，即 23 号染色体。

杂合 (heterozygous)：一对基因中的两个基因密码不完全相同。一般情况下，一个等位基因中只有很少的碱基对是不同的。

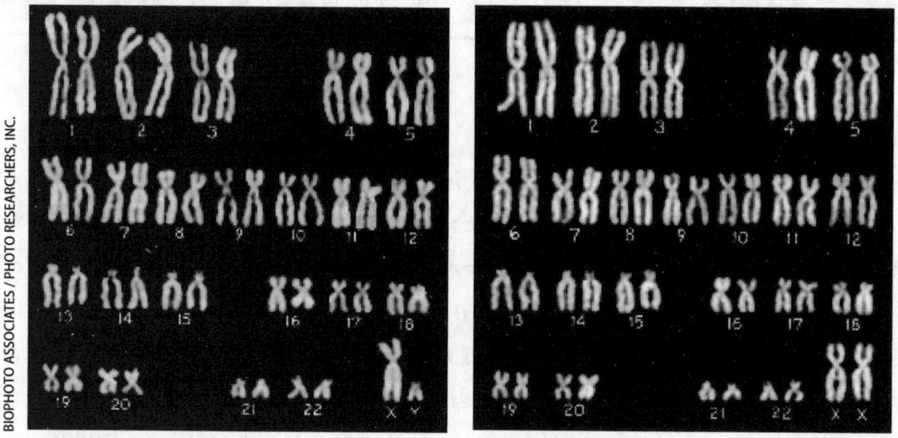

不确定的性别　偶尔有这种情况，婴儿出生时带有“模棱两可的生殖器”，意味着这个孩子的性别难以确定。在这种情况下，需要对染色体进行快速分析，以确定该婴儿是不是正好有 46 条染色体，并查明 23 号染色体是 XY 型还是 XX 型。图中显示的是正常男婴（左）和正常女婴（右）的染色体组型。

23 号染色体 (23rd pair of chromosome)：人类具有的决定性别的一对染色体，而其余的 22 对都是常染色体，两种性染色体的遗传概率相等。

XX 染色体 (XX chromosome)：23 号染色体由 2 条 X 染色体构成，分别来自父母。XX 型的受精卵将发育为女性。

（二）是男还是女?

23 号染色体 是性染色体。女性的 23 号染色体由两个 X 染色体组成，也称为 **XX 染色体**。男性的 23 号染色体由一条 X 染色体和一条 Y 染色体组成，也称为 **XY 染色体**。

XY 染色体 (XY chromosome)：23 号染色体由一条来自母亲的 X 染色体和一条来自父亲的 Y 染色体构成。XY 型的受精卵将发育为男性。

由于女性的 23 号染色体是 XX 染色体，所以每个卵子中必有一条 X 染色体。男性的 23 号染色体是 XY 染色体，所以男性的精子中有一半带有 X 染色体，有一半带有Y染色体。X染色体比Y染色体大一些，也带有更多的基因，而Y染色体含有一种重要的基因，即SRY，会对胚胎发出指令制造男性激素和器官。因此，受精卵的性别取决于哪类精子能穿透卵子并形成合子。如果是带有SRY的Y精子，将生出一个男孩（XY）；如果是一个X精子，则将生出一个女孩（XY）[见图3.2（彩）]。由于Y精子较小，游得更快，所以在受精卵中，男性略多于女性。

因此，对于人类来说，在受精的那一刻，将来的胚胎是XX还是XY就已决定了。但是有些物种的性别不是在受精时决定的。例如，对于某些爬行动物来说，孵化时的温度会决定胚胎的性别 (Hare & Cree, 2010)。尽管以前的为人父母者在孩子出生以前并不知道其性别，但人类从受精的那一刻起就注定会长成男孩或女孩。现在，父母在孩子出生前就可以知道孩子的性别，以便提前做准备，比如起名字，布置育儿间，做其他准备，等等。但是也有相反的情况，请看下面的专栏——“批判性思考：男孩太多了？”。

批判性思考

男孩太多了？

在怀孕时选择胎儿的性别是可能的，已有数百万对的夫妇这样做了。这种做法有问题吗？

在历史上，各种文化中都曾发生过扼杀新生儿的现象。公元7世纪，伊斯兰教曾禁止杀死女婴，这在当时是道德的进步。现在，杀死女婴的现象已很罕见，因为人们已有三种办法避免生出女婴：第一，在受精前抑制X精子的活动；第二，体外受精；第三，对女性胎儿实施人工流产。

在中国，从1980年开始的独生子女政策导致婴儿的出生率减半。这一政策减少了贫困，也伴随着性别比例失衡。从1993年起，中国政府禁止对胎儿做性别鉴定，但是孕期管理的其他方法（如B超）仍然能够显示出胎儿性别，女性胎儿被堕胎的可能性仍较高。最近，“一胎政策”已建议改为“两胎政策”，中国的性别比例会慢慢趋于平衡 (Greenhalgh, 2008)。

其他地方的父母也偏爱男孩。印度政府就禁止对女胎实施堕胎，但是印度的男孩与女孩的比例为100∶92。一位年长的印度男人说：“我们每个家庭应该至少有4个孩子，其中3个是男孩”（引自 Khanna, 2010, p. 66）。1990年以来，全世界有1亿个女性胎儿被堕胎 (Sharma, 2008)，其中约2万个来自美国 (Abrevaya, 2009)。

很多国家禁止因为性别选择而堕胎。一些国家禁止在怀孕前对X精子和Y精子进行选择，在世界各地执行这种禁令的国家大约占85% (Karabinus, 2009)。

美国也有一些人在受精前或受精后进行性别选择。多数产科医生和一些父母认为，性别选择是一项生育权利，任何想这样做的夫妇都应该有权决定生男孩还是生女孩 (Puri & Nachtigall, 2010)。一些人自己不会去堕胎，因为这等于用不符合期望的性别去对抗禁止个人自由的法律，这里说的自由，指的是“平衡”家庭的自由。

性别选择的一个后果是年轻男性的死亡率明显高于年轻女性，也许是因为很多男人找不到老婆。在所有文化中，未婚的年轻男性都会用冒险来显示勇敢，或陷入抑郁和致瘾物滥用，或无视医生的建议 (Kruger & Polanski, 2011)。已证实的性别差异包括：重男轻女的社会可能存在如下问题，包括学习能力低下的人更多，更多的致瘾物滥用、暴力犯罪、战争、心脏病和自杀，而缺乏护理人员、幼儿园或亲密的家庭关系。

不过且慢，染色体和基因并不能决定行为。上述所有性别差异都受到文化的影响。即使是对于源于生物性的一些特质（如患心脏病的倾向）来说，环境的影响（在这里指饮食和压力）也大于性别的影响。因为本问题仍具有争议性，所以把它放到这个“批判性思考”专栏里介绍。性别选择究竟是父母的权利，还是社会的错误？

（三）新细胞，新机能

在受精后的几小时内，受精卵开始复制和分裂。首先，23 对染色体携带着全部基因被复制，形成两套完整的基因组。这两套基因组分别向受精卵的相反方向移动，从单细胞的中间齐齐地断开，变成两个细胞，每个细胞都含有最初的遗传密码。这两个细胞继续复制，分裂，变成四个细胞，再复制、分裂，变成八个细胞，以此类推。

1. 每个细胞都相同

婴儿出生时，当初的受精卵已经变成了约 10 万亿个细胞，所有细胞都受到曾被称为废弃物的物质的影响，同时也受到来自怀孕母亲的营养物、药物、激素、病毒等的影响。到成年期，人体的细胞数量将超过 100 万亿，它们仍然受到环境的影响。

但是，无论人的年纪有多大，细胞总数有多少，也无论复制和分裂发生了多少次，每个细胞总是携带着和单细胞受精卵相同的一套遗传指令。这一点可以解释，为什么对一个体细胞的检测，无论这个细胞是从一滴血液还是从一根头发上得到，都可以用来查明“亲生父亲”“真正的罪犯”或“长期离散的亲兄弟”。

人死后很久，其 DNA 仍然留在人间，一些仍然活着的非裔美国人宣称，托马斯·杰斐逊（Thomas Jefferson）[①] 是他们的祖先，经 DNA 检测，证明这些人当中有人确实是杰斐逊的后代，有些人则不是 (Foster et al., 1998)。由于 Y 染色体会传给所有的男性后代，因此，男人拥有几千年前死去祖先的 Y 染色体。对 Y 染色体追根溯源，研究者认为有数以千计的东亚男人是成吉思汗的后代，尽管人们至今并未找到这位 12 世纪的领袖的骨骼及其 DNA (Stoneking & Delfin, 2010)。

2. 干细胞

假如一个双细胞有机体被人为地分离，每个细胞又分别复制、分裂并生存了下来（这在人类身上是违法的，但已在白鼠身上做到了），就等于用一个受精卵创

[①] 美国第三任总统，同时也是美国《独立宣言》的主要起草人。——译著注

造出了一对双胞胎。这对双胞胎的每个细胞都具有相同的 DNA。然而，如果不做危险而激进的干预，这些细胞只能在受精后的几小时内发育成完整的生命，错过这个时间就不行了，即便它们仍然拥有与最初的受精卵相同的 DNA。

干细胞 (stem cell)：可从其本身开始分化出其他类型细胞的细胞。

最初的几个细胞称为**干细胞**，它能制造出别的细胞，因此能够发育成一个完整的个体。大约在 8 个细胞阶段，复制和分裂仍在继续，此时开始了第三个过程——分化。分化的细胞以不同的形式和不同速率进行复制，究竟怎样不同，取决于它们所在的部位。例如，有的细胞会变成眼睛的一部分，有的会成为手指的一部分，有的会成为脑的一部分。正像一位专家所说的，“我们坐在这里，带着可以用来思考的那些身体部件”(Gottlieb, 1992/2002, p. 172)。

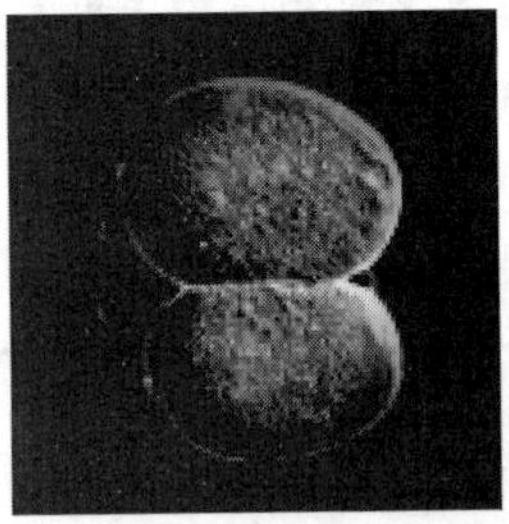

(a)

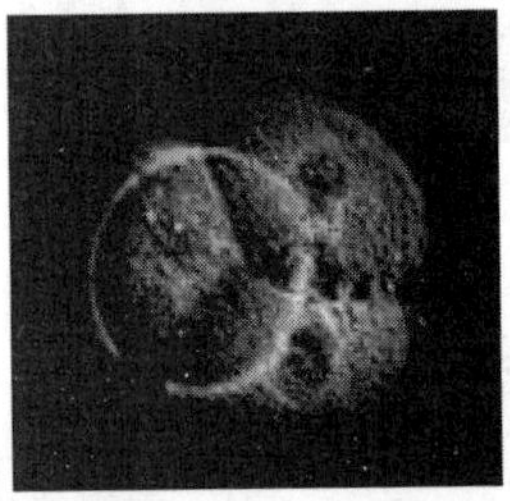

(b)

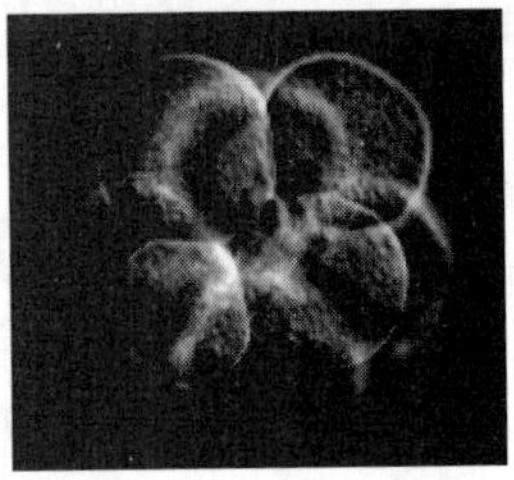

(c)

ALL: ANATOMICAL TRAVELOGUE / PHOTO RESEARCHERS, INC.

受精卵期的第一阶段 最初的受精卵分裂成为 (a) 两个细胞，(b) 四个细胞，(c) 八个细胞。在这一早期阶段，细胞偶尔会完全分离，形成最初的同卵双胞胎、四胞胎或八胞胎。

科学家已经找到了在实验室里把基因加到分化的细胞中的办法，这一过程可对那些细胞进行重编程操作，使之更像干细胞。但是，使用这些重编程的干细胞治疗遗传疾病尚不可行，因为把重编程的干细胞加在人身上可能导致严重的破坏性作用，如导致癌症甚至死亡。尽管有成千上万的科研人员正在寻找克服这一困难的办法，但在当前，重编程的细胞只能用于检验由基因导致的疾病的药物，这些疾病可能是基因直接导致的，如镰状细胞贫血症；也可能是基因间接导致的，如心脏病、糖尿病和神经认知障碍 (Vogel, 2010)。

美国在 2009 年取消了对干细胞研究的一些限制，有的地区（如美国加利福尼亚州）和国家（如韩国）则允许进行更广泛的研究，但是各地还有很多伦理和实际问题没解决。正如迈克尔·福克斯基金会 (Michael J. Fox Foundation) 负责人谈到帕金森病的研究时所说的，“我披露的所有消息都成了媒体的热门新闻。我认为，这都是拜干细胞所赐。对于细胞替代疗法，我还没有完全灰心，只不过这是近期难以实现的愿景”(Hood, quoted in Holden, 2009)。

（四）双生子

20 年前的一个“难以实现的愿景”在今天已经变成了现实。数百万不孕不育的夫妇有了自己的孩子，有时还是双胞胎，这大大增强了对双胞胎婴儿车、押韵的名字和新生儿特殊监护等的需求。为了了解这些问题，我们需要先了解同卵双生子和异卵双生子之间的区别。

1. 同卵双生子

一般来说，每个受精卵都是独一无二的，但在人类的平均 250 次受精中，会有一次在复制后发生完全分离，形成两个、四个甚至八个独立的受精卵，其中的每一个都和起初的单细胞相同。在实验室中进行这种分离是不合法的，但是大自然让它在子宫中发生了。(如果分离不完全，会形成联体双胞胎)。

同卵双生子 (monozygotic, MZ)：同一个受精卵在发育早期分裂为两个受精卵而产生的双胞胎。来自同一个受精卵的还可能有四胞胎和八胞胎。

如果这些相互分离的细胞能够复制、分裂、分化、着床、生长并存活，就会发生多胎分娩。一个受精卵经一次分离会孕育出**同卵双生子**（也叫单卵双胞胎），经两次或三次分离会孕育出同卵四胞胎或八胞胎。由于同卵多胞胎都来自同一个受精卵，所以他们拥有相同的遗传指令，而这些遗传指令决定了他们的外貌、心理特质、疾病易感性和由基因决定的其他特征。

遗传上完全相同至少有两个好处：同卵双生子可以通过外科手术给对方捐献器官，而不会发生器官排斥，避免移植造成的问题。他们还会使父母、教师把他们认错，父母、教师不得不用特殊符号（如不同的耳环）来区分他们。一般来说，双生子在各自拥有身份认同的同时，也很喜欢双生子关系。比如，他们也许都遗传了运动能力，其中一人打篮球，另一人踢足球。

一个同卵双生子这样写道：

> 定义自我是所有人都要面临的核心挑战，双生子往往没有这种困扰。我们对自己的界定决定了我们如何按自己的期望敏感地、麻木地、雄心勃勃地、谨慎地或和和睦睦地过日子……双胞胎生来就有一个可以比较的对象，但是通过和双胞胎的比较来定义自己是人们普遍的毕生挑战的另一个容易一点的版本：如何做自己，在世界上创造一个与众不同的角色。
>
> (Pogrebin, 2010, p. 9)

2. 异卵双生子

在自然受孕的双生子中，只有大约 1/3 是同卵双生子。其余多数是**异卵双生子**，也称双卵双胞胎。他们是由于两个卵子和两个精子同时结合，产生两个分离的受精卵而开始其生命的。（在一般情况下，女性每个月只排出一个卵子，但有时会排出两个或三个。）双卵受精的自然发生率因族群而不同，例如，尼日利亚的约鲁巴人约为 1/11，欧洲裔美国人约为 1/45，在日本和韩国约为 1/75，在中国约为 1/150。这一发生率还和年龄有关，年龄较大的妇女排出双卵的机会较大，因此生出的双胞胎也较多。

异卵双生子（dizygotic, DZ）：两个卵子和两个精子在相同时段结合而形成的双胞胎。亦称双卵双生子。

相同的生日，相同（或不同）的基因 异性别的双生子和相貌、人格明显不同的双生子一定是异卵双生子，他们的基因有一半相同。但许多同性别且容貌气质相似的双生子也是异卵双生子。在这两对双生子中，一对是异卵双生子，一对是同卵双生子。

观察小测验 在这两张照片中，哪一对是同卵双生子？（答案见第 82 页）

异卵双生子和一般的亲兄弟姐妹一样，彼此之间有约一半的基因相同。异卵双生子可能在容貌上有显著不同，但也可能很相像，以至必须做基因检测才能确定他们到底是同卵双生还是异卵双生。哪些精子能使这些卵子受精也是随机事件，所以大约有一半的异卵双生子是同性别的，另一半是异性别的。

（五）辅助生育

辅助生育技术 (assisted reproductive technology, ART)：帮助不孕不育的夫妇怀孕并维持怀孕的技术。

体外受精 (in vitro fertilization, IVF)：在女性体外（例如，在实验室的玻璃试管中）实施的受精。方法是用手术法从女性的卵巢取出卵子并与精子混合。再将成功形成的受精卵置入女性子宫，使其在子宫内着床并发育成婴儿。

在一对夫妇不孕不育的情况下（在美国有约 12% 的夫妇有这样的问题，世界各国因卫生保健条件的不同而不同），有些人会选择**辅助生育技术**。女性可通过服药促进排卵，有时会排出几个卵子，并可能造成多胞胎（见图 3.3）。也可以通过手术从卵巢中取出卵子，在玻璃试管中受精，再放入子宫。这就是**体外受精**。对一些较年轻的女性和体重正常的女性来说，体外受精成功的可能性较大；但是即使对身体健康的年轻女性来说，用体外受精生出孩子的比例也不到一半。

1980—2008年美国各年龄层的母亲生育三胞胎及以上的多胞胎的比例

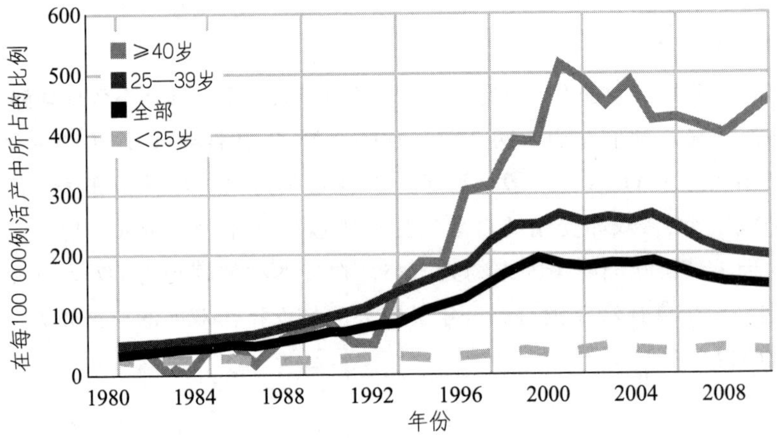

图 3.3

为什么有多胞胎?　从历史上看，美国多胞胎（尤其是三胞胎以上）的发生率有随着母亲年龄的增长而增加的趋势。35~40 岁的女性比年轻的女性生出双胞胎的可能性大一些。20 世纪 90 年代初期兴起的辅助生育技术使多胞胎数量大幅增长，现在年龄在 40 岁及以上的女性更可能尝试这种技术。经历了 20 世纪 90 年代后期的高峰之后，生育多胞胎的比例开始下降，因为生育多胞胎的危险性逐渐显露了出来。

据 Martin et al., 2011.

>>观察小测验（第 81 页）答案　左图的墨西哥裔美国女孩是同卵双生子。如果你不敢确定，可以看她们的牙齿、眉毛和脸型，然后把右图两个男孩的头发和眼睛比一比。

在体外受精中，为了增加受精机会，可以把精子直接置入卵子中，这种方法称为细胞质内精子注射 (*intra-cytoplasmic sperm injection,* ICSI)，现在这已是一种标准方法。技术人员可以只在母亲子宫内置入一个受精卵，或 XX 受精卵，或 XY 受精卵，或根据其养育能力置入多个受精卵。自从 1973 年第一个“试管婴儿”诞生以来，世界各地已培育出了 400 万个婴儿。2010 年，在发达国家，体外受精的婴儿占全部新生儿的 1%~3%，在发展中国家也有很多体外受精婴儿出生。

原来无子女的夫妇现在有了孩子，有时候孩子并不是他们亲生的，而是使用了别人提供的精子或卵子。捐献精子的方法已采用了几十年，有数百万婴儿因宫内人工授精而出生。捐献卵子和捐献子宫（把经过体外受精的胚胎置入非捐献卵子的女性的子宫中）的方法应用得也越来越多，尽管女性捐献卵子比男性捐献精子困难得多。“捐赠人”这个词并不确切，因为他们不是免费的捐赠精子和卵子的：在美国，精子最高达 1100 美元，每个卵子最高达 1 万美元。

完全合法 纳蒂亚・苏莱曼正带着她 14 个孩子中的 10 个去公园。她是个医学奇迹，她的八胞胎都活下来了，这得感谢洛杉矶医院的专家。此后，激烈的争论就开始了：人们说她就像《暗黑破坏神》游戏里那个名叫奥克托姆 (Octomom) 的怪物，因为她既是单身，又已有了 6 个孩子，其中包括一对双胞胎，可是她还要做体外受精，结果她怀了八胞胎。很多人认为，移植超过两个受精卵是违反伦理和法律的。苏莱曼的医生已被吊销了执照，但争论仍在继续。

采用体外受精法，有出生缺陷和患后期疾病的风险略有增加 (Kalra & Barnhart, 2011; Williams et al., 2011)。但是总的来说风险较小，97% 的体外受精婴儿没有明显缺陷。

但是，体外受精的婴儿有不小的早产和低出生体重风险。在美国，几乎一半的体外受精的双胞胎和三胞胎是低出生体重儿 (MMWR, June 12, 2009)。那些原来以为自己永远不会有孩子的夫妇突然有了两个小宝贝。这会是一个问题吗？请看下面的专栏——“批判性思考：为了要一个孩子而生出两个婴儿的代价”。

批判性思考

为了要一个孩子而生出两个婴儿的代价

假如你不能生育，你希望有一对双胞胎吗？多数学者和医生希望听到的回答是“不希望”，但是多数夫妻会说“希望”。夫妻们为了避免做第二次体外受精（在心理上和经济上都会备受折磨），觉得生出双胞胎就当是额外的奖励。如果你打算与同性建立伴侣关系，你考虑过使用捐精、捐卵来生育后代吗？很多同性伴侣会给出肯定的回答，这让许多政界人士惊讶不已。

为什么医生希望人们生单胎儿，为什么一些人认为体外受精不符合伦理？伦理学涉及文化和信仰，没有明确的答案，只可进行讨论。但是医生有充分的理由希望人们生单胎儿。多胞胎会给母婴带来医学上的并发症，从而给婴儿的父亲、其他兄弟姐妹、社区和整个社会增加负担。的确，双胞胎和三胞胎的死亡率、患病率和终生残疾率都更高。即使是和体重较轻的单胎儿相比，多胞胎也发育得更慢，所能建立的社会纽带也较弱 (Feldman & Eidelman, 2004)。

在一些国家，体外受精的双胞胎十分罕见。芬兰只允许产妇每次植入一个体外受精的受精卵，这种做法非但没有降低成功怀孕的比例，还增加了足月单胎儿的比例 (Yli-Kuha et al., 2009)。在美国的单胚胎移植实验中也发现了类似的结果 (Stillman et al., 2009)。在多数欧洲国家，如果有政府卫生部门为手术提供的资金，每次可植入的体外受精的受精卵的数量也会有限制。

在其他限制方面，各国政府根据伦理文化的差异，也给出了不同的规定。瑞士规定，“只有在将来孩子的幸福有保证时”，才允许采用辅助生育技术，这意味着低收入家庭不符合条件。2004 年，意大利颁布的一项法律规定，捐精和捐卵行为不受法律保护，除非受捐夫妇已婚且为异性婚姻；而且如果植入的三个胚胎都能成活，就可以植入三个胚胎，因此增加了医疗复杂性、胎儿死亡率和难产率（意大利已是世界上出生率最低的国家）。

2009 年，意大利法院取消了一些限制，使更多不孕不育的夫妇可以生孩子 (Levi Setti et al., 2011)。美国各州的法律不同。一些富有的夫妇因本地法律不允许实施辅助生育技术，只好到其他允许采用这项技术的州或国家享受该技术。

在美国，体外受精可能比较昂贵，但是即使有军人保险可以帮助付款，拉丁裔夫妇也较少使用这一方法，而在非裔和欧裔美国人中，该技术的使用率已经提高了 (McCarthy-Keith et al., 2010)。如果移植的胚胎数量达到三个及以上，医生常会建议放弃一些胚胎，以保护另一些胚胎。2009 年的加州八胞胎事件是个奇迹还是个灾难？女性们并没有达成一致。辅助生育技术对参选的行政官员、法官和医学伦理是一个问题吗？还是说，涉及生育的所有问题都只是个人选择？

小　结

人拥有来自母亲的 23 条染色体和来自父亲的 23 条染色体，组成 23 对染色体，人的所有基因都位于染色体上。但因为等位基因的差异，来自父母的染色体匹配得不是尽善尽美的。父亲的 23 号染色体是 XY 染色体，意味着其精子的染色体一半是 X 型，一半是 Y 型，所以决定着婴儿的性别。受精卵的基因自我复制，使第一个细胞变成 2 个、4 个、8 个……最早的一些细胞是干细胞，每个干细胞都能发育成一个完整的人。随着细胞成指数级激增，细胞不久就开始分化。每个细胞会成为一种特殊类型，逐渐形成身体所需的不同部位，如皮肤、血液、骨骼和脑等。

双生子分为同卵双生子（来自相同干细胞的一个受精卵）和异卵双生子（来自两个受精卵）。辅助生育技术增大了多胎率。现代生育方法，尤其是体外受精，导致了数百万健康的婴儿在父母的殷切期盼中出生，但是也带来了一些新的两难问题，如性别是否可以选择，遗传意义上的父母和生物学意义上的父母，以及他们拥有的新生儿的数量等问题。

三、从一个细胞到多个细胞

当精卵结合为一个受精卵时，基因型就形成了，它指发育中的人的全部基因。

从一个细胞到一个人的形成，经历了若干复杂的过程，并形成**表型**，即人的外貌、行为、脑和身体机能。不是所有东西（甚至包括身高和头发颜色之类的明显特征）都来自遗传；也不是所有东西（例如，政治观点和结婚离婚的倾向等社会性特质）都由遗传来决定 (Rutter, 2011)。

表型 (phenotype)：一个人可观察的特征，包括外貌、人格、智力和其他特质。

基因型主导着身体和脑的形成，而表型则依赖于基因和环境，也就是从受精到死亡“机体经历的从出生前到出生后的所有环境”(Gottlieb, 2010, p. 26)。大多数特质是**多基因**的（受到多个基因影响）和**多因素**的（受到生物和心理等多因素的影响）。一个受精卵可能带有成为一个音乐天才的基因，但是这一潜力往往不能变成现实。受精卵发育中的一些关键因素处在基因组中，因为：

多基因 (polygenic)：受多个基因影响的特质。

多因素 (multifactorial)：受到遗传和环境的多个因素影响的特质，可促进、停止、影响和改变基因表达，使表型与基因型明显不同。

> 基因只占据基因组的大约 1.5%。其余 98.5% 混杂着“废弃 DNA”的部分曾被认为是无用的垃圾……现在研究已发现，这些无用 DNA 中的大部分可以产生基因密码的转写本，使基因组输出的未加工信息相当于基因本身产生的信息的 62 倍。
>
> (Barry, 2007, p. 154)

研究者几乎每天都能描绘出新发现的多基因性与多因素性之间复杂的相互作用。很显然，“表型的变异是……很多遗传因素和环境因素的多元互动的结果。”研究还揭示了“复杂特质的基因型与表型相互关系的基本问题”(Nadeau & Dudley, 2011, p. 1015)。下面，我们先来讨论环境遗传学。

（一）环境遗传学

过去 20 多年的研究发现，每一种特质，无论是心理特质还是生理特质，都受基因影响。有些学者认为，基因决定一切，人由于基因对他们的决定性影响而成了英雄人物、杀人犯或芸芸众生。但后来的研究很快就揭示出了这种假设的局限性。

即使是同卵双生子，也不完全相同——无论是从生物角度、心理角度还是社会性角度来说都是如此。很多人错误地认为，决定生物特性的是基因，但是受精后的大量因素（从围绕着受精卵的非遗传物质因素，到胚胎在子宫中所处位置决定的营养因素）都影响着人的生物特性。基因影响一切，但不能决定一切。

人的所有重要特征都有**环境遗传学**特征。这个词的前缀 epi-，意思是“with（连同）、around（围绕）、before（在……之前）、after（在……之后）、beyond（超越）或 near（在……附近），等等。因此，epigenetic 这个词指的是围绕在基因周围、影响着基因表达的环境因素。一些“epi-”影响发生在生命的前几小时，一些生化成分使某些甲基化基因不起作用，而甲基化是由基因周围的物质条件造成的。这一过程的细节尚不清楚：众多的科学工作者正在试图准确地查明甲基化是怎样形成的，它以什么方式改变基因表达 (Margueron & Reinberg, 2010)。

环境遗传学 (epigenetic)：指影响基因和基因表达的环境因素，它们促进、阻碍、影响或改变基因表达，使表型与基因型之间可能有明显不同。亦称表观遗传学。

对发展学家来说，一个令人激动的发现是，甲基化在一生中都在变化 (Mazin, 2009)。另一个重要的发现是，所有已知的和遗传有关的疾病（包括癌症、精神分裂症和孤独症）都有环境遗传学特征 (Saey, 2008)。一些环境影响（如受伤、极端的温度、致瘾物滥用、拥挤等）可能妨碍基因发挥作用，另一些环境影响（营养丰富的食物、富于关爱的照顾、游戏等）则可以促进这一过程。没有一种特质——即使具有强大而可证明的遗传起源（如血压和社交焦虑）——是由基因单独决定的，因为“发展是一个环境遗传学过程，它受到从基因到环境因素多水平相互作用的瀑布式的冲击”(Spencer et al., 2009)。

图 3.4 显示了基因与环境（天性与教养）之间不可避免的环境遗传学的相互作用。自从 1992 年首次发表以来，这个带有随着时间变化的向上和向下箭头的简单图示已被修改过十几次，它重申了基因与环境条件在人的一生中一次又一次地相互作用 (Gottlieb, 2010)。所有这些都是解释遗传相互作用的序曲：环境遗传学提示我们，基因只是一个开始。

双向影响

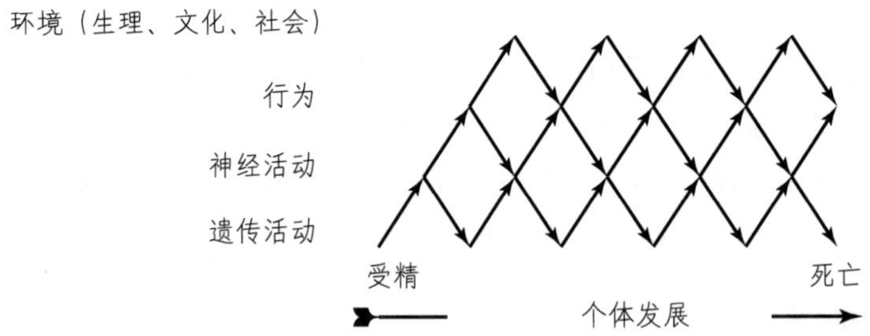

图 3.4

发展的环境遗传学模型　注意，图中处于不同水平的多个向上和向下的箭头。发展虽然是在受精时由基因发起的，但它需要所有四种因素的相互作用。

据 Gottlieb, 1992

（二）基因与基因的相互作用

人类基因组计划 (Human Genome Project)：一项旨在绘制出人类全部基因密码的国际合作项目。这一项目已于 2001 年基本完成，但分析工作仍在进行。

2001 年完成**人类基因组计划**以来，我们已有很多后续的发现。最令人惊奇的发现之一是，人类基因的数量远远少于 20 世纪人们普遍认为的 10 万个。一个人的基因数量在 18000~23000。具体数量难以查明，因为要查明一个基因的起止位置，以及一个 DNA 的延长链是不是一个基因，都不是一件容易的事 (Rouchka & Cha, 2009)。

还有一个意外发现，很多基因是多种生物共有的。例如，苍蝇、老鼠和人类的眼睛都起源自 Pax6 基因。许多物种的腿，包括蝴蝶、猫、蜈蚣和人，都起源于相同的基因。虽然黑猩猩有 48 条染色体，而人只有 46 条染色体，但是黑猩猩和人类有 99% 的基因是相同的。是什么使人类与其他动物不同？部分答案与围绕着基因的“垃圾”有关（低等动物的“垃圾”少得多），另一部分答案与一百多个“调节器”基因有关，这些都影响着其他成千上万个基因 (Shapiro, 2009)，它们引领着人这种用字词说话、用两条腿走路和用脑子思考的动物的形成。

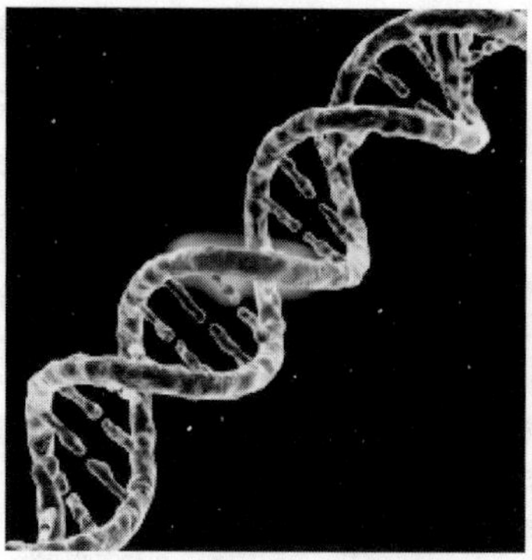

30 亿对中的 12 对 这是计算机显示的具有几个三联体的一个基因的一小段。即使是一个基因中的微小差异，比如几个额外的三联体，也会导致人的表型的巨大变化。

使人进化为人的关键因素在脑。成人脑的体积（约 1400 立方厘米）是高度可遗传的（同卵双生子的脑体积非常相似），而且世界各地的人类的脑也很相似，如果和黑猩猩的脑（约 370 立方厘米）相比较，尤其容易看清差异。体型很大的动物（如大象）拥有较大的大脑，但是人脑在身体中所占的比例比其他动物大得多。

有一点需要谨慎：虽然人脑体积与身体体积有相关（平均来说，女性的脑比男性小一些），但是人类脑的体积与智力不相关。而且，一些动物的脑能力是人类不具备的，如超灵敏的嗅觉。无论如何，大脑机能遗传的某些东西使我们成了独特的人类 (Allen et al., 2008)。

1. 加性遗传

一些等位基因是*加性的*，因为它们的效应*加起来*影响着表型。当许多基因发生加性相互作用时，表型将反映出每个参与其中的基因的贡献。例如，身高、头发卷曲、皮肤颜色往往是加性基因的结果。身高可能受到 180 个基因的影响，其中每个基因都以很小的量做出贡献 (Enserink, 2011)。

大多数人都有着身高、头发、皮肤颜色等特征很不相同的祖先，所以他们子女的表型并不是父母表型的镜子（虽然子女表型总是父母表型的反映）。在我自己家里，我女儿蕾切尔身高中等，比我丈夫和我矮，但是比我母亲高。显然，蕾切尔从我们身上遗传了她外祖母的身高基因。另外，我的几个孩子的皮肤颜色没有和我完全一样的——当我们互相借衣服穿的时候，能在一个人身上看到某种色调，而在另一人身上看不到。

给未来父母的问题 假如你想让女儿矮一些，让儿子高一些，你能干预得了吗？（答案见第 88 页）

某种加性特质又反过来部分地依赖于一个儿童继承的所有基因（来自父母的基因各占一半，来自祖父母和外祖父母的基因各占 1/4）。在受精卵中，在所有其他 DNA 和 RNA（不是垃圾！）的帮助下，一些基因会增强或抑制另一些基因的影响。

2. 显性遗传和隐性遗传

不是所有基因都是加性的。在一种非加性基因中，等位基因以**显性－隐性方式**相互作用，其中一个等位基因（*显性基因*）比另一个等位基因（*隐性基因*）的影响力更强。虽然隐性基因占据这一对基因一半的位置，但是显性基因控制着表型特征。当一个人遗传到一个并不在表型中显露出来的隐性基因时，这个人就是该隐性基因的**携带者**。

显性－隐性方式 (dominant–recessive pattern)：一对杂合等位基因的相互作用，而表型反映的更多的是显性基因而不是隐性基因的作用。

携带者 (carrier)：一个人的基因型中包含一个不在表型中表达的基因。这个被携带的基因有一半机会出现在携带者的配子中，因此携带者有一半机会把该基因传给子女。

大多数隐性基因是无害的基因。比如，蓝眼睛是由一对隐性等位基因决定的，而褐色眼睛由一个显性等位基因决定，假如一个儿童从一个蓝眼睛的人和一个褐色眼睛的人那里遗传到基因，那么多数情况下，这个儿童会有一双褐色的眼睛。

说“多数情况下”是因为褐色眼睛的人可能是蓝眼睛基因的携带者。在这种情况下，该夫妇的子女至少会有一个蓝眼基因（来自蓝眼睛的父亲或母亲），而且有一半子女会遗传到褐色眼睛的父亲或母亲所携带的蓝眼隐性基因，因此也拥有一双蓝眼睛；另一半子女则会遗传到褐眼显性基因，因此拥有一双褐色眼睛。如果父母二人都是褐色眼睛，但是都携带着蓝眼隐性基因，那么他们生出蓝眼睛的孩子概率是1/4，而且没有人会怀疑这个孩子不是他们亲生的［图3.5（彩）］。

伴X基因（X-linked gene）：位于X染色体上的一个基因。如果男性从母亲那里遗传到伴X基因，他必会表达出该基因的特质，因为他父亲不具备该基因的抵抗性基因。女性更可能成为伴X基因的携带者而并不表达出来。

当显性－隐性方式的基因是**伴X基因**（位于X染色体上）时，会出现一种特殊情况。如果一个伴X基因是隐性基因（大多与色盲、各种过敏症、几种疾病和有些学习能力低下有关），那么这个隐性基因位于X染色体这一特点就决定着它是否会在表型中得到表达（见表3.1）。

表3.1 23号染色体与伴X色盲的六种可能

23号染色体	表型	基因型	下一代
1. XX	无色盲女性	非携带者	没有与母亲有关的色盲
2. XY	无色盲男性	无色盲基因	没有与父亲有关的色盲
3. Xx	无色盲女性	携带者（色盲基因来自她的父亲）	她的一半子女会遗传到她的色盲基因，一半的女儿是携带者，一半的儿子是色盲
4. xX	无色盲女性	携带者（色盲基因来自她的母亲）	她的一半子女会遗传到她的色盲基因，一半的女儿是携带者，一半的儿子是色盲
5. xY	色盲男性	从母亲那里遗传到色盲基因	他的所有女儿都会携带他的色盲基因，他的儿子中无人有他的色盲基因。所有子女的色觉都正常，除非他们的母亲也有色盲基因
6. xx	色盲女性	从父母二人那里遗传到色盲基因	每个子女都从她那里得到了一个色盲基因，每个儿子都是色盲，女儿都是携带者（除非她们也从父亲那里遗传到一个色盲基因）

>>回答未来的父母（问题见第87页） 能做到，但是你不会愿意那样做。你必须为了生儿子而选择一个配偶，为了生女儿而选择另一个配偶。你还不得不采用性别选择法。即使这样做，也不一定能达到目的，因为还要看你自己的基因型。更重要的，这种努力是不合伦理的、违背自然的，还可能是违法的。

由于Y染色体比X染色体小得多，一个伴X隐性基因几乎从没有位于Y染色体上的配对副本。因此，X染色体上携带的隐性基因对儿子的影响大于对女儿的影响，因为女儿拥有另一个X染色体，且一般来说带有显性基因。这就是为什么说带有伴X缺陷的男性的缺陷遗传自母亲而不是父亲。因为从母亲那里遗传了伴X缺陷，男孩色盲的发生率是女孩的20倍 (McIntyre, 2002)。

（三）其他复杂的情况

从上述复杂的解释可知，当基因分别发挥作用时，基因之间的相互作用会被简化。但是别忘了，基因只能制造出20种氨基酸，它们相互结合，却形成了几千种蛋白质。这些蛋白质又和其他蛋白质、营养物、各种毒素相互作用，从受精那一刻起，伴随着数千种 RNA 分子及其他物质，继续走过孕期发育和终生发展。

1. 拷贝数变异

对任何生物，要预测参与遗传的所有相互作用的结果都是困难的。在 30 万亿个碱基对中，任何一个发生的一个小小的删除、重复或位移，其结果既可能是微不足道的，也可能导致致命伤害，或介于二者之间。2001 年，人类基因组图谱绘制成功，媒体对此进行了大肆宣传报道。人们希望给每种遗传缺陷找到相应的基因，从而找到具有特效的治疗方法。

这种“一种缺陷对一个基因”的希望已被证明只是幻想，很多认为个别化治疗已近在咫尺的医生大失所望 (Marshall, 2011)。分子研究发现，有数千个发生在碱基对上的看似微小的变异都是有影响的——虽然程度也都很微小。由于碱基对有 30 万亿个，这些变异加起来就是很大的影响。

拷贝数变异是一个研究焦点，它指带有各种重复碱基对或删除碱基对的基因。拷贝数变异几乎与每一种疾病和异常情况都相关，包括心脏病、智力、心理疾病和多种癌症。这样的变异具有发展性，在发展过程中，对胎儿的影响大于对成人的影响，因为胎儿期是形成脑的基本结构的关键时期。但是也别忘记可塑性——变化在一生中都可能发生 (Chaignat et al., 2011)。

拷贝数变异 (copy number variations)：带有不同的重复碱基对或删除碱基对的基因。

拷贝数变异极为常见，每个人身上都有这种情况 (Mills et al., 2011)。查明并解释这种变异可能是未来个别化医疗的关键。例如，很多药物之所以在不同的人身上显示出来作用的差异，就是因为服药者的基因结构不尽相同；我们也需要更好地理解会对个体患者的治疗产生影响的特殊因素 (Marshall, 2011)。

2. 亲本印迹

有时候，一对基因中的一半会在胎儿期发育中发生基因开启或关闭的问题，于是另一半基因获得了自由控制权，但万一后者发生了有害的变异，就会导致严重的问题。实际上，对女孩来说，23 号染色体中一个 X 染色体在胎儿期早期就是失效的。

在开始分化时，基因开关关闭就会发生。这给人带来了一个新希望：让细胞回到胚胎发育的干细胞阶段，也许能抵制不活跃基因带来的问题，并解决一些遗传医学的问题 (Lengner, 2010)。对于女孩来说，不活动的那个 X 染色体极可能来自卵子，也可能来自精子，是随机的。而遗传学家好奇的是，如果重新激活不活动的 X 染色体上的基因，能否治疗遗传疾病。

与此有关的一种复杂情况是*父母印刻* (parental imprinting)：一些基因是否被影响，取决于它们是来自父亲还是母亲。最有名的例子是普拉德－威利综合征和安格尔曼综合征。这两种疾病都会导致认知障碍，且都是 15 号染色体上同一小段基因缺失导致的。但是，如果是遗传自父亲的染色体发生了缺失，儿童将表现为普拉德－威利综合征，症状包括肥胖、行动缓慢、固执。如果是遗传自母亲的染色体发生了缺失，儿童将表现为安格尔曼综合征，症状包括瘦弱、多动和快乐——

有时过于快乐，别人笑时也跟着大笑。

父母印刻现象比较普遍。在胎儿期发育早期（第 15 天），有大约 553 个基因起作用，而且起何作用还要看这些基因来自父亲还是母亲。这个数目比过去认为的多得多。对 XX 染色体和 XY 染色体来说，印刻现象可能不同。例如，女性更可能从母亲（而不是父亲）身上遗传到多发性硬化症；而男性则基本不会患此病 (Gregg, 2010)。其中有印刻现象参与吗？其他一些特质也可能只影响一种性别而不影响另一种性别，所以印刻现象只是貌似合理的许多种生物和文化解释中的一种而已。

小　结

基因型（遗传）与表型（外貌与行为）之间的区别，只是我们在试图理解基因对发展的影响时所要面对的多种复杂情况中的一种。所有特质都是环境遗传学现象，非遗传的影响开始于受精时的甲基化过程并持续终生。此外，大多数特质是多基因相互作用的结果，有些基因影响是加性的，有的按照显性 – 隐性方式，伴随着碱基对的数千种微小变异。有些遗传影响取决于基因是来自母亲还是来自父亲，对此我们的了解还非常有限。■

四、基因型与表型

本章的目的是帮助读者理解基因型与表型之间复杂的相互作用。这不是一件容易的事。实际上，在过去的 100 年中，所有国家的上百万科学工作者一直在为理解这一复杂问题而努力。每隔十年，统计和分子研究上都会取得一些新的进展，研究资料也会揭示各种新模式。每隔十年，人们也会提出新问题。

（一）目前的共识

今天的发展学家达成了四个普遍的共识，这些结论刚发表时都曾令人惊叹不已 (Gottlieb, 2010; Plomin et al., 2008; Rutter, 2011; Worthman et al., 2010)：

1) 基因影响着行为的每一方面，包括社会互动、智力，甚至是政治价值观与行动。
2) 对于在同一个家庭中长大的儿童来说，多数影响都是**非共享的**（第十三章将详细讨论）。
3) 基因会引导人做出反应并塑造着发展。人格在一定程度上是个人经验的原因，而不仅仅是结果。
4) 人在一生中都会选择有助于发挥其遗传素质的朋友和环境（称为**小环境选择**）。因此，遗传的影响会随着年龄而增大。

每一个特质、行为和态度都有遗传成分，没有基因，发展就不可能发生。同时，每一个特质、行为和态度又都有环境成分，没有环境，基因就失去了力量。身高是个好例子，它受到基因强有力的影响。例如，韩国人和朝鲜人拥有共同的基因，但是朝鲜成人的平均身高比韩国成人矮 7.6 厘米。营养可能是原因之一 (Johnson, 2010; Schwekendiek, 2009)。更令人惊奇的例子涉及政治意识形态：几项研究报告说，多巴胺受体基因的一个等位基因与自由主义相关，但是最近的一项研究发现，只有在一个人拥有许多朋友的情况下，这种相关才显著。拥有自由倾向基因的孤独者往往更保守 (Settle et al., 2010)。

下面来看两种复杂特质：上瘾与视力。从这两种特质的特殊表现中（酗酒和近视），读者将了解到，理解儿童发展中从基因型向表型的转变很有实际意义。

（二）酗酒

在不同的时代，人们都把酒精滥用和其他药物滥用看作一种道德缺点，一种社会祸害，一种人格缺陷。从历史上看，人们一直都在关注酒精问题，因为酒是因发酵而自然形成的，世界各地的人们都喝酒。在不同的时代和不同的地方，酗酒者可能会被关押，被泼冷水，甚至被烧死。饮酒曾是被违法的（如在 1919—1933 年的美国），或被视为宗教仪式的一部分。现在我们知道，由于遗传的生化物质影响对酒精的代谢，法律、治疗和传统对个体也有不同的影响。

基因塑造着成瘾的吸引力，它可能强大到无法抵抗，也可能非常微弱，或介于二者之间。具体来说，每个人的生化物质过程都会对酒精做出反应，导致人会昏睡、眩晕、欣喜、松弛、健忘、富有攻击性、产生性冲动或流泪。身体对酒精的代谢使一些人能"高举酒杯，酣畅痛饮"，而使另一些人（包括许多东亚人）小啜几口就汗流满面，满脸通红——这种令人尴尬的反应可能使人不再愿意喝酒。人们已经在 Y 染色体以外的所有染色体上找到了酗酒的候选基因（具有讽刺意味的是，自古以来，世界各地的男性酗酒者都比女性多）(Epps & Holt, 2011)。研究者普遍赞同：酗酒是多基因现象，文化起着重要作用。

他喝酒吗？ 哥本哈根的嘉士伯酒厂的这位工人是从厂家政策获益的很多人之一，整个工作间全天都有冷藏啤酒供应。2010 年，这一政策改变了，撤销了啤酒冷藏间，只能在午餐时享用啤酒。很多员工提出抗议并辞职。对饮酒的社会态度加剧了这次劳资冲突。

在强调代谢机能的同时，研究发现，遗传的心理特征对酗酒也有影响 (Macgregor et al., 2009)。急脾气、寻求刺激或处于高焦虑状态都会促使人饮酒。另外，在一些场合（如兄弟会聚会）中，总免不了要开怀畅饮；而在另一些背景下（如在禁酒地区所举办的教会活动中），人们很难喝下比柠檬水更刺激的饮料。

生物学意义上的性别（XX 或 XY）与文化上的性别 (gender) 也会对酗酒的风险产生影响。因为生物学原因（体型大小、脂肪多少、代谢机能），女性没有男性喝得多，但一个女人喝多少酒取决于她的社会背景。例如，在日本，两性具有

给未来的致瘾物咨询师的问题　想要兴奋的欲望会不会导致成瘾？（答案见第93页）

相同的酒精代谢基因，但女性的饮酒量只有男性的1/10。但是在美国生活的日本女性不同，其饮酒量会增加5倍 (Higuchi et al., 1996)。出生在美国的亚裔似乎选择了美国人的饮酒方式，这对日裔美国女人也许是个伤害 (Makimoto, 1998)。

（三）近视

年龄、基因和文化也影响着视力。先看年龄。新生儿只能对距眼睛0.6米内的东西聚焦；10岁以前，视力稳步发展；到了青春期，眼球的形状发生了变化，近视眼增多；到了中年期，近视减少，远视增多。

在基因方面，一项对英国双生子的研究发现，掌管眼睛形成的Pax6基因有许多似乎与近视有关的等位基因 (Hammond, 2004)。这项研究发现，近视眼的遗传力 (heritability) 高达90%，也就是说，如果同卵双生子中的一人是近视眼，那么另一人几乎肯定是近视眼。

1. 遗传

遗传力 (heritability)：一个统计量，表示在特定背景、特定时代下的特定人口中，一个特质的变异量有多少可由基因来解释。

但是，**遗传力**只是一个统计量，表示在特定背景和时代下的特定人口中，一个特质的变异数有多少可由基因来解释。例如，如果儿童享有良好的医疗卫生条件和丰富的营养，身高的遗传力将高达95%；但是如果营养不良，身高的遗传力会降到20%。所以，英国儿童近视眼高达90%的遗传力，不一定符合其他地方儿童的情况。

情况确实如此，视力问题可能是环境造成的。在非洲的一些国家，视力的遗传力几乎接近0, 因为严重缺乏维生素A是一些儿童视力差的主要原因。研究者正在大力推广当地产的一种富含维生素A的玉米品种。如果他们取得了成效，遗传力就会增加，而儿童的视力将会改善 (Harjes et al., 2008)。但是对于营养条件好的儿童来说，情况又如何呢？他们的视力完全靠遗传吗？跨文化研究的答案是否定的。

一项报告称，“近视眼的流行率正在不断增加，尤其是在东亚” (Park & Congdon, 2004, p. 21)，另一项报告指出，“环境对亚洲儿童视力的影响非常强大” (Morgan, 2003, p. 276)。关于这一现象的第一项研究是在1992年发表的，研究者当时注意到，在新加坡的义务兵征兵体检中，17岁男性的近视比例从1980年的26%增加到了1990年的43% (Tay et al., 1992)。

后来的研究发现，中国台湾儿童的近视率在6—17岁从12%猛增到了84%，新加坡和中国香港的小学生的近视率也大幅增加 (Grosvenor, 2003)。其中的原因可能与青春期近视眼的自然增加有关，但这不是主要的。环境必然以某种方式介入其中了。那么它是怎样介入的呢？

2. 户外游戏

家庭作业过多可能是一个原因。第十二章将讲到，东亚儿童和以前的几代人不同，对数学和科学的精通达到了不可思议的地步。50年前，很多亚洲儿童早早就要干活养家，但是现在，他们都在上学，而且比其他国家的儿童学得更多。由于他们要长时间看印刷的书籍，那些具有近视眼遗传脆弱性的儿童就看不清远处的东西了，因此成为近视眼。

对新加坡 10—12 岁的儿童进行的研究发现，近视眼（通过视力检查确定）与学习成绩（尤其是语文学习成绩——主要是阅读）之间有关。虽然相关关系不是因果关系，但是统计结果（比值比达 2.5, $p<0.001$）显示，二者之间有相关 (Saw et al., 2007)。

眼科专家认为，根本原因不是花在学习上的时间长，而是眼睛在自然光条件下看东西的时间太短。如果亚洲儿童花更多时间去户外游戏、散步或放松，戴眼镜的人可能就会减少。这一建议得到了美国一家首屈一指的眼科学杂志主编的支持：

> 如果一个儿童的父母都是近视眼，而且每周从事体育或户外活动的时间少于 5 小时，那么他在八年级变为近视眼的概率约为 60%……如果父母都近视，但是他每周参加体育或户外活动的时间超过 14 小时，那么，他变为近视眼的概率约为 20%。
>
> (Mutti & Zadnik, 2009, p. 77)

从 20 世纪 70 年代初到 21 世纪初，美国人口中的近视眼比例从 25% 增加到了 42% (Vitale et al., 2009)。城市化、电视和对陌生人的恐惧使很多美国儿童大部分时间待在家里，而他们的前几代人每天都会花好几小时在户外做游戏。要证明其中的因果关系，可以做一项追踪实验，让一些儿童待在家里，同时让他们的兄弟姐妹（为控制遗传变量）到外面去玩。这样的实验很有帮助，可惜不可能实现。不管怎样，了解近视眼、酗酒和其他遗传因素之间的相关关系还是很有意义的。

>>**回答未来的致癌物咨询师（问题见第 92 页）** 有些酷爱冒险的人会成瘾；有些人养成了健康的生活方式，包括有冒险精神、爱结交新朋友和领略异国风情。任何特质都可能被引向不同的方向。你只有查明其中的关系，才能指导来访者去做有益健康的冒险。

（四）实际应用

由于基因会影响每一种障碍，所以没有一个人应该因为遗传问题而受到责备和惩罚。但是，了解基因不是独自起作用的可以帮助人们在发现遗传脆弱性的时候采取预防措施。例如，知道了基因对过量饮酒有影响，父母可以在家里不存放酒，在孩子能喝酒之前培养其认知和社会成熟性。如果有近视的家族史，父母应该让孩子每天尽可能多地进行户外活动。

当然，户外活动和禁酒应该是给每个儿童的建议，而这只是众多建议中的一部分，其他建议还包括用牙线清洁牙齿，说“请、谢谢、对不起”，保证睡眠，多吃蔬菜，写感谢信，等等。但是，没有父母能够强迫孩子执行这些建议。对遗传危险的意识可以帮助父母决定优先要做的事情。

忽视天性和教养的相互作用可能会带来灾难性后果。来看棒球超级巨星米基·曼特尔 (Mickey Mantle) 的例子，他在世界职业棒球锦标赛中打出了最多的全垒打。但是他的多数男性亲戚都酗酒，且都在步入中年之前就去世了，包括他父亲——39 岁死于霍奇金氏症（一种癌症）。曼特尔最终成为一个“臭名昭著的酒鬼，因为他相信，这样的家族史意味着他也会早死”(Jaffe, 2004, p. 37)。他把过量饮酒的遗传素质抛到了九霄云外。

曼特尔在46岁时说，“如果我早知道我能活这么久，我就会好好地照顾自己。”他一直没得霍奇金氏症，即使他患了此病，在他父亲死后发展起来的化疗方法也可以救他一命，这是环境战胜基因的又一个例证。但是，饮酒已经伤害了他的身体。他意识到这一点时已经太晚了。在去世前，他对杨基棒球场上的粉丝们说：“请不要沉溺于毒品和酒精。我们只有一条命，请保持它的健康。如果你们想做点伟大的事情，就请做器官捐献吧”（引自 Begos, 2010)。他在接受肝移植手术的过程中走完了生命的最后一分钟。他去世时是63岁，比他那个时代的大多数人少活了15年。

小　结

基因影响着每一种特质——无论是有些奇妙的东西（如古怪的幽默感），还是有些可怕的东西（如火暴脾气）；抑或是某些平常的东西（如无聊感）。环境也影响着每一种特质，使它们因成熟、文化和历史过程而变化。基因本身也会因环境遗传学因素而改变，这些因素包括致瘾物和营养。此外，遗传的表达可能是直接的，也可能发生偏转，取决于文化、社会、个体及其家庭。有证据证明，这表现在身高、酗酒、近视和其他几乎每一种生理和心理特质上。一切特质都有遗传根源、发展模式和环境诱因。■

五、染色体与遗传问题

现在，让我们看看因染色体异常或一个具有破坏性的基因会造成哪些问题。这些都是由于它们不符合标准而导致的异常。有三个因素使这些异常与我们学习的内容相关联：

1) 它们给有关天性与教养的问题提供了启发；
2) 了解它们的起源有助于我们限制其影响；
3) 用事实来克服偏见：差异并不等于缺陷。

（一）染色体数目不是46

如前述，每个配子携带23条染色体，形成受精卵后，携带46条染色体，最后变成人。但是，有些配子携带的染色体比23条多或者少。与染色体异常有关的一个变量是父母的年龄，尤其是母亲的年龄。一种解释是，在女孩出生前，卵子就形成了，母亲的年龄越大，卵子的年龄也越大，使其染色体数量不再是23-23。

这样的错误并不罕见。据估计，5%~10% 的受精卵携带的染色体多于或少于 46 条 (Brooker, 2009)；另一种估计是，这种情形所占的比例高达 50% (Fragouli & Wells, 2011)。但是到出生时，这样的受精卵就少得多了，不到 1%，主要原因是这样的受精卵难以复制、分裂、分化和着床。大部分尚未着床的受精卵会自然流产或经选择后流产。这样的胎儿出生是有危险的，大约 5% 的死胎具有 47 条染色体 (O. J. Miller & Therman, 2001)，很多有异常但存活的新生儿在出生几天后就会死去。

每一种异常都会导致一种综合征，即同时出现的多种症状。通常由某个位置的染色体出现三条（称为三体，trisomy）而不是正常的两条而导致。每 200 个新生儿中就有一例带有 45 条、47 条甚至 48 条和 49 条染色体并活了下来。

1. 唐氏综合征

染色体超数的常见情形是 21 号染色体多出一条染色体，也称 21 三体，致使儿童罹患**唐氏综合征**。据估计，20 岁女性怀唐氏综合征胎儿的概率为 1/800, 39 岁女性的概率为 1/67, 44 岁女性的概率为 1/16（各调查的估计值可能略有不同，但所有数据都会随年龄的增长而上升）。

唐氏综合征 (Down syndrome)：一个人拥有 47 条染色体而不是通常的 46 条，在 21 号染色体的位置上有 3 条染色体而不是正常的 2 条，从而导致的病症。患者具有明显的特征，如不一般的面容、心脏异常、语言能力差等。亦称 21 三体综合征。

21 号位置的第三条染色体可能导致约 300 种不同的特征。唐氏综合征患者各不相同，但大多数都有明显的面部特征，如舌头较厚，圆脸，眼睛斜视以及和常人不同的手、脚和指纹。常见的情况还有听力差、心脏异常、肌无力、身材矮小等。他们大多智力发展迟滞，语言能力尤其差，大约会在 15 岁时达到智力的最大潜力 (Rondal, 2010)。有些患者属于严重智力迟滞；有些人属于中度或中高度智力迟滞。超数染色体会影响人的一生，但是家庭背景、教育努力和力所能及的治疗能够改善患者的预后 (Kuehn, 2011)。

2. 23 号染色体的问题

每个人都有至少 44 条常染色体和一条 X 染色体；如果没有这 45 条染色体，胎儿就不能发育。但是，约有 1/500 的婴儿出生时只有一条性染色体（没有 Y），或拥有 3 条甚至更多条性染色体 (Hamerton & Evans, 2005)。拥有奇数条性染色体有害于人的认知与心理社会性发展以及性成熟。具体的症状取决于具体的染色体结构以及其他遗传因素。有时，23 号染色体有部分缺失或具有超数染色体的人相对来说并没怎么受超数影响。在这种情况下，这个人看上去还是正常人，但并无生育能力 (Mazzocco & Ross, 2007)。

给未来医生的问题 一个担心自己性能力的患者是否可能有未诊断出来的性染色体异常？（答案见第 96 页）

（二）基因异常

每个人都携带着可能使下一代患各种疾病或残疾的等位基因（见表 3.2）。这些基因大多都不会带来严重后果，因为它们是隐性的。只有当遗传特征是显性的，或者当一个受精卵对于特定的隐性特征来说是纯合型的时候（受精卵从父母二人那里都遗传到了隐性基因时），表型才会受到影响。

给教师的问题　假设你听说你的一个学生的兄弟姐妹患有唐氏综合征，你会采取什么特别的行动？（答案见第98页）

给历史学者的问题　一些遗传疾病会随着历史而发生变化。例如，俄国最后一位沙皇有四个健康的女儿和一个患血友病的儿子。曾经被称为皇家疾病的血友病是伴X染色体疾病。这种罕见的疾病是怎么影响到俄国、英格兰、奥地利、德国和西班牙的反君主制革命的？（答案见第101页）

脆性X综合征(fragile X syndrome)：一种遗传疾病，X染色体的一部分通过非常薄的分子串附在另一部分上，原因是一个单基因上的三联体重复超过200次。

>>回答未来的医生（第95页的问题）　不大可能。染色体异常在成年期以前就会显露出来。成人因为社会性原因而非生物学原因担心自己的性能力，这是很正常的。你可以检测其染色体组型，但是那很可能是杞人忧天。

1. 显性异常

在7000多种已知的单基因异常中，大多数是显性的（一定会表达的）。它们通常易被注意到，因为它们的影响在表型中非常明显。严重的显性异常很罕见，因为有这种异常的人通常活不到生育年龄，所以不会把这种基因传给下一代。

亨廷顿氏症 (Huntington disease) 是一个例外，这是因为基因密码错误——特殊的三联体重复超过35次——导致的一种严重的中枢神经系统异常。和其他显性特质不同，这种障碍的影响直到成年中期才开始出现。此时，患者可能已经有了几个子女了，其中一半会遗传到这一显性基因。这种病最早在一位名叫亨廷顿的先生身上发现，故以此命名 (Bates et al., 2002)。另一个例外是阿尔茨海默病的一种罕见而严重的类型，会导致人在60岁前出现神经认知障碍。

2. 隐性异常

有几种隐性遗传异常都属于伴性染色体异常。其中最常见的是血友病——英格兰维多利亚女王曾经罹患的一种血液异常。她把这种病传给了后代，其中包括亚历山德拉皇后，亚历山德拉皇后只把该病传给了她的男性后代俄国皇太子阿列克谢 (Rogaev et al., 2009)。有些历史学家认为，这种伴X染色体疾病是反君主革命的重要导火索之一。阿列克谢的父母无心管理国家，他们只对精神病"巫医"拉斯普金言听计从。

另一种伴X染色体疾病——**脆性X综合征**——是由一个基因的三联体超过200次重复导致的 (Plomin et al., 2003)。（有些重复是正常的，但重复次数不能这么多。）脆性X综合征导致的认知缺陷是经遗传而得的智力迟滞的最常见形式之一（其他许多形式，如唐氏综合征，是不能遗传的）。

因为是一种伴X的单基因障碍，脆性X综合征可能是隐性的；但是，脆性X综合征的准确遗传方式比其他伴X疾病复杂得多。当受到影响的X染色体从一代传给下一代时，被损坏的三联体的重复次数就会增加；重复次数与智商低相关，对男孩来说尤其如此。

大多数隐性异常都位于常染色体上，因此不属于伴X异常。例如，囊性纤维化、地中海贫血、镰状细胞贫血症同样普遍，而且对两性具有同样的破坏性（见表3.2）。在北美，大约有1/12的人携带这三种基因。比例如此之高，是因为有很多人是这些基因的携带者 (Brooker, 2009)。

表 3.2 常见遗传疾病

名称	病情	预后	遗传可能性	发生率 *	可检测携带者 **	孕期可否检测
白化病	无黑色素，皮肤白皙，苍白	正常，但须避免阳光伤害	隐性	在美国原住民和非裔美国人中较多	不可	不可
阿尔茨海默病	记忆丧失，精神损害逐渐严重	丧失独立能力后会在几年内死亡	早发性的为显性，60 岁后为多因素导致	早发性的不到 1/100，晚发性的较多	早发性的可检测，晚发性的可查明危险因素	不可
癌症	可扩散的肿瘤	不同癌症的治疗方法和存活率不同	多因素导致，几乎所有癌症都有遗传成分	多数人最终会罹患某种类型的癌症，1/4 的患者会死亡	不可	不可
腭裂和唇腭裂	上唇分为两半或上腭不合	手术可矫正	多因素	新生儿为 1/700，亚裔和美国印第安人较多	不可	可以
畸形足	脚与踝关节畸形	手术可矫正	多因素	新生儿为 1/200，男孩多于女孩	不可	可以
囊性纤维化	黏液状囊肿，尤其在肺和胃部	多数能活到成年中期	隐性基因；也可能因自然突变导致	欧裔美国人的发病率为 1/3200，携带者占 1/25	不可	不可
先天性耳聋	耳聋	通过手语或耳蜗植入术掌握语言	多因素；有些类型为隐性	新生儿为 1/1000，中东人较多	不可	不可
糖尿病	糖代谢异常，胰岛素不足	早发型（1 型）缺乏胰岛素；晚发型（2 型）为多变量	多因素；晚发型的体重很重要	1 型罕见；2 型占 1/6，在非欧裔美国人中较多	不可	不可
血友病	血液中血凝素缺失	因出血而死亡；可输血防止损伤	伴 X 隐性；也可能因自然突变导致	新生儿为 1/10000；欧洲皇室较多	不可	不可
脑积水	阻塞导致脑液积聚	脑损伤和死亡；经手术可正常生活	多因素	新生儿为 1/100	不可	可以
肌营养不良	肌肉衰弱	不能走路和移动；残废，死亡	隐性或多因素	男性患杜兴氏症者为 1/3500	有些类型可测	有些类型可测
神经管缺陷，开放脊柱	无脑畸形（脑的部分缺失）或脊柱裂（脊柱低端不闭合）	无脑畸形；发展严重迟滞；脊柱裂：身体下肢失控	多因素；叶酸缺乏和基因问题	无脑畸形为 1/1000；威尔士、苏格兰较多	不可	可以
苯丙酮酸尿症	蛋白质吸收异常	心理发展迟滞，出生后马上开始控制饮食可预防	隐性	欧裔美国人有 1/100 为携带者；爱尔兰和北欧人更多	可以	可以
幽门狭窄	肠道肌肉生长过度	呕吐，体重减轻，死亡；手术矫正	多因素	男孩为 1/200，女孩为 1/1000；非裔美国人较少	不可	不可

续表

名称	病情	预后	遗传可能性	发生率 *	可检测携带者 **	孕期可否检测
雷特综合征	神经发育障碍	男孩出生即死亡；女孩在6—18个月丧失言语和动作技能	伴X	女性出生时占1/10000	不可	有时可以
精神分裂症	严重思维障碍	药物和治疗可缓解症状	多因素	成年早期患病率为1/100	不可	不可
镰状细胞贫血	血细胞异常	疼痛危机；心肾衰竭；药物治疗	隐性	携带者比例：非裔美国人为1/11，西班牙裔为1/20	可以	可以
泰－萨克斯症	酵素病	健康婴儿变衰弱，一般在5岁前死亡	隐性	1/30的美国犹太人和1/20的法国与加拿大人为携带者	可以	可以
地中海贫血症	血细胞异常	低体能，易感染，生长缓慢	通常隐性，偶尔显性	1/10的意大利、希腊、印度和埃及人为携带者	可以	可以
图雷特综合征	不可控的身体抽搐，秽言秽语	约5岁时发病，恶化，之后改善	显性，但显性率可变	儿童为1/250	有时	不可

* 发生率的统计值因国家的不同而不同。例如，日本的苯丙酮酸尿症的发生率为1/119 000，但爱尔兰是日本的26倍。表中的数据是美国的估计值，但这些病症也可发生在任何国家的任何族群中。很多受影响的群体通过遗传咨询限制了这些遗传病的传播；例如，泰－萨克斯症的发生率明显减少了，因为很多犹太年轻人进行了婚前检查。

** “可以”指可对携带者做检测。家族史也可揭示出遗传危险。

据 Benacerraf, 2007; Butler & Meaney, 2005; Cruz-Inigo et al., 2011; Haydon, 2007; Hemminki et al., 2008; Klug et al., 2008; McKusick, 2007; K. L. Moore & Persaud, 2007; Shahin et al., 2002.

>>**回答教师（问题见第96页）** 正如书上讲的“信息冲突偏见”。第一步，你要确认自己了解唐氏综合征，读一些相关资料。你会知道，这种病不是遗传而来的，所以你的学生不必为怀孕担心。患唐氏综合征的儿童需要额外的医疗和教育上的关注。这意味着你可能需要对这个学生也格外关注。

关于隐性基因带来的好处，研究最多的是镰状细胞贫血症。镰状细胞携带者的死亡人数少于仍在非洲流行的疟疾的致死人数。4种不同的等位基因导致镰状细胞贫血症，每种都发源于一个疟疾易发区。选择性适应使这些基因普遍流行，因为它可保护更多的人（携带者）免于死亡。11%的非裔美国人是携带者。与此相似，囊性纤维化在北欧裔美国人中更普遍；携带者可能因此而预防霍乱。

（三）遗传咨询和检测

直到最近，在异常儿童出生后，一些夫妇还会将其归咎于巫术或命运，而不是基因和染色体。今天，很多年轻人在他们婚前就开始担心自己的基因了。实际上，每个人都有或轻或重、这样那样的疾病，每个人都担心自己的子女会不会遗传这些病。如今的研究者对基因的了解比前些年多得多，但是，并非每个科学家都相信公众会接受这些知识，来看专栏——“科学观点：心理障碍的遗传检测”。

科学观点

心理障碍的遗传检测

你的基因会使你罹患某种心理障碍（比如精神分裂、神经认知障碍、双相障碍、孤独症或对某物成瘾）吗？你是否应该去做遗传检测来了解更多？对这两个问题，来自科学的回答分别为："是"和"不需要"。

基因无疑是每一种心理障碍的一部分原因。谢天谢地，父母不再被指责导致了孩子的孤独症。但是，环境对各种障碍的影响也很重要——在这里，环境不仅指父母的所作所为，也指社会和政府的所作所为。前面讲过的酗酒问题就是这样，几乎每一种心理疾病也是这样。

例如，精神分裂症是一种具有很强的破坏性的疾病，它会扭曲思维，使人产生幻觉、错觉，胡乱说话，产生非理性情绪。如果同卵双生子中的一人患精神分裂症，那么另一人往往（但不一定）也会患此病。而异卵双生子和兄弟姐妹都患病的危险就低得多，大约为 12%，但这仍高于没有亲属患这种病的普通人的患病率（1%）。这证明，基因肯定是一个因素 (Castle & Morgan, 2008)，于是一些基因检测公司打广告说他们能够检查出基因风险。

不过要注意，即使是同卵双生子也是不同的，这意味着，精神分裂症不能简单地由遗传来决定。非双生子的同胞也能说明这一点。如果儿童的父母患有精神分裂症，儿童有遗传的危险，但是不一定也患病。对丹麦人口的一项设计严谨的研究发现，如果父母都患病，子女中有 27% 的人患病；如果父母中一人患病，子女中有 7% 的人患病。这些统计结果可以用另一种方式来表示：若父母二人都患精神分裂症，有 3/4 (73%) 的子女不会患此病 (Gottesman et al., 2010)，见"研究设计"专栏。

已知的环境诱因包括母亲孕期营养不良，孩子在夏季出生，在青少年期服用精神药物，年轻时移民到另一个国家，成年期家庭情感不和等。因为环境很重要，而且一些增强了患精神分裂症的脆弱性的基因已经被找到，所以少数研究者主张对精神分裂症做遗传检测。有些人则担忧，检测结果为阳性会导致抑郁、不愿接受治疗，从而增加患者的耻辱感 (Mitchell et al., 2010)。

美国的几个州（加利福尼亚州、纽约州等）宣布，未经医生要求所做的遗传检测是违法的，大多数医生做检测也只是为了确认他们已经做出的诊断。但是仍有很多公司从遗传检测中获利，一些人不顾法律约束一心想获得他们想要的信息。如果知道自己可能患某种心理障碍，人们可以买短期护理险——对他们来说这是一笔不错的投资，对保险公司则不是好事 (D. H. Taylor et al., 2010)。这可能导致普通居民花更多的钱去投保，而那些买不起保险的人却得不到相应的护理。还有一种可能，那些知道自己有较高的得病或神经认知障碍风险的人可能会离家出走，甚至自杀。可见上述州宣布遗传检测违法是有道理的。

然而，任何限制对于想知道更多信息的人似乎都有些不公平。于是，另一个的问题出现了：儿童可能被要求做他们自己不想做的遗传检测。最明显的例子不是来自对心理疾病的检测，而是来自对身体疾病的检测。一些想参加学校运动队的学生必须经过体检，检查心脏是否有异常或是否有镰状细胞特质，因为有这两种问题学生如果像一个身体健康的学生那样在比赛中拼尽全力，可能导致其突然死亡。

但是，体检呈阳性的多数年轻人都是没有什么问题。如果因为体检呈阳性就让一个人离开运动队，这公平吗？如果公平，那我们该怎样看待对行为障碍的检测？该不该检查幼儿有没有违反社会规则的行为或注意缺陷 / 多动障碍，以便预先警告教师和父母？这样的信息本身会不会导致问题？

最后，还有一个重要的问题，涉及对孕妇做的一种新的血液检验，它可以通过被胚胎丢弃的细胞来查明胎儿将来是否会患上 100 多种遗传或染色体疾病 (Greely, 2011)。这会造成更多的堕胎或更大的压力吗？如果医生不建议做这样的检验，结果婴儿出生时带有遗传疾病，这会不会导致法律诉讼？

因此很容易理解，为什么科学工作者希望人们凭借改变行为（如多锻炼身体）来使身体更健康，而不要依赖遗传检测。从另一个角度看，人们又希望得到关于自己的信息。所以研究者一直在争论，人们应该得到什么信息，他们应该怎样得到这些信息 (Couzin-Frankel, 2011)。关于基因，科学已经揭示出了比十年前的想象多得多的秘密。但法律和伦理却没有给我们利用这些知识的可能。

研究设计

研究者： Irving I. Gottesman, Thomas Munk Laursen, Aksel Bertelsen, and Preben Bo Mortensen

出版物：《普通精神病学文献》(*Archives of General Psychiatry,* 2010)

参与者： 所有人都在 1968—1997 年出生在丹麦，他们的父母都在丹麦人口档案中。

设计： 研究者查看了所研究的所有儿童（超过 200 万）的精神病记录，在研究完成时，他们的年龄为 10—52 岁。研究者还追溯了儿童父母的医疗记录，尤其是因精神障碍而住院的记录。发现有 196 对夫妇两人（有 270 个子女）都曾因精神分裂症住院治疗，另有 83 对夫妇二人（有 146 个子女）都曾因双相障碍住院治疗。

结果： 出生时父母具有心理障碍的儿童也出现心理障碍的比例远高于平均水平。如果父母二人都患精神分裂症，其子女有 27% 的可能患此病，另有 12% 的人患其他严重障碍。父母中一人有精神分裂症，其子女患此病者占 7%。父母都没有因精神分裂症住院治疗的，其子女中患此病者占 0.86%。父母有双相障碍的，其子女出现其他障碍（包括抑郁症）的比例远高于平均值，但他们的患病率低于父母患精神分裂症者。

主要结论： 基因给人以罹患各种心理障碍（尤其是精神分裂症）的脆弱性。但是，在出生时父母就患有精神分裂症的儿童中，超过一半的人躲开了各种障碍。另外，大约 20000 个因精神分裂症住院治疗的丹麦人，其父母都没有患此病。

评论： 这是一项令人印象深刻的研究，因为它包括了 200 万名儿童及其父母。这种根据确切记录（而不是根据研究者的评价选择样本）对人口大样本做的研究有极强的说服力，只有在比较小的、有准确记录的发达国家才可能实现。但是要注意，所得数据是相关数据，而不是追踪数据。即使在丹麦——每个儿童都能得到良好的卫生保健、社会服务和教育——家庭精神分裂症的某些原因也是来自教养，而不是来自天性。

遗传咨询 (genetic counseling)：由训练有素的专业人员提供的咨询和检测，使人们了解自己的遗传特征，特别是可能传给子女的有害疾病。

遗传咨询通过提供知识、与准备做父母者讨论敏感问题，来帮助人们解除担忧。咨询者一般会对一些有用但被忽略的知识进行测验和推理。但是，一些高危个体（很可能会听到坏消息）并不都同意这样做。

不少人，尤其是对个人与情绪信息比较看重的人，会误解一些词语，如风险和可能性 (O'Doherty, 2006)。就连医生也不是都能理解。来看我的一个学生珍妮特的经历。在她怀孕前一个月，医生让她为准备怀孕注射德国风疹疫苗。听说这个消息，她的孕前保健医生给她做了如下的预后：

> 我的宝贝出生时会有许多缺陷，他的听力可能不正常，他可能心理发展迟滞……那天，我回到家，哭啊哭，哭了好长时间……最后我去看遗传咨询师。结果一切都正常。谢天谢地，我的宝贝一切都好。
>
> (Jeannette, 个人沟通，2008)

也许珍妮特误解了那位医生跟她说的话，但是一个专业人员应该确保患者能够听懂你说的话。如果咨询涉及一些敏感问题，那么在受精前、怀孕前甚至结婚之前，都应该对每个人做一下检测，尤其是在以下情况下：

- 其父母、兄弟姐妹或子女有各种遗传疾病
- 曾有过自然流产或死胎的夫妇
- 不孕不育的夫妇
- 夫妇属于同一族群，特别是夫妇之间有亲戚关系
- 35 岁以上的女性和 40 岁以上的男性

遗传咨询师要遵循两条伦理规范：(1) 测验要保密，排除在保险公司和公共记录之外；(2) 要让来访者做决定，咨询师自己不要做决定。

但是这些指导原则执行起来并不容易。当遗传检测发现丈夫并没有携带孩子身上携带的导致隐性疾病的基因时，一个棘手的问题就出现了。咨询师应不应该告诉这对夫妇，他们不可能生出一个具有这一问题的孩子，因为丈夫并非这个孩子的亲生父亲？在如何处理这一问题上，咨询师的方法可能各不相同 (Lucast, 2007)。

另一个棘手的问题是：起初为了某个目的（例如，为了评估心脏病的危险）收集了 DNA，但是分析发现了另一个问题（例如，性染色体超量或乳腺癌高风险）。这是一个新问题，因为就在几年前，基因检测还很昂贵，研究者除了查明原来要查的问题，其他什么问题也发现不了。现在，我们甚至可以找到几年前从不愿意做疾病检测的人身上收集的 DNA，并且检测出遗传危险。研究者是否要通知这个人呢？

当前的共识是，只有符合下列情形，才应该与当事人共享信息：(1) 此人想知道该信息；(2) 危险比较严重并已确定；(3) 有现成的治疗手段 (Couzin-Frankel, 2011)。但是，在判定病情的严重程度以及可治程度上，研究者和医生的意见不一致。对心理障碍来说，这一问题尤其突出。另外，很多研究人员缺乏咨询所需的认真和耐心。我们所有人都是缺陷基因的携带者，我们都希望知道其中的详情吗？

有时候，夫妇俩做出的决定（如怀孕或放弃怀孕）是咨询师不会做出的。带

>>回答历史学者**（问题见第 96 页）** 血友病是一种很痛苦的慢性病（在可以输血治疗之前），会导致患病的男孩活不到成年。此病虽罕见，却在欧洲皇室流行，因为各国皇室成员往往互相通婚，如果女王或皇后（包括英格兰维多利亚女王）携带了这种基因，她们的儿子有一半注定会死亡。所以这些皇室，甚至是国家统治者，都因有一个儿子得了一种神秘而致命的疾病而分心。一些历史学家认为，在欧洲皇室流行的血友病是 1917 年俄国革命爆发的潜在原因之一，也是 19 世纪和 20 世纪欧洲民主思想传播的原因之一。

有同样遗传疾病的人们也往往会做出相反的选择。例如，有 108 位女性生育过一个具有脆性 X 综合征的孩子，她们从研究者那里得知自己今后生育的孩子有 50% 的可能仍会患此病。结果，多数人（77%）决定通过绝育或保险的避孕法来避免怀孕，但还有 20% 的人决定再生一个孩子 (Raspberry & Skinner, 2011)。专业人员只能对事实和可能性做出解释，最终做决定的只能是来访者自己。

有时候，人们没有选择余地，因为有的检测是根据法律必须做的。在美国，**苯丙酮酸尿症（PKU）**就属于这种情况。携带两个苯丙酮酸尿症等位基因的新生儿如果从各种食物中摄入了很多苯丙氨酸，其心理发展会严重迟滞。但是，假如在他们的饮食中没有苯丙氨酸，就能得到基本正常的发展 (Hillman, 2005)。为了把影响减小到最低，患此病的孩子一出生就需要特殊的饮食（这就是需要做检测的原因），患儿的父母对待患儿的方式也可能不同（这就是专业人员要认真传递信息的原因）。

苯丙酮酸尿症 (phenylketonuria, PKU)：一种遗传障碍，患者的身体不能消化苯丙氨酸这种氨基酸。如果从婴儿出生就立即采取特殊饮食，就不会让苯丙氨酸进入体内并损伤大脑，造成进行性心理发育迟滞和其他症状。

新生儿还需要按规定进行其他十几种疾病的检测（每个国家有不同规定）。尽管早期诊断有助于减轻病情，但咨询仍然必要。一项关于新生儿检测的研究发现，一些父母希望学到知识，另一些父母希望得到情感支持。如果他们寻求的是一样东西，得到的却是另一样，他们就会感到苦恼 (Tluczek et al., 2006)。

咨询必须是个别化的，因为每个成人的观点都受其伴侣、当前和未来的孩子、工作、宗教及社会的影响 (McConkie-Rosell & O'Daniel, 2007)。缺少认真的解释和全面的核查，就会带来误解。例如，在一大组妇女中，有一半人误解了有关基因检测的某个解释（写给一般公众的解释），结果导致乳腺癌更可能发生 (Hanoch et al., 2010)。

遗传研究的几位学术带头人指出，对"预防疾病和更有效地保持健康"来说，最有前途的一个方向是改变环境，而不是改变基因 (Schwartz & Collins, 2007, p. 696)。很多事情取决于家庭和社会。基因是人生的一部分，它影响着人生的每一步，但它并不能决定整个剧情的走向和最终的结局。

小　结

每个人都是各种遗传疾病的携带者。这些遗传病大多比较罕见，它们不会在精卵结合时就导致严重的残疾。少数例外的隐性基因疾病之所以流行，是因为携带者受到该隐性基因的保护，抵抗了社会流传的某种致命疾病。他们活到了可生育的年龄，使这种基因在人口中传播开来。多数严重的显性疾病消失了，因为患病者在能生育子女之前就死了，只有少数显性疾病得以持续，原因是其影响在生育子女之前未显露。

有时，受精卵携带的染色体不是 46 条。这样的受精卵很少能发育至出生，只有两个例外：一是唐氏综合征（21 三体），二是性染色体异常。遗传咨询可帮助广大夫妇澄清他们的价值观，了解遗传危险，但是各种事实和决定都会引发伦理问题。咨询师只能尽力解释各种可能性。最后的决定应由当事人自己做出。

本章总结

一、遗传密码

1. 基因是整个发展的基石，它向生命体发出指令，形成身体和脑，并影响着思维和行为。人类受精发生在两个配子（精子和卵子，各带有 23 条染色体）结合、并形成带有 46 条染色体的单细胞受精卵之时。
2. 来自父母二人的基因和染色体相匹配形成卵子。由于被称为等位基因的变异，这种匹配并不总是完美的。

二、生命之初

3. 胚胎的性别取决于精子：一个 Y 精子产生一个 XY（男性）胚胎；一个 X 精子产生一个 XX（女性）胚胎。每个生命体的每个细胞都含有启动生命的受精卵的唯一一套遗传密码。人类基因组总共含有约 2 万个基因。
4. 双生子形成于一个受精卵分裂为两个独立的生命（同卵双生子或单卵双生子），或两个卵子在一个排卵期内与两个精子结合（异卵双生子或双卵双生子）。同卵多胞胎的遗传基因相同。异卵多胞胎彼此间只有一半的基因相同，因为所有的兄弟姐妹都来自相同的父母。
5. 辅助生育技术包括使用药物和体外受精，不仅带来了数百万被期盼已久的婴儿，而且增加了多胞胎的数量以及高比例的具有医疗问题的婴儿。辅助生育技术还导致了一些伦理和医学方面的问题。

三、从一个细胞到多个细胞

6. 基因以多种方式相互作用，有时每个基因对发展的贡献是可加的，有时是以显性 – 隐性方式互动的。环境能对表型产生影响。环境遗传学研究的是对基因表达产生影响的所有环境，包括受精时基因周围的各种 DNA。
7. 环境与基因的相互作用影响着人的每一种特质，甚至包括身体容貌。人的每一方面几乎都是受多因素和多基因影响的。
8. 受精卵最初分裂的一批细胞是干细胞，它们能变成人体的各个部分。此后，细胞便会分化，各具特殊机能。
9. 染色体的结合、基因的相互作用和无数环境影响共同保证着物种之间的相似性和多样性。

四、基因型与表型

10. 环境影响对伴随着每个人经历的不同环境的所有复杂特征都是关键性的。每个人所处的习俗和生活背景也不相同。
11. 遗传天性使一个人对不同疾病有不同的易感性；非遗传因素也影响着这种易感性。酗酒和近视眼是两个实例。文化与家庭差异对这些问题的影响为教养的作用提供了有力的证据。
12. 了解基因与环境的影响很有帮助。人们不会因为某种遗传特征而责备一个人；认识到某人处在罹患严重疾病的危险中，可以帮助人们采取预防措施。

五、染色体和遗传问题

13. 配子中携带的染色体数量有时少于或多于 23 条。一般情况下，携带染色体的数量不是 46 条的受精卵难以发育成功。
14. 如果胚胎在 21 号染色体的位置具有 3 条染色体（患唐氏综合征或 21 三体综合征），则胚胎可以成活；如果在性染色体上有一条、三条或更多条染色体而不是正常的两条染色体，胚胎也能成活。在这些情况下，儿童往往有生理和认知问题，但是可以过接近正常的生活。
15. 每个人都是异常基因的携带者。遗传缺陷通常是隐性的（不会影响表型）；如果遗传缺陷为显性的，该缺陷往往较轻微，或多变，或直到成年晚期都无关紧要。如果缺陷基因是隐性的，且携带它具有保护作用，选择性适应便会使该基因广泛流传。镰状细胞贫血症就是由这种隐性基因导致的，它有预防疟疾的作用。

16. 遗传检测和咨询可以帮助广大夫妇。检测通常能提供关于可能性而不是确定性的信息。在确定风险后，当事夫妇、咨询师和所处文化在做出决定时起着不同的作用。

关键术语

你学到了什么？

一、基因密码

1. 人有多少对染色体和大约多少个基因？
2. 基因、碱基对和等位基因有何关系？

二、生命之初

3. 在天性中，什么影响着人的性别，教养又怎样影响着人的性别？
4. 同卵双生子有何优势和劣势？
5. 体外受精为什么增加了异卵双生子的发生率？

三、从一个细胞到多个细胞

6. 人的基因型为什么不在表型中明显表现出来？
7. 环境遗传学特征与多因素特征之间有何差异？
8. 为什么多基因特征显示出加性基因比显性－隐性基因更普遍？
9. 人类基因组计划有什么令人惊奇的发现？

四、基因型与表型

10. 在考察遗传力时，为什么了解一个人群所处的历史时期对所提供的数据非常重要？
11. 天性和教养方面的哪些原因使一个人成了酗酒者，而另一个人则没有？
12. 天性和教养方面的哪些原因使一个人有近视眼，而另一个人则没有？
13. 米基·曼特尔的一生给了我们哪些启示？

五、染色体与遗传问题

14. 为什么本书所讲的正常发展要包括异常发展？
15. 当受精卵的染色体数量多于或少于46条时，通常会发生什么?

16. 带有 21 三体问题的新生儿会有什么后果?

17. 为什么由显性基因导致的基因疾病较少?

18. 为什么少数隐性基因疾病(如镰状细胞贫血症)会流行?

19. 遗传检测有何优点和缺点?

20. 为什么人们需要遗传咨询,而不只是一纸有关遗传情况的事实清单?

应　用

1. 选择你自己的一个特质,说一说天性和教养对它有何影响。例如,你的急脾气,说说它的遗传起源、你所处的文化和你儿时经历的影响。

2. 有的人喜欢儿子,有的人喜欢女儿。请访谈几个不同年龄的成人,问问他们的偏好。如果他做出社会更偏爱的回答(男孩女孩都一样),就问问他认为两性有何差异。要倾听并做笔记,不要争论。对你得到的回答的意义进行分析。

3. 画一个你的家族关系的图,尽量往前追溯,列出家族成员所患的全部严重疾病和死因,包括前辈中在婴儿时便夭折的人。你能否看出家族有何遗传易感性?如果看出了,你该怎样克服它?

4. 列出十几个你认识的需要戴眼镜(包括矫正视力的各种镜片)的人和十几个不戴眼镜的人。其中有什么规律?是相关关系还是因果关系?

第四章

孕期发展与出生

你将学到什么？

1. 胎儿在何时变成了婴儿？
2. 医疗辅助手段会帮助或阻碍分娩过程吗？
3. 为确保胎儿不接触各种有毒物质，孕妇必须做什么？
4. 低出生体重是天性所致还是教养所致？
5. 为什么有些新妈妈在婴儿出生后会感到抑郁？对此，新爸爸应该怎么办？

生日是个重要日子。每年的 2 月 28 日，我都会给我哥哥寄一张生日贺卡，他生于 1936 年，身高 2.09 米，有 6 个孙子孙女。

孕期保健也很重要。我哥哥虽然是足月出生的，但是他出生时体重偏低，因为我母亲在怀他时，家人告诉她不能多吃。73 年后，我女儿怀孕时，人们则告诉她想吃什么就吃什么。在孕中期，她给丈夫烤了个生日蛋糕，并用金属质超人作为装饰。她用塑料包住小超人的腿后才把它插到蛋糕上，她担心那个超人雕像里面含铅，希望蛋糕吃起来是安全的。

我认为，我母亲和我女儿都是不够理性的孕妇，她们都接受了不该接受的建议。愚蠢的警告还有很多，比如，不要吃辣的东西，不要够东西，不能有性生活，不要锻炼……而女人们都是这样做的，我自己也采取了一些不必要的预防措施。一个普遍的现象是，各地的女性都希望孩子健康幸福，为此，她们不惜改变自己的习惯。

我哥哥曾经问我母亲，他是什么时候出生的。母亲说她不记得了。后来，在她 90 岁的时候，我哥哥给她讲了一个“故事”。

> 你的第一个宝贝儿子要出生的那天是 2 月 28 日。但是生产过程很慢，直到 29 日，你的宝贝才生出来。你觉得对不起你的儿子，因为他 4 年才能过一次生日，所以你说服医生说了谎话。
>
> “是的。”妈妈回答说，“事情就是那样的。”

我一下就懵了；母亲从来都是一个诚实的人。我认为她从没有说过谎，也没有医生会在一张错误的出生证上签字。但是这件事说明了一个普遍的真理：父母会在脑海中描绘新生儿未来的生活，并会尽其所能地保护孩子。

你将在本章了解到胚胎和胎儿令人惊讶的生长能力，以及家人和医务人员是怎样千方百计地保护每个胎儿和每个新生儿的。同时，可能造成伤害的因素也值得注意，包括各种疾病的原因与后果、营养不良、药物、污染、压力，等等。孕妇生产的地点和方式也不同，从高科技的手术室到低矮的棚屋，有的孩子生在家里的一桶水里，有的孩子生在妇产医院的产床上。虽然具体情况多种多样，但也有一些东西是普遍的：每个人在出生前都要在母亲的身体内孕育数月，并从中获取营养，并得到了成千上万个有希望、有计划并对未来充满憧憬的人的帮助。

一、孕期发育

人的一生中最富戏剧性和最大规模的巨变都发生在出生前。为了学习起来更容易，孕期发展一般被分为三个阶段：前两周称为**胚种期**；第3—8周称为**胚胎期**；第9周到出生称为**胎儿期**。（表4.1对这些术语做了解释，例如，为什么有时候怀孕是从最后一次月经而不是从受精开始算的。）

胚种期 (germinal period)：受精后孕期发育的前两周，细胞快速分裂，开始细胞分化。

胚胎期 (embryonic period)：孕期发育的一个阶段，约在受精后第3—8周，身体各部分结构、包括外部器官基本形成。

胎儿期 (fetal period)：孕期发育的一个阶段，从受精后第9周到出生，胎儿可发育到3000克以上，各器官更加成熟，逐渐能独自发挥机能。

表4.1 时间段和术语

普通人和专业书籍在划分孕期阶段时使用了不同的词汇。下面的介绍有助于澄清这些词汇

- **开始怀孕**：孕期从受精开始，它也是孕龄的起点。但是直到2周后，有机体还没变为胚胎，而且在植入之前，怀孕也没有对女性造成影响，验血验尿还不能确认怀孕。也许由于受精的确切日期不清楚，一些产科医生和写给非专业人士看的书籍是从女性最后一次来月经的时间开始计算的，一般比受精时间早14天。
- **孕期长度**：足月孕期可持续266天，或38周，或9个月。如把最后一次月经期作为孕期起点，孕期将持续40周。
- **三月期** (trimester): 一些作者不用胚种期、胚胎期和胎儿期等术语，而把孕期的每3个月分为一个阶段，怀孕的前3个月为孕早期，中间3个月为孕中期，最后3个月为孕晚期。
- **预产期** (due date): 医生一般以最后一次月经为基础计算预产期，但只有5%的婴儿是准时在预产期出生的。在预产期之前3周和之后2周之间出生的婴儿为足月婴儿，不过婴儿在预产期之后7天仍未出生一般会被引产。比预产期提前3周以上出生称为早产。

（一）胚种期：前14天

第三章讲过，单细胞的受精卵缓慢地从输卵管向子宫游移，开始复制和繁殖（见图4.1）。大约在八细胞阶段，细胞开始分化，这些早期的细胞开始具有不同特征，会变成不同的身体部位。

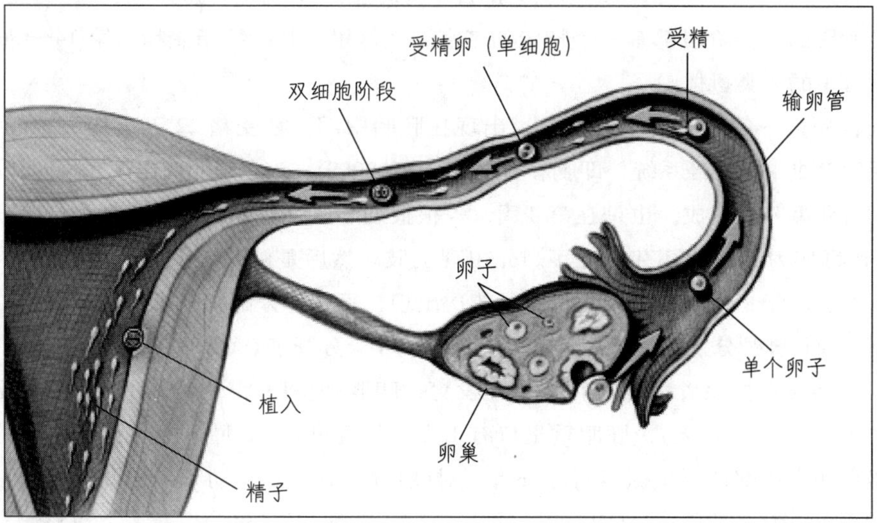

图 4.1

最危险的旅行　受精后的最初 10 天，有机体的大小无变化，因为它还未从母体中得到营养。但是细胞数量会快速增加，为植入做好了准备，植入的成功率只有 1/2。

受精后大约 1 周，分裂后的细胞（100 多个）分为两个不同的层。外层细胞变成一个外壳，将形成胎盘（它会包围并保护发育中的生命体）；内层细胞形成一个内核，它将变为胚胎。

外层细胞的首要任务是完成**植入**，即在子宫内壁着床。这一过程不是自动的；约 50% 的自然受精卵和更大比例的体外受精卵不能完成植入（见表 4.2），多数新生命在变成胚胎前就终结了 (Sadler, 2009)。

植入 (implantation)：受精后约 10 天开始的过程，发育中的有机体嵌入子宫内的胎盘，在此受到滋养和保护以继续发育。

表 4.2　孕期发育的脆弱性

胚种期：	大约一半 * 的受精不能生长到植入阶段，因此不能生存到胚种期。这些有机体大多存在严重异常。
胚胎期：	大约 20% 的胚胎会自然流产 **，大部分是由于染色体异常导致的。
胎儿期：	约 5% 的胎儿在第 22 周具有生存能力之前会自然流产或成为死胎（在第 22 周之后娩出时已死亡）
出　生：	大约 31% 的受精卵能够生长、生存，成为存活的新生儿。

* 发生得非常早的妊娠失败所占的比例也可能更高，因为怀孕在很早就终止时，人们常常不知道。

** 人工流产的比例取决于是否有避孕手段，也取决于文化。人工流产不包括在本表中。

据 Bentley & Mascie-Taylor, 2000; Sadler, 2009; Schorge et al., 2008.

（二）胚胎期：第 3—8 周

受精后第 3 周，开始进入胚胎期，细胞内层变成一个不同的生命体——虽还

胚胎 (embryo)：处于受精后的第 3—8 周的发育中的人类机体。

不是可辨认的人，但是配得上一个新名字：**胚胎**。(胚胎一词的用法往往更宽泛，但是发展的每一阶段都有一个特定的名字。在这里，胚胎特指受精后第 14—56 天的发育中的人类机体。)

首先，一条细线（称为原条）出现在胚胎中部，在受精 22 天后变成神经管，最后发育成中枢神经系统，即脑和脊柱 (Sadler, 2009)。头在第 4 周出现，同时，眼、耳、口和鼻开始形成。也是在第 4 周，一根很细的血管将变成能够跳动的心脏。第 5 周，将变为四肢的胚芽出现了。先出现上肢，然后是前臂、手掌和蹼状的手指。几天以后，腿、膝盖、脚和蹼状脚趾依次出现，每一部分都有了最初的骨结构。接着，手指和脚趾分别在受精后的第 52 天和第 54 天分开了 (Sadler, 2009)。

孕期发育按照首尾律进行，头先发育；四肢则按照近远律最后形成。在受精后的第 8 周末（56 天），胚胎重量仅有 1 克，长度只有 2.5 厘米。它已具备人的基本器官和身体部位（生殖器官除外），包括肘部和膝盖。移动频率加快，大约每小时 150 次，但这种移动是随机的、感觉不到的 (Piontelli, 2002)。

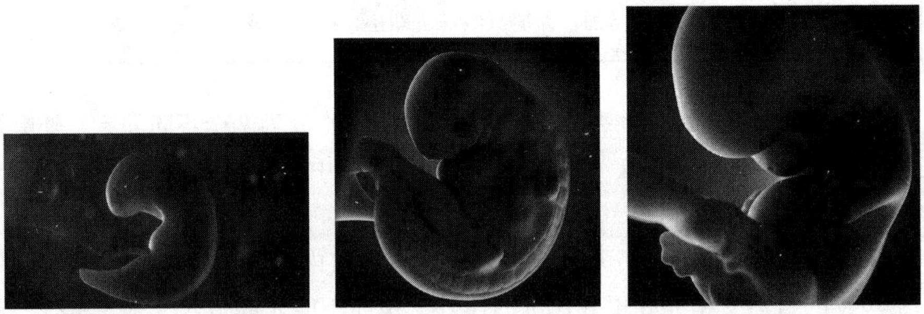

胚胎期　左起：(1) 受精后 4 周，胚胎只有 3 毫米长，但头已露雏形。(2) 受精后 5 周，胚胎长度发育为 4 周时的 2 倍。其最初的心脏现已跳动一个星期了，并可看见，它好像一个最初的尾巴，但很快会被皮肤尾骨处的保护组织封闭。(3) 第 7 周，胚胎约长 2.5 厘米，眼睛、鼻子、消化系统，甚至处于脚趾形成第一阶段的脚趾都清楚可见。

(三) 胎儿期：从第 9 周到出生

胎儿 (fetus)：发育中的人类机体从受精后第 9 周到出生这一段时间的名称。

从受精后第 9 周到出生，机体称为**胎儿**。胎儿期将完成巨大的改变，从一个比人的拇指还小的娇小的、无性的生命体，变成一个约 51 厘米长的男孩或女孩。

1. 第 3 个月

在第 9 周，如果胎儿是男性 (XY 染色体)，其 Y 染色体中的 SRY 基因会引发男性性器官的发育。如果是女性，则女性性器官开始发育。男性胎儿的睾丸激素快速增多并会影响到脑 (Morris et al., 2004; Neave, 2008)。在男性胎儿内部和女性胎儿内部的脑和行为的变化范围，大于男性和女性胎儿之间的变化范围。第 3 个月，神经方面的一些性别差异开始产生。男性胎儿和女性胎儿的脑略有差异。

超声波 (ultrasound)：可用高频声波生成的婴儿或内部器官图像。

第 3 个月末，男性性器官可以通过**超声波**图像看到，这种超声波和 X 射线透视相似，但它采用的是声波而不是辐射。胎儿间的相似性远大于其性别差异。例如，不同性别和族群的胎儿的头的重量均约为胎儿体重的一半，五官的位置和形状等面部特征也在第 3 个月显现。

3 个月大的胎儿约重 87 克，身长 7.5 厘米。胎儿在孕早期发育得非常快，但每个胎儿之间的差异（尤其是体重的差异）也非常显著 (Sadler, 2009)。用英制计量单位，一些数字很容易记：3 个月，3 盎司，3 英寸；用公制计量单位也是如此：100 天，100 克，100 毫米。

给生物学者的问题　很多人认为，性别差异是社会建构的，而不是生物学差异导致的。对这种观点，孕期发育中有什么能够支持的证据吗？（答案见第 112 页）

2. 第 4—6 个月

第 4、第 5 和第 6 个月，胎儿的心跳越来越强。消化和排泄系统得到发育。手指甲、脚指甲和牙根形成，开始长出头发和睫毛。脑的大小增长 6 倍，出现很多新的神经元（神经发生）和突触（突触发生）。在母亲的孕中期，胎儿达到生长高峰时，每分钟有 50 万个脑细胞形成 (Dowling, 2004)。一些神经元把长轴突延伸至远处的神经元，同时按照近远律，首先发育的是颈后上方的脑干，然后是中脑，最后是大脑皮层。在孕期的每个月，大脑发育都有关键性的进展，但这三个月里的发育是最重要的 (Johnson, 2011)。

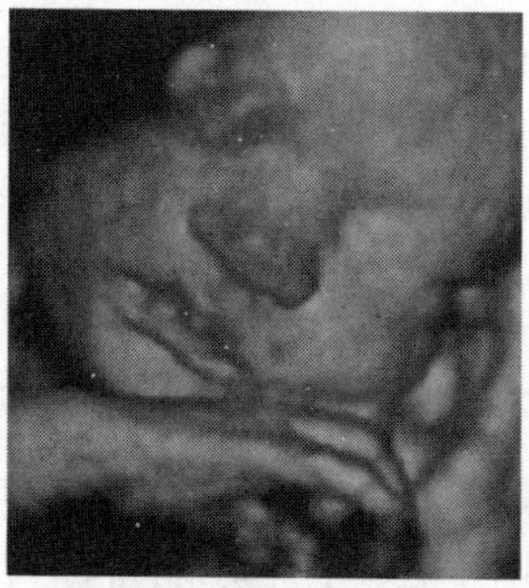

这就是你的宝宝　很多父母是从超声波扫描图像上第一次看到自己的宝宝的。

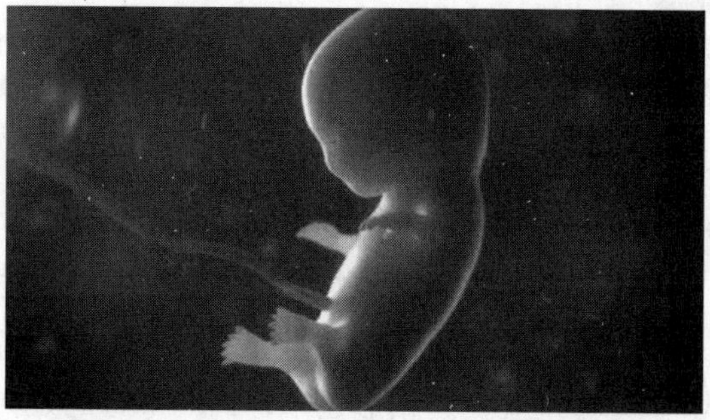

胎儿　在第四个月末，胎儿身长 15 厘米，看上去已经完全长好了，但不成比例，从头顶到颈部的距离和从颈部到臀部的距离几乎一样。在以后若干周的时间里，胎儿必须依靠那层透明膜似的胎盘和脐带才能生存。

这一时间点是脑发育的关键期，原因是中枢神经系统开始能够做出反应了，以控制一些基本的身体机能，如呼吸和吸吮。神经机能的进步使胎儿达到了**存活龄**，也就是说，此时如果早产，婴儿也可以成活。通过特殊监护，一些在受精后 22 周出生的婴儿能够存活，但是在世界各地的很多医院，在怀孕 25 周后出生的早产儿才能得到特殊监护。存活龄在 20 世纪戏剧性地变小了，但是目前，22 周似乎成了一个节点 (Pignotti, 2010)，因为就连最先进的技术也无法在婴儿的脑不能做出反应的情况下维持其生命。（有关早于 22 周出生的婴儿存活的报告是受到质疑的，因为受精日期不能确定。）图 4.2 显示了在采用先进医疗监控的情况下，早产儿的存活率。

存活龄 (age of viability)：胎儿离开母亲子宫后，在特殊护理下能够存活的胎龄（受精后约 22 周）。

3. 第 7—9 个月

达到存活龄只意味着在子宫外存活是可能的。最后三个月的每一天都在加强这种可能性，不仅要生存，而且要无残疾地生存 (Iacovidou et al., 2010)。（关于对这一点，本章后面还要详述。）7 个月就出生的早产儿非常娇小，专业人员

>>**回答生物学者（问题见第 111 页）**　在人的 46 条染色体中，只有一条能决定性别，而且在孕期发育次序中，生殖系统是最后发育的。这提示我们，一方面，巨大的性别差异是文化导致的；另一方面，一些性别差异在出生前就在发展了。

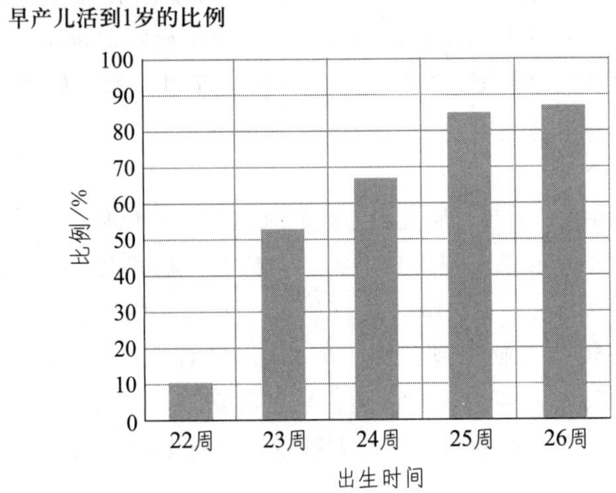

图 4.2

每个关键的日子　即使有先进的医疗护理条件，过早出生的早产儿也很难存活。这些数据来自瑞典的数千个新生儿，瑞典的孕期保健服务是免费的且几乎人人可以享受。如图所示，存活龄（22 周）只表示婴儿可能存活，并不表示一定能存活。到足月龄（本表未显示），新生儿的存活率几乎达到了 100%。

据 The EXPRESS Group, 2009.

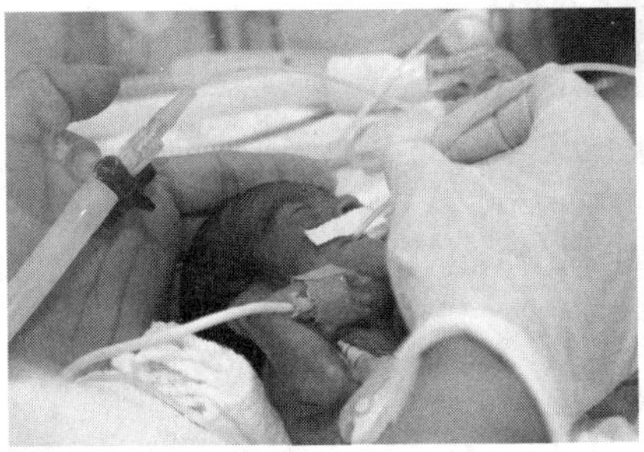

最小的一个　鲁梅莎·拉赫曼在 26 周零 6 天出生时只有 244 克。她有很好的机会获得完整、正常的生活。鲁梅莎在医院长到 2270 克，出生 6 个月后，她出院回家了。她的双胞胎姐姐希巴出生时重 590 克，比她早两个月出院。在她们 1 岁生日时，这对双胞胎看起来很正常，鲁梅莎重 6800 克，希巴重 7711 克 (CBS News, 2005)。

需要对给予新生儿的每一克营养品和其每一次浅浅的呼吸进行特殊监护。相形之下，满 9 个月的足月新生儿已做好了充分准备，可以在家里吃妈妈的奶——不用专家帮助，不用氧气，也不用特殊的喂养。那是人类在过去的几万年里的生存方式：我们的祖先如果需要新生儿特殊护理，将无法生存。

在生与死之间，在脆弱的早产儿与强健的足月儿之间，根本差别是神经系统、呼吸系统和心血管系统是否成熟。在孕期生命的最后三个月，胎儿的肺部开始扩张和收缩，他们可以通过吞咽羊水作为空气的替代物来锻炼呼吸肌。心脏瓣膜和全身的动脉和静脉均达到胎儿期最后的成熟。在其他方面，这有助于预防"脑出血"，这是早产儿所要面临的风险之一——因头盖骨塌陷而导致纸一样薄的血管破裂。

在一般情况下，胎儿到孕晚期时，体重能增长到约 2100 克，到出生时大约为 3400 克（见"大约在此时"表）。到足月时，脑发育已非常充分，大脑皮层（脑最高级的外层）形成若干褶皱以适应头盖骨［见图 4.3（彩）］。虽然一些大型哺乳动物（如鲸）的脑比人类还大，但是其他生物不需要人类这么多的褶皱，因为人类的大脑皮层包含着比非人类大脑多得多的物质。

大约在此时

孕期平均体重 *

发育阶段	受精后时间／周	平均体重／克	备注
胚胎期末	8	1	多数会自然流产
孕早期末	13	85	
存活龄（有一半的生存机会）	22	570	出生体重少于 1000 克为超低出生体重
孕中期末	26—28	900~1400	出生体重低于 1500 克为极低出生体重
早产期末	35	2500	出生体重低于 2500 克为低出生体重
足月	38	3400	出生体重在 2500~4000 克，为正常出生体重

* 为便于记忆，体重取整数值。实际体重有个体差异。例如，足月儿体重在 2500~4000 克；达存活龄的早产儿，特别是双胞胎和三胞胎，体重比表里的数值低。

最后三个月，母亲和胎儿的关系更紧密了，因为随着胎儿身体长大和胎动，怀孕的妈妈越来越能感觉到孩子的存在。反过来，妈妈的声音、通过羊水尝到的食物的味道以及妈妈的行为方式，都成了胎儿意识的一部分。母子间的听觉沟通在第 28 周开始，从此时起，胎儿（或早产新生儿）的听力一周周变得愈发敏锐 (Bisiacchi et al., 2009)。胎儿听见巨大声响会受到惊吓和踢腿，能听见妈妈的心跳和说话声音，听见有节律的音乐和感到有节奏的运动时（如妈妈边走路边唱歌时）会感到舒服。如果妈妈感到恐惧或焦虑，胎儿的心跳会加剧，运动会增多 (DiPietro et al., 2002)。

小　　结

在细胞快速复制、分化和植入的两周内，新孕育的有机体从单细胞受精卵转变为多细胞的胚胎。胚胎很快形成了中枢神经系统的萌芽（3 周）、心脏和面部（4 周）、手臂和腿（5 周）、手和脚（6 周）以及手指和脚趾（7 周），同时，内部器官成形。8 周时，除男性和女性性器官之外的整个身体结构都已各就其位。此后，胎儿的生长更快了，在孕中期，体重约 1000 克，脑也逐渐成熟，使存活成为可能。足月时，即在 35—40 周时出生的新生儿，所有器官都能正常发挥机能，体重约 3200 克。■

二、出生

在受精后大约 38 周（266 天），胎儿体重达到 3000~4000 克，胎儿大脑发出释放激素的信号，特别是催产素 (oxytocin)，为胎儿的分娩做好了准备。一般来说，第一胎的主动分娩大约需要 12 小时，第二胎以后约需 7 小时 (Moore & Persaud, 2003)。有时分娩时间会加倍，有时会减半。人们对“主动”分娩的定义不尽相同，有的产妇说她的主动分娩时间长达好几天，有的则说其主动分娩时间只有 10 分钟。

产妇的分娩姿势也不同，有坐姿、蹲姿、躺姿等。有的产妇泡在温水中分娩，这种方法可以帮助其放松（胎儿仍然可通过脐带获得氧气）。但一些医生相信，在水中分娩会增加感染率，对头部的娩出也难以进行医疗监控 (Tracy, 2009)。一般来说，如果产妇躺着分娩，医生更容易看到胎儿头部的娩出，很多孕妇觉得坐姿更容易把胎儿推送出来，不过这些说法不一定适合每个产妇。图 4.4 显示了分娩的几个阶段。

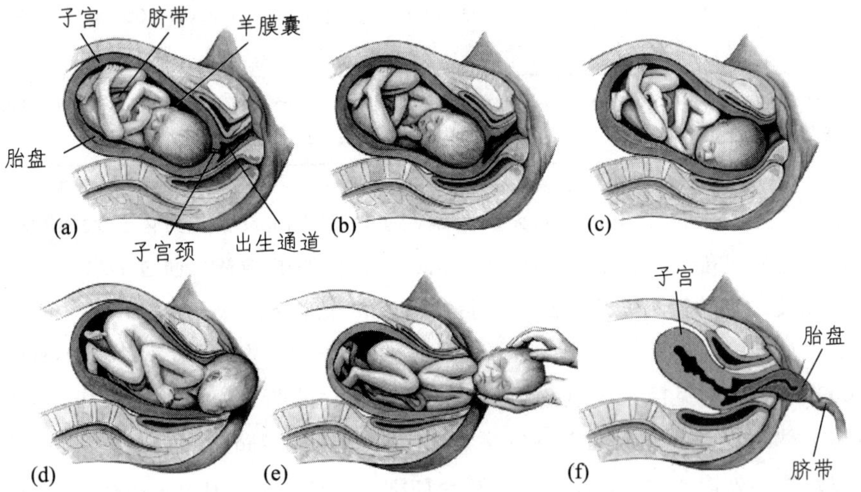

图 4.4

正常而无并发症的出生　(a) 分娩开始时婴儿的姿势；(b) 分娩第一阶段：子宫颈扩张，使婴儿的头部可以娩出；(c) 过渡：婴儿的头部移动到“出生通道”——阴道；(d) 分娩第二阶段：婴儿的头通过开放的阴道（“顶点”）并且 (e) 完全娩出；(f) 分娩第三阶段，胎盘全部娩出。这通常是自然发生的，但整个胎盘完全娩出至关重要，所以接生者要认真检查。在有些文化中，人们会埋葬胎盘，以纪念它在生命中扮演的角色。

观察小测验　图 4.4 中的 (e) 中，当婴儿的头露出后，接生者正在做什么？（答案见第 115 页）

（一）新生儿的前几分钟

在一般情况下，新生儿会自己呼吸，自己哭出声。在自发的哭声中，新生儿吸入含氧的空气并将氧气送到肺和血液中，其颜色也从青紫色变成粉红色（粉红色是血液的颜色见于皮肤下导致的，所有肤色的新生儿都如此）。新生儿的眼睛张开，小小的手指能抓；就连娇小的脚趾也会伸缩。新生儿马上兴致勃勃地准备投入生活了。

不过，还有很多事情需要处理妥当。婴儿喉咙里的黏液必须清除，尤其是在最初的呼吸微弱而困难的情况下。脐带要切断，让婴儿与胎盘分裂，留下 2.5 厘米左右的脐带头，等它干了以后会脱落，露出肚脐。接着要对婴儿进行检查，称重，然后交给妈妈以保持其身体的热度，并喂第一次奶，浓浓的母乳有助于新生儿的消化系统和免疫系统。

阿普加量表是一种广泛应用的新生儿健康评价工具（见表 4.3），最初由弗吉尼娅·阿普加 (Virginia Apgar) 编制。1933 年在美国哥伦比亚医学院获得博士学位后，阿普加希望到医院工作，但是她被告知，只有男人才能做外科医生。后来，她成了一名麻醉师。她看到“产房医生大多关注母亲，很少关注婴儿，而婴儿是那么弱小，挣扎在生死线上”(M. Beck, 2009, p. D-1)。为了拯救这些小生命，阿普加编制了一个简单的评价量表，只用五个指标——肤色、心率、哭声、肌肉张力和呼吸——向医生提示婴儿的健康状况。1950 年以来，世界各地的产科医生都在使用阿普加量表（人们常用阿普加这个名字的五个字母来描述五个生命体征：肤色——Appearance；心率——Pulse；反射反应——Grimace；肌肉张力——Activity；呼吸——Respiration），在出生后的 1 分钟内和 5 分钟后分别给每个指标打 0 分、1 分和 2 分。

阿普加量表 (Apgar scale)：对新生儿健康状况的快速评价法。婴儿的肤色、心率、反射、肌肉张力和呼吸，在出生后的 1 分钟内和 5 分钟后两次被打分为 0 分、1 分和 2 分。每次评分的 5 项之和为 10 分（很少能达到）。

表 4.3　阿普加量表的记分标准

	五项生命体征				
分数	肤色	心率	反射反应	肌肉张力	呼吸
0	青紫	无心跳	无反应	疲软，柔弱	无呼吸
1	四肢青紫，身体粉红	每分钟低于 100 次	面部歪扭	弱，不活跃	不规则，缓慢
2	全身粉红色	每分钟 100~140 次	咳嗽，打喷嚏，啼哭	强而活跃	呼吸有力，啼哭

据 Apgar, 1953

如果 5 分钟时做的阿普加得分大于等于 7 分，则总体正常；若低于 7 分则需要帮助；如果低于 4 分，将会召唤新生儿科医生来产房（医院的扩音器会呼叫“阿普加医生”）。

（二）医疗辅助手段

>>观察小测验（第 114 页）答案　在婴儿露出头之后，接生者正在转动婴儿的头；这有助于肩部娩出。

任何一次特定的分娩在多大程度上和上述内容相匹配，取决于父母的准备、胎儿的体位和大小以及文化习俗。在发达国家，产妇在分娩时几乎都是采用了无菌分娩、电子监控等技术，还会使用药物来抑制钝痛或加快宫缩等。

1．手术

助产士在婴儿接生方面和医生同样熟练，但是只有医生才有资格完成手术。在美国，超过 1/3 的分娩过程是通过**剖宫产**完成的，即通过母亲腹部的切口来取出胎儿。

剖宫产 (cesarean section)：一种手术方式的分娩，把胎儿从产妇腹部的切口快速取出，而不是从阴道娩出婴儿。

剖宫产是有争议的，世界卫生组织提示，有医学记录的剖宫产只占全部分娩的15%。

文化与年龄群影响着这一比例：多数国家的剖宫产比例都低于美国，但在少数国家，特别是拉丁美洲国家的比例略高（见图4.5）。在每个国家，安全分娩率和剖宫产率在过去20年间都有所增长，其中以中国的增长最多。中国在1991年的剖宫产率为5%，2001年为20%，2008年猛增到46% (Guo et al., 2007; Juan, 2010)。1996—2008年，美国的这一比例也在逐年上升（从21%上升到34%）。剖宫产对产妇和婴儿一般都更安全，对医院也有很多好处（容易安排时间，更快，比阴道分娩更昂贵），但也带来了出生后的一些并发症并且降低了母乳喂养的比例 (Malloy, 2009)。

对硬脑膜外麻醉的研究还较少，而这是在产妇脊椎的一个特殊部位注射麻醉

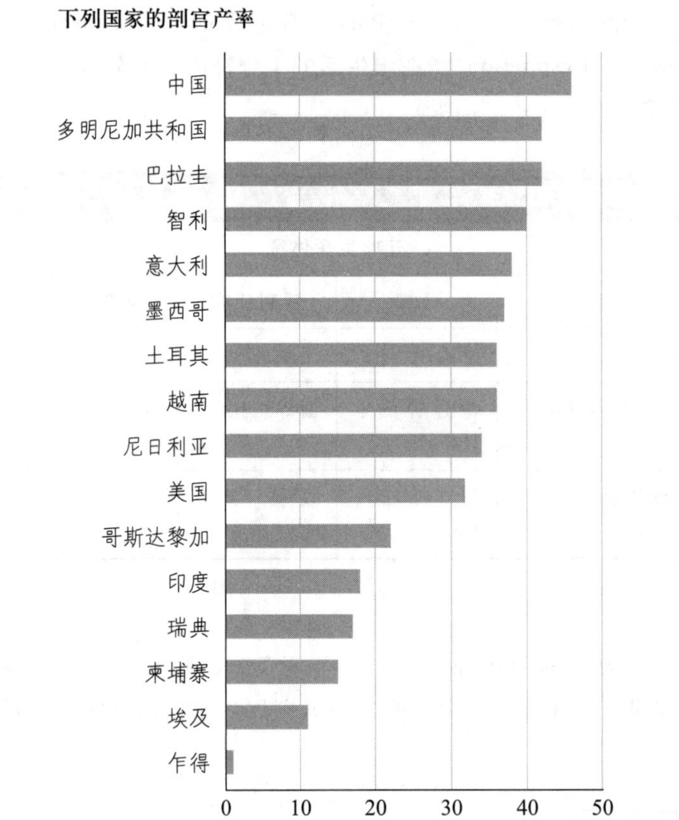

图4.5

剖宫产太多还是太少？　不同国家间的剖宫产率差异很大。拉丁美洲是世界上剖宫产率最高的地区（注意，智利的剖宫产率高于40%），而非洲撒哈拉地区的剖宫产率最低（乍得的剖宫产率低于0.5%）。主要问题在于，需要剖宫产的女性无法进行该手术，不需要剖宫产的女性却选择了这种方式。

剂以减轻疼痛的方法。硬脑膜外麻醉常用于医院接生，但是这增加了剖宫产率，减弱了新生儿对出生后立即吸吮母奶的准备性 (Bell et al., 2010)。另一种医疗干预是引产，即引导分娩的开始和加速，或使用药物加速分娩的方法。在美国，引产率自 1990 年以来激增了 3 倍，现在接近 20%。

2. 新生儿存活

每年，世界各地的产科医生、助产士和护士都能拯救数百万条生命。100 年前，美国每 100 个新生儿中至少有 5 个死亡 (De Lee, 1938)。现在，美国的新生儿死亡率只有 1/250——这个数字中包括那些非常脆弱的、出生体重只有 450 克的新生儿。在发达国家，因分娩死亡的女性比例不到万分之一；但是在贫穷国家，这一比例要高 100 多倍。

在最不发达国家，出生危险的主要原因是缺医少药。在非洲撒哈拉南部地区，只有 1/3 的新生儿受到医生或助产士的关注，每个母亲平均有 4 个子女，因怀孕或分娩并发症死亡的女性比例达到 1/16 (Kruk et al., 2008)。全世界每年有 200 万新生儿死亡 (Rajaratnam et al., 2010)。母亲死亡的主要原因是大出血，新生儿死亡的主要原因是缺氧和营养不良。如果在医院，这两种死亡都是可以防止的。

但是，由于习俗或政治，而不是由于其必要性，在医院出生的几个问题越来越突出 (Selin & Stone, 2009)。一个引起关注的特殊问题是“奇迹婴儿”，他们需要重症监护、微创手术以及长达几周的住院治疗。这些婴儿虽不能全部存活，但只要存活，就需要对他们各方面的生活进行特殊护理。只有结果良好才会公布出来，而且评论家们也注意到了维持其生命所需的公共开支，以及他们的父母背负的终生负担。

美国儿科科学院建议，给过早出生的早产儿的父母进行咨询时，专业人员要谨慎而诚实，要让他们理解每一种医学手段的后果。正像一个产科学小组指出的，“我们应该坦率地对待自己，对待父母和社会，在涉及低胎龄出生婴儿的管理方面，存在一些知识缺口……包括一些伦理决策，例如……什么时候提供特殊护理以及使用范围该有多大” (Iacovidou et al., 2010, p. 133)。

（三）备选的医疗技术

花费与获益是相互关联的。例如，剖宫产率与硬脑膜外麻醉率更多是根据医生、医院、胎龄以及地区而变化的，而出生环境则相对次要，即使在政府支付产科护理费用的瑞典也是如此 (Schytt & Walderenström, 2010)。一种罕见的并发症（子宫破裂）可能在先进行过剖宫产后又采用阴道分娩时发生。这导致大多数医生坚决主张，在一次剖宫产之后，以后的分娩都要进行剖宫产。

压力点 美国的很多产妇像这位产妇一样，从产妇陪护温和的接触中受益，用力按压和敏感的理解使有产妇陪护的接生较少用医疗干预。

现在，美国大多数的新生儿都是在拥有高科技手术室的医院产房里出生的。另有 5% 是在非医院的家庭式产科中心出生的，在家里出生的不到 1%（在有些审判中是非法的）。大约一半的家庭分娩是有计划的，另一半则是意外的快速分娩而非事先计划好的。在后一种情况下，如果附近没有人能在产妇难产时给予其救助，将是危险的 (Tracy, 2009)。

20 世纪上半叶，在发达国家，产妇要在医院里自己等到分娩即将来临；她们的丈夫和其他家人都不在跟前。现在，几乎人人都认为，产妇不应该独自承担压力。但是，家人可能不知道该做什么，而医务人员关注的更多是接生的医务方面的问题，而不是产妇心理方面的需要，因此，一些产妇得不到她们需要的情感援助。为了满足这一需求，现在很多产妇会找一个**产妇陪护**，受过训练的产妇陪护会采用定时收缩、按摩、提供冰块或其他方法给产妇以帮助。

产妇陪护 (doula)：帮助接生的女性，按照拉丁美洲的传统，产妇陪护是唯一的婴儿接生专业人员。现在，产妇陪护往往会在接生早期来到产妇家中，分娩时则有一名医院的医生参与进来。

产妇陪护一般在产妇主动分娩之前就开始其工作，在分娩临近时，她们与助产士或医生一起工作。很多研究发现，产妇陪护对没有伴侣的低收入产妇帮助较大，并且减小了中产阶层妇女与贫穷妇女分娩结果的差距 (Vonderheid et al., 2011)。现在人们相信，产妇陪护能给任何临产妇女带来好处，无论贫富，也无论结婚与否。例如，一项研究给 420 名中产阶级已婚妇女随机安排到有产妇陪护组 (McGrath & Kennell, 2008)。有产妇陪护的产妇需要的医疗干预更少（见“研究设计”专栏）。

研究设计

研究者： Susan McGrath and John Kennell

出版物：《分娩》(*Birth*, 2008)

参与者： 420 名来自中产阶层、身体健康的孕妇，在她们的男性伴侣的陪伴下来到俄亥俄州克利夫兰的一家大医院。她们都是生头胎，由她们的产科医生或助产士接生。

设计： 全部 420 名产妇都接受常规的医学护理，都有其伴侣的陪伴，但是，经医院许可，随机地给其中一半产妇安排一位产妇陪护，产妇陪护和夫妇二人待在一起，提供身体护理（如按摩）、专家意见，临产时给予安抚。在产后 24 小时和 6 周后对产妇进行问卷调查。

主要结论： 有产妇陪护的分娩采用剖宫产的较少（13% 对 25%），也较少采用硬脑膜外麻醉（65% 对 76%）。超过 99% 的产妇及其伴侣对产妇陪护的评价为“好”和“很好”。结论是，“产妇陪护继续给分娩以帮助是一种释放风险的产科技术，能使所有产妇获益” (p. 97)。

评论： 本研究中的三个因素使结论更可信：（1）随机分配避免了选择因素（选择产妇陪护的产妇往往更健康，受过更好的教育）；（2）父亲的在场向所有产妇证明，好处不仅是一个支持者在场带来的；（3）产妇陪护在夫妇来到医院后才出现（避免了产妇陪护在分娩早期给予帮助造成的无关变量影响）。

批判性思考

家庭分娩

和美国相比，有计划的家庭分娩在其他一些发达国家更普遍（英国为2%，荷兰为30%）。在这些地方，助产费用由政府支付。在荷兰，一种被称为“飞鹳”的急救车在需要时会把产妇和新生儿火速送到医院。荷兰的研究证明，无论对产妇还是新生儿，家庭分娩都比在医院分娩好 (de Jonge et al., 2009)。

在那些最贫穷的国家，几乎所有的婴儿都是在家里出生的，只有紧急时才叫医生来，而等医生到时，往往为时已晚。很多产妇是不去医院的，除非她们认为自己快死了。下面就是对加纳的一次分娩过程的描述：

“在那间小屋里，她蜷缩着躺在地上……她朝身体左侧缩成一个球，她怀孕的大肚子和正在收缩的子宫使她的身体更显干瘦。她不发一声，助产士也默不作声。她躺在炎热小屋的阴暗角落里，等待着。突然，埃梅法发出低低的呜咽声，坐起来，变成蹲姿。助产士赶紧爬过去，小心扶着她的背帮助她分娩。没有话语，没有评论，没有叫喊……婴儿的头慢慢露了出来，一点一点地把他带进了这个世界。助产士是怎么知道到时间的呢？……伴随着一声柔和的嘶叫，婴儿的身体已经来到助产士坚定、自信的手中。小屋里还是没有声音。婴儿没有啼哭，不是因为有什么问题，而是因为这次分娩太温和了。婴儿用手抓住妈妈，开始吃奶了。”

(Hillier, 2003, p. 3)

“温和的分娩”，这种说法很诱人，但是这个新生儿可能只是幸运的。加纳的新生儿死亡率至少比北美高10倍。在美国，一些人希望温和的家庭分娩更普遍；另一些人一想到这件事就浑身发抖。两方面的风险都显而易见。一方面，在家庭分娩中可能发生紧急情况，延迟了到医院急救的时间；另一方面，在医院接生可能造成不需要的干预，对新生儿造成伤害。

问题的关键在于，医务人员该怎样给予它支持。一个产科医生委员会是这样决定的：如果产妇对分娩能做出“正确的、符合医学的明智决定”，有计划的家庭分娩就可以接受。但是这个委员会强调，训练有素的助产士或医生必须在场，产妇不能有高风险（如从未进行过剖宫产），并且有条件把产妇快速送到医院（美国产科学院和妇产科临床委员会，2011）。

英国、加拿大、瑞典和美国的一些研究证实，家庭分娩会给婴儿带来风险：死胎率和新生儿死亡率虽然很低，但还是高于产房分娩（家庭分娩的拥护者对这一结论有争议）。所有研究都发现了家庭分娩对母亲的好处：减少了医学干预，分娩更快，母婴感情更亲密，母乳喂养更成功，母亲抑郁更少见——而父亲和其他子女也能从中受益。

美国产科医生最关键的一句话是“符合医学的明智决定”。遗憾的是，很多人不够明智，导致他们要么就对医院的任何程序都过度怀疑，要么就盲目肯定。关于家庭分娩的一篇综述指出，“专业人员与公共政策之间的争论反映了分娩选择问题的两极化和政治化” (Wax et al., 2010, p. 132)。我们需要的不是两极化，而是批判性和理性的思维。

小 结

多数新生儿的阿普加量表分数为7~10分，在没有医疗辅助的情况下出生。在必要时，新生儿手术和重症监护可以挽救生命。现代医学减少了产妇和新生儿的死亡率，但很多评论家谴责人们把分娩看作一种医疗危险而不是一种自然事件。对这种批评的反应是，产妇可以选择在医院产房而不是在手术室分娩，可以选择在分娩中心而不是在医院分娩，甚至可在家中分娩。产妇陪护的协助是另一种新近的可减少医学干预的方法。■

三、问题与解决办法

出生后的前几天会把发展中的人置于健康而成功与不健康且不成功的十字路口。幸好，复原力从一开始就显现出来了；健康的新生儿是大多数，而不是例外。但是，如果一些事情做得不恰当，往往会成为一股巨大的影响力并变得势不可挡。

（一）有害物质

畸胎原（teratogens）：可能伤害孕期发育并导致出生缺陷甚至死亡的介质和条件，如病毒、药物和化学物质等。

行为畸胎原（behavioral teratogens）：可能伤害胎儿大脑、对出生后的儿童智力和情绪机能造成损害的介质和条件。

这样的影响力在女性知道自己怀孕时就开始了，因为很多有毒物质、疾病和经历都可能伤害一位新的孕妇。每过一周，科学工作者都会发现一种意想不到的**畸胎原**，即可能增大孕期异常危险的东西，如药物、病毒、污染、营养不良和压力等。但是不必惊慌。很多异常都可以避免，很多畸胎原不会造成伤害，很多损伤可以补救。因此，孕期发展不是一个令人恐惧的危险时期，在很大程度上是一个可以保护的自然过程。

有些畸胎原不但会导致生理缺陷，而且会影响大脑，使儿童表现出多动、反社会或学习能力低下。这些都属于**行为畸胎原**。在具有各种问题的儿童中，约20%可能与行为畸胎原有关，尽管这种联系不是直接的，但这种影响像一股暗流。我的一个学生对她的弟弟做了下面的描述：

> 我母亲说她又怀孕了的时候，我已经9岁了。我是最激动的人……我母亲吸烟吸得很凶，爱喝科尔特45牌啤酒……我问她："你为什么又吸烟又喝酒？"她说："我也不知道。"
>
> 那时我上小学五年级，我看过一部关于出生缺陷的电影。我最怕的是我母亲会生出一个具有胎儿酒精综合征的孩子……我的小弟弟按时出生了。医生说他是个健康的新生儿……我听说他是健康的，心想，真是谢天谢地。但我错了，我太天真了……我的小弟弟对任何玩具都不感兴趣……他嘴里说不出一个正确的词……他连一点常识也没有……
>
> （J.，个人沟通）

我的学生问我，“为什么那些伤害是胎儿自己无法防御的？”我们在第一章已经讲过，一个案例不能说明什么，正如你们刚刚读到，畸胎原往往像一股暗流。我的学生J责备她母亲吸烟、喝酒，但是基因、孕期经验、缺乏预防信息和服务都可能成为暗流的一部分。无论如何，J感到奇怪是对的，为什么她母亲非要生这个孩子。

行为畸胎原是难以捉摸的，其影响可能持续终生。这是对1918年患流行性感冒的孕妇所做的研究的结论之一。有些人流产了，有些婴儿是死胎。多数幸存下来的人似乎没受到伤害，活得时间很长，但是平均寿命低于前一年出生的婴儿。到中年期时，当初母亲患了流行性感冒的人学历更低，失业更多，收入也低于同龄人 (Almond, 2006)。

（二）危险分析

生活充满了危险。*危险分析* (risk analysis) 的目的是要辨别哪些机会值得去把握，怎样把危险程度降到最低。举个简单的例子，过马路有危险，但是所有的马路都不过，结果会更差。懂得这一点，我们就会小心地过马路，看清两边的车。

60年前，还没有人把危险分析用到孕期发展上。人们以为，胎盘会筛除所有有害物质。但是，两个悲剧性事件证明情况不是这样的：(1) 在澳大利亚军事基地，婴儿出生失明症的增加与7个月前该基地爆发的一种流行性风疹（德国麻疹）相关 (Gregg, 1941, reprinted in Persaud et al., 1985)；(2) 在英国突然发生的新生儿四肢畸形可以追溯到孕妇服用一种新型神经类药物沙利度胺，这是20世纪50年代末期在欧洲广泛使用的药物 (Schardein, 1976)。因此，对畸胎原的探索带来了危险分析科学。虽然所有畸胎原都会增加胎儿的危险，但不一定都能造成伤害。畸胎原的影响取决于许多破坏因素和保护因素的相互作用，这是第一章讲的动力系统观的一个实例。

1. 关键时间

一个关键因素是*时机*——发展中的机体遭遇畸胎原的年龄 (Sadler, 2009)。一些畸胎原只有在关键期（见第一章）才能导致伤害（见图4.6）。产科医生建议女性在怀孕之前不要服药，尤其是不能饮酒，采用富含叶酸和铁的平衡饮食，并完成免疫接种。受精前的健康起码和孕期健康同等重要。遗憾的是，在美国，几乎一半的怀孕是无计划的，女性在孕前往往并非处于最佳健康状态 (D'Angelo et al., 2007；见图4.7)。

受精卵形成的前几天和前几周（胚种期和胚胎期）对身体发育来说最为关键，而整个胎儿期的健康都会影响胎儿的脑。一些会导致早产或低出生体重的畸胎原在怀孕后半期的伤害性最大。一项研究发现，虽然在整个孕期吸烟对胎儿有致命影响，但如果在怀孕前几周戒烟，那么新生儿出现出生并发症的危险并不比从不吸烟的孕妇高 (McCowan et al., 2009)。

时机会以另一种方式显示出其重要性。当前次怀孕后不久再次怀孕，危险会

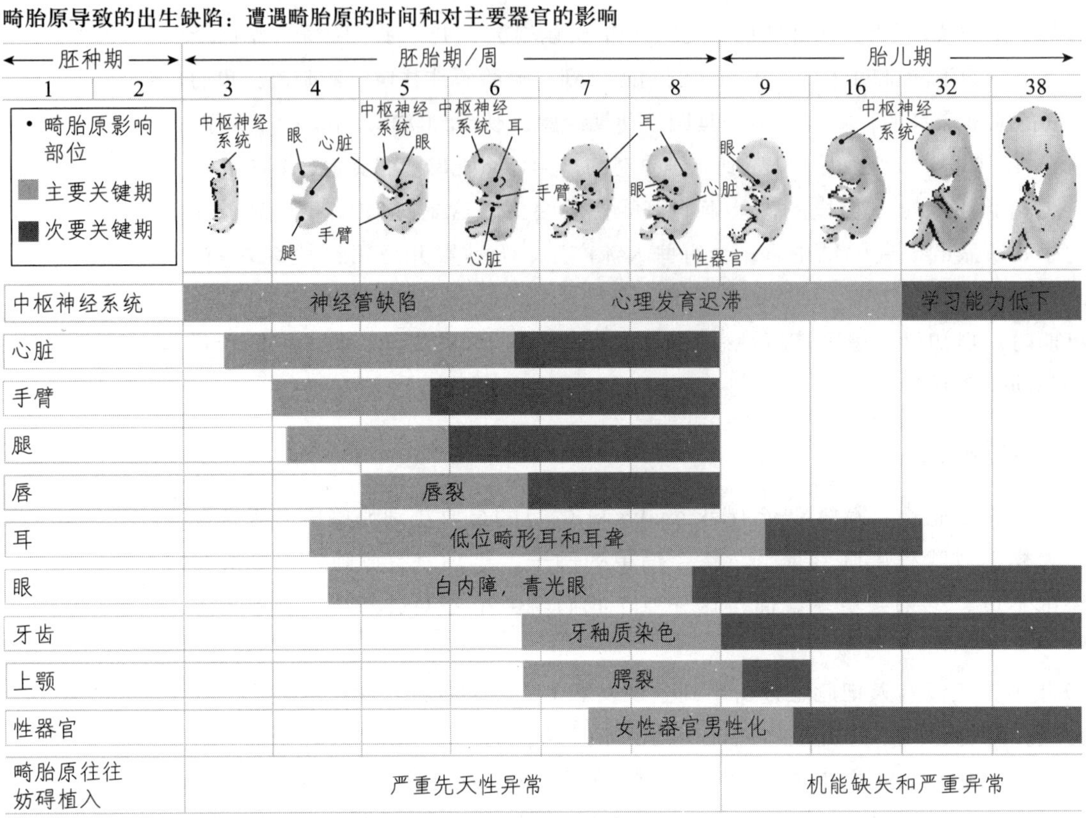

图 4.6

孕期发育关键期　来自畸胎原的最严重伤害（深灰色）可能发生在怀孕早期。但对身体各主要部位，如脑、眼、生殖器官的显著伤害（浅灰色）则发生在孕期的后几个月。

据 K. L. Moore & Persaud, 2003.

增加。例如，在第一胎出生后的一年内就怀孕，第二胎患孤独症的可能性是第一胎的 2 倍 (Cheslack-Postava et al., 2011)。

2. 多少算过多？

影响畸胎原造成伤害的第二个因素是服用或身陷其中的剂量或频率。有的畸胎原具有**阈限效应**；它们需要达到一定水平才会造成伤害，达到这一点，即“超过阈限”则会造成伤害。这个阈限不是一个固定的边界：剂量、时机、频率和其他畸胎原都会影响何时超过阈限 (O’Leary et al., 2010)。

阈限效应 (threshold effect)： 在孕期发育过程中，胎儿遭遇某种畸胎原并达到一定水平的剂量时，该畸胎原才会造成伤害。

有些物质在小剂量时有益，而在大剂量时会成为畸胎原。维生素 A 便是其中之一，它对健康发育很重要，但是如果每天服用超过 50000 单位（仅指从药片中获得的），就会造成异常 (Naudé et al., 2007)。专家们不愿意确定阈限的部分原因是，一种畸胎原的存在可能会加大另一种畸胎原的影响。例如，当酒精、烟草和大麻这三种东西一起使用时，阈限会降低。

美国新妈妈受孕前的行为

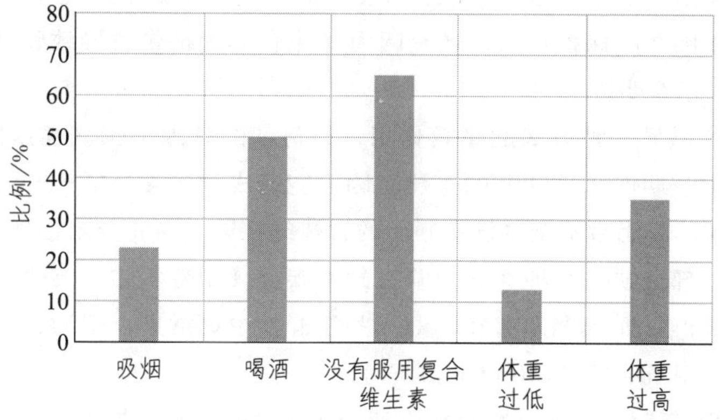

图 4.7

没有谁是完美的 责备孕妇很容易，但是几乎没有一个人能回避所有的药物和压力问题，也无人能做到睡好、吃好，控制好体重，每天锻炼至少一小时，彻底拒绝油炸和高盐食品。如果你是例外，你能否做到把上述习惯保持一年；让体重增加 14 公斤；有时会感觉恶心；应对别人的凝视和朋友、亲戚、陌生人的问题；按时去医院检查？

据 D'Angelo et al., 2007.

阈限是一个有争议的问题。人们都知道，大剂量的精神药物是有害的，但是很少有人知道，很小的剂量就能构成一种畸胎原。再来看酒精，在怀孕早期，如果胚胎遭遇大量酒精，可能导致**胎儿酒精综合征** (FAS)，因而破坏面容（尤其是眼、耳和上唇）。在怀孕后期，酒精是一种行为畸胎原，可能导致胎儿酒精效应 (fetal alcohol effects, FAE)，以后会表现出多动、注意不集中、空间推理能力差及学习缓慢 (Niccols, 2007; Streissguth & Connor, 2001)。

胎儿酒精综合征 (fetal alcohol syndrome, FAS)：多种出生缺陷的聚合，包括异常面部特征，身体发育缓慢，心理发展迟滞。发生在孕妇过量饮酒的情况下。

然而，一些适度饮酒的孕妇，其胎儿并未受到明显的伤害。如果孕期只要偶尔饮酒就会导致胎儿酒精综合征，那么 1980 年以前欧洲的每个新生儿都会患这种综合征。至于胎儿酒精效应，有多动和学习缓慢等问题的儿童本来就比较普遍，不能说这类儿童都是胎儿酒精效应导致的。目前，医生一般都会建议孕妇避免摄入酒精，但是英国妇女得到的建议略有不同：每天可以喝一杯或每星期可以喝两杯葡萄酒 (Raymond et al., 2009)。法国女性也被告知要戒酒，但似乎很多人都没有听从这个建议 (Toutain, 2010)。彻底戒酒要求所有孕妇回避大多数成人可在日常享用的合法物质。这明智吗？可能是。但是必要吗？

3. 先天脆弱性

基因也与畸胎原的影响力有关。例如，一个怀有异卵双生子的女性饮酒，双生子血液中所含的酒精水平相同；但其中一人比另一人更容易受影响，因为他们身上有不同的掌管酒精代谢的酶的等位基因。有人认为，遗传脆弱性和许多出生缺陷有关 (Sadler et al., 2010)。

一个特殊的染色体——Y 染色体——可能非常重要。男性胎儿更可能自然流产，即使能活到出生，也比女性胎儿更容易受畸胎原影响。这是因为 X 染色体上有较多的基因在起保护作用，还是因为 Y 染色体上携带着导致脆弱性的基因？科学工作者尚未查明。

基因还以另一种方式起重要作用，即母亲的基因影响着她提供的孕期环境。一个能导致孕期低水平叶酸的等位基因可能造成神经管缺陷——结果要么是脊柱裂，即脊柱尾部闭合不全（健康胚胎的脊柱约在第 7 周完全闭合）；要么是无脑畸形，即脑的部分缺失。神经管缺陷在某些族群（如爱尔兰、英格兰和埃及）中比在另一些族群（如亚洲大部和非洲一些族群）中更常见，因为这个母亲的基因在亚洲和非洲相当罕见 (Mills et al., 1995)。

从 1998 年起，美国法律规定，谷类包装食品中必须加入叶酸。这一举措使神经管缺损减少了 26% (MMWR, September 13, 2002)。但一些女性很少吃谷类，也不吃维生素。2010 年，在美国阿巴拉契亚地区（弗吉尼亚、田纳西和肯塔基西部地区），新生儿神经管的缺损率为 1/1000。

（三）研究结果的应用

危险分析不能准确预测每个个体遭遇畸胎原的结果。但是关于损伤性和破坏性畸胎原的情况，以及为了降低畸胎原的危险，个人、家人和社会可以做些什么，已有很多研究结果。表 4.4 列出了一些畸胎原及其可能的影响和预防的手段。

表 4.4 畸胎原的影响及其损害的预防

畸胎原	影响	伤害预防
疾病		
风疹（德国麻疹）	在胚胎期导致失明和失聪；在胎儿期可致脑损伤	孕前免疫接种
弓形虫病	导致脑损伤，视力丧失，心理迟滞	不吃未煮熟的肉类，不处理猫粪，不打扫花园
麻疹、水痘、流感	可能伤害脑机能	孕前免疫接种；孕期多洗手，防止感染
梅毒	婴儿出生即患梅毒；可能损害脑和骨骼；最终死亡	怀孕早期诊断，使用抗生素治疗
艾滋病	婴儿出生可能携带艾滋病病毒；如携带，用药物可防止疾病和死亡	孕期使用药物，做剖宫产防止病毒传染
其他性传播疾病，如淋病	孕期无伤害，但可能导致失明和阴道分娩后感染	早期诊断和治疗；如必要可做剖宫产，对新生儿进行治疗
感染（如尿道、牙龈和牙齿感染）	可能导致早产，增大脑损伤的脆弱性	最好在怀孕前对感染进行治疗

续表

畸胎原	影响	伤害预防
污染		
铅、汞、多氯联苯、二噁英、杀虫剂、清洁剂	可能导致自然流产、早产和脑损伤	多数污染物都是小剂量的。不吃未洗过的水果，不接触有毒化学物质，不吃被污染的鱼
射线		
大量或重复暴露在射线中，如医学 X 光	怀孕早期可能导致小头畸形，发育迟缓，后期可能伤害大脑	使用 B 超，不用 X 射线透视；女性应调离直接接触射线的工作
社会或行为		
严重压力	怀孕早期可能导致唇裂、腭裂及自然流产。怀孕后期可能导致早产	充分放松，休息和睡眠；减少上班时间；让别人帮着做家务和照料孩子
营养不良	严重时会妨碍受精、植入、胎儿发育，以及导致低出生体重	平衡饮食，补充叶酸和铁；孕期体重增加 10~15 公斤
过度和过于劳累的锻炼	若影响孕妇的睡眠和消化，会影响胎儿发育	保持有规律的、适度的锻炼
药物		
锂	可能导致心脏异常	避免服用任何药物，无论是处方药还是非处方药，除非是经过了解近期研究的医务人员批准的必需药物
四环素	可能伤害牙齿	
维甲酸	可能导致身体畸形	
链霉素	可能致聋	
血管紧张素转换酶抑制剂	可能伤害消化器官	
镇静安眠药	可能影响脑发育	
镇静剂	终止耳朵和身体发育	
精神兴奋药物		
咖啡因	正常使用不会产生问题	避免过度使用：少喝含咖啡因的饮料（咖啡、茶、可乐、可可）
酒精	可能导致胎儿酒精综合征或胎儿酒精效应	孕期应停止或严格限制饮酒；狂饮是非常危险的
烟草	减轻出生体重．可能伤害肺、心脏、泌尿道	停止吸烟；如果不能，严格限制吸烟量
大麻	使用过多可能影响中枢神经系统，妨碍胎儿发育	避免或严格限制使用量

续表

畸胎原	影响	伤害预防
海洛因	胎儿发育减慢，早产；如致新生儿上瘾，则需治疗，以预防抽搐	怀孕前停止使用；如已经怀孕，采用美沙酮逐渐戒断比突然戒断效果好
可卡因	可能导致胎儿发育缓慢、早产和儿童期学习缓慢	怀孕前停止使用；儿童可能需要特殊的医疗和教育
吸入溶剂（胶水或气溶胶）	可能导致小头畸形，内斜视眼和其他脑损伤	怀孕前停止吸入；受精后第一周会造成严重伤害
抗精神病药（氟哌啶醇，利培酮）	可能导致新生儿运动能力异常或戒断综合征	需加小心。突然停用有害；此类药物可能使母亲成为更好的母亲

注：本表只包括相对常见的畸胎原。教材上已阐明，它们与许多个人因素相互作用，决定着伤害的大小。这些一般性结论可能随着新研究的出现而变化。孕妇应该随时向医生咨询。

据 Briggs et al., 2008; R. D. Mann & Andrews, 2007; Sadler, 2009; U. S. Food and Drug Administration, 2011.

畸胎原的影响是可变的。很多胎儿遭遇到了畸胎原，但是未受明显影响。相反的情况也有发生：在所有患严重缺陷的胎儿中，大约 20% 的原因不明。专业人士建议女性保持良好的营养、避免使用药物和避免接触化学物质（杀虫剂、清洗液和许多含有畸胎原化学物质的化妆品）。有些药物是必需的（例如，治疗癫痫症、糖尿病和严重抑郁症的药物），应该继续使用，但是在怀孕之前应该确认该药物是否可以继续服用 (Haas et al., 2011)。

给营养师的问题 含有维生素和矿物质的强化谷类早餐有益健康吗？（答案见第 127 页）

可悲的是，畸胎原的暗流很可能已经开始在脆弱的女性身上起作用了。例如，吸烟的人很可能也喝酒（像 J 的妈妈）；所从事的职业与化学物质或杀虫剂有关的人，可能也会营养不良 (Ahmed & Jaakkola, 2007; Hougaard & Hansen, 2007)。

1．医生的建议

对需要了解怎样保护发育中的胎儿的女性来说，孕期保健可以提供帮助，但就连医生也不一定能做到他们能够或应该做的那样认真。根据美国八个保健组织 (HMOs) 对 152 000 位新妈妈进行的大型研究，医生平均会给每个孕妇开三张处方，其中包括未宣布在孕期可安全服用的药物（占处方的 40%）和已证明对胎儿有危险的药物（占处方的 2%）(Andrade et al., 2004)。也许这些医生不知道他们的患者是孕妇，也许这些孕妇并没有吃过这些药，但是在孕早期，哪怕几片药都是有害的。

另一个问题是，每个医生都要花点时间了解可能对孕妇造成伤害的生活方式。例如，美国马里兰州的一项研究发现，大约 1/3 的孕妇报告医生没有被问过她们喝酒的情况并给予劝诫 (Cheng et al., 2011)。35 岁以上、受过大学教育的孕妇得到的劝诫最少，也许是因为医生相信她们知道喝酒的危害，但是至少在这项研究中，她们是最可能喝酒的一群人。

2．科学工作者的建议

科学工作者以不同方式对研究做出了解释。例如，美国的孕妇被告知，要少吃鱼，但是英国的孕妇被告知要增加鱼的食用量。造成这种矛盾信息的原因是，鱼肉中既含有汞（一种畸胎原），又含有 DHA（一种胎儿脑发育所需的 ω–3 脂肪酸）(Oken & Bellinger, 2008; Ramón et al., 2009)。两国学者从不同角度衡量了吃鱼的利弊，而女人们很少能说出嘴里吃的每一口鱼是什么品种，它们生活在什么地方。

>>回答营养师（问题见第 126 页） 从一般水平来说，是的；从最佳水平来看，不是。其中可能会漏掉一些重要的维生素（因为太贵），而且每个人的需要不同，取决于年龄、性别、健康状况、基因和饮食习惯。减少神经管损伤是好事，但很多女性在怀孕前并不吃谷类和多种维生素片。

另一种有争议的东西是双酚 A（常用于塑料中），在加拿大被禁止，但在美国允许使用。争议的原因是，研究发现它是畸胎原，但该研究结果来自老鼠，而非人类。我们应不应该用对老鼠的研究指导人呢？对人类进行毫无争议的流行病学研究从逻辑上说是很难的，因为必须在几个时间点上测量接触畸胎原的情况，包括妊娠早期，但是其结果可能在很多年里都不显著。毫无疑问，现在的孕妇接触双酚 A 的机会比十年前多，这种接触也许和婴儿 2 岁时的多动相关，但是这一结果至少可以用十几种原因来解释 (Braun & Hauser, 2011; Diamanti-Kandarakis et al., 2009)。

没有人怀疑孕期畸胎原可能导致行为问题，带来生殖损害，以及出生多年后的严重疾病。几乎每一种常见病、每一种食品添加剂、大多数处方药和非处方药（甚至包括咖啡因和阿司匹林）、空气和水中的很多微量矿物质、情绪压力、倦怠和营养不良都可能危害孕期发展；但这些危害只在某些时间，以某种剂量，发生在某些哺乳动物中。大多数研究是用老鼠做的，畸胎原对人的伤害有多大很难得到令人满意的证明，即使能证明，对“怎样做更恰当”这样的问题，还会争论不休。

一些人担心研究结果被误用，搞得女性人人自危，导致少数人受到明显的伤害。例如，1998 年以来，美国已有五个州（明尼苏达、北达科他、俄克拉何马、南达科他和威斯康星）已经授权对饮酒或服用其他精神药物的孕妇实行“强制性监管”（在监狱或强制住院治疗）。其法律基础是，胎儿是未来的儿童，因此孕期饮酒就等于虐待儿童。

如果婴儿出生就是死胎，那么在孕期吸毒的产妇可能被控二级谋杀罪，这曾发生在俄克拉何马州的一个女人特蕾莎·赫尔南德斯身上，她在怀孕时吸食甲基苯丙胺，因而被判监禁 15 年 (Fentiman, 2009)。女权拥护者认为这是法律歧视，尤其是那些贫穷的或美国印第安妇女更可能为此而入狱 (Schroedel & Fiber, 2001)。入狱的威胁可能使那些最需要孕期保健的女人连孕期保健也回避了。

给社会工作者的问题 什么时候劝说女性去做艾滋病检查最重要：怀孕前、受精后，还是孩子出生后马上做？（答案见第 130 页）

3. 孕期诊断

孕早期保健的好处很多：可以告诉孕妇哪些东西需要回避；她们可以学习应该吃什么和做什么；她们也可能因为某些疾病（如梅毒和艾滋病）而接受诊断和治疗，如果不接受早期治疗，这些疾病就会伤害胎儿。孕期检查（血、尿、胎儿心率和超声波检查）使父母可以在胎儿开始蠕动以前就消除疑虑。

一般来说，早期护理可以保护胎儿发育，使分娩更容易，使他们能够更好地应对。如果出现异常情况（如双胞胎、妊娠糖尿病、感染等），早期诊断会增加健康分娩的机会。遗憾的是，大约 20% 的孕早期检查都使焦虑增强而不是减弱了。例如，甲胎蛋白水平可能过高或过低，超声波检查可能显示多胎、异常发育、唐氏综合征或孕妇骨盆狭窄。诸如此类的很多警告都是**假阳性**的，即错误地报告出

假阳性 (false positive)：一种实验室检验结果，把实际不真实的情况报告为真实的情况。这可能发生在孕期检查中，女性未怀孕而检验结果为已怀孕，或孕妇没有问题却报告有问题。

本来不存在的问题。对于任何警告，无论是错误的还是真实的，都要进行进一步检查，它让孕妇及其家人忧心忡忡。有人选择堕胎，有人选择坚持，无论是哪种选择，都不是父母在怀孕前想要的。来看下面的个案。

研究个案

人活着要做什么？

约翰和玛莎都不到35岁，他们正打算生第二胎。玛莎起初的孕检显示甲胎蛋白水平低，预示着孩子可能患唐氏综合征。

预约了二次血液检测之后，约翰问道：

“究竟是什么问题？”……

我说：“我们有89.5%的可能会生一个智力发育迟滞的宝宝。”

约翰笑了笑说：“这个可能性我能接受。”

“可是我还是有点害怕。”我回答道。

他隔着桌子握住我的手说，“肯定会，这可以理解。但是即便有问题，我们也及时发现了……最坏的情况是你不得不去堕胎，但情况还不一定呢。一切都会好的。”……

“我可能不得不去堕胎？”这个阴冷的念头一直在我心里徘徊。我能感到自己的脸因为生气而发烫。“从什么时候起可以由你来决定我不得不拿我的身体做点什么了？”

约翰看起来有点吃惊。“我从没说过我打算做什么决定。”他反驳道，“只是说，假如检查显示孩子身体有问题，我们当然要做堕胎。我说的是这个意思。”

“我们刚才说的那些。”我低声对约翰说，带着有点危险的口气，“是在说我是主张人工流产的。那就是说，我要来决定是否放弃一个有出生缺陷的宝宝……我对这件事拿不定主意。”

“你总是这样。”约翰说。

“我知道我总是这样。”我擦了擦眼睛。我心里如一团乱麻。“可是现在……你瞧，约翰，问题看来不是我们要不要生一个孩子。我们在决定我们能接受的孩子的类型。如果他处处完美无缺，我们就要他。如果他不符合条件，嘘！就把他放弃。”……

约翰看起来越来越迷惑。“玛莎，你干嘛说这一大套？你到底想说什么？”

我说：“我想让你对我说，你想要的就是生一个‘有缺陷的’宝宝。这个孩子会怎样……噢，我不知道，一个多动的宝宝？或者一个丑陋的宝宝？”

“他们查不出那些，而且——”

“那他们能做什么？”我说。“现代医学可以变各种各样的魔术。用不了多久，我们就要因为孩子有嗜酒基因、同性恋基因或者躁郁症基因而去堕胎……你知不知道，在有的国家，人们堕胎只因为怀了一个女孩？”我咆哮着，“是个女孩对你来说够不够‘有缺陷’？”

“看看。”他说，“我知道我不能总是理解你的想法。对这件事我觉得抱歉。但是我的理解是，如果一个宝宝发育不正常或怎么样，堕胎会让每个人都免遭痛苦，尤其是宝宝自己。这就像射中了一匹马，把它的腿打断了……瘸腿的马会慢慢死去，你知道吗？它会在剧痛中死去。它一步也跑不了了。即使它不死，也无法享受生活。马为了跑而活着，那就是它们要做的事情。如果一个婴儿生下来做不了别人能做的事情，我认为那比长期痛苦好不了多少。"

"……那么，"我温和地说，更多的是对自己而不是约翰说，"人们要做什么？我们活着要做什么，就像马活着就为了奔跑？"

(M. N. Beck, 1999, pp. 132-133, 135)

第二次甲胎蛋白检验在正常范围内，"意味着没有理由害怕……唐氏综合征" (p. 137)。

第三章讲过，遗传咨询师可以和夫妇讨论他们在怀孕前的选择。约翰和玛莎没有做过咨询，因为他们的怀孕是无计划的，而且他们的孩子患唐氏综合征的危险很低。假阳性的反面是假阴性，错误地保证一切都好。后来的羊膜穿刺结果证明，第二次甲胎蛋白检验结果为假阴性。他们的胎儿是唐氏综合征患者。玛莎决定不堕胎，而她的儿子亚当也是被选择的幸福的孩子。

（四）低出生体重

一些新生儿很小，而且不成熟。由于现代医院先进的护理条件，很小的婴儿通常也能够成活，但是如果所有的胎儿在子宫里发育的时间至少达到 35 周，体重超过 2500 克，那么这对母亲、父亲、婴儿和社会都是好事。

低出生体重 (LBW) 是世界卫生组织确定的出生低于 2500 克的体重。它可进一步分为：**极低出生体重** (VLBW)，即体重低于 1500 克；**超低出生体重** (ELBW)，即体重低于 1000 克。

低出生体重 (low birthweight, LBW)：出生时低于 2500 克的体重。

极低出生体重 (very low birthweight, VLBW)：出生时低于 1500 克的体重。

超低出生体重 (extremely low birthweight, ELBW)：出生时低于 1000 克的体重。

1．母亲行为与低出生体重

正常情况下，胎儿体重在孕期最后 3 个月会翻一番，在最后 3 周，体重会增加约 900 克。因此，**早产儿**（提前三周或以上）通常是（但不一定全是）低出生体重儿。前面已讲过，早产通常与很多畸胎原相关，会导致新生儿出现一系列问题。当子宫环境带有伤害性时，婴儿的激素会导致其早产。

早产 (preterm)：在满 38 周的足月孕期的 3 周以前出生，即受精后的 35 周或少于 35 周出生。

早产只是低出生体重的一个原因。有些胎儿在孕期体重增长缓慢，他们是**足月小样儿** (SGA)。一个仅重 2500 克的足月婴儿和一个重 1000 克的 30 周的胎儿，都是足月小样儿，虽然前者并不属于出生体重非常低的。母亲或胎儿的疾病可能导致足月小样儿，而母亲使用药物是更常见的原因。所有的精神药物都会减缓胎儿生长，在世界范围内，有 25% 的低出生体重与吸烟有关。

足月小样儿 (small for gestational age, SGA)：婴儿出生时其体重明显低于从受精卵到出生的胎龄应有的重量。例如，一个足月新生儿的体重低于 2500 克则为足月小样儿；但早产两个月、体重低于 2500 克的婴儿则不是足月小样儿。

母亲营养不良是低出生体重儿的另一常见原因。女性在开始怀孕时体重过轻，孕期吃不好饭，或在怀孕后 6 个月每月体重增长不足 1.3 公斤，都可能生出低体重儿。营养不良是未成年女孩生出低体重儿的主要原因。令人遗憾的是，上述各种危险因素——低体重、吃得太少、未成年和吸烟——往往会共同起作用。

2．父亲起什么作用？

前述有关低出生体重儿的原因都集中在孕妇身上：如果她使用药物或营养不良，她的胎儿就会受影响。但是，我们对出生体重问题了解得越多，就越明显地感觉到，其他人也很重要，如父亲、祖辈、邻居和社区。产科学杂志的一位主编

>>回答社会工作者（问题见第127页） 在任何时间，进行检查和相应的治疗都是有益的，因为知道自己呈HIV阳性的女性更可能得到治疗，从而降低疾病传播的危险，也会避免怀孕。如果已怀孕，则早期得到诊断是最好的。出生以后的检查对婴儿来说已经太晚了。

指出，“父亲对怀孕的态度，父亲在孕期的行为以及夫妻之间的关系……可能间接地影响着出生后的不良后果”(Misra et al., 2010, p. 99)。

第一章讲到，每个人都处在周围其他人的生态系统中，他人影响着这个人的每个行动。由于未来母亲的行为会影响胎儿，因此，影响着母亲的每个人也影响着未来的婴儿。例如，与低出生体重相关的一个因素是怀孕是不是有意的 (Shah et al., 2011)。显然，母亲的意向来自她的心，而不是她的身体。同样明显的是，她的意图受她丈夫的影响，丈夫的意图和她的意图一样，影响着她的饮食、戒毒、孕期保健，等等。

除了孩子的父亲，整个社会网络和文化也都有重要影响 (Lewallen, 2011)。这一点清晰地体现在所谓的**西班牙裔悖论** (Hispanic paradox) 中。一般来说，低社会经济地位与低出生体重相关。移民者的社会经济地位低于本地出生者，而低社会经济地位的婴儿往往比较小。但一个悖论是，在美国出生的移民者的新生儿的出生体重等健康指标都好于来自同一族群、其母亲生在美国的新生儿。因此，虽然出生在墨西哥或南美的西班牙裔美国人的社会经济地位低于生于美国的西班牙裔，但她们的孕期和新生儿都很少有问题，因为她们的丈夫、母亲和文化都在帮助她们保持健康。

3. 低出生体重的后果

前面已讲到，最小的新生儿能否成活是没有保障的。美国的婴儿死亡率（在出生一年内死亡）为 7/1000, 高于多数发达国家，与波兰和马来西亚相似，低出生体重是重要原因。和同时出生但胎龄较长的新生儿相比，极低出生体重婴儿学会微笑、拿起瓶子、走路和与人沟通的时间都更晚。

出生几个月后，认知困难以及视力、听力损伤逐渐显露出来。当幸存的高危新生儿长成婴儿和儿童以后，他们往往啼哭较多，注意力不集中，不听话，语言发展迟缓 (Aarnoudse-Moens et al., 2009; Spinillo et al., 2009)。追踪研究发现，与儿童中期的平均水平相比，出生时是足月小样儿的儿童脑容量较小，而早产儿的智商较低 (van Soelen et al., 2010)。即使到成年期，危险仍然持续：曾经是低出生体重儿的成人更可能患心脏病和糖尿病。

一种越来越明显的趋势 96%的新生儿，其母亲年龄在40岁以下，但是从1990—2008年，40岁及以上母亲生育第一胎的比例增加了3倍。孕期检查和医学进步使晚育妈妈遭遇的危险比过去大大减少。

追踪研究数据给人们指出了希望，也敲响了警钟。前面讲到，危险分析给出的是可能性，而不是确定性——平均水平不一定适用于每个个案。有些超低出生体重儿到4岁时，大脑发育和整体水平都已正常 (Claas et al., 2011; Spittle et al., 2009)。

4. 国家间的比较

在北欧的几个国家，新生儿体重低于2500克的比例只有4%；在南亚的几个国家，这一比例超过20%。在世界范围内，低出生体重的婴儿比20年前大大减少了，于是新生儿的死亡率减少了1/3 (Rajaratnam et al., 2010)。有的国家（如中国和智利）显示出了巨大的进步。现在，中国低出生体重儿所占的比例降低到了3% (UNICEF, 2011)。相比之下，其他一些国家，尤其是撒哈拉以南的非洲国家，低出生体重儿的比例要么没有变化，要么反而上升了，原因包括气候变暖、艾滋病、食物短缺、战争和其他困难对孕期的影响。

美国是另一个低出生体重儿比例升高的国家，美国的这一比例在 20 世纪的大部分时间是稳定的，在 1990 年曾低至 7%，但此后便开始上升，在 2008 年达到了 8.2%，高于其他所有发达国家（见图 4.8）。

对美国这一比例的升高，一些科学工作者做出了假设性解释。一种可能性与辅助生育技术的采用有关，因为体外受精往往导致母亲同时怀双胞胎和三胞胎（甚至是更多的多胞胎），这也会导致低出生体重的问题。但是，自然怀上的低出生体重儿的比例也在增加 (Pinborg et al., 2004)，所以辅助生育假设不可能是唯一的解释。新的谜题是，自 1990 年以来，与母亲的族群、年龄和健康有关的一些变化本应该减少低出生体重儿的比例，为什么会适得其反呢？

例如，通常情况下，非裔美国人的低出生体重儿是全美平均数的 2 倍（14%∶7%），而未成年少女生的孩子往往比 20 多岁的女性生的孩子轻。但是，2010 年非裔美国人和未成年少女生出孩子的比例比 1990 年大幅降低了。此外，随着母亲的肥胖症和糖尿病逐渐增多，这两类母亲生的婴儿也都更重了。

有些事情想必是有问题的。一个可能性是营养。低出生体重儿较多的国家也是饥饿现象普遍存在的国家，而饥饿现象的增加与低出生体重儿的增加存在正相关。在智利和中国，随着人民营养的改善，低出生体重儿都减少了。根据美国农业部的数据，在 2000—2007 年，食品不安全现象增多了（根据跳过一两餐现象、食品券的使用和极度饥饿现象进行的统计）。食品不安全直接影响了新生儿的出生体重，且使慢性病增加，而慢性病也和低出生体重相关 (Seligman & Schillinger, 2010)。在 2008 年，15% 的美国家庭被认为属于食品不安全家庭，在处于主要生育年龄的女性中，这一比例高于处于中年期的女性和男性。这些比例还随着 2008—2010 年的经济不景气问题而有所增加；如果这一假设正确，美国低出生体重儿的比例还会继续增加。

在下列国家中，每100名活产婴儿中的低出生体重儿的比例

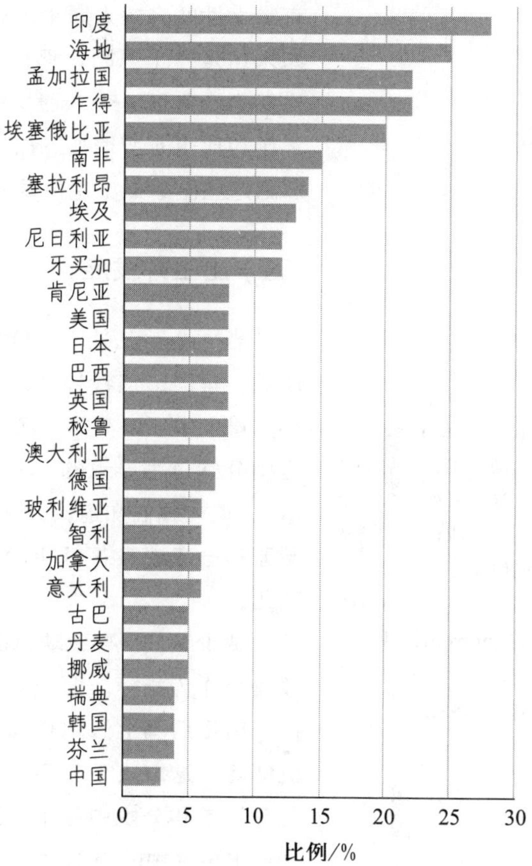

图 4.8

情况在改善 一些公共卫生专家认为，低出生体重儿的比例是一个国家卫生事业发展的标志，因为这二者受到同样原因的影响。如果这种看法正确，那么整个世界的情况都在改善，因为在 1980 年，全世界新生儿低出生体重的比例为 28%，而现在是 15%。在所有国家中，新生儿低出生体重比例低于 6% 的有 47 个国家，说明一些国家（包括美国和英国）还有待改进。

据 UNICEF, 2011.

另一个可能性是致瘾物的使用。在美国中学女生中，吸烟、饮酒和使用其他致瘾物的比例在1992年达到了最低点，之后有所增加，然后再降低。当前，美国育龄女性的多数人属于致瘾物使用比例居高的那些年龄群；她们可能仍在受影响。如果这是一个原因，那么当前美国致瘾物使用率的降低意味着未来低出生体重的比例也会降低。令人遗憾的是，在发展中国家，年轻女性中吸烟、喝酒的人和10年前相比也有所增加。而一些低出生体重儿曾大幅减少的国家也面临着这种情况，那么这些国家低出生体重儿的比例会不会很快增加呢?

（五）出生并发症

当一个胎儿处于危险中时，出生并发症就可能发生。这些危险包括：低出生体重、早产、遗传异常、受畸胎原影响、母亲年龄过小、母亲年龄过大、母亲瘦小、母亲生病，等等。例如，人们曾经认为**脑瘫**（因脑伤导致的运动控制困难）只是由分娩过程导致的（如过度用药、臀位分娩过慢、用产钳拉拽胎儿头部通过阴道）。现在我们知道，分娩过程并不是唯一的原因，脑瘫还可能因遗传脆弱性、畸胎原和母亲遭感染 (J. R. Mann et al., 2009) 导致，而胎儿大脑供氧不足则会使情况恶化。

脑瘫 (cerebral palsy)：因脑部运动中枢损伤导致的障碍。脑瘫者的肌肉控制困难，会造成语言或身体运动损伤。

缺少氧气会导致**缺氧症**，常常在分娩过程中的一两秒之间发生，胎儿心率突然放慢可作为指标。要预防缺氧时间延长，必须在分娩过程中对胎儿的心率进行监控，出生后马上做阿普加评分。那么，缺氧时间多长能使脑不受伤害地继续发挥机能呢?这取决于基因、出生体重、母亲的妊娠年龄、血液中的药物含量（孕妇在分娩前和分娩中服用的药物）及其他很多因素。因此，缺氧只是能导致脑瘫的一连串事件中的一部分。

缺氧症 (anoxia)：缺少氧气供应，如时间过长，可导致脑损伤或死亡。

小　结

危险分析是孕期发展的一项复杂而必要的工作，因为胎盘不能保护胎儿远离畸胎原。很多因素可以降低危险，如母亲在孕前的健康和营养、孕早期保健（对存在的病症进行诊断和治疗，教孕妇怎样保护其胎儿），以及父亲的保护。遭遇畸胎原的时机、摄取有毒物质的量，以及母子的基因可能是关键因素。低出生体重、发育缓慢和早产会使脆弱性增加；母亲患病、使用毒品和营养不良是胎儿和新生儿出现并发症的最常见原因。分娩过程可能给脆弱的新生儿增添新的困难，尤其是在缺氧持续时间超过一两秒的情况下。■

四、新家庭

人是社会生物，人们希望与家人和社会进行互动。每个人都受到其他人，尤其是家人的影响。我们已经看到，这一点在胎儿发展中体现得多么淋漓尽致；如果有什么区别的话，只能说在婴儿出生以后，社交互动变得更重要了。

（一）新生儿

出生之前，发展中的人已经为他的家庭做出了贡献，因为胎动和激素的分泌为母亲在孕早期的保护性行为和孕晚期的照顾行为提供了保证。新生儿的到来（头发稀少的大脑袋，可爱的小脚丫等）令人激动万分，成人的脑活动和心率也印证了他们的兴奋之情。父亲常常会因为看见样貌奇特的婴儿而狂喜，对疲惫不堪的妻子呵护备至，而新妈妈比任何时候都更感激孩子的爸爸。

新生儿在降生后的第一小时就显示出自己是反应敏捷的社会生物。他们会听，会注视，会啼哭，会停止啼哭，也会搂抱。在出生的第一天或第二天，专业人员可能会使用**布雷泽尔顿新生儿行为评价量表**对他们进行评价，该量表评估 46 个行为，其中 20 个是反射行为。当父母看着自己的孩子完成布雷泽尔顿评价量表上的各个项目时，他们不禁目瞪口呆，这也会促进早期的亲子关系 (Hawthorne, 2009)。

布雷泽尔顿新生儿行为评价量表 (Brazelton Neonatal Behavioral Assessment Scale, NBAS)：用于新生儿的一种测验，可测量新生儿的反应性，并记录46种行为，其中有20种反射行为。

从专业上来说，**反射**是对特定刺激的自发反应。这一定义说明，反射是自动化的、新生儿并没有起什么作用。不同的新生儿反射强度也不同，这为“每个人都是独一无二的”提供了早期证明。各种年龄的人都会本能地寻求自我保护（例如，眨眼）。新生儿也会这样，他们能用三套反射（下面引用了十二种反射）来保护自己：

反射 (reflex)：一种对刺激做出反应的非习得、非自觉的动作或运动，在没有任何有意识的思维参与下发生。

- **维持供氧的反射**。呼吸反射在负责供养的脐带切断之前就开始了。维持供氧的反射还有打嗝、打喷嚏，以及身体扭动（扭动胳膊和腿）以防止什么东西盖住脸。
- **维持恒常体温的反射**。婴儿感觉冷时，会哭、发抖和蜷腿。婴儿感觉热时，会推开被子。
- **调节吃奶的反射**。吸吮反射使新生儿能够吸入他们的嘴唇碰到的所有东西，包括手指、脚趾、被子、拨浪鼓，以及人的奶头和各种材质、形状的人造奶头。觅食反射使婴儿把嘴转向任何掠过面颊的东西——对乳头的反射性寻找——然后开始吸吮。吞咽反射是另一种和吃有关的反射，其目的是吃奶，就像肚子饿了会啼哭、吞下东西太快会呕吐一样。

其他反射对生存都不是必需的，但可显示脑与身体机能的状态。这样的反射有以下五种：

- **巴宾斯基反射** (Babinski reflex)。当沿着新生儿的脚外侧划过时，其脚趾张开并向上翻。
- **踏步反射** (Stepping reflex)。把新生儿扶起时，其双脚做出踏步和向前走的动作。

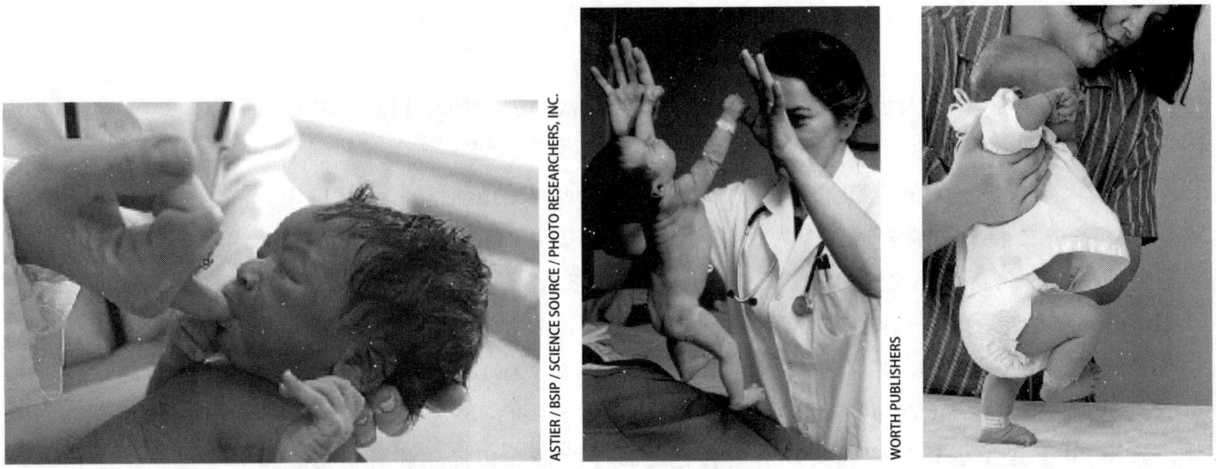

ASTIER / BSIP / SCIENCE SOURCE / PHOTO RESEARCHERS, INC.　WORTH PUBLISHERS　MISHAWAKA POLICE DEPARTMENT / GETTY IMAGES

(a)　(b)　(c)

不可低估的反射力量　对发展学家来说，新生儿反射是一种生存机制，是脑成熟的标志，是进化的痕迹。对父母来说，反射令人愉快，甚至令人惊奇。这两种说法充分体现在这三张照片中：(a) 一个新生男婴平静地吸吮着医生的手指；(b) 一个新生儿牢牢抓住医生的手指，两腿在半空中挺直；(c) 一个出生一天的女婴踏着步想往前走，但她的腿部太弱小，不足以支撑身体。

- **游泳反射** (Swimming reflex)。托着肚子把新生儿平放进水里，其胳膊和腿会伸展、划动。
- **抓握反射** (Palmar grasping reflex)。当有东西触碰到新生儿手掌时，他们会用力抓住。
- **摩罗氏反射** (Moro reflex)。把新生儿仰面朝天放在桌子上，有人猛击桌子时，新生儿的双臂会向上做拥抱状，同时睁大眼并啼哭。

给科学工作者的问题　动物研究可使人类获益，但有时，不能从这类研究中得出有关人的结论。什么时候会发生这种情况？（答案见第135页）

这些反射都是对刺激的反应，不是成人那种突然的恐惧、欲望或愤怒。这些感觉也是反应性的，例如，婴儿对人声的偏好胜过对汽车声音。如此一来，新生儿就以多种方式与周围人建立了联系，而周围人则对他们做出反应。如果完成布雷泽尔顿量表所列行为的是你自己，你将会感到骄傲和吃惊；而那正是人的一部分。

（二）新父亲

父亲影响着新生儿的发展。前面讲过，准爸爸会帮助准妈妈保持健康、加强营养、戒毒，等等。在分娩时，父亲的角色可能也是关键的。

1. 父亲在场

分娩时父亲在场会减少并发症，因为他在场时可以多少帮助他的妻子。我曾经在我女儿的身上观察到了这一点，当医生和助产士在未征求她的意见的情况下讨论是否要采取剖宫产时，她非常焦虑。她的丈夫跟她说："你要做的就是当开始宫缩时，在每次宫缩与用力的中间尽量放松。剩下的事都由我来做。"爱丽莎听了他的话，后来也没有做剖宫产。

父母的骄傲 双胞胎意味着麻烦——睡得少，花费大，担忧多。但是，像多数新生儿的父母一样，无论面对多大的困难，他们都会承担。这位父亲抱着自己的双胞胎女儿，感到无比欢喜。

良好的开端 在这对充满希望的夫妇与他们未出生的孩子之间，难以掩饰的欢乐和联系是一个奇妙的信号。尽管这对夫妇可能受到社会歧视——这是跨族群婚姻的离婚率高于同族群婚姻的原因之一——他们自己形成的父母联盟对他们的孩子却非常重要。很多混血儿童带着高成就动机、强烈的自我理解力和对他人更大的容忍度长大成人。

父亲在场是有帮助的，但是无论他在不在场，父亲在法律上承认要出生的宝宝都是重要的。1993—2006 年在美国密尔沃基对全部单身母亲的分娩（共 151 869 个婴儿）进行的研究发现，与医学并发症相关的变量有几个是在预料中的（例如，母亲吸烟），但有一个是出乎研究者预料的，即在分娩记录上没有父亲的名字。这一点在欧裔美国人中尤其明显：当产妇没有写出丈夫的名字时，她的分娩过程可能更长，剖宫产率和出现其他并发症的可能性更高 (Ngui et al., 2009)。

>>回答科学工作者（问题见第 134 页） 动物研究不能证明一个颇为流行但无科学证据的观点。这发生在一个社会建构的概念中，即身体接触对亲子纽带的形成有重要作用。

当前，在美国已生孩子的女性中，40% 是未婚者 (U.S. Bureau of the Census, 2010)，但是父亲仍有可能被列在出生证书上。显然，只要父亲承认其伴侣关系，分娩过程对母亲和婴儿都更顺利一些。

给产科护士的问题 在分娩过程中，父亲能提供什么实际帮助？（答案见第 136 页）

2. 丈夫假分娩

父亲也可能从生物学上（而不仅在心理上）体验到怀孕和分娩。例如，在充满期待的父亲和母亲之间，应激激素皮质醇水平存在相关，这也许是因为他们分享着彼此的焦虑和放松的心情 (Berg & Wynne-Edwards, 2002)。此外，很多父亲会体验到怀孕和分娩综合征，包括孕期体重增加和“害喜”反应，以及分娩时的痛感。在拉丁美洲的一些印第安人中，妻子分娩时，丈夫往往感同身受，因此会去提供帮助，使分娩更顺利。

丈夫对怀孕和分娩的体验称为**丈夫假分娩**，在一些文化中是符合期望的正常反应，而在另一些文化中被认为是一种病 (M. Sloan, 2009)。在发达国家，人们认为丈夫假分娩不值得大惊小怪，也不是矫揉造作，但是研究者发现，有些父亲会全心全意地投入到妻子的怀孕和分娩中去 (Brennan et al., 2007)。

丈夫假分娩 (couvade)：父亲体验到的怀孕和分娩综合征，或称拟娩。

3. 父母同盟

还记得约翰和玛莎这对年轻的夫妇吧？羊膜穿刺术显示，他们的胎儿带有 21

>>回答产科护士（问题见**第 135 页）** 在一般情况下不能，除非他经历过、学过或被专家指导过。但父亲在场可以给妻子提供情感支持，使分娩过程更顺利，使母婴更健康。

三体（唐氏综合征）。在怀孕大约 7 个月的一天凌晨 3 点，玛莎控制不住地哭起来。她跟约翰说，她受到了惊吓。

“受到什么惊吓？”他说，“因为小宝宝不如你希望的那样完美？”

“我没说过我希望他完美。”我说，“我只希望他是个正常的孩子。那就是我的全部希望。只要正常。”

“这都是胡说……你不希望这个宝宝是正常的。如果他只不过是个正常的孩子，你会把他扔进垃圾桶里。你真正希望的是，他是个超人。”

“在你心里，”我用最带讽刺的口气说，“我是希望留住这个宝宝的人，哪怕他有唐氏综合征。你才是想把他扔进垃圾桶的人。”

“你怎么知道？”约翰提高嗓音说，“你从来没问过我是怎么想的，你问过吗？没有。你从没问过我。”

(M. N. Beck, 1999, p. 255)

随着一段长长的、温暖诚恳的谈话，这一幕有了圆满的结局。两个人都明白了，这个胎儿对彼此意味着什么，在那一夜之前，这始终是个说不出口的话题。亚当，他们未来的儿子，成为他们夫妻关系中的重要部分。在那一夜之前，他们之间缺乏沟通，从未表露过的情绪突然爆发不是什么非同寻常的事情，因为怀孕本身就能勾起对儿时的回忆和对未来的恐惧。但是在整个孕期，诚恳而亲密的沟通都是至关重要的，分娩、养育孩子、努力为创建**父母同盟**打好基础，这是父母二人合作培养孩子的保证。

父母同盟 (parental alliance)：在孩子的问题上，夫妻之间以沟通为基础的合作关系。通过父母同盟，夫妻可共享父母角色并相互支持。

在婴儿有生理弱势（如低出生体重）的情况下，父母同盟特别有益。反过来，新生儿如需要特别的照顾而引起了夫妻冲突，会加大儿童适应不良和父母离婚的危险 (Whiteside-Mansell et al., 2009)。

（三）新母亲

分娩之后，大约半数女性会体验到生理问题，如剖宫产后的伤口需愈合，乳头胀痛，小便困难 (Danel et al., 2003)。但是，心理上的困难比任何生理上的困难都更麻烦。由于产后激素的大幅下降，大约有 8%~15% 的产妇会发生**产后抑郁症**，这是一种不称职感和悲伤感——较温和的情况也被称为宝宝忧郁，最严重的情况会演变为产后精神病 (Perfetti et al., 2004)。由于患产后抑郁症，母亲会对照料婴儿（喂奶、换尿布、给宝宝洗澡等）感到厌烦，婴儿也常常感到不舒服，于是母亲可能会产生忽视甚至虐待孩子的想法。

产后抑郁症 (postpartum depression)：产妇在分娩后几天或几周中体验到的不称职感和悲伤感。

有时候，母亲如果在产后过于兴奋，可能是存在一些问题的第一信号。母亲睡不着觉，不爱说话，一直对孩子感到担忧等行为有些是正常的，但是家人和医务人员此时需要为新妈妈提供支持，并警惕她的心境变化。母亲的抑郁对孩子可能有长期影响，这便是产后抑郁症应该尽快得到识别和治疗的原因之一。父亲往往是第一个做出反应的人；他们可以为母亲和婴儿的需要提供具体的帮助 (Cuijpers et al., 2010; Goodman & Gotlib, 2002)。但是说起来容易做起来难，如果父亲也陷入抑郁，就需要别人来提供帮助了。从发展角度来看，产后抑郁的有些原因（如经济困难和夫妻关系问题）在怀孕前就开始作祟；有些在孕期才出现；有些和分娩有关（如产妇缺乏准备，或独自一人，或把分娩想象得过于困难）；还有一些和情况特殊的婴儿（比如有健康、喂奶或睡眠问题）有关。成功的母乳喂养可以减缓母亲的抑郁，这也是哺乳问题咨询是新妈妈支持团队的重要工作的原因之一。

（四）建立纽带

亲子纽带是父母抱着新生儿、给他们进行检查以及喂奶时形成的强烈的充满爱意的联系，婴儿出生后的最初几小时对亲子纽带来说有多重要？有人认为，在产后最初的几小时里，当母亲抚摩光着身子的婴儿时所形成的这种联系至关重要，就像要想让母羊哺育幼崽，小羊羔一生下来，母羊就得立刻去闻小羊羔的气味并且不停地舔它 (Klaus & Kennell, 1976)。

亲子纽带 (parent–infant bond)：父母在怀抱、照顾并喂养婴儿时，与孩子形成强烈而充满爱心的关系。

建立纽带这个概念曾被用来反对把分娩看作缺乏人情味的医学化的东西，但是研究没有发现皮肤与皮肤的接触对人来说非常重要 (Eyer, 1992; Lamb, 1982)。与母羊不同，多数哺乳动物都无须在产后通过马上接触来养育其后代。对猴子的大量研究始于猴子的交叉养育，即小猴在出生后几天内离开亲生母亲，由另一只母猴甚至公猴来养育。这样做，有时会形成强烈而有益的关系 (Suomi, 2002)。

虽然母婴接触对建立纽带并非必要，但是夫妻二人对怀孕、分娩和新生儿养育的积极参与，对夫妇二人和婴儿总归是有好处的。促使父母（亲生父母或收养父母）照料其新生儿的那些因素能让其终生受益，无论是老鼠、猴子还是人类都证明了这一点 (Champagne & Curley, 2010)。

袋鼠式育儿法 (kangaroo care)：养育新生儿的一种形式，母亲（有时是父亲）把新生儿放在赤裸的胸膛上，像袋鼠妈妈把孩子放在腹部的育儿袋里一样。

近期，对**袋鼠式育儿法**的研究使母亲照料的作用更加明显，该方法让新生儿躺在母亲的两个乳房之间，皮肤紧贴皮肤，听着母亲的心跳，感觉着她身体的温度。很多研究发现，用袋鼠式育儿法养育的新生儿比普通育儿法养育的新生儿有更深的睡眠，体重增长得更快，注意可保持的时间更长 (Feldman et al., 2002; Ferber & Makhoul, 2004; Gathwala et al., 2008)。

袋鼠式育儿法还首次用于低出生体重新生儿，结果发现新生儿的体重会增加得更快，医学并发症较少。一项研究考察了让父亲用袋鼠式育儿法来照料健康新生儿的效果，结果证明整个家庭都能受到这种早期接触的影响 (Thomas, 2008)。所有研究都发现，袋鼠式育儿法给婴儿带来的好处并未局限于住院期间，还能保持到几个月以后，其原因可能是它促进了婴儿对子宫外生活的适应能力，也可能是增强了父母的敏感性和养育效能。也许，这两个假设都能解释得通。

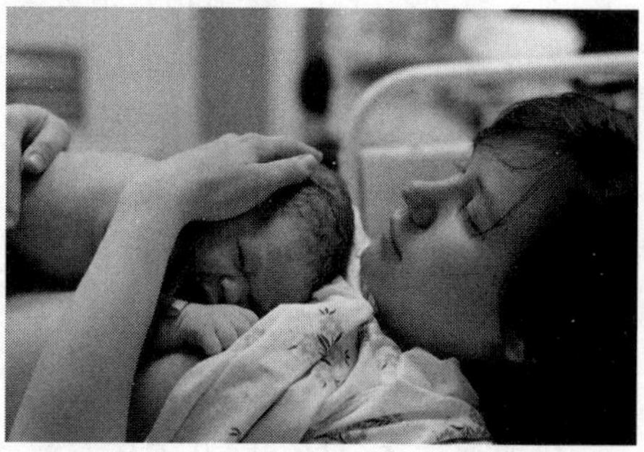

好的开始 马尼拉的许多新生儿往往比在富裕国家出生的孩子体重轻，也更脆弱，但他们有一个优势，看这张照片，袋鼠式育儿法在那里是流行的做法。

很多方法，尤其是针对脆弱婴儿及其父母的方法，是发展中国家尤为需要的。在那些地方，将袋鼠式育儿法和其他方法并用，可以把婴儿的死亡率降低 20%~40% (Bhutta et al., 2008)。从发展的角度看，对高危婴儿来说，最难的就是出院后几天或几周内的那段时间。在这段时间里，父母进行早期照料的方法至关重要。以后各章会讲到，父母与子女之间的关系是相互的，是在几个月而不是在几小时里形成的。出生只是人生旅途的第一步。

小　结

新家庭的每个成员都为家人间的关系做出了贡献，这种关系可使他们共同成长。新生儿具有反应性的感觉和许多反射。认真的观察和分析揭示，新生儿能够做很多事情。父亲对新家庭的付出非常重要，有时会成为新生儿和妈妈获得健康和幸福的关键原因。产后抑郁症并不罕见；分娩前后的很多因素影响着产后抑郁症的严重程度与持续时间。家庭关系在受精以前就已开始形成了，可能通过怀孕与分娩而加强，而且持续一生。■

本章总结

一、孕期发育

1. 怀孕前两周是胚种期。在这段时间，单细胞的受精卵分裂为 100 多个细胞，它们将变为胎盘和胚胎，发育中的有机体将走出输卵管并完成植入。
2. 受精后的第 3—8 周是胚胎期。胚胎心脏开始跳动，眼、耳、口、鼻形成。第八周，胚胎拥有了除性器官之外的主要器官和人的形状。
3. 从第 9 周到出生为胎儿期。性器官在第 9 周开始发育。到第 3 个月末，所有器官和身体结构都已形成。第 22 周是胎儿的存活龄，此时脑已充分成熟并开始执行基本的身体机能。第 26 周前出生的婴儿有较高的死亡和残疾风险。
4. 孕期最后 3 个月，胎儿的体重平均会增加 2268 克，出生时达到 3400 克。脑、肺和心脏的成熟保证了发达国家 99% 的足月婴儿的成活。

二、出生

5. 分娩从宫缩开始，把胎儿推送出子宫，并从阴道娩出。阿普加量表在出生后 1 分钟内和 5 分钟后对新生儿的生存状况进行两次评估，为新生儿的健康提供了快速评价。
6. 医学辅助技术可加速宫缩，缓解疼痛，挽救生命。但人们也在批评医院分娩的许多方面缺乏人情味，是不必要的，例如，美国有约一半的分娩采用了剖宫产。现代分娩实践试图寻找一个平衡，既要保护婴儿，又要让父母更多地参与并控制分娩过程。

三、问题与解决方法

7. 一些畸胎原（疾病、药物、污染）可导致胎儿的生理损伤。另一些所谓的行为畸胎原可伤害胎儿的脑，损害认知能力和人格特质。
8. 畸胎原是否会伤害胚胎和胎儿，取决于遭遇的时机、剂量和遗传脆弱性。为预防孕期并发症，专业人士强烈建议改善公共卫生和个人卫生。对一些问题虽有争论，但父亲和其他家人总会对孕期健康产生影响。

9. 医生向孕妇建议的避免畸胎原的方式有所不同，部分是因为他们对研究有不同的理解，部分是因为文化差异。

10. 新生儿体重低于 2500 克就属于低出生体重儿，原因包括多胞胎、胎盘问题，以及母亲患病、营养不良、吸烟、喝酒、服食致瘾物和年龄。低出生体重儿会比足月儿出现更多的病症。发育缓慢的胎儿（足月小样儿）尤其脆弱。

11. 分娩并发症（包括缺氧等）——通常由时间过长的、有压力的分娩导致的——有很多原因。一些长期障碍（如脑瘫）不是不可避免的，其中父母的精心养育非常重要。

四、新家庭

12. 人是社会动物。新生儿会以各种方式对他人做出反应。布雷泽尔顿新生儿行为评价量表对新生儿的 46 种行为进行评价，其中包括 20 种反射。

13. 父亲可以成为母亲孕期的支持者，也可在母亲分娩时提供帮助，这种帮助与分娩时间短、并发症较少存在相关。有些父亲会全身心地投入母亲的怀孕和分娩中，从而体验到丈夫假分娩。

14. 分娩后，一些产妇会感觉不快乐、无称职或不适。产后抑郁症会随着母亲得到了恰当的帮助而逐渐消失；父亲对母婴的身心健康至关重要。在理想情况下，父母同盟从孩子一出生就开始保护孩子的身心健康。

15. 袋鼠式育儿法对低出生体重儿尤其有益。应该鼓励母亲与新生儿多多互动，而能够建立亲子纽带取决于包括分娩方式在内的很多因素。

关键术语

阿普加量表，p115
布雷泽尔顿新生儿行为评价量表（NBAS），p133
产妇陪护，p118
产后抑郁症，p136
超低出生体重儿（ELBW），p129
超声波，p110
存活龄，p111
袋鼠式育儿法，p137
低出生体重（LBW），p129
反射，p133
父母同盟，p136
畸胎原，p120
极低出生体重（VLBW），p.129
假阳性，p127
脑瘫，p132
胚胎，p110
胚胎期，p108
胚种期，p108
剖宫产，p115
亲子纽带，p137
缺氧症，p132
胎儿，p110
胎儿酒精综合征，p123
胎儿期，p108
行为畸胎原，p120
阈限效应，p122
早产，p129
丈夫假分娩，p135
植入，p109
足月小样儿（SGA），p129

你学到了什么？

一、孕期发育

1. 胚种期有哪三种主要发展？
2. 胚胎期身体的哪些部分得到发育？
3. 孕期大约过半时会出现什么重要的里程碑？
4. 当胎儿可以在子宫外存活时，还要继续在子宫内发育几个月，这其中的三个主要原因是什么？

二、出生

5. 为什么阿普加量表提高了新生儿的成活率?
6. 剖宫产比例为何会增加?
7. 发展学家为什么认为手术通常是分娩的一部分?
8. 为什么一些国家的新生儿死亡率高于另一些国家?
9. 产妇陪护、助产士和产科医生之间有何区别?

三、问题与解决方法

10. 为什么畸胎原会破坏发育中的身体结构?
11. 为什么对行为畸胎原很难施加影响?
12. 时机怎样影响着畸胎原对胎儿的伤害?
13. 为什么危险分析不能准确预测对胎儿的损害?
14. 哪些因素会增大或减小脊柱裂的危险?
15. 孕期饮酒有何潜在后果?
16. 低出生体重儿、极低出生体重儿和超低出生体重儿之间有何区别?
17. 列出至少四个导致新生儿出生体重偏低的原因。
18. 在过去的十年，美国低出生体重儿比例有何变化?
19. 对活产的非常小的或非常脆弱的新生儿有何长期预后?
20. 文化或习俗对一个人遭遇畸胎原有何影响?

四、新家庭

21. 哪些做法有助于新生儿成活?
22. 父亲在分娩中和分娩后有何影响?
23. 父亲怎样体验到怀孕?
24. 产后抑郁症有何信号?
25. 亲子纽带有何影响?
26. 袋鼠式育儿法的效果怎么样?

应　用

1. 到附近一家贺卡商店，对怀孕和出生贺卡进行分析。你是否看到了什么文化态度（如新生儿性别或父母性别的不同）? 如有可能，把这些贺卡与为不同经济水平或不同族群准备的贺卡加以比较。
2. 与三位不同背景的妈妈进行访谈，了解她们的分娩经历。采用开放式访谈，让她们选择跟你说什么，访谈时间最少10分钟。把三个人的描述加以比较，特别要注意文化、人格环境和年龄群的影响。
3. 人们有时奇怪，有些孕妇怎么会把胎儿的健康置于危险境地。想想你自己与健康有关的行为，如锻炼、睡眠、营养、致瘾物使用、医疗和牙科保健、疾病预防等。如果你怀孕了，你会改变自己的行为吗? 如果你、你的家人和你的伴侣都不希望要孩子，你的行为又会有何不同?

第二部分

（第五章—第七章）

人生的前两年

成人在一两年里不会有多大变化。他们的头发可能长得长些，变得灰白或稀疏；他们的体重可能变重或变轻；他们可能学到了一些新东西。但如果你和两年没见的朋友重逢，你马上就能认出他来。

相形之下，如果你每天 24 小时照料一个新生儿一个月，然后外出旅行两年再回来，你可能就认不出这个孩子了。婴儿的体重会翻两番，身高增长 30 厘米，还长出了头发。行为和情绪也发生了变化，哭得少多了，出现了新的笑声和恐惧——包括对你的恐惧。

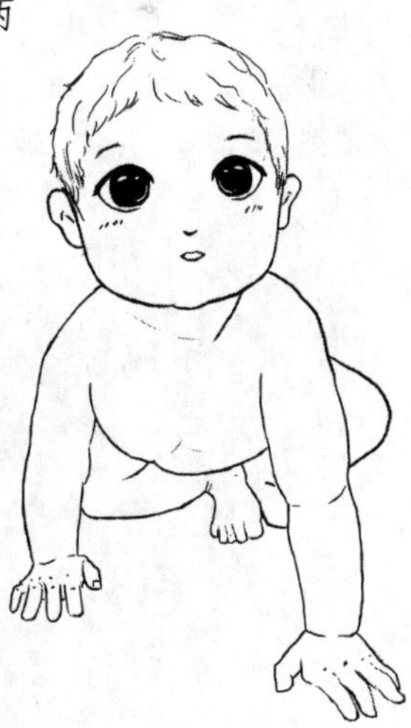

一两年的时光与 70—85 岁的平均寿命相比微不足道。但是，在人生前两年的时间里，人的身高可达到成年时的一半，开始说出句子了，还几乎能表达出每一种情绪——不仅有高兴和恐惧，还有爱、嫉妒和羞愧。本部分将用三章的篇幅描述这种快得令人惊叹的变化。

第五章

0—2岁的生物社会性发展

你将学到什么？

1. 对一个婴儿前两年的正常发育，你了解多少？
2. 婴儿前两年的脑发育取决于基因还是经验？
3. 婴儿什么时候能看清楚，听清楚，自己走路？
4. 为什么 100 年前有超过一半的新生儿会早早夭折，而现在绝大多数新生儿都能茁壮成长？

我的第一个孩子贝莎妮是在我读研究生时出生的。我特意记住了一些发展常模，比如，6 个月时能坐起来，12 个月时学会走路。但到 14 个月时，贝莎妮会说十几个词，却还没迈出她的第一步。我不担忧，因为基因的影响大于我能做的任何事。我在书上看过，法国婴儿是世界上走路最晚的婴儿，而我的祖母正是法国人。我的推测后来也得到了证实，我的老二和老三，蕾切尔和爱丽丝走路也比较晚。

14 年后，当我的第四个女儿萨拉出生时，我已能雇得起一位全职保姆了，她是来自牙买加的托德太太。我提醒她，我家的孩子走路晚。

“萨拉 1 岁就能走路。”托德太太跟我说，“我女儿吉丽安 10 个月就能走了。”

“咱们走着瞧吧。”我说，我对遗传理论信心满满。

我低估了萨拉和托德太太，她把萨拉放在她的大腿上，日复一日，一天花几小时让她“练习走路”，而萨拉也玩得很开心。结果，萨拉刚 1 岁就开始走路了，虽比托德太太的孩子晚一点，但比她的几个姐姐都早，这对我来说是一个惭愧的教训。

本章将讲述人生前两年的身体发育情况，重点是身体和脑的变化，包括皮层的成熟，以及知觉和肌肉控制。这些变化都使学步儿和新生儿很不相同。发展中的个体变量很多，包括一些遗传和环境因素，例如，我现在所相信的由文化和养育者带来的变化。本章题目虽是生物社会性发展，但它不仅指生物和生理方面的发展，因为这些方面的发展与社会背景密不可分。

一、身体变化

婴儿期的生长非常迅速，对婴儿的发展必须密切监控，忽视这一点的后果非常严重。在发达国家，婴儿需要按时进行体检，测身高、体重和头围，检测结果可以告诉人们婴儿的发育是否合乎预期。

（一）身高体重

具体来说，婴儿的生长有多快呢？4 个月大的婴儿的体重大约是出生时的 2 倍，1 岁时是出生时的 3 倍。例如，出生时重 3250 克的新生儿，到 4 个月时约重 6500 克，到 12 个月时约重 9750 克。此后，身体发育略微减慢，但仍然很快。到 24 个月时，多数儿童的体重可达 13 千克，身高从出生时的 51 厘米长到 86 厘米。也就是说，2 岁的儿童已经达到其成年身高的一半左右、其成年体重的 1/5 左右、其出生体重的 4 倍（见图 5.1）。

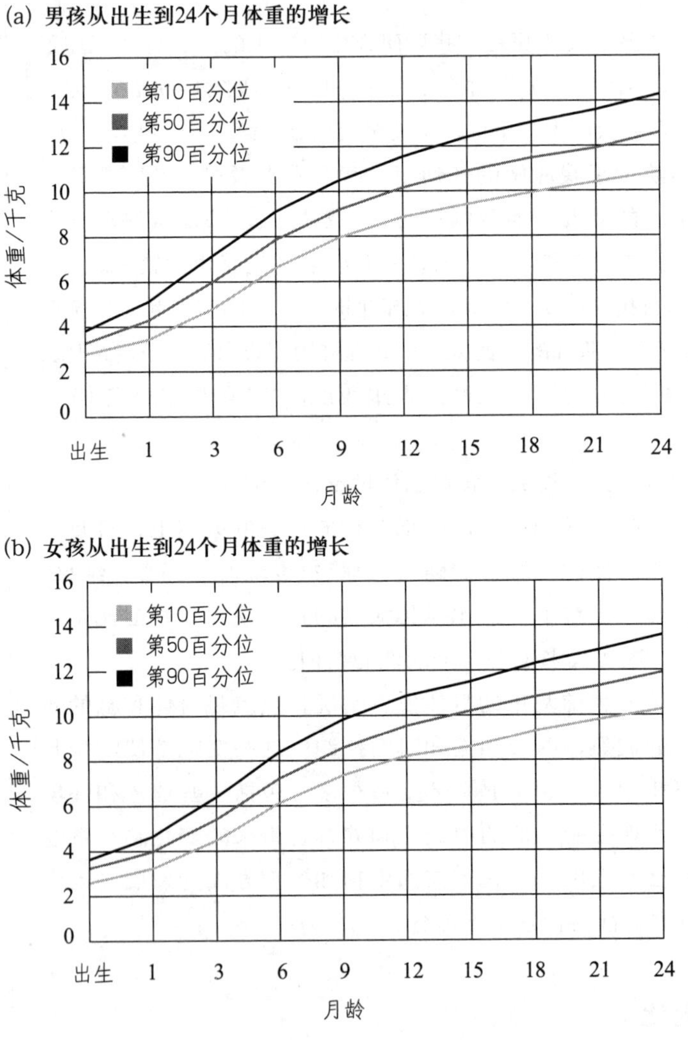

图 5.1

吃与睡　出生前几周的体重增长率说明，对小婴儿为什么要日夜喂奶。

前几个月增加的体重中有很多脂肪。小婴儿通过出生追赶（birth catch-up），加速发育，以达到标准。婴儿储存脂肪是为了因长牙或因呼吸妨碍吃奶时，向大脑提供充足的营养。如果营养暂时缺乏，身体会停止生长，但脑部不会——这种现象称为**头部优先**。（长期营养不良将在本章后面讨论。）

头部优先（head-sparing）：当营养不良影响身体发育时，可保护脑的生物学机制。脑是最后一个会因营养不良而受损的身体部位。

这些标准是平均水平；个体之间存在差异。族群差异也很常见：在营养良好的情况下，南亚裔婴儿会比非洲婴儿小一些（Nightingale et al., 2011）。这只是一般现象，在南亚和非洲有十几个族群，即使在同一个族群里，基因也有不同。能更好地预测婴儿生长的指标是其父母和兄弟姐妹的平均发育状况。在这种情况下，婴儿和父母或兄弟姐妹中每一个人也只共享一半基因。一些营养良好的婴儿，其发育不仅不同于所在族群，而且不同于家族成员。

看一个婴儿发育是否良好，最好的办法是看他的**百分位**，这是衡量他在其他同龄人中的排位的指标。百分位的数值范围是0~100。一个儿童的平均体重往往接近第50百分位。一些儿童较重（高于第75百分位），一些较轻（低于第25百分位）。大约有一半婴儿会落在第25百分位和第75百分位之间，其中多数婴儿的排位会上下浮动，但都算发育正常。

百分位（percentile）：0~100的排位中的一点。第50百分位是中点；所研究人群中的一半人位于50以上点位，另一半人位于50以下点位。

使用百分位不但可以把一个婴儿和同年龄的其他婴儿相比较，而且可以把他与过去的发育情况相比较。如果一个婴儿出生时的身高和体重处于第90百分位，6个月时仍然是第90百分位，他的发育就很正常。一个婴儿的发育一直保持在第20百分位，也算发育正常。

当出现意外情况时，百分位数值会向专业人员和父母发出警示。假如一个新生儿的身高和体重处于第50百分位，6个月以后，身高降低到第40百分位，但体重增加到第80百分位，那么这个婴儿就可能长得太重了。第40百分位和第80百分位本身都不值得担忧，但是二者结合起来，这种变化就是一个警示信号。如果和出生时相比，婴儿前两年的体重一直明显过低，就是值得担忧的。这种情况比出生低体重更严重，因为很多低体重新生儿会追赶上来。婴儿期持续体重过轻与成年期男女身材矮小及成年期女性体重过轻相关（Wang et al., 2010）。

©万千心理

同一个男孩，很大的变化　这三张照片是同一个男孩程程，分别为3个月大、12个月大和24个月大。可以看出他前两年的发育很快，不仅表现在头发和表情上，而且表现在认知上——从专心吸吮到被路边的花草吸引。

（二）睡眠

新生儿的大部分时间在睡眠，每天约 15~17 小时。随着成熟，他们的睡眠时间会减少：前两个月的标准是每天睡 14.25 小时；以后三个月为 13.25 小时；6 ～ 17 个月每天 12.75 小时。前两周的变化非常明显：据新生儿的父母报告，5% 的新生儿每天睡 9 小时或更少，5% 的新生儿每天睡 19 小时或更多 [Sadeh et al., 2009；见图 5.2（彩）]。

由于生物因素（年龄和基因）和社会环境，婴儿会展现出不同的睡眠特点。如果父母的责任心强，营养充足的足月婴儿的睡眠时间多于低出生体重的新生儿，后者每隔两小时就要吃一次奶。喂牛奶和谷物的婴儿睡得更安稳——这使父母更省心，但对婴儿不一定有好处。社会环境的作用更直接，如果父母在天亮前就对婴儿的哭闹做出反应，给他喂奶，陪他玩，婴儿就会夜复一夜地早醒，这对孩子和大人来说都不是什么好事 (Sadeh et al., 2009)。

在整个儿童期，规律而充足的睡眠都与正常的脑成熟、学习、情绪调节、学习成绩和心理适应相关 (Mindell & Owens, 2010)。频繁醒来、睡眠很少的儿童往往有其他生理和心理问题。从人的一生来说，睡眠不好也与健康状况差相关，反之亦然 (Murphy & Delanty, 2007)。

快速眼动睡眠 (REM sleep)：睡眠的一个阶段，特征是眼球在紧闭的眼皮下转动、做梦以及快速脑电波。

在满月之前，各种睡眠类型或睡眠阶段所占的时间也有变化。早产儿可能一直在睡觉。足月儿会做很多梦，有一半的睡眠时间处于**快速眼动睡眠**，伴随着眼皮的快动和快速脑电波——这是做梦的标志。快速眼动睡眠会在前几周逐渐减少，转为“过渡性睡眠”，即打瞌睡，属于半醒阶段。在第三或第四个月，静态睡眠（又称慢波睡眠）明显增加。

在第三个月前后，各种清醒与睡眠阶段愈加分明。此时，尽管新生儿看上去经常处于半睡半醒的状态——既不是深睡也没有清醒，但到 3 个月时，多数婴儿都有了觉醒期（既不饿也不困）和深睡期（不会被声音吵醒）。

头胎儿一般会“受到更多的关注”(Bornstein, 2002, p. 28)，这使他们的睡眠问题比后生儿更多。在一项网络调查中，根据父母的报告，在北美 5000 多个 3 岁以下的幼儿中，有睡眠问题的占 25% (Sadeh et al., 2009)。当然，孩子的睡眠问题对父母来说更麻烦。这可不是无关紧要的问题：疲惫的父母可能会变得缺乏耐心和敏感性 (Bayer et al., 2007)。

发展学家都认为，若让婴儿配合父母的睡眠—觉醒时间安排，不但会让父母备感挫折，也让婴儿很难做到，因为婴儿的大脑模式和消化系统还没能为漫长的夜间睡眠做好准备。但是，当婴儿频繁打断成人的睡眠时，成人也很痛苦。成人对婴儿睡眠的反应影响着婴儿的睡眠模式，婴儿的睡眠模式反过来又影响着成人 (Sadeh et al., 2010)，就像下面的专栏——“批判性思考：婴儿该在什么地方睡觉？”——所描述的一样。理想的情形是，家庭成员相互作用，使每个人的需要都得到满足。

批判性思考

婴儿该在什么地方睡觉？

按照传统，西方多数婴儿会在自己房间的小床上睡觉；人们认为，父母的性生活可能给孩子造成创伤。相形之下，在亚洲、非洲和拉丁美洲，传统的父母则让孩子睡在旁边，这种做法被称为**一起睡**。他们认为，父母和子女在夜里分开睡太冷酷了。直至今日，亚洲和非洲的母亲们仍对和孩子分开睡感到担忧，欧洲和北美的母亲们则担忧性生活的问题。近期对19个国家的研究证实了这种差异：越南有82%的婴儿和父母一起睡，而新西兰只有6%(Mindell et al., 2010)。

一起睡在西方父母中变得越来越普遍，尽管当前所报告的比例不尽相同。大约一半的英国父母有时跟孩子一起睡 (Blair & Ball, 2004)。北美的一项网络调查发现，20%的小婴儿和18%的学步儿在父母床上睡觉 (Sadeh et al., 2009)。一些父母晚上睡觉时虽然不和孩子在一个房间，但当他们被问到“如果夜里婴儿醒来啼哭，你怎么办”时，21%的人回答，“把孩子抱到父母床上。”

主张和反对和孩子一起睡的人各有理由 (Hormann, 2007)。由于一起睡，母乳喂养更容易也更普遍。但是这样做可能造成婴儿猝死 (Gettler & McKenna, 2010; Ruys et al., 2007)。从统计数字来说，一起睡意味着同床睡，这可能是引起激烈争论的原因之一。所有人都同意，假如成人是吸毒者或酗酒者，和新生儿同床睡很危险——婴儿有“被压住”的危险。一起睡可能有好处，但是同床睡没好处，部分原因是成人的床和婴儿的床不同，前者通常很软，会使用棉被、床垫和枕头，加大了婴儿窒息的危险 (Alm, 2007)。（在一些文化中，同床睡是一个标准，家人大多在地板上睡觉。）家具厂商注意到这一两难困境，设计出了“可一起睡的床”，让婴儿安全地睡在床的一边，挨着父母睡。

显然，文化影响着睡眠习俗（在很多文化中，夫妻不睡一张床）。此外，成人还受小时候经历的影响，这是一种被称为“幼儿园里的幽灵”的现象，指父母把几十年前的记忆带进了自己孩子的卧室。一项研究发现，和婴儿期靠近父母睡觉的以色列成人相比，那些小时候和其他婴儿一起睡（就像在以色列的基布兹[①]农场里那样）的成人会更多地把自己的婴儿在夜里的啼哭解释为痛苦和需要抚慰 (Tikotzky et al., 2010)。

发展学家认为，没有哪种方式是最好的 (Tamis-Lemonda et al., 2008)，因为这个问题复杂而棘手 (Gettler & McKenna, 2010, p. 77)。让婴儿自己睡可以培养孩子的独立性和个体性——这是一些文化所赞赏的特质，而另一些文化则不看重这种特质。过去的经验——幼儿园里的幽灵——影响着成人的想法；但发展学家并不想因为一些幽灵就否定消除其他顾虑.

一个不可忽视的问题是睡眠剥夺。对录像的

[①] 基布兹是以色列的一种集体社区，是在所有物全体所有制的基础上，将成员组织起来的集体社会。基布兹儿童从小就过着集体生活，只在每天下午4点左右回到父母身边，与家人一起待到睡觉时间，然后由父母将其送回集体宿舍睡觉。幼儿园里有专人负责看护孩子。——译著注

分析发现，虽然和父母一起睡的婴儿在夜里醒来的次数是单独睡的婴儿的2倍，但他们的实际睡眠时间并不比单独睡的婴儿少，因为他们醒来后能很快再睡着 (Mao et al., 2004)。父母选择和婴儿一起睡的主要原因之一——也是主张这样做的充足理由——父母不会很累，因为他们整夜都跟孩子睡在一张床上，夜里能方便地给孩子喂奶。

但是，情况也可能事与愿违，当孩子度过婴儿期后，他们仍然会赖在父母床上。因此，父母可能在几年时间里都睡眠不足，而他们则希望趁着孩子还小，能多睡一些。当然，这种想法也反映了一种文化标准。民族志研究发现，墨西哥的玛雅儿童到5岁时要选择“什么时候睡，睡多长时间，跟谁一起睡”(Gaskins, 1999, p. 40)，这些做法会使其他很多北美人迷惑不解。

支持这两种观点的论据不一而足，但这些理由往往敌不过文化传统和个人心里的幽灵。无论你怎样想，你的结论能反映与发展观点无关的价值观和情感吗？

一起睡 (co-sleeping)：父母和子女（通常是婴儿）在同一房间睡觉的习俗。

给新父母的问题 你已经知道了睡眠方式有文化差异，这引出了一个实际问题：你们应该和自己的新生儿在一张床上睡吗？（答案见第149页）

小　　结

在4个月、12个月和24个月时，婴儿的体重分别相当于出生体重的2倍、3倍和4倍。在出生后的头两年，婴儿的身高约能增长30厘米。这些作为一般指标是有用的，而每个婴儿的各方面指标在一段时间内的百分位排名的变化能够说明婴儿的发育是否正常，同时，脑发育比身体发育更重要。随着成熟，婴儿的睡眠越来越有规律，不那么频繁做梦了，还形成了不同的睡眠—觉醒模式。新生儿睡眠的总时间很长，觉醒时间较短；1岁时，多数婴儿在夜里睡眠的时间很长，在白天有一两次小憩。文化和养育方式影响着标准、作息时间和父母的期望。

■

二、脑发育

前面讲过，新生儿的头骨大得不合比例，因为它必须装下人脑，而新生儿的脑重量已相当于成人脑重的25%了。相形之下，新生儿的体重只相当成人体重的5%。1岁以前，婴儿的脑会继续快速发育。2岁时，脑重已相当于成人脑重的75%（见图5.3）。

（一）脑中的联结

头围可反映脑发育的大概情况，因此婴儿在体检时要查头围。1岁以内，婴儿的头围一般要增长35%，从平均33厘米变为46厘米。变化更显著的是脑的沟通系统（虽然无法测量）。为了说明这一点，让我们复习一下神经学的基础知识（见图5.4）。

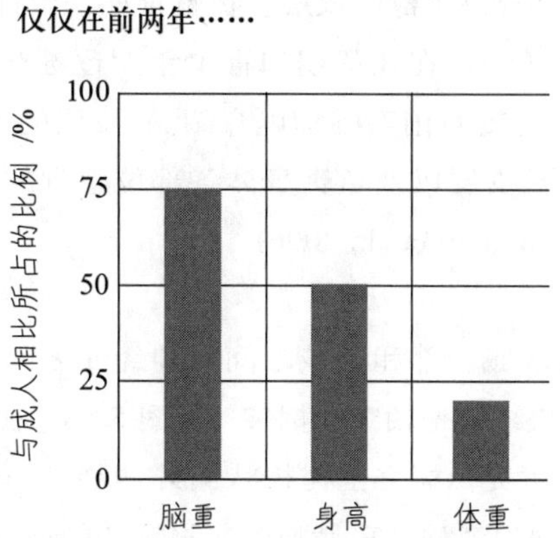

图 5.3

发育　2 岁儿童勉强会说话，在总体上还要依赖大人，但他们的身高已达到成人的一半，脑重达到了成人的 3/4。这说明，生物社会性发展是认知与社会成熟性的基础。

中枢神经系统——脑与脊髓——中的沟通开始于神经细胞，即**神经元**。大多数神经元是在出生以前形成的，孕中期是神经发生的高峰期，每分钟可形成 25 万个神经元 (Purves et al., 2004)。在婴儿期，人脑中有 100 多亿个神经元。其中一些位于脑深处的脑干区，它们自动控制着心跳、呼吸、体温、唤醒等反应；另一些位于控制情感和记忆的中脑区；但多数神经元（约 70%）位于**皮层**，即脑的六个外层（也称新皮层）。皮层是最重要的部分，大多数思维、情感和感觉都产生于皮层，个别时候中脑也参与其中 (Johnson, 2011)。

神经元 (neuron)：中枢神经系统中（尤指脑中）的神经细胞。

皮层 (cortex)：人类与其他哺乳动物脑的外层。皮层参与大多数思维、情感和感觉过程，又称新皮质 (neocortex)。

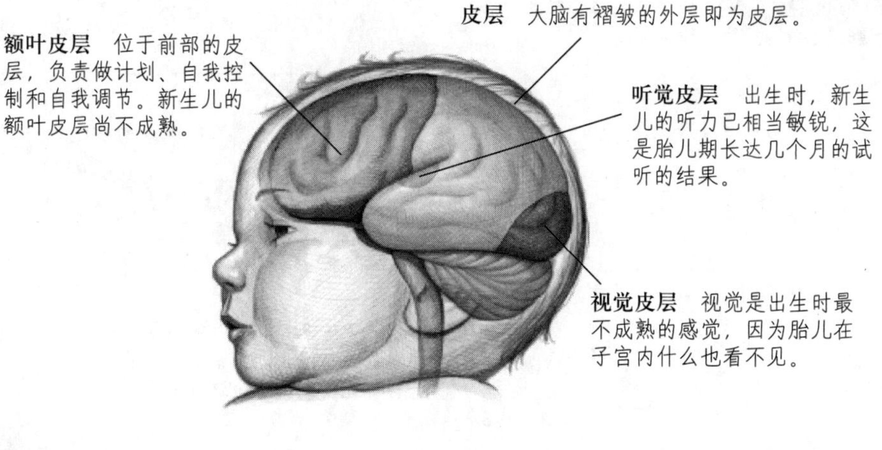

图 5.4

发育中的皮层　婴儿的皮层由覆盖脑的 4~6 层组织构成。皮层包含掌管有意识思维的几乎全部神经元。其中有些区域（如感觉区）成熟得相对较早；另一些区域（如额叶）成熟得较晚，要到 20 岁以后方能发育成熟。

>>回答新父母（问题见第 148 页）　从心理学和文化角度来看，婴儿可以在父母能听见他们的哭声的任何地方睡觉。安全是首先要考虑的问题，不要让婴儿睡在过软的垫子上，也不要睡在酗酒、吸毒、鼾声很大的成人身边。每个家庭可以自行决定怎样睡最好。

前额叶皮层 (prefrontal cortex)：位于脑前方的皮层区，参与预期、做计划和控制冲动。

树突 (dendrite)：连接神经元的纤维质，通过其轴突接收其他神经元传来的电化学刺激。

轴突 (axon)：从神经元延伸出来的纤维质，把神经元发出的电化学刺激传给其他神经元的树突。

突触 (synapse)：一个神经元的轴突与其他神经元树突的交叉点。

大脑最后成熟的一部分是**前额叶皮层**，负责预期、做计划和控制冲动。它在婴儿期的前几个月基本不活动，在儿童期和青少年期逐渐开始发挥效用 (Wahlstrom et al., 2010)。（以后章节还要对前额叶加以介绍。）皮层的不同区域有专门的功能。例如，有视觉皮层、听觉皮层以及负责身体各部位感觉的区域，包括人的每根手指或老鼠的每一根胡须 (Barnett et al., 2006)。

1. 树突的萌发

在中枢神经系统各区域内部和区域之间，神经元之间通过神经纤维组成的复杂网络相互联结，负责联结的是**轴突**和**树突**（见图 5.5）。在多数情况下，每个神经元都有一个轴突和多个树突，树突呈树枝状向外伸展。一个神经元的轴突与别的神经元的树突的交叉点称为**突触**，它是脑中非常重要的通信接点。

更为特别的是，神经元会通过其轴突向突触发送电化学刺激，再被其他神经元的树突接收而进行沟通。树突把信息送到神经元的细胞体，再通过其轴突把信息传给其他神经元的树突。

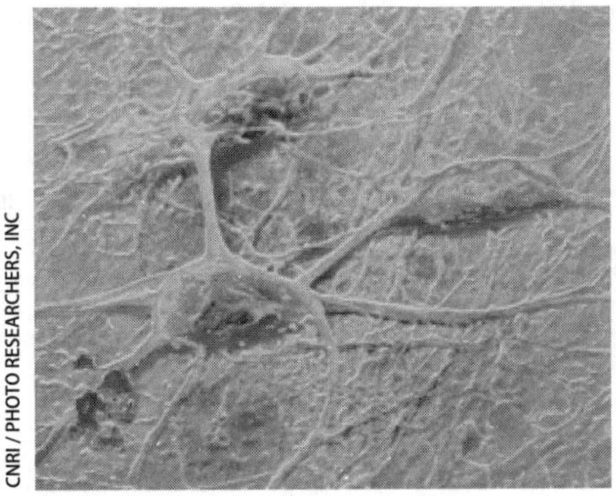

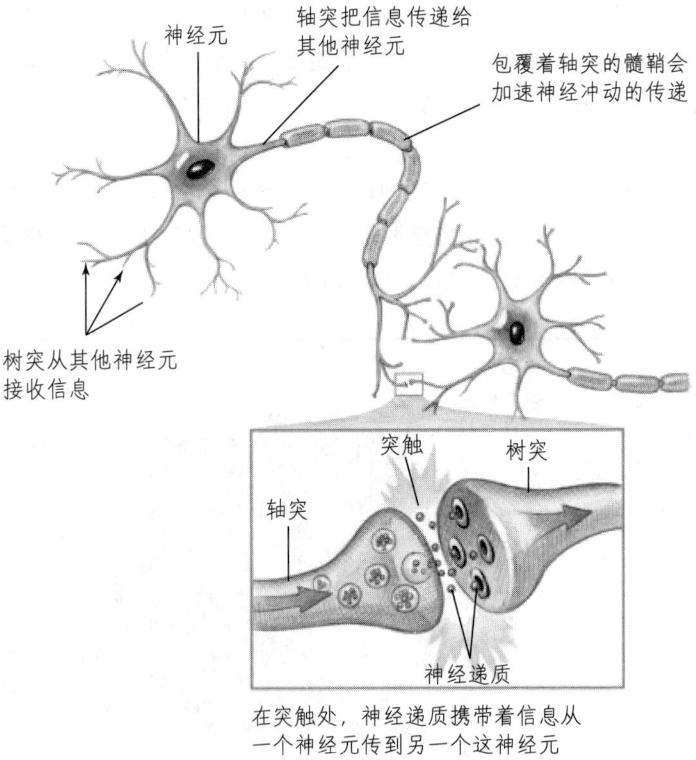

图 5.5

两个神经元怎样联结？ 右图简要地说明了一个神经元是怎样和另一个神经元联结的。人类婴儿脑中有 100 多亿个神经元，几乎每个都带有一个轴突和多个树突。脑接收和发出的电化学信息能激活上千个神经元，每个要传递的信息都要通过突触传递给临近的神经元。上方的电子显微镜图片显示的是高倍放大下的神经元，可以看到相互交叉但高度组织化且协调良好的树突和轴突。

轴突与树突在突触处并未接触，但是轴突中的电冲动一般会导致神经递质（携带着发送神经元的轴突所发出的信息）的释放，神经递质通过突触间隙被传给接收神经元的树突。而髓鞘可为这一过程提速（第八章将详述）。

2. 繁茂与修剪

出生时，人类婴儿脑中含有至少 100 亿个神经元，超过一个人的需要。相形之下，新生儿拥有的树突和突触比人最终拥有的树突和突触少得多。在出生后的前几个月和前几年，轴突、树突和突触（尤其是皮层中的轴突、树突和突触）会快速发育并精细化。主要由于树突的发育，幼儿 2 岁时，脑重可达出生时的 3 倍 (Johnson, 2011)。

出生后 24 个月，皮层中的树突数量大约是出生时的 5 倍，突触已有约 100 万亿个。这种超快速的发育是其他哺乳动物望尘莫及的。但从生物学角度看，这是必需的，因为人脑较大，而人类女性的骨盆相对较小，婴儿又需要成人长时间的保护和喂养，这都是其他动物不需要的 (Konner, 2010)。树突的这种早期发育被称为**短暂繁荣**：繁荣是因为发育过快，短暂是因为其中有些只是临时存在的。在过快的生长之后，**修剪**随之而来（见图 5.6），在修剪过程中，无用的联结逐渐萎缩和死亡 (Stiles & Jernigan, 2010)，就像园丁只有剪去玫瑰花丛中多余的枝条，玫瑰花才能开得更瑰丽繁茂。

短暂繁荣 (transient exuberance)：出生后的前两年，婴儿脑中的树突数量激增但时间短暂的发育阶段。

修剪 (pruning)：脑发育过程中，无用的联结逐渐萎缩和死亡。

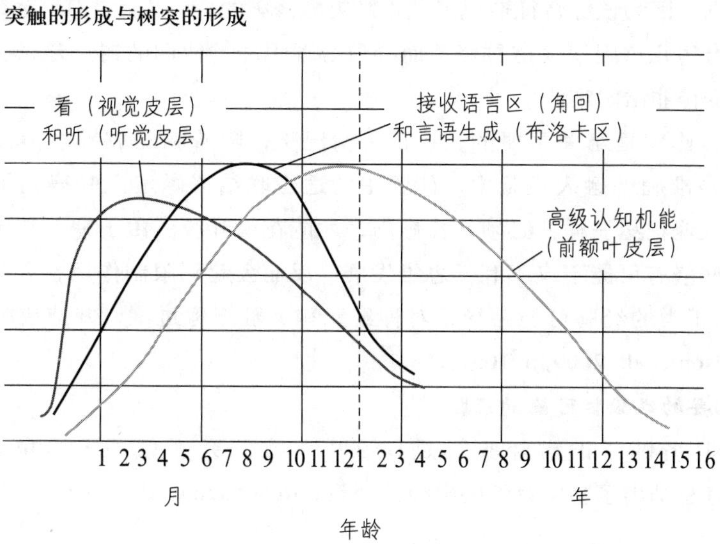

图 5.6

大脑在对经验做出反应中生长 图中的曲线显示出了对于三种脑机能（感觉、语言和分析）依赖经验而形成的突触结构的快速发展速率。在最初的快速发展后，不常使用的神经元逐渐被修剪或变得不活跃，因为从这些神经元中形成了不发挥机能的树突。

据 R. A. Thompson & Nelson，2001，P.8

观察小测验 为什么横轴上既有“12 个月”又有“1 年”？（答案见第 152 页）

短暂繁荣使神经元与脑中过量的神经元相联系并与它们沟通。突触、树突和神经元不断地形成和死亡，在婴儿期，这整个过程的速度快过一生中任何其他时期(Stiles & Jernigan, 2010)。思考和学习需要脑中的很多部分之间建立联系。例如，要理解本书中的任何一句话，你必须认识字母、单词，了解上下文，明白句子所阐述的意思，以及这句话和你的其他思想、经验有何联系。婴儿的脑也有这样的需要，难怪要花好几年才能学会阅读（见第六章“批判性思考：婴儿能阅读吗？”专栏）。

（二）经验塑造着脑

脑的结构和发育的特点取决于基因和成熟，但更多地依赖于经验 (Stiles & Jernigan, 2010)。婴儿的脑组织本身部分地依赖于输入的刺激，一些树突则因为从来不用而枯萎，也就是说，它们没有把信息发送给其他神经元的经验。早期的所有经验都会引发树突的繁茂与修剪，从注意音乐的节奏到理解别人的情绪 (Scott et al., 2007)。

>>观察小测验（第 151 页）答案 “1 岁”指完整的一年，即从第 365 天到第 729 天，表示“12 个月”和“2 岁”之间的区间。

令人奇怪的是，树突的丧失会增强脑的能力。人脑神经元之间的空间，尤其是负责高级抽象思维区域的空间，远大于黑猩猩的脑内空间 (Miller, 2010)。认为黑猩猩更加密集的神经元会使它们比人还聪明可能有些道理，但是事实恰恰相反。一种解释是，树突结构的空间更大，使神经联系更多且修剪得更多，从而促进了复杂的思维。脆性 X 综合征（见第三章）可以为细胞的死亡有好处的观点提供进一步的证据，因为该综合征造成了“正常突触修剪的持续失败”(Irwin et al., 2002, p. 194)。患病儿童因缺少这种修剪而导致心理迟滞；他们的树突过密、过长，让思维过程变得非常困难。

因此，修剪是至关重要的。在正常情况下，随着脑的成熟，树突的繁茂和修剪过程被准确地融入经验中，使脑中的适当联结得以建立并得到了保护和强化。就像玫瑰花丛一样，必须认真修剪，才能花繁叶茂。由于缺乏特定的经验而引起的某些修剪可能不仅不利于思维发展，反而会起到限制作用。有些研究者推断，“缺乏正常的经验可能会导致对神经元和突触修剪过度，并造成脑活动的减少”(Moulson et al., 2009, p. 1051)。

1. 必要的经验和可能的经验

必须具备的“正常经验”是什么？一位研究者威廉·格里诺 (William Greenough) 总结出了脑发育的两类相关经验 (Greenough et al., 1987)：

经验预期型脑机能 (experience-expectant brain functions)：为了得到正常发展，需要某些基本的共同经验的脑机能（婴儿被预期具有的机能）。

经验依赖型脑机能 (experience-dependent brain functions)：依赖于特殊的、因人而异的、在某个婴儿身上可有可无的经验的脑机能。

- **经验预期型脑机能**。一种机能要得到发展，需要一些基本经验，就像树需要水。那些经验几乎是每个婴儿生活的一部分，因此几乎所有人脑都会在基因的指导下得到发展。人脑需要并期待着这样的经验；没有这些经验，发展将会受挫。
- **经验依赖型脑机能**。有些脑机能依赖于一些非必需的经验。这些经验只发生在来自某些家庭和文化的婴儿身上，在其他家庭和文化中则不存在。由于依赖型经验，人类才有了如此巨大的个体差异。

对正常的脑成熟的过程来说，基本的预期型经验是必须具备的，实际上也确实如此。例如，无论是在沙漠还是北极，无论是在与世隔绝的农场还是在喧嚣的大都市，所有婴儿都有东西可以看，有东西可以抓，有人去爱他们。所有地方的婴儿都很喜欢这样的经验：他们会东张西望，抓起各种物品，朝着别人微笑。就这样，婴儿的脑得到了发展。

相形之下，依赖型经验只是可能存在的；而这些经验会让一个人的大脑不同于别人。具体的经验是因人而异的，例如，婴儿听到什么语言，看到什么面孔，好奇心是否受到鼓励，母亲对挫折做出了怎样的反应。依赖于这些特殊的经验，婴儿的脑会以这样或那样的方式形成结构和联结；一些树突得以生长，一些神经元生机勃勃，而另一些神经元却死亡了 (Stiles & Jernigan, 2010)。所以，预期型经验使所有人都相似，依赖型经验使每个人都是独一无二的。

一项采用双生子研究设计旨在查明社会经济地位的影响的研究得出了这样一个结论：从婴儿出生到大约 10 个月大，任何收入水平的家庭都能——或都不能——提供预期型经验（看的东西，爱的人）。但是从那以后，来自高社会经济地位家庭的婴儿更可能得到鼓励去探索环境、说话和玩游戏。结果，对他们来说，比环境因素（对所有高社会经济地位的双生子来说都很丰富）差异更大的遗传因素将导致双生子之间的智力差异。

但是，虽然有一些低社会经济地位家庭也鼓励孩子的认知发展，但还有一些家庭并不注重这方面，尤其是在养育 1—3 岁的双生子的阶段，这种分化尤其明显。由于低社会经济地位家庭在多个变量上差别较大，所以家庭环境比遗传更强有力地影响着学步儿的智商。换句话说，所有 1 岁的学步儿都需要一些基本的刺激和关注，以激发他们的遗传潜能，且在富裕的家庭，这些需要往往能得到满足，而贫穷的家庭则不一定能满足（也许，养育双生子的家庭尤其可能面临折中问题）(Tucker-Drob et al., 2011; 见“研究设计”专栏)。

研究设计

研究者：Elliot M. Tucker-Drob, Mijke Rhemtulla, K. Paige Harden, Eric Turkheimer and David Fask

发表期刊：《心理科学》(*Psychological Science*, 2011)

参与者：研究数据来自 750 对双生子（其中 1/4 是同卵双生子），他们是儿童早期追踪研究的部分参与者，该研究对象是从美国全国选择的、代表不同经济水平和族群的 14 000 名新生儿。第三章讲过，对同卵双生子和异卵双生子的比较可考察遗传相似性和遗传差异的原因。

设计：询问母亲和父亲，他们的教育水平、职业和收入，并经统计而将其社会经济地位置于一个连续体上，从非常低（如父母二人只受过不到六年的教育）到非常高（如父母二人都达到专业级别）。用贝雷量表（Bayley Scales，由南希·贝雷编制的婴幼儿发展量表）分别在这些双生子 10 个月和 24 个月时进行测验。心理分数（例如，婴儿能否拉一根绳使铃响，能否按照命令把三块积木放进杯子）用于计算其智力，而不使用运动分数（例如，会不会走和跑）。

结果：所有婴儿都像预期的那样，在24个月时能力远超过10个月时。10个月时的平均智力与婴儿的社会经济地位不相关，但到24个月时出现了相关。无论家庭的社会经济地位如何，10个月时的心理能力的变异主要源于家庭环境（称为共享环境——对双生子来说，共享环境是相同的）；但是到24个月时，遗传差异对高社会经济地位家庭的双生子来说，成为重要的变异源，对低社会经济地位家庭则不是。对他们来说，环境影响仍然是主要的。

评论：第三章曾讲过，当基本需要得到满足时，遗传差异就会显现，因为必须有一定的基础，儿童的基因才能充分表达（例如，当所有儿童都营养充足时，其身高的遗传差异才能显现出来）。本研究显示，在10—24个月，有些低收入家庭没有给双生子提供预期型经验，导致其基因不能充分表达。

任何一项研究在下结论时都要谨慎。本研究可能高估了社会经济地位的相似性和差异，原因有二：（1）10个月时智力测验的信度低于儿童期智力测验的信度；（2）双生子养育对所有家庭来说都是一项挑战，所以低收入家庭即使不能给双生子的大脑提供预期型经验，但是能给单胎的孩子提供。

本研究的主要结论——基因会更多地影响有家庭优势儿童的智力发展，环境对来自低收入家庭的儿童的智力发展更重要——可能是有效的。对年长儿童的研究也发现在智力的发展机会方面，低收入家庭有显著的变异性（Harden et al., 2007; Turkheimer et al., 2003）。也许，那些低社会经济地位的天生就智力超群的儿童从来都无法充分挖掘其智力潜质。这是许多天才儿童研究专家得出的结论（Dai, 2010）。

2．来自鸟类的脑的例子

大脑网络所需的基本的预期型刺激与因人而异的依赖型刺激之间的差异适用于所有哺乳动物。一些最有说服力的研究是用鸣禽做的。所有雄性鸣禽都有一个掌管听觉和发声的脑区（预期型经验），但是生活在不同地区的同种鸟类的叫声明显不同（依赖型经验）(Konner, 2010)。这和不同地域的人有不同的口音是一个道理，在北京长大或在湖南长大的成人的中文口音不同，或者如果邻里街坊都是东北人或别的地方的人，你的口音也可能受影响。

鸟类遗传了它们所需的生成脑细胞的基因，这些基因掌管着学习新叫声（如金丝雀）或寻找隐藏的种子（如山雀）的神经元。为了使树突与神经元相联结，鸟类需要依赖学习鸣声或寻找种子的特殊经验 (Barinaga, 2003)。人类的面孔识别也是一个例子：所有婴儿都需要看面孔（预期型经验），但他们能学习到哪些面孔差异（依赖型经验），则取决于他们看的是谁的脸，请看下面专栏——“科学观点：面孔识别”——的解释。

科学观点

面孔识别

假设你来到了一个陌生的城市，在一条陌生大街上，有成百上千的人，而你恰好看到了家乡的一个密友，你能认出他吗？当然能（除非你是不幸的面孔失认症患者）。大脑的一个部位有令人惊奇的识别面孔的能力，过去经验会直接引发面孔识别，就像当一个成人看见了朋友时一样。

梭状回面孔区 (fusiform face area) 是大脑的一个重要部位，既是经验预期型的又是经验依赖型的。该区域的特点令人着迷，使"面孔知觉成为心理学最热门的领域之一" (Slater et al., 2010, p. 205)。尤其是在过去十几年里，涌现了大量的研究，研究者们试图弄清，人为什么能从 70 亿张可能的面孔中认出一个朋友，这是一种了不起又理所当然的能力。

现在我们知道，新生儿大脑上的梭状回面孔区就已经开始活跃了，他们能分辨猴子和人的面孔，也能分辨一个视觉刺激（例如，带有人脸的照片和玩具）和真人面孔。不久，经验就使他们的面孔知觉精细化 (de Heering et al., 2010)。例如，2 个月大的婴儿能认出妈妈、爸爸；3 个月大的婴儿会高度集中注意他们没见过的面孔；6 个月大的婴儿会忽视猴子面孔的细节，因为他们学会了不去在意某些东西 (M. H. Johnson, 2005)。（研究者的这些发现都是通过给婴儿看几张面孔并观察他们看每张面孔的时间而得出的。）

1 岁前，婴儿会特别注意自己所属物种的面孔和本族群面孔（称为本种族效应），胜过对其他物种及其不同族群的注意，而且识别女性面孔比识别男性面孔更容易 (Slater et al., 2010)。本种族效应会持续一生，它使只认识本族群的成人在识别另一族群的人时感到困难，就连识别来自不熟悉文化的人的高兴与愤怒的表情也感到困难。

研究发现，本种族效应是有限的多民族经验的结果，而不是对看上去与自己不同的人们的天生偏见。一项研究发现，从很小就被欧裔美国人收养的韩国裔人，对非亚裔面孔的辨别好于对韩国人面孔的辨别 (Sangrigoli et al., 2005)。现在，很多收养父母可以寻找与其子女来自同族群的人，以培养孩子的族群认同感。这可以解释近期对亚裔被收养者的研究结果：这些人能熟练地分辨出本族群与收养族群的面孔，这和那些只在本族群社会中长大的人不同 (de Heering et al., 2010)。

早期经验的重要性在另两项研究中得到了证实。一项研究 (Scott & Monesson, 2010) 给 6—9 个月大的婴儿反复（超过 30 次）呈现有 6 张猴子面孔的照片，页边印着每只猴子的名字（见照片）。对 1/3 的婴儿来说，其父母在显示猴子照片时要念出猴子的名字；另外有 1/3 的婴儿，其父母在展示每张照片时只说"猴子"；最后 1/3 的婴儿，其父母只展示照片，不说话。到 9 个月时，所有婴儿都要看另外 6 只猴子的照片，研究者对婴儿注视的目光进行了详细跟踪。那些在看的同时听到名字的婴儿，比只看照片不听名字的婴儿，能更好地辨认出一只新猴子的照片。

另一项研究提出的问题是，很多儿童和成人并没注意到新生儿的细节特征，一些人甚至说，"所有新生儿看着都差不多"。但是该研究发现，和没有弟弟妹妹的 3 岁幼儿相比，有弟弟妹妹的 3 岁幼儿能更好地辨认出不熟悉的新生儿照片之间的差异 (Cassia et al., 2009)。显然，经验在起作用。

面孔的区分能力会随年龄而提升，所以你现在能比小时候更快地认出你的老朋友。早期接触是学习辨认人脸的最好方式，但是成人也能学会识别其他族群的个体，或同一种属动物的不同个体。如果早期没有过对若干个被命名的该类动物个体加以辨认的经验，则辨认需要略长的时间，但是这种学习从来都不会迟。婴儿期是一个敏感期，但可塑性是持续一生的。

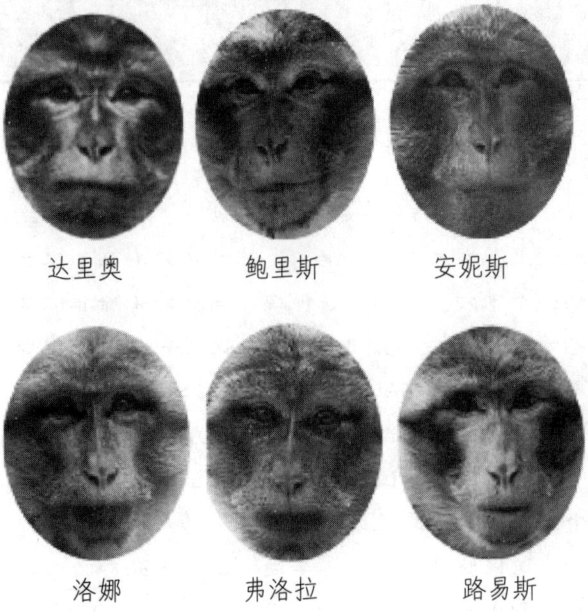

REPRINTED FROM NEUROPSYCHOLOGIA, FIG. 1. EXPERIENCE-DEPENDENT NEURAL SPECIALIZATION

洛娜不是弗洛拉　如果你听说达里奥和路易斯或波利斯相当不同，你会不会对不熟悉的猴脸多注视一会儿？6个月大的婴儿会给出肯定的回答。

（三）婴儿脑损伤

至此，我们讨论了家庭给婴儿提供的许多正常条件；大多数婴儿在自己所处的文化中都能得到良好的发展。对脑发育来说，无论一个人是学法语还是波斯语，也无论是戏剧性地表达情绪还是微妙地表达情绪（如故意摔倒在地板上或只是噘噘嘴，这是文化差异），都不重要。然而研究发现，如果婴儿缺乏所有人都需要的基本经验，其大脑就不能得到正常发育。

1. 缺乏刺激

婴儿从呱呱坠地起就需要刺激。和小婴儿一起玩，给予他们各种刺激，鼓励他们做出各种动作（前几个月的摇动手臂，以后的学走路，等等），都是建立大脑联结必要的养料。像我们多次强调的，严重缺乏刺激会阻碍脑发育，这不仅适用于老鼠，而且适用于人类。有人在一篇综述中写道："刺激丰富与刺激剥夺研究有力地证明了……经验对发展中的系统的复杂性与机能具有广泛影响"（Stiles & Jernigan, 2010, p. 345）。

这并不等于说婴儿需要不停转圈，听各种声音，玩奇形怪状、五颜六色的玩具。其实，婴儿也可能受到过度刺激；此时他们会哭和睡觉，以此来回避过度刺激。也许正由于这个原因，没有证据能证明过度刺激会伤害大脑。但是这可能会浪费时间和金钱；一个简单的物体就能吸引婴儿的注意，一张微笑的面孔就能让婴儿着迷。

2. 压力与脑

除了缺乏刺激之外，一些特殊的经验也是具伤害性的，尤其是在前6个月(Jansen et al., 2010)。如果脑在生命早期生成过剩的应激激素（例如，当婴儿一再地感到恐怖或全家人遇到严重地震和水灾时），就可能在以后有损大脑机能的发挥。在这种情况下，大脑要么会产生过多的应激激素，使儿童及长大后的成人过度警觉，要么会产生过少的激素，使人情绪消沉（从不感到高兴、悲伤或愤怒）。值得注意的是，这是一种情绪反应，它不一定是由身体疼痛导致的：一个婴儿可能在没有受到直接伤害的情况下因惊叫、恐怖的面孔或看到别人被虐待而感到恐怖。

这种情况是怎样发生的以及何时发生的，目前还未准确地查明；现有的研究结论也互相矛盾 (Jansen et al., 2010)。一些压力是所有婴儿都有的：它们甚至可能是预期型经验。但是婴儿所能适应的压力是有限度的。几年以后，幼儿园教师可能会发现，一个孩子总是吵吵闹闹，或稍有刺激就感到恐怖，而另一个孩子可能对任何事都漠不关心。为什么会这样？出现这两种情况的根本原因可能是婴儿期应激激素产生过多或过少，从而改变了儿童大脑对压力的反应。也可能是由于分化的敏感性，有些婴儿没有因早期生活压力受到伤害——当然，没有一个婴儿该经历那种危险 (Sapienza & Masten, 2011)。

3. 婴儿摇晃综合征

另一个实例要直接得多，它是不懂得婴儿大脑不成熟的成人造成的。由于婴儿大脑前额叶还未得到发育，告诉婴儿不要哭是毫无意义的，因为婴儿还不能自己决定哭不哭。做这样的决定，是大脑更加成熟以后的事情。一些成人会用摇动婴儿的方式来回应他们的哭闹。这可能导致**婴儿摇晃综合征**——这种情况可能危及生命，发生在婴儿遭到猛烈、快速地前后摇晃时。摇晃会使哭声停止，但那是因为脑血管破裂而导致神经连接中断。一些儿科医生认为，婴儿摇晃综合征是一种虐待性头部创伤 (Christian et al., 2009)。

婴儿摇晃综合征 (shaken baby syndrome)：一种威胁生命的伤害，当婴儿身体被猛烈地前后摇动时，脑血管可能破裂并导致神经联结中断。

并非每个有头部创伤神经症状的婴儿都是遭受了虐待的受害者。尽管如此，在美国，脑部扫描显示，在所有因虐待（骨折、烧伤等）而住院的儿童中，有超过1/5的婴儿亦有婴儿摇晃综合征 (Rovi et al., 2004)。

4. 严重社交剥夺

曾经有一位生于1957年的、名叫基妮的女孩震惊了发展学界。基妮在整个童年几乎一直被绑在一把椅子上，从未听见过别人说话（她父亲只向她咆哮和大喊），也从未感受到爱，因为她的父母有严重的精神疾病。在她13岁那年，她被人救了出来，并最终学会了对情感做出反应，并且能够学着开口说话了，但是她一直不能得到正常发展。多数发展学家得出结论说，她的正常经验来得太晚；她的大脑已经过了许多能力的发展敏感期。

但是基妮只是一个个例，正如本书第一章介绍过的，单个个案不能证明任何的一般原理。也许基妮生来就有脑损伤。也许是在她被营救之后，早期的养育经历本身就是创伤性的 (Rymer, 1993)。

对此，需要更多的、有较多参与者的研究来进一步澄清，但是对人做这样的研究显然不符合伦理。因此，马丽恩·戴蒙德 (Marion Diamond)、威廉·格里诺 (William Greenough) 等人考察了“刺激被剥夺的”老鼠（放在很小的空鼠笼里喂养），并且把它们与“刺激丰富的”老鼠（放在一个大笼子里喂养，里面有别的老鼠和各种玩具）相比较。尸体解剖显示，刺激丰富的老鼠的大脑较大、较重，树突也较多 (M. Diamond, 1988; Greenough & Volkmar, 1973)。对其他哺乳动物的类似研究都证实，隔离与感觉剥夺会伤害发育中的大脑，也有害于社交性与情绪发展。在这一问题上，第七章还要介绍对罗马尼亚孤儿的追踪研究。

5. 干预

婴儿对环境做出反应的事实告诉我们，等到幼儿明显地表现出其受到了虐待，就为时已晚了。在出生后的最初几个月里，婴儿就要适应环境，如果养育者郁郁寡欢，婴儿会变得退缩、安静；如果婴儿只有大哭大闹才能吃上奶，他们就会变得吵闹而苛刻。这种适应方式虽然能帮助婴儿生存，但是从长远来看是一种具有破坏性的适应模式。因此，养育者从一开始就要把发展理解为动态的相互作用过程，而不要等到破坏性模式建立了以后才意识到 (Tronick & Beegly, 2011)。

一个干预项目针对这种情况开展了工作，为过去曾有各种问题的一批高危母亲提供个别化帮助，使这些母亲不必离开自己家，从而减轻了这些母亲的压力，并且促进了婴儿的语言发展 (Lowell et al., 2011)。发展学家希望每个新妈妈都能得到这样的帮助，要么参与一个正式的帮助项目，要么由亲戚或邻居给新妈妈们提供她们所需的帮助。

（四）对养育者的意义

无论是对那些充满爱心的低危妈妈，还是对那些高危妈妈，关于早期脑发育的发展研究结果都颇具启发性。首先，人脑每个区域要按一定次序发育、建立联结、进行修剪，而这些知识可以帮助妈妈们了解在孩子的发展中，哪些东西是预期型经验，这些经验应何时出现。

例如，视觉和听觉皮层大约在婴儿 4 个月大时出现加速发育和修剪，这可以解释为什么小婴儿会对光和声感兴趣。因此，对盲童和聋儿的矫治要尽早开始，防止那些需要光、声刺激的脑区萎缩。对听力损伤的婴儿要尽早发现并矫治，早期植入人工耳蜗的儿童和后期植入的儿童相比，在语言理解和表达上都做得更好 (Kennedy et al., 2006)。

大脑的语言区在 6—24 个月发育得最快；这时候，儿童需要多听别人说话，以便为流利地说话做准备。研究表明，在 6—12 个月多听别人说话有助于婴儿在说出第一个词之前，很早就辨别出本地语言的特征 (Saffran et al., 2006)。但是，在大脑没发育好

之前，一些刺激是无意义的。6个月大的婴儿可能对看书不感兴趣，但是不出几个月，看书就成了婴儿喜欢的活动。婴儿只对自己大脑需要的东西做出反应；这就是为什么手机音乐、街上的汽车以及活泼的养育者对婴儿最有吸引力。

这种偏好反映了**自我复原**这种天生的矫正缺陷的驱力。婴儿只要有几件玩具，就能用他们现有的能力使大脑得到发展。他们不需要那些最新的教育玩具，因为他们的大脑期待着人际互动，期待着其父母发现能让他们感兴趣的任何东西。人脑自有生长与适应方式，其可塑性从生命之初就显现出来了 (Tomalski & Johnson, 2010)。

自我复原 (self-righting)：天生的矫正发展中的缺陷的驱力。英文字面的意思是身体倾斜后回到坐直或站直状态。所有年龄的人在情绪或身体失去平衡时都有自我复原的驱力。

因此，成人对婴儿做出反应的方式影响着孩子的一生。这意味着，爱抚新生儿、和不会说话的婴儿多说话、对学步儿表达爱等对儿童潜力的全面开发都是至关重要的。如果缺少这样的经验，可能导致脑的终生损伤。

小　结

在生命的前几个月，大脑发育非常迅速，此时，皮层中的树突和突触呈指数式增长。2岁时，脑重已达到成人脑重的3/4。对无用和无联结的树突的修剪最早发生在感觉和运动区，之后再在其他区域发生。虽然脑的发展一部分是成熟的结果，但经验也很重要——包括所有婴儿普遍具有的经验（带来经验预期型脑部发展）和反映着儿童的家庭或文化的特殊经验（带来经验依赖型脑部发展）。婴儿的大脑需要刺激——尽管不能过多——以促进树突的发育和神经联结的迅速发展。■

三、感觉与运动

第二章讲到，皮亚杰把智力发展的第一个阶段称为感觉运动阶段，强调此时的认知发展来自于感觉与动作技能。你在本章已经学到的内容持相同的观点——婴儿大脑的发展依赖于感觉经验和早期活动。经验塑造着大脑，而大脑则让感觉和运动经验的存在成为可能 (Fox et al., 2010)。

（一）感觉

出生时，所有感觉都已发挥作用。人类新生儿能睁开眼睛，有灵敏的耳朵、鼻子、舌头和皮肤。在出生后的一整年里，婴儿都在使用各种感觉，并把经验到的东西分门别类。不错，“婴儿把人生第一年的好时光都花在观察周围的一切上了”(Rovee-Collier, 2001, p. 35)。他们一边看，一边听，一边闻，一边尝，一边碰触他们能碰触的任何东西，他们似乎没有重点、没有判断地参与到所有事物中去。例如，在出生后的第一个月，婴儿会对陌生人微笑，把所有东西都放进嘴里 (Adolph & Berger, 2005)。

婴儿为什么不做更多选择？因为感觉先于知觉。**感觉**产生于感觉系统接收了一个刺激时，如内耳对声音做出回应，或眼睛的视网膜和瞳孔对光的捕捉等。也

感觉 (sensation)：感觉系统（眼、耳、鼻、舌和皮肤）对刺激做出的反应。

就是说，当感官（眼、耳、鼻、舌和皮肤）遇到可以被看到、听到、嗅到、尝到或接触到的东西时，感觉就产生了。但是，人对每个刺激做出的看似简单的反应其实是有选择的：即使是新生儿，也更易被社会性刺激所吸引，对人的感觉偏好也胜于对物的感觉偏好 (Lloyd-Fox et al., 2009)。婴儿喜欢吸吮你的手指，胜过抓你的衣服；除非在没有手指可以吸吮时，他才会抓你的衣服。

知觉 (perception)：在皮层中发生的大脑对感觉信息做出解释的心理加工。

知觉产生于大脑注意到一个感觉并对其进行加工时。知觉是在皮层产生的，它通常是接收感官发送的信息的结果。这个与过去经验存在联系的信息提示：一个特殊的感觉可以被看作有价值的 (M. E. Diamond, 2007)。

一些感觉起初过于复杂。新生儿不知道印在纸上的字母可能是有意义的，不知道妈妈的面孔和爸爸的面孔不同，也不知道玫瑰花的气味和大蒜的气味有什么内涵。知觉需要经验，要么是直接经验，要么是从别人那里得到的信息。

婴儿大脑特别容易与自己反复遇见的社交经验相协调。一个名叫艾米莉的新生儿不知道艾米莉是她的名字，但是她有大脑和听力，能听到通常的说话声（不是只有狗才能听见的那种尖细的声音），而且有天生的对重复模式和人的言语的偏好，所以她能听见别人叫她的名字。大约 4 个月大时，她的听觉皮层快速发展并且对树突进行修剪，随着艾米莉这个词的反复出现，只要它一被感觉到，就能被知觉出来，尤其是艾米莉通过学习而知道，这个词大多是爱她的人说出的 (Saffran et al., 2006)。到 6 个月大之前，当有人叫艾米莉的名字时，她就能睁开眼，把头转过向叫她的那个人了。还要等几个月的时间，她才能试着说出“艾米莉”。如果要理解艾米莉就是她的名字，还要等很长时间。

给成长中的儿童的父母的问题　假如你在意识到孩子能跟你说话前很少跟孩子说话，而且你从不使用婴儿车和学步车，只让孩子待在婴儿床里，你是否限制了孩子的大脑发育和感觉能力的发展？（答案见第 161 页）

因此，当感觉被大脑感受到之后，知觉就随之产生。在知觉之后，当人思考他知觉到的东西时，认知就出现了。以后，认知不再需要知觉：人可以想象、幻想和假设。从感觉到知觉，再到认知，这一顺序要求婴儿的感官发挥机能。怪不得皮层的一些部分对感觉的快速发展起了作用：这是人的智力的必要条件。下面将详细介绍各种感觉。

1. 听

胎儿的听觉在怀孕的最后三个月就得到了发展，出生时已相当敏锐，听到一些声音时，会引发新生儿的反射，虽然此时还谈不上有意识的知觉。突然的声响会吓到婴儿，使他们哭起来；有节奏的声音（如催眠曲或心跳声）会抚慰婴儿，使他们进入梦乡。

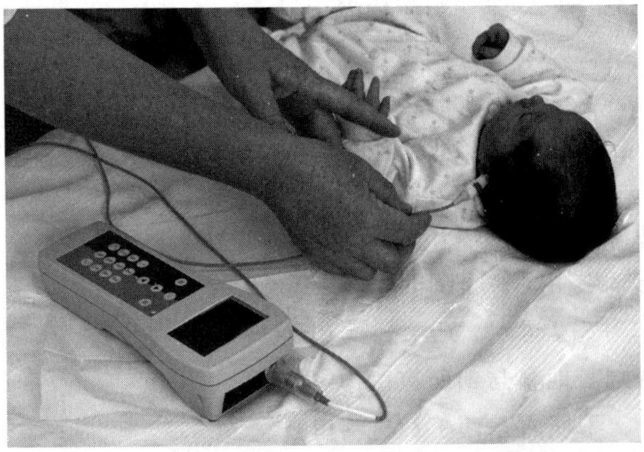

出院之前　这个出生第一天的新生儿正在接受听力测验，通过内耳震动检测对不同声音的反应。计算机可对数据做出解释，也可发出各种测验所需的信号——有听力缺陷的婴儿约占 1%。正常的新生儿的听力都是很好的。

用先进的设备可检测新生儿的听觉，这种检测在北美和欧洲的大多数医院是常规性的，因为早期矫治对聋儿非常重要。后期筛查也很必要，因为有些婴儿的听力在前几个月未发育好 (Harlor & Bower, 2009)。在正常情况下，即使在出生的第一天，婴儿也会在听见声音时转头。很快，他们就能准确分辨出声音的来源了。

>>**回答成长中的儿童的父母（问题见第160页）** 可能不会，经验预期型脑发展对所有婴儿来说都是预定程序，是几乎每个家庭都能提供的刺激——温暖、舒服的触摸、无意中听到的谈话以及看到的表情和动作。与婴儿说话、给婴儿听音乐、锻炼、坐车和按摩都很有益，但并非必需。

4个月大时，由于皮层语言区的成熟，婴儿对声音更加敏感，尽管他们还听不懂语言，但已形成了对节律、中断和说话声音的抑扬顿挫的期待 (Minagawa-Kawai et al., 2011)。随着时间的推移，敏锐的听力与成熟的大脑结合起来，使婴儿能够辨别声音和音节特征。婴儿逐渐习惯了母语规则，如哪些音节应该重读（不同方言有不同规则），声调变化的意义（如汉语里的四声），某些声音组合是否要重复，等等。这些都需要非常仔细地听别人说话，哪怕说话人使用的词他们还不懂，也不是对他们说的。

2．看

视觉是出生时最不成熟的感觉。虽然眼睛在怀孕中期就能张开，而且对亮光有反应（例如，孕妇穿比基尼泳装做日光浴时），但是胎儿什么也看不到。可以说，新生儿是盲人，他们只能对10~75厘米远的东西聚焦 (Bornstein et al., 2005)。

经验很快就与视觉皮层的成熟结合起来，促使婴儿发展出了看出一个东西的形状并注意到细节的能力，视觉的进步非常快，以至研究者很难从容地记录婴儿每天的进步 (Dobson et al., 2009)。2个月时，婴儿会有意地注视人的面孔，还能尝试性地、短暂地冲着人微笑。（微笑可能出现得更早，但不是对婴儿看到东西的直接反应）。很快，视觉扫描就变得更有组织、更有效了，能把眼光集中到一点上。3个月的婴儿能仔细看人的眼睛和嘴，这是面孔上包含信息最多的部位，而且他们喜欢看带有面部特征的照片，不爱看删去面部特征的照片。婴儿会去注意各种图案、颜色和运动的东西 (Kellman & Arterberry, 2006)。

双眼视觉是协调两只眼睛去看一个图像的能力。由于在子宫内不可能同时使用两只眼睛（没有东西足够远到必须使用双眼），很多新生儿只会用一只眼睛聚焦，或者各自独立地用两只眼睛看，有时还会出现外斜视或内斜视。大约在14周时，由于基本的大脑机制开始起作用，双眼视觉开始出现，婴儿能用两只眼睛聚焦于同一物体 (Atkinson & Braddick, 2003)。

双眼视觉 (binocular vision)：两眼协调地看同一图像的能力，在出生时尚不具备。

3．嗅和尝

随着视觉和听觉的发展，大脑的嗅觉和味觉机能也很快地适应了周围的社会环境。婴儿还学会品尝妈妈吃的东西，开始是通过吃奶，然后是通过家人吃晚饭时飘来的气味以及家人用勺子喂给他的东西。有些香草和植物是含有医药成分的自然物质。在某些文化中，一些食物是利于生存的，例如，有些苦味的食物能预防疟疾，辛辣的调料有利于保存食物并预防食物中毒，等等 (Krebs, 2009)。所以，婴儿对家人所吃食物的偏好可能是有利于生存的。

在整个儿童期，家人有益养生的食物偏好会逐渐传给孩子。当一个人移民到另一种文化后，或历

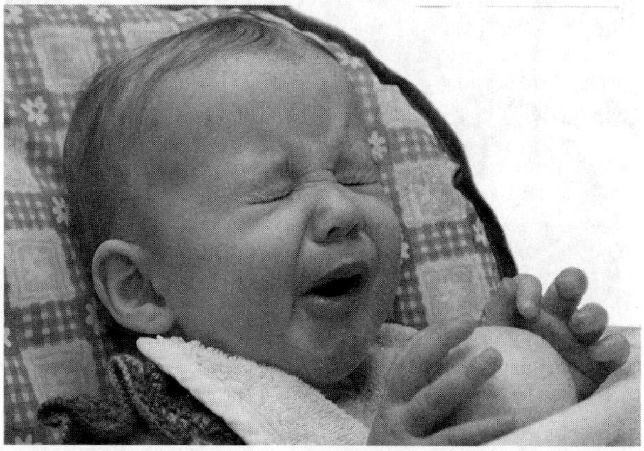

学习吃柠檬　像所有正常的孩子一样，这个小宝宝的好奇心使她先尝了一口，再慢慢做出反应，最后撇着嘴做厌恶状。她的反应显示出，婴儿的味觉很敏锐，这是大脑快速反应的结果。

史环境改变使一种曾具保护性的食物不再具有保护性时，口味偏好仍会得以保持。例如，肥胖症流行的原因之一就是在饥饿威胁生命的年代，人总是寻求高脂肪的食物；现在，这些人的后代仍然喜欢吃炸薯条、生奶油、熏猪肉等。

相似的适应过程也适合于嗅觉。由于婴儿熟悉了周围每个人的气味，所以他们喜欢睡在养育者身旁，并且用鼻子触碰养育者的胸部——在养育者未穿内衣时尤其如此。帮助害怕洗澡的婴儿（有些婴儿喜欢洗澡，有些不喜欢）的一个办法是父母和婴儿一起洗澡。成人身体的气味混合着香皂气味，对婴儿是一种舒适的体验。

4. 触觉与痛觉

婴儿的触觉非常敏锐，因为为了安抚新生儿，他们几乎都会被包裹起来、得到爱抚或被放在摇篮里轻轻摇晃。当婴儿被熟悉的养育者抱着时，即使他们闭着眼睛，也感觉很放松。这种因为接触而感到舒适的能力是布雷泽尔顿新生儿行为评价量表（第四章曾介绍过）测试的重要技能之一 。所有新生儿在被舒服地抱着时都能做出反应。随着时间推移，他们逐渐能感受到各种接触所传递的意思。爱抚、用被子包住、亲吻、按摩、挠痒、摇晃，这些都能使婴儿感到舒适，其中都包含触觉和动觉。

痛觉一般不包括在五种主要感觉中，人们往往把它与触觉相联系。一些婴儿因为身体寒冷而感到痛苦时会啼哭，需要干净尿布时会感到烦躁；有时他们不是因为尿布湿了而难受的，而是因为尿布湿疹使他们不舒服。研究者无法肯定，婴儿什么时候、为什么感到疼痛。有些让成人感到疼痛的事情（割礼、骨折等）似乎并不会让婴儿太过疼痛。在进行一些医疗程序之前——从打针到做小手术——让婴儿尝尝糖水的味道能起到麻醉的作用：婴儿的脚后跟被针扎时（出生时的常规检测），他们一般会大哭，但是如果喂一口糖水，他们就会平静 (Harrison et al., 2010)。

一些人认为，就连胎儿也会感觉疼痛；另一些人认为，痛觉在出生后的几个月甚至几年里都不会成熟。有些小婴儿会啼哭 10 分钟或更长时间，既没有明显原因，也无有效的抚慰办法：这通常被解释为消化性疼痛。许多婴儿在长第一颗牙前显得痛苦和疼痛，而长牙就成了一种解释。但这些解释都不能被确证，因为哭这种行为不一定说明婴儿感到疼痛。对成人来说，的确如此。

人们正尝试用一些生理指标——如血液中的应激激素含量和脉搏是否稳定——来测量婴儿的痛感。近期的一项研究聚焦于早产儿的疼痛，把脑的活动模式作为其疼痛的指标。一般来说，早产儿都要接受各种治疗，在这些治疗过程中，即使是成人也会

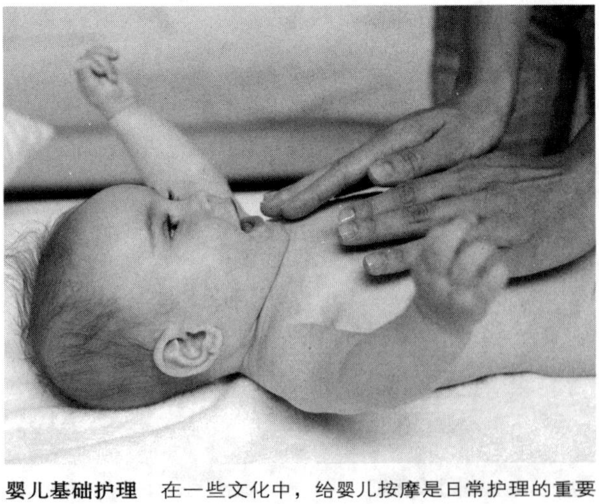

婴儿基础护理 在一些文化中，给婴儿按摩是日常护理的重要一环，其重要性不亚于换尿布和喂奶。在另一些文化中，母亲会参加训练班，学习怎样抚触婴儿最好——像照片上一样，把手稳稳地放在婴儿的肚子上，或有节律地移动婴儿的手臂和腿。

感到疼痛 (Holsti et al., 2011)。有些人不同意这种做法，认为应该给婴儿麻醉；另一些人认为，麻醉会使呼吸变慢，造成一种不必要的危险。从发展研究中我们了解到，婴儿在很多方面和成人不同：说婴儿不会感到疼痛是错误的，说婴儿像成人一样感觉疼痛同样也是错误的。

5. 动力感觉系统

所有的感觉都是为了达到两个目的：社交互动（对熟悉的家人做出反应）和得到安慰（当婴儿在生活中遇到困难时受到抚慰）。在动力系统（第一章讲过）中感受到互动的感觉是一种最重要的经验。例如，吃奶是一种温和的镇静剂，意思是说，新生儿在母亲的怀抱里感到舒适，吃奶的过程让婴儿把味道、接触、气味和光亮带来的愉快感联系在一起。从生理上，人类幼小的婴儿的不成熟性（他们还不能走路）与敏感性（他们出生时的感觉机能和出生时眼睛紧闭的许多动物不同）被非同寻常地结合起来。这种结合的目的正是婴儿与成人之间的社会联结 (Konner, 2010)。

婴儿能对运动、光和声做出反应。很多新父母会一边唱着催眠曲，一边抱着孩子转圈，甚至会把孩子放在安全座椅里，带他开车兜风，从而抚慰哭闹的孩子；因此婴儿感到舒适和社会互动分不开。按摩是非常平静的活动，在按摩时，婴儿能意识到触摸他们的是熟悉的妈妈。妈妈会一边按摩，一边给他们听觉与视觉刺激。就连把婴儿放在吊床上，用吸尘器清理婴儿用的小毯子，都能抚慰哭闹的婴儿，因为很强的声响、变化的亮光都能抚慰婴儿的烦躁情绪。

6 个月大时，婴儿已经学会把各种感觉加以协调，例如，他们希望自己的嘴唇运动与说话相同步 (Lewkowicz, 2010)。总之，婴儿的感觉仍不成熟，但是每一种感觉都是刺激与机能互动的动力系统的一部分，当婴儿加入人类家庭生活中时，能共同发挥作用。

（二）动作技能

现在来看婴儿期最明显和最富戏剧性的进步，这些进步最终使婴儿“高高地站起来并且骄傲地迈开步伐”。这要感谢身高和身体比例的变化，感谢大脑的成熟，促进了婴儿**动作技能**的发展，而这也是控制动作所需的运动能力。

动作技能 (motor skill)：一种习得的、移动身体某些部位的能力，范围从眨眼到大跳。动作在这里指肌肉运动。

1. 大动作技能

来看那些协调着身体很多部位的大动作，称为**大动作技能**。大动作技能起源于反射（见第四章），其后遵循头尾律和近远律得到发展。婴儿最先控制的是头部：抬头，看周围，把头从一边转到另一边。然后，婴儿能控制上肢、手臂，最后控制腿和脚。

大动作技能 (gross motor skill)：身体大肌肉动作的生理能力，如走和跳。

爬行是一种复杂的技能。第四章讲过，把新生儿肚子朝下放在桌子上，他们会反射性地抬起头，晃动手臂和腿，好像在游泳一样。随着肌肉力量的增强，婴儿摆动身体，伸出手臂，晃动肩和上身，推开面前的东西。到大约 5 个月大时，他们能先用胳膊，后用腿，向前（或向后）慢慢移动。这就是大动作技能。

CATHARINA VAN DEN DIKKENBERG / ISTOCKPHOTO

年幼的专家　这个婴儿是个熟练的爬行者。注意，手和膝盖之间、胳膊和腿之间的协调动作都需要力量支撑身体，才能完成这一早期版本的俯卧撑动作。这个男孩大概也能熟练地走路和跑步，还有些孩子虽然绕过了爬行，但也能熟练地走路和跑步。

在8—10个月，大多数婴儿都能抬起上身，四肢着地，平稳地协调双手和膝盖的平衡，向前爬行。爬行是经验依赖型的。一些正常的婴儿从来没有爬行过，尤其是在以下情况下：地面很凉、很热、很粗糙，或养育着总是把他们背在身上 (Pin et al., 2007)。认为婴儿必须爬行才能正常发展的看法是错误的。所有婴儿在会走之前都会寻找移动的方法（缓慢地移动，被人领着走，用踏板车，匍匐和爬行），但是很多婴儿会用打滚和哭闹来抵制“用肚子走路”(Adolph & Berger, 2005)。体重较重的婴儿掌握大动作技能的时间比体重轻的婴儿晚一些 (Slining et al., 2010)。

坐也是逐渐发展的，需要等到肌肉能使上半身稳定住。3个月大的婴儿已能充分控制肌肉，可以在别人扶着的情况下，坐在别人膝盖上。6个月大的婴儿可以不用别人扶而自己坐。走路的能力从反射性的、犹豫不决的、由成人扶着迈步逐渐发展为可以平稳地迈步，自己调整步态。一些婴儿在9个月大时会扶着东西迈步，10个月大时自己能站住片刻，12个月大时无人扶着自己也走得很好。以下三个因素相结合，可以帮助学步儿学走路 (Adolph et al., 2003)：

1) 肌肉力量。新生儿被人抱着可以用两条小腿做出迈步动作，婴儿可以戴着救生圈在水里做出迈步动作，但是6个月大时还不能在地面上迈步；虽然他们的腿圆圆胖胖的，但是肌肉还不发达。
2) 大脑运动皮层的成熟。最早的腿部动作——踢（出生时两腿交替踢，之后在大约3个月时，能两腿同时踢，或一条腿重复踢）——起初是无意识的。随着大脑成熟，腿部动作才逐渐精细。
3) 练习。经过长时间练习，不平衡、叉开腿、迈小步的走路方式才能变成稳定而平顺的步伐。

婴儿在跳波萨诺瓦舞?　这个女孩很享受学走路的大动作技能，她很快就能在音乐响起时跟着跳舞了。

一旦肌肉力量和大脑成熟使走路成为可能，婴儿就变成了热情的学步者，接下来需要做的就是花许多时间来练习。他们会光着脚或穿着袜子、拖鞋或鞋子在各种平面上迈步走来走去。等他们会走了，就会拒绝像过去那样推着婴儿车走路。

学走路的婴儿每天花6个多小时，用直立姿势练习保持平衡。他们平均每小时走500~1500步，每天大约走9000步，相当于走过了29个足球场。

(Adolph et al., 2003, p. 494)

2. 精细动作技能

细小的身体运动技能称为**精细动作技能**。比较精细的运动是能使人写字、画画、打字、系鞋带等的动作技能。舌头、下颌、唇和脚趾的动作也是精细动作。

精细动作技能 (fine motor skills)：参与细小身体运动（尤其是手和手指动作）的生理能力，如画画和捡起一枚硬币。

嘴部的动作技能的掌握领先手指几个月，熟练地抓脚趾有时比抓住手还要早 (Adolph & Berger, 2005)。但是，手部技能对社会更有价值。所有文化都鼓励手指的灵巧性，所以儿童要练习手指动作。相形之下，熟练地吐唾沫或咀嚼则不会被称赞；即使善于用口香糖吹泡泡，也只能被别的孩子钦佩而已。

说到手指技能，新生儿已表现出了强有力的抓握反射，但是他们还不能对手和手指加以控制。头两个月的婴儿对悬挂在头上、触手可及的摇摆的东西会一边兴奋地盯着看，一边挥舞手臂。3 个月大时，婴儿能触碰这样的物体，但他们还不能抓住并拿稳，除非把东西放在他们手里，部分原因是他们的手眼协调能力有限。

感觉繁荣期 人类这种动物在出生时就具有了几乎所有的感觉机能，但是动作技能发展得很慢。这个多伦多男孩喜欢尝和咬这个用来看和抓的玩具，尽管他还不能自己坐起来。

4 个月大时，婴儿偶尔会抓东西，但做出动作的时机往往不对：攥住的时间不是太早就是太迟。后来到 6 个月大时，由于能全神贯注的仔细凝视，多数婴儿都能碰到、抓住并拿住在触手可及的范围内的东西。有些婴儿甚至能把一个东西从一只手倒到另一只手里。几乎所有的婴儿都能拿住一个瓶子，摇摇铃，拽姐姐的辫子。一旦能抓，婴儿会热心地练习这一动作：“从 6 个月到 9 个月，对那些出现在手臂可及范围内的各种小东西，够拿似乎成了一种强迫行为”(Atkinson & Braddick, 2003, p. 58)。

在 1 岁末到 2 岁时，手指技能得以增强，因为婴儿已掌握钳形抓握动作（可用拇指和食指捡起小物品），并且能自己吃饭（先用手，再用手指，最后用餐具）(Ho, 2010)。在第二年里，抓握动作更有选择性。学步儿学会了什么时候不能拉拽姐姐的辫子、妈妈的耳环或爸爸的眼镜。不过，当你读到第六章时就会看到，“小科学家”的好奇心会战胜这种自我抑制。

（三）文化差异

所有健康的婴儿都会以相同的次序完成其技能发展，但是学会技能的年龄有所不同。“大约在此时”表格中显示了大动作技能的年龄常模，数据来自美国婴儿的大型的、代表性的多族群样本。当把婴儿按族群分组时，非裔美国人通常早于拉丁裔美国人，而拉丁裔美国人又早于欧裔美国人。从全球来看，非洲婴儿走路最早，许多营养良好、身体健康的婴儿在 10 个月大时就会走路了。最晚会走路的可能是法国婴儿。

什么原因造成了这种差异？基因的作用不仅在族群差异得到了证明，而且在双生子研究也被证明了，同卵双生子比异卵双生子更可能在同一天会走路。婴儿在掌握动作技能方面的策略、努力程度和专注度有惊人的个体差异，这些差异在某种程度上也被认为是与生俱来的 (Thelen & Corbetta, 2002)。

观察小测验　在这些技能中，哪些在习得年龄上差别最大？为什么？（答案见第 167 页）

大约在此时

大动作技能的年龄常模／月龄

技能	50% 的婴儿掌握此技能的年龄	95% 的婴儿掌握此技能的年龄
坐，头部稳定	3	4
坐，无须支持	6	7
扶着站立	9	10
独自站立	12	14
正常走	13	15
向后走	15	17
跑	18	20
跳	26	29

注：年龄常模受文化与年龄群影响。这些数据是美国常模，受测者多数为欧裔美国人。掌握技能的时间早几周或晚几周都不能作为健康或智力的指标。但如果太晚，则应分析其原因。据 Coovadia & Wittenberg, 2004; 基于丹佛量表第二版 (Denver Ⅱ, Frankenburg et al., 1992)

但是对于这种差异，还有比基因更强大的影响因素，正像本章开头的例子描述的那样，文化模式影响着各种感觉与动作技能的习得。例如，如果文化与环境条件允许婴儿大量使用一些早期反射，它们就不会消失。这表现在腿（踏步反射）、手（抓握反射）和爬（游泳反射）等动作中。感觉和动作技能是一个复杂的、包括实际应用在内的动力系统的一部分 (Thelen & Corbetta, 2002)。营养也会导致差异：营养不良和过于肥胖的儿童的动作技能都发展缓慢。

跨文化研究发现，一些养育者（包括曾照看我小女儿的牙买加人托德太太）给他们的婴儿提供了有节奏的身体拉伸练习，作为日常护理的一部分，这些婴儿是世界上最早学会走路的婴儿 (Adolph & Berger, 2005)。另一些文化不鼓励甚至会阻止婴儿爬行或走路。印度尼西亚巴厘岛的居民从来不让他们的婴儿爬行，因为婴儿被认为是神圣的，而爬行是动物干的事 (Diener, 2000)。相似的理由还表现在殖民时代的美国，在那些地方，人们让婴儿“扶着凳子站立”，为的是不用坐和爬就能增强腿部力量 (Calvert, 2003)。

与此不同，科特迪瓦的 Beng 族人为他们的婴儿会爬而自豪，而且至少在 1 岁前，他们不让孩子走路。禁止孩子走路的一个原因可能与节育有关，Beng 族人的新生儿母亲在孩子会走路之前不能重新开始性生活，尽管 Beng 族人自己也不一定意识到了这中间的联系。

动作技能发展的快慢存在差异很正常，但在同一族群中，如果婴儿的动作技能与常模相比发展太慢，就值得注意了，对视觉、听觉和运动困难的早期矫治比较晚发现再矫治要容易得多。应该记住，感觉与动作技能是一个动力系统：如果系统的一个方面落后，其他方面也可能受此影响而落后。另一方面，刚学习走路的婴儿去够拿那些触手可及、但过去拿不到的小东西的行为对他们是一种激励，养育者对此应该留心。

小 结

婴儿出生时已有五种感觉机能（看、听、嗅、尝、触），听觉远超过视觉，原因可能和经验有关：胎儿能听到的比能看到的多得多。出生后，新生儿视觉发展迅速，导致双眼视觉能力在大约14周形成。新生儿的痛觉不如成人敏感，用糖水常可止痛。对婴儿的痛觉需要更多研究以便减轻他们的疼痛。1岁的婴儿可以对来自感官的所有刺激做出反应；敏感的知觉和对熟悉物的偏好已经非常明显。各种感觉的共同作用使人的互动更加协调。

动作技能开始于反射，但很快就扩展到身体的各种动作中。婴儿先会抬头，之后会坐、站立、走和跑。感觉和动作技能在一个动力系统中相互作用，其中每一种能力都影响着其他所有能力。技能受制于遗传和成熟时间表，但也受到经验、养育者指导和文化的有力影响，练习对不成熟的婴儿和体重过重的婴儿尤其重要。精细动作技能，特别是手部技能，在两岁前逐渐成熟，但还需多年的练习，才能做出成人普遍会做的简单动作。■

>>观察小测验（第166页）答案 婴儿习得跳起这个技能的年龄范围相差三个月。其原因是婴儿在习得某种技能时年龄越大，受文化的影响也越大。

四、健康地生存

虽然没有准确的统计资料，但是在1950—2010年，全世界至少有100亿个婴儿出生。其中20亿在5岁以前死亡。20亿看起来太多了，但是由于缺少公共卫生措施，相当于这个数字2倍的人口在5岁以后死亡。据我们所知，在过去的几个世纪，超过一半的新生儿在婴儿期即死亡。

到了21世纪，大多数婴儿能活到成年期。在卫生状况最好的国家，出生一个月成活的人（患重病和体重最轻的新生儿可能死亡）能活到15岁，而且大多数能活到几十年以后。即使在最贫穷的国家，几十年前还有一半的儿童会死亡，但是现在，有3/4的儿童能活下来（见表5.1）。

1990年以来，全世界5岁以下儿童的死亡率平均每年下降2% (Rajaratnam et al., 2010)。公共卫生状况的改善（清洁饮用水、营养丰富的食品、免疫）是生存状况改进的主要原因，它反过来又带来了其他进步——出生率下降，饥饿情况减少，受教育水平提高。如果卫生事业不发达地区能有更多的医务人员，情况还会进一步好转：将使婴儿的死亡率很快下降15%（主要由于更健康的分娩和更好的免疫），并在几十年内下降50%（主要靠社会在预防疾病方面的进步）(Farahani et al., 2009)。

目前广泛应用的一种治疗方法是口服补液疗法（给腹泻病儿补充水分和热量），每年挽救了300万儿童的性命。这些儿童大多在发展中国家，但是口服补液

表 5.1 一些国家 5 岁以下儿童的死亡率

国家	每 1000 名 5 岁以下儿童的死亡人数	国家	每 1000 名 5 岁以下儿童的死亡人数
新加坡	3**	美国	8*
冰岛	3**	俄罗斯	12*
瑞典	3**	墨西哥	17**
日本	3**	巴西	21**
意大利	4**	越南	24**
西班牙	4**	菲律宾	33**
澳大利亚	5*	印度	66**
英国	6*	尼日利亚	138*
加拿大	6*	塞拉利昂	192*
新西兰	6*	阿富汗	199

* 1990 年以来至少减少了 1/3。

** 1990 年以来减少了一半或更多。

据 You et al., 2010

本表显示了联合国 192 个成员国中的 21 个国家每 1000 个 5 岁以下儿童中的死亡人数。1990 年以来，大多数国家都取得了明显进展。只有在战火使家庭破碎、公共卫生事业中断的国家（如阿富汗），这一统计数字才没有改进。

在发达国家也拯救了很多儿童的生命 (Spendorfer et al., 2005)。

在非洲，每年有 100 万人死于疟疾，其中多数是营养不良的儿童。及时的药物治疗可以挽救生命，但是很多死者生活在医疗条件很差的地方。此外，原来的一些抗疟疾药物不再有效 (Kun et al., 2010)。一个新方法已使疟疾死亡率下降了 50%，这就是挂蚊帐法，在睡觉的地方悬挂蚊帐以防蚊虫 (Roberts, 2007)。更好的药物也是急需的。

（一）免疫

免疫 (immunization)：通过抗体使人免于生病的过程。免疫可以在人患病后幸存而自然发生，或采用医学手段，给人注射少量病毒以刺激抗体产生而使人获得免疫机能。亦称接种 (vaccination)。

目前还没有疟疾疫苗，但是麻疹、腮腺炎、百日咳、天花、肺炎、小儿麻痹症和轮状病毒不再能每年把成千上万的儿童置于死地，因为定向**免疫**能使人体免疫系统抵抗某种疾病。除了清洁的饮用水之外，对于降低人类死亡率来说，免疫（又称接种）被认为是比其他所有公共卫生干预都有力的手段 (J. P. Baker, 2000, p. 199)。

当人接触一种传染病时，他们的免疫系统能产生一种抗体，防止发病。在未患病的健康人身上，一种疫苗——少量不活跃的病毒（通常是在手臂上注射）——会激活同样的抗体。（附录A附有美国推荐的各种免疫程序。其中列出了每个国家向婴儿推荐的大多数疫苗。但是各地的特点不同，养育者需要向当地卫生保健部门咨询。）

1．巨大的成功

免疫的巨大成功表现在以下几方面：

- 天花，过去曾经是对儿童最致命的疾病，1971年在全世界被根除。现已不需要用疫苗来预防天花。
- 脊髓灰质炎，一种导致残疾甚至死亡的疾病，现已罕见。美国为根除脊髓灰质炎，从1955年开始推广疫苗接种。2003年，全世界总共报告了784个病例。同一年，在尼日利亚北部，因有人散布流言而中止了疫苗接种，导致脊髓灰质炎复发，2005年有1948人患病，几乎是西部非洲的所有患病人数。后来，公共卫生工作者和社区领导人通过大力宣传，促进了免疫工作的开展，使尼日利亚的脊髓灰质炎的发生率直线下降。同时，南亚地区的贫穷和新的冲突妨碍了免疫，结果2009年全世界报告的1606例脊髓灰质炎病例大部分来自阿富汗、印度和巴基斯坦 (MMWR, May 14, 2010)（见图5.7）。

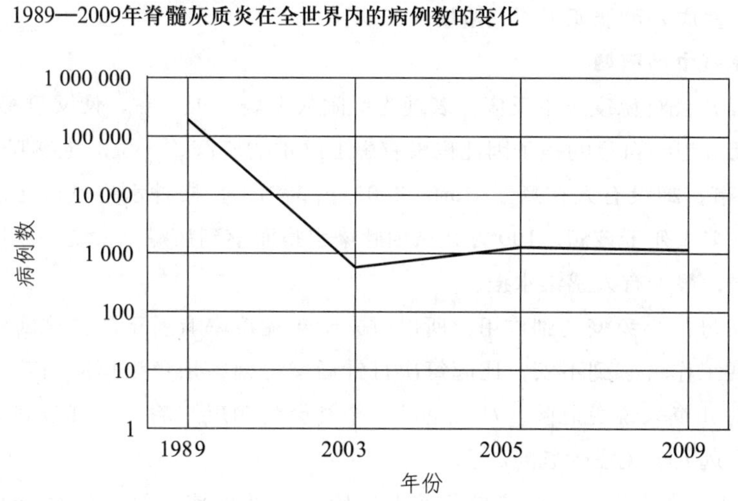

图 5.7

还不是零！ 很多公共卫生事业的倡导者都希望脊髓灰质炎是下一个在全球绝迹的传染病（该病在整个北美已经绝迹）。但是，这张图显示，脊髓灰质炎的发生率在2003—2005年发生了令人沮丧的增长。

观察小测验 1989—2003年，脊髓灰质炎的病例是否减少了一半？（答案见第170页）

- 麻疹（不是风疹）已经消失，这要感谢1963年研制出的疫苗。在那以前，仅美国自己，每年的病例就达三四百万（美国疾病预防控制中心，2007）。2010年，美国只有61人患麻疹，其中多数出生于未实行全面免疫的国家 (MMWR,

January 7, 2011）。

■ 2006 年，一种可抗击轮状病毒的疫苗面世，该病毒可导致严重腹泻。在此之前，美国每年大约有 35 个儿童因感染轮状病毒而死亡，但现在，这个数字正在下降 (Pitzer et al., 2009)。由于技术和经济原因（该疫苗相对较贵，每剂约 30 美分），该疫苗目前还没有在发展中国家广泛应用。每年大约有 50 万儿童死于轮状病毒 (Santosham, 2010)。

免疫不仅可以使儿童预防急性病，而且可以预防严重的并发症，包括失聪、失明、不育症和脑膜炎。有时，疾病造成的损害当时并不明显，几十年后才表现出来。例如，儿童期腮腺炎可能导致不孕不育，并使患精神分裂症的危险加倍 (Dalman et al., 2008)。

此外，每个注射了疫苗的儿童都不再传播疾病，因此保护了他人，这种现象被称为*群体免疫*（herd immunity）。有些人不能安全地免疫，包括：(1) 胚胎期母体曾患风疹（德国麻疹），出生时可能失明、耳聋或有脑损伤；(2) 新生儿，可能因患一种病而死亡，但该病在儿童期的影响则比较轻微；(3) 免疫系统受损的人（因为艾滋病、年龄或正在化疗）。如果这些人所在的社区（群体）有 90% 的人已经做了免疫，这些人将受到保护，因为疾病不会传播给那些易感者。如果没有群体免疫，一些成人可能死于“儿童期”疾病。

2. 免疫中的问题

有些婴儿会对免疫产生反应，表现为哭闹或发烧一天左右，使父母感到苦恼。但是父母没有想到自己的孩子因此也没有患上严重的疾病。一位医生感叹道：“做了对的事，却没有人在意”(Bortz, 2005, p. 389)。在接种水痘疫苗之前，美国每年有 100 多人死于该病，100 万儿童因感染水痘而感到瘙痒、发烧一星期。现在已无人死亡，很少有人感染水痘。

很多父母担心免疫的副作用，所以过去十年免疫率有所下降。这使公共卫生人员和发展工作者感到不安，比起每次打针后父母因害怕免疫反应而苦恼，流行性传染病对儿童来说更危险。从长远的、全社会的角度来看，发展学家认为，传染病的危险远大于免疫的危险。

医生们一致认为，疫苗“是公共卫生历史上性价比最高、最有效的干预措施”，并且感叹，这种成功并没有使父母、医生和政府保持清醒 (Hannan et al., 2009, p. S571)。关于麻疹、腮腺炎和风疹的联合疫苗导致孤独症的假设已被反复证明是不成立的 (Mrozek-Budzyn et al., 2010; Shattuck, 2006)。（关于孤独症将在第十一章讨论）。

>>观察小测验（第 169 页）答案　不对，情况比减少一半好得多。注意，该图采用的是对数量度，2003 年的发生率还不及 1989 年的 1%。

免疫的最大问题是尚无有效的疫苗可用于预防艾滋病、疟疾、霍乱、伤寒和志贺氏菌病，而这些都是在发展中国家流行的毁灭性疾病。另一个问题是，世界上的广大农村地区尚无足够的公共卫生服务，这导致每年有 200 万 ~300 万儿童因未能接种疫苗而死于白喉、破伤风和麻疹 (Mahmoud, 2004)。这一问题在所有国家都可能发生。不及时和不完全的免疫导致2010年美国加利福尼亚州一些农场家庭的婴儿因百日咳而死亡的事件，这提示加利福尼亚州要对流行病发出警告(McKinley, 2010)。婴儿没有免疫是保健工作疏忽的结果。

（二）营养

近年来，世界各地的婴儿死亡率有所下降，其中几个原因已经提过了：婴儿猝死率减少（如第一章所述），孕期与新生儿保护的改进（如第四章所述），以及上面刚讲过的免疫。另一个因素是可导致巨大差异的营养的改善。

1．母乳喂养是首选

在理想情况下，营养是从*初乳* (colostrum) 开始的，这是新生儿出生时母亲乳房分泌的较浓而高热量的乳汁。大约三天后，母亲的乳房开始生成母乳。在化学成分上，人奶和牛奶相比较清淡，温度和体温相同，含有丰富的铁、维生素和大脑及身体发育所需的其他营养 (Drover et al., 2009)。

纯母乳喂养的婴儿较少生病。在婴儿期，这是一个事实，原因是母乳提供了抵抗母亲已免疫的疾病的抗体，降低了各种过敏症和哮喘病的危险。这种对疾病的抵抗力可能让孩子终生获益，因为由母乳喂养的婴儿成年后较少有肥胖的问题，也较少患糖尿病和心脏病。

母乳对早产儿尤其具有保护作用；如果一个早产儿的母亲不能提供母乳，医生会建议用别人的母乳来喂养 (Schanler, 2011)。（女性在分娩后，乳房只要受到挤压，就会持续生成乳汁；分娩后生成乳汁的时间可长达几年。）

母乳中的特殊脂肪和糖分使之更容易消化，而且比任何营养成分都有利于脑发育 (Drover et al., 2009; Riordan, 2005)。母乳的营养成分会根据婴儿的年龄进行调整，因为早产儿所需的营养和较大婴儿所需营养不同。母乳的质量会根据需要而提高：如果双胞胎甚至三胞胎能够连续几个月完全吃母乳，他们会发育得更强壮。实际上，母乳的优势超过了对其营养成分的分析结果（见表5.2），以至人们会对研究的有效性提出质疑。母乳喂养具有什么更好的、未检验到的好处，才导致了这种良好的结果？

在美国，采用母乳喂养的父母更可能是已婚者、大学毕业或者是移民 (Gibson-Davis & Brooks-Gunn, 2006)。这几个变量能间接解释母乳喂养的优势吗？也许在某种程度上可以，但是证明母乳喂养本身就有益的证据显然占压倒性优势。

配方式喂养仅适于一些特殊情况，如母亲为艾滋病阳性、使用有毒的或致瘾的药物。但是即使在这种情况下，也推荐用无辅食的母乳。在非洲的一些国家，艾滋病阳性的妇女被鼓励用母乳喂养，因为她们的婴儿感染艾滋病的危险低于用奶瓶喂养导致感染、腹泻、营养不良而死亡的危险 (Cohen, 2007; Kuhn et al., 2009)。儿科医生认为，“一个明确而无可争议的事实是，人奶是1岁以内婴儿的最佳营养物” (Wagner et al., 2008, p. 1148)。

表 5.2　母乳喂养的好处

对婴儿	对母亲	对家庭
营养的平衡（脂肪、蛋白质等）可根据婴儿年龄调节	容易形成母子纽带	增大了其他孩子生存的可能（因为怀孕间隔）
母乳中有营养成分表中未发现的微量营养素	降低患乳腺癌和骨质疏松症的危险	提高了家庭的可支配收入（因为营养配方奶粉和医学保健昂贵）
婴儿较少患病，如过敏、耳部感染、肚子痛等	在进行纯母乳喂养的几个月中可自然避孕	减轻了父亲的压力，尤其是在夜间
儿童期较少患哮喘病	乳房刺激的快感	
儿童期视力较好	因满足了婴儿的基本需要而愉快	
成年期后较少患病，包括糖尿病、癌症、心脏病	不需要营养配方奶粉，不需要杀菌	
因母乳中含有抗体，儿童期抵抗力较强	带孩子出行更方便	
下颌更有力，蛀牙较少，较强的呼吸反射，婴儿猝死综合征较少		
智商较高，较少辍学，更可能上大学		
青春期开始较晚，青少年期较少怀孕		
12 岁时较少患肥胖症或多动症		

据 Belin & Hnany, 2008; Riordan & Wambach, 2009; Schamler, 2011; U.S. Department of Health and Human Serrices, 2011.

由于这些原因，世界各地的医生都推荐采用纯母乳喂养，但是添加辅食的时间究竟是在 4 个月还是在 6 个月，仍有争论 (Fewtrell et al., 2011)。要想成功地进行母乳喂养，母亲们也需要进行一些学习（如怎样锁住和放开奶水），而且在开始几周里会出现一些疼痛（因乳头皲裂）。来自家人（尤其是新爸爸）的支持是非常重要的。

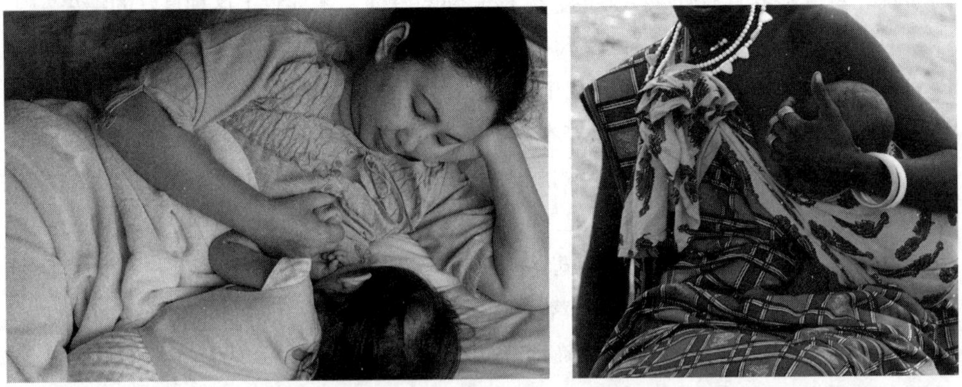

相同情境，相隔万里　母乳喂养非常普遍。如果在过去的几千年里我们的女性祖先没有成功地用母乳喂养她们的婴儿，我们当中就没有人会存在。当前，世界各地都在应用母乳喂养，但它已不是唯一的喂养方式，而且每一种文化都有其特殊的方式。

观察小测验　你能否看出这两位分别来自亚洲和非洲的采用母乳喂养的妈妈有哪三点不同？（答案见第 174 页）

研究个案

母乳喂养的吉亚娜差一点死了

"今年早些时候，伊恩·巴罗认为他10个月的女儿吉亚娜患了严重的流感，于是带她去了急诊室。医生马上看出了一些更严重的情况：吉亚娜的骨头软、心脏大、器官功能接近于关闭。诊断结果令人吃惊：吉亚娜患有佝偻病。在美国癌症研究所担任技术人员的巴罗不禁感到惊诧，'佝偻病不是已经消失了吗？'"

(Stokstad, 2003, p. 1886)

佝偻病是严重缺乏维生素D导致的，这是人体对阳光做出自然反应而生成的一种维生素。浅肤色的成人只需每周三次、每次在阳光下待几分钟，就能造出人体所需的维生素D。佝偻病容易出现在很少进行户外游戏的儿童中，因此要在牛奶中加入维生素D。佝偻病在年长的儿童中已很少见，但这种病并没有消失：纯母乳喂养的6—18个月大的婴儿是高危人群。佝偻病是最坏的结果，但是各个年龄的人们都可能缺乏维生素D，导致免疫力降低，身体缺少能量 (Wagner et al., 2008)。

很多当代的母亲因为害怕孩子以后得癌症，而不让婴儿的皮肤直接暴露于阳光下。还有很多人相信，母乳喂养能给孩子提供足够的营养。但是，如果这种观念妨碍了婴儿摄取维生素D（88%的美国母亲不给孩子补充维生素D），严重缺乏该物质的情况就可能发生 (J. A. Taylor et al., 2010)。

一些学者"谴责公共卫生专家要求女性采用母乳喂养，但不强调补充营养的必要性。使他们感到更加愤怒的是，有人建议，6个月以下的婴儿不要待在阳光下，以降低癌症风险" (Stokstad, 2003, p. 1887)。很多儿科医生不给采用母乳喂养的母亲开维生素D，即使开，也有一半的母亲不接受医生的建议。其实，只需一次验血就可查明婴儿体内的维生素D含量；很多婴儿无须补充剂量，但另一些婴儿需要，以防止佝偻病的发生。

女儿患了佝偻病使伊恩·巴罗非常震惊。他知道孩子应该接受母乳喂养，他也为妻子确实这样做了而感到骄傲。然而，他不知道佝偻病仍可能发生，也不知道吉亚娜的深色皮肤意味着她需要更长时间的日光浴。幸好，这个案例的结局还不错，因为这位警觉的父亲发现有什么不对头，带女儿来看急诊，医生很快做出了诊断，并且开了维生素D。吉亚娜不但活了下来，而且后来变得很壮实。

专家们仍在争论一个人到底需要多少维生素D。2008年，美国儿科医学院把他们建议的剂量增加了一倍，从每天200单位升到每天400单位 (Wagner et al., 2008)。但并非每个医生和父母都同意这样做 (J. A. Taylor et al., 2010)，但是"伊恩·巴罗说他会让吉亚娜和她弟弟花更多的时间在外面玩" (Stokstad, 2003, p.1888)。没有专家否认母乳是最好的，但是那并不意味着接受母乳喂养的婴儿拥有了他们所需要的全部营养。

根据世界卫生组织的建议，母乳喂养的时间应该在一年或一年以上，其间至少要从6个月开始添加一些易消化的辅食。可能还需添加一些维生素，来看下面的个案。

母乳喂养明显减少了婴儿患病和死亡的比例。在美国，婴儿出生时的母乳喂养率达到75%，6个月时（多数开始配以其他辅食）为46%，1岁时（开始全部添

>>观察小测验（第 172 页）答案　婴儿的年龄、背景和母亲的态度。亚洲母亲（左侧）是在医院的病房里，似乎在琢磨她喂孩子的方式对不对。非洲的母亲看上去很自信和满足，因为她在室外给孩子喂奶，她很喜欢这种社会场景。

加其他辅食和饮料）为 22% [见图 5.8（彩）]。发展学家和公共卫生人员都希望比例能再高些（美国卫生和公众服务部，2011）。在全世界，大约有一半的 2 岁儿童仍然在吃奶，通常是在夜间。

母亲喂奶的时间长短在很大程度上受到孩子出生第一周喂奶经验的影响，在这一周里，母亲特别需要旁人的鼓励和实际帮助 (DiGirolamo et al., 2005)。在理想情况下，医院护士应该每周到家里随访一次；这样的随访（在有些国家是常规性的，另一些国家则没有）可以提高母亲们继续进行母乳喂养的可能性。

2. 营养

蛋白质－热量营养不良 (protein-calorie malnutrition)：人未能摄入任何类型的足够食物的状况。这种剥夺可能导致严重疾病、体重锐减，甚至死亡。

发育迟缓 (stunting)：儿童因严重、长期的营养不良而发育缓慢，身高与体重明显低于年龄平均值。

当一个人没能摄入足够的食物以维持正常生长时，就会发生**蛋白质－热量营养不良**。这种营养不良大多发生在来自第三世界的发展中国家的儿童身上。他们往往**发育迟缓**，和同龄人相比，身体瘦小，因为长期营养不良使他们不能正常发育（世界银行，2010)。发育迟缓在最贫穷的国家最为普遍（见图 5.9)。

世界各地区5岁以下儿童发育迟滞的比例（2000—2010）

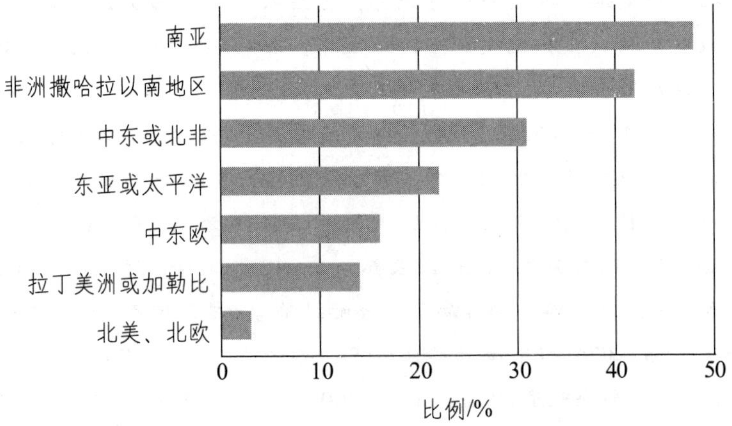

图 5.9

是遗传性的吗？　图中数据显示，发展中国家的很多儿童仍不具备基本的营养条件。很多评论家认为，亚洲儿童一般比较瘦小，西方国家的常模使印度和非洲儿童比他们的实际情况更加发育迟缓。然而，在北美出生并长大的亚裔和非裔儿童与欧裔儿童身高相仿。这说明，是营养不良而不是基因导致了全世界大多数的发育迟缓现象。

据联合国儿童基金会，2011。

消瘦 (wasting)：因营养不良导致的儿童体重严重低于其年龄的平均值。

营养不良的另一个更差的结果是**消瘦**，指儿童体重远远低于他们的年龄和身高（比平均数低 2~3 个标准差)。在很多国家，特别是东亚、拉丁美洲和中欧的一些国家，儿童营养在过去的几十年里有了巨大改善；但是在另一些国家，主要是非洲，消瘦现象从 2000 年以来在增加。南亚几个国家儿童的营养不良的比例较高，有一半的 5 岁以上儿童发育迟缓，且有近一半的 5 岁以下儿童属于消瘦儿童（世界银行，2010）。

判断一个儿童营养状况的常用方法是把其身高和体重与常模相比较，这一常模可见图 5.10 和附录 A。百分位数比绝对数更能说明问题。一个儿童可能只是一般地矮小或消瘦，但是在出生后的前两年内其百分位数若在降低（处于最低的 3%），则是一个不良的预兆，这总是营养不良的信号。

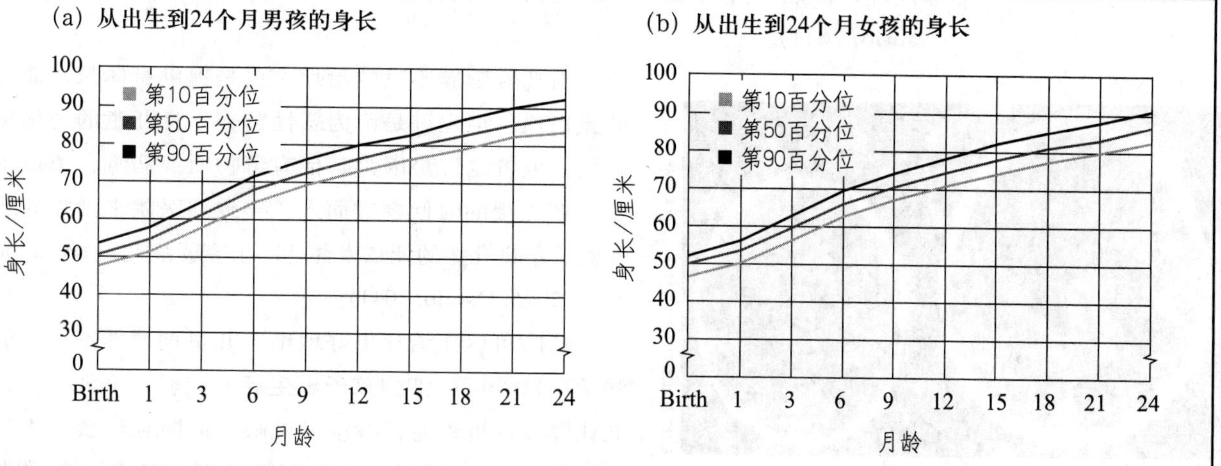

图 5.10

性别差异　男孩和女孩几乎是以相同的生长速率走过儿童期的——直到 11 岁左右。彼时，女孩的发育暂时快于男孩。把这些图和体重发育的图相比较，可以发现到 2 岁时，遗传的生长模式已被营养过剩和营养不良破坏。

我们还记得，儿童间有族群差异。例如，印度儿童的平均身高比北欧儿童矮得多，说明很多看似“发育迟缓”的印度儿童并不一定真的营养不良。但是其父母从印度移民来北美、其本人出生在北美的儿童的身高往往超过其父母——这是一个信号，说明他们的父母曾经营养不良。

长期营养不良的婴儿和儿童可能遭受以下三方面的损伤（世界银行，2010）：

1) 大脑可能发育不正常。如果营养不良一直持续并影响了身高，那么也会影响大脑。
2) 营养不良的儿童缺乏身体储备以抵抗常见疾病。儿童期死亡案例中的一半是由于营养不良导致儿童期的致命疾病。
3) 一些疾病直接由营养不良导致。

直接由营养不良导致的最严重情况是**衰弱**。它造成了发育停止，身体组织损坏，导致婴儿死亡。预防衰弱的措施早在怀孕时就应该开始，要给孕妇良好的营养。要按照指导建议进行母乳喂养（每天 10 次以上），频繁地检查、监控婴儿的体重，以防止衰弱的发生。出现“毫无生气”信号的儿童（体重不增长）应及时

衰弱 (marasmus)：婴儿早期因蛋白质－热量营养不良导致的疾病，表现为婴儿停止发育，身体组织损坏，最终死亡。

送医，在大脑受到损伤之前进行治疗。

恶性营养不良 (kwashiorkor)：儿童期长期营养不良导致的疾病，缺乏蛋白质导致儿童对其他疾病（如麻疹、痢疾和流感）的抵抗力减弱。

1 岁以后的营养不良可能导致**恶性营养不良**。具讽刺意味的是，这个词的原意是“新孩子出生导致的大孩子的疾病”——因为大孩子只能停止吃奶，较少受到关注。尽管缺乏蛋白质可能不是恶性营养不良的唯一原因，但是其所导致的症状不容小觑：生长缓慢，肝脏损害，免疫系统弱，脸部、腿部和腹部浮肿，体能下降（很少玩游戏），头发稀疏、易断、颜色浅，皮肤上有斑点 (Osorio, 2011)。

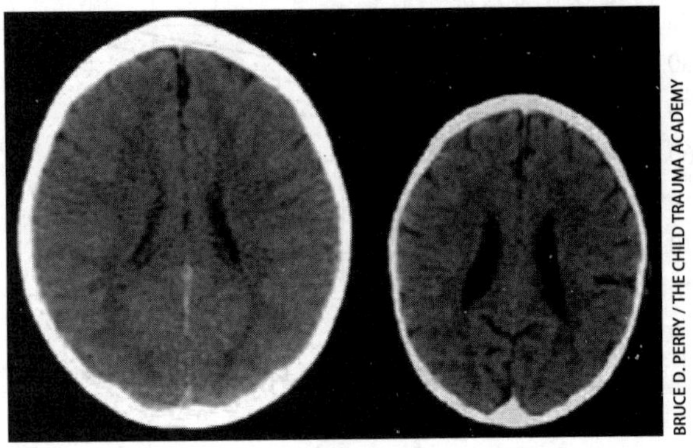

影响一生的剥夺　本图显示了忽视在大脑发育中的负面影响。左图是对 3 岁健康儿童的 CT 扫描所得的头部大小的平均结果（第 50 百分位）。右图是在儿童期遭受严重感觉剥夺忽视的三个儿童之一的脑剖面图。每个遭受剥夺的儿童的脑都显著小于平均值，皮层发育都不正常（皮层萎缩），还有脑发育的其他异常。

对恶性营养不良的治疗主要是提供身体长期缺乏的蛋白质。但也许是因为恶性营养不良儿童的消化机能弱，或者也许是因为其他有毒物质或病毒在免疫系统发育迟缓的时候乘虚而入，导致到医院来治疗的恶性营养不良儿童的死亡率往往高于衰弱症儿童 (Badaloo et al., 2006; Osorio, 2011)。

预防可以比治疗更好地结束儿童期营养不良。加强孕期营养可以抵御孩子出生后的衰弱；母乳喂养也能让婴儿抵抗衰弱；继续母乳喂养同时在辅食中添加铁和维生素 A 可预防儿童期恶性营养不良。对非洲两个贫穷国家（尼日尔和冈比亚）的研究发现了减少消瘦和发育迟缓的几个因素：母乳喂养、父母双方都在家、家里通自来水、砖铺的地面（不脏）、厕所、家里通电、免疫（麻疹、脊髓灰质炎和其他几种病）、一部收音机、母亲上过中学 (Oyekale & Oyekale, 2009)。

对本书的读者来说，上述因素是理所当然具备的。但是还有两件事适用于任何年龄的任何人：(1) 预防的效果好于治疗；(2) 有知识的人更可能懂得保护自己和家人的健康。下一章将继续讨论这些话题。

小　结

多项公共卫生实践每年可挽救数百万婴儿的生命。对儿童进行免疫接种和母乳喂养是简单的挽救生命的措施。这些都被称为公共卫生措施，而不是父母个人的做法，因为它们受到文化和国家政策的影响。

本章的基本论题是：身体健康发育不仅是基因和营养的结果，而且是社会环境的结果，社会环境提供了生长机会——刺激婴儿感觉的催眠曲和移动的物体可促进最初的动作技能的发展，并可预防疾病。发展的每个方面都和其他所有方面相联系，同时，每个发展中的人都和家庭、社会及世界相联系。■

本章总结

一、身体变化

1. 在人生的前两年里，婴儿的身体长高，体重增加，头围变大——这些都是发展的结果。新生儿的体重常模为 3400 克，身长为 51 厘米。4 个月时体重为出生时的 2 倍，1 岁时为出生时的 3 倍，2 岁时为出生时的 4 倍，大约 13.5 千克。婴儿的全面发育即使会暂时放缓，脑重也会持续增加。
2. 在 0—2 岁这两年里，婴儿的睡眠时间会逐渐减少。随着各领域的发展，睡眠模式显示出了多样性，这是天性和教养二者共同导致的。在发达国家，父母与小婴儿一起睡的情况越来越普遍，许多（但不是所有）发展学家认为，一起睡不但无害，而且有益。

二、脑发育

3. 从出生到 2 岁，脑容量从相当于成人脑容量的 25% 快速增长到 75%。随着脑细胞的生长、树突发育和突触形成，脑的复杂性也在增强。繁茂与修剪二者共同促进了认知发展。
4. 经验使树突、突触与神经元相联结。1 岁前，皮层各部分可检测到感觉，动作技能亦逐渐成熟。不常用的神经元将萎缩，该脑区将转而对其他感觉进行加工。所有婴儿都能接收的正常刺激将促成预期型经验的成熟。
5. 大多数依赖大脑发育的经验反映的都是婴儿有差别的文化经验。一个人的大脑和另一个人不同。但是人类共享的基本能力——情绪、语言和感觉——是所有正常婴儿共有的能力。
6. 婴儿的脑按照预定程序发育和成熟，但是过强的压力、身体摇动和刺激缺乏都会伤害婴儿的脑，带来明显的甚至终生的损害。

三、感觉与运动

7. 出生时，感觉已能对刺激做出应答。孕期经验使听觉成为最成熟的感觉。视觉在出生时最不成熟，但是进步很快，14 周时形成双眼视觉。婴儿会利用其所有感觉加强其社交互动。
8. 很小的婴儿已拥有味觉、触觉、嗅觉和动觉，这些感觉都受到社会环境影响。对婴儿痛觉的意见不一致。
9. 随着婴儿的成长和脑的成熟，其动作技能也逐渐进步。大动作技能发展很快，从打滚到坐（约 6 个月），从站立到走路（约 1 岁），从攀爬到跑（2 岁前）。练习和周围人的鼓励影响着大动作技能的发展。
10. 精细动作技能对婴儿来说比较困难，但是婴儿会逐渐形成对手和手指的控制，去抓、够和操纵触手可及的东西。经验、时机和动机使婴儿的精细动作技能获得了进步。

四、健康地生存

11. 过去半个世纪，由于全世界卫生保健事业的改进，尤其是简便易行的口服补液和悬挂蚊帐等手段，大约 200 万婴儿免于死亡。还需要更多的医务人员对那些会导致很多婴儿死亡的疾病进行预防、诊断和治疗。
12. 在发达国家，免疫已使天花绝迹并基本消灭了脊髓灰质炎和麻疹。近年来，一些父母担忧免疫的副作用，但是其社会效益远远大于免疫带来的风险。
13. 母乳喂养是育儿的首选方式，部分是因为母乳可帮助婴儿抵抗疾病，促进他们各方面的发育。出生时大部分婴儿吃母乳，6 个月大时，很多婴儿已不像全世界很多医生推荐的那样仍然吃纯母乳。此时，辅食和维生素是必要的。

14. 严重营养不良会减缓发育，甚至导致死亡，二者的关系可能是直接的，通过衰弱症或恶性营养不良症；也可能是间接的，通过使儿童更容易感染麻疹和肠道疾病或其他疾病。和基因给儿童预先设定的发展结果相比，营养不良将使儿童变得更瘦弱（发育迟缓）。

关键术语

百分位，p145
大动作技能，p163
蛋白质－热量营养不良，p174
动作技能，p163
短暂繁荣，p151
恶性营养不良，p176
发育迟缓，p174
感觉，p159
经验依赖型脑机能，p152
经验预期型脑机能，p152
精细动作技能，p165
快速眼动睡眠，p146
免疫，p168
皮层，p149
前额叶皮层，p150
神经元，p149
树突，p150
衰弱，p175
双眼视觉，p161
头部优先，p145
突触，p150
消瘦，p174
修剪，P151
一起睡，p148
婴儿摇晃综合征，p157
知觉，p160
轴突，p150
自我复原，p159

你学到了什么？

一、身体变化

1. 1 岁以内有什么具体的事实说明了婴儿的快速生长?
2. 为什么婴儿的身高和体重处于第 20 百分位属于正常?
3. 新生儿有多长时间在睡觉和做梦?
4. 赞成和反对母婴一起睡的理由是什么?

二、脑发育

5. 大脑皮层和大脑的其他部分有何区别?
6. 从出生到 2 岁，大脑会发生哪些变化?
7. 哪些因素增强了梭状回面孔区的知觉准确性?
8. 修剪怎样增强了大脑的潜力?
9. 经验预期型脑机能和经验依赖型脑机能之间有何区别?
10. 应激激素对早期大脑发育有何影响?
11. 在婴儿哭的时候，养育者应该想到关于婴儿大脑发育的哪些问题?

三、感觉与运动

12. 知觉与感觉之间有何关系?
13. 婴儿会注意哪些特殊的声音和图案?
14. 婴儿在出生第一年里的视觉有哪些变化?
15. 婴儿感受到的痛觉不如成人那么强，这说明什么?
16. 在婴儿大动作技能的发展中，哪些是普遍性的，哪些是与文化有关的?
17. 婴儿期有哪些精细动作技能得到了发展?

四、健康地生存

18. 为什么公共卫生医生希望全世界的所有婴儿都接受免疫接种?
19. 主张或反对婴儿吃母乳到 1 岁的理由各是什么?
20. 营养不良与疾病之间有何关系?
21. 在反映营养不良的指标中，说明发育较好、发育迟缓和消瘦的指标是什么？为什么?

应　用

1．部分出于社会和政治原因，关于免疫的规定和实际做法在各地是不同的。请找至少两个学院行政人员问问，他们学院的学生要接受什么免疫，为什么？如果他们回答“那是法律规定的”，就问问这样的法律为什么正确。

2．在商场、儿童游乐场、公共汽车等地观察三个你不认识的婴儿。仔细看看他们的身高和动作技能，尤其是每个孩子控制腿和手的情况如何。根据这些情况猜猜孩子的月龄，然后问问带孩子的人，孩子有多大。（多数养育者知道孩子的准确年龄，也愿意告诉你。）

3．这道题可以由你独立完成，但几个同学合作的效果更好。问3~10个成人，他们小时候是吃奶粉还是吃母乳，如果吃母乳，吃了多长时间。如果有人说不知道，或不愿意回答，结果就没有价值了。你发现了成人的高矮与婴儿期的喂养之间有何关系了吗？

第六章

0—2岁的认知发展

你将学到什么？

1. 为什么皮亚杰的感觉运动智力理论没有被普遍承认是富于启发的理论？
2. 哪些因素影响着婴儿在会说话之前关于自身经历的记忆？
3. 婴儿是在什么时候和怎样学说话的？

我的姨父亨利曾经吹嘘，说他在他的三个儿子会说话之前什么也没做。他可能找到了不给孩子换尿布、拍嗝儿和洗澡的托词，但是他在婴儿认知的问题上说错了。婴儿从出生第一天就是很聪明的；他们会思考周围的人和事物，早在会说话之前就能和人们沟通。姨父的三个儿子长大以后都和他们的母亲、我的安娜姨妈很亲近，而且他们都会和自己的孩子互动，比他们的父亲亨利与他们的交流多得多。显然，他们是更称职的父亲。本章介绍的研究将会解释这是为什么。

新生儿看上去什么也不知道。可是两年后，他们已经学会了许愿，并且能把心愿大声说出来，还能吹灭他们的生日蜡烛。广大的发展学家都在考察这种快速的进步。我们将从皮亚杰开始说起，介绍他对儿童 0—2 岁智力发展的六阶段划分，以及他对早期认知发展的总体看法。然后我们将介绍另一个流派（信息加工）颇具吸引力的研究，他们采用了习惯化和大脑扫描方法揭示儿童在会说话之前的记忆和沟通。关于早期智力发展的最富于戏剧性的证据——亨利姨父应该听听——将在后面介绍。本章的最后一个问题可能是最重要的：早期认知方面的成就，特别是语言，是怎样发生的？本章的内容可以给养育者很多启发，而亨利姨父对此几乎一窍不通。

一、感觉运动智力

第二章曾讲到，让·皮亚杰是瑞士心理学家，生于 1896 年。他“无可争辩地被认为是认知发展心理学产生以来最有影响的研究者”(Birney et al., 2005, p. 328)。皮亚杰年轻时，大多数学者都认为婴儿只会吃、哭和睡，不会学习和探索。和世俗的看法（包括亨利姨父）相反，皮亚杰意识到，婴儿是主动的学习者，能适应他们的经验。这种领悟获得了科学观察的支持，它使皮亚杰成了广受尊敬的发展学家。

皮亚杰认为，适应是智力的核心。他提出了四个认知阶段，第一个阶段为0—2岁，词和思维变成了符号，而不仅仅是标签。最后一个阶段发生在青少年期，是形式运算思维阶段。

感觉运动智力 (sensorimotor intelligence)：皮亚杰提出的术语，描述在认知发展的第一阶段，婴儿使用感觉和动作技能进行思维的方式。

皮亚杰把出生前两年的认知称为**感觉运动智力**，因为婴儿是通过感觉和动作技能来学习的，而感觉和动作技能在出生前就开始发展了，并在婴儿期得以持续，在第四章和第五章已经介绍过。感觉运动智力还可以划分为六个子阶段（见表6.1）。

表6.1　感觉运动智力的六个阶段

概览感觉运动思维的各阶段，把六个阶段分为三对更便于理解。前两个阶段主要涉及婴儿对自己身体的反应	
一级循环反应	
阶段一（0—1个月）	反射：吸吮、抓握、凝视、倾听
阶段二（1—4个月）	最初习得的适应：对反射的顺应和协调 例如：吸吮橡皮奶嘴和吸吮乳头的方式不同；抓起一只瓶子吸吮
第三和第四阶段涉及婴儿对客体和人的反应	
二级循环反应	
阶段三（4—8个月）	让有趣的事情持续下去：对反射的顺应和协调 例如：当妈妈说“你拍一，我拍一”时也会拍手
阶段四（8—12个月）	新的适应和预期：对人和物的反应更主动、更有目的性 例如：把妈妈的两只手合在一起，让她跟自己玩拍手游戏
最后两个阶段最富于创造性，先用动作，再用头脑	
三级循环反应	
阶段五（12—18个月）	凭借实验性动作获得新意义：在“小科学家”行动中做实验，表现出创造性 例如：把玩具熊拿进厕所让它坐马桶
阶段六（18—24个月）	通过心理联结获得新意义：做事前先思考，不经尝试—错误就想出达到目的的新办法 例如：上厕所前，想起上次尿在外边让妈妈很生气，于是更加小心

一级循环反应 (primary circular reactions)：感觉运动智力的三种循环反应之一，以婴儿自己的身体为对象。婴儿能感觉到运动、吸吮、声音和其他刺激，并尝试理解它们。

（一）阶段一和阶段二：一级循环反应

在感觉运动智力的每个方面，大脑和感觉不但与经验相互作用，而且每个方面都与动力系统的其他方面相互影响 (Ambady & Bharucha, 2009)。皮亚杰把这种感觉、知觉、认知的相互作用叫作循环反应，意思是它像一个圆，没有起点，也没有终点（见图6.1）。前两个阶段是**一级循环反应**，婴儿的感觉和动作关注于自己的身体。

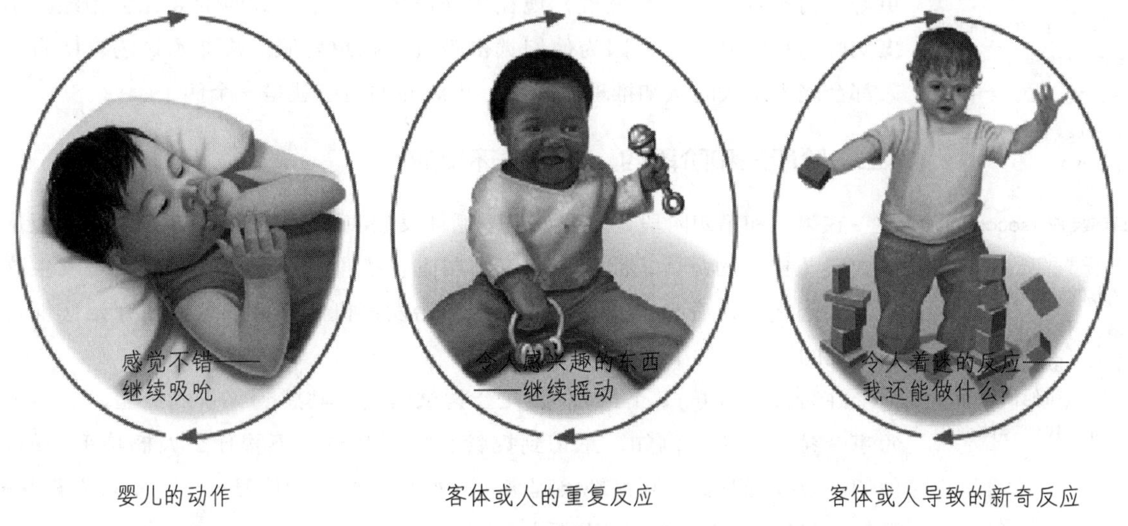

(a) **一级循环反应**　(b) **二级循环反应**　(c) **三级循环反应**

图 6.1

从不会结束　循环反应会一直持续，因为每个动作都带来了快乐并引起了更多的动作。

阶段一是反射阶段，时间持续一个月。它包括感觉反射和动作反射，这是婴儿思维的基础。新生儿的反射可激发大脑的反应，很快，反射就变成有意的了；感觉导致知觉，知觉导致认知，认知再回到感觉。感觉运动智力就这样开始了。

当反射经调整适合于其引起的反应时，就进入了第二阶段，这是最先习得的适应，大约在 1 个月时开始。适应就是认知；它包括同化和顺应（见第二章），婴儿靠同化和顺应来理解经验，并把反射变为重复的反应，提供关于他们的身体做了什么和对每个动作有何感觉的信息。

举例来说，足月新生儿会以很强的反射，吸吮他们嘴唇碰到的任何东西。1 个月左右，婴儿会用这种反射适应瓶子、别人的胸、橡皮奶嘴或手指，吸吮上述每种物品都需要用相应的口型。这种适应是一个信号，说明婴儿开始解释他们的知觉，当他们对橡皮奶嘴做出顺应时，他们就是在“思考”。

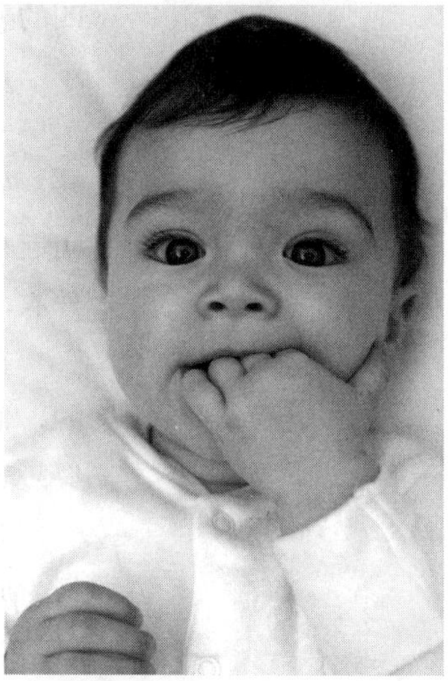

正在适应　吸吮起先是反射，但适应很快就开始了，婴儿可把一只橡皮奶嘴和妈妈的乳头加以区别，或察觉到她的手太大，不能塞进嘴里。这个婴儿专注的表情显示出，她现在正通过吸吮手指来达到适应。

在阶段二，即皮亚杰所说的 1—4 个月，吸吮反射的更多适应明显出现。婴儿的认知发展使他们在饿的时候会以一种方式吸吮，在觉得舒服的时候以另一种方式吸吮，且不再吸吮绒毛毯或大皮球了。一旦适应成功了，就会持续下去。例如，母乳喂养的婴儿会拒绝从奶瓶的奶嘴里流出的奶水（采用母乳喂养的妈妈在前几个月偶尔也会把奶挤到瓶子里喂孩

给父母的问题 父母什么时候应该决定全部亲自给婴儿哺乳、只用奶瓶喂奶，或采用某种组合？什么时候应该决定是否给婴儿使用橡皮奶嘴？（答案见第 185 页）

二级循环反应 (secondary circular reactions)：感觉运动智力的三种循环反应中的第二种，是指向人和客体的反应。婴儿对其他人、玩具和他们能碰到的或移动的其他客体做出反应。

子）。如果 6 个月大的婴儿喜欢吸吮手指，而他的父母觉得此时让他吸吮橡皮奶嘴更好，可是他们往往会发现，现在才换已经太迟了。此时的婴儿会拒绝去适应橡皮奶嘴，把它吐出来，因为他们觉得吸吮手指更舒服。皮亚杰认为，所有年龄的人都会陷入个人的认知推理方式中，小婴儿的适应就是一个例子。

（二）阶段三和阶段四：二级循环反应

在第三和第四阶段，发展从一级循环反应演进到**二级循环反应**。这种反应不再指向婴儿自己的身体，而是自己身体与其他事物的互动。神经成熟是发生这种进步的原因之一；看来，是镜像神经元开始发挥机能了，导致婴儿开始仔细观察他们见到的别人做的事情。

在阶段三（4—8 个月），婴儿会尝试引起令其感到兴奋的经验，*让其感兴趣的事情持续下去*。例如，意识到摇铃会弄出声音，不管什么人摇响手中的摇铃，他们都会挥舞双臂，高兴地笑起来。一些令人愉快的信号——一本讨人喜欢的书、微笑的父母——能激发他们的积极互动。

下一个是阶段四（8—12 个月），出现新的适应和期望，又称达到目的的手段，因为婴儿有了想要达到的目标。为了实现他们想要做的事情，他们常常会请求帮助（表现出焦急，用手去指，或做出某种姿势）。和前三个阶段相比，第四阶段的思维更具创新性。例如，和过去总是朝着爸爸笑不同，婴儿可能先评估爸爸的心情，再试着和爸爸接近。阶段三的婴儿知道怎样让某种经验继续下去，阶段四的婴儿则能发起并期待一件事。

1. 追求一个目标

一个 10 个月大的女孩可能会拿着一块香皂爬向她的妈妈，发出她想洗澡的信号，然后脱衣服，清楚地表明她的想法——最后，当水龙头打开时，她高兴地尖叫起来。同样，一个 10 个月大的男孩看见妈妈拿起衣服要出门，他会拖出自己的外衣，意思是自己也想跟着去。

在这个年龄，婴儿学会做出饿了的表示——如果勺子里的食物是他不喜欢吃的，他会把嘴紧紧闭住。如果养育者和孩子在使用符号语言进行沟通，婴儿会用姿势表示他们想吃或吃饱了。

这些例子都属于*指向目标的行为*——即有目的行为。神经系统的成熟使这种行为成为可能。婴儿所寻求的明确目标来自：(1) 意识到的因果关系；(2) 对已做过的行为的记忆；(3) 对别人意图的理解 (Behne et al., 2005; Brandone & Wellman, 2009; Willatts, 1999)。这些认知进步得益于婴儿所掌握的新的动作技能（如爬和抓），这些技能都是大脑成熟的结果——这再次反映了动力系统的作用。

客体永存性 (object permanence)：意识到在不能看到、触摸到或听到某客体（包括人）时，该客体仍然存在。

2. 客体永存性

皮亚杰认为，婴儿在 8 个月左右开始理解**客体永存性**概念，意识到当客体或人看不见时，也仍然存在。皮亚杰指出，8 个月大的婴儿能寻找从婴儿床上掉下去的、滚到沙发底下的玩具，或藏在被子下面的玩具。失明的婴儿也能在接近 1 岁时习得客体永存性，去够能听到就在附近的东西 (Fazzi et al., 2011)。

随着慢慢长大，学步儿能更好地找到藏起来的东西，皮亚杰认为，感觉运动智力此时达到了符号水平。皮亚杰采用了一个简单的实验来测量客体永存性：给婴儿看一个有趣的玩具，然后用一块布把玩具盖上，看婴儿的反应。结果显示：

- 不到 8 个月的婴儿不会去寻找（揭开那块布）；
- 8 个月大的婴儿在东西被盖上以后马上会寻找（揭开布），但是让他们等几秒钟以后，他们就不再找了；
- 2 岁的儿童完全理解了客体永存性，他们已经走过了早期认知的几个阶段 (Piaget, 1954)。

这一研究提供了许多有实际价值的启发。如果小婴儿因为看到但拿不到一些东西（钥匙、香烟、糖果等）而着急、哭闹，只要把它们藏起来，不让他们看见，问题就解决了。但是，对学步儿来说，仅仅把不适合孩子的东西藏起来还不够。必须把这些东西安全地锁起来或丢掉，以免孩子爬上厨房的柜子或钻到浴室的水槽下面去寻找。客体永存性逐渐发展的事实使养育者知道，刚出生几个月的小婴儿还不能玩像躲猫猫和捉迷藏这样的游戏，但是当婴儿理解了客体永存性之后，这类游戏对他们来说就变得非常有趣。对年长儿童的来说，躲猫猫又变得无聊了，但捉迷藏游戏会变得更复杂（等更长时间，躲藏的方式更富于想象），因为儿童对隐藏的理解力更强。

>>回答父母（问题见第184页） 在第一个月，即反射阶段，就应该做出这两个决定。如果等到孩子 4 个月或更大一些的时候再做决定可能已经太晚了。4 个月的婴儿如果是由母亲亲自哺乳的，就很难接受用奶瓶吃奶；而此时习惯于吸吮手指的婴儿也很难接受安抚奶嘴。

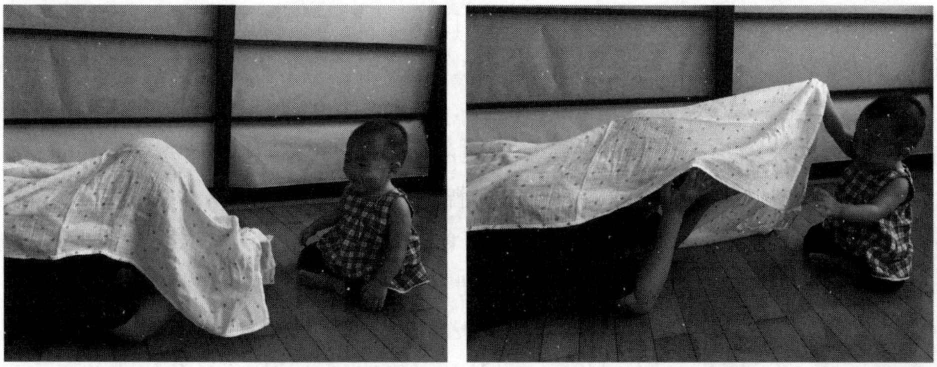

©万千心理

躲猫猫　7 个月大的小咩发现，最好的藏起来的客体是躲在容易揭开的小被单下面的妈妈。在以后一个月，小咩将会寻找更多藏起来的东西。在以后的一两年里，找到妈妈给她带来的乐趣将逐渐减弱。

皮亚杰认为，8 个月前的婴儿不去寻找，是因为他们还没有客体永存性概念，“在视线之外”正确地说就是“在心理之外”。皮亚杰的这种观点已受到质疑。一位研究者指出，“在敏锐的观察和杰出的理论中，皮亚杰错误地把婴儿的动作能力等同于概念上的无能” (Mandler, 2004, p. 17)。在一系列设计巧妙的实验中，研究人员让客体看上去消失在屏幕后面，同时追踪了婴儿的眼动和大脑活动，揭示出早在 8 个月之前，当客体消失时，婴儿就会感到惊讶 (Baillargeon & DeVos, 1991; Spelke, 1993)。

认为这种惊讶说明了更小的婴儿亦有客体永存性的看法被一些研究者所接受，他们相信，“两三个月的婴儿就能对隐藏的客体有所表示”(Cohen & Cashon, 2006, p. 224)，但也有学者不赞成 (Kagan, 2008)。也许是满怀希望的研究者把婴儿眼睛凝视的转换和停顿过早地解释为思维的证据了。

对客体永存性的后续研究又提出了新的质疑和令人惊讶的结果。例如，其他一些动物（一些猫、猴子、狗和鸟类）具有客体永存性的年龄也比皮亚杰发现的年龄更早。这究竟反映了人类的大脑发育较慢，还是仅仅因为动作技能发展得较慢 (Bruce & Muhammad, 2009)？

（三）阶段五和阶段六：三级循环反应

1 岁以后，婴儿在思维和行为方面——或倒过来说，在行为和思维方面——开始做实验性尝试。他们先做出行动（阶段五），后进行思考（阶段六）。这时候，随着 1 岁儿童做出独立的动作，去发现其他人、动物和物品的特征，**三级循环反应**开始了。婴儿不再像过去那样，只对自己的身体（一级反应）或别的人和物（二级反应）做出反应。他们的认知发展模式更像是螺旋上升式的，随着新的发现不断涌现，其创造性也增强了。

三级循环反应 (tertiary circular reactions)：感觉运动智力三种循环反应中的第三种，以主动的实验性探索为特征。婴儿会尝试各种新活动，变换其反应，作为了解周围世界的方式。

三级循环反应的第一阶段，即皮亚杰所说的阶段五（12—18 个月），也称为通过积极实验发现新办法，是在第四阶段完成的基础上形成的。此时，指向目的的活动变得更广泛，更具创造性。学步儿会因为把一管牙膏全挤出来、玩一个 iPod、看到一个人群拥挤的地方或看到成人做的他从未见过的事情而感到高兴。皮亚杰把第五阶段的儿童称为**“小科学家”**，他们“为了看看结果而做实验”。他们采用的科学方法是尝试—错误法。他们喜欢的探索方法是所有成人科学工作者——和每个为人父母者——都再熟悉不过的。

“小科学家”(“little scientist”)：第五阶段的学步儿（12—18 个月）在未对结果进行预期的情况下，采用试误法进行积极的、创造性的探索。

最后，在第六个阶段（18—24 个月），学步儿开始产生预期，并能解决一些简单的问题，他们用想象取代了第五阶段的主动实验，可进行心理合并（mental combinations）和智力实验。谢天谢地，从阶段六开始，婴儿可以先思考（尤其是如果婴儿记得有些事情是被禁止的话），再行动了。当然，探索的强烈欲望可能会压倒对被管束的记忆，所以家长必须把真正有危险的东西（有毒物质、游泳池、可以打开的窗户）放好或关严，而不是简单地禁止孩子去碰。

15 个月时的探索 了解食物的最好办法是用手捏捏食物，看看它的颜色和样子有什么变化，听听有什么声音。成人吃东西的时候，主要靠味觉和嗅觉，但是艾米莉亚的这些感觉看来已经全具有了。

阶段六的另一个重要发展是，学步儿学会了假装。例如，他们知道娃娃不是真小孩，但是他们可能会把娃娃放进婴儿车，推着它走。如果一个成人吃假装的食物（我的外甥喜欢给我吃“鞋子冰激凌”），他们会笑起来，而大孩子不再觉得这有什么好笑的，因为他们早已走过了阶段六。

18 个月时，发生在语言方面的一个认知进步也是很明显的：与过去每次只能说一个词不同，阶段六的孩子能把两个词连起来，表达更复杂的意思，这是令人印象深刻的智力成就，本章后面还要讨论。因为能把几个想法结合起来，阶段六的学步儿会想到后果，在猛拉猫尾巴或把生鸡蛋扔到地上之前，他们会犹豫一会儿。当然，他们强烈的发现欲望可能会压倒反思的成果，无法总是选择明智的做法。

给父母的问题　父母中的一方想把所有易碎的、危险的东西都拿开，因为学步儿现在已能独立地到处走来走去了。另一方却认为，婴儿应该学习不碰某些东西。谁是对的？（答案见第 188 页）

皮亚杰描述了阶段六的另一个进步，涉及思维和记忆。婴儿会**延迟模仿**几小时前甚至几天前看到的行为 (Piaget, 1945/1962)。皮亚杰的女儿杰奎琳对另一个孩子的观察就是一个典型的例子：

延迟模仿 (deferred imitation)：婴儿先知觉到别人的行为，几小时或几天后模仿这一行为。

> 那个孩子在大发脾气。他尖叫着，想到婴儿围栏外面去，他使劲推围栏，气得直跺脚。杰奎琳站在那儿，目瞪口呆地看着，以前她从未见过这样的场面。第二天，她在自己的婴儿围栏里尖叫着，想把围栏挪开，还接连几次轻轻跺起脚来。
>
> (Piaget, 1945/1963, p. 63)

不需要围栏了　从杰奎琳看见一个男孩在围栏里大发脾气到现在，很多事情已经变化了。“小科学家们”仍然在“为了看看结果而做实验”，这个 14 个月大的孩子正在玩一个平板电脑，这时如果平板电脑被拿开，他可能会大哭大闹。

（四）皮亚杰与当代研究

根据很多发展学家的研究，婴儿实际到达感觉运动智力各阶段的年龄早于皮亚杰的预测 (Oakes et al., 2011)。5 个月大的婴儿在看到客体消失时就会感到惊讶（如前述，客体永存性在 8 个月之前已出现），而且一些未满 1 岁的婴儿就会假装和延迟模仿了（皮亚杰认为，这两项都是阶段六的能力）(Bauer, 2006; Fagard & Lockman, 2010; Hayne & Simcock, 2009; Meltzoff & Moore, 1999)。一位天才的心理学家为什么会犯这样的错误呢？其中至少有三个原因。

1. 样本太小

第一，皮亚杰最初的想法产生于他自己的孩子。对三个孩子的直接观察是一个不错的开始，而且皮亚杰是一位非凡而谨慎的观察者，但是现代研究者不会满足于此。鉴于婴儿的不成熟性和差异性，必须对很多婴儿进行研究。例如，为了考察早期客体永存性问题，巴亚尔容 (Baillargeon, 2000) 综述了 30 项研究，包括 1000 多名不足 6 个月大的婴儿。

2. 方法太简单

第二，研究婴儿比较困难；其中有一些与“准确性和可信度”有关的问题 (Bornstein et al., 2005, p. 287)。为了解决这些问题，当代研究者采用了很多新的统计方法、研究设计、样本规模和研究方法，这些在皮亚杰的时代都还没有，这导致关于客体永存性、延迟模仿和其他感觉运动成就的发现都发生得比皮亚杰所观察到的更早，变异更大 (Hartmann & Pelzel, 2005; Kolling et al., 2009)。例如，当一个客体消失时，婴儿看了几毫秒，这是客体永存性的证据吗？很多研究者的回答是肯定的——但是只有先进的测量方法才能证明这一点。

一种特殊的研究方法对帮助研究者确认小婴儿的强烈好奇心很有帮助。这就是**习惯化**。它指的是在经历了多次重复后就不再具有新鲜感的现象，例如，学校餐厅日复一日地供应面条，或婴儿重复接触同样的声音、景象和玩具等。习惯化的标志是兴趣丧失（或对面条没有食欲）。

习惯化 (habituation)：由于反复接触而习惯于一个客体或事物，从而对它们的兴趣减弱。

采用习惯化法研究婴儿时，研究者会给婴儿重复呈现一个刺激，直到婴儿失去兴趣，然后再呈现另一个明显不同的刺激（如新的声音、图像或其他感觉刺激）。婴儿用更长时间、更专注地凝视，心率更快或更慢，嘴唇肌肉张力紧张或放松，以及吸吮奶头的速度、节律或力量的变化，都能说明婴儿看出了两个刺激之间的差异。这些细微的指标都需要先进的技术手段（如眼动仪和心率监测仪）来记录，这些都是皮亚杰的时代没有的。

借助于习惯化的程序和新刺激的呈现，研究者发现，1 个月大的婴儿就能听出“pa”和“ba”在发音上的不同，能看出一个圆圈里有两个点和一个圆圈里没有点之间的不同，类似的结果还有很多。6 个月以前的婴儿能知觉到的东西比皮亚杰认为的多得多。

3．脑活动不可见

第三，现在已有几种测查大脑活动的方法，可以使研究者在发现可观察的证据之前，对婴儿的认知进行记录［见表 6.2（彩）］(M. H. Johnson, 2011)。**功能性核磁共振成像** (fMRI) 技术可以测量并记录脑部血流中电活动的爆发——表明神经元被激活。这能使研究者确定，一个刺激被注意到了并且被加工了。血流随着时间的变化可证明习惯化是否发生。在这种先进技术的基础上，研究者已证实，在皮亚杰所说的阶段之前，婴儿就有了记忆，产生有目的行为，能延迟模仿，以及进行心理合并 (Bauer et al., 2010; Morasch & Bell, 2009)。

功能性核磁共振成像 (functional magnetic resonance imaging, fMRI)：一种测量技术，可测量并记录大脑血流中电活动的爆发，并为神经系统对刺激的反应定位。

正常儿童的脑成像很难获取，又非常昂贵，而且人们还不确定 CT 扫描会不会造成长期不良影响 (Schenkman, 2011)。如果婴儿生病或受伤了，进行脑部扫描固然重要，但是很多父母不愿意让自己健康的孩子接受这种测量。这种警惕可以理解，甚至值得赞扬，但是这种顾虑有碍于对婴儿认知的神经机制的探索。

>>回答父母（问题见第 187 页） 能保证婴儿安全的家居环境是最好的，因为学步儿像“小科学家”一样，希望到处探索。但是父母双方对婴儿的鼓励和指导也很重要，所以为了防止夫妻冲突，可以把一些不宜触碰的东西从房间里拿走。

第五章已讲过，早期大脑发育迅速而全面：树突数量激增，修剪范围扩大。生命的前几个月和前几年心理活动丰富，是认知发展的黄金时间 (M. H. Johnson, 2011)，当然，神经系统的不断成熟和所取得的认知进步在婴儿期之后仍在持续。对皮亚杰虽有很多批评，但他在很多方面都是正确的，例如，大脑网络中很多重要的新联结和重要机能都发生在 2 岁、4 岁和 6 岁，并延续到青春期 (Kagan, 2008)——这些都是皮亚杰所说的认知发展进入新阶段的年龄。此外，“大量资料显示，学习和记忆与大脑在各种水平上的变化相关”(Nelson, de Haan et al., 2006, p. 17)。皮亚杰还正确地指出，婴儿是热切的学习者。他的主要错误是低估了婴儿的学习是以多快的速度发生的。

小 结

皮亚杰发现、研究并倍加赞赏了婴儿的学习，他把感觉运动智力划分为六个子阶段。婴儿凭借感觉和动作技能理解周围世界，起先是反射，然后通过同化和顺应来适应环境。过去，人们认为儿童会说话才会思考，相比之下，皮亚杰所描述的婴儿的主动学习更符合事实。

现在人们已经知道，婴儿的客体永存性概念的形成、对目标的寻求和学会延迟模仿的时间都早于皮亚杰设定的阶段和时间。“小科学家”的角色，不是像皮亚杰所说的从 1 岁才开始扮演的，而是比 1 岁早几个月就开始了。在婴儿具有动作技能以显示其思维之前，思维就开始发展了；眼动和脑部扫描证明，婴儿有积极的心理活动。■

二、信息加工

第二章曾把皮亚杰关于认知发展四个阶段的全面观点和**信息加工理论**做了比较，后者的形成起源于计算机的功能，包括输入、储存、程序、计算和输出。对婴儿来说，输出可能指用手揭开盖在玩具上的毛巾（客体永存性），说出一个词表示认识一个人（如妈妈），或只是看一张照片的时间比看另一张的时间长（习惯化）。前面讲过，感觉导致知觉，知觉又可能导致认知。

信息加工理论 (information-processing theory)：该理论把人的思维过程比作计算机分析数据的过程，认为人的思维包括感觉输入、联结、记忆储存和输出。

例如，新生儿对饥饿的感觉会做出反射性啼哭，与此不同，稍大一些的婴儿饥饿时会知觉到一只奶瓶，并去抓奶瓶，然后吸吮；或看到妈妈进来，要她抱，然后用鼻子紧贴她的乳房。这一过程的每一步都要求对信息进行加工；稍大一点的婴儿比新生儿具有更强的信息加工能力，所以他们更懂事，行动也更有效。研究者发现，这种进步不是像皮亚杰所说的分成六个阶段形成的，而是一周接一周，甚至一天接一天地连续发生的 (Cohen & Cashon, 2006)。

给计算机专业人员的问题 人的心理在哪些方面和计算机不同？（答案见第 190 页）

由于有前面介绍的先进技术的支持，信息加工研究发现了许多令人惊讶的智力能力：6 个月大的婴儿的脑中已经发展出了一些概念和分类知识 (Mandler, 2007; Quinn, 2004)。由信息加工理论激发的研究发现了数字感形成的具体顺序。例如，习惯化和大脑扫描揭示出，6 个月大的婴儿可以看出 6 个点和 12 个点之间的区别，但是看不出 8 个点和 12 个点之间的区别。这种数字感在以后的 3 个月里继续进步，9 个月大时，婴儿就能区分出 8 个点和 12 个点了 (Lipton & Spelke, 2003)。这比他们学会数数早得多，比学会加和减早得更多，而且有些数字感早在 3 个月大时就出现了 (Libertus & Brannon, 2009)。

了解认知发展的这些细节有很多实际意义。例如，信息加工研究指出了预防在很多早产儿中出现的后期智力缺陷的途径 (Rose et al., 2008)。信息加工观点还帮助人们把婴儿认知的许多方面联系起来。下面介绍其中的两个主要问题：知觉可

>>回答计算机专业人员（问题见第 189 页） 有很多方面的不同，如计算速度、与周围人形成网络的能力、感染病毒的可能性，等等。至少在一个关键问题上，人的心理占有优势：计算机几年就会坏掉，人的心理能力可以保持几十年。

供性和记忆。知觉可供性涉及知觉，或可类推为输入。记忆涉及脑的组织和输出，即信息的储存和提取。

（一）可供性

知觉是对从感官传到大脑的信息的心理加工。这是信息加工的第一步。心理学的一个谜题是：对同一个情境，两个人可能产生不同的知觉，不仅对它的解释不同，而且对它的实际观察结果也不同。

几十年的思考和研究使埃莉诺·吉布森与詹姆斯·吉布森得出结论：知觉不是自动产生的 (E. J. Gibson, 1969; J. J. Gibson, 1979)。知觉对婴儿就像对成人一样，是一个需要选择的认知结果，“知觉是主动的，是获得有关世界的信息的过程……我们不仅看，我们还要想”(E. J. Gibson, 1988, p. 5)。或者如一位神经科学家所言，“你看的是你期望的或被训练去看的东西，而不只是有什么看什么”(Freeman, quoted in Bower, 2007, p. 106)。

吉布森夫妇认为，环境（人、地点和客体）提供了与知觉到的东西互动的可能性(E. J. Gibson, 1997)。这些可能性中的每一个都被称为知觉**可供性**。究竟哪一个知觉可供性能被知觉到并导致行动，取决于四个因素：对感觉的觉察、即时的动机、当前的发展和过去的经验。举个例子，假如你在一个陌生的城市迷了路，你会向谁问路？你一般不会向你见到的第一个人问路，你将找一个看上去有知识且容易接近的人。回避一个人或选择另一个人，二者都是可供性，它与陌生人的外貌、身体语言、性别、衣着等都有关系 (Miles, 2009)。

可供性 (affordance)：由环境中的人、地点或客体提供知觉与互动的可能性。

年龄影响着一个人所知觉到的可供性。学步儿在动作技能允许的情况下会很喜欢跑步。他们会寻找能跑的地方：一块草地、一座公寓楼的长走廊或一条马路。从成人的眼光来看，这些地方适合跑步的程度受一些因素的局限，如在草地上吃草的牛、公寓里住的邻居、路上的汽车等。成人会因为这些而不让学步儿跑。而且，成人自己也不大可能跑起来，因为在可供性中，动机是一个关键因素：很多成人喜欢待在原地不动。

能嚼吗？ 对可供性来说，动机是非常重要的。这个婴儿的“玩具”原本是用来梳头的，但是她在用牙咬，她的动机是想知道这个东西是否提供了用来嚼的功能。

对可供性的选择性知觉不但具有年龄特征，而且具有文化特征。就像一个婴儿会忘记成人认为非常重要的事情一样——假如一个美国人在泰国，他可能会错过社交网络的某个重要信号。在每一个国家，外国人往往都会因为考虑不周的行为而被认为是不礼貌的，但这种不礼貌可能只说明他们知觉到的可供性与当地人的不同。这一解释也适用于文化内部。纽约曼哈顿的居民就总是认为旅游者走路太慢，因为当地人认为人行道是供人快速走路的地方，而不是供人漫步游览周围建筑物的地方。

1. 对早期可供性的研究

经验影响着什么样的可供性可被知觉，这一事实在深度知觉研究中得到了明显的体现。证明这一事实的研究采用了**视崖**装置，它可给人提供突然从一个水平面掉落到另一个水平面的错觉。妈妈能鼓励她们 6 个月大的婴儿爬过视崖边缘，但是不管妈妈怎样鼓励，10 个月大的婴儿也不敢爬过视崖的边缘 (D., J. Gibson & Walk, 1960)。

视崖 (visual cliff)：一种提供了从一个水平面掉到另一个水平面的错觉的实验装置。

研究者曾经认为，是视觉缺陷——尤其是深度知觉未形成——使 6 个月大的婴儿看不出自己会掉落。按照这种假设，由于视觉皮层的成熟，所以 10 个月大的婴儿能看出自己会掉进那个提供了落差的沟。但是后来的研究（采用更先进的设备）并不支持这种解释。即使是 3 个月大的婴儿也会看出这种落差：当把他们放在视崖边缘时，他们的心跳速度会变慢，眼睛会睁得更大。但是在会爬之前，他们都意识不到爬过那个导致掉落的边缘可能造成可怕的、疼痛的后果。

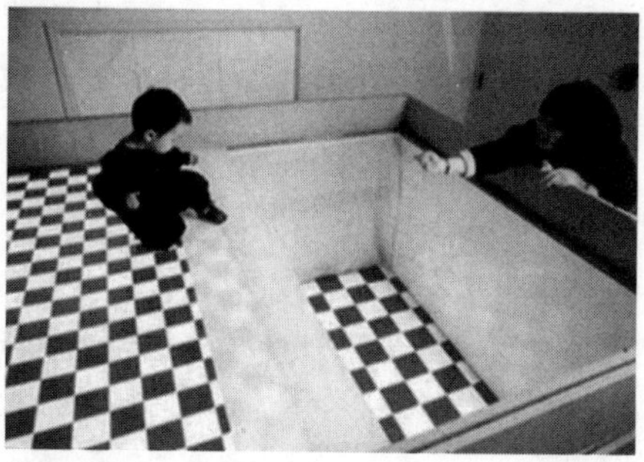

深度知觉 实验室里的这个婴儿正在爬过被称为视崖的实验装置。他在感知到会掉下去的边缘停住了。

婴儿对视崖的可供性的觉知依赖于他们过去的经验。差距在于加工，而不在于输入；在于可供性，而不在于刺激。对视崖可供性的进一步研究加入了社会背景，例如，母亲鼓励的声调，它是一个明显的信号，告诉孩子视崖是能爬还是不能爬 (Kim et al., 2010)。同样的事情还发生在走路上：刚会走路的孩子是无畏而不计后果的，但是更有走路经验的孩子则更谨慎小心 (Adolph & Berger, 2005)。

给婴儿父母的问题 你应该在什么时候开始担心孩子会掉下床或滚下楼梯？（答案见第 192 页）

2. 运动和人

虽然不同的婴儿在所知觉的可供性方面有不同，但所有婴儿都能被两种可供性吸引。最能让婴儿注意到的事物第一是运动的东西，第二是人。**动态知觉**专注于运动和变化。只要能做到，婴儿就会移动自己的身体——去抓、去爬、去走或去玩踏板车。令他们兴奋的是，这些动作改变了外界环境可以给他们提供的东西。于是，婴儿会努力去掌握下一个动作方面的成就 (Adolph & Berger, 2005)。他们还爱看那些动的东西——开过的汽车、手机屏幕上闪过的图像，等等。

动态知觉 (dynamic perception)：专注于运动和变化的知觉。

其他动来动去的生物，尤其是婴儿的养育者，也是婴儿快乐的主要来源，原因也是动态知觉。想教婴儿不去追或抓那些会动的动物（如狗、猫，甚至蟑螂）几乎是不可能的。婴儿对运动的兴趣还启示了另一类旨在了解尚不会走路说话的小婴儿的知觉可供性的实验 (van Hof et al., 2008)。让一只球以不同的速度在 3—9 个月大的婴儿面前滚过，会发现如果球滚过时触手可及，大多数婴儿会去碰或抓球；但是如果他们的可供性知觉是“根本抓不着”，结果就大大不同了。

有时候，更小的婴儿不去触碰慢慢滚过的球，却要去抓较快的球。他们想抓但是抓不到，能碰到的次数只有 20%。相形之下，9 个月大的婴儿已经知道什么时候能抓到球了。所以他们会去抓较慢的球，不碰很快的球；他们的成功率几乎是 100%。这“完全符合生态心理学的核心概念之一，即动物根据可供性给予的行动机会来知觉环境”(van Hof et al., 2008, p. 193)。

婴儿知觉的另一普遍原理是**对人的偏好**。它符合进化心理学的一个重要原理：

对人的偏好 (people preference)：婴儿知觉的普遍原理，婴儿天生就被其他人吸引，表现出对人的视觉、听觉和其他偏好。

>>回答婴儿父母（问题见第 191 页） 前几年都应保持警惕，但 4—8 个月是最危险的，因为此时的婴儿还不害怕从边缘处掉下去。

多少世纪以来，不同年龄的人都是凭借学会互相关注、互相依赖而生存下来的。前面刚提到，视崖的可供性要部分依赖母亲说话的声调 (Kim et al., 2010)。婴儿能很快认出他们的养育者，并且期待着他们给予的各种可供性（抚慰、食物和游戏）。

很小的婴儿对情绪上的可供性非常感兴趣，会用他们有限的知觉能力和理解力对微笑、喊叫等做出反应。婴儿在能听懂语言以前，早就能把表情与声调联系起来了。这种能力导致了一个有趣的假设：

> 因为婴儿频繁地看到养育者的情绪表达，并有机会看到这些情绪表达的可供性 (Gibson, 1959, 1979)，所以我们假设，熟人的表情对很小的婴儿就是有意义的。
>
> (Kahana-Kalman & Walker-Andrews, 2001, p. 366)

在早期探索的基础上，研究者检验了这一假设，他们面对面给小婴儿呈现两个视频的运动图像 (Kahana-Kalman & Walker-Andrews, 2001)。两个视频里的人都是女性，一个是婴儿的妈妈，另一个是陌生人。在一个视频里，女人很高兴；在另一个视频里，女人很悲伤。每次呈现都配以那个女人高兴或悲伤地说话的录音。

以前的研究已经发现，7 个月大的婴儿能把情绪词与表情相匹配，但是更小的婴儿不能。在 7 个月而不是更早的时候，如果说话声音与面部表情相匹配，婴儿看陌生人的时间更长；如果表情与声调不匹配，婴儿看陌生人的时间较短。

研究者先重复了早前的实验，再次发现，3 个半月大的婴儿不能把陌生人的声音与表情相匹配。然而，当 3 个半月大的婴儿看自己妈妈的两种图像并且分别听到高兴和悲伤声音时，他们能正确地把图像与声音相匹配。当妈妈微笑着，高兴地说话时，他们看的时间比较长；但是，当妈妈声音显得悲伤时，他们凝视悲伤的妈妈的时间比凝视高兴的妈妈的时间长——这种声音与图像的联结可能基于他们与那个人的过去经验。

给父母的问题 这项关于早期可供性的研究在婴儿应该有几个保姆的问题给人们上了一课。这个教训是什么？（答案见第 193 页）

研究者还发现了其他一些东西。与看见、听见愉快的陌生人相比，婴儿看见、听见高兴的妈妈时，显露笑容的速度快一倍，笑的时间长 6 倍；而且看妈妈时，他们比看陌生人时显得更高兴（脸颊凸起，嘴角上翘）。经验告诉他们，微笑的妈妈可以让他们快乐，而微笑的陌生人的可供性则较难判断。

（二）记忆

要加工并记忆任何东西，都需要一定的经验和大脑一定的成熟 (Bauer et al., 2010)。在第一年里，婴儿难以储存新记忆，而年长的儿童往往能描述他们小时候发生的事情。很多成人有弗洛伊德所说的“儿童期失忆症”——他们忘了小时候的经历、遇见过的人，甚至是曾经会说的语言。一个原因是语言上的：人们使用词语来储存（有时歪曲）记忆，所以不会说话的儿童很难回忆过去的事情 (Richardson & Hayne, 2007)，因此成人也难以记住早期发生的事情，因为他们当时还不会用词语把事情串联起来。

但是，一些研究揭示出，很小的婴儿也有记忆，即使他们以后不能把这些记忆变成词语。这种记忆在几种情况下尤其明显：

- 实验条件与真实生活相似；
- 动机很强；
- 记忆的提取因为提醒和重复而变得容易。

>>**回答父母（问题见第192页）** 婴儿需要有重复接触每个养育者的时间，这一点很重要，因为婴儿要调整其行为，尽量适合每个养育者提供的游戏、情绪和声音。父母应该找一个固定的保姆而不要找几个保姆轮流带孩子。

关于婴儿记忆最富戏剧性的证据来自一些创新性的实验。在实验中，3 个月大的婴儿可用踢腿的方式使头上悬挂的玩具架子转动 (Rovee-Collier, 1987, 1990)。婴儿面朝上躺在婴儿床上，一根绳子的一端与架子中间的转向滑轮连接，另一端绑在婴儿脚腕上。所有婴儿都会偶然地踢几下腿（也会有偶然地挥动双臂并发出声音），他们慢慢意识到，踢腿能使玩具架转动。然后就他们踢得更起劲、更快了，有时还会因为觉得自己干得好而笑起来。至此，事情还不值得惊讶——自己造成的运动有力地强化了婴儿的行为，这又是动态知觉的一部分。

一周以后，给一些婴儿的床上方重新装上这个可转动的玩具架子，其中多数婴儿马上就开始踢起腿来。这一反应说明，他们记住了以前的经验。但是，两周后，给另一些婴儿装上这个装置，他们只能从头开始，偶然地踢腿。显然，他们忘记了曾经学会的事情，这说明早期记忆是脆弱的。但是，婴儿没有记忆的结论需要修改。

1. 提醒与重复

这一研究的带头人凯罗琳·罗维－科里尔还设计了另一项实验，如果在重测之前加入一个简单的提醒环节，那么在两周之后，3 个月大的婴儿也能够记起学过的东西 (Rovee-Collier & Hayne, 1987)。**提醒环节**是能帮助婴儿回忆起一个想法、一个东西或一个事件的知觉经验。

提醒环节 (reminder session)：帮助人回忆起一个想法、一个东西或一个经历的知觉经验。

在这个特殊的提醒环节，婴儿在学会踢腿使玩具架子转动的两周以后，重新让他们躺在玩具架子下，但没在他们腿上绑绳子，所以他们只能看着玩具架子，但不能踢腿让它转。第二天，再次把他们与玩具的绳子绑在他们腿上，让他们能够踢腿，于是他们像两周前学会的那样，又踢了起来。显然，前一天看到木架转动重新激活了他们消退的记忆。使玩具架转动的信息储存在他们的脑中，但是需要一段加工时间把信息激活。提醒环节就提供了这个时间。

另一项研究发现，重复提醒比单次提醒更有效，而且背景对 9 个月以下婴儿非常重要：第一次学习和第二次重测如果都发生在同一个房间，将有助于婴儿记忆 (Rovee-Cllier & Cuevas, 2009a)。让 6 个月大的婴儿在一天之内玩一个新奇的木偶玩具两次，每次半小时；四周之后，他们还能记得原来的经验——这种能力着

实令人惊奇 (Giles & Rovee-Collier, 2011)。其他很多研究也发现，婴儿的记忆的确脆弱，但是提醒、重复和重新激活记忆的线索能够帮助非常小的婴儿进行回忆 (S. P. Johnson & Shuwairi, 2009)。

2．年龄大一点，记忆好一点

大约 6 个月大时，即使没有训练和提醒，婴儿保持信息的时间也比小时候明显变长了。到 1 岁时，婴儿已经具有了多种类型的记忆。例如，让 9 个月大的婴儿看见别人玩的一个他们自己从未见过的玩具，第二天，把这个玩具给他们，他们就能像前一天看见的别人那样玩这个玩具。较小的婴儿则做不到。

多项实验显示，学步儿能把对一个客体或经验的学习迁移到另一个客体或经验上，而且他们能向不同的人和事学习——向父母和陌生人学习，向其他婴儿或哥哥姐姐学习，从图画书和家人的照片中学习 (Hayne & Simcock, 2009)。即使在人生第一年，大脑中树突和神经元的发育就反映在婴儿的经验和记忆中。

在一个系列研究中，给 15 个月大的婴儿看一个玩具，同时看一个成人以特殊的方式玩这个玩具。一天以后，给他们另一个新的玩具，他们都试着用前一天见过的那种玩法玩这个玩具。即使他们只是看到了玩的动作，并且这个动作没有导致任何结果，他们也会这样模仿；如果那个动作产生了一种反应（例如，一个声响），尤其是如果让婴儿自己操纵那个玩具，他们更会这样做 (Yang et al., 2010)。

这些实验给前面提到的几个事实提供了进一步的证据：婴儿会认真观察可供性；他们对动作和人尤其感兴趣；在皮亚杰所说的第六阶段开始前，即 18 个月大之前，婴儿可能已经会延迟模仿了。

3．记忆的各个方面

功能性核磁共振成像和正电子发射断层扫描中显示的脑活动模式证明，大脑的一个区域（第五章讲过的梭状回面孔区）掌管对面孔的记忆，另一区域负责记忆声音，还有一个区域负责记忆所见的东西。此外，对其他各种不同类型对象的记忆位于相应的神经细胞簇内，由另外几个脑区掌管着这些不同的记忆：尤其是在生命早期，脑组织会因为婴儿记住的特殊经验而改变 (Rovee-Collier & Cievas, 2009b)。婴儿可能会在失去脑的某些部分的情况下，仍记得住本应由该脑区储存的东西。随着大脑的成熟和树突的形成，一些类型的记忆比另一些更牢固。其中，对运动和对人的记忆最牢固。

记忆不需要任何特殊对象或经验，但是需要关于外界事物如何运转的一般观念。在一项实验中，给 11 个月大的婴儿看一堆杂乱的积木块。接着，一些婴儿要看一张面孔，另一些婴儿要看一只球。然后，所有婴儿都要再看他们最初看过的积木块，只不过这次积木块是按次序摞起来的。两组婴儿看第三个场景的时间长度表明，婴儿意识到了只有人（面孔）能摞积木块，而无生命的球不能 (Newman et al., 2010)。

其他很多研究揭示出婴儿不仅能记住一些特殊的事件，而且能发展其记忆模式 (Keil, 2011)。一些证据来自科学研究，例如，之前听到的音节和韵律是什么，物体是怎样运动的；另一些证据来自在家里对婴儿的仔细观察，例如，妈妈对婴儿的行为有什么期待，父亲有什么期待，或者哪些迹象（如被子、书或婴儿床）表明该是睡觉的时间了。这些研究都证明，随着婴儿一天天长大，他们在不断地加工信息，并把结论记起来。

早期研究者低估了婴儿记忆能力的原因之一是，他们没有把**内隐记忆**和**外显记忆**加以区分。内隐记忆是一直隐藏的、直到特定刺激（如旋转木架研究中的提醒环节）提醒方能记起的记忆，外显记忆则是在需要时就可以回忆起来的记忆。外显记忆通常可以口头表述，“虽然外显记忆有时会在6—12个月大时出现，但离完全形成还相距甚远”(Nelson, de Haan et al., 2006, p. 23)。外显记忆所依赖的脑区在海马体（第八章将详述），该区域在人出生时已经存在了，但到5—6岁才能成熟。其成熟的时间正好是正规教育开始的时间，因为这一年龄的儿童的记忆力大有改进。

内隐记忆 (implicit memory)：通过习惯、情绪反应、日常行为和各种感觉而储存起来的无意识的或自动的记忆。

外显记忆 (explicit memory)：在需要时（如一次测验）容易提取的记忆。多数外显记忆都是有意识学会的词、数据和概念等。

但是内隐记忆始于婴儿期，甚至可能始于出生前。上面举的几个例子就明显是内隐记忆，因为这些记忆的证据都来自情境，而不是来自对一个问题的回答。例如，小时候曾经会说某种语言，长大以后往往对该语言没有外显记忆，声称自己已经把小时候能说的西班牙语、法语、汉语或其他语言忘干净了。若问他们一个常见的物品（如桌子、苹果）用那种语言怎么说，他们会相当诚实地告诉你“不知道”(Bowers et al., 2009)。而且在第一次测验时，他们的成绩并不比根本不懂该语言的人好。

然而重复暴露揭示出了婴儿期留下的内隐记忆。例如，和婴儿期从未听过西班牙语的学生相比，一个曾经会说西班牙语但现在全忘记了的学生在西班牙语课堂上学得更快。最初几周的西班牙语课显然起到了提醒环节的作用。提醒还可解释“似曾相识”现象；人们有时会觉得特定的人物、地点和气味（即使以前从未经历过）似乎有点熟悉，或是唤起了某种情绪，那是因为人们在婴儿期经历过非常相似的东西，并且把这些记忆以内隐形式储存起来。

给教师的问题 各年龄的人在主动学习时的记忆效果最好。如果你必须教8岁儿童计算分数，你会怎样做？（答案见第196页）

婴儿的脑中可能储存了很多不能马上提取出来的情绪与感觉。信息加工理论发现，婴儿的记忆对后期发展非常重要——比早期思维的其他要素（如注意和加工速度）重要得多 (Rose et al., 2009)。大量研究发现，这种记忆有助于早期的词汇学习，而这些词汇之后又有助于进行记忆编码 (Richardson & Hayne, 2007)。

小　结

我们可以采用信息加工的方法研究婴儿的认知。信息加工理论分析了每种要素是怎样启动人的思维的；信息怎样被组织、记忆和表达；认知怎样一天天地进步。特殊的经验和动机会对婴儿的知觉产生强有力的影响；一个婴儿知觉到的可供性与另一个婴儿不同。记忆取决于大脑的成熟和经验。由于这个原因，1岁前的记忆相当脆弱（虽然可以被动态知觉和提醒引发），在1—2岁，记忆仍然不稳固。 ■

>>回答教师（问题见第195页） 回忆一下婴儿记忆的三个原理：真实生活、动机和重复。找几个喜欢学分数的儿童——即使他们自己没意识到。也许可以拿一个比萨饼，然后要求他们把比萨饼分成2份、4份、8份、16份……

三、0—2岁的语言发展

再也没有别的物种像人类一样拥有可支持约6000种语言的神经元和神经网络了。即使只是2岁的儿童，其沟通能力也远远超过其他所有物种的成年个体，包括海豚和黑猩猩——这两种动物都具有超出人们过去认知的沟通能力。下面将要介绍的是早期语言学习的具体阶段，并且会讨论一个重要的问题：婴儿是怎样习得语言的？

（一）普遍次序

谁在说咿呀语？ 这个6个月大的婴儿和27岁的妈妈大概都在说咿呀语。婴儿期的每一天，妈妈和婴儿都在用声音、动作（注意他们的手）和表情沟通。

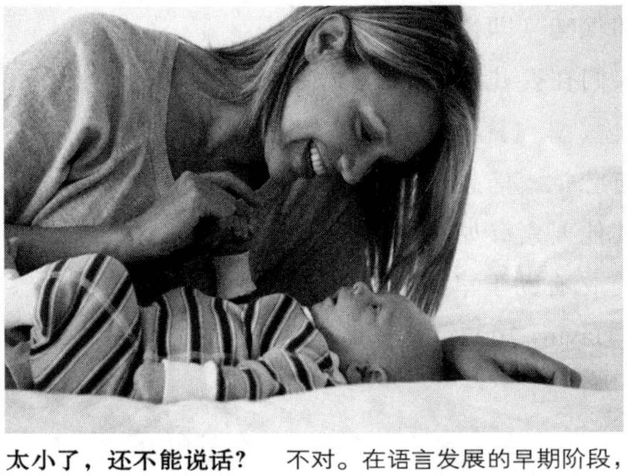

太小了，还不能说话？ 不对。在语言发展的早期阶段，成人和婴儿可以通过声音、姿势和面部表情来沟通，这对母子就是这样做的。

语言习得的时间有个体差异，在习得语言的速度上，前10%的2岁儿童可以说550个词，后10%的儿童能说不到100个词——相差5倍之多 (Merriman, 1999)。时间虽有差异，但次序是全人类共通的（见“大约在此时”表格）。即使是3岁前因安装人工耳蜗方能听见声音的聋儿也要遵循这一顺序。如果他们在出生后的前几个月听不见声音，那么他们说出第一批词的时间通常较晚，但他们往往能在一年内赶上同龄的正常儿童 (Ertmer et al., 2007)。如果是学习哑语，也要遵循同样的次序来掌握单词，且句子的长度和复杂性也是逐渐增加的。

1. 听与反应

婴儿在出生前就通过大脑的组织和倾听开始学习语言。出生前几周的胎儿就已表现出了对声音的习惯化，说明倾听和记忆是人类天生的能力 (Dirix et al., 2009)。他们甚至还学会了偏爱妈妈说的语言，胜过他们没听过的语言，而且双语妈妈的新生儿喜欢她说的两种语言，并能够分辨出二者的不同 (Byers-Heinlein et al., 2010)。（见“研究设计”专栏）

新生儿会仔细看别人的面部表情，喜欢听说话声音胜过听其他声音，4个月大时，这种偏好愈加明显 (Minagawa-Kawai et al., 2011)。6个月大时，婴儿只需看一个人的嘴唇动作（无声音），就能分辨出那个人说的是不是他们的母语 (Weikum et al., 2007)。婴儿分辨同一种语言的声音和姿势的能力或分辨不同语言的能力在一年当中不断进步，但是他们倾听非母语语言的能力则逐渐退化 (Narayan et al., 2010)。

详细分析发现，成人与婴儿的沟通不同于他们与其他成人的沟通 (Falk, 2004)。例如，成人在跟婴儿说话时，会使用高声调、简单的词语、重复、多种语速和夸张且情绪饱满的语调 (Bryant & Barrett, 2007)。这种特殊的语言形式有时被称为婴儿语，因为它是直接说给婴儿听的；有时又称为妈妈语，因为全世界的妈妈都这样说。当然，不是只有妈妈才这样说。其实，无论是“婴儿语”还是“妈妈语”都是容易造成误解的说法；科学工作者倾向于使用更正式的说法：**面向儿童的言语**。

面向儿童的言语 (child-directed speech)：成人对婴儿和儿童说的高声调的、简单的和重复的言语。亦称婴儿语或妈妈语。

研究设计

研究者：Krista Byers-Heinlein, Tracey C. Burns, and Janet Werker

发表期刊：《心理科学》(*Psychological Science,* 2010)

参与者：三项实验的数据都来自加拿大温哥华一家大医院的 94 名新生儿（出生 0—5 天）。其中一半新生儿的母亲讲英语和塔加拉语（菲律宾土著语言），1/3 的母亲只讲英语，1/6 的母亲讲英语和汉语。

设计：新生儿一边吃奶一边听 10 分钟录音里的句子。每分钟所读的英语和塔加拉语在音高、音长和音节数上是匹配的。在婴儿以“高振幅”吸吮（预先确定每个婴儿的情况）时，开始放录音。当婴儿听到偏好的一种语言时，吸吮的频率更快了。研究者记录了婴儿听英语时快速吸吮的次数和听塔加拉语时快速吸吮的次数。

主要结论：多数塔英双语新生儿偏好塔加拉语，而纯英语新生儿偏好英语。汉英双语新生儿在子宫内未听过塔加拉语，对他们进行测量可排除其他解释。如图所示，新生儿的语言偏好受他们出生前听到的语言的影响。研究者认为，语言节律是婴儿熟悉的，而且研究者注意到，汉语的节律与塔加拉语的节律有些相似，导致汉英双语新生儿的结果。

评论：已有研究发现，胎儿对母亲说的话有反应；本研究显示，有些儿童在出生前就已开始成为双语儿童了。本研究的一个优势是，所有新生儿都是在加拿大的一家大医院出生的，因此这些婴儿可能都有充足的孕期营养、相似的保健情况和分娩经历。更详细的、严格控制的重复研究有助于确认这些结果。例如，虽然双语母亲说她们讲两种语言，但是直接观察可以发现，在双语母亲中，至少有 30% 的人是不常说双语的。在对其他双语婴儿做重复研究之前，可以假定这些结果可能与塔加拉语或英语的某些特点有关，还可能与双语母亲上班时和在家里说每种语言的时间相关。无论如何，这些结果确认和扩展了数千项研究得出的结论：婴儿早在会说第一个词之前，就已具有令人惊异的语言学习能力了。

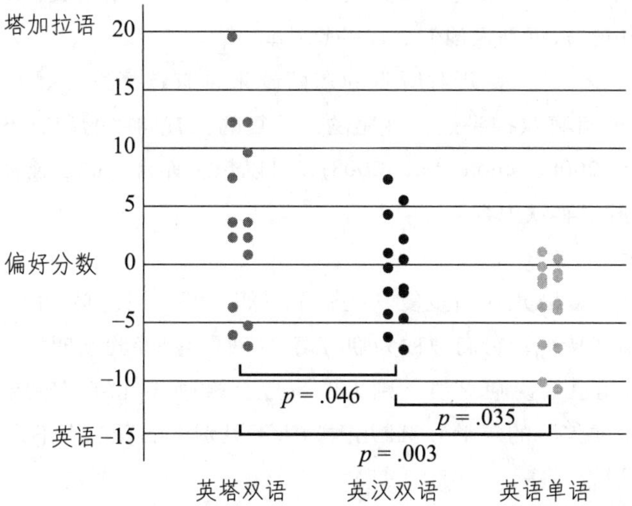

大约在此时

0—2岁口头语言的发展

年龄	沟通的平均水平
新生儿	反射性的沟通——啼哭、动作、表情。
2个月	发出一定范围的有意义声音——咕咕声、烦躁、啼哭、笑。
3—6个月	发出新的声音，如尖叫、嚎叫、轻哼、颤音、元音。
6—10个月	咿呀语，包括有重复的辅音和元音的音节。
10—12个月	可理解单词，类似言语的声调，对婴儿知道的事物发出有意义的特殊声音。聋儿开始发出第一个声音信号。正常的婴儿能用姿势（如用手指）与人沟通。
12个月	说出第一个可以听出是来自母语的词。
13—18个月	词汇逐渐增加到大约50个。
18个月	出现命名激增——每天学会三个或更多词。个体差异很大，有的学步儿还不会说话。
21个月	第一个双词句。
24个月	多词句。一半学步儿会说出双词或多词句。

面向儿童的言语大大促进了语言学习。7个月大时，婴儿就开始能听出有较大区别的词了 (Singh, 2008)，例如，bottle（瓶子）、dog（狗）、mama（妈妈）；并与之前听过的发音相似的其他词［例如，baby（宝宝）、Bobbie（博比）和Barbie（芭比娃娃）］区别开。婴儿能用多种方式（如哭、咕咕声和其他五花八门的声音）对成人的声音和表情（也对他们自己的高兴和疼痛）做出反应。他们的反应会逐渐变得丰富起来。4个月大时，多数婴儿会尖叫、嚎叫、咯咯笑、咕哝、轻哼和大叫，并用这些声音告诉别人他们心里的想法。

也是在前几个月，婴儿对所听的东西越来越有选择性。婴儿不但喜欢面向儿童的言语，而且喜欢押头韵、押尾韵、重复的、有韵律的和有不同音高的声音 (Hayes & Slater, 2008; Schön et al., 2008)。可以想想你喜欢的摇篮曲；显然，婴儿喜欢声音本身胜过喜欢内容。

2．咿呀语

咿呀语 (babbling)：6—9个月的婴儿重复说的一些音节，如巴－巴－巴等。

6—9个月时，婴儿开始重复一些音节（妈－妈－妈、哒－哒－哒、巴－巴－巴）。由于其声音特征，它们被称为**咿呀语**。咿呀语是经验预期型的；所有婴儿都会说，就连聋儿也会说咿呀语。别人的反应会鼓励婴儿练习咿呀语（这是希望“好玩的事情不要停”的年龄）。聋儿因为听不见别人的反应而不会一直说咿呀语；正常婴儿则会说个不停。

所有婴儿都会对其他人做出反应，做出符合节奏的姿势 (Iverson & Fagan,

2004)。接近1岁时，咿呀语变成了类似母语的声音；婴儿会模仿听到的重音、韵律、辅音，等等。聋儿父母录制的录像显示，10个月大的聋儿能使用十几种重复的姿势做出像咿呀语似的表达。所有婴儿都能比用言语更早地学会用姿势表达一些概念 (Goldin-Meadow, 2006)。很多懂得姿势的作用的父母会教6—12个月大的孩子"婴儿手语"，使他们在掌握舌头、嘴唇、下颌的精细动作并能说话之前几个月里能用手势与别人沟通。

给护士和儿科医生的问题 6个月大的婴儿的父母被告知，他们的孩子是聋儿。他们不相信，因为孩子像别的孩子一样会说咿呀语。你会告诉他们什么？（答案见第201页）

用手来指，是10个月大的人类婴儿典型的早期姿势。用手指是一种很好的社交姿势，它要求婴儿理解别人的想法。多数动物都不能理解这一姿势；而多数10个月大的婴儿都能朝向别人指给他们的地方看，而且他们自己也会用手指，即使指的地方应该有个东西、但现在没有了 (Liszkowski et al., 2009)。用食指指与用整个手掌指不同，前者是更高级的信号 (Liszkowski & Tomasello, 2011)。

（二）最先说出的词

大约1岁时，正常婴儿能说出少数几个词。养育者通常比陌生人更能听懂孩子说出的最早的词，这使研究者很难准确查明12个月大的婴儿究竟能说什么。例如，13个月大的吉尔能说出标准的mama，但是他还能说出da、ba、tam、opma和daes，他的父母知道，这几个词分别指"downstairs（楼下）""bottle（瓶子）""tummy（肚子）""oatmeal（燕麦粥）"和"starfish（海星）"（Lewis et al., 1999）。

1. 逐渐开始

在1岁以后的前几个月，婴儿会说的词汇逐渐增加（每周大约会说一个新词)。但是，6—15个月大的婴儿的意义学习很快；他们理解的词相当于能说出的词的10倍 (Schafer, 2005; Snow, 2006)。起初，最早说出的词只不过是熟悉的东西的标签（"妈妈"和"爸爸"是最常见的)，但是有些最先说出的词很快就在姿势、表情、声调差别、声音大小、抑扬顿挫的配合下成了早期语法的前奏 (Saxton, 2010)。一个单词可以传达不同的信息。不难想象，一句话的意义可以压缩为"妈妈！""妈妈？"以及"妈妈。"这些都是**单词句**，即用一个词来表达完整的意思。

单词句 (holophrase)：可以表达一个完整的、有意义的思想的单词。

语调（音调和音高的变化）在早期咿呀语和后来的单词句中大量存在，只在12个月左右暂时减少。1岁左右的婴儿开始重新组织自己的发音，从全世界的普遍语音，转变为适于特定语言的语音 (Snow, 2006)。他们不再只是和自己唱歌、说话，开始尝试用一种特殊的语言与别人沟通。说出有意义的词吸引了他们的全部注意力，因此就顾不上注意语调了。

根据信息加工理论对早期语言的详细考察，发现在另一些时刻，在新的谈话技能爆发之前，婴儿发音的速度似乎变慢了，因为知觉和动作是相互依赖的 (Pulvermüller & Fadiga, 2010)。这意味着，有些时候，随着新的知觉理解的形成，口头输出要多花点时间来反映神经方面的进步。在语言快速发展前，这种速度放慢并没有出现在每个儿童身上，对一些儿童来说，它只是新词汇爆发式增长前的

暂时平静 (Parladé & Iverson, 2011)。

2．命名激增

当婴儿说出的词达到大约 50 个时（理解的词汇数量远多于此），婴儿会说的词汇开始以每个月 50~100 个词的速度快速增加，21 个月大的婴儿会说的词相当于 18 个月时的 2 倍 (Adamson & Bakeman, 2006)。这种语言的爆发式增长称为**命名激增**，因为早期会说的许多词是名词，虽然*名词*是一个语言学范畴，并不是婴儿的偏好 (Waxman & Lidz, 2006)。

命名激增 (naming explosion)：婴儿词汇量（尤其是名词）的突然增加，通常从 18 个月开始。

在各种语言中，每个主要养育者的称呼（通常有 dada、mama、nana、papa、baba、tata）和兄弟姐妹（有时还包括每个宠物）的名字基本都是在 12—18 个月学会的（见附录 A，第 462 页）。其他说得较多的是婴儿喜欢吃的食物（“nana”可能代表香蕉[①]或奶奶）和大小便（pee-pee、wee-wee、poo-poo、ka-ka、doo-doo）。你肯定看出来了，这些词都有两个相同的音节，每个辅音后面都跟着一个元音。还有很多词都依照这种模式，不仅有“baba”，还有“bobo”“bebe”“bubu”和“bibi”。其他早期学会的词略有复杂，如“ma-me”“ama”，等等。

给养育者的问题 一个学步儿对两个人都叫“妈妈”，这意味着混淆吗？（答案见第 201 页）

（三）文化差异

在每种文化和每个家庭中，儿童听到的面向儿童的言语差异很大。有的父母对孩子了如指掌，会教他们用于沟通的手语，能对婴儿包括打嗝和放屁的每一个声音做出反应，似乎这些声音都代表了有话要说。另一些父母与婴儿交流的口头言语少得多，而较多地使用姿势、触摸和声调，常常说“安静”和“不行”，而不教孩子词汇。5 个月大的婴儿喜欢经常跟他们说面向儿童言语的成人，即使那些成人暂时沉默，婴儿也喜欢他们。显然，就像婴儿只要有能力就想尽快掌握动作技能一样，他们也愿意跟着最好的老师学习语言，只要有这样的老师 (Schachner & Hannon, 2011)。

文化价值观 如果这个女孩来自厄瓜多尔沉默寡言的奥塔瓦洛文化的典型家庭，那么她就比其他地方的儿童听到的谈话更少。在多数西方文化中，这被称为虐待。然而，每种文化都鼓励它认为有价值的品质，流利的口语并不是这种文化所看重的。在这里，说话太多的人会受到排斥，而保守秘密则得到赞扬。所以在奥塔瓦洛文化中，鼓励说话才是一种虐待。

有一种观点认为，对儿童应该“多看而不是多听”，这和多数看重亲子沟通的美国家庭不同。然而，以尊重的态度去听而不说，在另一些家庭里很普遍，如很多拉丁裔家庭 (Cabrera et al., 2006)，而且很多父亲，尤其是低社会经济地位的父亲，也是如此。总之，所有婴儿都在听他们能听到的东西，而且喜欢来自本文化的声音。就连音乐节奏也有文化特性：4—8 个月大的婴儿最喜欢自己文化的音乐 (Soley & Hannon, 2010)。

1．言语的各种成分

刚会说话的孩子会使用相似的声音说出一些名字，说

---

① 因为英语里的香蕉是“banana”。——译著注

出的名词比言语的其他成分多，但是名词与动词、形容词之比在不同地方也有差别。例如，和中国和韩国的婴儿相比，说英语的 18 个月大的婴儿能说更多的名词，更少的动词。这是为什么呢？

>>回答护士和儿科医生（问题见第 199 页） 强烈建议父母马上开始学习手语，同时查明植入人工耳蜗的可能性。咿呀语具有生物基础并且会在特定时间表现出来，正常儿童和聋儿在这一点上没有差别。但是，和听力正常的儿童相比，聋儿会逐渐使用更多的姿势，更少地使用口头语言。如果孩子能够听见，那么学习手语也没有害处；如果孩子的确是聋儿，那么缺乏沟通可能造成严重的问题。

一种解释回到了语言本身。汉语和韩语是“动词友好型”语言，动词往往放在句子的开头和结尾，使这种语言比较容易学。英语的动词位于句子的不同位置，而且有不规则的变化（例如，go、gone、will go、went）。这种不规则变化使英语动词比名词难学。

另一种解释考虑到整个社交背景：北美文化重视让孩子玩多种多样的玩具，认识五花八门的物品，而东亚文化强调人际互动——尤其看重一个人怎样对别人做出反应。因此，北美成人期待孩子叫出各种物品的名字，而亚洲成人期待孩子操作各种物品（如第一章所述），并且对他人做出反应。因此，中国的学步儿比加拿大的学步儿更早地学会了“过来”“玩”“爱”“拿着”“跑”等动词。（这是经验而不是基因导致的。在说英语的加拿大家庭长大的华裔学步儿则和其他说英语的学步儿一样。）

还有一种更简单的解释，认为小孩子对词的发音很敏感，而一些词的发音比另一些词更突出。如果动词的发音和动作相似，这种动词就容易学 (Imai et al., 2008)，而且这些动词在一些语言中比在另一些语言中更常用。英语中的多数动词都不是拟声的，只有少数动词例外，如“跳 (jump)”“吻 (kiss)”和“噗 (poop)”，这些词也是较早被学会的。婴儿喜欢一些词的发音，这可能是为什么从没在农场待过的学步儿知道牛的叫声是“哞 (moo)”和鸭子的叫声是“嘎”。

>>回答养育者（问题见第 200 页） 不是。学步儿常听到几个人叫“妈妈”（他们自己的妈妈、他们的奶奶、他们的表兄弟姐妹的妈妈），而且能从几个人那里体验到母性感觉，所以他们扩大了“妈妈”一词的使用范围并不用大惊小怪。最后他们会把这一称呼的使用范围缩小到一个人身上。

每种语言都有一些难懂的词和概念。说英语的学步儿常把“之前 (before)”和“之后 (after)”搞混；说荷兰语的婴儿在“out”这个词指脱衣服时，常把它搞混；韩国婴儿需要学习“in”的两种意义 (Mandler, 2004)。在意大利语和西班牙语中，形容词学起来比在英语和法语中容易，因为语言的形式不同 (Waxman & Lidz, 2006)，尤其是形容词在没有名词时也能独立使用。如果我想在一堆颜色不同的杯子中要一只蓝色杯子，我会用英语说要“a blue cup”或“a blue one”，但是西班牙语可以简化为“uno azul (a blue)”。虽有这些差异，但说各种语言的婴儿都表现出了令人惊异的学习词汇和语法的速度和效率。

2. 把几个词合起来用

语法包括语言用来沟通意思的所有方法。词序、前缀、后缀、语调、动词的时态、代词、否定句、介词和冠词等都是构成语法的成分。从单词句开始就有语法了，但是在 18—24 个月，语法才变得更明显，因为此时的儿童开始将两个词结合起来使用了 (Hollich, 2010)。

语法 (grammar)：词语本身之外的，语言中用于沟通意思的所有方法，包括词性、词序等。

例如，“宝宝－哭”与“吃－奶”就是正确的语序，反过来则不恰当，没有一个孩子会说“奶－吃”。2 岁时，儿童知道“哭－宝宝”有完全不同的意义。很快，儿童就能把三个词放在一起使用了，在英语中通常是按照主语—动词—宾语的次序（例如，“妈咪－看－书”），而不是用这三个词的其他五种可能的排序。

儿童的语法能力与词汇量的多少有关 (Snow, 2006)。能说出“宝宝在哭 (Baby is crying)”的儿童，比说“宝宝哭 (Baby crying)”或只能说单词句“宝宝”的儿童，在语言发展上处于领先地位，在理解力方面也领先。词汇和语法两方面知识的增多可帮助学步儿理解别人在说什么 (Kedar et al., 2006)。

年幼的孩子能掌握两种语言，而不止一种。其中一个重要因素是，在两种语言中，他们各能听到多少。听两种语言不一定会使语法的学习放慢，但是“每种语言的学习过程是分开的，且每种语言有自己特别的方式”(Conboy & Thal, 2006, p. 727)。有证据表明，儿童像统计学家一样，按照词汇和短语的数量学会那些最常用的表达方式。儿童在学习自己的母语时，就属于这种情况；知道哪些发音可同时用于两种或三种语言也是事实 (Johnson & Tyler, 2010)。当双语学步儿和只说一种语言的人说话时，能很快意识到语言之间的不同，及时调整声调、韵律和词汇。多数双语儿童的父母也讲两种语言；因此，这些儿童有时会把两种语言混起来说，因为他们知道父母能听懂。

（四）语言学习理论

在世界各地，儿童不到 2 岁就能说母语了。然后他们会继续快速地学习：一些青少年能写抒情诗，能发表演讲，感动成千上万的说同一语言的人。语言学习为什么如此容易，如此高效?

三个理论流派对此做了回答，每个流派都来自一种经典理论（行为主义、社会文化理论和进化心理学）。第一个流派认为，必须直接教婴儿语言；第二个流派认为，社交驱力推动婴儿和别人沟通；第三个流派认为，婴儿能听懂语言是人脑经过数千年的进化的结果，可以保障人类的生存。

1．理论一：婴儿需要教

第一种观点的种子植根于 50 多年前，当时，行为主义（或学习理论）成为在北美的心理学界占统治地位的理论。其基本思想是，所有学习都是通过联结与强化一步一步习得的。就像巴甫洛夫的实验中的狗把铃声与肉联系起来一样（见第二章），行为主义者相信，婴儿也会把客体与他们经常听到的词联系起来，尤其是在得到了强化的时候。

斯金纳发现，婴儿自发的咿呀语通常会得到强化 (Skinner, 1957)。每当婴儿说出“妈－妈－妈－妈”时，咧着嘴笑的妈妈就出现了，她一边重复着婴儿说出的声音，一边显示出对孩子的关心、赞赏，可能还会给孩子喂奶。这些可供性与婴儿想要的东西完全符合，所以婴儿会重复地说“妈－妈－妈－妈”；通过操作条件反射，谈话开始了。

斯金纳认为，大多数父母都是优秀的指导者，他们能对婴儿的姿势和声音做出反应，因此强化了言语 (Saxton, 2010)。即使在没有文字的社会，父母也会使用面向儿童的言语，对婴儿做出快速反应，他们能使用高声调、短句子和简单的语法——这些都是行为主义者推荐的正确做法。

这一理论的核心思想有如下几点：

- 父母是专家型教师，其他养育者也能给予帮助。
- 频繁地重复很起作用，尤其是与日常生活有关的语言。
- 婴儿期教得好，到儿童期会成为善于表达的儿童。

行为主义者发现，一些 3 岁的儿童能用比较复杂的句子交谈；另一些孩子只能勉强把一个单词与另一个词结合起来用。这种差别与每个儿童听到语言的多少相关。大多数口语能力强的儿童的父母会在整个婴儿期认真教孩子语言——唱歌、解释、倾听、做出反应，甚至在孩子 1 岁前就每天给其读书 (Forget-Dubois et al., 2009)。

在美国的一项研究中，研究者分析了母亲对 9 个月大的婴儿使用的语言 (Tamis-LeMonda et al., 2001)。所有母亲都来自中产阶层和同一族群（可控制文化和社会经济地位因素），但是一位妈妈在 10 分钟内从未模仿过孩子的咿呀语，而另一位妈妈在同样一段时间里对婴儿的咿呀语模仿了 21 次，咿咿呀呀地与孩子对话。所有妈妈都曾向孩子描述过一些事情或行为（如“那是你拿着的勺子——勺子”），但是一位妈妈只对孩子做了 4 次描述，而另一位妈妈描述了 33 次。

母亲在婴儿 9 个月时做出反应的频率可以预测婴儿 17 个月时语言的习得（见图 6.2）。对于爱说话的婴儿来说，并不是基因造就了他们的口语能力才引发了更多的话语。有些婴儿很安静，但他们的妈妈会频繁地和他们一起玩，给他们描述

给护士和儿科医生的问题 鲍勃和琼一直在读有关儿童语言发展的书。他们相信，因为语言是“硬件”，他们不需要跟 6 个月的儿子多说话。你对此怎样作答？（答案见第 204 页）

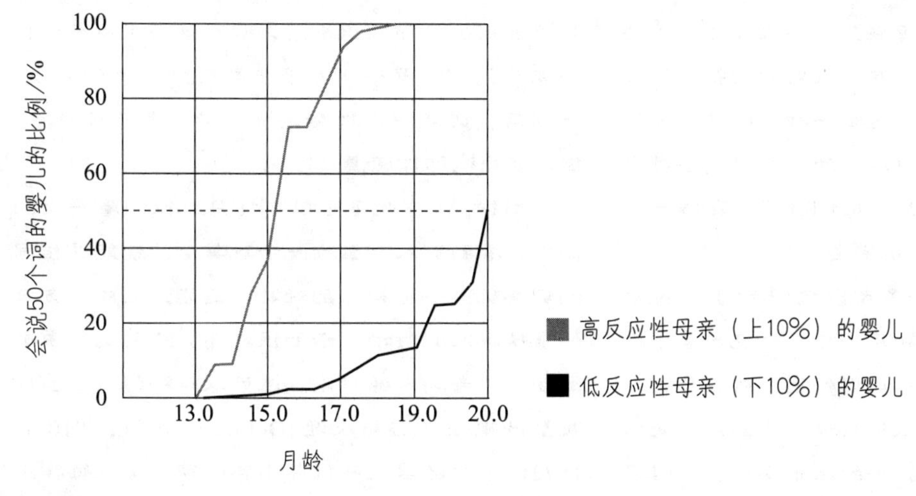

图 6.2

母亲的反应性与婴儿的语言习得 学会前 50 个词是早期语言习得的一个里程碑，因为它预示着几周后命名激增和多词句的到来。研究发现，9 个月时母亲具有高反应性（上 10%）的婴儿早在 15 个月就达到了这一里程碑，有低反应性母亲（下 10%）的婴儿达到该里程碑的时间显著落后。
据 Tamis-LeMonda et al., 2001, p.761

观察小测验 为什么浅色那条线在第 18 个月中断了？（答案见 206 页）

>>回答护士和儿科医生（问题见第203页） 语言发展的很多方面的确属于硬件，但很多专家坚信，多听语言是必要的。你不需要说服鲍勃和琼接受这一观点，只需跟他们说，如果他们多跟儿子说话，儿子会很快乐。

各种事物，问他们各种问题。由于妈妈的话多，这些安静的婴儿以后往往也会变成爱说话的孩子。在很多国家都发现了这样的结果。例如，澳大利亚的一项大型研究发现，如果父母向不会说话的婴儿说出内容广泛的语言，他们的孩子一般都说话早而且说得好 (Reilly et al., 2006)。

在行为主义者看来，如果成人希望孩子能够在说话、理解以及（以后的）阅读方面表现好，就必须在婴儿期多和他们说话。这一理论的近期应用来自一个商业性的视频，其宗旨是促进学步儿的词汇学习。一般来说，这种视频采用了重复和吸引注意力的方法（凭借声音、语调和颜色）来促进婴儿对新词的学习 (Vaala et al., 2010)。但是这类视频和斯金纳的理论受到了许多发展学家的批评，请看“批判性思考：婴儿能阅读吗？”专栏。

批判性思考

婴儿能阅读吗?

如果提供适当的机会、工具、激励和练习，学步儿就能学会在大海里游泳，把球扔进篮筐，在靠近悬崖的窄路上走，拨打电话，用锋利的刀切开一个瓜，弹吉他，说出抽认卡上的词，以及很多别的事情。不错，在世界某些地方的学步儿确实能做到这些事情，但在另一些文化中，这些行为往往会引起成人的惊慌、反对和震惊。婴儿会尝试模仿别人的行为，这是一种可以通过快速学习加以培养的特质。但这样的特质对一些养育者来说变成了棘手的挑战，他们发现，这样的行为难以保证“小科学家”的安全。

在过去十年中，很多商家意识到了这种学习，他们把视频、玩具和父母指导打包出售，教婴儿按形状把物品分类，认识颜色，或在看到一个符号时说出一个词。很多父母买这些产品是为了达到两个目的：保证孩子的娱乐安全，同时促进孩子的学习。这些商业性产品很昂贵，通过广告进行大力宣传和颇具吸引力的名字（如《小小爱因斯坦》《聪明宝宝》《我的宝宝能阅读》等）来诱使父母购买。虽然当代学步儿是令人钦佩的学习者。但这是教育视频的功劳吗？可能不是。

学步儿的学习能力和所取得的成绩从来都是令人惊讶的。皮亚杰就是因为意识到了这一点而广受赞誉的，而无视这些使我的姨父亨利成了傻瓜。还记得第五章讲到的婴儿在其生命的第一年里就表现出的面孔识别能力吗？如果1岁半的孩子偶然见到了另一个孩子，并听到了他的名字，一周后，仍能叫出他的名字，那真是不可思议。但你能把这称作阅读吗？

同样，1岁儿童可以模仿只给他们看一次的动作；看到别人怎么玩一个玩具后，就能以相同的玩法玩另一个相似的玩具；还能记住成人忘记的事情。他们对动态活动很着迷，特别是其中有运动、声音和人的时候。这可以解释为什么面向儿童的视频那么受欢迎 (DeLoache et al., 2010, p. 1572)。1岁的婴儿不仅是小科学家，会把每样东西都拿来做实验，得出关于自然世界的结论，他们还是小语言学家，在2岁以前就快速掌握了大量词汇。

学步儿的能力总能给人留下深刻印象。由

于计算机、会说话的玩具和教育视频在西方文化中非常普遍，而且许多父母相信子女最终所能取得的成就取决于父母自己做了什么，所以很多成人会给孩子购买这些益智产品。人们一旦在一件事情上花费了金钱和精力，往往就更相信它是管用的：父母购买益智产品，然后为自己的学步儿的进步而欣喜。

一项研究反驳了这种做法，研究发现，6个月大的婴儿看视频越多，他们的认知和语言发展就越慢 (Tomopoulos et al., 2010)。这项研究并不是针对“教育”视频的，但是没有证据证明，专为婴儿设计的视频能够促进其后来的智力发展。3岁以前，儿童的视觉、听觉、符号和概念技能等使他们不大可能在看视频的情况下比不看视频时学得更好，除非视频学习要求父母的参与。同样的道理也适于看书和外出旅行，有父母参与，这些记忆才会被储存 (Richert et al., 2011)。在这种情况下，学习才可能发生，甚至比没有视频时学得更好 (DeLoache et al., 2010)。看来，智力发展的重要因素是养育者的反应性和鼓励。

很多发展学家担忧这些广告怂恿父母为了孩子的未来而做他们能做的任何事情 (Yang et al., 2010)。如果学步儿经常看那些说出新词和新概念的视频，父母会把这些进步归功于视频，而不是归功于每个儿童都具备的了不起的认知进步。

即使有的学步儿没有掌握广告中所说的新技能，也很少有父母要求退款或对广告的错误宣传提出申诉，而是把责任归于自己和孩子。2009年，发展学家、儿科医生和父母打赢了一场官司，被诉讼的是《小小爱因斯坦》——一种面向儿童的视频产品。判决结果是，《小小爱因斯坦》的广告不得再声称这款产品是教育性的 (Lewin, 2009)。

视频的效果主要取决于怎样使用这些视频 (Courage & Setliff, 2010)。科学工作者不会批评那些对《小小爱因斯坦》诉讼案发表评论的父母：

> “它不是父母与孩子互动或给孩子读书的代替品，它只是让宝宝在漫长的一天中度过半小时的一种好方法。宝宝积累的经验越多，看到和听到的东西越多，给将来的学习搭建的框架就越多。走过一个街区，和父母一起玩，听父母给他们读书，跟他们说话，玩各种玩具，以及看电视屏幕时发现了自己喜欢的东西，所有这些都为那个经验、知识和理解世界的框架做出了贡献。”
>
> “我女儿是收养的，她从前在福利院里从没有洗过澡。她根本不喜欢洗澡和游泳池（即便有爸爸或妈妈带着）。一天，我们一起看《宝宝海神》节目。18个月大的女儿看到一个孩子在水中嬉戏的场景后，从我的腿上爬了下去（视频还在播放），直接走进了浴室，踩着凳子进入浴池，拧开水管，开始玩水。从那一刻起，她变成了一条真正的“鱼”，开始喜欢洗澡，喜欢洒水车，喜欢儿童游泳池。如今她已经8岁，她喜欢整天泡在游泳池里。问题不在于她最终能否发现对水的热爱，而在于我看到希望总在前面。”
>
> (comment on Lewin, 2009)

看来，这是大多数专家与各个商家之间的一场战争，涉及持两种意见的父母和他们所教的孩子。你站在哪一边？更重要的是，你为什么站在这一边？

2. 理论二：社交驱力促进了婴儿言语的发展

第二种理论称为社会实用主义。它起源于语言的社会文化源头：沟通。这一理论认为，婴儿需要沟通，因为人是社会生物，会为了生存和快乐而互相依赖。每种文化都有促进社交互动的方法；谈话就是其中之一。

给教育者的问题 托儿所里新来了一个婴儿，其父母所说的语言和托儿所教师的语言不同。教师是应该学习这种新语言的基本词汇，还是可以期待婴儿去学习主流语言？（答案见第 207 页）

这种观点认为，早期沟通的焦点是言语的情绪信息，而不是词语。在一项研究中，研究者让从未听过英语的人（安第斯山附近，过着与世隔绝的靠狩猎采集为生的舒阿尔人）听北美母亲谈论其宝宝的一段录音带。这些舒阿尔人虽然一个词也听不懂，但他们能分辨出抚慰、允许、关注和禁止等内涵 (Bryant & Barrett, 2007)。因此，言语的社交内容是普遍存在的，这就是婴儿为什么能学习他们的文化提供的各种特征。

假设一个 18 个月大的学步儿正在玩一个不知名字的玩具，这时，成人说出了一个词。孩子会不会把词和玩具相联系？认为依靠联结而学习的行为主义者的回答是"会"，但实际情况是"不会"。在一项实验中，当一个学步儿玩一个让他着迷的玩具、成人同时说出一个词时，这个学步儿抬起了头，寻找大人在看什么，想知道这个新词指的是什么，而不是看让他着迷的玩具 (Baldwin, 1993)。这种现象支持了理论二：学步儿想知道大人的意图。

是 33 班大学毕业生吗？ 养育者给婴儿读书与其 1 岁时的说话能力、5 岁时的阅读能力及 21 岁时的大学毕业成绩相关。当然，相关关系并不是因果关系，但是在任何情况下，这种分享快乐的做法都预示着更好的未来。

另一项研究也显示出了社会学习的作用。很多 1 岁婴儿喜欢看电视和视频，但是有证据表明，只有当成人积极参与到教学中，婴儿才能学到东西（见"批判性思考：婴儿能阅读吗？"专栏）。在一项加以控制的实验中，成人直接教 1 岁婴儿词汇的效果比让婴儿看同一个成人的视频教学的效果好得多 (Roseberry et al., 2009)。这说明，语言习得是个人化的与社会化的，而不是与人无关的事情。

根据理论二，是社交驱力，而不是直接教学，使婴儿作为"人类这种社会动物总体的一部分"学会了语言 (Hollich et al., 2000)。这种驱力还表现在婴儿学习的所有方式上：根据这一理论，人与黑猩猩的区别在于，人是受社会性驱动而进行沟通的。因此，每个婴儿（而不是黑猩猩）必须掌握词汇和语法，从而加入社交世界，并从中找到自己的位置 (Tomasello & Herrmann, 2010)。

3. 婴儿自己教自己

第三种理论认为，语言学习是与生俱来的；成人不需要教孩子，语言也不是社交互动的副产品。它来自人类普遍存在的模仿冲动。在记忆研究中曾经讲到，婴儿和学步儿会观察他们所看的东西，并且使用它们——不是亦步亦趋，而是按照他们自己的概念和意图来使用。根据理论三，这就是他们用所听到的语言做的事情 (Saxton, 2010)。

>>观察小测验（第 203 页）答案 到 18 个月时，高反应性母亲（上 10%）的所有婴儿都已能说 50 个词。而低反应性母亲的婴儿直到 30 个月才能全部达到命名激增的起始点。

这一理论产生在斯金纳提出他的口语学习理论之后不久。诺姆·乔姆斯基 (Noam Chomsky, 1968, 1980) 及其合作者认为，语言过于复杂，仅仅通过一步一步的条件反射很难掌握。行为主义者专注于儿童词汇量大小的差异，乔姆斯基则关注语言习得的相似性，即其普遍性（见第二章），而不是差异性。

我们知道，所有年幼的儿童都是在大约相同的年龄掌握基本语法的，乔姆斯基把这种普遍的语法作为一个证据，证明人类生而具有某个心理结构，它使人有准备地去寻找人类语言的一些成分——例如，一句问话的尾调上升。乔姆斯基把这个假设的心理结构称为**语言获得装置**(LAD)。此装置使儿童能快速有效地从每天听到的语言中获得语法规则，无论他们听到的是英语、泰语还是乌尔都语。

语言获得装置(language acquisition device, LAD)：乔姆斯基的术语，假设的使人能够学习语言（包括基本语法、词汇和语调）的心理结构。

其他学者也同意乔姆斯基所说的，认为婴儿天生就能有所准备地用他们的心理去理解并说出被提供的语言。所有的婴儿都是热切的学习者，而且语言可能是神经成熟的另一个表现 (Wagner & Lakusta, 2008)。这种观点并不否认在声调、语法和其他所有方面的语言和文化差异，但是其基本思想是，“语言是人类本性的一扇窗户，它能深刻地反映出我们的思想和情感的普遍特征” (Pinker, 2007, p. 148)。

世界各地的语言都具有逻辑性、连贯性和系统性。婴儿已做好准备掌握他们所接触的语言，这使养育者的言语“不是‘触发器’，而是‘营养物’” (Slobin, 2001, p. 438)。根据理论三，语言的习得并不需要触发器，因为语词是发育中的脑所预期的，快速有效的神经元联结的建立可支持婴儿学习其所听到的任何语言。因此，语言本身是预期型经验，尽管具体的话语是依赖型经验。

研究有力地支持了这种观点。前面讲过，新生儿已做好准备倾听言语 (Vouloumanos & Werker, 2007)，而且所有婴儿都能说出咿呀语“ma-ma”和“da-da”(并不是指妈妈和爸爸)。不需要强化，也不需要别人教，婴儿需要的只是树突的生长，嘴部肌肉变得有力，神经元互相联结，并且能听到别人说话。

聋儿也拥有这种天性。所有6个月大的婴儿，不管能不能听见，都喜欢带手势的语言，胜过无语言的哑剧。对于能听见的婴儿来说，这种偏好在10个月大时逐渐减弱，因为对手势语言的偏好已不再是沟通所需要的了 (Krentz & Corina, 2008)。聋儿则仍需要用这种手势语言来沟通。

4. 混合理论

这三种观点哪一种是正确的？也许三种都正确。在一部收集了12个实验的详细资料和结果的专著中，作者提出了一个把以前的理论加以混合的理论 (Hollich et al., 2000)。因为婴儿学习语言是为了做许多事情——表明意图，说出一种物品的名字，把几个词连起来使用，跟家人说话，给自己唱歌，表达他们的愿望，记住过去的事情，等等。一种理论或许能很好地解释在某一年龄的语言学习的某些方面，而另一种理论则能更好地解释在另一个年龄的语言学习的另外一些方面。虽然这一理论起初是用来解释为什么婴儿掌握的第一批词大多是名词的，但是这一理论也能解释动词的学习：知觉、社交和语言能力相结合，才能使之成为可能 (Golinkoff & Hirsh-Pasek, 2008)。

>>回答教育者（问题见第206页） 也许二者都需要。婴儿喜欢沟通，他们会寻找一切可能的办法和别人沟通。教师应该尝试了解这个婴儿及婴儿的父母，但是也应该开始教孩子学习主流语言。

一项研究支持了混合理论，像前面提到的研究一样，这项研究给婴儿看一对物品，他们以前从未见过这对物品，也不知道其名称。在这对物品中，一个是婴儿喜欢的，另一个是婴儿讨厌的。比如“一根蓝色的闪光棒……搭配一个白色的柜子锁……一个有红色、绿色和粉红色的派对玩具……搭配一个米黄色的开瓶器”(Pruden et al., 2006, p. 267)。实验员说出一个造出的名称（不是一个真实的词），然后观察婴儿是会看用新词命名且实验员正在注意看的物品（婴儿不喜欢的），还是看他们原本喜欢的物品。

不同于原来的研究以18个月大的学步儿作为研究对象，本研究的对象是10个月大的婴儿。结果也和以前的不同：10个月大的婴儿大多把新词和喜欢的物品相联系，而不是和不喜欢的物品相联系。研究者的解释是，学习语言的方式取决于年龄以及特定的环境。行为主义理论可能更适合解释更年幼的儿童，而社会学习理论可能更适合大一点的儿童，“10个月大的婴儿受知觉驱使，19个月大的儿童则有了社交意识”(Pruden et al., 2006, p. 278)。

另一组研究者在经过详尽研究之后也赞同混合理论，其结论是：“注意的、社交的和语言的多种线索”对早期语言的发展都有贡献 (Tsao et al., 2004, p. 1081)。这能从逻辑和实践中理解人类本性为语言学习提供的多种路径，不同的理论家只不过是强调了其中的某一方面 (Sebastián-Gallés, 2007)。而且，人不仅会在特定年龄，以这样或那样的方式学习语言的某一方面，而且每个孩子的学习也不同；就是说，一些孩子用这种方法学得更好，另一些孩子用另一种方法学得更好 (Goodman et al., 2008)。父母既要多和他们的婴儿说话（理论一），又要鼓励社交互动（理论二），还要赞扬孩子与生俱来的能力（理论三）。

一位专家得出了这样的结论：

> 从当前的观点来看，我们对语言习得之未解之谜的最大希望是，把多个因素结合起来加以考察，亦即不仅把各种明确的语言学模型结合起来，而且把相关的生物、文化和心理语言学过程结合进来。
>
> (Tomasello, 2006, pp. 292-293)

每一种理论都在某些方面是正确的，这种观点看来最理想。一些研究者在扩展并解释相关研究的基础上，得出了相似的结论。他们认为，语言学习既不是重复输入的直接产物（行为主义），也不是人类特殊的神经能力（语言获得装置）的结果。从进化角度来看，“语言结构的不同成分可能是以不同的方式进化的”，因此需要做“片段式和经验式的”考察 (Marcus & Rabagliati, 2009, p. 281)。换句话说，解释婴儿语言学习的单一理论不能完整地反映全部数据：人类是以不同的方式完成这一壮举的。

从这些观点中，我们可以得出什么结论？结论是：婴儿是主动的学习者，这不仅表现在本章所关注的语言、概念、客体和目标上，以及第五章讲的动作技能上，而且表现在第七章将要介绍的社会理解上。

回头再看亨利姨父，我的表兄弟们爱他们的母亲，因为她凭直觉知道，她的几个儿子从婴儿期就已做好了学习的准备。等他们长大以后，他们意识到，就像所有的发展学家意识到的那样，即使是在出生后的最初几周，每一位养育者——

爸爸或妈妈——都可能是第一个老师，而且是最好的老师。

小　结

从出生后的前几天开始，婴儿就用他们有限的能力——啼哭、咕咕声以及后来的咿呀语——参与到表达以及对人做出反应中来。在1岁以前，他们能理解简单的词，用手势来沟通。1岁时，多数婴儿开始说话。起初，词汇的累积过程很慢，但之后逐渐加快，同时出现单词句和双词句。

可以用多种方式来解释婴儿在出生前两年不可思议的语言学习能力：养育者必须教孩子，婴儿因为是社会生物而学习，天生的认知能力驱使婴儿去学习语言并且很快因为成熟使这种学习成为可能。由于婴儿在文化、学习方式和社会背景方面的差异，混合理论认为，每种理论在不同年龄，对于解释语言学习的某些方面是有效的。■

本章总结

一、感觉运动智力

1. 皮亚杰意识到，很小的婴儿就是主动的学习者，他们努力地理解自己复杂的观察和经验。在皮亚杰提出的认知发展的四个阶段中，第一个阶段是感觉运动阶段，表现为对经验的早期适应。
2. 感觉运动智力分为六个子阶段，开始于反射，结束于心理联结能力。六个子阶段可以分成三对，每一对都以循环反应或反馈环路为特征，婴儿先对自己的身体做出反应（一级循环反应），然后是对其他人和物的反应（二级循环反应），最后在三级循环反应阶段，婴儿像“小科学家”一样，变得更具目标性、创造性和实验性。
3. 婴儿能逐渐地理解客体。皮亚杰的经典实验显示，8个月大的婴儿能理解客体永存性，能寻找藏起来的东西。采用脑部扫描和其他新技术的研究发现，在客体永存性和其他许多方面，皮亚杰低估了婴儿的认知能力。

二、信息加工

4. 考察婴儿认知的另一种理论是信息加工理论，它关注从输入到输出的思维加工的每一步。小婴儿的知觉使他们能辨别婴儿周围环境中出现的各种可供性或行动机会。
5. 婴儿对移动的客体和周围的人特别感兴趣。客体和人给婴儿提供了许多互动和知觉的机会，因此这些可供性促进了早期认知发展。
6. 婴儿的记忆很脆弱但并非完全没有记忆。提醒环节有助于激发记忆，婴儿的脑在能记住词之前就能学习运动次序。记忆是多方面的：婴儿的外显记忆很少。

三、0—2岁的语言发展

7. 语言学习是婴儿期区别人与其他物种的最显著的认知成就。早期语言发展具有普遍顺序；对早期语言的学习有不同的解释。
8. 最初几周和几个月，婴儿的沟通欲望非常强烈。婴儿在6—9个月出现咿呀语，10个月时能理解词和身体语言，1岁时开始说出第一批词。聋儿甚至能在1岁前出现最早的手势语。
9. 在婴儿能说出50个词之前，词汇的累积非常缓慢。然后开始了命名激增。到两岁末，学步儿能把两个词连成一个短句子，并开始理解基本语法。
10. 婴儿怎样尽其所能地快速学习语言，不同的理论有不同的解释。三种经典理论分别强调语言学习的不同方面：对婴儿必须要教，婴儿的社交驱力促进了语言学习，他们的大脑天生就能辨别语言。

11. 每一种语言学习理论都有相应的研究证据。对发展学家的挑战催生了一种混合理论，它会综合采用关于早期语言理论的各种观点和研究结果。对养育者的挑战是对早期沟通努力的反应，对这种努力的期望既不要太高，也不要太低。

关键术语

单词句，p199
动态知觉，p191
对人的偏好，p191
二级循环反应，p184
感觉运动智力，p182
功能性核磁共振成像（fMRI），p188
可供性，p190
客体永存性，p184
面向儿童的言语，p197
命名激增，p200
内隐记忆，p195
三级循环反应，p186
视崖，p191
提醒环节，p193
外显记忆，p195
习惯化，p188
“小科学家”，p186
信息加工理论，p189
延迟模仿，p187
一级循环反应，p182
咿呀语，p198
语法，p201
语言获得装置（LAD），p207

你学到了什么？

一、感觉运动智力

1. 为什么皮亚杰把他的认知发展的第一阶段称作感觉运动阶段？
2. 感觉运动的前两个阶段怎样说明了一级循环反应？
3. 如果父母说话，婴儿用咿呀语来反应，怎样说明这是感觉运动智力的第三阶段？
4. 为什么说客体永存性是感觉运动智力第四个阶段的实例？
5. 感觉运动智力的第五阶段和第六阶段有何不同？
6. “小科学家”采用的科学方法遵循哪些步骤？
7. 为什么婴儿认知发展的一个标志之后对婴儿来说会变得无聊？
8. 为什么皮亚杰低估了早期认知发展的速度？

二、信息加工

9. 在本书中，1个月、12个月和20岁的可供性有何差别？
10. 解释婴儿拒绝爬过视崖的几种假设是什么？
11. 哪两种偏好显示出婴儿早期知觉的选择性？
12. 什么条件能帮助3个月大的婴儿记住一些事情？
13. 内隐记忆和外显记忆之间有何重要差异？
14. 为什么外显记忆对两岁以下的儿童比较困难？

三、0—2岁的语言发展

15. 6个月大的婴儿有哪些沟通能力？
16. 早期语言学习的哪些方面在所有文化和家庭中是普遍、明显的存在？
17. 婴儿最早说出的词的速率和词性有何典型特征？
18. 发展学家发现成人使用什么方式对婴儿说话？
19. 婴儿语言中的早期语法迹象是什么？
20. 根据行为主义理论，成人该怎样教婴儿说话？
21. 根据社会文化理论，婴儿为什么尝试沟通？
22. 儿童的言语来自大脑成熟的观点对养育者有何启发？
23. 能否把语言发展的混合理论同第二章讲的发展研究的选择性观点相比较？

应 用

1. 诱导一个婴儿说话——如果婴儿在 1 岁以下，就采用咿呀语；如果孩子大一些了，就可以说一些词。把婴儿在 10 分钟里说的所有的话记下来。然后让主要养育者花 10 分钟引诱孩子说话，再把这些话记下来。婴儿的两次沟通有何明显不同？把你的发现与本章所说的标准相比较。
2. 皮亚杰认为，智力就是适应。另一些人认为良好的记忆或较大的词汇量是智力的标志。你怎样给智力下定义？举例说明。
3. 很多教育学者建议在婴儿会说话之前就给孩子阅读。这反映出语言发展的哪种理论？
4. 测验一个婴儿寻找隐藏物品的能力。在理想情况下，婴儿应该在 7—8 个月做到这一点，你应该在几周后重测一下。如果婴儿马上可以找到，就把任务难度加大一些，方法是把藏东西与找东西之间的时间拉长一些，或者悄悄地把东西从一个地方移到另一个地方。

第七章

0—2岁的心理社会性发展

一、情绪发展
（一）婴儿的情绪
（二）学步儿的情绪
（三）自我觉知
（四）大脑成熟与情绪
（五）气质
科学观点：还在害怕吗？
二、婴儿心理社会性发展的理论
（一）精神分析理论
（二）行为主义
（三）认知理论
（四）社会文化理论
研究个案："一起去奶奶家"
三、社会纽带的发展
（一）同步性
（二）依恋
（三）社会参照
（四）婴儿日托

你将学到什么？

1. 从出生到 2 岁，婴儿的微笑和啼哭有何变化？又有什么差异？
2. 不同的理论和文化使婴儿的情绪知觉有何差异？
3. 婴儿期的亲子纽带有哪些特征？

我那一周大的外孙经常哭，一次又一次，无论是白天还是夜里，总是要哭上好一阵子。在他父母需要另寻一处公寓期间，他们一家三口临时和我住在一起。我负责遛狗和做饭，不管照顾孩子，所以我自己是不介意外孙哭闹的。但是我很担心我的女儿，她几乎就没有合过眼。

"给他一个安慰奶嘴。"我跟她说

"不行，那会造成'奶头混淆'。"她说。

"我从未听说过有这回事。你从哪里看到的？给他个安慰奶嘴。"

我女儿知道我重视研究和证据，不喜欢道听途说。她答道，"美国儿科医学院说，采用母乳喂养的婴儿第一个月不要用橡皮奶嘴。这是他们在网站上说的。"

我无言以对，但是在以后几个月里，我又开始为另一件事担忧——我女婿也因为当了父亲而抱怨连连。为了让我女儿睡会儿觉，他得抱着我那不愉快的外孙，一抱就是几小时，不论是白天还是晚上。

"看来，哄孩子的重任大部分落在了你肩上。"我对他说。

"因为爱丽莎每天要花好长时间喂奶。"他微笑着回答。

那几个月我学到了很多东西。从我养育自己的小宝宝的时代到现在，几十年过去了，儿科医生们提出了许多新建议，父亲们也变成了更主动的伴侣。

本章将从婴儿的情绪说起，介绍婴儿脑部的成熟与经验积累，然后讨论婴儿的气质与文化差异。我们将应用第二章所介绍的五种理论，对其进行比较，从而讨论婴儿喂养和族群理论，因为很多实际的做法都是对一般性假设的应用。这将带领我们探索养育者和婴儿的互动，包括同步性、依恋和社会参照。父亲和母亲一样，也参与了方方面面的养育工作。

我们还要讨论婴儿日托，主要关注它对婴儿的心理社会性的影响。本章最后将提出一些实用性建议，这些建议反映了我从经验（包括新老经验）中学到的东西，这些建议还来自成千上万的研究者、父母和婴儿。很多做法会因人、因地而异的，这取决于文化和年龄群，但是有一些心理社会性需要也明显具有普遍性。无论用不用安慰奶嘴，无论父亲们有没有耐心，多数婴儿（包括我的外孙——他现在很快乐），会随着基本的情绪需要得到满足而茁壮成长。

©万千心理

向周围人微笑 快乐是普遍存在的，这个婴儿正朝着高兴的妈妈微笑，当舌头也参加进来时，就笑得更好看了。这一场景发生在中国。

一、情绪发展

在出生后的前两年里，婴儿从反应性疼痛和快乐发展出对各种复杂的社交意识（见“大约在此时”表）(Lewis, 2010)。这是一个“高情绪反应性”时期 (Izard et al., 2002, p. 767)，从快速而毫无保留的反应——啼哭、惊吓、大笑、发脾气——到学步儿期的复杂反应，从感到满足时的咧着嘴笑，到悲伤地撅起嘴。

（一）婴儿的情绪

起初的情绪只有高兴与疼痛。吃饱后，新生儿快乐而放松，然后安然入睡。当他们受伤或饥饿、感到累或受惊吓时（如因巨大的噪声或突然失去支撑）就会啼哭。大约1/3的婴儿曾有不可控制的大哭，称为急性腹痛（colic）——可能是消化系统不成熟所致。

1. 微笑和大笑

很快，婴儿就意识到了其他情绪 (Lavelli & Fogel,. 2005)。好奇开始出现，那是婴儿（以及不同年龄的所有人）对新的、但不是过于新奇的客体或经验的反应。高兴时，婴儿会表现出**社交微笑**，那是在大约在6周大时由人的面孔引发的。早产儿的社交微笑出现得较晚，因为影响社交微笑的年龄要从受精算起。

社交微笑 (social smile)：婴儿出生后约6周时出现的由人的面孔引发的微笑。

在2—4个月大时，全世界的婴儿都能表达出社交快乐，甚至笑出声来 (Konner, 2007; Lewis, 2010)。在美国原住民纳瓦霍人中，无论哪个婴儿出现第一次微笑，人们都要举办盛宴，庆祝这个婴儿成为一个人 (Rogoff, 2003)。大笑的原因往往和好奇一样；在大约6个月大时，婴儿大声笑的原因是看见了新事物，尤其是既熟悉又新奇的社交经验，如爸爸做一个鬼脸。

2. 生气和悲伤

除了高兴与满足等积极的情绪之外，婴儿期也会很快表现出消极情绪，而且在婴儿期表现得尤其频繁 (Izard, 2009)。当婴儿想抓一个东西而不让抓，想动而不让动时，他们会生气。例如，研究者想知道，婴儿会怎样对挫折做出反应，他们“藏在婴儿身后，用手轻轻控制住婴儿的双臂2分钟，或让婴儿大哭20秒”(Mills-Koonce et al., 2011, p.390)。“大哭”的情况出现得并不频繁，但婴儿不愿意被绑住、被限制、被关起来，甚至当他们想探索周围时不愿被抱得太紧。

大约在此时

各种情绪出现的年龄

文化和经验总是会影响发展的标准，对8个月之后的情绪发展来说，这尤其正确。

出生	啼哭，满足
6周	社交微笑
3个月	大笑，好奇
4个月	满意，反应性微笑
4—8个月	生气
9—14个月	社交恐惧（陌生人，与养育者分离）
12个月	对意外出现的光和声的恐惧
18个月	自我觉知，自豪，羞怯，尴尬

婴儿期的生气是对挫折的正常反应；在前几个月就出现了的悲伤则不同。悲伤是退缩表现，常常伴随着体内皮质醇——一种基本的应激激素——的增加。在一项系列实验中，研究者教4个月大的婴儿拉一根绳子来看一张画片，看到画片让他们很高兴——与第六章介绍的通过踢腿使悬挂在头顶的玩具架子转动来记忆动作没有什么不同。然后，拉绳子时画片不再出现——这使多数婴儿做出生气地使劲拉绳子的动作。但是，也有一些婴儿不再尝试拉绳子了，而且看上去很伤心 (Lewis & Ramsay, 2005)；这说明，愤怒可以释放压力，但是一些婴儿已经知道了愤怒是不恰当的，所以他们感到伤心。

这项研究和其他很多研究证明，悲伤往往伴随着压力，可能不是一种浮于表面的情绪。很多研究者认为，婴儿大脑会受到早期社交情绪，尤其是悲伤和恐惧的影响 (Fries & Pollak, 2007; S. C. Johnson, 2010)。

3. 恐惧

对某些人、事物和情境的实实在在的恐惧（不只是像吃惊那样的痛苦）大约在9个月大时出现，继而变得更频繁而显著 (Witherington et al., 2004)。其中有两种社交恐惧最明显：

- **陌生人警觉**，当一个陌生人过快地与一个婴儿靠得太近时，婴儿不再表现出友好的微笑，反而哭起来。
- **分离焦虑**，当熟悉的养育者离开时，婴儿哭泣、惊慌或愤怒。

陌生人警觉 (stranger wariness)：当陌生人出现时婴儿表现出的担忧——静静地凝视生人，同时依附亲人，或表现出悲伤。

分离焦虑 (separation anxiety)：婴儿在熟悉的养育者离开时表现出的痛苦，在9—14个月时最明显。

分离焦虑一般在1岁出现，2岁时加剧。此后逐渐减弱。如果3岁以后仍然表现强烈，可视为情绪障碍 (Silverman & Dick-Niederhauser, 2004)。分离恐惧可能会妨碍婴儿睡眠；例如，婴儿睡觉时学会了期待有某物品和人陪伴，而当他们独自醒来时会感到非常害怕 (Sadeh et al., 2010)。除非父母也担心孩子自己睡不好，否则儿童将学会这种行为。

很多 1 岁的婴儿不但害怕陌生人，而且害怕未预料到的事物，从卫生间的冲水声到从玩具盒里跳出的奇异小人，从电梯门的关闭到一条摇着尾巴接近的小狗。但是随着类似经验的增多和养育者安慰，大一点的婴儿能够自己跑到卫生间一次又一次地冲水，还会叫狗过来（如果狗不过来还会哭）。

（二）学步儿的情绪

在学步期，情绪出现了新的强度 (Izard, 2009)。例如，1 岁以后，愤怒和恐惧变得越来越少，但是往往更集中，目标朝向引起愤怒或惊吓的源头。同样，笑和哭的声音更大而且更分化。

自豪、羞怯、尴尬、厌恶和羞愧等新情感也出现了（Mesquita & Leu, 2007）。例如，北美的父母会鼓励他们的学步儿产生自豪感（他们会说，“那是你自己干的”——即使没有真正干成）；但是亚洲家庭不鼓励自豪感，而是会培养谦虚和羞耻感 (Rogoff, 2003)。厌恶在很大程度上会受其他人影响：很多 18 个月大的儿童（而不是小婴儿）对触摸一只死去的动物感到厌恶，但是看到一个青少年谩骂一位老人并不会使他们感到厌恶，这和他们父母或年长儿童的反应不同 (Stevenson et al., 2010)。

给护士和儿科医生的问题 有家长跟你说，他们 1 岁的女儿见到陌生人时会把脸藏起来而且紧紧地抱住大人。你会对他们说什么？（答案见第 217 页）

2 岁时，儿童能够表现出全部的情绪反应色彩。家人和所处文化会教他们什么是可以接受的——有时是恐惧，有时是大胆 (Saarni et al., 2006)。例如，当一只友好的狗走过来时，学步儿把脸藏在妈妈的裙子里，妈妈可能慌忙地把孩子抱起来，也可能去爱抚那只狗，这两种做法分别教会了孩子害怕狗，或在下次见到狗时表示欢迎。

（三）自我觉知

自我觉知 (self-awareness)：一个人意识到自己是一个不同的个体，自己的身体、心理和行动与别人的身体、心理和行动是相互分离的。

在社会觉知以外，情绪发展的另一个基础是**自我觉知**，它是人对自己的身体、内心和活动与别人相分离的意识 (Kopp, 2011)。1 岁时学会走路让婴儿可以自己移动，紧随其后出现了“我”和“我的”的感觉，让他们对其他人产生了新意识。

小婴儿还没有自我感——至少是大多数人定义的那种自我 (Harter, 2006)。著名精神分析学家玛格丽特·马勒 (Margaret Mahler) 认为，4 个月以前的婴儿实际上把自己看作其母亲的一部分 (Mahler et al., 1975)。

自我的某些方面在 1 岁以前就显露出来了，但是

> 更复杂的自我表征是通过……自我参照的情绪反映出来的……在 2 岁前后，成功带来的简单快乐表现为看着一个成人，冲其微笑，让其看自己的壮举；失败以后简单的悲伤表现为避开成人的目光，转过头去，或者做些补救，并且表示歉意……
>
> (Tompson, 2006, p. 79)

>>回答护士和儿科医生（问题见第216页）　在14个月以前，陌生人警觉是一种正常现象。这个婴儿的行为看起来像是安全型依恋行为。

在一项经典的实验中，研究者 (M. Lewis & Brooks, 1978) 先往9—24个月大的儿童的鼻子上悄悄地点了一个红点，然后让他们照一面镜子。如果儿童摸自己的鼻子，就说明他们知道镜子里显示的是自己的面孔。12个月以前的婴儿都没有意识到自己（他们不是冲着镜子微笑，就是去摸镜子里"别的"孩子鼻子上的红点）。但是15—24个月大的儿童则能表现出自我觉知，他们会好奇而迷惑地摸自己的鼻子。

用镜子与红点测验（也可用照片）测得的自我辨认通常出现在第18个月，同时伴随着另两项进步：(1) 开始玩假装游戏；(2) 开始使用第一个人称代词（我、我的、我自己）(Lewis, 2010)。一些发展学家把辨认镜子中的自己与自我理解相联系，虽然"对这个看似简单的任务的解释饱受争议" (Nielsen et al., 2006, p. 176)。

例如，一项研究发现，镜像测验的自我辨认与学步儿玩的娃娃的腿被摔断（实验员故意操纵的）后的尴尬呈负相关 (Barrett, 2005)。很多能从镜子中认出自己的17个月大的儿童（尤其是男孩）在闯了这个祸之后较少表现出尴尬，而更多地把这件事告诉实验员。自我感是自豪感的增强和羞愧感的减弱吗？也许是。自豪感可能与自我概念的成熟相联系，而不一定与别人的看法相关 (Barrett, 2005)。

那是谁？　18个月大时，她开始有了自我觉知，她正在查看镜子里的手指和她自己的手指是否一样。

（四）大脑成熟与情绪

大脑成熟参与了上述所有的情绪发展。毫无疑问，丰富的经验和良好的营养都促进了大脑发育和情绪发展。同样肯定的是，情绪反应是随着一些神经元与另一些神经元形成联结而开始的 (M. H. Johnson, 2011)。

1. 社交驱动

大脑成熟的很多方面都支持了社会性情绪的发展 (Lloyd-Fox et al., 2009)。例如，多数发展学家都赞同，社交微笑和最初的大笑是随着皮层的成熟而出现的 (Konner, 2007)。非反射性的恐惧、自我觉知和愤怒也同样如此。皮层的一个特殊部位（前扣带回）与情绪的自我调节有直接联系，它使儿童能把这些情绪减弱 (Posner et al., 2007)。（人脑的其他几个部位，包括边缘系统，是许多情绪的发源地。对此，第八章将详细介绍。）

婴儿情绪发展的一个特点是：特定的人（通常是婴儿最常见到的人）能唤醒特殊的情绪。这不仅是特定经验的结果，而且是神经系统成熟的结果，其原因是大脑中一连串同时激活的神经元之间联结得更紧密、更快了。出生后的前几周，婴儿乐于被任何有能力的人照顾，无论这个人是其血亲还是陌生人。很快地，各种偏好就形成了，这就是为什么如今在收养儿童时，最理想的是在孩子刚出生几天就送到养父母家里，而不像一百年前，认为儿童该等到1岁以后再送领养。

所有的情绪反应，尤其是和自我觉知有关的情绪，都依赖于记忆(Harter, 2006; Lewis, 2010)。第六章讲到，记忆起初非常脆弱，后来随着树突和轴突联结的建立而逐渐增强。难怪被大孩子欺负时，1岁多的婴儿会比更小的婴儿更快发怒，进入医院诊室时也表现得更不情愿。学步儿能记得上次哥哥姐姐欺负他们和上次医生给他们打针的事情。(前面讲过，婴儿很早就会因为被限制和受挫折而愤怒，但那是不太需要记忆参与的。)

2. 压力

第五章曾讲过，过大的压力会伤害脑，尤其是与情绪联结的部分。脑成像和皮质醇测量显示，如果婴儿经常处于压力之下，下丘脑（负责调节身体机能和激素生成的部位，第八章会详细介绍）的发育将会减慢。

在他的世界的顶端 这个男孩快乐的表情说明，父亲能够预防并释放婴儿的压力，保护婴儿的脑，并促进母亲平和的心境。

很明显，从伦理上说，我们无法用实验证明婴儿期的虐待会造成脑损伤。但是对受虐待儿童的脑部扫描揭示出，脑异常活动不仅出现在对压力和其他情绪的反应上，只要看到他们所畏惧的人的照片，也会引发脑内的异常活动(Gordis et al., 2008; Masten et al., 2008)。这些异常的神经反应似乎是早期虐待造成的。

第五章曾经提到，这一研究具有重要的生物社会学应用价值。现在我们把焦点转到心理社会性方面，它将告诉我们，社会背景与婴儿的情绪有怎样的联系。因为婴儿从出生就在学习怎样做出情绪反应，所以让新父母得到社会支持是至关重要的，只有这样，他们才能持续地、充满爱心地对新生儿做出反应。

一项研究发现，压力的暗流一直影响着发展：父亲影响着母亲的压力水平，而且如果母亲承受的压力过大，这种压力将会伤害其子女(Talge et al., 2007)。现代的父亲们也直接影响着婴儿的压力：如果他们是那种总是干涉孩子的、挑剔的养育者，婴儿到7个月大时，就已经会在面对挑战时表现出更高的皮质醇水平，和前面讲过的当婴儿备受限制时表现得一样(Mills-Koonce et al., 2011)。

3. 联觉

大脑的成熟可能影响着婴儿对情绪进行分化的能力，例如，分辨恐惧和快乐的能力。一些婴儿看到任何东西都要哭。早期的情绪混淆似乎和联觉有关，它指大脑中的一种感觉会激发另一种感觉。对年长儿童和成人来说，联觉的最普遍形式是一个数字或字母会引发一种鲜艳色彩的感觉。在成人中，联觉并不常见；它往往和遗传有关，有时预示着艺术创造力(K. J. Barnett et al., 2008)。

联觉在婴儿期出现得更多，因为皮层感觉部分的边界仍在形成中(Walker et al., 2010)。触觉和视觉似乎是相连的、听觉和嗅觉似乎是相连的，而婴儿自己的身体似乎是和别人的身体相连的。这种感觉连接被称为*交叉模式知觉*(cross-modal perception)；而人际连接可能是早期的社会理解的基础 (Meltzoff, 2007)。

大脑的一部分能激活另一部分的倾向也发生在情绪方面。婴儿的啼哭可能因疼痛、恐惧、疲劳、惊讶或兴奋而引发；大笑可能转为流泪。婴儿早期的一些不连续的情绪比成年期更难被识别、区分和预测；婴儿的情绪会由于未知的原因而爆发、加强或消失 (Camras & Shutter, 2010)。大脑成熟与否是一种可能的解释。

（五）气质

每个人的情绪都受其基因型的影响。因此，婴儿感到快乐与恐惧不仅与成熟有关，也与许多基因上的多个等位基因的组合有关。每个人都具有**气质**这种遗传素质，它被定义为“个体差异的生物学核心基础，表现为对环境的接近与反应方式，具有跨时间、跨情境的稳定性”(van den Akker et al., 2010, p. 485)。“生物学基础”意味着这种特质起源于天性（基因）。气质是天生的而不是经验性的，这一结论来自对新生儿接种乙型肝炎疫苗之后的啼哭状况的分析：哭这一变量与以后的气质相关 (Jong et al., 2010)。

气质 (temperament)：人在情绪、活动性和自我调节方面与生俱来、具有个体差异的环境遗传学特征，起源于基因，但是受儿童养育实践的影响。

气质可能与人格相重叠，但这两个术语不是同义词。人格特质（如诚实与博爱）主要是习得的，气质特质（如害羞与攻击性）则主要来自于遗传。虽然气质起源于基因，但是经验——对儿童的养育方法、文化与学习的结果——塑造着气质特质的实际表现 (Rothbart & Bates, 2006)。

1. 纽约追踪研究

在一项关于气质的实验室研究中，研究者给婴儿展示了一些会令其恐惧的东西。4个月大的婴儿要看旋转的移动机器或听一些不同寻常的声音。稍大些的婴儿可能要看一个发着噪声的移动的机器或一个快速靠近的小丑。在这些场景下，有些婴儿会笑（他们被划分为“容易型”），有些婴儿会哭（“困难型”），有些婴儿很安静（“慢热型”）。这三个类型来自*纽约追踪研究* (New York Longitudinal Study, NYLS)，该研究开始于20世纪60年代，是最早的证明新生儿都生来具有独特气质的多项大型研究之一 (Thomas & Chess, 1977)。

根据纽约追踪研究，婴儿在3个月大时就能表现出九种气质特质，并且可以归为四种类型（除了上述三种类型外，第四种类型是“难于分类”的儿童）。这四种类型婴儿所占的比例如下：

- 容易型（40%）
- 困难型（10%）
- 慢热型（15%）
- 难于分类（35%）

给护士的问题 有家长因为他们3个月大的爱哭爱闹的孩子来找你咨询，称他们看到书上说，气质在出生前就已经“固定”下来了，所以他们对这个难带的孩子很担忧。你该对他们说什么？（答案见第220页）

后续研究证实，新生儿在气质上已有不同的表现，而且一些婴儿显现出了非同寻常的困难气质。但是，尽管纽约追踪研究引发了大量的探索，但该研究归纳的九个维度未被后续研究证实 (Caspi & Shiner, 2006; Zentner & Bates, 2008)。一般来说，儿童早期明显表现出来的气质维度只有三个（而不是九个）(Else-Quest et al., 2006; van den Akker et al., 2010)。虽然对婴儿期气质的不同研究使用的术语不同，但结论大体相似，而且以下三个维度是最明显的：

- 努力控制（能够调节注意，保持平衡）；
- 消极心境（恐惧、愤怒、不高兴）；
- 外向性（主动、善于社交、不害羞、精力旺盛）。

2. 良好匹配

良好匹配 (goodness of fit)：因气质与价值观的相似性而导致的人与社会环境（包括家庭、学校和社区）之间的和谐互动。

所有研究都发现，儿童期气质发展轨迹具有持续性，并最终会成为成人人格的一部分，但是所有研究也都确认，与生俱来的倾向只占人格形成的一方面。环境总是在影响人的行为。在理想情况下，父母可以达到**良好匹配**，即通过调整，使婴儿和养育者的互动更和谐。良好匹配使父母与困难型孩子建立了一种亲密、疼爱的关系；使精力旺盛型婴儿的父母学会保护孩子免受伤害；使慢热型孩子的父母在鼓励孩子的同时，给他们适应的时间。父母必须尽最大努力适应孩子，下面这段关于父女相处的情景就是一个证据：

> 凯文是个主动、外向的人，他热爱并且敢于尝试一些新事物。今天，他第一次带着11个月大的女儿泰拉来到公园。刚开始时，泰拉一个人在沙坑里玩，后来几个学步儿也加入了进来。起先，泰拉朝他们微笑，并且满怀兴趣地看着他们玩。但是因为一个孩子既活跃，又吵闹，导致泰拉的微笑渐渐变成了哭泣。她……爬到凯文身边，于是凯文便把她抱了起来并安慰她。但是凯文并没有就此打住。等泰拉平静下来以后，凯文便温和地鼓励她到那几个孩子附近去玩。他也坐在泰拉旁边，一边跟她说话，一边跟她玩。过了一会儿，泰拉慢慢爬到了那几个孩子旁边，好奇地看着他们的动作。
>
> (Lerner & Dombro, 2004, p.42)

>>回答护士（问题见第219页） 这么说为时尚早。气质并不真是“固定”的，而是可变的，尤其是在前几个月。很多“困难型”婴儿后来也变得很快乐，并在青少年期和成年期取得了成功，尤其是在其父母教育得当的情况下。

泰拉需要凯文，一般来说，胆小、困难型儿童比容易型儿童更需要父母耐心关照 (Belsky & Pluess, 2009; Leerkes et al., 2009; Pauli-Pott et al., 2004)。无能的或严厉的父母加上孩子消极的气质将会培养出反社会的破坏型儿童 (Cicchetti et al., 2007)。

大五 (Big Five)：在一生中表现相当稳定的人格的五个维度：求新性、尽责性、外向性、亲和性和神经质性。

儿童期的气质与父母的基因和人格有关，人格通常可采用**大五**人格评价量表测量，该量表包括五个维度：求新性、尽责性、外向性、亲和性和神经质性。外向性和亲和性（努力控制）得分高、神经质性（消极心境）得分低的父母，更可能成为疼爱孩子的、有能力的父母 (de Haan et al., 2009)。

科学观点

还在害怕吗？

一项追踪研究 (Fox et al., 2001) 把4个月大的婴儿划分为三种不同类型：精力旺盛型、消极型和抑制性（胆小型）。我们之所以介绍这项研究，是因为研究者采用了多种方法来测量婴儿的情绪，包括实验室实验、根据婴儿的年龄采用的各种测量、对各种方法的详细报告以及脑部扫描。此外，他们对同一批儿童在其4个月、9个月、14个月、24个月和48个月时进行考察，之后又继续追踪了几年 (Williams et al., 2010)。

研究发现，有一半的儿童从4个月到4岁，在每次面对会令其恐惧的情境时，总是以相似方式做出反应，变化不大。另一半儿童随着年龄的增长出现了变化。抑制型（胆小型）儿童出现变化的可能性最大，精力旺盛型儿童变化的可能性较小（见图7.1）。这体现了儿童养育方法的影响：成人会诱导胆小型儿童变勇敢些，鼓励精力旺盛型儿童享受快乐。追踪研究还发现了文化的影响：原来属于抑制型的男孩到青少年期更有可能吸毒，抑制型女孩则不会 (Williams et al., 2010)。

另一项研究也发现了类似的结果，该研究把气质分为：一般型、胆小型和表现型。发展的连续性普遍存在，但是胆小型儿童（2岁半时占14%）最可能出现变化。3岁时，胆小型儿童减少到了5% (van den Akker et al., 2010)。父母的态度和行为可能导致了这种变化。

另外几项追踪研究考察了婴儿气质与青少年期人格（尤其是反社会特质）的关系，也证实了这类结果：发展的连续性明显存在，但是家庭和环境影响也很明显，这种影响有时会减弱这些困难或消极特质 (Kagan et al., 2007; Zentner & Bates, 2008)。科学研究反复发现，天性和教养这两方面都影响着每一种气质特质和人格特质。

4个月—4岁的气质变化

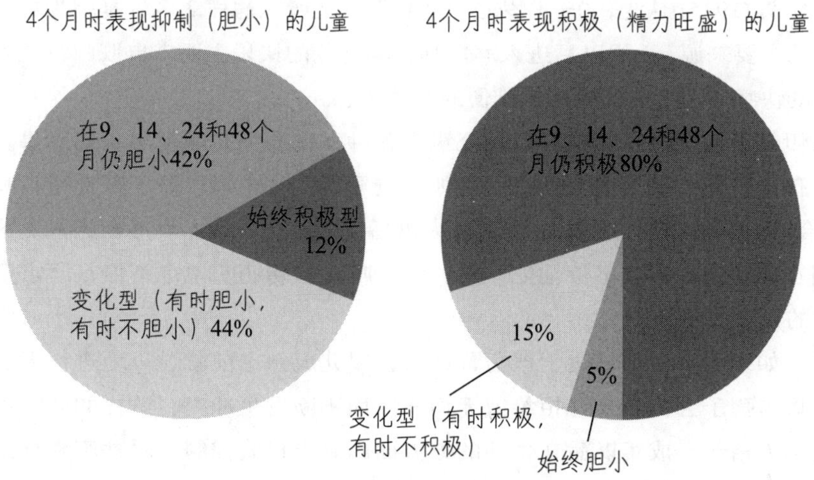

图 7.1

婴儿的气质会变化吗？ 数据显示，胆小型儿童不会命中注定地一直胆小。如果成人给孩子消除疑虑，不做吓唬孩子的事，有助于孩子克服天生的恐惧。一些胆小的孩子没有变化，但这到底是因为父母没有让他们充分地消除疑虑（教养），还是因为他们在气质上过于胆小（天性），尚不得而知。

观察小测验 4岁时对噪声和其他可怕事件做出积极反应的儿童，在以后测验中有多大比例的人表现出了胆小行为？（答案见第222页）

小　结

新生儿只有两种简单的情绪：痛苦与满足，通过啼哭与安宁表现出来。以后渐次出现好奇、高兴、社交微笑和大笑。在7—12个月，生气和恐惧明显增强，尤其是在社交场合，例如面对陌生人的情况下。悲伤也明显表现出来。

1岁以后，婴儿有了自我觉知，开始表现出针对自己的情感，如自豪、害羞、尴尬和内疚，而且这些情感也可能针对其他人。成熟使这些情感的出现成为可能，但是环境和学习也影响着这些情感的出现时间、频率和强度。情绪发展的基础是大脑的成熟以及神经元之间联结的形成。气质从出生就表现出了差异；一些婴儿比另一些更容易养育。■

>>观察小测验（第221页）答案　在4个月大时做出积极反应的所有婴儿中，以后至少偶尔表现出恐惧的占20%，但其中持续感到恐惧者只占5%。

二、婴儿心理社会性发展的理论

现在我们回到第二章讨论过的理论问题。你们将看到，理论可以应用到婴儿的心理社会性发展中去。吸吮手指、啼哭、破坏行为、自我觉知、与他人建立纽带，所有这些都涉及理论和实际应用问题。

（一）精神分析理论

精神分析理论把生物社会性发展与心理社会性发展联系起来。两位主要的精神分析理论家，西格蒙德·弗洛伊德和埃里克·埃里克森都认为，早期发展有两个不同的阶段。弗洛伊德称之为*口唇期*和*肛门期*(Freud, 1935, 1940/1964)。埃里克森认为，这两个阶段要分别解决“*信任对不信任*”和“*自主性对羞怯与怀疑*”的问题(Erikson, 1963)。

1．弗洛伊德：口唇期和肛门期

弗洛伊德(1935)认为，0—1岁处于*口唇期*，之所以这样命名，是因为口唇是婴儿快感的主要来源。1岁以后进入*肛门期*，学步儿的快乐主要来自肛门，尤其是排便带来的快感，并最终变成控制排便的心理快感。

弗洛伊德相信，口唇期和肛门期充满了各种潜在冲突并能带来长期后果。如果母亲让孩子的吸吮欲望遭受挫折（例如，过早断奶，或禁止孩子吸吮拇指和吃手），会给孩子带来痛苦和焦虑，使其长大以后变成一个*固着在口唇期*的人。这样的人被困在口唇期，喜欢不停地吃、喝、嚼、咬或唠唠叨叨说个不停，寻求婴儿期被拒绝的口唇快乐。

同样，如果大小便训练过于严厉，或者在婴儿成熟之前就过早地进行大小便训练，父母与孩子会因学步儿拒绝或无力服从而不断发生冲突。这样的儿童可能形成肛门期人格——成年以后在生活的方方面面寻求自我控制，对秩序和规则表现出强烈的需求。多数发展学家已不再赞同弗洛伊德理论中的这一部分，但是正如第二章讲过的，关于大小便训练的最佳时机和方法的问题，至今仍然意见纷纭。

给养育孩子的母亲的问题　你听说，假如过早给孩子断奶，孩子将来会变得贪吃或酗酒。这是真的吗？（答案见第223页）

2. 埃里克森：信任与自主性

埃里克森认为，人生的第一个危机是**信任对不信任**。在这次危机中，婴儿知道了在满足自己的基本需要方面，周围人是可信任的还是不可信任的。当周围人“前后一致地、连贯地以相同的方式”给婴儿提供食物和抚慰时，婴儿就感到安全(Erikson, 1963, p. 247)。如果社交互动使婴儿感到信任和安全，儿童（和后来的成人）就会充满自信地探索社会环境。

信任对不信任 (trust versus mistrust)：埃里克森提出的心理社会性发展的第一个危机。如果婴儿的基本需要（食物、抚慰、关爱等）得到满足，他们就会对周围人产生基本的信任感。

第二个危机是**自主性对羞怯与怀疑**。这一危机大约从18个月开始，此时，自我觉知已经出现。学步儿希望自主地（自治地）做他们想做的事情。如果缺少了自主性，他们就会感到羞怯和怀疑。埃里克森和弗洛伊德一样，也认为婴儿早期的问题会持续一生，使人到成年期仍对别人抱有疑虑和悲观（不信任）的态度，或容易羞怯（缺乏自主性）。

自主性对羞怯与怀疑 (autonomy versus shame and doubt)：埃里克森提出的心理社会性发展的第二个危机。学步儿在获得对自己的行为和身体的自治感方面要么成功，要么失败。

埃里克森意识到了文化的不同。他知道，不信任或羞怯可能是具有破坏性的，也可能不是，这取决于社会规则和他人的期望。一些文化鼓励独立自主，但在另一些文化中（如中国），“羞怯是一种正常的情感，羞怯感的形成是因为父母采用了明确的使其羞愧的方法”，来鼓励儿童对家人的忠诚，并与家人和谐相处 (Mascolo et al., 2003, p. 402)。西方人则希望学步儿不屈不挠地向前走，去挑战那“可怕的两岁”；而其他地方的父母则希望学步儿温顺、听话。北美人重视自主性，但是还有很多民族认为自主是不成熟的表现 (Morelli & Rothbaum, 2007)。

妈妈的两难　这个小男孩展示出了惊人的好奇心。但是，父母必须对这种自主性加以指导和鼓励。注意这位妈妈的表情显示出，她确信孩子不会把花抓坏或把花吃下去。

（二）行为主义

从行为主义角度来看，情绪和人格是由于父母对子女自发行为的强化和惩罚而形成的。行为主义者认为，会冲着婴儿微笑并把他们抱起来的父母在用每一次温暖的笑容培养孩子充满阳光的性格。反过来也完全正确，就像行为主义者约翰·华生所说的：

> 如果不能培养出一个幸福的儿童，一个适应良好的儿童——假设他身体是健康的——父母应承担全部责任。（在儿童3岁时，）父母就已经决定了……孩子是能成为一个幸福的人、一个健全而好性格的人，还是会成为一个牢骚满腹的人、一个爱抱怨的神经质的人、一个愤愤不平且爱报复的人、一个专横而苛刻的人，或者是一举一动都被恐惧支配的人。
>
> (Watson, 1928, pp. 7, 45)

>>回答养育孩子的母亲（问题见第222页）　弗洛伊德认为是这样的，但是没有实验可以证明断奶（即使是因为生病而临时断奶）会造成这样可怕的后果。

后来的行为主义者意识到，婴儿也经历着**社会学习**。阿尔伯特·班杜拉 (Albert Bandura) 做了一个经典的实验：儿童在观看了一个成人用木槌击打一个橡胶充气

社会学习 (social learning)：通过观察别人而进行的学习。

小丑之后，也以同样的方式击打这个小丑 (Bandura, 1977)。在实验中，一些儿童有很好的理由追随那个榜样；他们此前受到挫折，因为他们被告知，他们不能玩一些吸引人的玩具，只能玩一把木槌和一个充气小丑，而且他们刚看过成人击打小丑的情节。男孩和女孩都会用木槌使劲打小丑，还用脚踢。

捶打充气小丑　这些照片取自班杜拉最初做的社会学习研究的影片，受到挫折的 4 岁儿童正在模仿他们看到的成人的行为。这些儿童使用成人用过的武器，以相同的意图，用木槌击打玩偶，用玩具枪向玩偶射击，或者把一只大皮球向它扔过去。

至此之后，发展学家就反复证明了，社会学习在一生中都会发生 (Morris et al., 2007; Nielsen, 2006)，这个问题在本章后面还会多次谈到。在很多家庭里，学步儿会以不同的方式表达情绪——从咯咯笑到说脏话——因为他们见过父母和哥哥姐姐这样做。男孩可能学会了发脾气，例如，他看见父亲似乎通过发火而赢得了妈妈的尊重。社会学习理论承认有天生的气质，但是它更看重父母的榜样作用：害羞可能是天生的，但是父母提供的社会学习榜样会帮助一个退缩的儿童变得更外向 (Rubin et al., 2009)。

（三）认知理论

认知理论认为，人的思维和价值观决定着人的观点。早期经验之所以重要，是因为观念、知觉和记忆使然，而不是因为它们隐藏在无意识中（精神分析理论），或隐藏在大脑模式中（行为主义）。早期人际关系帮助婴儿形成了一个**工作模型**，这是一套设想，它们是以后生活的参照框架 (S. C. Johnson et al., 2010)。它是一个“模型”，因为这些早期关系为以后的关系提供了一个原型或一张蓝图；它是“工作”模型，因为它虽然可以使用，但它不一定是固定的或最终的。

工作模型 (working model)： 在认知理论中，个体用于组织知觉和经验的一套假设。例如，一个人可能假设别人都是可信的，当这个关于人的工作模型被证明有误时，他可能感到惊讶。

最理想的情况是，婴儿形成“自我是有价值的、被爱的和有能力的工作模型”和“父母是富于情感的、爱自己的、敏感和支持性的工作模型”(Harter, 2006, p. 519)。然而，现实并不能总是这么理想。一个 1 岁的女孩可能基于她父母对她不一致的反应而形成一个认为人们不可预测的模型。她会把这个模型应用到所有人身上：她儿童期的友谊将是不安全的，她对成年期的人际关系也会充满警觉。

用皮亚杰的术语，这个女孩形成了用于组织自己的知觉的认知图式。根据认知理论，婴儿早期经验本身不一定重要，但是对这些经验的解释很重要 (Olson & Dweck, 2009)。儿童期是一生的缩影。来自认知理论的一个有益的信息是，人们可以反思并重组自己的思想，形成新的模型。那个多疑的女孩可能因嫁给了一个可靠而充满爱心的男人，从而逐渐形成一个新模型。认知也具有可塑性。

（四）社会文化理论

没有人怀疑“人的发展发生在文化背景中”(Kagitcibasi, 2003, p. 166)。但重要的问题是，文化的影响有多大。社会文化理论家辩称，这种影响是实质性的，整个社会文化背景都影响着婴儿的情绪发展。

1. 族群理论

族群理论是渗透在一种特定文化或族群中的理论。人们很少能意识到诸如母乳喂养、一起睡和大小便训练等儿童养育的很多实际做法都来自族群理论 (H. Keller et al., 2006)。前几章详细介绍过的动作技能和语言发展时间表都可能是父母鼓励的结果，其基础就是他们的族群理论。例如，在肯尼亚的科奎特，其族群理论认为，一位母亲应该：

> 教婴儿坐、站和走。如果一位母亲因为某些原因没有教孩子这些事情，人们会问她有何特殊原因。对这个唐突的问题思考片刻之后，母亲们常见的回答是孩子不想学这些。
>
> (Super & Harkness, 2009, p. 93)

族群理论显然和情绪发展有关。婴儿的啼哭就是个例子：婴儿是在用哭泣表达疼痛、愤怒，还是说哭泣只不过是一个正常的行为呢？人们会透过其文化的镜头做出解释 (Holodynski & Friedlmeier, 2010)，一些成人会急忙抚慰一个啼哭的婴儿，另一些成人则相信婴儿应该“哭出来”，这样可以锻炼孩子的肺部和独立性。

一种更详尽的族群理论来自那些相信祖先能在年轻一代中转世的文化。在一个这样的案例中，“成人不期望儿童表现出对成人的尊重，而成人则要尊重他们再生的祖先。”因此，儿童可以表达很多情绪。这样的文化主张纵容式的儿童教育，不要严厉地惩罚孩子，“在西方人眼里，这是一种极其宽容的教养方法”(Dasen, 2003, pp. 149-150)。

第一章讲过，当环境变化时，文化也会变化。研究者在对3个月大的婴儿的祖母和母亲的价值观进行研究时，发现了相关的证据 (Lamm et al., 2008)。参与研究的祖母和母亲来自四种背景：德国城市、印度城市、西非城市和西非农村，参与者也经过了匹配。每个地方的女人所持的族群理论都和其他地方的女人不同。在这四种文化中都有明显的代际差异，母亲都比祖母更看重孩子的自主性。

但是，这种代沟非常小，文化之间的差异才是最大的。在德国城市中，祖母倾向于赞同母亲看重自主性的意见；在非洲农村，母亲倾向于同意祖母看重孩子顺从的意见。母亲与祖母之间最大的代沟表现在非洲城市，也许是因为社会巨变使祖母的传统与女儿学到的新东西差别太大 (Lamm et al., 2008)。

族群理论 (ethnotheory)：以某种文化的价值观和实践为基础，但往往未被来自该文化的人们意识到的理论。

给语言学者和作家的问题　美国文化造就了空巢这一术语，这表达了一个族群理论，即子女长大以后就该搬到别处去住，家里只留下父母。这一术语表达了什么样的文化价值观？（答案见第226页）

>>回答语言学者和作家（问题见第225页） 空巢的潜在含义是人类的母亲就像悲伤的雌鸟一样，小鸟待到羽翼丰满就离它们而去。

2. 个人理论

父母不但受到其族群理论的影响，而且受到其个人理论的影响，个人理论来自他们的家庭和个人经历。例如，一些父母责备孩子哭闹，却没有意识到小婴儿无法控制啼哭和其他一些行为。前面讲过，婴儿出现哭与笑、愤怒与恐惧等情绪，起因是成熟，而不是婴儿对养育者的感觉如何。养育者可能会对这些情绪做出反应，但他们不能使这些情绪消失。

由于发展理论是不断变化的，因此试图滥用理论的父母——不管是出于个人压力还是因为孩子太难带了——可以重构他们的知觉。他们可能像认知理论希望的那样，不再责备孩子哭闹，而是更多地做出反应 (Bugental & Schwartz, 2009)。这正是布雷泽尔顿新生儿行为评价量表的目的，即父母要像临床医生那样，鼓励婴儿对图像、声音和人做出反应。

例如，卢卡斯出生时只有一只脚。他的父母关系疏远，而且对此事很沮丧。也许根据他们的个人理论，他们会觉得孩子的残疾是对他们的惩罚。临床医生向他们演示了怎样才能更好地聆听卢卡斯的诉求，并更好地对孩子做出反应。很快，当妈妈说话时，卢卡斯就会看着她了，这“激起了妈妈强烈的情感，她看着怀里的儿子，盯着他看，好像在此之前，她一直没意识到在儿子残疾的背后，还有一个小家伙正渴望得到她的关爱”(Bruschweiler-Stern, 2009, p. 76)。

3. 近端养育法和远端养育法

族群理论的另一个例子涉及一种文化观念，即父母是否应该经常抱起孩子。**近端养育法**主张，父母应该在身体上接近孩子，经常抱孩子，和孩子接触。**远端养育法**则习惯于让父母与孩子保持一段距离——提供玩具，用手指把食物喂到孩子嘴里，跟孩子面对面地说话，而不是通过接触进行沟通。相信正解是这两者之一的养育者通常没有意识到，它们表达的是一种族群历史学，而这种差异在婴儿早期（出生大约2个月时）就已出现了 (Kärtner et al., 2010)。

近端养育法 (proximal parenting)：主张父母与婴儿身体接近，经常抱起和触摸孩子的养育法。

远端养育法 (distal parenting)：主张父母与婴儿保持一段距离，提供玩具、食物、面对面沟通，较少抱起并触摸孩子的养育法。

一项追踪研究比较了来自喀麦隆的恩索人和来自雅典的希腊人的儿童养育法，发现了近端养育法和远端养育法的明显差异 (H. Keller et al., 2004)。编码者（他们不知道研究假设是什么）计算了近端游戏的频次，如抱着、摇动、爱抚、身体锻炼等，以及远端游戏的频次，如面对面谈话（见表7.1）。恩索母亲采用近端养育法，她们总是抱着孩子，从不使用玩具或奶瓶。希腊母亲采用远端养育法，使用玩具的时间大约占到一半。

该研究假设是，近端养育法将使学步儿较少产生自我觉知，但会较多地顺从——这是喀麦隆农村这样的相互依存与合作的社会所需要的。反之，远端养育法可能培养出有较多自我觉知但较少顺从的儿童，这是提倡独立和自信的文化所需要的。这种预测得到了证实。在18个月时，研究者对这些儿童进行了自我觉知测验（采用镜子－红点法）和对父母顺从的测验。非洲学步儿不能认出镜子里的自己，但是非常顺从；希腊学步儿则刚好相反。

表 7.1 喀麦隆农村和希腊城市的婴儿比较

	喀麦隆	希腊
3 个月时，婴儿与母亲的游戏		
母亲抱着孩子的时间比例	100%	31%
孩子玩玩具的时间比例	3%	40%
18 个月时，学步儿的行为		
自我认知	3%	68%
马上听从要求	72%	2%

据 Adapted from Keller et al., 2004.

这些研究者对哥斯达黎加的 12 对母婴进行了考察，以重复自己的研究。在中美洲国家，养育者与婴儿的距离介于恩索人和希腊人之间，后来学步儿的表现也是如此。研究者对研究数据重新进行了逐个分析。他们发现，即使不考虑文化变量，3 个月时的近端和远端养育法也有很强的预测力：一些希腊母亲和多数采用远端养育法的希腊母亲不同，她们出于个人理论，认为应该多抱孩子，结果她们的孩子更听话 (H. Keller et al., 2004)（见“研究设计”专栏）。对德国的父亲与婴儿的研究也重复了这样的结果 (Borke et al., 2007)。

早期情绪发展中的每个方面都和父母行为表现中的文化观念相互作用。其他研究发现，日本婴儿比德国婴儿的分离焦虑更强，因为“日本婴儿很少有和母亲分离的经验”，而德国“婴儿在母亲购物时，经常被留在商店或超市外面，独自待着”(Saarni et al., 2006, p. 237)。

还有研究发现，和美国、阿根廷的母婴相比较，意大利的母婴间的相互反应更多，而且农村地区的母亲在婴儿探索某些东西的时候，会打断婴儿的行为，让孩子做别的事 (Bornstein, Putnick et al., 2011)。虽然有这些差异，但无论在什么地方，没有一种文化会鼓励养育者对婴儿的情绪漠不关心：即使有这样的文化，也不会持续超过一代人。世界各地的婴儿都需要敏感、体贴的成人来照料。

给儿科医生的问题 一位妈妈抱怨，她的孩子不愿待在汽车座椅上，总是吐出不喜欢的食物，从不按她说的去做。你应该对她做何反应？（答案见第 228 页）

文化差异可能被编码，进入婴儿的大脑，有的研究者称之为“文化海绵”(Ambady & Bharucha, 2009, p. 342)。婴儿的大脑是怎样被文化背景塑造的，这很难查明，但是对出生在美国和中国的两组成人的研究发现，如果让他们判断一些形容词是否适合自己，这两组人都有一个特殊的脑域（内侧前额叶皮层）被激活了。但是，当问到这些形容词是否适合他们的母亲时，只有中国人的该脑区依然可被激活。研究者认为，这是“文化影响自我表征的神经解剖结构的神经图像上的证据”(Zhu et al., 2007, p. 1310)。研究者推断，中国人在婴儿时就学会了与母亲紧密地保持一致，而美国人则学会了独立。

>>**回答儿科医生（问题见第 227 页）** 请回忆不良行为的起源——也许是儿童天生的气质与母亲的远端养育法相结合的产物。再加上族群理论，这些都导致了儿童的固执和独立。接受孩子的行为比生孩子的气更好些。此外，这位妈妈可能表达了对孩子的敌意——这是一个需要干预的信号，要找找原因。

研究设计

研究者：来自三个国家（喀麦隆、希腊和哥斯达黎加）的六人团队：Heidi Keller, Relindis Yovsi, Joern Borke, Joscha Kärtner, Henning Jensen, Zaira Papaligoura.

发表期刊：《儿童发展》(*Child Development*, 2004)

参与者：共有 90 位母亲和她们 3 个月大的婴儿参加了研究，当这些孩子长到 18 个月大时，再次参加了研究。其中有 32 对喀麦隆母子、46 对希腊母子和 12 对哥斯达黎加母子。在希腊和哥斯达黎加，研究者是从医院以志愿方式招募参与者的。在喀麦隆，研究者先征得了当地首领的同意，之后在当地居民中发布公告招募参与者。

设计：先让母亲跟婴儿一起玩，并对此过程进行摄像，之后由不知道研究假设的人编码。15 个月后，用镜子－红点法对学步儿的自我觉知进行评价，同时测量了婴儿对母亲命令的顺从。把孩子 3 个月大时母亲看婴儿及用身体接触婴儿的频次，与孩子 18 个月大时的自我觉知与顺从进行比较。

主要结论：近端养育的学步儿更顺从但较少自我觉知；远端养育的学步儿则恰好相反。

评论：这是一项对不同国家、不同养育方法的追踪比较研究，在每个国家使用相同的测量方法。但是，因为研究的地方只有三个，在哥斯达黎加也只有 12 对母婴参加了研究，所以一些与近端、远端养育法无关的因素可能会影响结果。例如，雅典的母亲比喀麦隆的母亲更富有，其所在地的城市化程度更高。然而，如果来自更富有的城市的父母也更多地采用远端养育法，那么这本身可能就是一种文化差异。

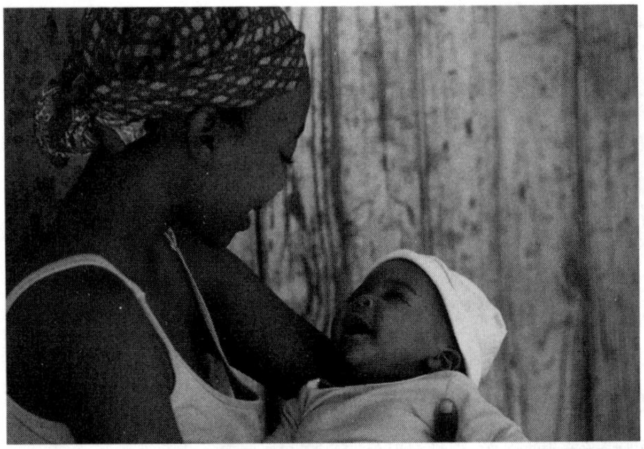

相同情境，相隔万里：亲密的养育法　一些父母采用近端养育法，鼓励与孩子互相接触，像左图中这对苏丹母子一样；另一些父母是远端型的，像右图中这位德国父亲一样。每一种都是文化模式的一部分，它能把本社会所看重的价值观教给人们——在这里体现为家人间亲密的依赖，或个人的独立性。

从生命之初，家庭就会抑制某些情绪，激发另一些情绪。一项跨文化研究发现，文化影响着德国和印度妈妈怎样跟她们 3 个月大的婴儿说话，即使有个别妈妈和该社会的其他妈妈不同，但是在孩子逐渐长大的过程中，所有妈妈对孩子的反应都是相当稳定的：虽然她们的具体教育方法会随着年龄发生变化，但是根本的族群理论始终保持一致 (Keller et al., 2010)。

本书前面讲到，婴儿在受到限制时会感到愤怒。一些西方的父母很少抱婴儿，除非他们想限制孩子（限制的目的是使亲子分离）。父母会把学步儿放进婴儿车并系好带子，让孩子坐到汽车里的儿童安全座椅上并扣好安全带，把他们放在爬不上去的围栏或门后面，这些都是远端养育法的例子。如果学步儿不听话，不让大人给换尿布（这种情况很少），一些成人就会把哭闹的孩子抱起来，并把尿布换好。把这种方法和罗伯托的父母比一比，他们使用的是非常近端的养育法，就连换尿布和穿衣服都会引起他们儿子的分离恐惧（见“研究个案：‘一起去奶奶家’”专栏）。

研究个案

“一起去奶奶家”

来自墨西哥和危地马拉的玛雅人持有这样的族群理论，不应该强迫儿童顺从父母。18个月大的罗伯托正在玩皮球，他既不愿意戴尿布，也不愿意穿裤子。

“来，戴上你的尿布……来，咱们去奶奶家……我们正打算干一件事。”说这些一律不管用，于是他妈妈想带他去护士那里。在父亲的帮助下，她很快地给罗伯托戴上了尿布。父亲说，‘戴好了。’”

罗伯托的母亲感到：

“越来越生气，孩子扭来扭去，不好好站着穿上裤子。她的声音很温和，但罗伯托只对玩球感兴趣，她只好加大奖励：“你想不想要另一个玩具？”他们继续尝试说服罗伯托跟他们合作，还给了他好几个玩具，那都是罗伯托喜欢的。但是他仍然顽固地拒绝穿裤子。他们让他自己待了一会儿。当他父亲问他想好了没有时，罗伯托噘着嘴说‘不不！’

过了一会儿，母亲告诉罗伯托，她要走了，并且跟他挥手说再见。‘你带我去吗？’罗伯托安静地坐下来，忧虑地看着妈妈。‘那就穿上裤子，穿上你的裤子到山上去。’罗伯托眼睛盯着地面，似乎想找个理由。他妈妈开始往外走，‘那好，我走了，再见。’罗伯托哭起来，他爸爸劝他，‘快穿上你的裤子吧！’他的妈妈又问，‘你想跟我一起走吗？’

罗伯托担忧地低头看向地面，抬起一只胳膊做出带我走的姿势。

‘那就来吧。’妈妈拿起裤子，罗伯托让他爸爸抱起他站好，很合作地把腿伸到裤子里，系好裤带。其实，他妈妈并没打算离开；她让罗伯托给大家跳个舞。于是罗伯托跳了一个婴儿式的传统舞蹈。”

(Rogoff, 2003, p. 204)

这是个族群理论的例子，即“长者给予保护并指导，而不是命令或支配”(Rogoff, 2003, p. 205)。另一个族群理论也很明显：父母可以轻易地用欺骗来让孩子做父母想让他们做的事情。

小 结

对于早期情绪与人格的起源，不同的理论给出了不同的解释。精神分析理论强调，母亲要及时满足婴儿对食物和大小便（弗洛伊德）或安全与独立（埃里克森）的需要。行为主义也强调养育者的重要性——尤其是当父母对希望婴儿学会的行为给予强化，或者草率地教给孩子不符合希望的行为时。

认知理论重视儿童所形成的概念，或关于世界的工作模型。社会文化理论强调养育的多样性对各种情绪的解释。根据社会文化理论，儿童养育实践来自族群理论，它是内隐的、未明确表达的，但也是强有力的。

三、社会纽带的发展

在上述讨论中，第五种理论似乎被省略了。的确如此，但是在下面的讨论中将谈到，人本主义和进化论都强调婴儿与父母的社会互动。“爱与归属”和“无条件积极关注”都来自人本主义，而处于进化心理学核心位置的物种生存的紧迫性则在社会纽带的背景中得到了最好的解释。

（一）同步性

同步性 (synchrony)：养育者与婴儿之间协调、快速、流畅的交流。

同步性是养育者与婴儿之间的一种协调的互动和交流，养育者与婴儿在一瞬间同时做出相互反应，这在前三个月就已经很明显了，之后随着婴儿的成熟，会变得更加频繁和精妙 (Feldman, 2007)。父母和婴儿平均每天会进行 1 小时的面对面的游戏。这是一个平均值：有些父母每天花数小时与孩子玩，另一些则很少陪孩子玩。

1. 相互反应

详细的研究揭示出互动的相互性：成人很少对新生儿微笑，直到婴儿能冲着他们微笑，从此以后成人才常常对孩子笑并热情地跟他们说话 (Lavelli & Fogel, 2005)。在母子互动的一些特殊时刻，婴儿比母亲还敏感，这使得同步性显得更加重要 (Henning & Striano, 2011)。同步性的证据不仅来自严谨的观察，而且来自计算机统计的微笑、眼眉上挑的时机，等等 (Messinger et al., 2009)。同步性使婴儿学会了看懂别人的情绪，以及转头、注意等社交互动技能。

虽然婴儿会模仿成人，但同步性往往是从成人模仿婴儿开始的 (Lavelli & Fogel, 2005)。深入研究发现，他们做出这种反应的速度不但快，而且还带有声调和节奏 (Van Puyvelde et al., 2010)。难怪同步性常被称为一段舞蹈、一曲合唱或即兴创作的爵士乐。当父母从婴儿的表情和身体动作觉察到某种情绪并做出反应时，婴儿也学会了把内部状态与外在表情相连接。这种反应敏感的教养方式在亚洲一些文化中表现得尤其明显，也许因为人际敏感性在那里特别重要，所以就连婴儿

都要开始学习 (Morelli & Rothbaum, 2007)。

在西方文化中也是这样的，父母堪称婴儿的伙伴。当婴儿面临医疗风险或父母因婴儿急迫的和长期的生物需要而忽略其心理需要时，这一点更为重要 (Newnham et al., 2009)。对美国父母和婴儿情绪反应性的研究发现，花较多时间给孩子洗澡、喂奶、换尿布的母亲，也是对孩子的反应性最强的母亲。显然，一些父母把养育和情感表达结合在一起，这要花更多的时间，但是也提供了更多的同步性。值得注意的是，同步性正好是马斯洛和其他人本主义者推荐的。当基本需要（安全、食物）得到满足时，人就需要无条件、无须判断和不被拒绝的爱和归属感（反应性）。

2. 同步性何时会消失

同步性是必需的吗？如果没有人跟婴儿玩，会发生什么？采用**静止面孔方法**进行的实验提出了这些问题 (Tronick, 1989; Tronick & Weinberg, 1997)。把一个婴儿放在一个成人对面，成人正常地对婴儿做出反应，并用摄像机录下双方的反应。对每帧画面的逐一分析揭示出父母大多会用夸张的声调和表情本能地将自己的反应与婴儿的动作同步。婴儿则用微笑和挥动手臂做出回应。在婴儿尚不能拿起一个物品以前，他们就能用摇动手臂来做出反应——如果成人以这种摇动手臂的方式触摸他们的面孔，抚摩他们的头发，他们会非常高兴。

静止面孔法 (still-face technique)：一种实验方法，成人保持面部无动作、无表情地与婴儿面对面地互动。

在静止面孔实验中有一个环节，成人要收起面部表情，用“静止的面孔”凝视婴儿一两分钟。结果早在 2 个月大时，婴儿就对静止的面孔表现出了困惑，到 6 个月大时，这种困惑就很明显了。父母的静止面孔尤其让他们不解（陌生人的静止面孔略好些）。婴儿会皱起眉头，感到奇怪，流口水，看别处，踢腿，哭泣或吃手指。5 个月大时，他们会增加一些咿呀语，似乎在说，“注意看我” (Goldstein et al., 2009)。

其他采用静止面孔法的研究也得出了相同的结论：成人对婴儿的反应性会促进婴儿的发展。心理社会性测量和生物学测量（心率、体重增长和大脑的成熟）都能证明这一点 (Moore & Calkins, 2004; Newnham et al., 2009)。如果母亲抑郁，她的孩子也可能会抑郁，这种情况尤其可能发生在孩子 1 岁前（相对来说更严重）。这时就需要父亲、其他亲属和托儿所老师的帮助 (Bagner et al., 2010)。要想充分发展，婴儿的大脑就需要社交互动——一种必要的预期型刺激。

（二）依恋

在接近 1 岁时，面对面的游戏逐渐消失。一旦婴儿可以到处走动了，他们就不再满足于对成人的表情和声音做出反应。另一种联结——依恋——取代了同步性。

依恋是人与人之间持续的情绪纽带。依恋开始于出生前，到 1 岁时已经固定下来了，并能对人一生的人际关系产生影响（见“大约在此时”表）。成人对其父母的依恋形成于几十年前，影响着他们对自己的子女的行为，也影响着他们与伴侣的关系 (Grossmann et al., 2005; Kline, 2008; Simpson & Rholes, 2010; Srouf et al., 2005)。

依恋 (attachment)：婴儿与养育者之间的情感联结——这种联结把他们在空间上紧密地联系在一起，在时间上也一直持续下去。

大约在此时

依恋的阶段

出生—6周	**前依恋。**新生儿用啼哭和身体动作释放出需要他人的信号。当别人做出反应时，新生儿感到舒适并寻求更多的互动。新生儿还通过大脑模式准备好识别熟悉的声音和面孔。
6周—8个月	**形成中的依恋。**婴儿用微笑、大笑和咿呀语对喜欢的成人做出反应。如果养育者的声音、触摸、表情和姿势使婴儿感到舒适，就会压倒婴儿啼哭的冲动。信任（埃里克森）开始形成。
8个月—2岁	**经典的安全依恋。**婴儿喜欢看到自己的主要养育者，当养育者离开时会表现出分离焦虑，当养育者在场时能高兴地玩。婴儿和养育者都希望亲密地待在一起（接近），频繁地互看（接触）。婴儿和养育者的身体接触（缠在一起，拥抱，爱抚）频繁。
2岁—6岁	**作为出发点的依恋。**当幼儿的社交环境扩大时，他们希望得到养育者的赞扬和安慰。互动性谈话和游戏（躲猫猫、客体游戏、阅读、假装游戏）变得普遍。儿童希望养育者给予自己抚慰和快乐。
6岁—12岁	**相互依恋。**儿童希望养育者为他们感到自豪，因为他们学到了养育者希望他们学的东西，成人则以此作为回报。在具体运算阶段（皮亚杰），儿童和成人都看重一些特定的成就。
12岁—18岁	**新的依恋对象。**青少年用他们基于早期依恋形成的工作模型，寻找和结交朋友。由于更先进的形式运算思维（皮亚杰），身体接触不再重要，共享的思想和目标更具影响力。
18岁以后	**重新展现的依恋。**成人在早期依恋模式的影响下，与其他人，尤其是相爱的伴侣及子女发展关系。儿童期的不安全依恋得到了修复，而较少再次重演，但重演也会发生。

婴儿用*寻求接近*（如接近与跟随养育者）和*保持接触*（如触摸、谈话、偎依和拥抱）显示出他们的依恋。接触可以是视觉上的或口头上的：一个形成安全依恋的学步儿会充满好奇地探索周围环境，同时与养育者保持接触，他们会时不时地回头看一眼，或者叫一声“妈妈呢？”。养育者也表现出同样的依恋行为。他们目不转睛地看着自己的孩子，用主动的、反应性的表情、动作和声音（“我在这儿呐！”）与孩子保持接触。很多父母半夜醒来会蹑手蹑脚地走到婴儿床前，凝视正在睡觉的婴儿，表现出寻求接近的行为。白天，他们会无意地轻轻抚摩孩子的头发或手，显出保持接触的样子。

根据进化理论，依恋反映的是一种普遍的特质。在人类历史上，寻求接近和保持接触使人类学步儿能待在养育者附近，而养育者也随时提高着警惕，从而保证了物种的生存。我们所有人都从自己的曾曾曾……祖父那里遗传了这种驱力，没有这种驱力，我们的祖先早就死了 (Hrdy, 2009)。

进化论对依恋的解释听起来很真实，但我们应该注意，精神分析和社会文化理论也是有道理的。最初提出依恋概念的英国发展学家约翰·鲍尔比 (Bowlby, 1969, 1973, 1988) 就受到了精神分析理论和主要研究动物的习性学的影响。他关于母婴纽带的思想给一位年轻的研究生玛丽·爱因斯沃斯 (Mary Ainsworth) 带来了启发，她花了一年多的时间在乌干达做研究，并以非洲研究为基础写出了她的第一部著作 (Ainsworth, 1967)。

从此以后，对依恋的研究扩展到了十几个国家。依恋看起来是普遍存在的，但是每个人表达依恋的方式不尽相同。依恋的表现方式因文化而异（例如，不同于西方风俗，乌干达的母亲从不亲吻婴儿，但是经常给他们按摩），一些学者认为，爱因斯沃斯的描述并不适用于每一种文化 (Molitor & Hsu, 2011)。在你读到安全依恋与不安全依恋时，要记住这一观点。

1. 安全依恋与不安全依恋

现在，多数学者同意，依恋可以划分为 A、B、C、D 四种类型（见表 7.2）。**安全型依恋**（B 型）的婴儿感觉舒适、自信。养育者像一个探索的基地，给孩子提供探索的保证。例如，学步儿会从养育者的膝盖上爬下来，玩一个有趣的玩具，并时时回头看，嘴里说出几个词，或者回到养育者的怀抱。

安全型依恋 (securfe attachment)：养育者在场让婴儿感到舒服和自信的母婴依恋关系 (B 型)。

表 7.2 婴儿依恋类型

类型	名称	在游戏室	母亲离开	母亲返回	比例
A	回避型不安全依恋	高兴地游戏	继续游戏	不在意母亲	10%~20%
B	安全型依恋	高兴地游戏	停止游戏，不高兴	欢迎母亲回来，继续游戏	50%~70%
C	拒绝－矛盾型不安全依恋	紧贴着母亲，且一门心思都在母亲身上	不高兴，停止游戏	生气，哭，踢妈妈，贴近妈妈	10%~20%
D	混乱型依恋	显得很警觉	凝视或喊叫；显得害怕、迷惑	行为古怪，如尖叫、打自己、扔东西	5%~10%

回避型不安全依恋 (insecure-avoidant attachment)：婴儿对养育者的在场、离开和返回不在意，回避与养育者接近的依恋类型 (A 型)。

拒绝－矛盾型不安全依恋 (insecure-resistant/ambivalent attachment)：一种充满焦虑和不确定感的依恋类型 (C 型)，当养育者离开时，婴儿非常烦躁；重聚时，婴儿既拒绝接触又寻求接触。

混乱型依恋 (disorganized attachment)：婴儿对养育者的离开和返回做出不一致反应的依恋类型 (D 型)。

不安全依恋（类型 A 和 C）的特征是害怕、焦虑、愤怒或漠不关心。一些不安全依恋的儿童可能只是自己玩，不跟养育者保持接触；这是**回避型不安全依恋**（A 型）。另一些不安全依恋的儿童可能不愿意离开养育者的膝盖；这是**拒绝－矛盾型不安全依恋**（C 型）。爱因斯沃斯起初只划分出 A、B、C 三种类型，后来的研究者又发现了第四种类型（D 型），称为**混乱型依恋**。混乱型婴儿可能既打他们的妈妈，又亲吻妈妈，有时空空地凝视，有时歇斯底里地大哭，有时掐别人，有时呆呆地站在原地。

在发达国家，大约有2/3的婴儿属于安全型依恋。他们妈妈的在场就等于鼓励他们去探索。养育者的离开会造成痛苦；养育者回来会引发积极的社交接触（如微笑或拥抱），然后接着玩玩具。当母亲离开和回来时，表现出既担忧又不过分担忧的比较平衡的反应，是安全型依恋的标志。

同样在西方发达国家，大约有1/3的婴儿属于不安全型依恋，包括回避型和拒绝－矛盾型。如前述，几乎在每一项已发表的对正常儿童的研究中，安全型依恋都占多数。但是就不安全型依恋而言，有些国家以回避型居多，有些国家则以拒绝－矛盾型居多。

大约有5%~10%的儿童不能归入这三类，而被分为混乱型（D型）。混乱型儿童在社交互动方面毫无办法（回避型和拒绝－矛盾型儿童也是如此）。有时，他们会表现出敌对和攻击，别人很难劝慰他们(Lyons-Ruth et al., 1999)。对混乱型儿童的观察研究以及激素检测都发现了这方面的证据。混乱型婴儿和前三种婴儿不同，在面临压力时，他们的皮质醇水平过高(Bernard & Dozier, 2010)。

2．依恋的测量

陌生情境法(Strange Situation)：一种测量依恋的实验室程序，在八个情境中（每隔3分钟）观察学步儿对养育者离开、重聚的反应，以确定其依恋类型）。

爱因斯沃斯编制出了测量依恋的一套经典的实验室测量方法，即**陌生情境法**。在一间设备良好的游戏室里，通过八种情境对每个婴儿进行仔细观察，每个情境大约3分钟。起初，养育者和儿童一起在实验室里。然后，养育者和陌生的实验员按照一套顺序进来、出去、再进来。婴儿的反应能说明他们对养育者形成的是哪种依恋类型（对养育者的反应主要反映了依恋；对陌生人的反应主要受气质影响，其次受依恋影响）。

研究者必须受过训练才有资格对四种依恋类型进行划分。他们关注的问题有以下三方面：

- **对玩具的探索**。安全型依恋的学步儿会高兴地玩玩具。
- **对养育者离开的反应**。安全型依恋的学步儿在养育者离开时会马上注意到，并显示出失去她的某些信号。这些信号可能是大声哭或只是停止玩玩具，具体取决于儿童的气质和过去经验。
- **对养育者返回的反应**。安全型依恋的学步儿会欢迎养育者回来，通常会过去贴近养育者，然后继续玩玩具。

对依恋的测量并不都是采用陌生情境法，尤其是研究者想对大样本进行考察时(Andreassen & West, 2007)。调查和访谈也会用到。有时，养育者要回答90道涉及孩子特征的问题；有时，研究者会对成人进行扩展性访谈（按照一个详细提纲），内容涉及他们与自己父母的关系；此外还有各种特殊的测量法(Fortuna & Roisman, 2008)。

测量依恋的研究揭示出，有些看上去正常的行为其实是不安全依恋的信号。

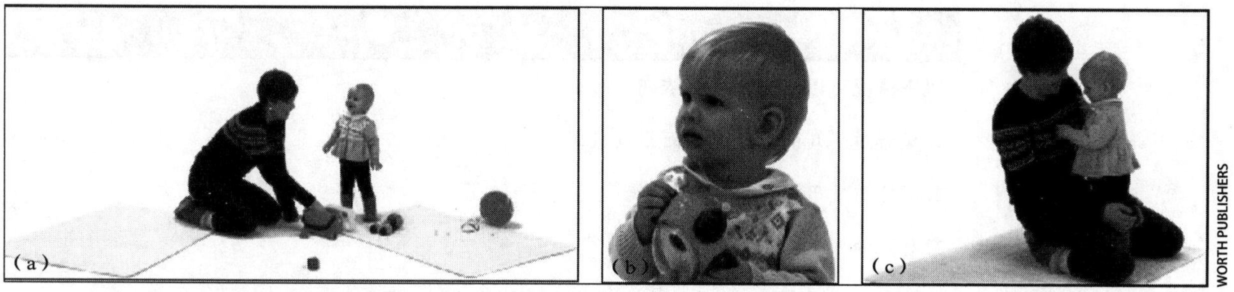

依恋实验　在这个陌生情境中，这个小女孩表现出安全信号：(a)妈妈在场时她高兴地在游戏室里探索；(b)妈妈离开时她哭了；(c)妈妈回来时她希望得到妈妈的安慰。

例如，在陌生的游戏室里，一个紧贴着养育者、不去玩玩具的学步儿可能是拒绝-矛盾型的，而不是安全型的。如果一个成人说她自己的童年非常幸福，说她的母亲是一个高尚的人，尤其是能说出一些特殊的记忆，那么她其实可能是不安全型的。一个对陌生人显得非常友好的年幼儿童可能从没有对熟悉的人形成安全型依恋 (Tarullo et al., 2011)。根据 DSM–5 中提出一个新的诊断标准——反应性依恋障碍——可以鉴别出一些从未对任何人形成依恋的儿童及其不安全型依恋。

3. 不安全依恋与社交环境

起先，发展学家期望安全型依恋“理所当然地可以预测正常发挥机能的人格的全部结果” (R. A. Thompson & Raikes, 2003, p. 708)。但是，这种期望被证明是无效的。

安全型依恋的婴儿更有可能成为一个安全型的学步儿、有社交能力的幼儿、成绩优秀的小学生和有能力的父母 (R. A. Thompson, 2006) (见表 7.3)。一些研究者发现，安全型依恋会影响大脑发育，它是这些后期结果发生的原因之一 (Diamond & Fagundes, 2010)。然而，依恋状态可能随着儿童长大以后家庭环境的变化以及父母的变化而变化。在严酷的环境中，尤其是贫穷带来的压力，难以形成安全依恋 (Seifer et al., 2004; van IJzendoorn & Bakermans-Kranenburg, 2010)，这意味着，后期出现的问题可能归咎于社会经济地位，而不是依恋问题。依恋的基本概念——早期敏感负责的养育可以形成安全型亲子关系，而这可以缓冲孩子后期面临的压力，鼓励对环境的探索——给早期心理社会性发展提供了很好的启发，但有时也有例外。

4. 来自罗马尼亚的启示

没有一个学者会怀疑，亲密的人际关系是在 1 岁前开始形成的。令人遗憾的是，这一点在成千上万罗马尼亚的儿童身上得到了证明。20 世纪 80 年代，罗马尼亚禁止计划生育和堕胎，违法堕胎成为当时罗马尼亚 15—45 岁女性死亡的主要原因 (Verona, 2003)，十几万儿童被遗弃在拥挤不堪、无人照管的公办孤儿院里。这些儿童经历了严重的剥夺，包括失去了正常的人际互动、游戏和谈话 (Rutter et al., 2007)。

表 7.3 依恋类型的预测指标

以下情况可以预测安全型依恋

1. 父母对婴儿的需要敏感而且反应迅速。
2. 婴儿与父母的关系高度同步。
3. 婴儿的气质属于“容易型”。
4. 父母没有来自收入、其他子女和婚姻关系的压力。
5. 父母对自己的父母形成了安全型依恋的工作模型。

以下情况可以预测安全型依恋

1. 父母虐待孩子（忽视会加大形成回避型依恋的可能；虐待会加大形成拒绝型和混乱型依恋的可能。）
2. 母亲有心理疾病。（偏执狂会加大形成混乱型依恋的可能；抑郁会加大形成拒绝型依恋的可能。）
3. 父母在收入、其他子女和婚姻关系方面承受很大的压力。（父母的压力会加大形成回避型和混乱型依恋的可能。）
4. 父母总是干涉和控制孩子。（父母的高控制性会加大形成回避型依恋的可能。）
5. 父母是活跃的酗酒者。（父亲酗酒会加大形成回避型依恋的可能；母亲酗酒会加大形成混乱型依恋的可能。）
6. 儿童气质属于“困难型”。（困难型气质会加大形成拒绝型依恋的可能。）
7. 儿童气质属于“慢热型”。（慢热型气质与回避型依恋相关。）

1989 年，该项禁令废止，成千上万的儿童被跨国收养。其中在 6 个月大之前被收养的儿童成长良好，他们大多得到了正常的发展。1 岁以后被收养的儿童最初也表现出了令人鼓舞的信号：瘦弱的婴儿体重增加，比其他 1 岁儿童发育得很快，他们缺乏的动作技能也补上了 (Park et al., 2010)。然而，在 6 个月大以后被收养的儿童中有很多人（虽不是所有人）在情绪和智力方面的剥夺仍然明显。11 岁时，他们在韦克斯勒智商测验上的平均分只有 85 分，比正常儿童低 15 分 (Rutter et al., 2010)。很多儿童在整个儿童期对陌生人表现得都很友好，这是一个信号，说明他们早期没有形成对养育者的依恋 (Tarullo et al., 2011)。

这些儿童现在已经进入成年期，追踪研究发现，这些人当中的多数人在青少年期和成年初显期出现了情绪或行为问题。起初，他们的许多问题被认为是营养不良导致的——大脑和身体曾经处于被剥夺状态。但是近期研究对此提出了质疑。即使是那些营养相对较好的儿童，或收养后赶上了正常发育水平的儿童，在青少年期仍然出现了问题。现在的研究问题是：有什么办法可以纠正和补救早期剥夺？至今我们还不知道答案 (Rutter et al., 2010)。

虽然现在的国际收养中已经没有罗马尼亚孤儿了，但是被父母遗弃的婴儿仍然有。对这些儿童的研究证实，主要问题不在于遗传，而在于早期经验。罗马尼亚婴儿在自己家里是发展得最好的，其次是在收养家庭，最差的是在福利院 (Nelson et al., 2007)。研究发现，在从东欧、亚洲、非洲和南美很多国家的孤儿院收养的、来到西欧或北美家庭的儿童中，情绪问题的发生率（尤其是在青春期）仍然比较高。但是，近期被收养儿童的发展明显好于那些被严重剥夺的来自罗马尼亚孤儿院的孤儿 (Merz & McCall, 2010)。

所有婴儿都需要基本的爱和刺激；所有婴儿都寻求依恋——如果可能，需要安全型依恋；如果不可能，形成不安全依恋也可以。没有这样的支持，婴儿就会变得混乱、漫无目的，在情感上出现困难，因为早期的严重社会剥夺是很难克服的。

同步性和依恋是在出生后的第一年里得到发展的，而一些父母很难建立与子女的安全依恋，现在，很多发展学家试图查明父母给孩子造成的损害是什么？父母可以做些什么？显然，如果父母在自己小时候受过虐待、其家庭是被社会隔离的或婴儿属于困难型气质，那么安全型依恋就很难形成 (Berlin et al., 2011)。

最有效的预防必须在问题产生之前开始。据报告，让训练有素的专业人员深入家庭，帮助婴儿与养育者建立安全关系的方法已经取得了成功 (Lowell et al., 2011)。专业人员如能在新生儿出生后的前几天采用新生儿行为评价量表给产妇以帮助，鼓励母婴之间建立联系纽带，就能把问题消灭在产生之前 (Nugent et al., 2009)。

（三）社会参照

在所有年龄，人们都想知道别人对自己经历的事情有何感受。**社会参照**指的是，从别人那里得到恰当的情绪反应或信息，这很像是学生遇到问题时要查字典或其他参考书。一道令人安慰的目光，一句提醒的话，一个警告、高兴或沮丧的表情，都是社会参照。

社会参照 (social referencing)：通过观察别人的表情动作，看明白应该怎样对一个陌生人、一个生疏的物品或事情做出反应。

1 岁以后，婴儿达到主动探索阶段（皮亚杰），同时面临着自主性对羞怯和怀疑的危机（埃里克森），征询他人的意见变得非常必要。学步儿会从别人的目光和表情中寻找线索，密切注意别人的情绪和意图，以便理解别人在想什么。学步儿在进行社会参照时是有选择的：16 个月大的学步儿就能看出来，哪个陌生人可信，哪个不可信 (Poulin-Dubois & Chow, 2009)。

社会参照有很多实际用途。拿吃饭来说，世界各地的妈妈都会在给孩子喂饭前咂咂嘴，假装吃的样子，并说着“真好吃！”，来鼓励孩子开始尝试吃甜菜、肝、菠菜等。学步儿则从大人极力说好的表情中看出来，这种食物是大人真正喜欢的。在这一过程中，一些文化中的儿童学会了吃生鱼、咖喱羊肉或臭奶酪——可能是其他文化的儿童根本不吃的东西。同样，学步儿还能通过妈妈的神色看出真正吃和假装吃有何不同 (Nishida & Lollard, 2007)。

1. 爸爸也是社交伙伴

在多数国家和族群中，父亲花在孩子身上的时间都比母亲少得多 (Parke & Buriel, 2006; Tudge, 2008)。族群理论往往会限制父亲多管孩子，因为做母亲的认为，照料孩子是女人该干的 (Gaertner et al., 2007)，而男人们则认为，宠爱孩子是缺乏男子气概的表现。但是这类想法并不具有普遍性，例如，研究者发现，在丹麦，婴儿出生时，97% 的父亲会在现场；而且根据调查，在孩子 5 个月大的时候，98% 的父亲每天都和孩子玩，83% 的父亲每天都给孩子换尿布，61% 的父亲每天都帮着给孩子喂奶喂水 (Munck, 2009)。

在很多国家，关于父亲的族群理论正在发生变化。一个明显的例子是拉丁裔父亲，他们曾经比其他族群的父亲更少照管婴儿。研究反驳了这种说法 (Cabrera et al., 2006; Tamis-LeMonda et al., 2009)。在美国，很多墨西哥裔、古巴裔和多米尼加裔的父亲都能积极地参与照料婴儿。在世界其他地方也有类似发现：巴西的父亲在照料婴儿上花的时间比其他任何国家的父亲都多 (Tudge, 2008)。在美国低收入家庭中，夫妻关系是丈夫在照料婴儿上的参与性的最佳预测指标，而拉丁裔的年轻妈妈比相同社会经济地位的其他族群的年轻妈妈更可能嫁给这样的男人，所以拉丁裔婴儿是在男性养育者的积极参与下开始他们的人生的。

但遗憾的是，拉丁裔父亲在照料婴儿上的参与性呈下降趋势。如果西裔的亲生父亲是缺失的，那么单亲的西裔妈妈会比其他族裔的单亲妈妈对孩子有很多的要求，且对孩子的反应性更差 (Cooper et al., 2009)。对墨西哥农村地区的研究也有相似的发现，在那里，多数婴儿出生在已婚家庭，父亲会帮助照管婴儿。但是，如果父亲不在家（通常是移民去了美国以缓解家庭的贫穷)，婴儿生病的比例明显增多，这是一个信号，表示当父亲离家时，母亲觉得照料孩子变得更困难了 (Scmeer, 2009)。

2. 把父亲和母亲进行比较

父亲能以多种方式促进孩子的社会性与情绪发展 (Lamb, 2010)。在父亲身上可以明显地看到同步性、依恋和社会参照。父亲比母亲更容易引起婴儿的社交微笑和大笑。亲密的父子关系有助于教给婴儿（尤其是男孩）何为恰当的情绪表达 (Boyce et al., 2006)，尤其是对愤怒的表达。

父亲照顾孩子的结果可能有持续影响：如果在婴儿期，孩子经历过温情、敏感的父子关系，那么到了青少年期，他们就不会对朋友和师长进行猛烈攻击 (Trautmann-Villalba et al., 2006)。与婴儿的亲密关系也可以帮助男性降低抑郁的危险 (Borke et al., 2007; Bronte-Tinkew et al., 2007)。

现代的父亲会给婴儿喂奶、换尿布、洗澡，但是在一般情况下，“母亲会更多地给予孩子照料和抚慰，父亲则与孩子做高强度的游戏” (Kochanska et al., 2008, p. 41)：活动婴儿的四肢，模仿走路、踢腿或向上攀爬，或者抱起来在空中前后左右地摆动，甚至翻跟头。父亲能使孩子兴奋，母亲则给孩子爱抚、阅读或唱歌。

在过去的 20 年间，对父亲照料婴儿的研究提出了三个新的问题 (Bretherton,

2010; Lamb, 2010)。前两个问题是：父亲能否提供和母亲一样的照料？父子互动和母子互动是不同的吗？如上所述，很多研究对这两个问题的回答都是肯定的。

第三个问题是：父亲和母亲该怎样通过互动给孩子更好的照料？答案看来是在一个健康的家庭里，夫妻二人互相合作，互为补充，每个人都给予了婴儿另一个人不能给予的东西 (Bretherton, 2010)。通常，妈妈照顾孩子，爸爸做最好的玩伴，但情况也并非总是如此，父母怎样组合要视环境而定（是否是移民家庭、同性家庭、低收入家庭，孩子是否是早产儿或残疾儿），找到适合自己的、使孩子茁壮成长的办法 (Lamb, 2010)。

向上，向上，起来喽！ 父亲跟孩子之间典型的高活动性游戏有助于婴儿掌握动作技能，发展对肌肉的控制力。（当然，父亲必须多加小心，不要伤害孩子脆弱的骨骼和发育中的脑。）

（四）婴儿日托

2011 年，全世界有大约 1.34 亿个婴儿出生。2 岁以前，多数婴儿纯粹由母亲照料，其余婴儿由其他亲属照料——在美国一般由父亲照料，在其他国家则由奶奶、姥姥照料 (Leach, 2009)。在全世界，只有大约 15% 的婴儿由非亲属照料，这些人是需要付费的且受过训练的。对各国此类情况的比例和结果的统计是很难解释的，因为“父母为应对此事，精心安排的家庭内照料是无法统计的”(Leach, 2009, p. 44)。

1. 国际比较

在不同的国家，被非亲属照料的婴儿的比例有所不同 (Leach, 2009; Melhuish & Petrogiannis, 2006)。在法国、以色列、中国和瑞典，以托幼机构为主的照料方式比较普遍，因为这些国家由政府给予补贴，而在南亚、非洲和南美，政府不给补贴。北美处于这两个极端之间，但不同地区的差别明显。

由妈妈以外的亲属参与婴儿养育的情况在各地也有不同。在世界各地，父亲参与婴儿照料的情形逐渐增多，但是有文化差异。大多数国家没有鼓励父亲参与养育的政策。一些国家也给父亲提供了和母亲一样的带薪产假；有几个国家提供带薪家庭产假，夫妻可以共同分享，也可以只留给一个人；一些国家规定，在母亲休不带薪产假时，用人单位必须保留其职位；多数发展中国家给母亲提供部分带薪产假（印度不允许产妇在产后 6 周内上班），但是不给父亲提供产假。

一些雇主比法律规定的更慷慨。为了帮助你了解有关情况，下面列出了一些国家的相关政策：

- 加拿大：50 周分享产假（父亲或母亲分别享受），大约可领取 3/4 的工资。
- 瑞典：16 个月全薪分享产假（比如，父母可各享受 8 个月产假），但父亲至少要保留 2 个月的假期。

- 丹麦：52 周全薪分享产假；父亲至少要享受 2 周假期，母亲至少要享受 18 周假期。
- 保加利亚：52 周全薪产假，由父、母、祖母、外祖母分享。
- 巴西：母亲 120 天、父亲 5 天的全薪产假。
- 肯尼亚：父亲 2 周、母亲 2 个月的全薪产假。
- 印度尼西亚：父亲 2 天、母亲 3 个月的全薪产假。
- 黎巴嫩：父亲 1 天、母亲 7 周的全薪产假。
- 澳大利亚：父亲 18 周、母亲 18 周的产假，可领取最低工资。

美国的情况因不同的州和不同的雇主而明显不同，但带薪休假很少。国家政策规定，在父母享受 12 周的不带薪休假期间，用人单位必须为其保留职位，除非单位雇员少于 50 人。美国军人可享受 10 天的父母带薪产假。

可见，其中的文化差异很大，就像人们根据族群理论差异所预期的那样。在有些地方，人们不主张年幼儿童的母亲去工作；在另一些地方，她们若不参加工作，就不能享受公共福利。在英格兰，很多母亲在分娩 6 个月后会回单位上班，日托比较普遍：英国的一项调查发现，4 个月大的婴儿只有 9% 接受非母亲的正规养育，到 1 岁时，这一比例就上升至 48% (Leach, 2009)。

在德国，年幼儿童的母亲很少参加工作，这不但是因为族群理论不鼓励，而且因为几十年来的国家法律一直规定：工作日期间，商店（甚至包括杂货店、药店和便利店）要在晚上 6:30 停业；周六下午 3 点停业；周日全天停业。这意味着，成人家庭成员（通常是母亲）必须在白天去购物。这一法律在 2006 年做了修改，现在很多地方的商店延长了营业时间，但是当地文化仍然期望母亲一周七天、每天 24 小时地照料孩子。

文化还是经济条件？ 注意，表中只包括已婚妇女。她们的丈夫大多数都有工作，也就是说，这些都是双职工家庭。显然，经济条件并不是美国母亲参加工作的唯一原因。拉美裔家庭的收入一般较低，但是很多拉美裔母亲还是待在家里，直到孩子中学毕业。

观察小测验 哪个族群的母亲的就业比例因最小的孩子上了小学和中学而造成了最大的差异？（答案见第 241 页）

美国的带薪产假取决于雇主，薪金少而且时间短；50 个雇员以上的单位才能享受合法的无薪产假。孩子小于 1 岁的已婚母亲参加工作的比例占 59%（这个比例高于未婚女性和孩子较大的母亲，见表 7.4）(U.S. Bureau of the Census, 2010)。

表 7.4　美国不同族群、不同年龄儿童母亲的就业比例

	族群			
儿童年龄	欧裔	非裔	亚裔	拉美裔
0—24 个月	59%	62%	58%	45%
24—36 个月	59%	64%	58%	46%
3—6 岁	65%	81%	61%	53%
6—13 岁	74%	83%	70%	66%
14—17 岁	79%	82%	80%	66%

带薪产假当然不是唯一的影响因素；一些未就业的母亲会把时间花在自己身上，或参加一些志愿者工作。由父亲、祖父母或付费保姆照料婴儿的情况也相当普遍：美国只有 20% 的婴儿是完全由母亲照料的（无亲属或保姆参与），一直到满 1 岁。相反，在加拿大（同样有族群多样性，但是母亲的就业率低），70% 的婴儿专门由母亲照料 (Côté et al., 2008)。显然，这些国家间的差异更多地受到族群理论差异影响，较少受到婴儿和父母的基本心理社会性需要影响。

2. 非母亲照料的类型

北美多数母亲希望有另一个人帮忙带孩子，都希望这个帮忙的是孩子的父亲。很多夫妻会协调彼此上班的时间，以保证家里总有一个人，这种安排对婴儿和家庭支出很有帮助，却不利于婚姻关系，因为夫妻在一起的时间少了 (Meteyer & Perry-Jenkins, 2010)。1 岁前，由祖母或外祖母带孩子的情况也较多，但是 1 岁后这种情况就减少了，因为那时婴儿已经会走路了，且更需要社交交往 (Leach, 2009)。

当父母想找付费的保姆时，较富裕的家庭可能雇一个人来家里，但更多的父母会找一个**家庭式日托**，看护者在她自己家里负责看护几个学步儿。家庭式日托的质量有差异，如果孩子的年龄不同，那么和大孩子相比，婴儿和学步儿会较少受到关注，因为大孩子往往不喜欢小孩子 (Kryzer et al., 2007)。进行生理上的照料和保证安全只是照料儿童的最低标准；在理想情况下，照料者每天需要花几小时跟每个孩子说话、游戏。

家庭式日托 (family day care)：某人到家里进行儿童看护，这个人与儿童无亲属关系，她通常要看护几个年龄不同的儿童。

日托中心是比家庭式日托更好的选择，在日托中心，拿到执照、受过教育的教师在专门设计的教室带几个孩子。多数日托中心会把婴儿和学步儿分开。在理想情况下，中心应有宽敞的场地、适当的设备、受过训练的教师。一般由两个教师照管 5 个或不到 5 个婴儿 (de Schipper et al., 2006)，见表 7.5。这样的环境可以促进认知和社交技能的发展：一些孩子会对另一些孩子感到好奇，他们想学习怎样互动。无论选择什么样的日托形式，稳定的看护者及其敏感、个别化的看护是最好的 (Morrissey, 2009)。适应看护者的调换对儿童来说是件难事，因为看护者不仅需要对每个孩子的姿势和声音做出个别化的反应，而且只有熟悉这个孩子，才能对其反应做出解释。

日托中心 (center day care)：在一个专门提供儿童看护的地方，由几个拿薪酬的成人看护若干儿童。儿童一般按年龄分组，日托中心须拿到执照，看护者在儿童发展方面受过训练且拥有资格证书。

3. 婴儿日托的影响

有大量证据证明，良好的学前教育（第九章将讨论）能给幼儿带来好处，尤其是在智力方面。但是，当面向婴儿时，“关于由非母亲的人来看护很小的婴儿的做法明智与否（其实是在道德上）是有争议的” (NICHD Early Child Care Research Network, 2005, p. xiv)。一个主要问题是看护质量的差异巨大。一些未受过训练的看护者要同时照料好几个婴儿，其结果就是不能给予婴儿充分的照料。

>>观察小测验（第 240 页）答案　亚裔美国人。孩子上小学时未参加工作的亚裔美国母亲在孩子上中学后，每四人中就有一人参加了工作。

表 7.5 高质量的日托

婴儿期的高质量日托具有五个基本特征

1. 对每个婴儿有充分的关注。几个婴儿（不超过 5 个）需要两个可信、熟悉、充满爱心的看护者来照料。持续的关注至关重要。

2. 鼓励语言和感觉运动发展。婴儿需要学习语言——唱歌、谈话和主动说话——以及熟练地操纵玩具。

3. 注意健康和安全。讲卫生（如洗手）、预防意外以及设置安全区域都是重要的。

4. 专业的看护者。看护者应该具有关于儿童早期教育的学位或资格证书，并具有一定经验。离职率低，士气高，有热情。

5. 温暖、敏感的看护者。看护者应该参与到婴儿的积极游戏中，指导他们解决问题。婴儿如果安静、顺从，说明看护者可能缺乏反应性。

非母亲看护的后果是个争议性课题。人们担心长期由非母亲看护的婴儿以后可能变得具有攻击性 (Jacob, 2009)，尽管一些婴儿受的影响比另一些婴儿大得多 (Phillips et al., 2011; Pluess & Belsky, 2009)。正如一篇综述所说的，“这一结果表明，早期非父母的养育环境有时会给幼儿带来危险，有时则会带来好处”(Phillips et al., 2011)。不同的影响各有证据，可见由于遗传和家庭原因，最佳的婴儿照料方式要因人而异。

让我们看看相关“证据”。英国的一项研究发现，那些不是由母亲专门照料的婴儿在情绪上不具有优势 (Fergusson et al., 2008)。这是证据吗？不是。这些婴儿大多是由祖母或外祖母照料的，尤其是在其母亲既年轻又贫穷时。根据你们对相关关系的理解，除了非母亲照料外，社会经济地位可以解释好几个变量。在这一案例中，相关变量可能还包括祖母或外祖母的文化水平低，母亲不成熟，以及家庭经济压力。这些变量中的任何一个都可能成为婴儿情绪不成熟的原因。

加拿大的一项大型研究发现，如果婴儿在 1 岁前由母亲之外的人（通常是亲属）照料，女孩似乎不会因为养育者的不同而不同。但是，来自高收入家庭的、母亲不是其唯一养育者的男孩，和来自相似家境、专门由母亲抚养的男孩相比，结果要差一些：4 岁时，他们的果断性或攻击性略强，而情绪问题更多（比如，教师会看出那个男孩“似乎不高兴”）。对来自低收入家庭的男孩，结果相反：还是根据教师的报告，在平均水平上，他们从非母亲的抚养中得到了好处。研究者认为，从这项研究中得不出什么对政策有意义的东西，养育质量、养育地点和养育者方面的差异太大是部分原因 (Côté et al., 2008)。

在美国，对低收入家庭的研究发现，日托中心是有益的 (Peng & Robins, 2010)。由全国儿童健康和人类发展研究所的儿童早期养育网络进行的一项追踪研究对 1300 名儿童从出生到 11 岁进行了追踪。研究发现，对不太贫穷的儿童来说，早期日托在认知方面，尤其在语言发展方面，很有帮助。

在社会性发展方面，结果尚不清楚 (Loeb et al., 2005)。多数分析结果发现，在日托中心养育的、对母亲形成了安全型依恋的婴儿，和在家里养育的安全型依恋婴儿一样多。美国儿童健康和人类发展研究所做的几项较小规模研究像其他研究一样，证实了母子关系的重要性。该研究与美国其他研究一致认为，1 岁以前每周长达 40 小时的日托对儿童发展的影响比起温暖的母子关系对发展的影响小得多 (Phillips et al., 2011)。

NICHD 的研究还发现，如果母亲缺乏敏感性，而且婴儿每周超过 20 小时待在看护质量差、班级人数很多的班里，那么婴儿日托可能是有害的 (McCartney et al., 2010)。此外，和女孩及其他由母亲和日托共同看护的男孩相比，这种日托的男孩可能更爱争吵，和教师的冲突也更多。

给日托教师的问题 一位母亲带着孩子来找你，要让孩子上日托，她说她知道这样做对孩子不好，但是她必须出去挣钱养家。你会对她说什么？（答案见第 244 页）

对非母亲养育问题，研究没有得出一个简单的答案。每项研究都是复杂的：国家间差异、看护（无论是在家还是在别处）质量与时间的不确定性以及非随机的选择，使研究者很难得出一个总的结论。家庭收入、文化和教育程度影响着养育方式的选择，这些变量也影响着儿童发展。男孩比女孩受到的影响更大，可能说明了性别间的某些生物学差异，但也可能说明了气质困难型男孩之所以更常被送去日托，是因为他们的母亲不愿意独自照管其活跃的困难型儿子。这种选择效应也许可以解释为什么和 1 岁前全部在家养育的男孩相比，1 岁以前在家养育结合日托看护的男孩到 5 岁时表现出了略多的攻击性。

这项关于非母亲养育的追踪研究给出了谨慎的总结，“对外显行为可根据各种背景下的多个变量进行预测……没有研究发现，孩子会单单因为他们的母亲需要外出工作而不在家就形成各种情绪问题和其他问题”(McCartney et al., 2010, pp. 1, 16)。

在美国，另一个问题是如果儿童的母亲就业，儿童一般能从中得到好处 (Goldberg et al., 2008)，这在一定程度上是因为母亲的收入能缓解夫妻的抑郁，让家庭更富裕，这二者都与儿童的幸福和成功呈正相关。很多就业的母亲都把孩子的养育放在优先位置，比对自己和婚姻都上心。

一项关于时间分配的研究发现，全职工作的母亲每周和孩子一起玩的时间是 14.5 小时，而没有外出工作的母亲，这一时间是 16 小时，二者相差无几 (Huston & Aronson, 2005)。为了把更多的时间花在孩子身上，她们把做家务的时间砍掉了一半，减少了和丈夫在一起的时间，几乎没有时间娱乐。该研究这样总结道：

> 没有证据证明，母亲花在工作上的时间会妨碍她们与孩子的关系质量、家庭环境质量和儿童发展质量。其实，研究结果正相反。把较多时间花在工作上的母亲，反而会提供高质量的家庭环境
>
> (Huston & Aronson, 2005, p. 479)

>>回答日托教师（问题见第 243 页） 向这位母亲强调，与孩子形成同步性和依恋关系能够保证孩子的安全，促进其心理与社交技能的发展。还要告诉她，对孩子的心理社会性发展来说，母亲和婴儿在家里的互动比和家庭之外的其他人的人际互动更重要；从事全职工作的母亲往往能与她们的孩子形成非常好的安全型关系。如果这位母亲愿意，可以和她讨论怎样才能成为一个更具反应性的母亲。

这对于全职的母亲是个令人欣慰的结论，但是还可能有其他解释。能找到值得做的工作的女性可能比不工作的女性更有能力提供“高质量的家庭环境”。每项研究都反映了几个可能的变量，研究者会发现婴儿日托的混合证据。很多因素是相关的：婴儿的性别与气质，家庭收入和文化水平，尤其是家庭和其他地方的养育质量。

与儿童发展的许多主题一样，这个问题仍然没有解决。可以肯定，每个婴儿都需要来自至少一个人的敏感反应——最理想的人选是母亲或父亲，是与婴儿同步二重唱的伙伴，是安全依恋的基地，是鼓励婴儿探索环境的社会参照。如果婴儿拥有这个人，他的发展就会顺利。

小　　结

婴儿会寻求与一个或几个人形成社会纽带。同步性在前几个月得以表现：婴儿与养育者面对面地互动，在一瞬间调节他们相互间的情绪反应。同步性会进入依恋的情绪联结中。安全型依恋能促进婴儿学习；形成不安全型依恋的婴儿缺乏自信，并可能导致情绪障碍。随着婴儿好奇心的增强，他们见到了更多的新玩具、人和事件，并能使用社会参照来了解哪些东西可怕，哪些东西能带来快乐。

表现在同步性、依恋和社会参照中的情绪联结可能发生在母亲、父亲、其他亲属和日托看护者身上。非母亲养育时间的多少，养育质量的高低会因国家、家庭的不同而不同，其结果也有差异。无论是纯粹的母亲养育，还是家庭式日托或日托中心，结果都不一定是最好的。如果婴儿受到的养育是缺乏反应性的（一个养育者需要照看过多的婴儿，或者由一个抑郁的妈妈单独养育），后期发展将会出现问题。养育质量和连续性都是很重要的。■

本章总结

一、情绪发展

1. 婴儿出生时很快表现出了满足和痛苦这两种情绪。微笑和大笑在前几个月出现。4—8 个月时，婴儿会由于受限制和受挫而出现愤怒，1 岁时愤怒表现得更强烈。
2. 很小的婴儿即能表现出反射性恐惧。对特殊对象的恐惧，包括陌生人恐惧和分离恐惧，在 1 岁前就能表现出来。
3. 1 岁以后，社交觉知能产出更多的选择性恐惧、愤怒和快乐。随着婴儿的自我觉知越来越强，各种情绪随之出现，它们促进了自我与他人之间的相互作用，尤其是自豪、羞怯和喜爱的产生。
4. 大脑成熟对情绪发展的影响很明显，尽管具体影响尚未查明。联觉（某一脑区的感觉或情绪激活了另一脑区）明显出现。自我认知（通过镜子 - 红点测验测得）大约在 18 个月大时出现。
5. 压力会阻碍早期的脑发育和情绪发展。一些婴儿特别易受早期虐待的影响。
6. 气质是一整套遗传特质，其表现受到环境影响。天生的气质与后期人格相关，但可塑性也很明显。
7. 父母教育方式可能抑制、也可能促进情绪发展。

在父母行为与婴儿人格之间形成良好匹配是最理想的。

二、婴儿心理社会性发展的理论

8. 几种经典理论都认为，养育者的行为在前两年具有特别重要的影响。弗洛伊德强调母亲对口唇与肛门快感的影响；埃里克森强调信任和自主性。
9. 行为主义者看重学习；父母能教给婴儿很多东西，包括什么时候应该恐惧，什么时候应该快乐。认知理论认为，婴儿在经验的基础上形成了各种工作模型。
10. 社会文化理论关注社会与文化因素对亲子关系的影响。族群理论会影响婴儿的情绪与特质，使他们很好地适应本文化。一些文化鼓励父母的近端养育法（在身体上多进行接触），另一些文化鼓励远端养育法（多谈话和玩玩具）。个人理论也会影响父母怎样对孩子做出反应。

三、社会纽带的发展

11. 个别婴儿在 2 个月大时，多数婴儿在 6 个月大时，会变得更具反应性和社交性，同步性开始出现。同步性是母婴之间的同时互动。婴儿会对静止的面孔感到困扰，因为他们期待和需要社交互动。
12. 依恋可通过在陌生情境中观察婴儿对养育者在场、离开和返回的反应进行测量。一些婴儿显得漠不关心（A 型，回避型不安全依恋），或过度依赖（C 型，拒绝 – 矛盾型不安全依恋），也有婴儿表现出了安全型依恋（B 型）。混乱型依恋是最令人担心的。一些儿童从未形成过依恋，哪怕是不安全的依恋。
13. 安全型依恋鼓励婴儿去探索。学步儿在社交场合会使用社会参照，通过观察熟人的表情来看出哪些人和事物该回避，哪些无须回避。
14. 父亲是婴儿喜欢的玩伴，婴儿常以父亲为参照来学习情绪表达并探索周围环境。如果男人认为照料婴儿是缺乏男子气概的，或女人认为照料婴儿是女人的事，那将可能阻碍父亲的参与。很多现代父亲参与并补充了母亲对婴儿的照料，婴儿因此更快乐。
15. 非母亲养育的影响取决于很多因素，而且国家间、个体间都有差异。养育质量（反应性和个别化）非常重要，无论采用何种养育法。

关键术语

安全型依恋，p233
大五，p220
分离焦虑，p215
工作模型，p224
回避型不安全依恋，p233
混乱型依恋，p233
家庭式日托，p241
近端养育法，p226
静止面孔法，p231
拒绝 – 矛盾型不安全依恋，p233
良好匹配，p220
陌生情境法，p234
陌生人警觉，p215
气质，p219
日托中心，p241
社会参照，p237
社会学习，p223
社交微笑，p214
同步性，p230
信任对不信任，p223
依恋，p231
远端养育法，p226
自我觉知，p216
自主性对羞怯与怀疑，p223
族群理论，p225

你学到了什么？

一、情绪的发展

1. 小婴儿最早表现出来的情绪是什么？
2. 1 岁的婴儿害怕什么？
3. 人生第二年的情绪和第一年的情绪有何不同？
4. 婴儿期的压力对大脑发育有何影响？
5. 为什么联觉在婴儿期比在成年期出现得更多？
6. 为什么一些人的气质特质比另一些人更明显？

二、婴儿心理社会性发展的理论

7. 弗洛伊德的口唇期观点与埃里克森的信任对不信任观点有何相同点和不同点？
8. 弗洛伊德的肛门期观点与埃里克森的自主性对羞怯与怀疑观点有何相同点和不同点？
9. 行为主义者怎样解释人格特质的家庭与文化模式？
10. “工作模型”为什么来自认知理论而不是其他理论？
11. 什么样的族群理论观念会支持近端养育法？
12. 什么样的族群理论观念会支持远端养育法？

三、社会纽带的发展

13. 同步性怎样帮助了婴儿的情绪学习？
14. 应该过分强调安全依恋的重要性吗？为什么应该？为什么不应该？
15. 什么样的环境可能使婴儿形成 A 型依恋？
16. 什么样的环境可能使婴儿形成 C 型依恋？
17. 什么样的环境可能使婴儿形成 D 型依恋？
18. 对婴儿来说，父亲养育和母亲养育有何相同和不同？
19. 为什么在多数国家的多数婴儿都是完全由母亲抚养？
20. 祖母养育、家庭式日托和日托中心之间有何区别？
21. 对哪些婴儿来说，早期日托与幼儿园时的攻击性存在相关？
22. 为什么很难得出关于婴儿日托的结论？

应　用

1. 影响婴儿发展的文化因素之一是婴儿外出的方式。找四位母亲，她们曾经在 10 年前、20 年前、30 年前和 40 年前生过小孩，问问她们是怎样带孩子出去的——是抱在前面还是背在后面，孩子面对着她还是背对着她，用折叠式婴儿车还是四轮车，放在汽车安全座椅里还是坐在母亲膝盖上，等等。为什么选择这种方式？在文化实践对婴儿发展的影响上，她们有何意见？你自己有何意见？
2. 用 3 分钟时间观察同步性。最好请 8 个月以下婴儿的父母和婴儿一起玩。如果找不到这样的婴儿，也可以观察一对情侣的交谈。注意两个人的每个表情、声音和姿势的顺序和持续时间。
3. 给几个日托中心打电话，评价她们提供的养护质量。问的问题包括养护者和婴儿的比例；班级规模；对不同年龄儿童教师的培训情况；有没有最小年龄限制，如果有，为什么定为这一年龄。参考表 7.3 对回答进行分析。

第二部分 0—2 岁的发展成果：

人生的前两年

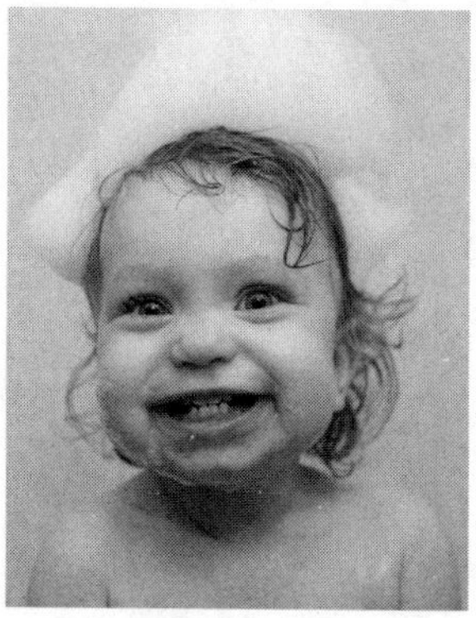

生物社会性

身体变化 从出生到 2 岁，体重会增加 3 倍，脑重增加 2 倍。脑细胞之间的联结逐渐密集，形成复杂的树突与轴突网络。神经元通过髓鞘化的神经纤维，可以更有效地发送信息。人类共有的经验（预期型经验）与文化相关的经验（依赖型经验）促进了脑发育，神经元之间的无用联结将被修剪。

感觉与动作技能 脑的成熟为各种感觉的发展打下了基础。视觉、听觉和运动觉从反射向协调的有意识动作演进，包括聚焦、抓握和走路。由于大脑网络对每个婴儿的特殊生活做出了反应，文化在感觉和动作发展中也起着显著作用。

公共卫生 婴儿的健康取决于免疫接种、父母养育方式（如"仰着睡"）和营养。母乳能够保护健康，对婴儿有诸多益处，因此世界卫生组织建议纯母乳喂养至少应该持续 6 个月。当今的婴儿成活率远高于几十年前，但是在少数地区，婴儿的生长发育仍旧会因为营养不良而受到阻碍。

认知

感觉运动智力与信息加工 根据皮亚杰理论，从出生到 2 岁，婴儿从凭借直接的感觉经验了解周围世界，发展为凭借动作和心理表象对周围世界"做实验"。信息加工理论强调感觉经验与知觉之间的连接。婴儿逐渐形成有关周围世界中的客体和事件所提供的可能性的认识。过去 20 年的研究发现了婴儿在 3 个月时的记忆、4 个月时的客体永存性和 9 个月时延迟模仿的事实，这些都比皮亚杰所说的年龄小得多。

语言 与敏感的成人的互动能促使婴儿形成沟通和语言的结构。1 岁时，婴儿一般能说一两个词；2 岁时，语言得到爆发式的进步，学步儿会说短句子，且词汇量每天都在增加。语言由于强化、神经系统成熟和社会动机而得到发展；这三个方面的结合造就了善于交谈的学步儿。

心理社会性

情绪及其理论 情绪从新生儿的简单反应发展到复杂的、自我意识的反应。婴儿的自我觉知和情绪独立性受到父母影响，这一点可以由弗洛伊德所说的口唇期与肛门期理论、埃里克森所说的信任对不信任以及自主性对羞怯与怀疑、行为主义强调的父母行为和认知理论所说的工作模型来解释。很多基本的气质特质是天生的、持续终生的。社会文化理论强调文化标准，体现在父母养育婴儿的族群理论中；一些父母更符合近端养育法（主张身体接触），另一些父母更符合远端养育法（鼓励认知发展）。

社会纽带的发展 父母与婴儿通过行为同步而做出相互的反应。在接近 1 岁时，对父母形成安全依恋的婴儿逐渐敢于独立探索周围世界。不安全依恋——回避型、拒绝型和混乱型——成为学习的阻力。婴儿借助社会参照对经验的解释，积极参与社会交往。母亲、父亲和日托教师都会促进婴儿的社交自信心。

第三部分

（第八章—第十章）

幼 儿 期

在2—6岁，儿童在他们清醒的大部分时间都在发现、创造、欢笑和想象，同时习得所需的技能。他们互相追逐，尝试新挑战（锻炼其体魄）；他们用声音、词句和想法做游戏（发展其心理）；他们创造出各种游戏，戏剧化地描述他们的幻想（学习社交技能和道德）。

这几年被称为学前期，但这是一种误称。这时的"学校"并不意味着要坐在一排排课桌旁。很多2—6岁儿童到"学校"是来学习和游戏的。这几年也被称为"游戏的年纪"。愉快玩耍的孩子们似乎有点不可思议——无论是在草丛里悄悄跟踪一只甲虫，还是肆无忌惮地把房间弄得乱成一团。幼儿的心理也很好玩；他们认为"光头就是光着脚丫子的头""阳光照耀就为了让孩子们到外面去玩"……但是，任何年龄的人都可以玩耍，所以这几年并不是唯一的游戏的年纪。

本部分的三章描述了幼儿期，即儿童早期，这是描述这一时期的传统术语。幼儿期是一个非凡的发展阶段，孩子们成长、学习、做游戏，他们的欢乐不仅能愉悦他们自己，也感染着所有认识他们的人。而且，幼儿期也是每一领域都快速发展的时期。

幼儿期的生物社会性发展

你将学到什么？

1. 幼儿该多吃，还是少吃，还是既多吃又少吃？
2. 幼儿大脑的成熟对情绪发展有何影响？
3. 为了发展大动作技能，幼儿应该做什么？
4. 应该在什么情况下和怎样预防儿童虐待？

4 岁时，我一次又一次地从沙发上跳下，试着飞起来。我反复这样做，因为我想飞。有时，我会戴上披肩，有时不戴，有时摆动双臂，有时不摆动。我母亲大笑着，她说不知道是不是自己犯了什么错误，才使我向往当小飞侠彼得·潘。一位上年纪的女人警告说，跳来跳去会伤着我的子宫。我不懂子宫是什么，我没在意那位女士的说法，我一直这样跳，直到我知道我飞不起来，因为我没有精灵的本事。

我希望你们在 4 岁时也梦想过飞上蓝天，也有人一边笑话你，一边保护着你的安全。保护、欣赏和幻想都是幼儿期需要的。你们还记得自己尝试着跳跃、爬树或写出自己的名字吗？幼儿总是尝试，失败，再尝试。就这样，他们变得能干又聪明，终于知道了一些生命的局限，比如人是没有翅膀的。身体与脑的发育以及对成人保护的需要是本章的主题。了不起的发展、所遭受的意外伤害和严重的虐待都是本章要讨论的内容。

一、身体变化

和婴儿期一样，幼儿期的身体和大脑会根据来自环境遗传学的力量、生物驱力、社会指引以及预期型经验和依赖型经验（第五章）而继续发展。身体和脑在大小和机能上都走向成熟了。

（一）生长模式

只需把站不稳的 1 岁婴儿和会翻跟头的 6 岁幼儿比较一下，差异就不言自明了。幼儿的身体变瘦了，下肢变长，脂肪变成了肌肉。在 5—6 岁，身体质量指数（BMI，体重与身高之比）与一生中各年龄段的情况比，是比较低的。从幼儿身上，你再也看不到学步儿

身材与平衡　这对姐弟俩年龄相差 4 岁，请注意他们不同的腿长和平衡力。2 岁的弟弟两条腿都站在地上，6 岁的姐姐能轻松跳上横杆坐好。

那种圆鼓鼓的小肚子、胖嘟嘟的脸蛋、短短的四肢和大大的脑袋了。身体的重心从胸部转移到腹部，使幼儿能够完成侧手翻、翻筋斗和其他许多动作技能。他们还能从跳舞、做体操和荡秋千中获得快乐；身体比例的变化使他们每年都有新进步。学步儿常常因身体不平衡而摔倒，这使他们离地面更近，学前班儿童则能快步走，而且很少摔倒。

伴随着这种发育，幼儿的体重和身高都增加了。在幼儿期的每一年，营养良好的儿童都可增重 2 千克，身高可增加 7 厘米。发达国家的儿童在 6 岁时的平均状况如下：

- 体重在 18 ～ 22 千克
- 身高至少 1 米
- 看上去比较瘦，不太胖（5—6 岁的身体脂肪最少）
- 身体比例很像成人（腿部占身高的一半）

如果多个族群生活在同一国家，都享受着丰富的食物和充分的医疗保健，非裔儿童通常能长得最高，其次是欧裔儿童，之后是亚裔儿童，最后是拉丁裔儿童。但是请注意，族群内的差异往往大于族群间的差异。

（二）营养

虽然学前儿童很少死于营养不良，但是他们比其他年龄的儿童面临着更大的营养风险，这主要是因为不健康食品很容易就满足他们本来就不大的食欲，而不能给他们真正需要的营养留下余地。千百年来，贫穷家庭都会鼓励他们的孩子多吃，免得忍饥挨饿。这种做法拯救了很多生命。即使在今天，在最贫穷的国家，从婴儿期开始、持续到幼儿期的营养不良仍然导致了 1/3 儿童的死亡 (UNICEF, 2008) 以及后期的发育迟缓，包括大脑发育迟缓。例如，对加纳饥饿幼儿的研究表明，他们中的很多人成了抑郁的或有心理损伤的青少年，但很少会变成犯罪青少年——也许是因为他们缺乏能量 (Appoh, 2004; Appoh & Krekling, 2004)。

令人遗憾的是，当食物充裕时，鼓励幼儿多吃的良好传统将变得具有破坏性。这在很多国家都已成为事实：在 30 多年前的巴西，最普遍的营养问题是营养不良；但是现在，最普遍的营养问题变成了营养过剩 (Monteiro et al., 2007)。

对来自纽约市低收入家庭的 2—4 岁幼儿的研究发现了许多超重儿童，而且他们的体重会随着家庭收入的减少而增加 (J. A. Nelson et al., 2004)，并随着儿童年龄的增长而增加（2 岁时超重的比例为 2%，4 岁时比例为 27%）。这一年龄模式揭示出，造成超重的原因是饮食习惯，而不是基因。该研究发现，在超重的儿童中，拉丁裔最多 (27%)，其次是亚裔儿童 (22%)，多于非裔 (14%) 和欧裔 (11%) 儿童。

对这种族群差异的一种解释是，这些儿童多和祖辈一起生活，而祖辈深知营养不良的危害。这种可能性得到了代际数据的支持：拉丁裔和亚裔美国人的祖辈自己并不肥胖，但他们的孙辈往往超重 (Bates et al., 2008)。当然，这些差异还要看环境、文化和祖辈居住的社区，但是每个族群的儿童所需营养的变化都快于其习俗的变化。

随着营养过剩的儿童变成超重的成人，心脏病和糖尿病在世界各地越来越普遍 (Gluckman & Hanson, 2006)。英国著名医学刊物《柳叶刀》(*The Lancet*) 发表的一篇论文预测，到 2020 年，全世界将有 2.28 亿人因儿童期不健康的饮食习惯而患糖尿病（其中印度人的人数最多）。这篇文章认为，目前没有足够的手段来改变美国儿童期饮食过量的现实，"如果超重和肥胖的趋势持续下去，现在这一代人将成为一百多年来第一代寿命比父辈短的人" (Devi, 2008, p. 105)。

在 2—6 岁，儿童的食欲有所减退，原因是和婴儿期相比，幼儿每公斤体重所需的热量较少。对当今一代来说，这一点尤其明显，因为他们的体力活动比父辈和祖辈减少了很多。他们不用给家畜或家禽喂食，不用步行几公里路去上学，也不经常到户外游戏。很多父母不承认这些代际变化，并会愚蠢地为孩子吃东西的事情烦恼，会威胁、哄骗孩子多吃一些（"把你的晚饭都吃光，你才能吃冰激凌"）。儿科医生发现，无论是婴儿、学步儿还是幼儿的父母都认为，孩子瘦不如胖健康。这种错误的观念导致了过度喂养 (Laraway et al., 2010)。

1. 营养缺乏

虽然发达国家的大多数儿童摄入了超量的热量，但他们不一定能获得足够的铁、锌和钙。例如，和以前相比，现在的儿童喝的牛奶较少，这意味着他们摄入的钙减少了，以后的骨骼会比较脆弱。

另一个问题和糖有关。很多地方的习俗都会怂恿儿童吃甜食——生日蛋糕、节日糖果、甜点和其他菜肴等。加糖谷类食品和饮料（广告宣传说包含每天所需的全部维生素）不是平衡、多样化饮食的良好代替品，因为一些营养成分没有得到确认，而且其营养成分比标签上列出的少得多。这意味着，摄入广泛而多样的食物，对健康来说才是最佳选择。

和儿童饮食的平均水平相比，摄入较多深绿色和橘黄色蔬菜、较少煎炸食物的儿童将在很多方面受益。他们的骨密度较大但是不发胖，这一研究结果是在控制了其他与身体发胖有关的因素之后得出的，这些因素包括性别（女孩更易发胖）、族群（一些族群因遗传而较瘦）和收入（贫困儿童的饮食较差）(Wosje et al., 2010)。

另一个复杂的情形是，大约 3% ～ 8% 的儿童对一些食物过敏，这些食物大多是有利于健康的，如牛奶、鸡蛋、花生、树生坚果、大豆、小麦、鱼和贝类等。诊断标准因人而异（只能提供一个估计范围），治疗方法更是因人而不同 (Chafen et al., 2010)。一些专家主张杜绝一些容易致敏的食物，例如，无花生学校不允许学生携带花生酱三明治当午餐；另

©万千心理

健康地吃饭　儿童会遵照本文化教的方式吃饭，大约有 1/3 的儿童用手吃饭，1/3 的儿童用刀叉吃饭，1/3 的儿童用筷子吃饭。他们会吃社会所提供的任何食物，并形成持续终生的口味，这也许还能预测他们的健康。这两个中国女孩可能很幸运：传统的中国烹调（糙米饭和各种蔬菜）是世界上最健康的饮食。然而，随着收入的增加和摄入了更多的肉类，中国的胖孩子也越来越多。这一趋势出现在这所幼儿园了吗？

一些专家则建议对容易致敏的食物应有一定的容忍度，例如，从婴儿时就开始给他们吃极少量的花生酱 (Reche et al., 2011)。幸好，随着年龄的增长，许多儿童期食物过敏的问题会渐渐消失，但是由于幼儿已经处在营养风险中，所以食物过敏使平衡饮食更难实现。

2．口腔卫生

摄入太多的糖和太少的纤维会导致龋齿，这是在发达国家幼儿中最常见的疾病，大约 1/3 的美国 6 岁儿童都患有龋齿 (Brickhouse et al., 2008)。甜果汁和苏打水是主要原因；即使是含酸的无糖苏打水也可能造成龋齿 (Holtzman, 2009)。

幸好，“乳牙”将在 6—10 岁被恒牙替换。换牙时间基本由遗传决定，女孩平均比男孩早几个月。但是牙齿护理不应该在恒牙长出之后才开始。儿童早期的严重龋齿会伤害恒牙（恒牙在乳牙下面形成），导致下颌畸形、咀嚼困难和言语问题。牙齿受饮食和疾病的影响，也就是说，幼儿牙齿的好坏可能预示着成年后的其他健康问题。

美国的大多数学前儿童都会去看牙医，条件是其父母在美国出生、属于中产阶层——如果其父母在其他国家出生，则不符合这一条件。在旧金山的一项研究发现，一些移民群体对牙医的恐惧很普遍，他们很少带幼儿去做口腔保健 (Hilton et al., 2007)。各个族群的年轻父母（孩子出生时母亲低于 22 岁）往往多未养成良好的口腔卫生习惯，其子女也往往有龋齿 (Niji et al., 2010)。

许多来自各族群的低收入父母往往忙于工作和照顾孩子，没意识到在儿童早期学会的刷牙是一个至关重要的好习惯 (Mofidi et al., 2009)。但是在很多国家，不刷牙不是个问题，刷牙才是问题。在美国，大多数贫穷的父母享受不到免费的牙医服务，但他们希望孩子的牙齿能得到更好的保护 (Lewis et al., 2010)。

3．“照例行事”的危害

很多幼儿被强迫执行每天的作息习惯，上床睡觉前要刷牙、看一本书或听妈妈读书、做祈祷、吃一点零食、坐马桶或者唱一首歌。不管是什么样的习惯，儿童都对其有所期待，如果不让他们做这些事就把他们抱上床，他们就会烦躁。吃饭也是如此，需要把做好的饭菜摆放在专门的地方、用专用的碗碟盛好。对年长儿童和成人来说，这种刻板的“照例行事”现象可能是病理性的强迫症信号。然而，幼儿普遍希望做这种千篇一律的事情，这种现象很正常 (Evans et al., 2006; Pietrefesa & Evans, 2007)。例如：

> 父母会坚持让孩子在晚饭时吃光给他盛的蔬菜，孩子则坚持土豆必须放在盘子里的固定地方，而且一定不能和别的食物混起来；如果土豆没放在这个固定的地方，孩子好像就体验到了一种碰到了脏东西的感觉，跟大人哭闹半天。很多两三岁的孩子都会因此而惹人讨厌。
>
> (Evans et al., 1997, p. 59)

多数儿童对食物的偏好和饮食习惯都不理想，而且是很不理想。（我认识的一个3岁的孩子只吃用白面包做的奶油干酪三明治；一个4岁的孩子只吃快餐店里的炸鸡块套餐。）对1500位1—6岁儿童的父母进行的调查显示 (Evans et al., 1997)，“照例行事”的高峰期大约在3岁，其特征是：

- 喜欢做以专门次序和专门方式做过的事情
- 强烈地喜欢（或不喜欢）穿某种式样的衣服
- 睡觉前必须做一件事，完成一个例行程序或遵守一个习惯
- 强烈地喜欢吃某些食物，不喜欢吃某些食物

6岁左右，这种刻板性会逐渐减弱（见图8.1）。几位专家指出，“多数儿童在上小学以前都会表现出一些正常的、与年龄相关的强迫行为，且在上小学以后就慢慢好了”(March et al., 2004, p. 216)。最好的做法是耐心：幼儿对一种生活习惯、一双鞋、一只杯子的喜爱可能会持续一两年。毕竟成人也会偏好某种生活方式，在理性思维的审视下保持其强迫行为 (Evans & Leckman, 2006)。对幼儿园教师而言，这就意味着对日常生活的要求应当简单明了，且每个儿童都必须遵循——否则，孩子们会希望各行其是。

给营养学者的问题　一位妈妈抱怨，她给4岁的孩子准备了各种蔬菜和水果，但是孩子只吃炸薯条和蛋糕。你应该给她提什么建议？（答案见第256页）

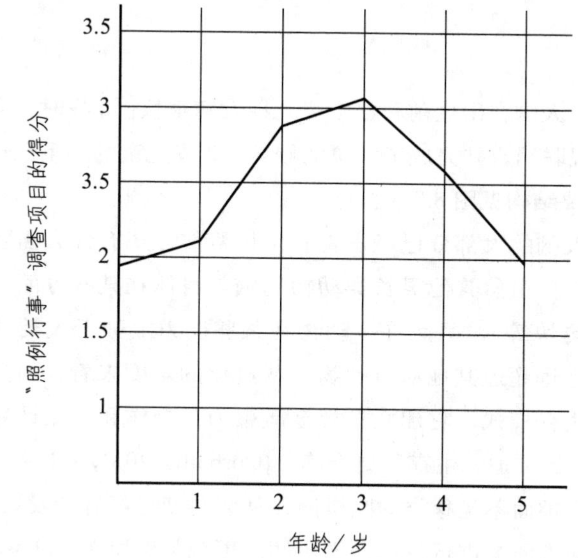

图8.1

幼儿对例行生活的坚持　本图呈现了一项调查显示的儿童希望“照例”做特定事情的得分（父母评价），这些事情包括对食物的选择和烹调。这种对例行程序的刻板偏好在6岁时减弱。据 Evans et al., 1997

4. 儿童期饮食过量

饮食过量可能成为严重的问题：放纵与容忍对“照例行事”是必要的；但如

果其结果是造成儿童肥胖，就是破坏性的。第十一章将着重讨论肥胖儿童的问题，因为这一问题主要发生在小学期，但是它起源于幼儿期。

前面提到，很多父母会怂恿孩子吃下他们的小胃口本来承担不了的东西，令孩子在多年之后形成了有害的饮食习惯和食欲。犯错误的不仅是养育者，幼儿期的社会环境（电视广告、商场展示、其他孩子吃的东西）也鼓励儿童多吃，殊不知儿童期肥胖将导致后期的疾病。

儿科医生必须给2—5岁儿童的父母提供“预先指导”(Collins et al., 2004)，因为预防的效果比让一个6岁孩子节食（有些儿科医生这样做）好得多。幼儿教师（有时可指导父母，或对儿童食品制造商提出要求）也能影响儿童的营养摄取，给儿童提供更多的机会增长其知识经验——确保他们吃到营养食品（无糖）。

小　结

在2—6岁，儿童逐渐长高，从比例上变瘦，这取决于许多因素，如遗传、营养、家庭收入和族群。营养和口腔卫生问题令人担忧，因为很多儿童在吃不健康食品，出现龋齿，身体脂肪过多。幼儿的胃口较小，有挑食习惯。遗憾的是，很多成人总是鼓励孩子多吃，没意识到超重会导致威胁生命的疾病。■

二、脑发育

第五章讲过，人脑在出生前和整个婴儿期发育很快。2岁时，多数神经元已经和其他神经元实现联结，并完成了大量的修剪。2岁儿童的脑重已达到成人脑重的75%。[人脑的主要结构见图8.2（彩）]。

由于2岁时人脑的大部分已经发育并发挥机能，还有什么需要发展的呢？那就是最重要的部分！虽然其他灵长类动物的脑与身体在某些方面优于人类（如更擅长爬树、跑得更快等），虽然许多动物在某些能力上强于人类（如狗的嗅觉），但是人类的智能远远超过其他所有动物。从进化的角度来看，因为人的大脑，人类形成了“一种生存模式，它建立在社会凝聚力、合作和有效计划的基础上……称之为智者生存”比“适者生存”更准确”(Corballis, 2011, p. 194)。

使我们成为人类而不是猿类的脑机能，从婴儿期已经开始发展，2岁后发展得尤其引人注目，使人能够进行更快、更协调、更深刻地思考 (Johnson, 2005; Kagan & Herschkowitz, 2005)。在2—6岁，脑重从相当于成人的75%，变为相当于成人的90%，掌管高级语言和社会理解的区域发展得尤其明显。大脑皮层的大小——负责计划、思维和语言的脑区——是人类与其他动物的一个巨大差别。近期研究发现，大象、乌鸦、黑猩猩和海豚都有惊人的智力，但是在皮层大小和社会理解方面，人类是无可匹敌的 (Corballis, 2011)。

>> **回答营养学者（问题见第255页）** 从营养学的角度，一个明智的建议是只给孩子提供水果、蔬菜和其他有营养、低脂肪的食品，等孩子饿了就会吃这些东西。但是，几百年的文化习俗使父母几乎不可能做到这一点。给孩子做体检、验血可能会查明孩子是否健康。

例如，对106只黑猩猩、32只大猩猩和105个两岁半幼儿进行的严谨的系列测验发现，“幼儿在完成身体认知任务方面与黑猩猩、大猩猩相仿，但是在完成社会认知任务（如指向或跟随某人的目光）方面，远远优于黑猩猩和大猩猩”(Herrmann et al., 2007, p. 1365)。

（一）思维的速度

在婴儿期之后，部分脑区的发育是人脑联结路径（树突和轴突）扩散的结果。然而，导致脑重增加的主要原因是**髓鞘化**。髓鞘（有时称为脑白质）是轴突的脂肪层，它使神经元之间的信号传递速度加快［见图 8.3（彩）］。虽然髓鞘化过程将持续到儿童期和青少年期，但是其影响在幼儿期最明显 (Silk & Wood, 2011)，这部分是由于早期最大程度髓鞘化的脑区是运动区和感觉区 (Kolb & Whishaw, 2008)。

髓鞘化 (myelination)：轴突被髓鞘——一种脂类物质——包裹的过程，可使神经元之间的信号传递速度加快。

当几个想法必须快速、连续地发生时，从轴突到神经元的思维速度变得尤为重要。6 岁时，多数儿童看到一个东西时能马上说出它是什么，能接住一个球并且扔出去，能按顺序写出英文字母，等等。实际上，对字母和客体的快速命名——只有在实现了广泛的髓鞘化时才可能发生——是后期阅读能力的一个重要指标 (Shanahan & Lonigan, 2010)。当然，成人在听幼儿说话时要耐心，要帮他们穿衣服，要看着他们写出名字的每一笔画。和 16 岁的孩子相比，6 岁孩子干什么都慢许多，因为幼儿大脑的髓鞘化程度还不够，使他们的信息加工速度缓慢。同时我们要感谢髓鞘化使幼儿做事情比学步儿快很多，学步儿有时会在做完一件事之前就把它抛到了脑后。

给幼儿教师的问题　你知道自己要耐心，但是当你带着孩子们去游乐场时，他们磨磨蹭蹭地落下了一大截，使你很受挫，你应该怎么办？（答案见第 258 页）

（二）大脑两半球的联结

在幼儿期，人脑的一部分——**胼胝体**——的发育和髓鞘化速度都很快。胼胝体是联结左脑和右脑的长而密的神经纤维束。胼胝体的发育使大脑两半球的沟通更有效，从而使幼儿能协调左脑和右脑以及身体的左侧和右侧。胼胝体发育不良将导致严重障碍：这可能是孤独症的原因之一 (Frazier & Hardan, 2009)。

胼胝体 (corpus callosum)：联结大脑左右半球并使两侧沟通的长而密的神经纤维束。

为了了解胼胝体的重要性，我们首先要知道，左右脑和身体左右两侧不是完全一样的。每一侧会专门支配一些特定的机能——这是**单侧化**的结果。人类的整个身体是单侧化的，这不仅明显地表现在右利手和左利手上，而且表现在左右脚、左右眼、左右耳和左右脑上。基因、孕期激素和早期经验都影响着哪一侧能成为有利侧。单侧化与胼胝体是同步发展的 (Boles et al., 2008)。

单侧化 (lateralization)：大脑两半球对相应机能的专门化，使两半球分别对不同活动具有优势。右利手者的左半球控制右侧身体，右半球正好相反。

和右利手者相比，左利手者的胼胝体一般更密，可能是因为他们需要按照任务重新调整两侧身体的互动。例如，大多数左利手者用左手刷牙，因为使用其利手更自然，但是他们在挥手时会挥动右手，因为这是社交惯例的要求。

十几年前的一项研究发现，女性的胼胝体比男性更密，这一发现导致人们怀疑这就是女性的情绪理解力优于男性的原因。但是现在，人们使用更先进的研究方法发现，这种差异并不普遍。一些男性或女性个体的确比其他个体的胼胝体更密，但这和性别无关 (Savic-Berglund, 2010)。关于脑的很多研究（包括对胼胝体的研究）使一些研究者过早地下结论——这些结论后来又被证明是错误的。另一个性别差异是，男性的脑更大、更重。但是研究者对这一差异的解释相当谨慎。

1. 左利手儿童

婴儿和学步儿通常偏好使用一只手而不是另一只手握勺子和摇铃，2 岁时，大多数儿童都用一只优势手涂鸦和扔东西。幼儿教师都知道，10 个孩子中大约有 1 个孩子是左利手。优势手部分来自遗传 (Goymer, 2007)，但是一些文化试图让每个人都成为右利手者，并取得一定的成功。当左利手儿童被强迫使用右手时，他们大多学会了用右手写字。但是神经学方面并不完全成功：他们的脑只是部分地被重新编程了 (Klöppel et al., 2007)。

直到今天，很多文化还持有右利手最好的观念，这是第一章讲的*差异等于缺陷谬误*的一个例子。来看语言。在英语当中有很多关于左手的成语，“用左手赞美”被认为是不真诚的，而且没有人愿意“笨手笨脚（to have two left feet)”，或做事“不合情理（to be out in left field)”。在拉丁语中，“dexter（敏捷）”为“右”，而“sinister（阴险）”为“左”（左还表示“邪恶”)。法语中表示“左”的单词“ganche”意思是“社交笨拙”。很多种语言都是从左往右书写的，这对右利手来说显然更容易。

门把手、剪刀、棒球手套、仪器面板和其他用具的设计都是适合右利手的(一些工厂可以设计出专供左利手的产品，但很少有幼儿知道并提出这种要求)。在亚洲和非洲的多种文化中，左手只用来在大便后擦屁股；用“脏”手把东西递给别人是一种侮辱。

发展学家建议不要改变儿童的左右利手习惯，这不仅因为该做法会导致成人与儿童的冲突，造成大脑的混乱，而且因为左侧单侧化在某些职业上是具有优势的，特别是涉及创造性和快速动作的职业。古往今来，左利手的艺术家、音乐家、体育明星多得远超比例，包括意大利文艺复兴大师米开朗琪罗、英国歌手希尔、摇滚歌手吉米·亨德里克斯、甲壳虫乐队的保罗·麦卡特尼、NBA 球星拉里·伯德和 MBL 棒球明星山迪·柯法斯。在美国过去的六任总统中，有四位是左利手：罗纳德·里根、吉米·卡特、比尔·克林顿和巴拉克·奥巴马。

>> **回答幼儿教师（问题见第 257 页）** 一个解决办法是提醒你自己，儿童大脑的髓鞘化程度不足以让他们快速地走路、说话、扣扣子。成熟是主要影响因素，如果你 9 月组织一次秋游，来年 4 月再组织一次春游，并观察孩子们，你会发现，孩子们的进步虽然较慢，但是这次春游时总会比上次秋游时走得快一些。

现在，对左利手的接纳比一个世纪以前更普遍了。这可以解释为什么当今英国和美国承认自己是左利手的成人比例（大约 10%）多于 1900 年（约 3%）(McManus et al., 2010)。而且左利手的男人似乎比女人多，北美的左利手比其他地方多。

2. 全脑

对切断胼胝体以缓解严重癫痫症病人症状的研究，以及对人和其他脊椎动物完整胼胝体的研究，都揭示了大脑两半球是怎样专门化的。一般来说，左半球控制身体的右侧，负责逻辑推理、详细分析和基础语言；右半球控制着身体左侧，负责情绪与创造性冲动，包括对音乐、艺术和诗歌的欣赏。可以说，左侧关注细节，而右侧着眼大局——图 8.4 对这种分工做了解释。

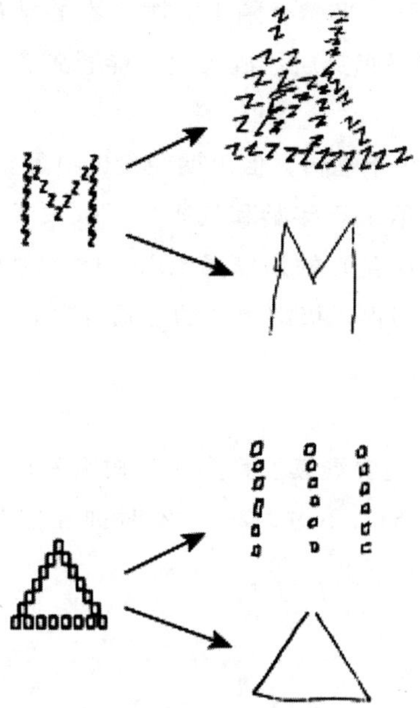

图 8.4

把你看到的复制出来　请有脑损伤的成人把左侧图形画在纸上。其中一个人画出了上面那套图形，另一个人画出了下面那套图形。

观察小测验　哪套图是大脑左侧损伤者画的，哪套图是大脑右侧损伤者画的？（答案见第 260 页）

这种左右脑的差别被夸大了，尤其是在被广泛应用到人身上的时候 (Hugdahl & Westerhausen, 2010)。没有人是纯粹的左利手或右利手（除非是严重的脑损伤者）；此外，人脑是灵活的，特别是在儿童期，一侧失去的机能往往会在另一侧得到补偿。

对大多数人来说，大脑的左右两半球都参与到了几乎所有技能中。正因为如此，胼胝体是至关重要的：它把左右两半球联结起来。随着胼胝体的髓鞘化，两半球之间的信号传递更快、更清楚了，使儿童能够更好地思考，更少出现笨拙的行为。举个简单的例子：2 岁儿童都不能单脚跳，但 6 岁儿童都能这样做——这是大脑平衡的例子。幼儿喜欢的歌曲、舞蹈和游戏常常伴有需要身体保持协调的律动，这并不容易，但也正因如此才显得格外有趣。

（三）计划和分析

第五章曾讲到，大脑的前额叶皮层是位于前额后面、大脑皮层前部的区域。前额叶是非常重要的，它被称为脑的执行部位，因为做计划、排列优先次序和深思熟虑的功能都发生在这里，管理着脑的其余部位。

例如，有些人在会见一位新朋友前会感到焦虑，因为与这个人的友谊可能很重要。前额叶则可以进行预测、做出计划，不让焦虑感破坏这次互动。幼儿在社会理解和做计划方面远不如成人老练，因为他们的前额叶还不成熟 (Kolb & Whishaw, 2008)。举个例子，当一个陌生人跟2岁的学步儿打招呼时，很多2岁的孩子会一言不发地藏在妈妈身后；成人也可能感到害羞，但他们会勇敢地做出回应。

大脑的成熟部分地决定于遗传，但早期经验也很重要 (Lenroot & Giedd, 2008)。比如，对焦虑的控制不但取决于年龄和气质，还取决于养育者的耐心和指导。对前额叶和杏仁核（后面会讲到）的扫描揭示出，18岁个体的大脑可能显示出抑制性，但是多数抑制型成人不再以极端焦虑的方式行事 (Schwartz et al., 2010)。情绪调节将在第十章做进一步介绍。

1. 前额叶的成熟

在幼儿期后，前额叶还要继续发育多年；树突密度和髓鞘化持续增加，直到成年初显期 (Johnson, 2005)。不过，2—6岁时神经控制的进步明显表现在以下几个方面：

- 睡眠变得更有规律；
- 情绪更具有细微差别和反应性；
- 发脾气明显减少；
- 难以控制的大笑和哭泣不再常见。

额叶皮层成熟的一个例子是儿童怎样玩“西蒙说”游戏。玩家只能在游戏的指挥者发出“西蒙说”的命令时跟随指挥者的指令。假如指挥官摸鼻子，同时说“西蒙说摸你的鼻子”时，玩家就要摸自己的鼻子；但是如果指挥官摸鼻子同时说“摸你的鼻子”时，则不能进行效仿。幼儿很快就会输掉这一游戏，因为他们很冲动地做他们看到和听到的任何事。大一点的儿童会三思而后行。因为前额叶在工作！

这种进步可以在每个儿童身上观察到。其原因可能是经验，而不是脑成熟吗？一项令人信服的研究显示，在实验中，3岁儿童重复犯的错误在5岁时消失了，其基本原因不是经验，而是神经系统的成熟。给儿童一套卡片，上面有清楚的卡车或花的轮廓，一些是红色的，一些是蓝色的。让他们玩“形状游戏”，把卡车放在一堆，把花放在另一堆。3岁儿童（和一些2岁儿童）便能正确地进行分类。

然后让儿童玩“颜色游戏”，即把卡片按颜色分类。4岁以下的儿童多数都做不好，但是他们能按形状分类，因为他们以前做过。这个基本的测验在多个国家进行了重复；3岁儿童通常还是受第一次分类方式的影响，而多数大一点的儿童则能很好地转换分类方式。

>> 观察小测验（第259页）答案 在两对复制图画的上面的画都反映了形成完整印象的大脑右半球的损伤。左半球损伤者复制出的只是一个M或一个Δ，缺少小的z或小矩形。大脑机能完全者则“既能见木，也能见林”。

得到这一结果之后，研究者认为，也可能是因为年纪小的儿童不认识那些颜色；因此，研究者转换了任务次序，先玩“颜色游戏”。结果多数3岁儿童都能做正确。可是之后，让他们玩“形状游戏”时，他们还是按颜色分类。即便用一套新卡片，如黄色或绿色的兔子和船，3岁的儿童仍然会按照第一次的方式给东西分类，不管是按颜色分还是按形状分。

对这一结果，不同研究者都在试图寻找可能的解释 (Marcovitch et al., 2010; Müller et al., 2006; Yerys & Munakata, 2006)。大家一致认为，当儿童能够从一种分类方式转换为另一种方式时，说明他们大脑皮层中的某些东西必然已经成熟了(也涉及第五章、第十一章讲到的前额叶成熟)。

2. 冲动性和固着性

神经元只有两种冲动：开—关，或称为激活—抑制。每个冲动都通过生物化学信息，以信号的方式从树突传向神经元和轴突。对于能够思考的成人，激活和抑制都是必要的，一个冲动既不能启动得过快，也不能抑制得过久。(在一生中，平衡的大脑是最高效的：对成年晚期认知丧失的一种解释是，老年人要么过于谨慎，要么过于冲动。)

很多幼儿并没有找到这种平衡。他们冲动地从一个活动转换到另一个活动。这一点可以解释，为什么在幼儿园的“上课时间”要求幼儿坐在位子上，不要说话，也不要碰别的孩子时，他们常常做不到。再如，一个幼儿很想玩别人正在玩的一个玩具，但是当他拿到这个玩具时，他又不感兴趣了。3岁的儿童大多不能保持上小学所要求的注意时间。

同样在这一年龄，有些孩子可以一连几小时地玩同一个玩具，**固着性**指持续或坚持一个想法或行动，上面讲到的卡片分类研究就是证据 (Hanania, 2010)。虽然很多解释貌似有道理，但幼儿的固着性表现是很明显的。有时，他们会向一个人重复地说一句话，或一次次地问一个问题。有时，若让儿童停止正在做的事情，他们会发脾气。(明智的教师可以先发出警告，“在5分钟内清理干净”，这有时会管用。) 发脾气本身也可能有固着性。哭泣可以变得失控；儿童似乎陷在引他发火的情绪中出不来。

固着性 (perseveration)： 长时间地持续或坚持一个想法或行动的倾向。

冲动性和固着性的表现虽然相反，但基本原因相同：额叶不成熟。没有一个儿童会喜欢保持注意；在所有2岁儿童身上，冲动性和固着性都表现得非常明显 (Else-Quest et al., 2006)。

从2岁到12岁，在儿童期的这些年里，大脑的成熟（天生的）和情绪的调节力（习得的）都在进步：大多数儿童都能逐渐保持越来越长时间的注意，同时根据需要转换活动。到青少年早期，儿童能在听到铃声时转换任务——不再允许固着性的存在。被诊断为注意缺陷/多动障碍的儿童是个例外，相对于他们的年龄，他们过于冲动，又过于坚持一项活动而不能改变。多动症的病因看来和左右侧前额叶皮层的失衡以及胼胝体发育不正常有关 (Gilliam et al., 2011)。

正如所有生物性成熟一样，文化也在其中起到了一定的作用，所以本章题目是生物社会性发展，而不是简单的身体发育。对韩国幼儿的研究发现，他们比对照组的英国儿童较早开始注意控制，固着性也较少 (Oh & Lewis, 2008)。这项研究也使用了形状—颜色任务：40% 的韩国 3 岁儿童能顺利地从形状分类转入颜色分类，而只有 14% 的英国儿童能做到这一点。研究者做出了包括基因在内的几种可能的解释，但结论是“文化的解释可能是更合理的” (Oh & Lewis, 2008, p. 96)。

（四）情绪与大脑

现在，我们要从前额叶转到另一个脑区，即*边缘系统*。在幼儿期，情绪表达与情绪调节有了明显的进步（第十章还要详述）。对这种进步做出主要贡献的是边缘系统的三个重要区域：杏仁核、海马和下丘脑。

1. 三个脑区

杏仁核 (amygdala)：大脑中调节恐惧、焦虑等情绪的一个很小的结构。

杏仁核是位于大脑深处的一个很小的结构，将其命名为杏仁核的原因是它与杏仁的大小、形状几乎相同。它负责生成情绪，包括积极情绪和消极情绪，尤其是恐惧 (Kolb & Whishaw, 2008)。杏仁核活动的增强可能是某些幼儿做可怕的噩梦或突然受到惊吓的一个原因，杏仁核的作用强度远超过了前额叶及其他紊乱所起的作用。所以一个孩子可能会拒绝进入电梯，或者会在打雷时藏起来。而杏仁核只对舒服与否做出反应，而不对逻辑做出反应。如果一个孩子害怕衣柜里的狮子，父母不应该发笑，而应该打开衣柜的门，命令那头狮子回家去。

海马 (hippocampus)：作为记忆（尤其是位置记忆）的中央处理器的大脑结构。

大脑边缘系统的另一个结构是位于杏仁核右侧的**海马**。海马是记忆（尤其是位置记忆）的中央处理器，它能通过召唤记忆来对杏仁核的焦虑做出反应。例如，一个孩子能记起上次乘坐电梯的经历是可怕的还是有趣的。幼儿对位置的记忆力很弱，因为海马正在发育中。此外，幼儿期深刻的情绪记忆可能会扰乱理性思维：一个成人可能会惊恐发作，但是不知道是为什么。

给神经学研究者的问题　为什么很多专家认为边缘系统被过于简单化了？（答案见第 263 页）

杏仁核与海马的相互作用有时是有帮助的，有时则没有；恐惧可能具有建设性，也可能具有破坏性 (LaBar, 2007)。动物研究显示，手术摘除杏仁核的动物在本该恐惧的场合一点也不恐惧。例如，一只猫会在猴子面前若无其事地漫步——没有一只正常的猫会这么做 (Kolb & Whishaw, 2008)。

下丘脑 (hypothalamus)：对杏仁核和海马做出反应并释放激素以激活大脑与身体其他部位的脑区。

边缘系统的第三个部分**下丘脑**可对来自杏仁核的信号（唤醒）或者来自海马的信号（通常是抑制信号）做出反应，同时释放皮质醇和其他激素，激活大脑和身体的某些部位（见图 8.5）。在理想情况下，这种激素的释放是适度的 (Tarullo & Gunnar, 2006)。

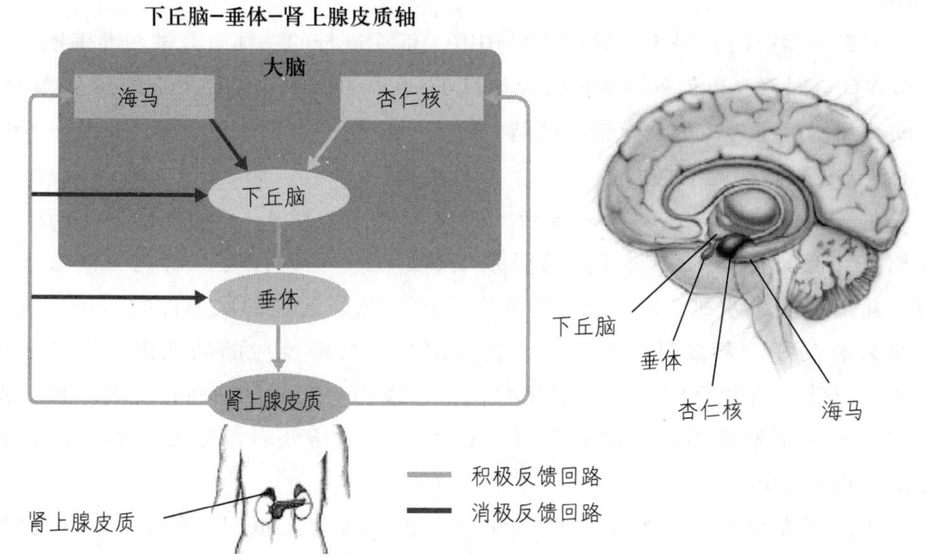

图 8.5

激素反馈回路　这是一个简化的激素回路示意图，下丘脑—垂体—肾上腺 (HPR) 轴。海马和杏仁核刺激下丘脑，产生促肾上腺皮质醇释放激素 (CRH)，它反过来向下垂体发出信号，产生促肾上腺皮质激素 (ACTH)。然后，促肾上腺皮质激素通过肾上腺皮质（位于肾脏中的肾上腺外层），引发皮质醇 (CORT) 的产生。恐惧的形成和消失取决于其他因素，包括大脑的各部分如何解释杏仁核发出的最初警报。

据 Davis et al., 2003, p.183

随着边缘系统的发展，幼儿会越来越认真地观察其父母的情绪。如果进入电梯时妈妈看上去很担忧，电梯上下开动的时候，孩子就会紧紧贴住妈妈。如果这种事反复发生，孩子的杏仁核就会对电梯非常敏感，因为恐惧进入了海马对特定位置的记忆中，并导致皮质醇增多。反之，假如妈妈看上去很平静，并且让孩子觉得坐电梯很有趣（例如，让孩子按楼层电钮），孩子就会克服起初的恐惧感，边缘系统就会唤起坐电梯的快乐——即使没有从一层去另一层的需要。

当教师带一班幼儿去旅行时，了解恐惧和快乐的多样性是很有帮助的。再以坐电梯为例，一个孩子可能害怕，而另一个孩子可能会冲进去，没等老师进来就按下了关门电钮。各种经验（电梯、救火车、动物园里的动物、警察）都可能在没等你思考的情况下引起不同的情绪。因此，如果带一些 3 岁的儿童去郊游，需要几个成人跟随，时刻准备对经验引发的各种情绪做出反应。

2．应激与边缘系统

前几章讲过，过多的皮质醇（主要的应激激素）会涌入脑内并破坏部分海马。学习和记忆的永久性缺陷可能源于“儿童处于创伤或压力事件中，增加了发展为严重抑郁症、创伤后应激障碍和注意缺陷 / 多动障碍的风险”(Garcia-Segura, 2009,

>>回答神经学研究者（问题见第 262 页） 我们对人脑的发现越多，就越能意识到人脑的复杂性，其每一部分都具有特殊机能，并且和其他部分相联系。

p. 169)。

但是应激有时会带来好处而不是伤害。正在进行的一项研究试图准确地发现应激在什么时候、以何种方式损害大脑 (Loman et al., 2010)。如果有什么人或事能帮助幼儿缓解压力，那么有情绪唤醒的经验——结交新朋友、入学、造访一个陌生的地方——似乎是有益的。

在一项实验中，在响起火警后，研究人员马上对4—6岁的幼儿进行了脑部扫描和激素测量。一些儿童显得很烦躁，另一些则没有，研究者测量了这两类儿童皮质醇水平。2周后，研究者再向儿童问起了那次事件的情形，发问者要么很友好，要么很严厉。对火警做出高皮质醇反应的幼儿记住了较多的细节，而低皮质醇反应的幼儿记住的较少，说明一定的压力对记忆有帮助。此研究的另一个发现是，对所有儿童来说，友好的访谈者都激发了更多的记忆 (Quas et al., 2004)。

其他研究也发现，如果访谈者和气友善，学前儿童回忆经验的成绩更好 (Bruck et al., 2006)。背景非常重要：如果成人能消除疑虑，压力就可能促进记忆和认知发展。

但是，由于发育中的大脑是脆弱的，“对压力与挑战的持续的生理反应给儿童带来了出现各种问题的风险，包括生理和心理障碍、情绪调节能力差和认知障碍 (Quas et al., 2004, p. 797)。在边缘系统发育早期出现的这些问题可能在今后的几十年给健康带来损害 (Shonkoff et al., 2009)。

对受虐待儿童的研究揭示出，儿童早期过多的应激激素可能造成边缘系统的永久性损坏，使其一生的情绪反应都变迟钝或过于敏感 (Wilson et al., 2011)。但是这一研究不能给出确定的因果关系，因为相关并不等于因果。伦理原则也不允许研究者对承受重大压力的儿童进行研究。然而，对老鼠的研究证实，早期压力与大脑发育异常之间有因果关系，而不只是相关关系。

这一话题再次指向了第七章提到过的对罗马尼亚孤儿的研究。让这些儿童看高兴、悲伤、害怕和生气面孔的照片时，他们的边缘系统反应性较差，和他们对比的是从小和亲生父母一起生活的罗马尼亚儿童。前者的大脑单侧化程度较差，显示出其专门化程度差，思维的有效性较低 (Parker & Nelson, 2005)。这样看来，可能是早期的压力损害了他们的大脑。

如今，罗马尼亚已不再允许进行大量的跨国收养。但是该国仍有很多儿童在孤儿院里。在一项研究中，一些孤儿在2岁时会被随机分配到收养家庭，另一些则仍然留在孤儿院里。4岁时，进入收养家庭的孩子在智力上比留在孤儿院的孩子更好（智商平均分高10分左右）(Nelson et al., 2007)。这项研究显示，2—4岁对大脑的发育来说是个敏感期，至少对用智商测量测得的大脑发育以及最初的语言和记忆发展有影响。

小　　结

幼儿期的脑继续成熟。几个重要脑区的髓鞘化过程也在加速进行。胼胝体是其中之一，它联结着大脑两半球和身体的左右两侧。髓鞘化使身体的动作和反应加快。前额叶皮层可以平衡激活与抑制，使儿童在做动作之前先思考，或者先停止一个动作以便开始另一个动作。随着冲动性和固着性的逐渐减弱，儿童可以更好地从事学习。

大脑的几个关键区域——杏仁核、海马和下丘脑——组成了边缘系统，它们在2—6岁时逐渐成熟，从而支持了情绪的表达与控制。儿童早期若经历过巨大压力和缺乏良好养育，其边缘系统可能受到伤害。■

三、动作技能的改善

前额叶皮层的成熟能够改善对冲动的控制，同时，胼胝体的髓鞘化和大脑的单侧化也带来了更好的身体协调性。难怪从 2 岁到 6 岁，儿童走路和跑步都变得更快了，动作也更优雅，能更好地把握方向，动作也更精细（“大约在此时”表中列出了幼儿期习得各种动作技能的大致年龄）。

掌握大肌肉动作技能和精细动作技能是幼儿五花八门的主动游戏的结果，在世界各地都是如此。在巴西、肯尼亚和美国进行的一项研究记录了儿童每天花在各项活动中的时间。研究发现了一些基于社会经济地位的文化差异，例如，中等收入的欧裔美国儿童花在与父母谈话上的时间最多，而肯尼亚劳动阶层的儿童干家务的时间最长。但是，这三个国家各收入水平的儿童花在游戏上的时间都多于其他活动，比如干家务、上课及和父母聊天 (Tudge et al., 2006)。

攀爬的快乐　你喜欢像这个小男孩（以及世界各地几乎所有与他同时代的人）一样，在不稳当的绳索上玩耍吗？每个年龄的人都有自己的快乐之源。

（一）大动作技能

大动作技能在幼儿期得到了突飞猛进的发展。2 岁的儿童在游戏时经常会摔倒，还会笨拙地互相撞，但是一些 5 岁的儿童动作熟练而优雅，能跳出协调的舞步或做出体育动作。

1．特殊技能

北美大多数 5 岁的儿童能骑儿童三轮车、爬梯子、荡秋千、抛球、接球和踢球。有些儿童还能滑冰、滑雪、跳水、骑双轮自行车——这些都是需要大脑单侧化的两半球平衡与协调的活动。在有些国家，5 岁的儿童能在大海里游泳或攀登悬崖。大脑的成熟、动机和有指导的练习使幼儿掌握这些技能成为可能。

成人必须给儿童提供安全的场所、时间和玩伴；有了这几个条件，技能就能得到发展。根据社会文化理论，儿童向同伴学习的效果最好，同伴能给他们演示他们想学的那些技能，从接住球到爬树。当然，文化和居住地会影响儿童所展现的技能——一些小孩子会滑雪，另一些则会划船。

大约在此时

2—6岁* 动作技能的发展

大致年龄	可以掌握的技能
2岁	为了找乐子而奔跑，且不会摔倒（但是会撞倒东西） 爬上椅子、桌子、床和小床围栏 上楼梯 自己用勺子吃饭 画直线和螺旋线
3岁	踢球，抛球 双脚离地跳 骑三轮车 照着图画简单的形状（如圆和矩形） 下楼梯 爬梯子
4岁	接住球（球不能太小，球速也不能太快） 用剪刀 两脚轮换跳 用叉子吃饭 自己穿衣服（扣子不能太小，不用打结） 照着图写出大多数字母 倒果汁且不撒在外面 刷牙
5岁	有节奏地跳和快跑 有节奏地拍手、击掌和唱歌 照着图画较难的形状和字母（如钻石形状和字母S） 爬树，跳过一个东西 用刀切东西 系蝴蝶结 抛球 洗脸，用梳子梳头
6岁	用利手画画 写简单的词 查看一张印着东西的纸，眼睛朝恰当的方向有规律地移动 骑自行车 做侧手翻 系鞋带 接住球

* 环境和文化对学习这些技能来说非常重要。例如，在有些文化中，人们不穿有鞋带的鞋，所以很多6岁的儿童就不会系鞋带。

近年来的城市化引起了很多发展学家的担忧。100 年前，几乎所有的儿童都只是在空地或田野里玩耍，没有成人指导。现在，世界上大约一半的儿童生活在城市里。他们中的很多人住在“因贫民区和环境问题而不堪重负的大都市”(Ash et al., 2008, p. 739)。拥挤而充满暴力的街区不但妨碍了儿童大动作技能的发展，而且给儿童不成熟的边缘系统增加了恐惧的负担。

下一代幼儿可能很少有比他们年长的玩伴，而且缺少安全的地方来练习动作技能。过去的父母会让孩子到外面去玩，期待着他们肚子饿时、天气不好时或黄昏时能安全地回来。如今，这样的日子一去不复返了。现在的父母因为担心陌生人、私家车、大卡车和流浪动物会伤害孩子，所以让他们 3—5 岁的孩子待在家里看电视或者玩视频游戏，使得孩子无法发展大动作技能 (Taylor et al., 2009)。一些幼儿园项目中的很多内容都建议幼儿发展动作技能。

2. 环境风险

和年长的、已成熟的大脑相比，污染对年幼的、发展中的大脑的危害更大；污染的危害对住在城市的幼儿尤甚。而这在很多方面取决于当地的规定。例如，在印度，人口超过 1400 万的城市加尔各答有严重的空气污染，儿童哮喘病的患病率很高，肺炎也很普遍。而在印度的另一座城市孟买，由于采取了相关措施（例如，规定公交车使用清洁燃料），空气污染的问题有所缓解，儿童的健康也有所改善 (Bhattacharjee, 2008)。

探索大自然 这个日本女孩正在郊外森林的岩石上攀爬。这样的野外活动对动作技能的发展非常重要，但现在的很多父母为了孩子安全而不让他们出门。

哮喘病的原因有很多，其发病可能因每个孩子都会遇到的物质与环境（如灰尘和冷空气）而引起。儿童期哮喘病的原因和后果将在第十一章讨论，但是说到印度的空气污染与哮喘病的关系，就要查明污染对健康影响的复杂性。一个重要的问题是，来自低社会经济地位的儿童往往居住在高污染地区——充满烟雾的地区，靠近主要的高速公路或工厂，等等。如果这些儿童身体差，说话慢，或学习成绩不好，可能是空气污染对其身体和大脑产生了直接影响的结果，也可能是低社会经济地位普遍存在的其他环境影响的结果。

研究者抓住了这一复杂的因素并且发现，环境条件与低社会经济地位家庭幼儿的健康问题有因果关系，而不仅是相关关系。例如，在加拿大不列颠哥伦比亚省进行了一项研究，那里的污染较轻，公众普遍享有公共卫生保健，儿童都有出生档案，使研究结果比较可信。该研究发现，汽车尾气和工厂造成的空气污染与幼儿期哮喘病存在因果关系，而不仅是相关关系 (Clark et al., 2010)。请看“研究设计”专栏。

一个问题是，空气中危害健康的微尘不一定是人们认为会造成危害的微尘。例如，燃烧木头会冒烟，容易看到，也容易闻到，但是根据在不列颠哥伦比亚省的研究，烧木头产生的烟尘不会增加哮喘病患病率。当然，这一结论只适用于加拿大西部所燃烧的特殊种类的木头——这是研究中的另一个复杂因素。

研究设计

研究者：Nina Annika Clark, Paul A. Demers, Catherine J. Karr, Mieke Koehoorn, Cornel Lencar, Lillian Tamburic, Michael Brauer

发表期刊：《环境健康展望》(*Environmental Health Perspectives*, 2010)

参与者：研究开始时，参与者包括1999和2000年在加拿大不列颠哥伦比亚省西北部（包括温哥华）出生的59 917名婴儿。剔除了有患哮喘病的风险特征者（如低出生体重）和资料不完全者，实际参加追踪研究的为37 401名新生儿。在4岁前，其中有3482名儿童曾因哮喘病而住院治疗至少一次，或经医生两次诊断为哮喘病。这3482名儿童中的每一人都与相同年龄群的其他5名儿童在社会经济地位、性别等变量上相匹配。

设计：对每个儿童居住街区的空气污染指标、哮喘病情况进行详细测量，并和相匹配的儿童比较。污染物包括一氧化碳、一氧化氮、二氧化氮、细颗粒物(PM10和PM2.5)、臭氧、二氧化硫、黑炭和木头燃烧烟尘。此外还包括母亲是否吸烟、居住地与主要公路及污染物排放工厂的距离。把哮喘病患儿接触污染的情况与对照组儿童进行比较。

主要结论：每个亚组（社会经济地位高、中、低组，母乳喂养和非母乳喂养组，不同族群）中都有儿童患哮喘病，但发病率不同。例如，高社会经济地位组和母乳喂养组的女孩患病率显著低于低社会经济地位组和非母乳喂养组的男孩。但是无论儿童的社会背景如何，空气污染，尤其是机动车造成的污染，都会增加哮喘病患病率。研究中扩大的对照组和匹配组还揭示出，原来假设会增加哮喘病发病率的一些因素实际上并没有导致患病率的增加，这些因素包括：居住地接近高速公路、出生于原住民家庭、母亲不在加拿大出生、接触木头烟尘、母亲吸烟，等等。（关于接触吸烟的问题，研究者发现，和多数测量不同，本研究把母亲承认吸烟作为母亲吸烟的唯一指标。）

评论：本研究的有利之处是严谨而详细的测量，包括分街区测量空气污染，分季节测量木头烟尘，从官方的卫生和人口部门获取的完整的年龄群档案，以及匹配－控制设计等。这也提出了一个问题：在一个高污染地区会发现什么结果呢？也许是基因保护了大多数儿童，即使在高污染地区也是如此；也许当污染达到一定程度时，女孩或母乳喂养的优势也会消失。因此需要进一步研究。

儿童早期因污染导致的问题不仅有呼吸问题。对低等动物的研究显示，空气、食物和水中的数百种物质都会影响大脑发育，从而阻碍平衡性、手指动作和动机。这些数据都不是很确切，导致一个研究团队呼吁“发展研究者要为有关污染影响的基础研究与应用研究把握方向，指出减少儿童所受污染的途径”(Dilworth-Bart & Moore, 2006, p. 264)。这些研究者特别强调，必须查明低剂量的铅和农药对低收入家庭和少数族裔家庭儿童的影响，因为这些儿童很可能接触到这些污染源，而且由于各种原因，他们对这些污染最缺乏抵抗力。

水和空气中的铅、土壤和服装中的化学成分、塑料中的双酚A以及二手烟已被证明对所有儿童都是有害的。对大量接触铅的危害已有深入研究，发现铅会降低幼儿智力，并且增加行为问题。

过去20年，美国相关法规已使颜料、汽油、工业制成品中的含铅量降低，儿童血液中的铅水平下降，有些州（如科罗拉多州和怀俄明州）的平均水平已接近

0, 另一些州（如密歇根州和俄亥俄州）的相同指标仍然过高，6 岁以下儿童每毫升血液中的含铅量超过 10 毫克 (MMWR, May 27, 2005)。一些铅的来源仍未得到控制，如城市水源（来自老式烟囱）、工业制品和喷气式飞机燃料等。目前还不清楚高血铅造成伤害的详细原因，但一些研究者相信，每毫升血液中含有 5 毫克铅就已过多了 (Cole & Winsler, 2010)。

铅含量只能通过法律和政策来降低，但是父母也可以有所作为。例如，让孩子多摄入钙，擦拭窗板以减少灰尘，检查饮用水，确保不让孩子接触带含铅颜料的脱落漆片（一些老式建筑中仍可见到）(Dilworth-Bart & Moore, 2006)。尽管科学家、法律和父母都已意识到接触铅对幼儿的大脑有危害，但是正像俄勒冈州公共环境卫生部官员说的，“作为科学工作者、规则制订者和卫生专业人员，我们根本不知道我们让老百姓接触的各种化学物质究竟对健康有何影响”(Shibley, quoted in Johnson, 2011)。你认为这位官员是在杞人忧天还是说了大实话，这取决于你自己的观点。

（二）精细动作技能

精细动作技能，尤其是手和手指的小动作，比大动作技能难掌握。把果汁倒进瓶子，用刀叉切食物，或者做一件比用铅笔乱涂乱画更精巧的事情，都需要一定的肌肉控制力、耐心和判断力，这些对 2 岁儿童来说都是强人所难。

令人赞叹的技能　布莱恩认真地把手指放在正确的位置，自己用叉子吃饭。世界各地的 5 岁儿童都能掌握这种精细动作技能，只要他们所在的文化鼓励他们这样做，他们也能花时间练习和观察别人（像威利那样）。

很多精细动作需要用到两只手，所以涉及大脑两半球，例如，一边用叉子叉住一块肉，一边用刀切；一只手按住一张纸，另一只手写字；穿鞋、系扣子、裁纸、拉拉锁，都需要用两只手。胼胝体和前额叶不成熟可能是系不好鞋带、把纸弄撕和拉拉锁时被卡住的根本原因。短粗的手指也加大了困难。随着大动作技能的进步，练习和成熟成了两个关键条件。因此，用胶水、彩纸和废布条做手工是幼儿园课程的重要部分。玩用大小不一的木片做成的七巧板对发展精细动作技能也有很好的作用。

传统的课堂学习也要仰仗精细动作技能和身体控制力。写字需要对手指的控制，读一行字需要对眼的控制，在椅子上长时间地坐着需要对膀胱的控制，等等。这些都超出了幼儿的能力范围。因此，即使是最优秀的 3 岁儿童，也不能上小学一年级。一些发展较迟缓的 6 岁儿童在老师希望他们熟练地写字、整齐地剪开一张纸的时候，往往会受挫。

给移民父母的问题　你和你的家人在家里用筷子吃饭，但是你希望孩子能适应西方文化。你应该改变你家的吃饭习惯吗？（答案见第 270 页）

像其他许多生物学特征（如骨骼、大脑和牙齿）一样，在精细动作技能上，女孩通常会比男孩早成熟 6 个月左右。这就是女孩在小学的成绩优于男生以及许

>> **回答移民父母（问题见第269页）** 儿童通过观察和练习来发展其动作技能。他们很快就能学会用叉子、勺子和餐刀。不需要完全放弃使用筷子，因为幼儿可以学习用几种方式做一件事，用筷子吃饭是一种社交资本。

多女孩认为男孩“笨”的原因之一。一些教育家建议等一个儿童“做好准备”了再让他上学；另一些人则主张，学校的教学目标应该适应那些不成熟的儿童，第九章将介绍这些不同的意见。

（三）艺术表现

幼儿善于想象和创造，但是还不善于自我批评。他们喜欢表现自己，特别是当父母赞扬他们的表现、展示他们的作品、对他们表示认同的时候。精细动作技能虽然还不成熟，画的画虽然还不够细致，但是这些都不重要。前额叶不成熟也许是一个优势，它使创造性毫无焦虑地得到了表现（而等到大一点时，儿童可能就会以“我不会画”或“我讨厌跳舞”来推脱了）。

在幼儿期，各种形式的艺术表现力都能得到发展。关于绘画是否反映了儿童的情绪，心理学者持不同的意见 (Burkitt, 2004)。但毫无疑问的是，2—6 岁的儿童喜欢在房间里跳舞，会煞费苦心地用积木搭建一座塔，用有节奏的拍打来制造音乐，爱在闪亮的纸上画醒目的图案。随着练习和成熟，儿童能逐渐掌握每个艺术领域的技能。以画人物来说，两三岁的孩子会画“蝌蚪人”——用一个圆来代表头，用点来代表眼睛，有时能画出微笑的嘴，然后在下边画一两道线表示身体的其他部分。但是渐渐地，蝌蚪人就有了身体、四肢、头发，等等。

文化差异和年龄群差异非常明显。在中国的大部分地区，人们认为绘画得益于指导，所以在幼儿期，人们就会教孩子们怎样把一个人、一座房子画得最好，以及对中国人来说最重要的是怎样把字写好。9 岁时，中国儿童比其他文化的儿童能画出更好的画，因为在其他文化中，指导儿童画画并不是普遍的现象。成人的鼓励、儿童的练习以及不断进步的技能和技巧与几年后更成熟、更富创造力的绘画相关 (Chan & Zhao, 2010; Huntsinger et al., 2011)。

小　结

脑的成熟导致了对手和身体更好的控制。如果幼儿有地方玩，有大孩子可以模仿，有无污染的良好环境，他们的大动作技能每年都会有进步。污染和对陌生人的担忧使当代很多儿童失去了发展其大动作技能的机会。幼儿还要发展他们的精细动作技能，为正规教育的各种要求做好准备。幼儿喜欢跳舞、画画、搭积木，这些能帮助他们逐渐掌握手指动作，对他们的书写能力至关重要。

四、受伤与受虐待

在有着不同收入水平、来自不同族群和国家的任何家庭中，父母都希望保护孩子，希望孩子茁壮成长。但是由于暴力——包括无意和故意实施的暴力——而死亡的儿童多于因任何一种特殊的疾病而死亡的儿童。

最明显的对比来自发达国家，那里的医疗条件优良，能够预防、诊断和治疗众多疾病，使得致命疾病很少会在成年晚期之前侵害人的生命。2007 年在美国，在每 10 万名 1—4 岁儿童中，只有 2.2 人死于癌症（这一年龄的主要致命疾病），却有 9.6 人死于意外，有 2.5 人死于谋杀 (National Center for Health Statistics, 2011)。一些国家的暴力死亡案例少于美国。在加拿大的 1—4 岁儿童中，上述三个数字分别为：2.6（癌症）、5.2（意外）和 0.5（谋杀）(Statistics Canada, 2011)。在所有国家，因意外事故死亡的幼儿人数都多于因其他原因而死亡的幼儿人数。

（一）避免受伤

在全世界，受伤导致数百万成人和儿童过早死亡：在 40 岁以前的死亡原因中，没有任何一种特殊的疾病造成的死亡多于因意外事故造成的死亡；在全世界的死亡者中，死于受伤的人占 14% (World Health Organization, 2010)。在一些国家，营养不良、疟疾和其他传染病加在一起导致的死亡的确比因受伤而死亡的人数多，但是不管在什么地方，都有儿童死于本可避免的意外。

儿童死亡率高的国家，儿童因受伤而死亡的比例也高。例如，印度是全世界因机动车造成的儿童死亡率最高的国家，死亡儿童中多数是行人 (Naci et al., 2009)。在世界各地，2—6 岁儿童比年龄稍大儿童面临着更大的死亡风险。例如，在美国，幼儿期受伤害的可能性相当于小学期的 2 倍 (Safe Kids USA, 2008)。

1. 与年龄相关的危险

为什么 2—6 岁的儿童更容易受伤呢？前面已经解释了一些原因。前额叶皮层的不成熟使幼儿容易冲动，因此陷入危险中。和婴儿不一样，幼儿会跑、跳、攀爬，也能在一瞬间抓住东西。他们的好奇心无穷无尽，他们的冲动也难以控制，如果他们做一些违禁的事情，例如，玩火柴而引起火灾，他们的边缘系统会使他们忙于躲藏，而不是去寻求帮助。

与年龄相关的趋势尤其明显。很小的孩子（2 岁以下）和年纪很大的老人（80 岁以上）若跌倒，往往是致命的；机动车致死的年龄高峰在 15—25 岁。发达国家要求家长必须在汽车内为儿童安装安全座椅，骑自行车时必须戴头盔，城市里必须有人行道，但是仍然有中毒、火灾和溺水等不幸导致幼儿的意外死亡 (Safe Kids USA, 2008)。

2. 伤害控制

公共卫生专家不建议使用*意外事故预防*这一术语，而建议使用**伤害控制**（或**减少伤害**）。来看这一概念的潜在意义。*意外事故*的意思是伤害是随机的，不可预测的；如果有人出了错，那只能怪粗心的父母或特别容易出意外的孩子。这种所谓的“意外范式”使公众感到无可奈何，似乎“无论我们怎样努力，伤害都会发生”(Benjamin, 2004, p. 521)。

术语*伤害控制*更好些，其含义是采用恰当的控制手段使伤害降到最小的程度。轻微的小事故（如擦伤和碰伤）在所难免，但是如果儿童摔倒在安全的

伤害控制 / 减少伤害 (injury control/harm reduction)：对可预期、可控制的危险加以预防的措施；它反映了一种观念，即意外事故不是随机的，如果在适当的地方、以适当的方法加以控制，伤害的程度可以减小。

地面而不是水泥地面，如果安全座椅在发生碰撞时能保护孩子，如果被撞裂的是自行车头盔而不是头骨，如果吞下的只是一小瓶药丸，就不大可能导致孩子严重受伤。

2005年，美国1—5岁儿童遭受致命伤的人数只相当于1985年的一半，这得益于对有毒物质、用火和汽车的管控。但是，社会对一些新型危险的控制还不够。例如，由于美国加利福尼亚州、佛罗里达州、得克萨斯州和亚利桑那州越来越多的家庭拥有家庭游泳池，溺水已成为幼儿意外死亡的主要原因 (Safe Kids USA, 2008)。

（二）预防措施

在儿童、父母或政治家做出蠢事之前，预防工作就该先启动。遗憾的是，在没有致人受伤和死亡之前，很少有人能注意到危险。对发展研究者来说，有两类分析方法可以揭示受伤的主要原因。

分析方法之一是*意外事故现场勘察*。当一个儿童受重伤时，这种分析可以帮助人们找到小环境、外环境和大环境方面的原因。例如，一个儿童被车撞了，现场勘察可以指出父母的疏忽（小环境），但也可能发现周围没有公园、汽车开得太快、没有红绿灯、人行道太窄、马路牙子太低（外环境），也许整个国家都更重视快速行驶的机动车，而不重视走得慢的行人（大环境）。

第二种分析方法是查看统计资料。例如，儿童药物中毒的比例在下降，因为药厂采用了安全瓶盖，使2岁的儿童无法打开瓶盖，这个统计数字支持了相关法规的制定，尽管有人抱怨这种瓶盖成本高而且使用起来不方便。有些成人抱怨，当今的儿童受到了过度保护，比如秋千和攀登架太少，安全地面和强制性汽车安全座椅等设施越来越多。在趣闻逸事和美好回忆面前（“我喜欢以前游乐场里金属的游戏设施，至今记忆犹新”），统计数字可以平息这种抱怨。

基础预防 (primary prevention)：通过改变整体环境条件，预防人们不希望发生的事件或情况，如受伤、疾病、虐待。

次级预防 (secondary prevention)：在高危险情境中避免受伤的行动，如汽车在撞倒行人之前停住。

三级预防 (tertiary prevention)：在不利事件（如疾病或受伤）发生后，采取及时有效的医疗措施，以减轻伤情，防止残疾的发生。

1．预防的层次

用来预防儿童期的所有健康与安全问题的方式，包括对受伤、忽视和虐待的预防，可以分为三个层次：

- **基础预防**包括可以减小受伤风险的整体环境。基础预防可以减小每个人受伤的风险。
- **次级预防**是更专门化的预防，以应对高风险情境，或庇护易受伤害的个体。
- 受伤之后开始启动的**三级预防**旨在把伤害降到最低。

一般来说，三级预防最直观，但基础预防最有效 (Cohen et al., 2010)。一个好例子来自行人死亡数据。如今在美国，被机动车撞死的人比25年前减少了很多（见图8.6）。在这里，这三种层次的预防发挥了多大的作用呢？

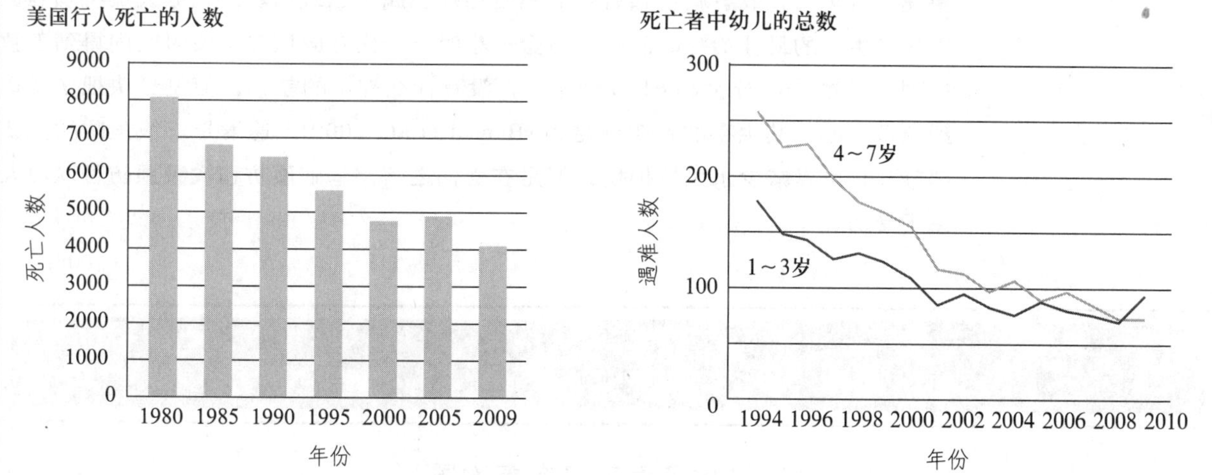

图 8.6

在人口增长的同时　本图充分证明了美国的预防措施的有效性。与此同时，人口增长了 1/3 的背景使这一结果更令人印象深刻。

据美国交通部，2010.

基础预防包括规划人行横道、修建减速带和人行过街天桥、安装路灯、修建环岛 (Retting et al., 2003; Tester et al., 2004)。汽车厂商对汽车进行了重新设计（改进前大灯、保险杠和刹车），驾驶者的能力提高（加大酒驾惩罚力度和驾照考试难度）。通过交通治理和改善公共交通而减少拥堵也属于基础预防。

给城市规划者的问题　为了 2—5 岁幼儿着想，该怎样规划社区公园（答案见第 275 页）

次级预防的目的是降低高风险情境中的危险。教师们知道，在带一群幼儿外出走近马路时，教师应该拉住某个孩子的手。校车停车时，车顶上闪烁的灯光和学校交通协管员使用的标志灯也是次级预防手段。往积雪路段撒盐，在视线不良的弯道前设置警示标志，以及在繁忙的十字路口设置行人指示灯也都是次级预防的具体例子，因为这些情境都是需要特别干预的高危情境。

三级预防是为了在事故之后减轻伤害，例如，法律对肇事逃逸驾驶员的处罚。

（a）　（b）　（c）

如果他摔倒……　这几种情境都可以被看作次级预防。（a）儿童需要一个远离机动车的游戏场所；（b）婴儿座椅上的五点式安全扣带；（c）外出时有成人保护儿童，尤其是在过马路时。照片（b）和（c）中的儿童得到了很好的保护。但是照片（a）中的儿童正在攀登一个已生锈的金属云梯，这种设备可能导致儿童严重受伤。幸好，较新的儿童游乐场设备都是塑料的。

快速急救车、高效急救室和有效的康复治疗也属于三级预防。医务人员特别强调事故发生后的最佳治疗时间——黄金一小时——伤者应该在这段时间内得到急救护理。当然，60分钟和61分钟相比，没有什么神奇的差异，但是越快把伤者送到急救中心，其生存的希望就越大 (Bansal et al., 2009)。速度是三级预防的重要部分，它可以减少永久性损伤，但是在受伤之前，基础预防和次级预防可以使人免于受伤。

研究个案

"我的孩子吞下了有毒物质"

多数人认为，预防幼儿受到伤害的首要方法是教育父母。但是公共卫生研究发现，人人都要遵守的法律比教育父母更有效，尤其是当父母已被日常照顾孩子的重任和家庭财务弄得手忙脚乱而没有意识到自己还有学习的必要时。

例如，婴儿安全座椅保护了成千上万条生命。但是，如果不强制要求而让父母自愿选购，使用儿童安全座椅的人就会少得多。所以，使用儿童安全座椅现在成了法律的强制规定。

和日常事务相比，父母们往往并不会优先考虑安全问题。这可以解释两个研究发现：(1) 说服父母使用婴儿安全座椅的最佳时间是在他们把新生儿从医院带回家之前；(2) 确保家长正确使用安全座椅的最佳方法是由一位专业人员当面给他们演示，而不是简单地口头描述使用方法或让他们看视频演示 (Tessier, 2010)。

动机是关键，"我们在设计环境时往往只考虑了那些动机强烈的聪明人" (S. P. Baker, 2000)。但是在现实生活中，当自动化的安全措施拯救了生命时，每个人都有愚蠢的无动于衷的时候。

对此我有切身体会。我女儿贝莎妮2岁时，有一次找到了一瓶婴儿阿司匹林，她打开了瓶盖，吞下了里面的大部分药片。当时我在哪儿呢？我离她只有1米左右的距离，一边照顾着我的二女儿，一边看电视。我根本没看见贝莎妮在做什么，直到电视播广告时我才发现。

贝莎妮现在还活着，而且活得很好，保护她的不是她那愚蠢的妈妈，而是那三个层次的预防措施。基础预防是对每瓶婴儿阿司匹林的药片数量的限制。次级预防是我的儿科医生在贝莎妮1周大时让我买了吐根糖浆[①]，并给我写明了用法。三级预防是我给中毒控制中心打了电话。

我向接电话的陌生人说"我的孩子吞下了有毒物质。"他平静地问了我几个问题，然后建议我给贝莎妮喝吐根糖浆，让她呕吐。我照做了，她也吐了。我一直责备自己，而且我要感谢这三级预防措施，它们保护了我的孩子。我也清醒地意识到，我的社会经济地位帮助我避免了一场悲剧。我选择了一位聪明的儿科医生，而且我听从了他的建议；我有电话，也知道给谁打电话。当我回忆我在做母亲的过程中犯的所有错误时（本书提到的只是其中的点滴），我更加感谢每一个层次的预防措施。

[①] 用于食物中毒及排出胃内毒物的急救。——译著注

2. 文化与伤害预防：飞机上的婴儿

我曾在一所小幼儿园当园长，孩子的父母们五花八门的恐惧和预防措施令我吃惊，其中一些措施确有帮助，另一些则毫无助益。有些人看到孩子们画的画会激动不已，但是另一些人则担心颜料的成分有毒。我深知，所有孩子都需要通过抓东西、跑来跑去和探索环境来发展动作技能和心理能力，但是也要防止他们下楼梯时摔倒，把石子吃下去，或跑到大街上——很多孩子都想这样做。成人可能并不知道防止孩子受伤最好的办法是什么。来看一位妈妈在从澳大利亚飞往美国加利福尼亚的飞机上的经历：

> 我带着10个月大的女儿一起旅行，在那次飞行中，机长对我们的恶劣态度令我非常失望。他告诉我，或更像是命令我，在整个飞行过程中——长达13小时——我必须管好我的孩子，“限制”她走动。
>
> 我说，别人都可以在飞机上自由走动，为什么她不行？他说，因为飞机颠簸，所以在整个飞行过程，我都必须“限制”她走动。有几次，当我把女儿放到地板上让她到处爬的时候，机长离开了驾驶舱，指责我不听他的话。
>
> (Retrieved April 3, 2011, from Complaints.com)

还是这位妈妈，她对另一次坐飞机时的经历大为赞赏，那次她乘坐的是亚洲航空，她的孩子可以更自由地活动，而且机组人员也非常愿意帮忙。哪种文化能够既不对孩子加以不必要的限制，又能保护孩子的安全呢？

我本来也同情这位妈妈，也赞同亚洲航空让孩子爬行的做法，可是在读了下面这段来自航空公司的回复之后，我的想法改变了：

> 根据美国关于儿童在汽车内安全的法律，没有人认为一个孩子可以自由自在地在一辆汽车里到处爬。没有一位父母认为他们的权利受到侵犯，因为发生车祸时，这种限制可以防止孩子在车里飞起来。那你不如就把孩子放到卡车车厢内，然后带出去兜风呢！……那孩子可能会被踩到，被座椅撞到，卡在座椅下面，掉下车，等等。

在这场争论中，双方的观点都有道理，但是这两种观点都不正确。统计数据证明，汽车内的安全座椅可以挽救生命，但是飞机上的“碰撞”和汽车的撞车不同。我们还需要统计分析，至少要有对在飞机上受伤的儿童的案例分析。飞机乘客会踩踏爬行的儿童吗？如果会，这是一种可控的伤害，还是一种严重的危险？

给经济学家的问题　在“研究个案”专栏里，凯斯琳·伯格尔的社会经济地位怎样保护了她的女儿贝莎妮，使她免于受到严重伤害？（答案见第277页）

>> 回答城市规划者（问题见第273页）　成人概念中的公园——一大片长满草的场地——并不是最适合幼儿的。你可以为幼儿设计一个封闭区域，面积用不太大，但是有充足的座位，使养育者能够一边看着孩子玩，一边进行社交。游戏场地必须具有保护性（因为幼儿容易摔倒），要配备可促进大动作技能（如攀爬）和精细动作技能（如沙箱游戏）的设备。秋千可能不适合幼儿，因为他们的动作技能发展得还不够好。应该为青少年和宠物狗另外设计活动区域，适合他们的区域和幼儿的活动区域会有很大差别。

没人看见？　麦德琳·戈尔曼·图古德四处张望，以确认没人看见她对坐在车里的女儿扇耳光并使劲摇晃女儿。美国印第安纳州百货商店停车场的监控摄像头记录了这一情景。这段录像在美国各地被反复播放，一周后，图古德自首并被捕了。问题是，还有多少没有被人看见的儿童虐待事件？

（三）儿童不当对待

以后，当你看到可怕的关于儿童忽视或儿童虐待的新闻时，可以想一想关于儿童虐待的主要研究者说的这些话：

> 毫无疑问，那些虐待儿童的人要为他们的行为负全部责任。然而，如果一味地宣扬犯罪者是唯一该受到指责的人，可能是一种误导……犯罪者能够得逞，我们所有人都有责任。
>
> (Daro, 2002, p. 1133)

在这句话中的“我们所有人都有责任”意味着，儿童遭虐待的原因是多方面的，不仅包括父母，而且包括邻居、教师、社区医务人员、文化，甚至被虐待的儿童本人。困难型儿童（脆弱、需要频繁喂奶、经常大哭不止）面临着最大的被虐待风险，尤其是当他们的母亲处于抑郁状态、觉得自己无法控制生活时。家庭经济压力也会使危险增加 (Bugental & Happaney, 2004)。每一种不利因素都可能因为社区、法律、实践或直接帮助而被缓解或阻止。

1. 虐待的发现与确定

儿童不当对待 (child maltreatment)：对 18 岁以下儿童的故意伤害或可避免的危害。

儿童虐待 (child abuse)：对儿童身体、情绪或性健康的故意伤害。

儿童忽视 (child neglect)：不能满足儿童基本的生理、教育或情感需要。

报告的不当对待 (reported maltreatment)：对儿童的伤害和危害被人发现并向主管部门举报。

确证的不当对待 (substantiated maltreatment)：被报告的虐待和危害经调查后被确证。

发现虐待是第一步。在 1960 年以前，人们曾认为儿童虐待非常罕见，而且认为儿童虐待是精神紊乱的陌生人的突然所为。现在，我们对此有了更多了解，这主要归功于一项开拓性研究——在美国波士顿的一家医院进行的细致观察 (Kempe & Kempe, 1978)。该研究发现，虐待既不罕见，也不是突然发生的，而且 80% 的施虐者正是儿童的父母 (Children’s Bureau, 2010a)。这使情况变得更加糟了：没有保护人，持续存在的虐待会比单次发生事故造成大得多的伤害。

这种认识催生了一个广义的定义：**儿童不当对待**，即对 18 岁以下儿童和青少年的一切故意伤害或可避免的危害。所以，儿童不当对待包括两部分，一是**儿童虐待**，指对儿童身体、情绪或性健康的故意伤害；二是**儿童忽视**，指不能满足儿童基本生理和情感需要。随着关于儿童虐待的长期影响的研究越来越多，儿童忽视（尤其是幼儿期的儿童忽视）的害处就越来越得以显现。

报告的不当对待指的是主管部门收到的虐待信息。1993 年以来，美国每年被报告的不当对待案例数量在 270 万～350 万 (Children’s Bureau, 2010b)。**确证的不当对待**指被报告的不当对待经过调查而被确证（见图 8.7）。除性虐待之外，多数被虐待者在 6 岁以下。每年被确证的针对幼儿的不当对待的比例大约为 1/80；报告的不当对待的比例为 3/80(U.S. Bureau of the Census, 2009)。

报告案例与确证案例之比为 3∶1 的原因可能有以下三点：

图 8.7

仍然太多　美国被报告的和被确证的对 18 岁以下儿童的不当对待案件数量很多，但也呈现出了一些新迹象，这一比例从 1993 年（高峰时期）至今已有明显下降。

据 Children's Bureau, 2010 © (Table 3-6), and previous years.

观察小测验　图 8.7 中 2009 年的数据已接近低点，这是否意味着该比例已接近 0 了？（答案见第 278 页）

1) 每个儿童只能算一次，如果一个儿童被多次虐待且被多次报告，也只能算一人。因此，即使一个儿童被报告 5 次且都被确认，也只能算一个确证的案例。
2) 确证需要以三种形式加以证明：明显受伤、严重营养不良、目击者愿意出庭作证。这样的证据并不总是存在。
3) 报告者可能故意报告了虚假信息（尽管数量不多）(Kohl et al., 2009)，或可能报告了一个并非不当对待导致的情况。

2. 不当对待的频率

不当对待发生得有多频繁？恐怕旁人无法真正了解。并不是所有案例都能被发现；也不是所有的不当对待都被报告了；而且不是所有的报告都得到了确证。所有国家、所有城镇虽在报告和确证方面也有很大差异，但都面临着这样的问题。这方面的报告自 1950 年以来逐渐增多，但这不意味着儿童虐待增多了。当前的美国法律要求教师报告疑似的儿童不当对待，所以这类报告是因相关法律而增多的。美国官方统计数据发现，被确证的儿童虐待从 1960 年到 1990 年逐渐增多，但是从 2000 年到 2009 年减少了 18%（见图 8.8）。这几年对儿童的身体虐待与性虐待减少，但儿童忽视增多了。来自其他方面的报告也显示，在过去的 20 年，儿童不当对待减少了。

>>回答经济学家（问题见第 275 页）　家庭收入水平各异的儿童都可能遭遇意外事故，但是凯斯琳·伯格尔的社会经济地位使她拥有私人儿科医生，并且有钱购买备用的催吐剂。她还有工作电话，并且因为受过教育而知道有中毒控制机构。

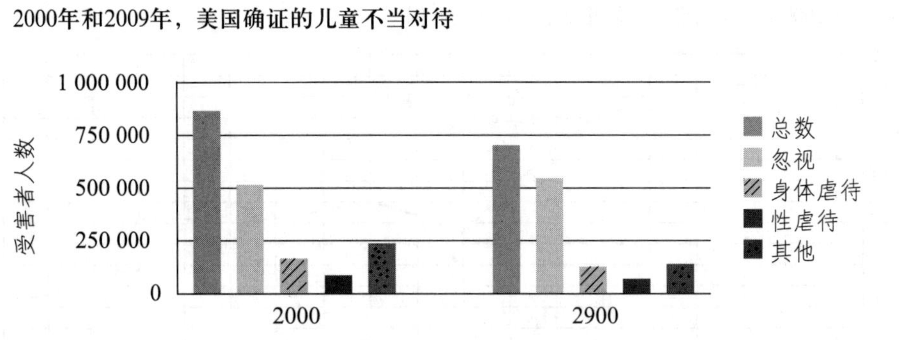

图 8.8

情况好转了吗？　在过去的十几年，美国受不当对待的儿童数量有所减少。这些年，法律和社会工作对严重不当对待做出的反应的进步可能是受害者减少的原因。但是，其他不乐观的解释仍然存在。

* 其他包括情感虐待、药物滥用、教育忽视以及官方记录未分类的特殊虐待。

据 U.S. Bureau of the Census, 2010.

观察小测验　2000 年以来，各种类型的儿童不当对待都减少了吗？（答案见第 279 页）

这是个好迹象，但遗憾的是，官方的报告有令人怀疑之处。例如，2009 年，宾夕法尼亚州和缅因州官方公布的确证的不当对待案件数量几乎相同(4084∶4073)，但是宾夕法尼亚州的人口是缅因州的 10 倍 (U.S. Bureau of the Census, 2010)。没有人会认为，缅因州受虐待的儿童人数是宾夕法尼亚州的 10 倍；这两个州的报告和确证过程想必有什么差别。此外还有父母是否承认不当对待受文化（我的一个学生就曾问过，"孩子多大就算大孩子，不可以再打了？"）和个人意愿的影响。在过去十几年，美国在文化上变得更加多元化，这可能是报告的虐待比例下降的原因吗？

最后一点，一些专业人员或许比其他人更能注意到不当对待并加以报告。这种差异在教师中表现得最明显。明尼苏达州教师报告的儿童不当对待的比例约是北卡罗来纳州的 10 倍（24% 比 2.5%）(Children's Bureau, 2010)。北卡罗来纳州教师报告的比例如此之少有很多貌似合理的原因，但没有人会相信明尼苏达州有那么多小学生经常受虐待。

给刑事司法人员的问题　21 世纪的前 10 年，性虐待案例减少了 20%。有哪三种可能的解释？（答案见第 281 页）

在对美国年轻成人的一项可信的全国性调查中，1/4 的人说他们在小学六年级之前曾经受过身体虐待（被父母或其他养育者扇耳光、动手打或用脚踢），1/22 的人曾经受到性虐待（以性的方式触摸或强迫触摸）(Hussey et al., 2006)。他们受到的虐待几乎都未被报告过。这项研究的主持者认为，这些比例都被低估了 (Hussey et al., 2006)。

>>观察小测验（第 277 页）答案　不是。实际上，该数字是 10.1‰。注意纵坐标下端的中断符号，表示 0 ~ 7 的数值未在图中显示。

未被报告的虐待有如此高的比例，原因之一可能是调查对象需回答自己是否被关心他们的人虐待过；大多数其他信息来源报告的是年度比例。另一个原因是，很少有儿童报告自己受虐待；很多儿童不知道自己受到了虐待，直到后来把自己的经历和朋友相比较才明白。还有些成人，儿时曾被打耳光，被拳打脚踢，但他们并不认为自己受了虐待。对儿童期经历的重新解释是有争议的：有些记忆不准确，有些记忆准确，但最后都会被当成虐待 (McNally & Geraerts, 2009)。

3．警示信号

虐待的第一个信号往往是发展减慢，如生长缓慢，沟通能力不成熟，缺乏好奇心，或社交互动太特别。所有这些困难都会在 1 岁时有所表现 (Valentino et al., 2006)。

到了幼儿期，受虐待的儿童可能显得很胆小，容易被声音惊吓到，会防备别人，快速打击别人，分不清幻想和现实。这些都是**创伤后应激障碍**的症状，首先发现于退伍老兵身上，之后在一些遭受过情感伤害或重大打击（比如经历过严重的事故、自然灾害或暴力犯罪）的成人身上也发现了这类症状，直到最近，人们才在一些出现了神经和行为方面的症状的受虐待儿童中发现了创伤后应激障碍 (Neigh et al., 2009; Yehuda, 2006)。表 8.1 列出了儿童不当对待的信号，包括忽视和虐待。注意，这些信号是一个儿童受到虐待的证明，但不知道他们具体遭受了什么，只能告诉人们有麻烦发生。

创伤后应激障碍 (post-traumatic stress disorder, PTSD)：由于对经历过或见过巨大打击或恐怖事件（如强奸、暴力、战争或自然灾害）的延后反应而形成的焦虑障碍。其症状包括，对事件的闪回、过度活跃、过度警觉、替代性愤怒、失眠、噩梦、突然的恐惧或焦虑、分不清幻想与现实，等等。

表 8.1　2—10 岁儿童受不当对待的信号
身上有非“意外事故”造成的伤痕，如脸两侧或身体上有伤痕；被烧过和未被烧到的皮肤之间有明显的烧伤界线；有“摔倒”造成的伤口，而不仅是擦伤
重复受伤，特别是不合理的骨折（X 光可见）
玩含有暴力或性知识的支配主题的幻想游戏
身体发育缓慢，不同寻常的旺盛食欲或缺乏食欲
身体一直不适，如肚子痛、头痛、生殖器痛、嗜睡
不爱说话，不爱玩，不爱动，发育迟缓者尤其如此
没有好朋友；对别人有敌意；欺凌比自己小的孩子
过度警觉，常有快速、冲动的反应，如尖叫、惊吓、打人
经常不来幼儿园或学校
经常更换住址
接送孩子的看护者经常变换或迟到
见到看护者时表现得害怕而非高兴

给护士的问题　你给一个 4 岁孩子称体重时，发现孩子腿上有几处青肿。你问孩子是怎么回事，孩子说没什么，父母说是不小心撞的。你该怎样做？（答案见第 282 页）

>>观察小测验（第 278 页）答案　多数不当对待的类型都减少了，但是忽视没有减少。这种不当对待可能是伤害性最大的，因为它造成的心理创伤会持续几十年。

4．虐待的后果

任何一种儿童教养方式的成效都受到文化背景的影响。一定的风俗习惯（如

科 学 观 点

情绪问题难治愈

虐待造成的身体上和学习上的伤害是严重的，相对也容易被发现——教师能发现孩子身体的青肿、骨折或孩子能力不差但学习成绩差。但是，当研究者跟踪受虐待的儿童多年以后发现，社交技能方面的持久缺陷造成的后果更严重。这些儿童一直恨自己，也恨别人。

很多研究发现，受不当对待的儿童常常把别人看作敌意的、欺负人的；因此，他们没有朋友，富于攻击性，比其他儿童更孤立。早期的不当对待导致并延续了这些结果，他们的同伴关系也越来越差 (Scannapieco & Connell-Carrick, 2005)。被忽视儿童的社交缺陷可能比被虐待儿童更严重，因为他们不能和自己的父母建立联系 (Stevenson, 2007)。温情而持久的友谊是最好的治疗方法，但是不当对待会使人难以建立这种友谊关系。

不当对待造成的问题是终生的。被不当对待的儿童会变成欺凌者或被欺凌者，不光在儿童期和青少年期会这样，到成年期也会如此 (Dietrich, 2008)。受过严重不当对待（在身体上、性方面和情感上）的成人通常会吸毒，酗酒，陷入非支持性关系中，变成被欺凌者或攻击者，职业生涯不顺利，吃得太多或太少，陷入另一种自我毁灭行为 (M. G. Smith & Fong, 2004)。即使考虑到其他危险因素（如贫穷）之后，他们仍有很高的情绪障碍和企图自杀的风险 (Afifi et al., 2008)。

在当前的经济背景下，找到并保住一份职业是成人心理健康的一个重要方面；受过不当对待的成人也是如此。一项研究把 807 名有确证的受虐经历的儿童与其他的在性别、族群和社会经济地位上相同的儿童配对。35 年后，受过虐待者的就职率比未受虐待者低 14%。研究者的结论是，“受虐待和被忽视儿童承受了巨大而持久的经济后果” (Currie & Widom, 2010, p. 111)。在这项研究中，女性的损失比男性大：自尊、情绪稳定性和社交技能对女职工比对男职工更重要。

这只是数百项追踪研究中的一项，这些研究一致发现，在骨折、身体瘦弱或医疗忽视问题消失后，童年遭受的不当对待在几十年后仍对人有影响。一些人对受不当对待的儿童表示遗憾；另一些人则怪罪父母、贫穷或种族主义。但是，只要有一种比同情或愤怒更普遍存在的情感就足够了。如果我们的自我保存本能能使我们想到未来，我们或许就能防止儿童不当对待的发生。未来几十年整个社会的健康，就取决于当前的每个儿童。

割礼、打耳孔、打屁股）在一些文化中被认为是虐待行为，在另一些文化中则不是；它们对儿童的影响也要视情况而定。如果儿童的父母不像大多数邻居家的父母那样爱孩子，这些儿童可能就会受虐待。如果父母不让孩子得到其他孩子可以拥有的东西（从糖果到手机），或者惩罚过于严厉，儿童就会觉得父母不爱他。然而，尽管文化总是与此相关的，但是随着越来越多的长期追踪研究结果的发表，人们也了解到了更多的由不当对待造成的广泛而深远的影响。

5. 再谈预防的三个层次

为了控制伤害，才有了三层次的预防不当对待的措施。终极目标是聚焦于大环境和外环境（见第一章）的基础预防。基础预防包括，稳定的邻里关系、家庭凝聚力，以及减少经济困难、家庭孤立和青少年就为人父母的现象。

次级预防着力于发现警示信号，实行干预，防止危险情境变得更差 (Giardino & Alexander, 2011)。例如，不安全依恋，尤其是混乱型依恋，是亲子关系障碍的信号，这就需要社会提供帮助，以恢复其正常的亲子互动关系。次级预防包括：由乐于助人的护士或社会工作者进行家庭访问；高质量的日托可以给那些脆弱的父母喘息的机会，并教孩子怎样交朋友，怎样解决冲突。次级预防重视那些有几个处于危险中年幼孩子的家庭，尤其是单亲贫困家庭。如果国家对所有人实行免费医保，很多易受伤害的儿童就能在各种伤害发生之前受到保护。

三级预防指虐待发生后可以减小伤害的所有事情。报告和确证虐待只是第一步。养育者往往需要帮助，来给孩子提供更好的照顾。有时候，需要为儿童另找一个家。如果儿童需要住院，就说明干预在一定程度上失败了——应该更早就进行干预。到这一地步，治疗往往花费巨大，伤害也已经铸成，而住院本身将使亲子关系更紧张 (Rove et al., 2004)。

儿童需要他们信任的养育者，需要一个安全、稳定的家庭，无论他们生活在亲生父母家，在寄养家庭，还是在收养家庭。只要一个儿童合法地从一个虐待或忽视家庭转移到一个寄养家庭，都必须制订一个**永久性计划**，以便找到一个家庭来抚养这个孩子直到成年期。这是个复杂的任务，需要社会工作者、法官、心理学者和养育者本人通力合作 (Edwards, 2007)。有时候，儿童原来的家庭可能变得更好；有时候，可以找到一个可以照顾好孩子的亲戚；有时候，一个陌生人可以成为最佳的养育者。

在**寄养**中，官方会免除父母对一个儿童的监护权，并将其委托给另一个成人或家庭；寄养父母为满足孩子的需要而产生的费用能得到政府补偿。在2000—

>>**回答刑事司法人员（问题见第278页）** 第一种可能是越来越多的成人或儿童能意识到性虐待，在事情发生之前及时阻止。第二种可能性是性虐待被报告和确证得较少，因为我们的文化越来越接受青少年的性行为（多数被性虐待者都在10—18岁）。第三种可能是单亲妈妈数量增多，使孩子的父亲很少能接近孩子（性虐待者以父亲居多）。

永久性计划 (permanency planning)：儿童福利的权威机构为了给受不当对待的儿童寻找一个稳定、长期居住地的努力。其目的是避免养育者或学校的频繁变化，以免对儿童造成更大的伤害。

寄养 (foster care)：在一个合法的、公众支持的体系中，把受不当对待的儿童从父母的监护中转交给一个成人或一个家庭，为满足孩子的需要，所产生的费用能得到政府补偿。

相同情境，相隔万里：爷爷很有趣 爷爷，像照片中的日本爷爷和瑞典爷爷一样，往往很喜欢他们的孙辈。但是有时候，他们要保护孙辈，比如因为孩子父母被认定构成了儿童忽视，或是作为伤害发生之前的次级干预。

2009年，美国每年大约有50万儿童生活在寄养家庭。其中多半是一种特殊的寄养，即亲属抚养，也就是由一位亲戚——通常是祖父母或外祖父母——承担抚养责任。该数字是官方确认的正式的**亲属抚养**数字，非正式的亲属抚养数量大约是这个数字的3倍。

亲属抚养（kinship care）：寄养的一种形式，受不当对待的儿童的亲戚（通常是祖辈）来承担抚养儿童的责任。

在各个国家，多数寄养儿童都来自低收入家庭或少数族裔家庭，这一统计数字提醒着人们去关注大环境和小环境中存在的问题。在美国，正式进入寄养家庭的儿童往往经历过严重的不当对待，并且有身体、智力和情感问题 (Pew Commission on Children in Foster Care, 2004)。虽然有这些问题，寄养（包括亲属抚养）的多数儿童发展得都比在虐待他们的原生家庭好，条件是有一个指导机构对寄养家庭的效果进行检查，并不断提供经济援助和咨询帮助 (MacMillan et al., 2009; Oosterman et al., 2007)。

但是，寄养家庭往往得不到足够的支持。明显的寄养失败表现在很多寄养儿童会从一个寄养家庭转移到另一个寄养家庭，其原因与儿童的行为或愿望无关。寄养儿童在来到一个永久性家庭之前，平均在三个家庭生活过 (Pew Commission on Children in Foster Care, 2004)。每一次转移都会增加出现不良后果的风险 (Oosterman et al., 2007)。另一个问题是，亲属抚养往往是一种比较容易而且花费不大的解决方案。亲属可能会比陌生人更好地照顾儿童，但是如果寄养孩子的祖辈是虐待孩子的成人的父母时，社会提供的支持性服务就显得尤为重要了 (Edwards, 2010; Fechter-Leggett & O'Brien, 2010)。

收养（adoption）：与儿童无亲属关系的一个成人或一对夫妇愿意成为儿童的父母并承担相应义务的合法过程。

收养指与儿童无亲属关系的一个成人或一对夫妇合法地与儿童结成亲子关系，这是在儿童不能再回到亲属家庭的情况下的一种比较理想的选择，但是出于很多原因，收养是很难的。一个原因是，法官和亲生父母不愿意让孩子被收养；大多数收养父母希望收养婴儿；一些机构会筛除非异性已婚夫妇的收养申请；一些专业人员认为，收养父母和被收养儿童应该来自相同族群和宗教。

本章已多次讲到，对幼儿的照料——从确认孩子是否刷牙，到确保孩子安全和活跃——都是不容易的。父母对这些要负主要责任，他们的爱和保护将会培养出强壮而幸福的儿童。在幼儿期的这几年，教师与父母的密切合作也至关重要。得到良好培养的儿童对整个社会来说都有明显的好处；实现这一目标的方法似乎需要继续摸索。

>>回答护士（问题见第279页） 对儿童受虐待的任何可疑现象都必须报告，这些伤痕是值得怀疑的。权威部门的人员必须查明究竟发生了什么，以便父母和儿童能得到帮助。

小　结

由于幼儿能够快速灵活地移动，幼儿往往会遇到新危险，而且严重受伤的情况也比年长儿童多。幼儿还可能受到较多的不当对待，有些是故意的虐待，有些是因为未能提供最基本的养育（忽视）。预防的三个层次都很必要。法律和风俗可以保护每一个人（基础预防）；指导、预先计划和保护性抚养可以预防处在危险中的儿童受到伤害（次级预防）；当儿童已经受伤或遭到不当对待后，快速有效的治疗和心理干预以及对次生伤害的预防都是必要的（三级预防）。结束各种类型的不当对待既是迫切的需要，又是复杂的过程，因为不当对待的来源包括家庭、文化、社会和法律。■

本章总结

一、身体变化

1. 在幼儿期，儿童的体重和身高持续增加。其中一个原因是，一些父母给孩子吃得过多，没有意识到幼儿期的孩子会自然变瘦。
2. 文化、家庭收入和家庭风俗习惯都影响着幼儿的生长。与过去几十年相比，来自低收入家庭的儿童的体重和来自富裕家庭儿童一样，都增加了 1 倍。在世界各地，吃得过多的儿童的数量越来越多，加大了患心脏病和糖尿病的风险。
3. 很多儿童摄入了过多的糖，但摄入的钙和其他营养物质不足。口腔健康不良是其后果之一。在恒牙长出来之前，儿童应该刷牙并定期看牙医。

二、脑发育

4. 幼儿期的脑继续发育，2 岁时脑重达到成人脑重的 75%，5 岁时达到成人脑重的 90%。
5. 幼儿期的神经纤维髓鞘化非常重要，它可以加快信息从大脑的一部分向另一部分的传导速度。胼胝体变得更浓密，机能更完善。掌管大脑执行功能的前额叶皮层也变得更强大。
6. 大脑的变化使儿童的反应能力增强，并能协调思维和记忆，更好地做计划，更快地做出反应。大脑左右半球和左右侧身体的单侧化也很明显，但对于大多数技能来说，整个大脑和整个身体都是协同作用的。
7. 情绪的表达和调节在几个脑区得以促进，包括杏仁核、海马和下丘脑。儿童期虐待可能导致杏仁核和海马过于活跃，造成血液中的应激激素含量过高并妨碍儿童学习。但是适度的压力可能对学习有益。

三、动作技能的改进

8. 大动作技能继续得到发展；在文化的指引下，笨拙的 2 岁幼儿变成了善于运动的 6 岁儿童。游戏是幼儿的主导活动。通过在安全的场地与其他儿童共同玩游戏，他们学到了正规教育所需的各种技能。
9. 城市化和化学污染会对发展造成伤害。对此需要更多的研究，已经明确的是，血液中铅含量过高可能会伤害大脑，如果缺乏游戏场地，大动作技能发展将受到限制。
10. 幼儿期的精细动作技能相对较难掌握。幼儿乐于表现他们的艺术才能，发展对身体和手指的控制能力以及自我表现能力。幸好，幼儿的自我批评能力还不强。

四、伤害与虐待

11. 意外事故导致的儿童死亡比疾病导致的死亡更多，而且幼儿比年长儿童更可能受伤和过早地夭折。详尽的指导和公共保护措施可以保护幼儿，以免因渴望活动和冲动的好奇心而受伤。
12. 伤害控制可以在几种层次上进行，包括受伤之前和之后的措施。基础预防可以保护所有人。次级和三级预防则可以挽救生命。
13. 儿童不当对待包括正在发生的虐待和忽视，通常是儿童自己的父母造成的。美国每年大约有 300 万起虐待案例被报告；被确认的虐待不到 100 万。
14. 身体虐待是各种虐待中最明显的形式，但是忽视更普遍而且后果更严重。健康、学习和社交技能都可能因虐待和忽视而受到阻碍，其影响不仅在儿童期，而且会延续终生。
15. 三级预防包括选择儿童寄养地点，例如亲属抚养。收养很不普遍，但它可能对儿童是最理想的解决方案。永久性计划非常必要，因为频繁的变化对儿童不利。基础预防和次级预防可以帮助父母更好地养育孩子并减少三级预防的需要。

关键术语

报告的不当对待，p276
创伤后应激障碍（PTSD），p279
次级预防，p272
单侧化，p257
儿童不当对待，p276
儿童忽视，p276
儿童虐待，p276
固着性，p261
海马，p262
基础预防，p272
寄养，p281
胼胝体，p257
亲属抚养，p282
确证的不当对待，p276
三级预防，p272
伤害控制/减少伤害，p271
收养，p282
髓鞘化，p257
下丘脑，p262
杏仁核，p262
永久性计划，p281

你学到了什么？

一、身体变化

1. 从2岁到6岁，营养良好的儿童的体重和身高各会增长多少？
2. 为什么很多父母给孩子吃得过多？
3. 由于儿童期肥胖症增多，成人的哪些疾病也增多了？
4. 在幼儿期什么特殊的方法是口腔保健的一部分？
5. 在什么时期，幼儿对食物和其他日常规则的挑剔是正常的？

二、脑发育

6. 从2岁到6岁，脑增长了多少？
7. 为什么髓鞘化对思维和动作技能非常重要？
8. 胼胝体有何机能？
9. 如果孩子是左利手，父母应该怎样做？
10. 前额叶皮层对冲动性和固着性有何影响？
11. 大脑边缘系统的三个区域有何机能？
12. 压力对幼儿是有益还是有害？为什么？

三、动作技能的改善

13. 哪些因素帮助幼儿发展了他们的动作技能？
14. 食物、水和空气中的哪些化学物质对幼儿的影响是已知的，哪些是未知的？
15. 大脑和身体成熟对幼儿的艺术表现力有何影响？

四、受伤与受虐待

16. 为什么专家建议用伤害控制这一术语代替意外伤害预防？
17. 哪些基础预防手段可以防止儿童期受伤、被虐待和被忽视？
18. 哪些次级预防手段可以防止儿童期受伤、被虐待和被忽视？
19. 哪些三级预防手段可以防止儿童期受伤、被虐待和被忽视？
20. 为什么50年前只有少数人意识到儿童不当对待的存在？
21. 为什么人们认为儿童期忽视比虐待的长期危害更大？
22. 为什么很难准确查明儿童期虐待发生的频繁程度？
23. 儿童可能受到不当对待的信号有哪些？
24. 儿童期不当对待有何长期后果？
25. 为什么要让一个孩子接受寄养？

应　用

1. 写一份24小时进食日记，写明你吃了什么，吃了多少，什么时候吃的，怎样吃的，为什么要吃。然后想一想幼儿期的营养和饮食习惯。你是否发现自己的饮食有什么不平衡的地方（例如，吃的水果蔬菜不足，吃的糖和脂肪过多，不饿的时候就吃东西）？你现在的饮食习惯是在什么时期养成的，是幼儿期、青少年期还是其他时期？
2. 到一个儿童游乐场或幼儿玩的地方去。观察幼儿表现出来的动作技能，如能做什么，不能做什么，以及年龄和性别差异。你发现在儿童中有什么差异？
3. 请几位父母说说他们每个孩子发生过的每次意外伤害，特别是这些伤害是怎样发生的，后果如何。哪些基础预防、次级预防和三级预防手段使情况变得不同？
4. 回忆你的幼儿期和你当时的朋友。当时有什么虐待发生吗？想一想你从本章学到了什么？为什么学到了？为什么没有学到？

第九章

幼儿期的认知发展

你将学到什么?

1. 2—6 岁的儿童是主要专注于自己的观点（自我中心），还是会受他人的很大影响?
2. 为什么欺骗一个 3 岁孩子比欺骗一个 5 岁孩子容易得多?
3. 幼儿听两种语言会不会混淆?
4. 不同的幼教项目之间有没有重要差别?

有一次，我在地铁上和许多乘客一起被一个大约 3 岁的小姑娘吸引住了，她的两眼放光，还梳着好多小辫子。她坐在一个大个子男人身边，把腿放在前面。她妈妈站在那个男人另一边，离她 2 米远。小姑娘一次次地把头藏在那个男人身后，说，“妈妈，你看不见我了。”她没意识到，她妈妈能看见她的腿（穿着五颜六色的镶边长袜）。

像这个小姑娘一样，每个幼儿都有很多东西要学习。幼儿有时候是自我中心的，他们只能理解自己的观点。随着他们思维的发展，会生成一种心理理论，是一种对心理的工作方式的理解（比如，知道在地铁里，妈妈的视线始终会在你身上）。

幼儿期是一段学习新知识的奇妙时光。这种的例子比比皆是。学步儿或者只能用积木搭起一座简单的塔，而上幼儿园的孩子们能自己设计并搭起复杂的城市，有隧道，有桥梁，还有房子。小孩子很容易受骗，但是到 5 岁时，要骗他们就不容易了。典型的 2 岁孩子只能断断续续地说简单的句子，等到了 6 岁，他们就能不停顿地说出复杂而流利的话语，变成了健谈的 6 岁儿童。

如此迅速的认知发展是怎样发生的？有多少来自成熟，多少来自教育？现在，很多幼儿都在受教育，而不只是被照看（成人只是坐在孩子身边），或只是简单照料（像日托和家庭式日托那样）。本章就来介绍 2—6 岁的思维与学习，包括在思维、语言、教育上取得的进展，以及这些发展是怎样发生的。

一、皮亚杰和维果茨基

让·皮亚杰和列夫·维果茨基由于各自对认知的研究而驰名。

他们的理论是相互交织的 (Fox & Riconscente, 2008, p. 373)，尤其是在涉及幼儿时。阅读下文可以看出他们的共同点。

（一）皮亚杰：前运算思维

在皮亚杰提出的四个认知发展阶段中，幼儿期是第二个阶段。他把 2—6 岁的认知发展称为**前运算智力**，这是一个运用符号思维的时期，特别是在语言和想象中。他之所以称这一时期的智力为前运算智力，是因为儿童还不能运用逻辑进行运算（推理过程），但他们的思维也不再局限于感觉与动作技能（感觉运动智力）(Inhelder & Piaget, 1964)。

前运算智力 (preoperational intelligence)：皮亚杰描述的 2—6 岁儿童的认知发展，包括语言和想象（主要靠符号思维）发展的术语；这一阶段还不能运用逻辑运算思维。

皮亚杰把**符号思维**看作前运算智力的主要成就。当一个孩子可以用符号来思考时，他就能更熟练地进行假装，词语就可以指代看不见的东西。“狗”既可以是过去见过的一只狗，可以是可能会看见的狗，也可以是一只从未见过的想象的狗——“狗”这个词变成了一个符号，不只是一只看得见的动物。符号思维使语言得以爆发式增长，使儿童能够谈论他们思考的东西、想象的东西以及记住的东西。对此，本章后面将详细讨论。

符号思维 (symbolic thought)：前运算智力的主要成就，它使儿童能够利用符号来思考，例如，能够理解一个词可以指代一个看不见的东西，或像旗子这样的物品可以作为一个符号代表一些事物（如一个国家）。

对来自几种文化背景的美国儿童（欧裔、日裔和南美裔）的研究发现，所有婴儿都会自发地对周围的客体进行探索，当他们长大以后，会投入皮亚杰所说的符号游戏中 (Cote & Bornstein, 2009)。这一研究没有追踪 2—6 岁的发展情况，但是其他研究者发现，由于大脑的成熟（预期型经验）和社交互动（依赖型经验），所有儿童的思维方式都会从感觉运动思维发展为符号思维 (Mundy & Jarrold, 2010)。

1. 逻辑运算的障碍

对世界各地的幼儿来说，符号思维和语言发展是普遍的进步，但是皮亚杰描述了前运算思维的四个局限性，它们使 6 岁左右的儿童仍不能进行逻辑思维，这四个局限是：中心论、关注表面、静态推理和不可逆性。

中心论指关注事物的一个方面而忽视其他方面。例如，幼儿认为，在动物园和图画书上看到的狮子和老虎都不是猫，因为他们把自己知道的家庭宠物猫当作“中心”。或者，他们认为爸爸是父亲，而不是兄弟，因为他们把每个家庭成员的角色看作只是针对他们自己的。

中心论 (centration)：前运算思维的特征之一，幼儿专注于一个想法（以它为中心）而忽略其他方面。

爸爸的例子是中心论的一种特殊类型，皮亚杰称之为**自我中心主义**。自我中心的儿童只从个人角度看待周围世界，就像地铁里的小姑娘那样。自我中心不同于自私。来看一个例子，一个 3 岁的儿童选择买一个汽车模型送给妈妈当生日礼物，他的“行为不是自私的或贪婪的；他把礼物认真地包起来，送给他妈妈，并且说他希望妈妈喜欢它” (Crain, 2005, p. 108)。

自我中心主义 (egocentrism)：皮亚杰的术语，儿童从个人观点角度看待整个世界的倾向。

前运算思维的第二个特征是**关注表面**，而忽略其他特征。一个被剪短头发的女孩担心自己会变成男孩，一个高个子的男孩认为自己的年龄也比较大。根据前运算思维，一个东西就是它看上去的样子——因此幼儿戴上别人的帽子、穿上别人的鞋会很高兴。

关注表面 (focus on appearance)：前运算思维的特征，幼儿忽略表面上看不见的所有属性。

第三，前运算思维的儿童会使用**静态推理**，相信世界是不会改变的，总是保持现在的状态。一个小男孩希望一个直播的电视节目在他去卫生间的时候会停住，如果爸爸妈妈告诉他，电视节目不能停下来，他也不相信，而且会大发脾气。同样，很多儿童不能想象自己的父母曾经是个孩子。即便他们知道了，也还是不理解发展变化。比如，一个男孩让他祖母跟他妈妈说，不要再打他屁股了，因为“她必须按照她妈妈说的去做。”

静态推理(static reasoning)：前运算思维的特征，幼儿认为什么都不会改变。任何事物在现在和将来都会保持不变。

前运算思维的第四个特征是**不可逆性**。这一阶段的儿童不懂得把一个过程倒过来会回到原来的样子。一个女孩会因为妈妈把生菜放在她的三明治上就大哭。由于希望自己的东西“该什么样就什么样”（第八章讲过）的想法占压倒优势，她不认为放在三明治上的生菜还是可以拿走的，因为她相信，做过的事情就不能倒回去了。

不可逆性(irreversibility)：前运算思维的特征，幼儿认为事情发生改变之后，不能再沿着原来的路径回到原来的状态。

2．守恒与逻辑

皮亚杰强调了前运算智力忽视逻辑性的几种具体表现，其中之一是**守恒**，为此他做了一系列实验。守恒的意思是，某种东西的外表无论怎样变化，它的量都保持不变。

守恒(conservation)：无论物质的外表怎样变化，其性质都保持不变的原理。

假设有两个容量相同的玻璃杯，一个矮些、宽些，另一个高些、窄些。把液体从矮玻璃杯倒进高杯子里，然后问幼儿水变多了，变少了，还是没有变。

前运算思维的四个特征都在此得以体现。幼儿不能理解液体守恒，因为他们只关注（中心论）他们看到的（表面）东西，只能发现直接的（静态的）情形。他们也不能想到把这个过程倒过来的情形，即把水倒回去（不可逆性）。图9.1给出了几种守恒的例子。

这一研究有很多实际意义。例如，教师给幼儿发快餐时，所有容器的大小都是一样的。如果儿童得到两块小饼干，会比得到一块大饼干更高兴。同样，儿童在杂货店里可能被他们看到的东西愚弄，没意识到那些包装是骗人的(Gaumer & Arnone, 2010)。

3．前运算思维中的泛灵论

前运算思维的最后一个方面称为**泛灵论**，认为自然物和自然现象都是有生命的(Piaget, 1929)。自我中心推理使很多儿童相信，云、山和树都有感情、目的和能力。例如，一个儿童可能会对着树说话，请求它在下雨时帮他遮雨。

泛灵论(animism)：认为自然物和现象有生命的观念。

与泛灵论关系最密切的行为是用对待人的方式来对待动物。如果孩子看见了一只死去的鸟，他可能会流着眼泪把鸟拿回家，并请求给鸟举行一个葬礼。一个孩子可能会把自己希望的和担心的事情告诉家里的宠物狗，相信狗狗能听懂和同情他。很多儿童故事——不管是来自书籍、动画片还是童话——都有会说话、会帮助人的动物和物品。你可以想想三只小熊、维尼熊和天线宝宝的故事。

对儿童泛灵论的考察发现，很多儿童同时持有理性和非理性的想法(Meshcheryakov, 2005)。魔法事件和传说很普遍。路过一片墓地时，他们会屏住呼吸，向星星许愿说：“我心画十字，以死起誓。”诸如此类的行为还有很多，哪怕父母笑话他们。

给营养学家的问题 皮亚杰的理论可以怎样帮助你鼓励儿童吃健康食品？（答案见第290页）

各种类型的守恒实验

守恒类型	开始的样子	转换之后	问题	前运算儿童的回答
容量	两杯同样多的液体。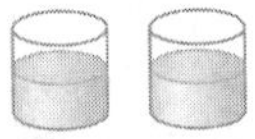	把其中一杯倒入一只高而窄的杯子。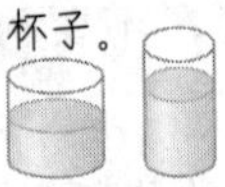	哪只杯子里的液体多？	高杯子。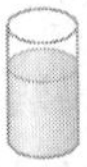
数量	同样多的两行棋子。	把一行棋子间的距离加大。	哪一行的棋子多？	长的那一行。
物质	同样多的两块橡皮泥。	把其中一块捏得长而细。	哪一块橡皮泥多？	长的那块。
长度	两根一样长的木棍。	一根木棍被移动了一下。	哪根木棍更长？	移得较远的那一根。

图 9.1

守恒 根据皮亚杰的理论，儿童在到六七岁掌握守恒概念以前，不理解图中显示的液体、棋子、橡皮泥和木棍无论怎样转换，其总量都不会改变。

>>回答营养学家（问题见第289页） 回答时要考虑前运算思维的四个特征：（1）自我中心：让儿童坐在固定的位置，用固定的碗碟吃饭，这样他们会觉得饭是专门为他们准备的；（2）关注表面：饭菜看上去应该能引起食欲；（3）静态推理：如果想在食物中加入一些利于健康的东西（如在蛋糕中加入碎胡萝卜，在汤里加入牛奶），应该在把食物端给孩子之前就加好；（4）不可逆性：以本书举的例子为例，应该把生菜从孩子的视线中移开，把一个“新”的三明治呈现给孩子。

像皮亚杰一样，父母会理解孩子和他们的迷信想法。很多宗教和民间神话里都有会说话的动物，多数父母会鼓励孩子相信圣诞老人、牙仙等存在 (Barrett, 2008)。如果相信这些事情的学前儿童是傻傻的小可爱，那么和狗说话的成人又算什么呢？

4．皮亚杰研究的局限性

皮亚杰最初对儿童进行守恒实验时，要求儿童用语言进行表达，而不是用他们的行动或脑部扫描结果。后来的研究发现，如果简化这些逻辑思维测验，幼儿就能完成。儿童可以用很多方式表明他们在能够用语言清楚表达之前用眼动和姿势表明他们懂得一些事情 (Goldin-Meadow, 2009)。

即使以语词为手段，一些幼儿也能在游戏式的情境中表现出守恒和其他一些逻辑思维，尽管不是在皮亚杰的实验中 (Donaldson, 1963/2003)。比方，如果“让一只顽皮的熊把两行棋子中的一行拉长，4岁的儿童也会说，新的这一行棋子和原来的一样多。但皮亚杰认为这种数量守恒是6岁以前的儿童不能掌握的。

现在，研究者们相信，皮亚杰低估了儿童早期的认知能力，就像他低估了婴儿的能力一样 (Halford & Andrews, 2006)。他凭借的是说出的词语，而不是在游戏情境中的非言语信号。

区分前运算思维与具体运算思维（皮亚杰提出下一个认知阶段）的实验也得

到了同样的结果。掌握分类概念是另一个例子：皮亚杰认为，儿童不能正确地对客体进行分类，他们不能肯定狗、猫和牛都属于动物。但这一观点不一定是正确的。

不难理解，皮亚杰为什么能得出这一结论。儿童常把一些最高范畴（如动物）、子范畴（如狗）和进一步细分的范畴（如牧羊犬）之间的关系搞混。（分类问题将在第十二章讨论。）但是，如果要分类的东西是经常能用到的，就连 3 岁的儿童也能正确地分类，如麦片和烤面包片都是早餐，冰激凌和蛋糕都属于甜食 (Nguyen & Murphy, 2003)（见图 9.2）。

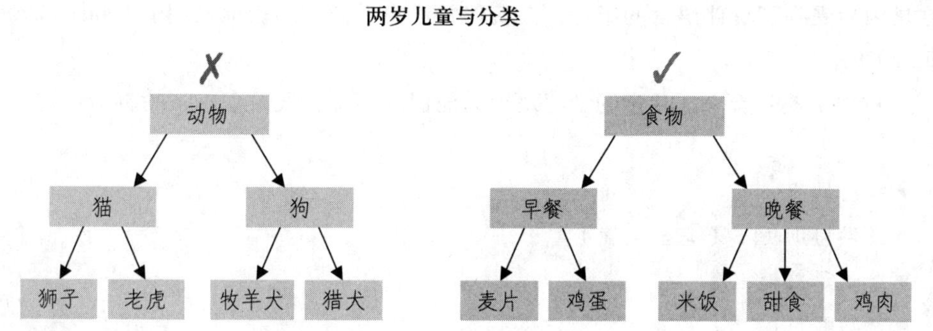

图 9.2

日常分类 经验是最好的老师，尤其是对 2 岁的儿童来说。很多人都知道，吃东西可能意味着吃一点零食、吃一顿早餐或晚餐，或者是吃属于这些分类的特殊食物。很少有人知道或在意老虎和狮子都属于猫科动物。同样，人类和狒狒都是灵长类——就连一些成年人也会忘记这一点。

皮亚杰正确地指出，幼儿不像年长儿童那样能进行逻辑运算，但是他没意识到，幼儿能理解多少逻辑运算。一个原因是当时他还没有掌握当今发展学家用到的脑部扫描技术。脑部扫描呈现了人们过去想象不到的很多智力活动。当然，这些扫描也说明，皮亚杰对早期认知发展的观察也是很敏锐的 (Crome & Ridderinkhof, 2011)。

（二）维果茨基：社会学习

几十年来，幼儿期认知的魔幻性、非逻辑性和自我中心性一直是研究的重点；研究者对皮亚杰的敬畏是可以理解的。他对自我中心的描述每天都在关于幼儿行为的有趣传闻中得到确证。而维果茨基是第一位强调早期认知的另一方面的著名发展学家，他认为幼儿的思维不是以自我为中心的，而是由其他人期望和情感的塑造的。他强调幼儿认知的社会文化方面，与皮亚杰强调个体的观点形成了鲜明的对照。

维果茨基试图理解文化差异，正像一个当代研究团队所说的那样，寻找“决定一个人怎样思维、怎样行动的带有文化特殊性的经验”(Gauvain et al., 2011)。

1. 儿童与良师益友

维果茨基相信，儿童认知发展的所有方面都深深嵌在社会背景中 (Vygotsky, 1934/1987)。儿童既有好奇心又善于观察。他们会问很多问题——机器怎样运转，为什么天气会变化，天空到哪里终止——并且从会更有知识的良师益友那里寻求答案。这些答案受到良师的观点和族群理论的影响，也就是受文化影响。

第二章曾经讲过，儿童是思维的学徒，有些儿童的智力发展是由年纪较大或技能更熟练的社会成员的直接激励而导致的。父母是最初的良师，教师、其他家人和同伴也可成为良师益友。例如，在日托中心里，儿童的口语会变得愈发熟练，这是因为受到了玩伴语言的影响，而玩伴并没有有意识地教他们词汇 (Mashburn et al., 2009)。

在维果茨基看来，儿童的学习是因为他们的良师益友做了以下的事情：

- 提出挑战
- 提供协助（不是完全接管）
- 给予了关键信息
- 鼓励动机

指导性参与 (guided participation)：一个人在其他人对其行为的指导下进行学习的过程。

当这些良师与儿童共同加入**指导性参与**，一起分享社会经验和探索时，思维就发生了。例如，一组学生要学习画画、写字或跳舞。老师先演示了一些做法。然后儿童重复老师的动作，也会互相模仿。一个被别人模仿的儿童不会不乐意，而是很愿意别人跟着他做。

确实，3 岁儿童社会适应的一个信号是，当另一个孩子模仿他时，他会报以微笑并很快做出回应，也模仿那个孩子的动作。这种社交互动的结果是大家能分享快乐。总之，向良师益友学习的能力就等于智力，维果茨基这样说：“与儿童自己单独做事相比，儿童在别人的协助下所能做的事情在某种意义上更能预示着心理发展”(Vygotsky, 1934/1987)。

2. 搭脚手架

最近发展区 (zone of proximal development, ZPD)：维果茨基的术语，指认知发展的一个区域，在此区域内，儿童不能独立掌握某种身体或认知技能，但是在别人的帮助下可以学会。

搭脚手架 (scaffolding)：为了让学习者掌握一个新的技能而给他提供适于其需要和能力的临时性帮助。

维果茨基提出，每个人都有一个**最近发展区** (ZPD)。第二章曾讲过，这里之所以重新提起，是因为它对幼儿的学习至关重要。“最近”意思是距离很近，最近发展区表示，儿童很快就能懂得某个知识或掌握某个技能，但是还不能独立完成。儿童在什么时候、怎样学会一个技能部分地取决于他的良师益友凭借智慧和愿望给他**搭脚手架**，或给一个及时的支持，在他的发展区内帮他一下。

好的良师益友搭建的脚手架质量很高，鼓励儿童在过马路时应该兼顾左右两边的车辆（同时牵着儿童的手），或是教他们搅拌烤蛋糕的面糊（成人扶着儿童的手，拿勺子搅拌），这就是指导性参与。幼儿教师在设计每个活动前，都要搭建一个恰当的脚手架，然后对每个儿童进行指导。搭脚手架对认知经验来说至关重要——这是能够获得更好地理解词语和思想的经验。

搭脚手架的特点是因文化而异的。给孩子读书就是个例子。在北美的很多家庭里，当成人给儿童读书时，成人是通过解释、指点和倾听来搭脚手架的，这些都发生在儿童的发展区内。一个敏感的成人在阅读时并不是让孩子安静地听，而是会花很长时间针对孩子提的问题或书上的图画做解释。

相对而言，秘鲁中产阶层家庭在给孩子读书时，则是教孩子在大人说话的时候认真听。当一个 2 岁孩子打断父母时，父母会很和气地让孩子保持安静 (Melzi & Caspe, 2005)。显然，秘鲁的父母搭脚手架的方式是不同的，因为其目的是教导孩子尊重别人，而不是让孩子变得健谈。无论何处的成人都会指导孩子掌握该文化的思想、技能和行为。

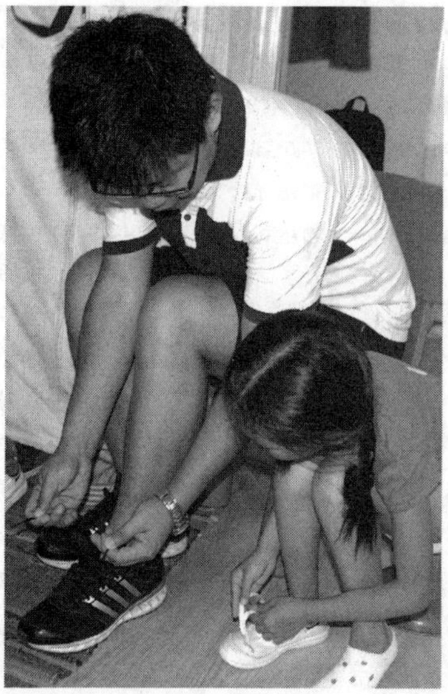

你说了，我还是不会 你能说说怎样系鞋带吗？对很多技能来说，对认知理解进行口头测验的局限性是很明显的。

3. 维果茨基理论的应用

动机对于早期教育来说是至关重要的，因此，敏感的社会互动具有强大的影响力。维果茨基强调的社会学习是通过搭脚手架而进行的文化传递 (Gauvain, 2005)。玩玩具、穿衣服、游乐场上的各种设备、一日三餐、社交互动——样样都在为儿童要学习的技能和行为搭脚手架。虽然摆弄的东西不尽相同——2 岁孩子有的玩玩具吉他、有的玩玩具扫帚、有的玩玩具枪——但是最重要的还是观察：每个孩子都要看别人怎样做，然后学着做。如果你注意看 2 岁的孩子是怎样弹吉他的，会发现他们的身体动作和表情都在模仿他们看到的。

给驾驶员教练的问题 你的学员在学车时，有时会大喊大叫、忍不住咒骂或放弃学习。维果茨基会给你提出什么建议？（答案见第 294 页）

研究也证实了这一点。一项研究给 2—3 岁儿童演示了沙箱中的科学，教师先帮助儿童用沙子和水做实验。后来，这些孩子自己在沙箱中进行的探索比没有这种学徒经验的儿童多得多 (van Schijndel et al., 2010)。

即使在交谈中，搭脚手架也是可能的和有帮助的。北美成人在回答幼儿提的问题时常常不只是在用简单的回答进行回应，而是以有助于学习词汇、增强理解力的方式做出回应 (chouinard, 2007)。例如，当一个孩子问"那是什么？"时，老师不是简单地回答"那是一辆卡车"，而可能说"那是一辆卡……卡……卡……"来提示儿童说出"卡车"这个词；或者是说，"那是一辆运垃圾的卡车。你知道里边装的是什么吗？"哥哥姐姐也可能成为弟弟妹妹们的良师益友。

当 2—6 岁的儿童模仿成人不相干的、花时间的或低效的行为时，搭脚手架的作用就显示出来了。这种模仿被称作**过度模仿**，它发生在来自很多种文化的儿童中，但是在其他动物中尚未发现这种模仿。过度模仿被认为是儿童向年长的社会成员学习的途径，它使"文化形式能够快速地、'高保真'地进行代际传播"(Nielsen & Tomaselli, 2010, p. 735)。（见"研究设计"专栏。）

过度模仿 (overimitation)：一个人模仿的行为是和应该学习的行为不相干的部分，在 2—6 岁的儿童中普遍存在，他们所模仿的成人行为为常常是不相干的和无效的。

4. 作为工具的语言

虽然文化的各种成分对儿童都有指导作用，但维果茨基认为，词语所起的作用是最关键的。经验研究证明，在所有文化中，对于能力不同的儿童来说均是如

>>**回答驾驶员教练（问题见第 293 页）** 采用指导性参与和搭脚手架式的教学，使你的学员不再是完全被动的。要给他们充分的赞扬和练习的时间。如果学员发脾气，不要把它看作针对你的。

研究设计

研究者： Mark Nielsen, Keyan Tomaselli

发表期刊：《心理科学》(*Psychological Science*, 2010)

参与者： 南非和博茨瓦纳的布西曼人社区的 61 名 2—6 岁的儿童；16 名澳大利亚布里斯班的幼儿；17 名布西曼的年长儿童。选取这三组参与者的原因是过度模仿在西方已被反复证明，但是布西曼族成人很少明确地教孩子怎样使用物品。如果学习中的师徒关系只在有意识地对儿童进行训练的文化中发生，那么在布西曼文化中成长的儿童就不会有过度模仿行为。

设计： 实验者逐一测查儿童打开三个盒子时的不相干和无效的过度模仿行为。例如，一个蓝色盒子通过拉一个按钮很容易打开，但是在实验条件下，成人（有时是一个西方研究者，有时是一个当地人）拿起盒子上的红色小木棍摇动了三次，然后用小木棍拨动按钮来打开盒子。然后成人把小木棍和盒子交给儿童，并观察他们的行为。

研究者只给了对照组儿童小木棍和盒子，不做演示；然后观察他们的行为。作为这种基本设计的扩展，在一些对照组儿童自己发现了打开盒子的容易方法之后，向他们演示摇动小木棍的动作。

主要结论： 无论测查的人是谁，每个年龄组和每种文化的儿童都表现出的他们见到的不相干的、无效的动作，即使他们已经找到了打开盒子的容易办法。显然，儿童具有向良师学习的普遍天性。即使儿童所在的文化不是有意依靠师徒关系，儿童也能凭借观察而不是成人的口头指导来学习。因此，搭脚手架的过程可能发生在儿童所见的任何日常工作和传统礼仪上。这一点在不同文化中具有“深度的相似性”(p. 734)。（下面会讲到这一点在幼儿教育中的应用：幼儿能学习成人鼓励他们做的任何事情，包括想象游戏、艺术活动、社会合作、书写数字，等等。）

评论： 研究者原来的假设是，过度模仿是西方文化实践的产物，那里的成人会明确地教幼儿东西，给他们做演示和讲解。但是研究者惊讶地看到，布西曼儿童也会像西方儿童那样模仿。这种跨文化研究可以发现认知发展的哪些方面是西方文化的一部分，哪些方面是普遍现象。其他发展研究者也发现，儿童是具有选择性的（不去模仿不可信的成人或意外的动作）。进一步的研究“将确定，儿童什么时候会学着做别人做过的事情，什么时候会选择按自己的方式行动”(p. 735)。

此 (Baker et al., 2007; Philips & Tolmie, 2007; Schick & Melzi, 2010)。就像一个泥瓦匠用工具盖房子一样，心理的工具是语言。说话、倾听、读书、写字都是改进思维的工具，而非正式的搭脚手架带来了语言和认知的进步。

维果茨基认为，语言以两种方式促进了思维 (Fernyhough, 2010)。第一种是内心对话，或**个人言语**，也就是人和自己说话 (Vygotsky, 1934/1987)。幼儿经常使用个人言语，尽管他们自己没意识到 (Manfra & Winsler, 2006)。他们说的是一些看法、决定，或者是向自己解释一些事件（偶尔也向能听到他们声音的其他人说）。

个人言语 (private speech)： 人对自己说话的一种内部对话（不出声或出声）。

较年长的儿童的个人言语更有选择性、更有效、更小心谨慎，说的声音也更小。不管听不听得见，个人言语都能支持认知和自我反思，成人应该加以鼓励 (Perels et al., 2009; Winsler et al., 2007)。各种年龄的人们在独自一人或写下一些想法时，都可能对自己说话，帮助自己思考。这也是个人言语。基于维果茨基理论的幼儿教育课程体系会使用游戏、扮演、社交互动、个人言语等来促进执行功能

的发展 (Diamond et al., 2007)。

维果茨基认为，语言促进思维的第二种方式是以语言为中介的社交互动对学习起着重要作用。这种语言的**社交中介**机能发生在正规教学中（老师给学生讲一个东西），也发生在无拘无束的谈话中。当老师教孩子学数数、回忆学过的东西和遵守日常规则时，词语能把儿童带入他们的最近发展区。

社交中介 (social mediation)：可以扩展并促进理解的人际互动，通常是一个人用语言向另一个人解释某个事物。

5. 词语、文化和数学

对数字的学习很早就开始了。即使是婴儿，也知道给他看的是一个、两个还是三个玩具。不过，婴儿对数有怎样的理解呢？人们对此还有不同意见 (Varga et al., 2010)。但是毫无疑问，词语是 2—6 岁儿童做以下事情的工具：

- 数东西，每个东西数一个数（一一对应）；
- 记住时间和日期（晚上 8 点睡觉；一个孩子 4 岁了，等等）；
- 理解顺序（第一个孩子赢了，最后一个输了）。

幼儿的很多认知进步（在数字和逻辑等方面）都成了扩展研究的主题：研究发现，良师和语言总是不可分割的。如果要学习数数，却没有用到词，会发生什么？人类学家发现，南美的几种语言中缺少用来数数的词，只是用“很多”来说比 2 多的数。用当地语言对成人和儿童进行测验时，就连很简单的数学题也很难完成 (Gordon, 2004)。相比之下，经常听父母大声数数的儿童很早就会数数了，在学校里数学也学得好。

文化可能会影响语言，因此也影响数学知识，甚至是当语言中有“trillion”（兆）这样的词的时候。说英语的儿童和说汉语的儿童在理解数字 1 ～ 10 时，成绩没有差别，但是中国儿童在理解数字 11 ～ 19 时成绩更好。对此有不同的解释，其中一种解释就直接涉及口语：汉语中的数字具有逻辑性和直接性，例如“十一”“十二”“十三”等，这显然比英语中的“eleven”“twelve”“thirteen”等更容易学 (Miller et al., 1995)。

说德语的儿童在数 20 ～ 99 时又多了一个困难，因为他们说 21、22 的方法是“1 和 20”“2 和 20”，而不是二十一、二十二。德国 3 岁儿童能很流利地数 1 ～ 9，但是不能流利地数 20 ～ 99。文化正是以这种方式和类似的方式影响着儿童的数学学习的 (Göbel et al., 2011)。

三四岁时，儿童大脑的成熟已使他们能理解数字、储存记忆、懂得生活常规了。但儿童能否真正懂得这些取决于儿童在家里、幼儿园里和本地文化中听到了什么，参加了什么样的活动。一些 2 岁儿童每天都会若干次听到“一、二、三、开始”“这儿有两块饼干”和“5 分钟后吃饭”这样的话。但另一些儿童听不到这样的话，因此到一年级学数学时很吃力。词语的确是大脑潜能与理解力之间的中介。

科学观点

犯罪目击者

早期认知能力的应用引起了律师和法官的注意。一些儿童是一些犯罪过程的唯一目击者，特别是在性虐待或家庭暴力中。一个幼儿说的话可以相信吗？成人对这个问题的回答可能会走上两个极端。正如一场法律讨论是这样开始的：

“也许是出于对不相信虐待的真正受害者而导致的集体愧疚，近年来，事情开始倒向另一边——毫不动摇地相信，年幼的儿童没有捏造一个虐待故事的能力，而不论其关于虐待的叙述多么难以置信。”

(Shanks, 2011)

为了努力找到平衡点，对“儿童的证言是否准确”这一问题的回答是“有时准确”。在近年来的研究中，心理学者发现，任何年龄的人都有记忆出错的时候 (Frenda et al., 2011; Lyons et al., 2010)，每个年龄组的记忆错误都有其特点。年幼儿童并不像人们的固有成见所说的那样比年长者的记忆更准确，从而不会像年长者那样容易受偏见影响 (Brainerd et al., 2008)。年幼儿童希望取悦成人或让自己高兴，为了达到这一目的，他们会说谎。即使是上了小学以后，一些儿童也意识不到自己说的话和记忆可能是错的 (London et al., 2011)，或者令人愉快的幻想只是一种想象，是违背事实的。

话语和表达可能会在年幼儿童的思维中植入错误的想法，这种植入有时是故意的（虐待者可能会这么做），有时是因为疏忽（父母因恐惧而导致的）。儿童对真实情况的把握不定使他们更容易根据想象而不是亲身经历形成记忆 (Bruck et al., 2006)。这种情形很不幸地发生在35年前的多起司法审判中，当时成人刚刚意识到小孩子可能被性虐待，并认为性虐待正在学前儿童中泛滥。例如，新泽西州威耶幼儿园的一些三四岁幼儿使一位法官相信，一位教师以匪夷所思的方式对孩子们实施了性虐待（例如，让他们舔她生殖器上的花生酱）(Ceci & Bruck, 1995)。回过头来看，人们会奇怪，为什么成人能轻易相信这些孩子说的话。从那时起，人们对各种年龄的目击证词有了更多的认识。

如果对幼儿进行开放式访谈，访谈者不向幼儿说明自己喜欢什么样的回答，那么在叙述个人经历方面，幼儿不一定比成人做得更差 (Brainerd et al., 2008; Feltis et al., 2010)。已经学会进行连贯叙述的儿童能够对所发生的事情做出比较准确的解释 (Kulkofsky & Klemfuss, 2008)。儿童说的话的准确性与他们能否理解真实与虚假之间的差别无关，一个关键因素是访谈者提问时是简单明确，还是带有暗示性 (Lyon et al., 2008)。

指导性参与可能具有破坏性，因为指导可能把儿童引到错误方向。还记得前面的“研究设计”专栏介绍过，在儿童打开盒子之前，是谁向他们摇动红色小木棍的吗？正像维果茨基所说的，儿童对周围的文化极其敏感，尤其是他们从成人身上看到的事情。那是既强大又可信的。

性虐待尤其如此，如果一个成人说好，那么儿童就会相信一些猥亵行为是没问题的。若干年之后，他们才知道，这是性虐待。对成人记忆的研究发现，成人常常会重新解释小时候发生在他们身上的事情，事后才根据对犯罪经历的真实记忆得出结论：他们确实受到虐待了。但是，各个年龄都有一些人会相信一件从未发生过的事件（包括性虐待事件）是真实存在过的(Geraerts et al., 2009)。

这些知识为警察、社会工作者、法官、教师和父母提供了指导原则。当儿童做目击证人时，应该只让他们说发生了什么，也许闭上眼睛可以减少他们本能的讨好别人的企图。相反，如果一个成人说，“他摸你那儿了吗？”儿童很可能会说“摸了”，如果他认为这是成人希望听到的回答的话。学前儿童的认知是自我中心的幻想、社会影响和天真无邪的诚实的混合体——必须谨慎小心，既不要轻易相信他们，也不要完全不信他们说的话。

小　结

从2岁到6岁，认知得以快速发展。皮亚杰是第一个意识到儿童会主动探索的人，他认为，幼儿一般不能进行逻辑运算（因此属于前运算智力）。皮亚杰认为，自我中心主义限制了儿童的理解力，因为幼儿在一个时间点上只能以一个事物为中心，并专注于事物的表面。他们的思维是充满魔幻的和泛灵论的。

维果茨基强调认知的社会文化方面。他认为儿童在其最近发展区内像徒弟一样被指导。其他人都是良师，给儿童搭脚手架，帮助儿童掌握各种技能和概念。语言是不可或缺的学习工具，通过个人言语和社交中介而起作用，维果茨基指出的这一点得到了后期研究的确证。■

二、儿童的理论

皮亚杰和维果茨基都意识到，儿童会通过主动学习来认识周围世界。但是发展学家和教师对此提出了疑问：儿童的知识是什么时候和怎样得以丰富的？一个发现是，儿童并不仅仅学习词语和观念，他们还会发展理论。

（一）理论—理论

各年龄的人们都试图解释身边所发生的一切。术语**理论—理论**指的是，儿童会自发地建构起理论来解释他们看到和听到的东西。换言之，关于儿童怎样学习的理论正是儿童自己建立的理论：

理论—理论（theory-theory）：儿童通过建构理论来尝试解释他们看到和听到的所有东西。

> 和任何动物相比，我们的长处是会探索周围世界的因果规律。我们持之以恒地努力寻求对经验的深刻解释，并对其做出更广泛、更可信的预测……儿童看起来天生就希望了解世界，并且希望发现在这个世界上该怎样行动。
>
> (Gopnik, 2001, p. 66)

根据理论—理论，对幼儿认知的最好解释是：人总要探究原因和结果，其基本原理是让他们的经验更有意义。这需要表现出强烈的好奇心和大量的思考，这就是幼儿所做的。

怎样正确地解释幼儿期的探索呢？在一项研究中，墨西哥裔美国母亲详细记录了她们 3—5 岁的孩子每天提的问题和她们做出的反应 (Kelemen et al., 2005)。大多数问题都是关于人的行为和特征的（见图 9.3）；例如，“为什么你亲吻我妈妈？”“为什么我哥哥很坏？”“为什么女人有乳房？”“为什么有黑人小孩？”几乎没有关于无生命的现象（“为什么下雨？”）或客体（“为什么我爸爸的车是白色的？”）的问题。

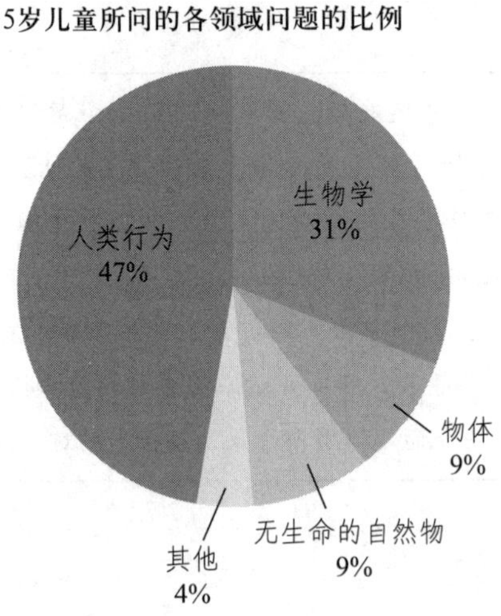

图 9.3

一个又一个问题　父母发现，孩子问的大部分问题都是关于人的行为的，尤其是父母对孩子的行为。儿童试图建立理论来解释各种事物，所以如果儿童问“我为什么不能吃糖”，给出“快要吃晚饭了”之类的回答显然不能让儿童满意。

据 Adapted from Kelemen et al., 2005.

这些问题往往涉及儿童所观察的主要目标，尽管父母通常的回应就好像孩子问的是科学方面的问题一样。当孩子问“为什么”时，成人可能会将这个问题理解为“是什么原因使 X 发生的”，而孩子说“为什么”的本意是“我想知道更多的关于 X 的事情”(Leach, 1997)。例如，如果一个孩子问，为什么女人有乳房，父母的回答可能是关于激素和成熟的事情，但是以儿童为中心的解释应该是乳房是喂小孩用的。从儿童的自我中心观点出发，任何疑问都涉及“这和我有怎样的关系”。因此，成人应该进一步解释称，这个孩子最初就是从乳房获得营养的。

对 3 岁儿童何时与怎样模仿别人的系列实验与探索支持了理论—理论的观点

(Williamson et al., 2008)。在决定模仿成人的动作之前，儿童似乎想弄明白成人为什么会做出那样的动作。如果一个成人想做点什么而且做成了，儿童就很可能以其为榜样照着去做；如果同样的动作没做好或做坏了，儿童就不大会模仿了。

就连让儿童重复成人说的不合语法的话时，儿童也可能按照他们认为“成人想按照语法说话却失败了”的理论来纠正语法 (Over & Gattis, 2010)。一般性的原则是：儿童在运用他们令人钦佩的模仿能力之前，先建立了关于意图的理论；也就是说，他们并不是不假思索地模仿他们看到的东西的。例如，在成人打开盒子之前故意摇动红色小木棍的例子中，儿童建立的理论是摇动木棍很重要。

（二）心理理论

人的心理过程——思维、情感、观念、动机和意图——是我们每天都会看到的最复杂而奇妙的现象。一些成人也不明白人们为什么会爱上别人，为什么会给自己选择的候选人投票，或者自己为什么会做出愚蠢的选择——用一笔大额抵押贷款买了一堆熟透了的黄瓜。儿童也一样，不明白为什么一个玩伴会突然生气，哥哥姐姐为什么慷慨，或者一个阿姨为什么要狂亲自己。

为了知道别人心里是怎么想的，人们建立起了民间心理学 (folk psychology)，它是一套关于别人的想法的观念，称为**心理理论**。心理理论是一种自然发展起来的能力，它发展得较慢，多数儿童在 4 岁左右才开始发展 (Sterck & Begeer, 2010)。

心理理论 (theory of mind)：一个人关于别人可能怎样想的理论。其产生的前提是儿童必须意识到别人的想法不一定和自己的相同。这种意识在 4 岁以前很难形成。

1. 信念与现实：对差异的理解

思想不一定能反映现实，这种观点超出了很年幼的儿童的理解能力，每个儿童似乎都是在 3 岁以后突然理解了这一点的。这种观点使儿童意识到，人可能会被他人故意欺骗和戏弄——认识到这一点需要儿童具备一定的心理理论，而几乎所有的 2 岁儿童和大多数 3 岁儿童并不具备心理理论。

在研究者设计的一个错误想法测验中，一个儿童看见一个名叫麦克斯的娃娃把一只小狗放进一个红色盒子里。之后，麦克斯离开了。这时，儿童看到小狗被人从红色盒子里拿了出来，放进了一个蓝色盒子里。然后，麦克斯回来了。研究者问儿童，“麦克斯会到哪里找小狗？”大多数 3 岁儿童都会肯定地说，“到蓝色盒子里找”；而多数 6 岁孩子能正确地说出“到红盒子里找”。在十几个国家都发现了这样的行为模式 (Wellman et al., 2001)。

给社会科学工作者的问题　你认为皮亚杰的前运算思维和 3 岁儿童在心理理论任务中所犯的错误有何联系？（答案见第 300 页）

这反映出 3 岁儿童几乎总要把他们刚刚产生的想法与别人的想法搞混。换句话说，他们被自己的知识“下了魔咒” (Birch & Bloom, 2003)，过于以自我中心使他们不能认识到别人的想法。

2. 说谎

在日常生活中可以看到心理理论的发展：众所周知，幼儿不善于欺骗。玩躲猫猫游戏时，他们会一次又一次地藏在同一个地方；当他们撒谎时，从表情上一下就能看出来。父母有时会说，“我知道你在说谎”。面对惊慌失措的 3 岁孩子时，父母通常都是对的。(对大孩子就不适用了，因为他们更善于愚弄父母；了解这些

>>回答社会科学工作者（问题见第 299 页） 根据皮亚杰的理论，学前儿童专注于事物的表面并使用静态推理（所以他们不能把一个过程反转过来）。此外，他们是自我中心的，认为别人都和自己持相同的观点。难怪他们觉得既然自己知道小狗被放进了蓝盒子，麦克斯就也应该知道。

以后，父母可能对孩子说的真话和假话都有所怀疑。）

说谎能力的发展在一项实验中得到了证明，247 名 3—5 岁儿童参加了这项实验，实验中的每个儿童都被单独留在房间里，桌子上有一个杯子，杯子扣住十几块糖果 (Evans et al., 2011)。实验员跟儿童说不要偷看。但是有 142 个儿童（75%）偷看了。当他们拿起杯子时，糖果会散落到桌子上，在实验员返回前，他们不可能把糖果重新扣好。实验员问道，糖果为什么出现在桌子上。只有 1/4 的儿童（年龄较小者的居多）说了实话；3 岁儿童说的谎话往往非常好笑，如“糖果是自己滚出来的”；4 岁儿童说的谎话似乎更像是真的，但是也不可能发生，如“别的孩子进来把杯子碰翻了”；而 5 岁儿童说的谎话比较合理且貌似可信，如“我的胳膊肘不小心碰翻了杯子”。

这项研究是在中国北京进行的，但是其结果具有普遍性：年长儿童更可能说谎，而且他们更可能是貌似可信的说谎者。除年龄差异之外，研究者还发现，更善于说谎的人在心理理论方面也表现得更好 (Evans et al., 2011)（见图 9.4）。

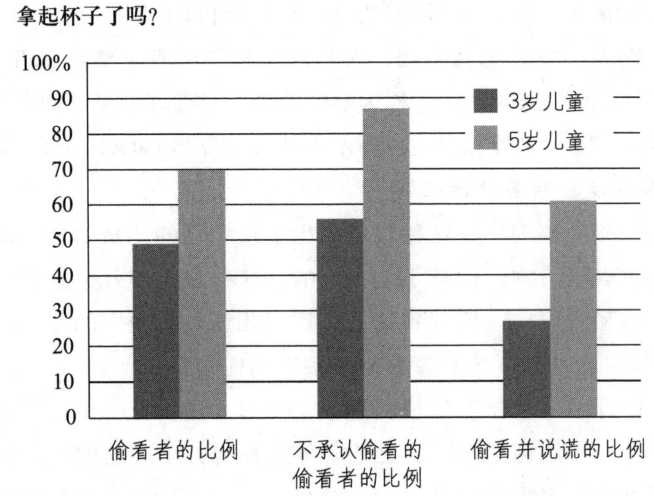

图 9.4

随着年龄增长而变好？　3 岁时既听话又诚实的儿童到 5 岁时会变得既不听话又善于说谎吗？显然是的，因为这项研究发现，偷看者和说谎者的比例会随着年龄的增大而增大。是成熟使儿童更善于思考了，还是越来越不可信了？

据 Evans et al., 2011.

与儿童不善于说谎密切相关的还有他们相信幻想（前面曾提到的魔幻思维）和他们的静态推理（前运算思维特征之一），这使儿童很难改变自己的心理。这也是第八章讲过的固着性的另一个例子。

3．大脑与环境

发展学家好奇，什么原因使心理理论在大约 4 岁时才开始出现。这种变化是由于天性还是教养？是由于大脑的成熟还是经验的积累？在天性方面，有确切的证据。对4岁、5岁、6岁儿童和成人在解决心理理论问题时的脑部扫描显示［见图9.5（彩）］，前额叶皮层的成熟可能起着重要的作用 (Liu et al., 2009)。孤独症儿童在社交理论（尤其是心理理论）方面有困难：脑部图像显示，这是神经方面的问题，与经验无关 (Mar, 2011)。

准备学习 幼儿打架时会争抢玩具，你推我，我踢你。兄弟姐妹之间的这种争斗能促进他们的心理理论发展。像这两个4岁孩子就可能用欺骗来得到他们想要的东西。

其他证据也证明前额叶皮层的重要性。在对中国学前儿童的说谎研究中，还考察了儿童在看一张月亮照片时说出“白天”和看一张太阳照片时说出“黑夜”的能力。这是对心理灵活性的测量，意味着随着前额叶皮层的成熟而出现的执行功能。结果证实了大脑的重要性：在白天－黑夜的测验中失败的儿童一般也不会说谎，而那些年龄相同、执行功能较好的儿童所说的谎言也是那种貌似合理的谎言 (Evans et al., 2011)。

大脑成熟具有重要作用，而这是否意味着这里没有环境的影响呢？答案必然是否定的 (Sterck & Begeer, 2010)。语言的发展就是证明，特别是在母子谈话涉及想法和愿望的情况下 (Ontai & Thompson, 2008)。

一位专家认为，对心理理论的发展来说，“有两个年龄相差1岁左右的哥哥姐姐是很有用的”(Perner, 2000, p. 383)。当哥哥姐姐与之争论、表示赞同、相互竞争与合作时，当哥哥姐姐愚弄弟弟妹妹时，那些3岁的孩子就慢慢懂得了，不是每个人的想法都和自己一样。大约5岁时，儿童的心理理论已经成型，他们已经知道该怎样博得父母的同情，免受哥哥姐姐的欺负，以及怎样说服弟弟妹妹把玩具让给自己玩。

最后一点，文化也起着一定的作用。对中国和北美的254项研究所做的元分析发现，中国儿童形成心理理论的年龄大约比美国早6个月 (Liu et al., 2008)。另一项研究对加拿大、印度、萨摩亚和泰国幼儿的心理理论加以比较，发现在执行功能测验中，加拿大儿童通过得略早，而萨摩亚儿童略晚 (Callaghan et al., 2005)。文化的一些特别的方面看来与此有关：在加拿大，经常读书的儿童的心理理论水平高于经常看儿童电视节目的儿童 (Mar et al., 2010)。

小　结

研究者的近期研究发现，儿童会形成理论来解释他们看到的东西，这些理论不一定来自成人给他们做出的解释。儿童对事件的基本目的感兴趣，而成人更注重科学因果关系。很多研究者考察了心理理论的发展，儿童大约是在4岁时意识到别人的思想和观点可能和自己不同的。神经系统的成熟、语言能力、家庭环境和文化都影响着心理理论的形成。■

分享快乐　给孩子读故事书时，很多成人用夸张的惊奇、兴奋、忧愁和轻松表情。他们知道，把语言和情感结合起来更容易理解和记忆。

三、语言学习

另一个既是符号思维（皮亚杰）、又是学习工具（维果茨基）的实例便是语言，它是幼儿期最早的认知成就。2岁儿童只能使用简短的电报句，6岁儿童则能理解和讨论几乎所有的事情（见“大约在此时”表）。大脑成熟、髓鞘化、搭脚手架和社会互动使幼儿期成为学习语言的理想时期。第一章曾讲到，科学工作者曾经认为，幼儿期是语言学习的关键期——是掌握母语的唯一时间，以及学习第二或第三语言的最佳时间。的确如此，幼儿的大脑开始把词语和声音组织到一定的意义中（理论—理论），正是出于这一原因，教师和父母每天都应该花几小时跟孩子说话并且听他们说话。但是，千百万人都是在6岁以后才开始学习语言的，关键期假设并不成立 (Singleton & Munoz, 2011)。

大约在此时

幼儿期的语言

大约年龄	掌握第一语言的特征或成绩
2岁	词汇：100～2000 句子长度：2～6个词 语法：复数；代词；很多名词、动词、形容词 问题：类似“那是什么”的很多问题
3岁	词汇：1000～5000 句子长度：3～8个词 语法：连词、副词、冠词 问题：类似“为什么”的问题
4岁	词汇：3000～10000 句子长度：5～20个词 语法：从属句，句尾的简略式（如didn't=did not） 问题：“为什么”的问题最多，以及“怎样”和“什么时候”等问题
5岁	词汇：5000～20000 句子长度：由于使用复句，句子可能很长 语法：根据儿童所听到的而使用复杂语法；一些儿童能正确使用被动态（那个人被狗咬了）和虚拟语气（假如……我就……） 问题：关于社会差异的问题（男—女、老—少、富—贫）和其他很多问题

相反，幼儿期是语言学习的敏感期——可以快速而轻松地掌握词汇、语法和发音。幼儿号称“语言海绵”，因为他们像海绵一样，善于吸收听见的点点滴滴的

语言。语言学习是动力系统的一个例子，在发展过程中，语言影响着发展的其他各部分。不同的是，这是一个“多元敏感期……听觉、音韵、语义、句法和动作系统，这些要素一直处于发展的相互作用中”(Thomas & Johnson, 2008, p. 2)，所有这些都促进着早期语言学习。

幼儿爱说话是一项有价值（有时也会令人失望）的特质——对成人说，对其他所有人说，对自己说，对他们的玩具说——用不着因为用错词、发音不准、结巴和说得不流利而苦恼。语言之所以学得快，部分是因为幼儿对自己说的话较少的自我意识。所以自我中心主义也有好处，这就是其中之一。

（一）词汇量激增

儿童把新词快速加入他们的词汇中。2 岁时，儿童平均能说 500 个词，到 6 岁时增加到 10000 个 (Herschensohn, 2007)。对词汇量的估计很难，因为儿童背景各异，一些儿童的词汇量可以达到另一些儿童的 4 倍。对每个幼儿来说，词汇的掌握都很快，而且语言的潜力比看上去的更大；语言理解则比言语更广泛。只要有适当的环境，每个儿童都能流利地掌握两种语言。

1. 快速绘图

词汇的激增是怎样发生的？在 12—18 个月，儿童每学一个词都要费九牛二虎之力，在这以后，他们形成了一个词类互联装置，这是一个网状结构或心理地图，它使词汇的快速习得成为可能。这一过程被称为**快速绘图** (Woodward & Markman, 1998)，因为儿童在听到一个词以后，不是根据几种背景寻找其定义，而是把它快速附着在自己心理语言网格的一类上，这种快速附着就是快速绘图。

快速绘图 (fast-mapping)：儿童学习新词时，根据所领会到的词意，试验性地、快速而不准确地把它们放在个人心理分类中。

像其他常用的心理绘图一样，语言绘图也不都是准确的。例如，如果问喀麦隆在哪里，多数成人会说出其大概位置（“在非洲”），但很少人能说出和喀麦隆交界的六个国家（尼日利亚、乍得、中非、赤道几内亚、加蓬和刚果）。同样，儿童能快速地把新听说的一种动物名称和已知的动物名称通过绘图放在一起，但不知道更多细节。因此，如果知道狮子，老虎就容易被绘图。到动物园去玩一次可以对好多种动物的名称进行快速绘图，尤其是因为动物园往往会把相似的动物安置在临近的地方，这就给儿童搭建了脚手架。

在这个问题上，自我中心主义是一个优点——儿童会用“老虎”指用那个标准快速绘图的任何动物，也许从猎豹到美洲豹都包括在内。他们不担心会说错，因为他们以自己的概念为中心。但是如果成人分不清山猫和豹猫，他们就不敢乱说，这会使他们的学习放慢。

快速绘图在 2 岁前就开始显露，学习新词使之速度加快，因为每个词都使对其他词的绘图变得更容易 (Gershkoff-Stowe & Hahn, 2007)。一般来说，儿童掌握的语言线索越多，其快速绘图就做得越好 (Mintz, 2005)。有人做了一系列关于词汇学习的实验，在该文化的语言中只有少量的数词，“一”“二”和“很多”的意思都差不多。和前面讲过的一样，这种文化中的人们在估计数量方面做得很差，因为

是马还是单峰驼？ 孩子们可能通过快速绘图，把它称作马，因为它和马差不多大，颜色也像马，而且头和腿也像马。快速绘图误导了他们。但是，如果你认为这是一只单峰驼，你也犯了同样的错误。所有的单峰驼都是骆驼，但不是所有的骆驼都是单峰驼。这只就不是。

他们不具备相关词汇作为指导 (Gordon, 2004)。如果掌握了“九”这个词，那么遇到与此相关的“十九”这个词时，绘图和理解就会容易。

对一些东西的部件（如水管的龙头）进行教学的实验发现，如果成人先给一个带有部件的东西命名，然后再使用所有格来谈起这个东西，儿童能学得更好（例如，“知道这是蝴蝶吗？看，这是蝴蝶的胸！”）(Saylor & Sabbagh, 2004)。这一结果显示，如果一个新词与熟悉的东西有关，对它的绘图就比较容易。

2．词与逻辑局限性

与快速绘图密切相关的还有一种*逻辑外延*现象：儿童在学会一个词后，会用它来指称同类别的其他客体。一个女孩跟她爸爸说，幼儿园组织去农场参观，她看见了一些“达尔马提亚牛”。这位父亲明白了，他想起上个周末，孩子曾经见过一只达尔马提亚犬并且很喜欢它。双语儿童在说话时如果不知道一个词怎么说，会插入另一种语言的相应的词，但是他们很快就能把两种语言分开，知道谁在说哪种语言——并且在跟一个只说一种语言的人说话时，只用那种语言。

有些词比较难掌握，例如，*谁/谁的，刚做完/早做完了，这里/那里，昨天/明天*，等等。有的孩子会在圣诞节早上醒来的时候问“现在是明天了吗？”让一个孩子“待在那儿”或“到这儿来”，他们未必能照着大人说的做，因为这些说法容易搞混。对儿童语言能力的扩展研究发现，快速绘图只是儿童学习语言的多种方法之一：如果一个词不涉及心理地图上的一个东西，儿童就会用其他方法掌握它 (Carey, 2010)。

3．听与说

读写能力在美国被认为是至关重要的能力，一项全国性研究考察了幼儿期哪些活动对几年后上小学时的阅读能力有所帮助。总的来说，语言发展的确重要，其中词汇和词的发音可以预测后期的流利阅读。根据已发表的300篇研究报告，人们发现以下五项干预手段是有效的：

1) **关注编码的教学**。儿童要学习阅读，他们必须“改变编码”，把写出的词变成说出的词。
2) **阅读书籍**。当成人给儿童阅读时，要让他们熟悉词汇以及词汇的印刷体。如果在阅读时，儿童问问题、回答问题，效果会更好。
3) **父母教育**。如果教师和其他教育工作者能够指导父母促进孩子的认知发展（如上面的第二项手段），则可预测后期的读写能力。
4) **语言进步**。成人需要在每个儿童的最近发展区内（既不太容易也不太难）帮他们掌握词汇和语法，扩大儿童已经知道的东西的范围。

5) **学前项目**。通过学前项目，儿童将从与教师及其他儿童的共度时间中获益（本章后面将对此做进一步讨论）。

这五项措施对各种收入、年龄和族群的儿童都有帮助。儿童的年龄只和第二、第三项措施有关：2—3 岁的儿童从促进语言的活动中获得的好处可能大于 4—5 岁的儿童，但所有幼儿都能从这五项措施中获益 (Shanahan & Lonigan, 2010)。

（二）基础语法的学习

第六章曾讲到，*语法*是用于沟通的语言的结构、方法和规则。词序、词的重复、前缀和后缀、语调和重音，都是语法的内容。

儿童在 3 岁左右开始理解基础语法。例如，讲英语的 3 岁儿童懂得词序（主语、谓语、宾语），他们说，“我吃苹果”，两三岁孩子没有人会把这几个词的顺序颠倒。他们还会使用复数、时态（过去时、现在时和将来时），以及主格、宾格和物主代词。有些儿童还会正确使用冠词，尽管英语中的冠词有时令人困惑（学英语的成人对此太了解了）。

语言的每个方面（语法、词汇、语音等）都遵循特定的发展路线，这在一定程度上是因为大脑相关区域髓鞘化的速率，以及每种语言都有或易或难的建构。一般来说，基因对语言表达（说和写）的影响大于对语言*接收*的影响（听和读）。因此，儿童爱说话或不爱说话可能是天生的，但是经验（不是基因）决定着他们理解的词和语法建构 (Kovas et al., 2005)。儿童不但能理解听到的大多数话语，而且相信他们能听懂的比能说的更多 (Marazita & Merriman, 2011)。

有时候，儿童会在不应该使用语法规则的时候使用这些规则，这种错误称为**规则滥用**。例如，讲英语的儿童要学会在词尾加 s 变成复数，遵照这一规则，在想要两块饼干或好几块积木时，学步儿会说 cookies 或 blocks。但他们有时会滥用这一规则，如果给他们看一张抽象图案的画，告诉他们，这个东西叫 wug，然后给他们看两个这样的图形，他们会说，这是两个 wugs。

规则滥用 (overregularization)：在不应该使用某语法规则的情况下使用它，使语言看起来更“合规则”。

很多幼儿会滥用词尾加 s 的规则，例如，他们会说 foots、tooths 和 mouses（正确的复数形式分别为 feet、teeth 和 mice）。这是他们的知识更加丰富的表现，很多儿童初次说这些词时说得是正确的，因为他们在重复自己听到的这些词；后来，当他们懂得语法并尝试使用时，规则滥用就出现了。反复接触不规则用法非常必要，虽然刚开始时，儿童以为那些不规则词是遵循规则的 (Ramscar & Dye, 2011)。

（三）双语学习

说少数民族语言的儿童（所说语言不是所在国的主流语言）如果说不好主流语言，就会遇到麻烦。在美国，不精通英语的人在学校往往成绩较差，自尊心较低，找不到理想的工作，还面临其他很多困难。流利的英语可以扫除这些障碍，而能流利地说其他语言则是一种财富。

据美国2010年的统计，21%的在校学生在家里说英语之外的其他语言，其中多数人（75%）的英语说得很好。美国说双语的儿童比例逐渐增多，其他国家双语儿童的比例更高，例如，加拿大、非洲、亚洲和欧洲的很多国家，大多数六年级学生至少要说两种语言，有的能说三种语言。应该在什么时候开始学习第二种语言呢？一般来说，年龄越小，学得越快。

1．目的是什么？

在思考学习语言的问题时，我们需要澄清其目的。大家都说一种而且是唯一一种语言，对国家的团结是至关重要的吗？国际间的互相理解非常重要，会说几种语言才能实现这一目的吗？一个国家只有一种官方语言好，还是有几种官方语言好（瑞士有三种，加拿大有两种）？一个人说两种或更多语言在认知和语言发展上有好处还是会造成混乱？

有人认为，幼儿应该精通一种而且是唯一一种语言，教儿童两种语言会导致半语言，而不是双语，“陷入缓慢、不完整甚至受损害的语言发展中”(Genesee, 2008, p. 17)。有人认为，每个人说最少两种语言更好，“完全没有证据证明，儿童学习两种语言会造成混乱”(Genesee, 2008, p. 18)。第二种立场得到了更多研究的支持：在词汇激增之后不久，听到两种语言的儿童通常会掌握两套不同的词汇和语法，以及每种语言独特的停顿、语音、语调，甚至是身体语言 (Genesee & Nicoladis, 2007)。

幼儿期无疑是学习语言的最佳时期，无论学的是一种、两种还是三种语言。神经科学发现，双语儿童的两种语言位于同一脑区，但是管理是分开的。这种分离式管理使他们在激活一种语言时可以抑制另一种，在他们对只说单语的人说话时不会产生混淆 (Crinion et al., 2006)。当他们必须转换语言时，反应可能会慢1毫秒，但是他们大脑的整体机能更好，对老年期阿尔茨海默病甚至有一些抵抗力 (Bialystok et al., 2009)。

神经科学研究显示，在成年期才开始学习第二种语言的人通常会显示出每种语言有不同的激活区，而且反应速度会放慢，尤其是他们一边听和说，一边默默地进行翻译时。在青春期之后才开始学习第二语言的人中，只有少数的幸运者能够为两种语言激活相同的脑区，若能做到，这些人往往能成为非同寻常的熟练掌握双语的人 (Thomas & Johnson, 2008)。

无论是哪种语言，在儿童期之后才开始学习的人在掌握发音时会非常吃力。但是，发音问题不会导致理解错误。从婴儿期起，人的听力就比发音能力更强。几乎所有儿童在说母语时都有发音困难，但是他们还是无忧无虑，毫不在乎自己的发音错误，并逐渐以他们听到的口音学会清楚地说话。例如，从小说英语的儿童可能带有南方口音，或西部印第安口音，或加拿大口音——当他们离开家进入成年期时，原来的口音都很难消除。

为了让儿童把语言说得更好，有些幼儿教育项目主张让幼儿接受“语言沐浴”，意思是让儿童在各种情境中多听多说，就像一个洗澡的人被水包围一样。电视不是好老师，因为儿童需要的是在最近发展区内的个别化的、反应敏捷的指导。研究表明，花很长时间看电视的儿童，其语言发展较慢 (Harrison & McLeod, 2010)。

2. 语言的丧失

世界各国的学校都强调主流语言，但是一些说少数民族语言的父母担心子女身上会发生*语言转换*，即在家说的母语不如在学校说的语言流利。这是一种合理的担忧，因为在世界各地，语言转换都在发生。墨西哥一些说少数民族语言的儿童转换为说西班牙语 (Messing, 2007)，加拿大一些原住民转换为说英语 (Allen, 2007)，美国一些说汉语的儿童转为说英语——但不都是这样 (Zhang, 2010)。问题的关键是父母的态度和社会大环境对非主流语言的看法。

儿童可能在说话时发生这种转换，但是在理解上不一定。很多 5 岁儿童能听懂父母说的话，但是不说。成年移民在和讲单语的官员打交道时，会让自己的孩子当代言人并帮助解释，这种情况也很常见。这可能是一种实际需要，但是这种角色转换加大了孩子与父母之间的代沟。同时，这对语言转换也是一种强化，因为儿童意识到出了家门以后，主流语言最管用。

语言转换和角色颠倒是令人遗憾的，不仅对认知和心理健康是如此，而且对家庭和社会也是如此 (Toppelberg et al., 2010)。拥有很多讲双语的公民对一个国家有好处，对家庭传统的尊重可以减少青少年的反叛行为。但是幼儿处于前运算思维阶段，他们以“外国”语言此时的状态为中心，而不考虑其在世界上的用处；他们看重表面而不看重过去的历史；看重父母的穿着和习惯，而不看重传统和智慧；只看现在而不看过去。很多人向主流文化转变，这不值得奇怪。由于语言是文化的一部分，若想让一个儿童流利地讲双语，跟他说话的每个人都应该显示出对两种文化的欣赏 (Pearson, 2008; Snow & Kang, 2006)

3. 语言的获得

来自很多国家的上百万儿童都能说**平衡的双语**，即两种语言说得都很好，听不出另一种语言的口音，这促进了儿童的认知和语言发展 (Bialystok & Viswanathan, 2009; Pearson, 2008)。但是也有同样多的儿童要么放弃了自己的母语，要么没有学好第二语言。虽然掌握一种语言的技能可以迁移到另一种语言的学习中，但是“迁移既不是自动的，也不是必然的” (Snow & Kang, 2006, p. 97)，而是需要搭脚手架。

平衡的双语 (balanced bilingual)：能够流利地说两种语言但是并不偏重其中一种。

语言学习的基础——命名和词汇激增、快速绘图、过度概括和广泛实践——可以应用在幼儿学的每一种语言中。幼儿在两种语言中的词汇量与他们听到的两种语言的多少有直接关系；要让一个孩子成为平衡的双语者，成人必须更多地与儿童说话，至少是通常情况的 2 倍 (Hammer et al., 2011)。同样的做法可以使儿童流利地说三种语言，有些 5 岁的儿童就能做到这样。例如，父母中的一人用法语给孩子阅读，另一人用英语阅读，同时这个孩子还进入了一个讲西班牙语的幼儿园。5 岁时的心理理论使他懂得，一个人能听懂的某种语言可能是另一个人听不懂的，所以必须见什么人说什么话。

给移民父母的问题　你希望自己的孩子在来到新国家以后能流利地说这里的语言，尽管你自己说不好这里的语言。你应该用原来的语言还是用新语言跟你的孩子说话？（答案见第 308 页）

>>回答移民父母（问题见第 307 页） 儿童通过听来学习，因此要多和他们说话。你用不用新语言跟孩子说话，要看你自己是否觉得方便，你可能喜欢用母语给孩子读书、唱歌及和孩子交谈，同时找一所好的幼儿园，让孩子在那儿学习新语言。你最不应该做的是限制孩子说两种语言中的一种。

小　结

2～6 岁的儿童是令人惊叹的语言天才。在他们身上发生了言语爆炸，从 24 个月时的约 100 个词猛增到 6 岁时的几千个词，从笨拙的婴儿语言变成反应快速、说话流利的双语者。快速绘图和语法是他们使用的复杂装置，但二者都可能起反作用：很多幼儿会错误地使用词汇和一些并不存在的语法规则。一生中，再没有其他时间段能像幼儿期这样对语言学习如此敏感，尤其是在掌握发音方面。

大量接触两种语言，伴以有力的鼓励和重复练习，可培养出平衡的双语儿童，这不仅带来了流利的语言能力，而且对认知和社交技能也有好处。■

四、幼儿教育

几百年前，儿童在上小学一年级之前，都没有接受过正规教育，这就是为什么人们称一年级为“一”年级，以及为什么幼儿也被称为“学龄前儿童”。如今，很多 3—6 岁儿童都进了学校[①]（见图 9.6 美国的情况），这不仅是因为家庭结构发生了变化，而且因为研究“证明了幼儿期的快速发展和巨大潜力”(Hyson et al., 2006, p. 6)。尤其是在 3—4 岁时，幼儿的学习速度是最快的，前提是他们有大量的听说机会，能大量练习精细动作、大动作以及读写与数学——这些都是幼儿园可以提供的。

（一）家庭与幼儿园

一个重要的研究结论指出，家庭教育和幼儿园教育的质量都很重要。如果家庭教育环境差，那么良好的学前教育课程可使儿童受益更大 (Hindman et al., 2010)。如果家庭能提供学习机会，鼓励孩子每天下午、晚上和周末认真学习，那么即使他上的幼儿园没有提供充足的课程，也不会造成多大损失。最理想的情况是每个儿童都拥有良好的家庭教育环境和幼儿园教育环境，其原因是没有一个家庭或幼儿园总能够在儿童的最近发展区内促进其发展。

在美国，由于公立学校与私立学校“令人震惊的差异和不一致性”(Pianta et al., 2009, p. 50)，所以很难对家庭和幼儿园做出评价。总的来说，幼儿园会培养儿童的认知，但是有些课程并不完备，而父母可能会在这方面做得更好。很多家庭想对孩子进行家庭教育，但是他们往往做不到，而且中产阶层家庭要找到一所高质量幼儿园相当困难，在一些地方，低收入家庭更是会被这些幼儿园拒之门外。把不同的早期教育项目加以比较，可以发现最重要的因素是教师知道怎样对幼儿的需要做出反应，并且有时间做这些事情。要做到这一点，需要将教师培训与教师经验相结合，而且每个教师教的儿童比较少。

[①] 美国称幼儿园为“preschool”，本意为入学前。——译者注

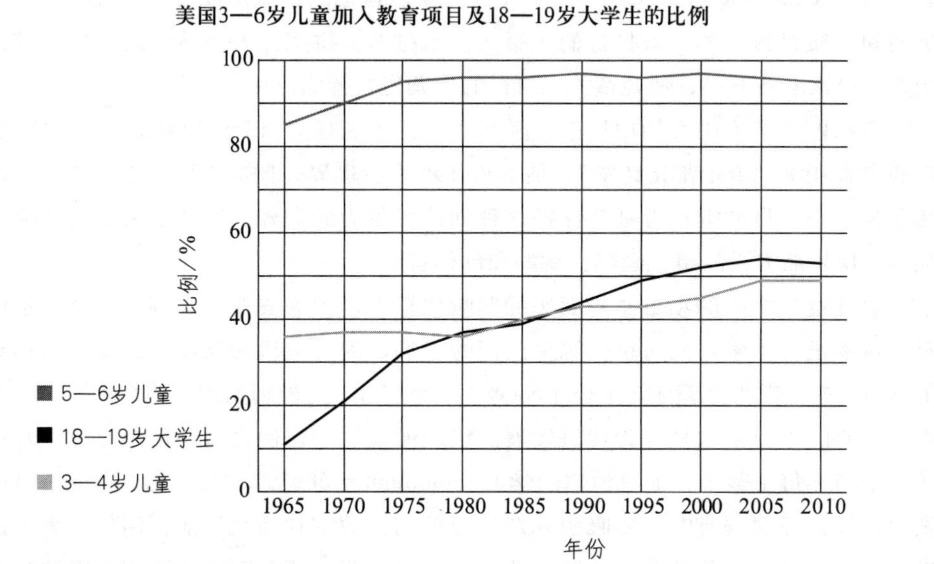

图 9.6

时代在变化　越来越多的研究发现，学前教育为后期学习打下了良好的基础，而且多数幼儿加入了学前教育项目。请注意，这是和 18—19 岁的大学生的对比（不包括仍在读中学的 18—19 岁学生，他们约占 15%）。

据 Aud et al., 2010.

观察小测验　3—4 岁儿童的入学比例在什么时候超过了 18—19 岁进入大学的人的比例？（答案见第 310 页）

第七章已对高质量的日托做了归纳：安全性、足够的场地和设备、较低的生师比、儿童与教师的积极互动，以及训练有素、工作稳定的教师和保育员。在选择日托机构时，父母会问一个问题："老师们在这儿工作了多长时间？"比这更重要的是对教师能力的评价，看教师在课程教学中是怎样对儿童的需要做出反应的——这种评价很难靠直接的观察来完成，而且对监管者也不可能这样做 (Pianta et al., 2009)。

幼儿教育机构有不同的名称（幼儿园、托儿所、日托中心、小学预备班、学前班）以及不同的结构（公立、私立、日托中心、家庭式日托），但这些名称都不是衡量机构质量的可信指标 (Fuligni et al., 2009)。每个幼儿教育项目（有时也包括每个教师）会强调不同的技能、目标和方法 (Chambers et al., 2010; Walsh & Petty, 2007)。下面介绍其中三种类型：以儿童为中心的项目、教师指导型项目和干预项目。不过要记住，家庭教育的质量和教师能力比这些项目的名称有更大的影响。

（二）以儿童为中心的项目

很多项目都被称为发展项目，或*以儿童为中心的项目*，因为它们强调儿童的发展与成长。在这些项目中，教师相信儿童需要的是满足他们自己的兴趣，而不是听从成人的指导，"应该允许儿童在教师准备的各个学习区选择自己感兴趣的活动”(Lara-Cinisomo et al., 2011)。要允许儿童以自己的步调形成自己的观点。物理空间和物质材料（如穿戴打扮的衣服、艺术材料、拼图、大小不一的积木和其他玩具）应该准备充足，使儿童能以自己的步调进行探索。

多数以儿童为中心的项目都鼓励儿童的艺术表现力 (Lim, 2004)。一些教育家强烈主张儿童“身上都是诗篇”，他们天才地看待世界，比成人更富于想象力。以儿童为中心项目的拥护者呼吁保护这种创造想象力的高峰；给儿童大量的机会单纯为了快乐而去讲故事、画画、跳舞和创作音乐。

以儿童为中心的项目受皮亚杰的影响比较大，因为皮亚杰强调让每个儿童都对新事物进行探索；同时也受维果茨基的影响，因为他认为儿童应在成人的指导下学习，并向其他儿童学习 (Bodrova & Leong, 2005)。教师的作用非常重要，以儿童为中心的项目要求教师为促进发展而组织课堂活动，使之适合每个儿童，并在活动中指导每个孩子，促进他们的学习 (Dominguez et al., 2010)。儿童主要是自己做出选择，但课程有时候要吸引儿童学习单词、数字和社交技能。例如，为了促进数概念的学习，儿童会玩一些数数或得分的游戏，还要遵守那些需要用到数字的常规（日历和作息时间）。教师常把数字作为管理班级的一部分（如每个活动角有三人，全班有两个值日生为大家提供果汁）。

给尚未就业的幼儿教师的问题　你找到了一份工作，其中一个教师要管理10个孩子。你知道要教的孩子太多了，但是你需要工作。你应该怎么做？（答案见第312页）

1. 蒙台梭利学校

>>观察小测验（第309页）答案　1985—1990年。准确的年份（未显示）是1988。

以儿童为中心的学校早在100年前就出现了，当时玛丽亚·蒙台梭利（Maria Montessori, 1870—1952）在罗马为贫穷儿童办了一所学校。她相信儿童需要结构化的、个别化的教学，让他们获得成就感。儿童在幼儿园中要完成拼图，用海绵擦桌子，画出各种形状，等等。

和与她同时代的皮亚杰一样，蒙台梭利也意识到了儿童的想法和需要与成人不同。在她的学校里，儿童可以从看起来很像游戏的活动中学习。教师给每个儿童分派符合其学习愿望的任务。例如，因为儿童需要懂得秩序、学习语言并利用他们的各种感觉，蒙台梭利学校里的儿童要做各种系统化的练习，为的是让他们进行探索——例如，纸袋里装着肉桂块，先闻闻，再触摸，然后尝尝。它会通过各种方法满足儿童的好奇心和乐趣，并且练习了有利于学习的动作技能。

蒙台梭利学校 (Montessori schools)：以玛丽亚·蒙台梭利的教育理论为基础的幼儿教育学校，强调儿童自己的认真学习以及给儿童布置他们能完成的任务。

今天的**蒙台梭利学校**依然重视个人自豪感和成就感，给幼儿呈现很多与读写相关的任务（如学习字母、看书等）(Lillard, 2005)。现在用的一些材料和蒙台梭利当时用的有些不同，但基本思想是一致的。儿童自己对学习任务进行了探索，而不是坐在那里安静地听老师讲。这就是以儿童为中心的蒙台梭利项目的特征，尽管传统的蒙台梭利学校排斥某些儿童喜欢的活动（如穿衣打扮游戏）。

蒙台梭利学校的目的是让所有儿童为自己感到骄傲并参加到学习中去。蒙台梭利思想的很多方面与现代发展研究都是一致的。这也是蒙台梭利学校至今仍然流行的原因之一。一项研究考察了密尔沃基市中心的一所参加了蒙台梭利项目的幼儿园儿童，发现和其他幼儿园儿童相比较，这些儿童在阅读和数学任务上的成绩更好，而且心理理论的通过率也较高 (Lillard & Else-Quest, 2006)。对这一结果的解释是，这些儿童在自信、好奇心和探索中获得的东西迁移到了更多的学习任务中。

2. 瑞吉欧·艾米利亚教育

幼儿教育的另一种形式是**瑞吉欧·艾米利亚幼儿教育**，因为它是在意大利的一个同名城市开始的，那里几乎所有的幼儿都上幼儿园。在瑞吉欧·艾米利亚，幼儿园鼓励儿童掌握各种技能，如书写和使用工具，而在北美的学校，7 岁以下儿童是不学这些技能的。那里不实行大班教学，不是在正规课堂上让儿童书写字母和剪纸。相反，"每个儿童都是创造性的、有潜力的儿童"(Gandini et al., 2005, p. 1)，强调个人学习需要和艺术潜力。对成绩的测量（如检查儿童是否学会了字母的测验）不是主要的，他们的核心观念是每个儿童都会以自己的方式进行探索 (Lewin-Benham, 2008)。

瑞吉欧·艾米利亚幼儿教育 (Reggio Emilia)：产生于意大利的瑞吉欧·艾米利亚的幼儿教育流派，主张在精心设计的环境中鼓励每个儿童的创造性。

瑞吉欧幼儿教育非常强调艺术鉴赏力。每所瑞吉欧幼儿园都有艺术工作室和艺术工作者来激发儿童去创造。幼儿园的场地也是培养创造性的。瑞吉欧幼儿园都有一个中央大厅，儿童可以在那里聚集，儿童的画作可以在一面白墙上得以表现，也可以挂在高高的天花板上，从地面到天花板的大落地窗宽敞明亮，室外游戏场种满了植物。幼儿园里装有一些大镜子——这也符合培养个性的理念。瑞吉欧项目的生师比一般较低，有宽敞的场地以及表现创造力的丰富材料。

瑞吉欧课程的一个不同之处是，一个小型班级的儿童都会参加他们选择的一个长期项目。这些项目可以培养儿童对自己所取得的成就的自豪感（这些成就都要展示出来让大家欣赏），同时教他们一起做计划，一起合作完成任务。幼儿园还鼓励儿童调查周围的自然世界，包括植物、昆虫等。作为瑞吉欧教育计划的一部分，还要有种着各种植物的户外游戏场。

以后各章将要讲到，现在很多国家都很重视儿童在早期学习科学和数学的需要。这意味着让幼儿熟悉数学和培养他们对探究的热情，这都是在瑞吉欧教育中要做到的。美国学者对瑞吉欧课堂的一项分析表明，"丰富的科学背景激发并支持了幼儿的探究精神，并且有效地调动了幼儿的双手、头脑和向往科学的热情" (Inan et al., 2010, p. 1186)。

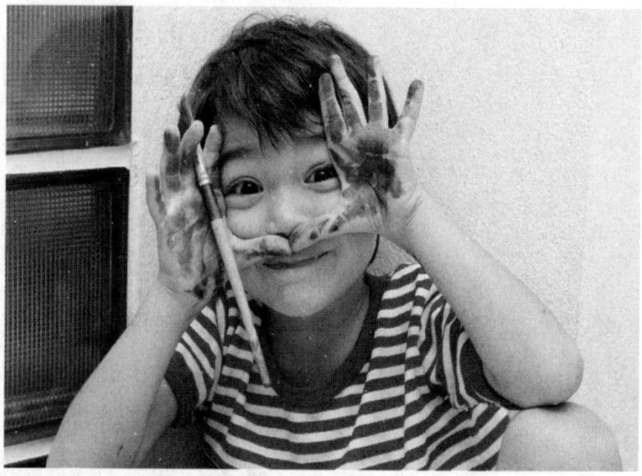

以儿童为中心的自豪感　这个孩子的双手为什么沾满了颜色？答案来自意大利北部——他参加了一个瑞吉欧幼儿园，这所幼儿园鼓励儿童发展创造性表现力。

瑞吉欧的教师被鼓励互相合作，她们每周大约要花 6 小时参加教师教研活动，对活动做计划，进行小组讨论，与幼儿的父母进行交谈。父母也要与教师合作，教孩子特定的内容，并了解对孩子的学习情况的个别化报告，包括照片和教师写的观察记录。

（三）教师指导项目

与以儿童为中心的项目不同，以教师指导为主的

>>**回答尚未就业的幼儿教师（问题见第310页）** 你最好等待一份能让儿童学得更好的幼儿园工作，它应该以本章所讲的方法为宗旨。做一份真正有益于儿童的工作会让你很快乐，并学到更多的知识。但是从现实考虑，你可能不得不接受这份生师比为10:1的工作。如果你接受了，可以改变一下生师比——找一位助手，比如实习的大学生或志愿参与管理的孩子祖母。但是要谨慎选择——有些人可能帮不上什么忙。在你接受这份工作之前，要记住，儿童需要连续性，你不能仅仅因为找到了一份更好的工作就随便离开这所幼儿园。

幼儿园强调知识学习，通常是一个教师教一个班。课程包括字母、数字、形状和颜色，按时间表进行教学；所有儿童都根据日程表睡觉、吃饭和大小便。儿童要安静地坐着听老师讲课。对好行为给予表扬和强化，对坏行为给予暂停（暂时离开班里，停止活动）等惩罚。

在教师指导项目中，教学的一项重要工作是把教学同无结构的家庭游戏区别开。教师们赞同以教师指导为中心的一些观点，例如，儿童在能编一个故事之前必须先熟悉字母 (Lara-Cinisomo et al., 2011)。很多国家都采用了这种幼儿教育项目。一个德国男孩这样说：

> 家就是家，幼儿园就是幼儿园。这里是我的工作，家是停工的时间，懂吗？我妈妈说，工作就是我要学习一些东西。学习时你必须开动脑筋，停工时你就不用动脑子了。
>
> (Griebel & Niesel, 2002, p. 67)

教师的目的是让所有儿童为进入小学而“做好学习的准备”，为此要教他们各种基本技能，如阅读的准备、写字、算数，有时是通过教师提问和儿童作答。儿童要练习书写字母，念出单词，点物数数，写出自己的名字。如果一个4岁的儿童学会了阅读，就是成功的。（在以儿童为中心的项目中，早期阅读会引起质疑，认为这会导致儿童没有时间玩和社交。）值得注意的是，这些幼儿园不强调社交技能，也就是不重视儿童之间非正式的互动。也许“入学准备”这个定义太窄了 (Winter, 2011)。

教师中心项目主要受到行为主义的启发，因为行为主义强调步步为营地学习和复习。另外的启发来自一些研究，这些研究证明，在幼儿园最后一年没有学会基本词汇和学习方法的儿童在进入小学以后将遇到困难。美国很多州立法要求幼儿园所有的儿童都学习一些特殊概念；有教师指导的学习最适于达到这一要求 (Bracken & Crawford, 2010)。

儿童中心的教育观和教师中心的教育观之间的区别不仅在教学上，而且在态度和期望上。例如，一个孩子打扰了另一个孩子，被打扰的孩子是应该告诉老师还是自己和对方商量解决问题？如果一个孩子咬伤了另一个孩子，咬人的孩子是否应该被隔离、劝告、警告、惩罚，或者让被咬的孩子反过来咬他？幼儿园必须为这种情况制订规则，而规则会因为教育观念的不同而不同。以儿童为中心的幼儿园可能会要求犯错误的孩子反省自己的行为造成的影响；教师中心的幼儿园可能会马上给予犯错者惩罚。

看来，如果让每个教师按照自己认为最好的方法去做，容易导致各种方法的大杂烩，并会让儿童和父母感到困惑。对荷兰幼儿园的一项详细的研究表明，来自不同文化的成人之间的差异非常显著。土生土长的荷兰教师更强调个人成就，而来自加勒比或地中海地区的成人则更强调分享和小组学习 (Huijbregts et al.,

2009)。所以，荷兰教师更倾向以儿童为中心，而移民教师更强调以教师为中心。

幼儿园（也许是所有学校）的新教师可能认为自己的方法是最好的；多年在一起工作的教师在观念和行为上也更相似 (Huijbregts et al., 2009)。互相学习可能是原因之一。

这项研究发现，当父母、教师和保育人员来自不同背景时，像在北美常见的那样，将导致一种复杂性。很多研究显示，儿童可以学会老师教给他们的知识和社交技能；上过幼儿园的孩子比没上过幼儿园的孩子在认知技能上往往领先一步 (Camilli et al., 2010; Chambers et al., 2010)。但是，所有幼儿都需要培养注意力、坚持性和连续性，如果每个教师都采用不同的规则和惯例，对儿童显然没有好处。

（四）干预项目

很多国家都在努力通过幼儿教育减小能力强弱的幼儿之间的差距（如中国、法国、意大利和瑞典）。国家对幼儿教育干预手段的支持会因年龄群和文化的不同而不同。

给教师的问题　父母在寻找一所幼儿园时，应该看重什么？（答案见第 314 页）

先来看中国，中国的情况在某些方面和美国正好相反。在 1949 年中华人民共和国成立时，国家希望增强人民的凝聚力和自豪感——这对一个有几亿人口、经过连年战乱的多民族国家来说不是一个轻松的任务。为此，中国建立了成千上万所幼儿园，强调教师指导下的“集体主义和纪律性”教学，而不强调游戏与个性化。在 40 年之后的 1989 年，由于教师们接受了皮亚杰和维果茨基的影响，政府对课程进行了重新规划，这次实行的是更倾向以儿童为中心的课程 (Xu, 2011, p. 151)。本书后面章节将要详细介绍，中国儿童以火箭般的速度在国际学习成绩测验中登上了顶峰。

在西方国家，干预的原因主要是为了帮助低收入阶层的儿童在学校里表现得更好。在这方面，这些干预已经取得了成功。在英格兰、加拿大、澳大利亚和美国，数百项研究发现早期教育对处境不利的儿童有帮助 (Camilli et al., 2010; Coghlan et al., 2009)。下面来看看美国的情况，包括过去几十年政策变化的影响。

1. 儿童启智项目

在美国，从 1965 年以来，有数百万儿童被认为需要在正规教育中得到“头脑启蒙”，帮助他们在进入小学一年级之前具有更好的健康状况和认知能力。因此，在美国联邦政府的资助下，对全美的 4 岁儿童发起了一项大规模项目，称为**启智项目**。

启智项目 (Head Start)：美国联邦政府为低收入阶层的学前儿童设立的一个干预项目。

在研究的第一阶段，儿童的智力和语言就出现了巨大进步；第一轮追踪发现，早期的进步到二年级逐渐消失。之后，该项基金因回报不显著差点被撤销。第三轮研究发现，和没接受过学前教育的学生相比，原来参加了启智项目的学生读到中学毕业的人更多，而且找到工作的人也更多 (Zigler & Styfco, 2004)。于是这项基金得以继续：在 2009—2010 年，将近一百万名儿童参加了启智项目。

在过去的几十年里，启智项目的宗旨已经改变了，从帮助家庭摆脱贫困到促

>>回答教师（问题见第 313 页） 建议父母看重人多于看重项目。父母应该根据儿童的行为来判断，同时注意教师是否对每个儿童都和蔼可亲并给予尊重。

进读写能力，从提供口腔护理和免疫接种到教儿童标准的英语，从指导父母采用更好的教育方法到教儿童自己解决冲突。由于越来越多的儿童讲英语之外的语言，流利的读写越来越被强调；又因为美国在数理化教学方面落后于其他国家，因此越来越鼓励儿童去享受数学和科学探索的乐趣。

参加启智项目的一些教师采用儿童中心教育法，另一些人偏向于教师中心法；一些人担心父母会造成问题，另一些人则把父母看作盟友 (D. R. Powell, 2006)。一些项目只允许具有美国国籍的儿童参加，另一些项目允许所有儿童参加。

这些差别对儿童及其家庭有直接影响，因为儿童虽是接受教育者，但他们学的东西在很大程度上取决于他们的教育经历。例如，美国低收入阶层的很多三四岁儿童很少有正式接触数学的机会。启智项目的一个活动是让儿童玩数字板游戏，使他们的数学理解力明显增强 (Siegler, 2009)。早期启智项目对那些社会经济地位较低的青少年父母的 3 岁及以下儿童有尤其显著的效果。这一项目之所以有效，不但因为幼儿园的直接教学，还因为它减轻了父母的压力，使他们能给孩子提供更多的认知刺激 (Ayoub et al., 2011)。

当前的情况是，2010 年，美国国会负责批准基金的部门要求启智项目回答以下两个问题：

1) 启智项目使低收入阶层儿童的发展与学习（尤其是入学准备方面）的主要结果产生了什么不同？启智项目怎样影响了父母的教育方法？
2) 启智项目在哪些背景下、对哪些人产生的影响最大？

对这些问题的回答并不像其拥护者或反对者希望的那样富于戏剧性（美国卫生和公共服务部, 2010）。启智项目确实促进了参加该项目的儿童的读写能力和数学技能，而且改善了儿童的口腔卫生和父母对孩子的反应性。但是，很多效果在一年级时就减弱了。其中的一个原因或许是没有参加启智项目的对照组儿童可能参加了其他幼教项目，有些可能比启智项目更好，有些则未必。

一些儿童从启智项目中获益更多，其中获益最大的是收入最低的家庭、生活在农村地区的儿童或残疾儿童（美国卫生和公共服务部, 2010）。这些儿童最不可能从其他地方找到早期教育资源，这种情况支持了参加启智项目比不参加任何项目更好的观点。其中，最大的好处在于幼儿期语言和社交技能方面的进步，但是这些优势没有延续到学前班，只有词汇是一个例外。也许，更多的结果会在长期追踪研究后被发现，下面介绍的几个小型研究显示了这种可能性。

2. 双语教育

一种看来有效的早期干预类型是双语教育。双语教育在全世界越来越重要，因为世界性的移民导致数以百万计的儿童在家里说的语言和在学校教的语言不一样。对需要学习另一门语言的幼儿的国际性研究很少，但很多国家的研究结果显示，有效地掌握第二种语言的方法取决于儿童、家庭背景以及国家的价值观。

一篇综述性文章得出结论："一种有效的方法绝不可能对所有双语学习者同样有效"(Hammer et al., 2011)。

在美国所有学前儿童的父母中，大约有 1/3 的人讲非英语的语言。其中多数是西班牙语，但有约 2% 的 4 岁儿童讲汉语，从其他国家来的移民——尤其是印度、俄罗斯、菲律宾和韩国——在家里也讲他们原来的语言。一些父母会讲英语，一些幼儿进入了英语幼儿园。因此，很多 4 岁幼儿能流利地讲两种或两种以上的语言。

研究特别关注了大约 24% 的西班牙裔幼儿（见图 9.7）。一般来说，和单单把讲西班牙语的儿童安置在只讲英语的环境中相比，让英语和西班牙语相结合的项目（比如，两种语言各半天）在英语教学和促进西班牙语方面更成功 (Barnett et al., 2007)。第十二章将介绍第二语言教学的几种方法。

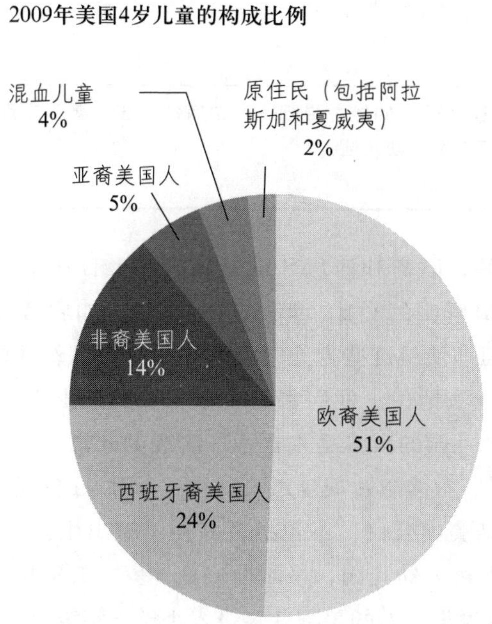

图 9.7

只有六种类型吗？　美国的多样性远远大于美国人口普查局公布的这些统计数字。例如，美国人家庭说的语言多于 50 种。但这个饼图至少反映了一个年龄群的变化：儿童的族群比年长者更多样。在 75 岁以上人群中，83% 是欧裔美国人。

据 U. S. Bureau of the Census, 2010.

令人遗憾的是，由于政治和文化原因，在美国，最不可能进入幼儿园的是来自讲西班牙语家庭的幼儿——进幼儿园的儿童不到一半（见图 9.8）。这是 4 岁幼儿的数据，家里讲西班牙语的 3 岁幼儿进入幼儿园的比例更低，大概只有 15%。4 岁以前学习第二种语言比较容易，但是多数讲西班牙语的幼儿没有这种机会。

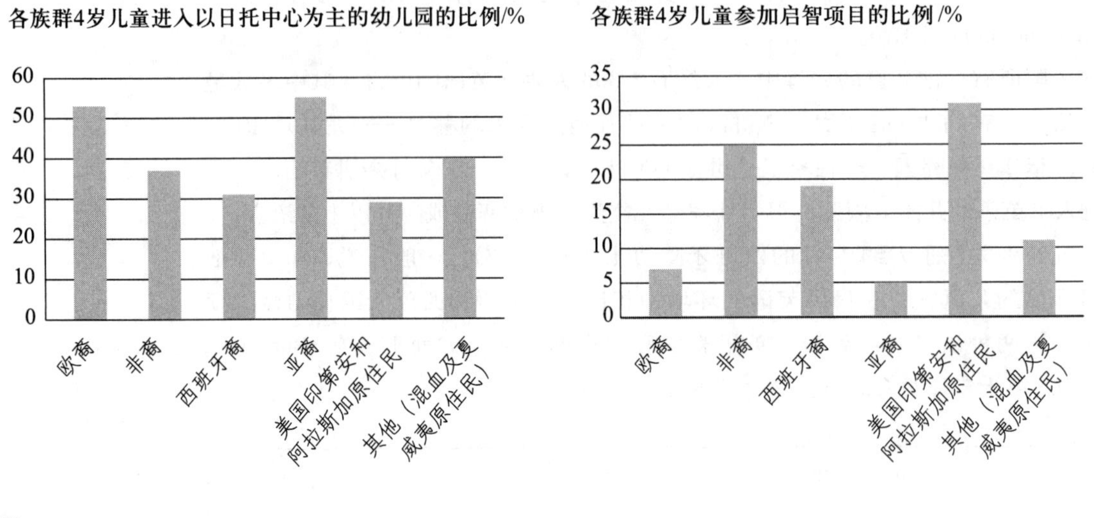

图 9.8

另一半　很多研究发现，上过幼儿园的 4 岁儿童在学前班的能力更强——语言能力强，善于交朋友。但是尚不清楚为什么几乎有一半的儿童在上学前班之前没上过任何类型的幼儿园。

据 Chernoff et al., 2007.

正如你所看到的，欧裔和西班牙裔美国人在上日托中心（包括私立的和公立的）方面形成了最鲜明的对比。联邦政府项目，如启智项目，要求儿童必须来自低收入家庭，但即使是这些家庭的儿童也很少进入幼儿园。一个原因是，因为家里有人未获得合法地位，他们害怕全家将被驱逐出境。另一个原因是习俗：他们认为，需要进幼儿园的大多是来自中产阶级的儿童，而大多数移民没有这种需求。另一个问题是，很多启智项目每天只有 3 小时，这对语言学习是个限制。

这些数据只包括美国公民，不包括在其他国家出生、现在住在美国的幼儿。这些幼儿几乎没有人进入幼儿园，虽然他们到 6 岁时有资格进入公立学校。每年都有将近 100 万英语说得很差的美国儿童进入小学一年级。

3. 从密集型项目中获得长期收益

根据长期追踪评价结果，多数发展学家相信，只要教师有能力，干预力度足够，早期干预肯定会有效果。这一证据来自三个项目，参加项目的儿童在几年的时间内全天参加活动，有的项目从婴儿期的家庭访问开始，有的持续到幼儿园项目之后的小学一年级。其中一个项目称为“佩里 (Perry)”的项目，或称“高 / 视野 (High/Scope)”项目首先在密歇根展开 (Schweinhart & Weikart, 1997)；另一个称为“启蒙者”的项目首先在北卡罗来纳州开展 (Campbell et al., 2001)；第三个称为“亲子中心”的项目，首先在芝加哥开始 (Reynolds, 2000)。

这三个项目都把实验组和相匹配的对照组做了比较，并得出了相同的结论：早期教育具有实质性的好处，其最明显的收益产生在小学三年级及以后。参加这三个项目的儿童在 10 岁时的数学和阅读测验得分高于有相同背景、学校和邻居的儿童。与同社区的同学相比，他们在自己的班级里很少成为学习落后、违反纪律的学生。

获益不止于此。到青少年期，那些经历过密集学前教育的儿童拥有更高的抱负和成就感，很少被虐待。成为年轻的成人以后，上大学的较多，进监狱的较少，纳税的人较多而领社会福利的较少 (Reynolds & Ou, 2011; Schweinhart et al., 2005)。早期教育影响了他们成年生活的各个方面，因为“早期认知和学习成绩的优势导致了社交技能和较强动机的形成，从而大大增强了他们的心理健康 (Reynolds & Ou, 2011, p. 578)（见图 9.9）。

对高/视野项目参与者的主要发现

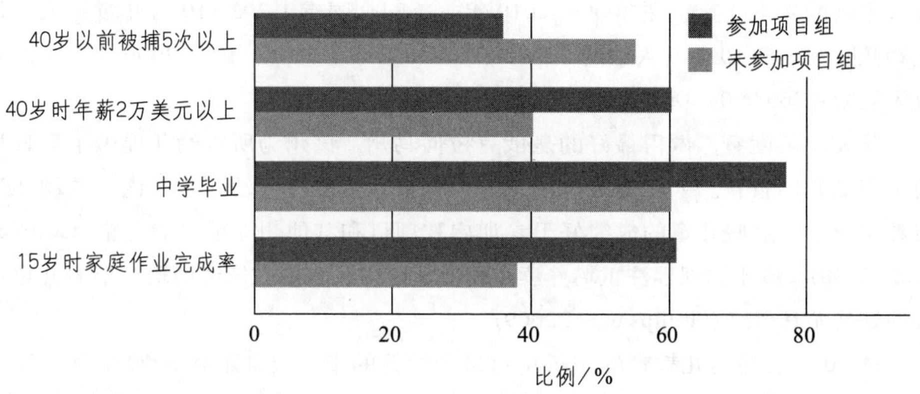

图 9.9

等到中年期　追踪研究发现，参加密集型”高／视野”幼教项目两年，改变了数十名来自贫困家庭儿童的生活。该项目对他们的教育、成年早期和中年期生活的很多方面都有积极影响。（本图没有显示另一个令人感兴趣的发现：参加”高／视野”项目对女孩的影响显著大于男孩。）

据 Schweinhart et al., 2005, p.196.

这三个研究项目都发现，对儿童进行直接的认知训练（而不是只让儿童玩），指导儿童掌握丰富的入学准备技能，只要考虑到每个儿童的需要和能力，就会非常有效——课堂环境也使这一点成为可能，因为生师比例较低。课堂教学是以儿童为中心和教师指导相结合的。为了鼓励教师和父母联系并介入对其子女的教育中，每个项目都设计了家庭与学校联系的方法。

这些项目是相当昂贵的（以 2010 年的汇率，每年每个儿童在 5000 ～ 17000 美元之间）。从发展角度看，将来特殊教育和其他社会服务需求的减少最终会证明在这些项目上的投资是明智的，每 1 美元的投资可能减少未来 4 美元的开支 (Barnett, 2007)。项目给儿童和社会带来的效益可持续终生，包括稳定就业和减少犯罪等。

事实证明，终生回报最大的是来自芝加哥学前项目的最贫穷社区的男孩，在这些男孩身上显示出的社会效益相当于投入时的 12 倍 (Reynolds et al., 2011)。问题在于，投资是即时的，而收效是长期的。如果没有发展的眼光，立法者和选民不会愿意给这些昂贵的干预项目投资，因为其效益要在10年或更长时间后才显露。另一个问题是，这些成功的项目规模都较小，在一个小样本的成功很难概括为上百万儿童的成功。

4. 州级项目

受这些密集型项目和其他对幼儿研究的激发，美国很多发展学家主张，最晚从3岁起，对所有儿童进行早期教育。令人遗憾的是，美国全国只有大约一半的3—4岁儿童进入了幼儿园，这减小了另一半儿童在小学取得“成功的机会”(Education Week, January 14, 2010)。

这一点正在发生变化：40个州为幼儿开办了公立幼儿教育——对象通常是低收入家庭的4岁儿童。在2009—2010年，美国全国有1 292 310名儿童加入了州立幼儿园——是10年前人数的2倍多(Barnett et al., 2010)。因为2006年出生的儿童人数为4 260 000，所以这些儿童占整个年龄群的1/4多。

从发展角度看，做得最好的是俄克拉何马州，该州为所有幼儿提供了全日学前班和幼儿园教育。入园是自愿的，但大多数儿童都进了幼儿园。该州的幼儿学习数据显示，这些儿童的成绩好于参加启智项目和其他州立项目的儿童(Gormley et al., 2008)。该州的课程注重培养读写和数学能力；它给在家说西班牙语的儿童带来的好处尤其突出(Phillips et al., 2009)。

这40个资助幼儿教育的州每年对每个幼儿的平均资助不到5000美元。这对于低生师比、教师有大学学历、在安全上有专业指导、具有充足场地的项目显然是不够用的。最好的项目——每班至少有两个保教人员——要为有特殊需要的儿童另外配备教师，还要有项目指导人员（如瑞吉欧项目中的艺术教师和另一些项目中的保育人员）。

在发展学家看来，只有四个州（亚拉巴马、阿拉斯加、北卡罗来纳和罗德岛）拥有高质量的幼教项目，但这四个州都没有大规模项目(Barnett et al., 2010)。发展学家主张，让更多的幼儿入园并提高幼教项目质量是主要目标；问题是让立法者和公众相信这是必须做的事情。

小　　结

对幼儿教育的研究，尤其是对低收入家庭儿童参加幼教项目的研究证明，高质量的早期教育给儿童带来的好处表现在促进了语言学习和社交技能上，并且可以预测未来。各种不同的教育方法，如以儿童为中心的方法（蒙台梭利和瑞吉欧）和教师指导法会各显其能——尽管有些项目非常昂贵。一些大规模项目——如启智项目和各州资助的前幼儿园项目，以及规模较小的项目（如高/视野项目、启蒙者项目和芝加哥亲子中心项目）——可以改变参加项目的低收入家庭儿童的人生。各个国家、地区和不同的父母为子女寻找幼儿园的目的不同，各个项目在教师培训、课程设计、物理空间设计以及生师人数比等方面各有不同，教育质量也不同。

本章总结

一、皮亚杰和维果茨基

1. 皮亚杰强调幼儿游戏年代的自我中心和思维的非逻辑方面。他把这一阶段称为前运算思维阶段，因为幼儿不能运用逻辑运算对他们看到和经历的事情进行思考。
2. 皮亚杰认为，幼儿通常只专注于一件事（中心论），只从自己的角度看一件事（自我中心），局限于事物的表面和当前的现实。他们相信无生命物体拥有生命活力，这种观念被称为泛灵论。
3. 维果茨基强调儿童期认知的社会因素，认为儿童通过参加丰富多彩的实践活动、在学识更多的成人或同伴的指导下进行学习。这种指导在最近发展区内（对儿童有潜力掌握的知识技能的范围内）对学习很有帮助。
4. 在维果茨基看来，最好的教师会采用暗示、指导和其他手段，给儿童搭建一个学习新知识的脚手架。语言是一座桥梁，在儿童已掌握的知识与社会希望他们学习的知识之间起到中介作用。维果茨基认为，词语是学习的工具。

二、儿童的理论

5. 儿童建立起自己的理论，用于解释生活的目的和他们在生活中的角色。关于儿童思维的一种理论称为理论—理论，它假设，儿童之所以建立自己的理论，是因为所有人天生就寻求对他们观察到的所有事物进行解释。
6. 儿童建立理论的一个例子称为心理理论——对其他人所思所想的理解。在心理理论上的显著进步出现在4岁左右。心理理论在一定程度上是大脑成熟的结果，但文化和经验也有影响。

三、语言学习

7. 语言在幼儿期得到快速发展，这是语言学习的一个敏感期而不是关键期。词汇得到爆炸性的增加，在2—6岁，词汇量增加数千个。此外，幼儿还掌握了基础语法。
8. 很多儿童学习讲多于一种语言，在认知与社交技能方面也取得了进步。在理想情况下，儿童在6岁时能掌握平衡的双语——两种语言同样熟练。

四、幼儿教育

9. 幼儿期有组织的教育项目能促进幼儿认知与社交技能，但项目之间差异很大。蒙台梭利与瑞吉欧项目是两种以儿童为中心的项目，产生于意大利，现在在各国得到推广。行为主义原理导致了许多教师指导项目的特殊方法。

10. 启智项目是美国联邦政府主要为低收入家庭儿童设立的幼教项目。追踪研究发现，幼儿教育可以减少后期发生的问题（如需要特殊教育的危险）。高质量的幼教项目可增大儿童成为一个有职业的守法公民的可能性。

11. 多种幼儿教育项目都是成功的。幼儿教育的质量是项目取得成功的关键。如果教师遵循一个确定的课程大纲，具有较低的生师人数比，幼儿的学习效果最好。幼儿教师的训练有素、和蔼可亲以及工作岗位的连续性能使儿童在各方面获益良多。

关键术语

不可逆性，p289
搭脚手架，p292
泛灵论，p289
符号思维，p288
个人言语，p294
关注表面，p288
规则滥用，p305
过度模仿，p293
静态推理，p289
快速绘图，p303
理论—理论，p297
蒙台梭利学校，p310
平衡的双语，p307
启智项目，p313
前运算智力，p288
瑞吉欧·艾米利亚幼儿教育，p311
社交中介，p295
守恒，p289
心理理论，p299
指导性参与，p292
中心论，p288
自我中心主义，p288
最近发展区（ZPD），p292

你学到了什么？

一、皮亚杰和维果茨基

1. 前运算思维有什么优点和缺点？
2. 儿童的自我中心和成人的自私有何不同？
3. 儿童的泛灵论与成人的泛灵论有何不同？
4. 玩具怎样为儿童的特定行为和价值观搭脚手架？
5. 指导性参与怎样扩大了儿童的最近发展区？
6. 为什么维果茨基认为人对自己说话不是疾病的信号，而是对认知的支持？

二、儿童的理论

7. 理论—理论对成人和对儿童同样有效吗？
8. 为什么儿童心理理论的发展使他们不再容易被欺骗？
9. 哪些因素可以促进心理理论的发展？

三、语言学习

10. 哪些证据证明幼儿期是学习语言的敏感期？
11. 快速绘图怎样支持了语言的快速发展？
12. 为什么说规则滥用意味着认知进步？
13. 语言学习中有哪些证据显示出了幼儿期的逻辑局限性？
14. 教孩子说两种语言有何好处？
15. 怎样避免语言的丧失？

四、幼儿教育

16. 幼儿园能给幼儿提供哪些家庭不能提供的东西？
17. 在以儿童为中心的项目中，教师要做什么？
18. 瑞吉欧项目与其他多数幼教项目有何不同？
19. 为什么蒙台梭利学校在开办100年后的今天仍然广泛流行？

20. 教师指导型幼儿园有何优势和劣势?
21. 启智项目的目的是什么?
22. 为什么对启智项目的评价会得出不同的结论?
23. 干预型幼儿园有何长期效果?

应　用

理解幼儿期思维的最好方法，是像下面的 1 和 2 那样，去听一个儿童说话。如果有些学生很少接近儿童，就应该像下面 3 和 4 那样做。

1. 重复皮亚杰的一个守恒实验。最容易做的一个是液体守恒（图 9.1）。找一个 5 岁以下的儿童，让他告诉你，两个相同形状的杯子里的液体一样多。然后把一个杯子里的液体倒入一个窄而高的杯子，并问儿童，这个高杯子里的液体和原来那个较矮杯子里的液体哪个更多。
2. 为了证明幼儿能快速学习语言，给一个幼儿看几样东西，然后用一个无意义的单词命名每样东西，这些词是儿童从来没听说过的。或用儿童不熟悉的单词命名（如扳手、瓦刀，或其他国家的硬币）测验一下儿童的快速绘图能力。
3. 心理理论大约在 4 岁时出现，但很多成人在理解别人的想法和动机时仍会遇到麻烦。问几个人，为什么新闻中的某些人会做那样的事情（如一个丑闻、一次犯罪、一个英勇的行为）。然后问他，能在多大程度上肯定自己做的解释。对每个人所说的原因和肯定程度进行比较和分析。（一个人可能对自己的解释非常肯定，另一个人可能觉得自己的解释是不可能的。）
4. 回想一次经历，你在其中学到了起先感到很困难的东西。维果茨基的理论概念（指导性参与、语言中介、师徒关系、最近发展区）在多大程度上能解释你的这次经历？写出细节，像维果茨基描述的那样，一步一步地写出你的学习过程。

第十章

幼儿期的心理社会性发展

你将学到什么？

1. 儿童做了大人想让他们做的事情，应不应该奖励？
2. 儿童和别的孩子一起玩，能从中学到什么？
3. 父母应该让孩子看电视吗？
4. 教孩子懂得对与错的最好的办法是什么？
5. 幼儿为什么夸大男孩和女孩之间的差异？

我的女儿贝莎妮在5岁的时候曾经挑战我的一个男学生——要跟他打架。

“女孩不打架。”我的学生说着，大笑起来。

“没有人应该打架。”我纠正他。

我们两人都在教贝莎妮应该怎样表达情感。她学得不错；6岁时，她不再向年轻人发起挑战要打架了。

我之所以记得这件事，是因为我因自己说的话而困惑。“没有人”指的是两性，但是如果我是男人，我还会这么说吗？我是不是在教贝莎妮应该消极应对？我是否应该让我的学生跟她玩打架，像男人和自己的儿子会做的那样？或者，我是否应该允许他说出性别标准？

情绪控制、打闹游戏、父母教育、道德和性别差异是本章要讨论的问题。在某些问题上，专家们意见一致。例如，没有发展学家会质疑游戏能促进儿童的社会理解，父母应该指导和管教孩子，欺凌行为应该被制止。但是在另一些问题上，人们则有不同的意见。“没有人应该打架”可能是错的……或对的。

一、情绪发展

儿童能逐渐学会在何时和怎样表达情感，在处理生活中的各个问题上变得越来越有能力 (Buckley & Saarni, 2009; Denham et al., 2003; Morrison et al., 2010)。对情绪表达的控制称为**情绪调节**，这是在2—6岁取得的一个杰出的心理成就 (N. Eisenberg et al., 2004)。这种调节在婴儿期就已显示出了重要性，但是当边缘系统上的情绪热点与成熟的前额叶相联系的时候，儿童才能更加意识到自己的反应。

情绪调节 (emotional regulation)：控制自己何时和怎样表达情绪的能力。

由于情绪调节，儿童学会了怎样在生气时不暴怒，害怕时不受惊吓，悲伤时不致绝望，焦虑时也不退缩，自豪时并不自负，等等。

（一）主动性对内疚感

主动性对内疚感 (initiative versus guilt)：埃里克森所说的第三个心理社会性危机，此时儿童会主动学习新技能，投入新活动；如果在这些方面失败，他们就会感到内疚。

到埃里克森的第三个阶段，**主动性对内疚感**阶段，自豪感开始出现。这种自豪感来自前两章描述的各种技能和能力的获得。“主动性”说的是某种新东西，是对一种技能的扩展，是开始一件新计划的事情。儿童能产生自豪感还是内疚感，要看行为的结果（如父母的反应）。北美的父母一般会鼓励他们的 3—6 岁的孩子自然地表露热情、努力和自豪感。如果父母任儿童的一些情绪（如恐惧、愤怒或其他情感）自然发展而不给予指导，那么儿童就学不会情绪调节 (Morris et al., 2007)。

1. 保护性乐观主义

儿童对其自我价值的看法与父母的肯定有关，尤其是当父母表扬孩子做得好的行为时 (Reese et al., 2007)。（“你帮助爸爸打扫了人行道吧？你扫得真干净。”）埃里克森在说到 2 岁儿童的自主性时，常把令人困扰的 2 岁孩子形容为倔孩子。3 岁时，这种特质已经较好地得到了调节和指导，变为主动性，即儿童渴望学习新技能 (Rubin et al., 2009)。在这一过程中，儿童形成了**自我概念**，即对自我的理解，此时的自我概念通常包括对自己的性别、个子大小等的理解。女孩很高兴自己是女孩，男孩也高兴自己是男孩，男孩和女孩都因为自己不再是小婴儿而感到高兴。他们用“爱哭的宝宝”来贬低小婴儿，赞美自己是个“大男孩”或“大女孩”。

自我概念 (self-concept)：一个人对自己是谁以及对个人的自尊、外貌、人格和各种特质的认识。

埃里克森认为，幼儿的自豪感往往超出了他们的实际情况。幼儿相信自己强壮、聪明、好看，任何事情都能做。无论他们怎么样（自我概念），都被认为是好的。例如，认为自己的国家是最好的，觉得那些不属于自己国家的孩子很可怜。埃里克森的每个阶段都和一定的年龄相对应。在幼儿期，一种积极的偏见是有好处的；它会激励幼儿去尝试不熟悉的活动，去交朋友，开始进入幼儿园，等等 (Boseovski, 2010)。

研究发现，很多幼儿自信地认为自己的优点将会保持，而缺点（即使像视力差这种生物学特质）将会慢慢消失 (Lockhart et al., 2002)。这种“保护性乐观主义”从 3 岁开始出现，持续到整个幼儿期，一般在青少年期消失 (Boseovski, 2010)。在很多国家都发现了这种情况。在亚洲国家，谦逊被看作美德，但也不一定能阻碍幼儿的这种乐观主义。很多日本儿童相信，只要自己努力做，就能做得更好 (Lockhart et al., 2008)。

2. 大脑成熟

埃里克森所说的这种新的主动性受益于边缘系统髓鞘化、前额叶的生长和注意广度的增大，所有这些都使第八章讲到的神经系统的成熟成为可能。注意的集中支持了社交能力的发展 (Murphy et al., 2007)，使儿童在实践中掌握各种技能。他们学会了倒果汁、穿裤子、爬树，不会因果汁溅出来、拉链被卡住或树太高而掉下来就止步不前。对自己的信心能帮助他们坚持下去。

埃里克森认为，由于儿童形成了自我觉察力，所以当他们意识到自己的错误时，会感到内疚。人们一般认为，内疚感比羞怯感更成熟（如埃里克森所说的自主性对羞怯和怀疑），因为内疚是一种内在的情感 (Kochanska et al., 2002; Tangney et al., 2007)。内疚来自一个人的内心，而羞怯来自外部，取决于别人的看法。与内疚不同，羞怯可能来自对性别、族群或背景的社会偏见。

为了抵制社会偏见，很多少数族裔幼儿的父母（墨西哥裔、非洲裔美国人或美国印第安人）鼓励孩子形成族群自豪感 (Brown et al., 2007; Lesane-Brown et al., 2010)。虽然纯粹在一个族群中成长的较小幼儿开始时偏好看上去相似的面孔，但他们并不会像成人那样对族群加以分类。到大约 4 岁时，社交觉察力和自我概念增强了，幼儿逐渐注意到了族群分类。从这个时候开始，少数族裔家庭一般会教孩子形成民族自豪感。此时，所有儿童都开始通过自豪与内疚（而不是羞怯和怀疑）而形成道德价值观——本章后面将对此进行讨论。

很高兴我是蒙古族人　中国内蒙古的这个小男孩为自己身为蒙古族人感到自豪，这是幼儿期情绪发展的一个重要方面。

（二）动机

内疚感来自儿童内心，这强调了内在动机和外在动机之间的不同。当人所做的事情能带来快乐时，就会产生**内在动机**：音乐家可能享受创作的音乐，哪怕没有别人听到。**外在动机**来自外部，当人们做了某些事情而获得了赞赏（或其他强化）时：一位音乐家为了获得掌声而演奏就是一个例子。了解这种差异对幼儿教育来说至关重要 (Cheng & Yeh, 2009)。

大多数幼儿都是被内在动机驱动的。他们享受学习、游戏和练习，无论别人希不希望他们这样。他们也愿意接受赞扬和奖励，但这些不是促使他们做这些事情的原因。玩游戏时，他们不在意得分的多少和输赢，而在意游戏的乐趣。

当儿童与自己的玩具对话时，当他们专心致志地创造一件艺术或建筑作品时，当儿童与只存在于他们头脑中的**想象的朋友**交谈时，就能看到这种内在动机。想象的朋友很少是因为成人的鼓励而产生的（所以儿童没有这样做的外在动机），但是由于在 3—7 岁时主动性形成了，这种现象也逐渐变得普遍了。想象的朋友可以战胜孤独，帮助儿童进行情绪调节。儿童知道，想象的朋友是看不见的、假装的，但是这样的想象可以满足儿童的心理需要 (Taylor et al., 2009)。

想象的朋友有时很管用，因为儿童需要控制自己的泪水和脾气，有一个朋友可以给他们带来安慰，让他们放心，使他们学会怎样和别人分享玩具和别的东西 (Taylor et al., 2009)。这样的朋友有不同的特点，这取决于儿童的需要。一个女孩想象的朋友名叫大象，“17 厘米高，灰色，黑眼睛，穿着背心和短裤……有时候很吝啬”(Taylor et al., 2004, p. 1178)。通过这个“有时候很吝啬”的朋友，这个女孩

内在动机 (intrinsic motivation)：产生于人的内心的、想要达到某个目标（如觉得自己聪明或有能力）的驱力或原因。

外在动机 (extrinsic motivation)：因来自外部的对个人成就的奖励（如物质财富或个人尊严）而产生的达到某个目标的驱力和原因。

想象的朋友 (imaginary friends)：只存在于儿童想象中的假想朋友，从 3 岁到 7 岁逐渐增多，有利于克服孤独感并促进情绪调节。

给教师的问题 一个孩子告诉你关于和想象的朋友一起玩、睡觉、谈话的事情。这是否说明这个孩子有情绪困扰？（答案见第327页）

给大学生的问题 在你的学习上，外在动机和内在动机哪个更具影响力？（答案见第328页）

给幼儿教师的问题 你应该给儿童的作业贴小星星以示奖励吗？（答案见第328页）

想出了对付吝啬的人的办法。

1．一项动机实验

在一项经典实验中，研究者把幼儿分为三组，分别给他们纸和笔让他们画画，第一组为无奖励组，第二组为预期奖励组（在画画之前告诉他们，不管他们画出什么，都能得到一份获奖证书，第三组为意外奖励组（在画画之后告诉他们“你对别人有很大帮助”，并且给他们颁发了一份奖励证书 (Lepper et al., 1973)。之后，研究者观察了各组儿童自己作画的情况，发现获得预期奖励的儿童比获得意外奖励的儿童画得较少。结论是，外在动机的力度不如内在动机。

这一研究引发了一大批后续研究，探索是否应该给予正强化，该什么时候给予，以及应该怎样给予？一致的结论是，人在做成一件事之后，赞扬或给予奖励有时会鼓励这一行为。但是，如果事先承诺奖励，这种外在强化可能会事与愿违 (Cameron & Pierce, 2002; Deci et al., 1999; Gottfried et al., 2009)。

2．文化与情绪控制

不同的文化对儿童调节什么情绪的期望也不同，儿童则要遵循其文化标准。一些研究发现，不同文化强调对不同的情绪和行为加以控制 (Harkness et al., 2011; J. G. Miller, 2004; Stubben, 2001)：

- 恐惧（美国）
- 愤怒（波多黎各）
- 骄傲（中国）
- 自私（日本）
- 急躁（美国原住民的很多社区）
- 不顺从（墨西哥）
- 古怪行为（荷兰）

在控制情绪的策略方面也有文化差异 (Matsumoto, 2004)。如果家庭声誉处于优先地位，就会鼓励羞怯情绪。在一些文化中，“骄傲自大”和“不知羞耻”的人都被认为精神不正常 (Stein, 2006)。文化差异还表现在情感表达上：有时候，人们鼓励儿童表达自己的情感，有时候又教他们最好把情感藏在内心 (Kim et al., 2008)。

当然，文化变化时，父母不一定能一直遵守文化标准，儿童的气质也不一定符合文化期望。来自相同背景的人不一定会以相同的方式控制情感，因为“文化不可避免地比解释文化的假设框架更复杂” (Harkness et al., 2011, p. 92)。亚洲人和北美或其他西方人常被认为尊崇一种价值而轻视另一种（常被引用的如合作与独立），但是在他们各自的地区内进行组间比较时，发现了很多差异。

共性的东西也是有的。在所有文化中，父母都鼓励孩子调节情绪，而那些父母抑郁的孩子往往不能调节自己的情绪 (Kovacs et al., 2008)。无论在什么地方，如果对容易冲动的儿童采取了忽视的或前后不一致的教养方式，都会加重孩子的情绪问题；反之，责任心强的父母会指导孩子，使他们比别的儿童更有能力 (Belsky et al., 2007; Hane & Fox, 2006)。

>>**回答教师（问题见第326页）** 不是。想象的朋友其实很普遍，尤其是在富于创造性的儿童中。这个孩子可能有些孤独，你可以帮其找个朋友。

（三）寻求情绪平衡

在所有文化、所有年龄群和所有年龄中，发展学家都在寻求对**心理疾病**和障碍的预防。虽说症状和诊断受文化影响——例如，反抗行为在一些文化中令人担忧，在另一些文化中却被欣赏——但情绪调节缺失在任何地方都是心理疾病的信号。任何文化都期望为人做父母者指导其子女遵从文化标准 (Trommsdorff & Cole, 2011)。

心理疾病 (psychopathology)：心理上的疾病或障碍。

1．外化问题和内化问题

没有充分的调节，情绪将变得无法抵抗。强烈的情绪反应会以两种相反的方式表现出来。

一些人有**外化问题**：他们强烈的情感会不可控制地向外爆发。他们可能会把愤怒的情感外化（例如，打人、骂人、摔东西）。如果没有情绪调节，一个愤怒的孩子会打别人，或躺在地上尖叫、打滚儿。2 岁的儿童做出这种外化反应尚可接受，但是 5 岁的儿童就应该更好地自我控制，可以噘嘴或发牢骚，但是不能打人和尖叫。

外化问题 (externalizing problem)：情绪调节困难，以不可控制的身体或语言方式爆发（如打人或摔东西），来表达强烈情感。

另一些人有**内化问题**：他们恐惧、退缩，把悲痛埋在内心深处。随着成熟，2 岁时那样极端的恐惧（如害怕水管的流水声、想象中的海啸或拄拐的陌生人）逐渐消失。但他们仍旧会在第一天去幼儿园时感到害怕，但他们会壮着胆子松开妈妈的手。内化问题的一种表现是身体容易生病：动辄头痛或肚子痛。尽管起因来自心理，但疼痛是真实存在的。父母最不应该做的就是在这种情况下责备孩子，这只能使内化问题加剧。

内化问题 (internalizing problem)：情绪调节困难，把痛苦情绪转向内心，产生过分的内疚、惭愧或卑微感。

无论是外化问题儿童还是内化问题儿童，都不善于调节情绪——确切地说，不善于调节情绪的表达。他们不是自我控制力太差，就是自我控制得太过分 (Caspi & Shiner, 2006; Hart et al., 2003)。如果幼儿期没有学会情绪调节，到小学期就会表现出外化问题或内化问题，尤其是当他们从未学会控制愤怒这种情绪时 (Morris et al., 2010)。到青少年期，事情会变得更糟糕，一些有内化问题的幼儿会变成有外化问题的中学生。

2．情绪调节的性别差异

女孩通常会比男孩更早地养成了情绪调节能力。差异在外化情绪上表现得更明显；这在儿童期已经很明显，并且能持续到青少年期，一些有外化问题的男孩会变成暴力型青少年。但女孩心理疾病的患病率也在逐渐增加：第十三章会详细介绍，女孩比男孩更容易抑郁，这是内化情绪的一种表现。

谁的鸡？ 基因和良好的父母教育使这个第一次看见鸡的城市男孩既不害怕，也不太鲁莽。面对一只鸡时，适当的警觉也许是最恰当的。

>>回答大学生（问题见第326页） 二者都很重要。外在动机来自父母给的压力和在毕业后找到好工作的需要。内在动机来自学习的乐趣。你是否选修过一门并非必要而且大家都说很难学的课程？那就是内在动机在起作用。

>>回答幼儿教师（问题件第326页） 大概应该，但是只有当儿童真正付出了努力而且完成了课业时才应该这样做。你肯定不希望减弱儿童的内在动机，就像在一些年长学生身上发生的那样，他们知道某门课程将会得到一个“容易的A”。

一项研究追踪了从幼儿期到小学期的内化与外化情绪问题。研究者给了5岁的儿童一些玩偶，并且给他们讲了故事的开头 (Zahn-Waxler et al., 2008)。一开始两个玩偶（给男孩的玩偶分别叫马克和斯科特，给女孩的玩偶分别叫玛丽和萨拉）就在朝对方叫喊，然后让5岁的儿童表演接下来会发生的事情。

很多男孩说马克和斯科特会互相踢打。结果，在5—9岁行为问题越来越严重（通过其教师和父母的评价）的男孩往往是5岁时最能表现出这种外化的游戏行为的男孩。相比之下，5岁女孩大多认为玛丽和萨拉会谈论她们的冲突，或改变这一话题。令人好奇的是，在5—9岁行为问题越来越严重的女孩往往是那些表现出“补偿行为”（例如，玛丽拥抱了萨拉，并说“对不起”）的女孩，这种反应是一种内化的愧疚或羞怯。研究者的解释是：

> 对性别角色刻板印象或男性特质（如冲动、攻击、缺乏关爱）和女性特质（如顺从、缺乏自信、社交敏感性）的夸大，不仅反映在男性和女性可能出现的问题类型上，而且反映在不同的表达方式上。
>
> (Zahn-Waxler et al., 2008, p. 114)

这些研究者认为，无论是男孩还是女孩，过于外化或内化都可预测未来的心理疾病。

3．男孩和女孩的大脑

对男女两性，情绪调节都需要三思而后行（决定是否和怎样表现出快乐、生气等情绪）。这种思维发生于前额叶，即大脑执行区。第八章曾讲过，前额叶皮层负责调节边缘系统（尤其是杏仁核）——很多强烈的情绪在这里产生。

在正常情况下，前额叶皮层的神经发育在4—5岁时会有较大进展，儿童不再容易大发脾气、发起身体攻击或在祈祷时傻笑 (Kagan & Herschkowitz, 2005)。在整个幼儿期，发脾气、不可控的哭闹和严重的恐惧（不合理且后果严重的恐惧）会逐渐减少。自控能力越来越强，例如，如果让儿童等会儿，他们就不会着急打开一件礼物，看到礼物不合心意也不会表现出失望之情 (Carlson, 2003; Grolnick et al., 2006)。

学习情绪调节 就像这个中国香港的小女孩一样，如果对某些事情不如意，所有2岁的儿童都会哭得稀里哗啦，可能是因为玩具坏了，宠物不跟他们玩或是想回家了。妈妈对孩子的抚慰可以让他们平静下来，这就是在教他们调节自己的情绪。

在家人的指导下，男孩和女孩都能慢慢学会调节情绪，避免情绪的极端不平衡 (Grusec, 2011)。但是，如果遭到了家人的虐待，儿童的情绪就不可能得到控制。由于大脑和激素的性别差异，被虐待的男孩更多地出现了外化问题，女孩更容易出现内化问题。这种性别差异在所有国家都存在，因此可能是遗传所致——是XX或XY染色体的结果——虽然文化和家庭也有影响。神经系统的损害会使问题复杂化。由于各种原因，5岁时，受虐待且情绪调节不成熟的男孩更可能会摔东西，女孩较多的是不可控地哭泣。

在调节情绪方面，父母的帮助至关重要，幼儿教师也很重要。一个帮助参加美国启智项目的教师项目在不改变课程的情况下，在 18 个班级鼓励儿童的情绪控制，结果有效地促进了儿童的阅读和数学技能。教师们掌握了制订明确规则和日常规范以及改正消极行为的方法（例如，如果一个孩子为了抢玩具而打另一个孩子，教师会帮助这个孩子用语言表达问题出在哪里，以及轮流玩的方法）。这种方法缓解了冲动行为，也减少了师生之间的对抗。对照组的 17 个班与实验班的课程相同，但是和采用了调节情绪方法的实验班相比，对照组儿童在说出字母名称和对数的理解上进步得较小 (Raver et al., 2011)。

小　　结

埃里克森和其他很多人都发现，自豪感、目标和主动性是希望尝试新活动的幼儿的自我概念的主要成分。不善于情绪调节的儿童可能出现内化问题或外化问题，这些问题可能是心理疾病的早期信号。基因、性别、大脑发育、文化和激素等都会影响情绪调节。父母和教师能给孩子的情绪成熟提供帮助，情绪成熟会影响孩子以后所取得的学业成就。■

二、游戏

游戏是永恒的、普遍存在的——放眼世界，几千年来无处不在。很多发展学家相信，游戏是儿童从事的所有活动中最有成效和最令人愉快的活动 (Elkind, 2007; Frost, 2009)，尽管研究者对游戏是否非常重要或游戏是否只带来了乐趣仍有不同的意见。一些教育家主张减少游戏时间，让儿童专注于提升阅读和数学技能；另一些人则认为，儿童玩得太少可以预测其情绪和学习方面的问题 (Hirsh-Pasek et al., 2009; Pellegrini, 2009; Rubin et al., 2009)。

（一）玩伴

幼儿与同伴（年龄和社会地位相仿的人）一起玩，效果是最好的。2 岁的儿童就会被同伴吸引，但他们还不是好的玩伴：当他们向另一个孩子扔一个球时，是希望对方把球扔回来而不是把球拿住。相比之下，多数 6 岁儿童的技能就娴熟多了，他们会加入一伙同伴，解决冲突，轮流玩，结交朋友，并且保持玩伴关系。在幼儿期，同伴能在情绪调节、共情和社会理解方面给儿童提供实践的机会 (Cohen, 2006)。

对成人来说，一个明确的任务是帮助孩子找到玩伴，最好是年龄相仿、性别相同的玩伴。即使是最爱陪孩子嬉闹的父母也不如另一个孩子，孩子之间能协商游戏规则，在草地上摔跤，假扮病人或假装杀死一个恶人。虽然游戏的特点不同，但是“与同伴的社会游戏是儿童发展积极的社交技能的最重要的途径之一” (Xu,

踢足球！ 所有国家的幼儿都玩球，但是由于文化不同，他们玩球的特点也不同。足球在很多国家（尤其是巴西）是最受喜爱的活动之一，这两个巴西男孩正在里约热内卢的科帕卡巴那海滨练习控球技术。

2010, p. 496)。

（二）游戏的文化差异

所有的幼儿都爱玩，无论是在北极的冰雪中，还是在沙漠的沙丘上。儿童会创造反映其文化的戏剧，也玩祖祖辈辈传下来的游戏。游戏因文化、性别和年龄的不同而不同，所以游戏能教儿童其所在的独特背景所需的价值观和技能 (Sutton-Smith, 1997)。中国儿童玩风筝，北美阿拉斯加的原住民儿童讲梦和故事，北欧的拉普兰儿童假扮驯鹿，非洲喀麦隆的儿童捉老鼠，等等。虽然游戏被认为是普遍存在的，但是不仅游戏的特点差别巨大，而且玩游戏的频率和玩伴也很不同：当成人为了生存而操劳时，就很少跟孩子一起玩了，所以孩子们只好一起玩 (Kalliala, 2006; Roopnarine, 2011)。随着儿童慢慢长大，游戏变得更具社会性，这不仅受有没有玩伴的影响，而且受物理环境（无论是在小游戏室、大公园，还是在野外的山坡上）影响。一位发展学家感叹 21 世纪“电子媒体凶猛而普遍的渗透”和现代成人“更倾向于管制儿童，而不是让儿童自由玩耍”，他称赞那些找到了能独立玩耍的地方并“图谋躲避成人管制”的儿童 (Chudacoff, 2007, p. 98)。很多幼儿善于把电视节目中的情节和人物揉进自己的游戏中，甚至是对 6 岁儿童来说暗示了性意识的节目 (Kalliala, 2006)。不久前，这样的早期性知识还是被虐待的信号，现在只不过意味着电视的影响太大了。

在电子时代以前，幼儿是在户外与别的孩子一起玩的，男孩、女孩经常玩在一起，不同年龄的孩子也经常玩在一起。在这个过程中，小孩子能向大孩子学习。美国社会学家米尔德莱德·帕顿 (Mildred Parten, 1932) 描述了 1—6 岁社会性游戏的发展。她划分了五种游戏，其中的社交互动渐次增多：

1) 单独游戏：儿童独自玩，意识不到附近有别的孩子也在玩。
2) 旁观游戏：儿童看别的孩子玩。
3) 平行游戏：儿童用相似的玩具、以相似的方式玩，但是不一起玩。
4) 联合游戏：儿童在玩的时候有互动，互相观察，分享游戏材料，但不具相互性和互惠性。
5) 合作游戏：儿童一起玩，创造戏剧或轮流玩。

前面提到，游戏受文化与环境背景影响，从帕顿的时代到现在，情况已经发生了变化。很多亚洲父母会教 3 岁孩子轮流玩、分享，甚至还有合作——孩子也会这样做。此外，很多北美的 6 岁和 6 岁以上儿童仍然在玩平行游戏。由于过去一个世纪的社会经济变迁，从发展的角度来说，这可能是适当的 (Xu, 2010)。

（三）活跃游戏

儿童需要身体活动以增强他们的肌肉力量和控制力。同伴既是观众、角色榜样，有时也是比赛对手。例如，使跑步技能得到最快发展的是互相追逐和比赛，而不是自己一个人跑。大动作游戏是幼儿喜欢的活动，他们享受攀爬、踢球和摔跤的乐趣 (Case-Smith & Kuhaneck, 2008)。

活跃的社交游戏——而不是单独游戏——有助于促进同伴接纳和健康的自我概念 (Nelson et al., 2008)，还有助于调节情绪 (Sutton-Smith, 2011)。当成人希望孩子安静些的时候，他们可能会想起这些。在灵长类动物中，社交游戏剥夺也会扭曲它们后期的生活，使一些猴子即使能够活下来，也不能交配，没有朋友 (Herman et al., 2011; Suomi, 2004)。

1．嬉闹游戏

活跃游戏的最普遍的形式称为**嬉闹游戏**，这种游戏看上去有些粗野，儿童会互相追跑打闹。这个术语是英国学者在研究东非灵长类动物时想出来的 (Blurton-Jones, 1976)。他们发现猴子经常互相追逐打闹，在泥土中翻滚，粗野地摔跤，但是并不互相伤害。当一只小猴子想玩的时候，它必须靠近同伴，吸引同伴的目光，然后跑几步，回头看。这种邀请几乎总能被接受，其他猴子会以游戏的面孔而不是愤怒的面孔做出回应。小狗、小猫和年幼的黑猩猩也会发起这种嬉闹游戏。

嬉闹游戏 (rough-and-tumble play)：用摔跤、追逐或击打等貌似攻击、其实无伤害意图的动作玩的游戏。

当这些研究者回来观察他们自己的孩子时，发现人类的幼儿和小猴子一样，也乐于玩这种嬉闹游戏 (Pellegrini & Smith, 2005)。他们追逐，摔跤，抓住对方，玩老鹰抓小鸡和警匪游戏，他们也会使用游戏的表情，有很多追逐跑跳的行为，有五花八门的规则、表情和用来表示“只是假装”的动作。

嬉闹游戏无处不在（有的是警察抓盗贼，有的是机器人捉人，无奇不有），尤其是男孩（包括动物的雄性幼仔），只要有足够的场地，无人监管，让他们随便玩，他们就会这样玩 (Berenbaum et al., 2008; Hassett et al., 2008)。一些学者认为，嬉闹游戏有助于前额叶皮层的发育，同时，儿童还能学习情绪调节，练习社交技能，并且强健了身体 (Pellegrini et al., 2007; Pellis & Pellis, 2011)。有的研究发现，儿童期的游戏（尤其是男孩和父亲之间的嬉闹游戏）不仅培养了儿童对攻击性的调节，还能防止今后的反社会行为（甚至包括谋杀）(Wenner, 2009)。

2．戏剧和假装游戏

活跃游戏的另一种主要类型是**社会剧游戏**，儿童在其中扮演各种角色，表演各种情节，扮演“他们选择的各种身份、角色和活动，可能是妈妈、婴儿、灰姑娘、霍克舰长。他们可能泡茶，也可能飞向月球。他们也会打斗，伤害别人，把别人杀死或监禁起来”(Dunn & Hughes, 2001, p. 491)。

社会剧游戏 (sociodramatic play)：儿童扮演他们编造的各种角色和故事情节的假装游戏。

社会剧游戏对儿童有以下好处：

- 探索并排演各种社会角色；

- 学习怎样解释别人的想法并说服玩伴，达成一致；
- 通过假装的害怕、生气和大胆等，练习情绪调节；
- 在无威胁的情境中发展自我概念。

社会剧游戏是在假装和社交兴趣的基础上实现的，这两种心理成分最早出现在学步儿期。但是学前儿童所做的要比假装多得多，他们能把自己的想象和别人的想象结合起来，促进心理理论的发展（见第九章）(Kavanaugh, 2011)。下面是一个3岁女孩和一个2岁男孩的对话，说明了社会剧游戏的开端。女孩想扮演宝宝的角色，她劝说男孩扮演爸爸：

男孩：不好，你坏。
女孩：为什么？
男孩：因为你把奶撒了。
女孩：不是，因为我咬了别人。
男孩：对，你咬人了。
女孩：你说，"去睡觉。钻被窝。"
男孩：钻被窝。
女孩：我不。
男孩：钻被窝。
女孩：我就不。
男孩：那好。我扇你一巴掌。坏小子。（打了她一巴掌，但是没使劲。）
女孩：不。我就不钻被窝。（咯咯笑）我想要我的泰迪熊。
男孩：没有，你的泰迪熊跑了。
（这时，她问他是不是真的把泰迪熊拿走了。）

(from Garvey, reported in Cohen, 2006, p. 72)

可以看到，女孩不仅指导了这个游戏，而且扮演了她的角色，时而接受男孩说的，时而不接受。男孩听从了指挥，但是也有说他自己的话和行动（"坏小子"）。

还可以把他们游戏的简单情节与芬兰日托中心的4个5岁幼儿比较一下。约尼扮演一个邪恶的人，他威胁别的孩子；托马斯导演了这部戏剧并且在其中扮演了角色。

托马斯：现在，他（约尼）要来抓我，还要把我吊起来……我死定了。
约　尼：把手放在后面。
托马斯：我没办法。我只能这样。（另外两个男孩也学着他的样子做。）
约　尼：我要在他们周围放火。
（三个勇敢的男孩躺在地上，双手被"绑"在身后。约尼把一个垫子盖在他们身上，然后假装点着了火，发出噼啪声，越来越靠近他们。）

托马斯：一切都完了。

（一个男孩笑出声来）

比德尔：最好别笑，我们很快就要死了……我正在说最后一句话。

托马斯：现在你可以说你最后的愿望了……现在我先说，我希望我变得无比强大。

（这时候，这三个男孩突然爆发了超凡的力量，他们推开垫子，扑灭了火焰。正义战胜了邪恶，但是还没到最后时刻，因为一个男孩说，"不行，这个游戏一点都不刺激。"

(Kalliala, 2006, p. 83)

正义战胜邪恶是男孩最喜欢的社会剧主题。女孩则不同，她们往往选择家庭情景。在很多文化中都发现了这种性别差异。在同一家日托中心，当约尼把垫子盖在几个玩伴身上时，女孩们说，她们的游戏"比较精彩，比较和平……（但是）男孩子玩的都是暴力游戏"(Kalliala, 2006, p. 110)。在世界各地都发现了社会剧游戏的性别差异，但是这种游戏的广泛性不同。一些文化认为这种游戏很无聊，不让孩子们玩，在这些地方，社会剧游戏虽然也有，但是很少见。另一些文化鼓励孩子们玩这类游戏，父母会教孩子假扮狮子、太空人或品下午茶的女士，孩子们在一起能编造出更复杂而精细的游戏 (Kavanaugh, 2011)。

小　结

和别的孩子一起游戏对儿童的情绪调节很有好处，因为他们能从中学会怎样理解别人的想法。游戏是普遍存在的，但是其特点因年龄、性别和文化的不同而不同。游戏的很多形式，尤其是嬉闹游戏和社会剧游戏，都需要社会理解和妥协。年幼儿童会互相追逐，演出简单的戏剧；年长一点的儿童则能制订详尽、精细的规则和情节。■

三、对成人的挑战

我们已经知道，儿童的情感和行为受许多因素的影响，包括大脑成熟、文化和同伴。现在来看另一个重要的影响因素——父母和教师的影响。

（一）家庭教养方式

考察父母的教养方式对儿童发展的影响的研究者有千千万，但是有一个人，她在 40 年前的研究至今仍然影响深远。根据她查明的教养方式，还可以对教师加以分类 (Ertesvåg, 2011)。这个人就是戴安娜·鲍姆琳德 (Diana Baumrind, 1967,

1971)。她在最初的研究中考察了100名学前儿童，全部来自美国加利福尼亚州，几乎都属于中产阶层的欧裔美国家庭。（这个样本在年龄群和文化方面的局限性在当时还不明显。）

鲍姆琳德发现，父母往往在以下四个维度上有所不同：

1) **表达和蔼可亲**。一些父母是和蔼可亲的，另一些则冷漠挑剔。
2) **管教方法**。父母在培养孩子的良好行为方面采用的解释、批评、说服、忽视和惩罚等方法不同。
3) **沟通**。有的父母能耐心倾听孩子；有的则不让孩子说话。
4) **对成熟的期望**。父母对孩子的责任心和自我控制的期望不同。

1. 鲍姆琳德划分的三种教养方式

以上述维度为基础，鲍姆琳德划分了三种父母教养方式（见表10.1的归纳）：

专制型教养方式 (authoritarian parenting)：一种家庭教养方式，对孩子提出高标准，对错误行为进行严厉的惩罚，与孩子很少沟通。

放任型教养方式 (permissive parenting)：一种家庭教养方式，对孩子照顾周到，能与孩子沟通，但缺乏纪律要求、指导和控制（又称宽容型教养方式）。

权威型教养方式 (authoritative parenting)：一种家庭教养方式，既给孩子制订规矩，又善于倾听孩子的意见，具有灵活性。

忽视型教养方式 (neglectful/uninvolved parenting)：一种家庭教养方式，父母对孩子漠不关心，不在意子女生活中发生的事情。

- **专制型教养方式**。专制型父母说的话就是不容置疑的法律。错误行为会招致严厉惩罚，通常是体罚（但是不如虐待那样严重）。专制型父母会订下明确的规则，并提出高标准。他们不愿意听取孩子的意见；对情绪的讨论非常少。（从小成长在这种家庭里的成人在回答“你感觉如何？”的问题时，只有两种可能的答案，不是“很好”，就是“很累”。）专制型父母爱自己的孩子，但是他们看起来有些冷漠，很少显露出满含爱的情感。
- **放任型教养方式**。放任型（或称宽容型）的父母很少提要求，他们会把一切急躁的情绪隐藏起来。孩子纪律松散，部分由于放任型父母对孩子的成熟性期望很低。他们对孩子照顾周到，能接纳孩子，孩子说什么他们都能倾听。他们想帮助孩子，但是他们觉得自己没有塑造孩子的责任。
- **权威型教养方式**。权威型父母会制订一些限制和强制性的规则，但他们也能倾听孩子的意见。他们鼓励孩子变得成熟，但如果孩子有缺点，他们常常能原谅（而不是惩罚）孩子。他们把自己看作指导者，而不是权威（专制型）或孩子的朋友（放任型）。

第四种方式称为**忽视型教养方式**，有时被误解为放任型方式，但实际上二者是相当不同的 (Steinberg, 2001)。相似之处是放任型父母和忽视型父母都不使用体罚；不同之处是忽视型父母显然不清楚自己的孩子在做什么——他们对此好像不在乎。相比之下，放任型父母能积极地参与子女的生活中：庇护孩子，使他们少受批评，安排孩子的游戏日程，不惜花钱买孩子喜欢的玩具。

父母教养方式有以下长期效果，这些结果来自很多国家 (Baumrind, 2005, Baumrind et al., 2011; Chan & Koo, 2010; Huver et al., 2010; Rothrauff et al., 2009;

Steinberg et al., 1994)：

给政治学者 很多研究者认为，儿童在家里会从父母对待他们的方式中形成自己的政治态度。这是真的吗？（答案见第 336 页）

- 专制型父母教育的孩子可能成为尽责、顺从和温顺的人，但不是特别快乐。这些儿童容易感到内疚或抑郁，当事情不顺利时，他们会把挫折内化并且自责。到青少年期，他们有时会变得反叛，通常在 20 岁以前就离开爸妈的家。
- 放任型父母容易培养出不快乐的儿童，他们缺乏自我控制，尤其是在同伴之间需要相互妥协的事情上。情绪调节能力较差使他们交朋友时不成熟，而且容易受到阻碍，这是他们不快乐的主要原因。在成年初期，他们愿意一直住在家里，依靠父母。最后，到成年中期和晚期，他们的日子过得还不错。
- 权威型父母培养出的孩子往往比较成功，口才好，对自己满意，对别人慷慨。这些儿童通常会受到教师和同伴的喜爱，尤其是在美国和其他看重个人主动性的社会里。
- 忽视型父母培养出的儿童不成熟、伤感、孤独，有受虐待的危险。所有儿童都需要关爱自己的父母，因为不管他们的行为是该受到惩罚还是符合期望，“父母的关心在社交能力和认知能力的发展中起着重要作用 (Parke & Buriel, 2006, p. 437)。

2. 鲍姆琳德的分类存在的问题

人们往往批评鲍姆琳德对教养方式的分类过于简单。她最初的研究存在以下问题：

- 研究参与者的社会经济地位、族群或文化多样性不够。
- 她更多地关注成人的态度而不是行为。
- 她忽视了儿童对成人行为的影响。
- 她没有意识到，有些专制型父母是非常爱孩子的。
- 她没有意识到，有些放任型父母给了孩子很多口头指导 (Bornstein, 2006; Lamb & Lewis, 2005; Parke & Buriel, 2006)。

现在我们知道，儿童的气质和文化标准会强有力地影响父母的教育，也会影响每种教养方式的结果 (Cipriano & Stifter, 2010)。实际情况确实如此。胆小或冲动的儿童需要相应的教养方式（对胆小的孩子需要抚慰，对冲动的孩子需要约束）。所有儿童都需要指导和保护，但是也不能过度，过度保护既是儿童期焦虑的原因，也是结果 (McShane & Hastings, 2009)。

很多东西都取决于儿童自身的特征。一项研究考察了 2 岁时的父母教养方式和这些儿童到幼儿园时的能力（如情绪调节和与同伴建立友谊）之间的关系，发现得到最佳结果的“多种发展途径”都依赖于儿童和成人两方面 (Blandon et al., 2011)。类似的研究揭示出，来自教科书和不了解儿童的专业人员的建议可能是缺乏根据的：需对亲子之间的特殊互动进行详细观察，以了解成人是否提供了足够

>>**回答政治学者（问题见第 335 页）** 父母的教养方式有很多种，很难确定每种方式对儿童人格的影响。在这一问题上，可以尝试把幼儿期教养方式和其后期的政治观点结合起来考察。

的指导，而不是过度控制。

表 10.1 鲍姆琳德划分的父母教养方式的特征

方式	和蔼可亲	管束	对成熟的期望	沟通	
				父母对子女	子女对父母
专制型	低	严格，经常体罚	高	多	少
放任型	高	很少	低	少	多
权威型	高	中度，经常讨论	适当	多	多

3. 文化差异

当人们把不同族群的儿童加以比较时，环境背景的作用就更加显著了。华裔、加勒比裔和非裔的北美父母通常比欧裔父母对子女更严格，他们的孩子可能比在宽松的要求下长大的孩子成长得更好些 (Chao, 2001; Parke & Buriel, 2006)。拉丁美洲的父母有时对孩子管得太多，有时又太放任，但是他们的孩子好像比北美拉丁裔儿童更快乐，而这两类父母的教育方法是相同的 (García & Gracia, 2009; Ispa et al., 2004)。有时候，少数族裔和非西方的父母常因为他们的惩罚方式而被划分为专制型方式，但是这个标签可能贴错了，因为其中很多父母也是和蔼可亲的和有爱心的。

在一项详细分析了 1477 个案例的研究中，墨西哥裔美国父母试图让她们的 4 岁孩子做孩子不想做的事，结果在多数情况下，这些母亲只是在简单地发号施令，儿童则是乖乖听从 (Livas-Dlott et al., 2010)。这种母亲主张权威和让孩子无条件服从的简单方法可能被认为是专制型教养方式。但是，这些妈妈只在 14% 的情况下会采用体罚和严厉威胁，多数情况下都不体罚和威胁，即使孩子儿童没有马上听妈妈的话。例如，

> 海丽想找另一个娃娃，于是在她的玩具堆里翻找，把翻出来的玩具一个一个地扔到身后。玛丽克鲁兹（妈妈）跟海丽说，她不应该扔玩具。但海丽仍继续扔玩具，玛丽克鲁兹叫着她的名字，想让她停下。海丽继续她的错误行为，她妈妈重复地叫着“海丽”。看海丽一直不停手，玛丽克鲁兹提高了嗓门，但仍然平静地给予了指导，“海丽，看着我。”海丽继续扔，然后看了玛丽克鲁兹一眼，“你不能扔玩具，这样会伤着别人。”最后，海丽终于听话不扔了。
>
> (Livas-Dlott et al., 2010, p. 572)

海丽妈妈的前三次努力都失败了，然后她让孩子看自己，并且用平静的语气做了一个不正确的解释（在当时的情况下，没有人会被玩具砸伤）。研究者认为，

这些墨西哥裔美国父母不符合鲍姆琳德划分的任何一种类型；父母权威要求尊重，但母子关系又无敌意，而是充满关爱的 (Livas-Dlott et al., 2010)。

总的来说，多元文化研究和跨国家研究发现，特殊的管教方法和家庭规则不如温情、支持和关心重要。无论是来自什么族群、什么国家的儿童，如果他们相信自己是被欣赏的，就都能从中受益；如果他们觉得自己被拒绝、被讨厌，就会感到痛苦 (Khaleque & Rohner, 2002; Maccoby, 2000)。

社会经济因素有时很重要。专制型教养方式会随着收入的下降而增多，可能因为低收入家庭一般人口较多，因此每个孩子不能像权威型家庭的儿童那样受到个别化的关注，也可能因为父母希望培养听话的孩子，希望他们将来不要找警察和雇主的麻烦。每一种文化都有关于教养子女的族群理论，它势必与该文化的成人对子女的期望密切相关，这些族群理论可能和鲍姆琳德最初研究时的家庭文化不同，她自己也承认这一点 (Baumrind, 2005)。

从多元文化观出发，发展学家不愿意推荐任何一种教养方式 (Dishion & Bullock, 2002; J. G. Miller, 2004)。这并不等于说各种教养方式所发挥的作用同样好——情况远非如此。许多将出现问题的信号（包括控制过度、控制过少以及不能和别人一起玩游戏）都反映在儿童行为中。低效的或对孩子不管不问的父母是造成这些问题的原因之一，但不是唯一原因。

4．教师的教育方式

年龄群模式提醒我们注意一个明显的变化。在鲍姆琳德做她最初的研究时，大多数幼儿（几乎无一例外）是由父母抚养的。现在，美国和其他很多国家的儿童往往由非父母的养育者来抚养，这些养育者可能是权威型的、专制型的、放任型的或忽视型的。虽然有些养育者可能属于后两种类型，但几乎没有一个幼儿教师是放任型或忽视型的，因为那样做就会使一个班的儿童随心所欲地做他们想做的事情，使班级陷入混乱、冲突甚至危险中。幼儿不善于控制情绪，无法在无人监管的情况下长时间地一起游戏。

但是，教师可能是专制型的，她们往往会给儿童制订规矩，没有人可以例外。教师也可能是权威型的，给儿童制订的规则可以通过讨论来修改。教育水平较高的教师往往是权威型的，她们会对每个儿童做出反应，倾听并鼓励儿童讲话，等等。这种方法能培养出更有能力的儿童，因此，美国鼓励大学培养更多的希望成为幼儿教师的学生。同时，教师的教育水平也是衡量一个项目是否优秀的标准之一 (Barnett et al., 2010; Norris, 2010)。

一般来说，幼儿从权威型教师那里能学到更多东西，原因是这些教师被认为是和蔼可亲和充满爱心的。一项研究发现，和专制型教师教的幼儿相比，以儿童为中心法、管束较少的教师教的幼儿在小学入学准备测量中得到的分数较高 (Barbarin et al., 2010)。这是另一个实例，说明了努力营造良好的班级情感气氛的教师为什么在提高学生学习技能的教学中更成功。在这项研究中，如果儿童父母都是权威型的，儿童的学习效果最好；如果父母是专制型而教师是权威型的（这种搭配更多出现在非裔美国人中），效果仍然好于专制型教师。

这一结果是出人意料的，因为通常来说，家庭的教养方式和教师的教育方式不匹配会造成压力。为什么在这一研究中不是这样的呢？也许是因为前运算阶段的幼儿专注于事物的表面而不是逻辑性，如果老师严厉惩罚他们，他们就觉得自己被拒绝了（自我中心主义）——如果教师来自另一族群，情况会更严重。在这项研究中，父母采用专制型教养方式的非裔儿童可能会从父母的教养方式中感受到父母的关爱，但是他们无法从老师的严格教育中体会到温情。

（二）新媒体

每一代人都会面临一些新挑战。当今的一个巨大挑战来自电子媒体对儿童的影响。各种媒体（如电视、网络、电子游戏等）都可能具有伤害性，特别是其中的暴力情节 (Anderson et al., 2007, 2008; Bailey et al., 2010; Gentile et al., 2007; Smyth, 2007)。

但是，美国多数幼儿每天会把超过 3 小时花在一种或几种电子媒体上。在北美，每个家庭至少有两台电视机，多数幼儿通常会在自己的房间里看与父母不同的电视节目。在幼儿园，多数儿童都会在电脑上看视频、玩游戏，等等。

电子媒体并非都有伤害，这一问题在后面的章节还要讨论。在幼儿期，一些儿童会从教育项目中掌握基本的读写技能，特别是在成人亲自进行监督并给予强化的情况下。但是，相比那些快节奏、充满打斗和射击的动画片，儿童很少选择教育节目。令人遗憾的是，虽然很多父母、教师和政界人士在正确地关心儿童的饮食与卫生习惯，但是他们似乎忘记了给儿童提供的媒体“食品”，而这也会令儿童的身体健康深受其害。例如，一项研究发现，有 1/3 的 5 岁儿童体重超重，每天花几小时看电视就与他们的体重超重有关 (Kimbro et al., 2011)。

强迫成人做出明智的选择非常困难，因为当今各年龄的人都被卷入了电子媒体中（如电视、电子书、电子邮件、社交网络），而较少进行直接交往。幼儿则有样学样。虽然儿童因年龄太小而听不懂电视里的对话，电视只是背景噪声，但是只要电视开着，儿童就会较少玩耍，和大人的互动也会明显减少 (Kirkorian et al., 2009; Schmidt et al., 2008)。语言的发展依赖于成人与每个孩子的个别化的交谈，情绪调节也取决于个人指导（见“研究设计”专栏）。

研究设计

研究者：Heather L. Kirkorian, Tiffany A. Pempek, Lauren A. Murphy, Marie E. Schmidt, and Daniel R. Anderson, all at the University of Massachusetts.

发表期刊：《儿童发展》(*Child Development,* 2009).

参与者：51 个家长及其 1—3 岁的孩子，多数是中产阶级的欧裔美国人。

设计：让妈妈或爸爸带着孩子在一间设备齐全的游戏室里活动 1 小时，同时进行录像，房间的角落有一台正在播放非儿童节目（成人选择的）的电视机，还有可供成人看的杂志。让父母轻松地像在家里一样地跟孩子互动。然后，编码者要以10秒为一个单位对观察进行分析（对每对亲子分析360个时间单位），对二人说的话和父母的参与情况进行计数，编码者不知道研究的假设。

主要结论：多数（而非全部）父母在开着电视机时与孩子的互动和说话都变少了。父亲和母亲均如此（在参加研究的成人中有2个父亲），且这种情况适合于所有族群、所有年龄的儿童，对2岁儿童尤甚，结果见图10.1。

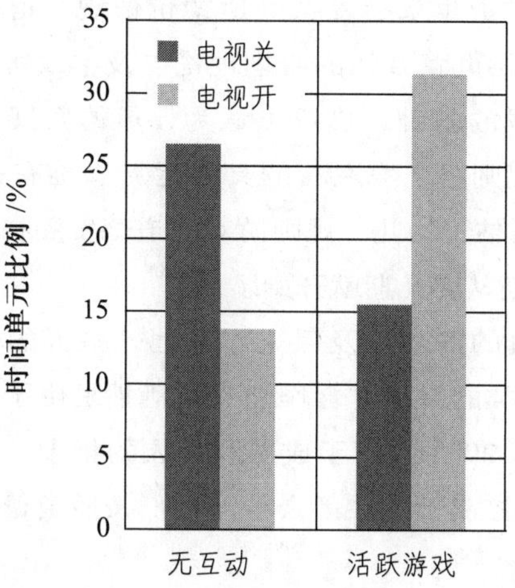

图 10.1

别打扰我　对2岁儿童及其父母来说，开着电视会减少一半的游戏时间。这对1岁儿童的影响则较小（但仍然明显）。2岁儿童学会了在开着电视时保持安静吗？

评论：本研究的优点是精细的观察（每10秒为一个分析单元）和"盲"编码，所有的亲子都处在相同条件下（因此可控制互动模式的个体差异），而且包含很年幼的儿童（早期多数研究者认为1岁儿童不会受电视影响）。缺陷是，参与者只有51对亲子，且全都是来自美国一个地区的中产阶级家庭，而电视节目作为背景的情况在低收入家庭中更为普遍。此外，研究者都来自一所大学。这些因素会限制研究结果吗？

所以，问题不仅在于暴力媒体节目教给了儿童破坏性行为，所有媒体都会减少建设性互动的时间。根据代替假设，儿童花在电子媒体上的时间必然减少了社交和教育活动的时间——这一假设已在学龄儿童中得到了证明，对幼儿来说也是如此 (Weis & Cerankosky, 2010)。

小　结

过去40年，戴安娜·鲍姆琳德和其他多数发展学家都发现，权威型教养方式（和蔼可亲、给予指导）比专制型（非常严厉）和放任型（非常宽大）教养方式更有效。其他研究发现，忽视型教养方式的效果最差。在任何文化中，当养育者称赞儿童、关心他们的进步时，儿童都能茁壮成长。父母如果忽视、不关爱或虐待儿童，儿童很难成为快乐的、适应良好的、高成就的成人。

良好的养育不可能在遵循一个简单规律的情况下实现；儿童的气质不同，文化模式也不同。如果幼儿教师和蔼可亲、反应性强，其教育效果最好。媒体对全世界所有家长来说都是一个特殊的挑战，因为儿童太容易被色彩缤纷、快节奏但充满暴力的图像吸引了。电视节目尤其容易导致攻击行为。教育类的电视节目或计算机游戏可能有益，但所有媒体的使用都会减少人们面对面的互动，而互动是幼儿特别需要的。■

四、道德发展

随着儿童的逐渐成熟，他们形成了越来越复杂的道德价值观、道德判断和道德行为。第七章描述的社会纽带、第九章介绍的心理理论以及本章所说的情绪发展和社会意识，都是道德品质形成的基础。皮亚杰认为，道德发展是从儿童学习游戏规则开始的，他认为游戏规则与7岁左右的具体运算思维有关（Piaget, 1932/1997)。现在我们知道，皮亚杰低估了幼儿。规则游戏和道德发展在幼儿期都很明显。有研究者甚至认为，道德判断从婴儿期就开始了。

很多发展学家认为，儿童对父母的依恋以及后来对其他一些人的依恋就是道德的开端。从进化论的角度看，人类的保护、合作和互做牺牲是由于社会群体在进化中鼓励了这类亲善行为 (Krebs, 2008)。由于成熟和成人的指导，儿童产生了羞愧感（如埃里克森所说）和自我控制，这些都会帮助他们按照道德要求行事 (Kochanska et al., 2009; Konner, 2010)。

（一）天性和教养

儿童是怎样把道德标准内化并形成美德、回避恶行的？关于这些问题的争论十分激烈。心理学、哲学、神学和社会学的理论家各执一词。这种矛盾反映了发展研究最初关于天性对教养的争论。

- “天性”观认为，道德是遗传的，是自然的纽带关系、依恋和认知成熟的产物。这就可以解释为什么无论父母做什么，年幼的儿童都会帮忙并保护自己的父母，并惩罚那些违反道德规则的儿童。
- “教养”观认为，文化非常重要，因为儿童的价值观是从他们所在的社会中学到的。有些儿童相信，那些吃生鱼（或汉堡包、腌肉和昆虫）的人是不道德的。

天性和教养都是重要的，发展学家不认为其中之一对道德更重要 (Killen & Smetana, 2007; Krebs, 2008; Narvaez & Lapsley, 2009; Turiel, 2006)。我们不在这里讨论这个问题，但有一点可以确认，父母和教师都很重要。在此，我们要讨论2—6岁儿童道德发展的两个核心问题：一是亲善行为（亲社会行为）和违反社会规则行为（反社会行为）；二是遵守纪律的道德训练。

（二）共情和厌恶

儿童一起游戏时，有两种道德情感表现得格外明显。由于社交经验的积累和自我中心主义的减弱，他们形成了**共情**（对别人的情感和担忧的理解）以及**厌恶**（对别人的不喜欢，甚至憎恶）。

共情 (empathy)：当别人的情感和担忧和自己的不同时，理解别人的情感和担忧的能力。

厌恶 (antipathy)：不喜欢甚至憎恨别人的情感。

共情和同情不一样，同情是为别人感到遗憾的情感，而共情是与别人一起感到遗憾的情感，好像别人的痛苦和悲伤发生在自己身上一样。这使我们回忆起镜像神经元的研究（见第一章）。研究显示，观察别人行为会激活观察者脑内的相同区域，好像自己也完成了那个行为一样。研究者考察了幼儿和灵长类动物，结果发现，当其他个体受伤、哭泣或需要帮助时，这些幼儿和动物表现出了自发地帮助其他个体的努力，这就是共情的证据 (Warneken & Tomasello, 2009)。

共情会导致**亲善行为**，这是不图私利的帮助和仁慈行为。亲善行为更可能是共情而非认知的结果；更像是对情感的理解，而不是心理理论的结果（Eggum et al., 2011）。表示关心，把自己的食物和玩具与别人分享，以及让一个害羞的孩子加入游戏和谈话，都是幼儿的亲善行为的例子。3 岁的杰克就表现出了共情，他

亲善行为 (prosocial behavior)：不为自己谋私利的助人和善良行为。

> 拒绝把含有花生的小食品带到幼儿园，因为另一个男孩在他吃这种小食品时只能在旁边坐着看，那个男孩讨厌花生的味道。杰克希望和他坐在一起。
>
> (Lovecky, 2009, p. 16)

厌恶可能导致**违反社会规则行为**，即对别人的故意伤害或破坏，包括那些没有对违反社会规则者造成伤害的人。违反社会规则的行为包括辱骂、社交排斥和身体攻击 (Calkins & Keane, 2009)。一个 4 岁的违反社会规则的孩子可能盯着另一个孩子看，怒视他，然后在对方没有挑衅的情况下使劲踢那个孩子。

违反社会规则行为 (antisocial behavior)：对其他人的故意伤害或破坏行为。

学步儿可能会打人、抓人、揪人头发，等等，而且看不出他们知道这是在伤害别人。在 4—5 岁，由于大脑的成熟、心理理论的发展、对情绪的调节以及与养育者的互动，幼儿可能会故意做出亲善行为或违反社会规则行为。当儿童做出违反社会规则的行为时，成人有时会觉得，别的孩子的眼泪会使多数孩子感到内疚。这种想法不一定正确，因为脑部扫描显示，想惩罚别人的成人在真的这么做时其实是饶有乐趣的，就连这样做会让他们自己付出代价（金钱、时间或精力）时，也能带来乐趣 (Takahashi et al., 2009)。儿童需要学会控制攻击性，多数儿童学会了，但还有人没学会。

情绪调节、道德发展和共情的萌发都不如儿童学习控制攻击冲动的成效明显。细心观察可以发现，对攻击性的逐渐控制表现在各种行为中，例如，嬉闹游戏；社会剧游戏中对支配与服从行为的想象行为；2—6 岁儿童逐渐增强的自控力；与同伴分享绘画颜料、建筑材料和玩具的行为 (Peterson & Flanders, 2005; Utendale & Hastings, 2011)。

由于幼儿道德鉴别力的增强，5 岁儿童已能判断一个孩子的攻击性是否有正当理由了 (Etchu, 2007)。像成人一样，自卫比故意的、无缘无故的攻击更值得原谅。

但是，儿童不认为欺负人的人意识到他们做错了：不同年龄的攻击者都觉得他们有理由这样做。

工具性攻击（instrumental aggression）：为了得到或保持一个拥有物或特权而伤害别人的行为。

反应性攻击（reactive aggression）：对别人的故意或非故意行为的冲动性报复行为。

关系攻击（relational aggression）：以伤害被攻击者与别人的社交关系为目的的非身体动作，如辱骂或社交拒绝。

欺凌性攻击（bullying aggression）：对别人（特别是无自我保护能力的人）无缘无故地、重复地进行身体或言语攻击的行为。

研究者划分出四种攻击类型。**工具性攻击**在2岁儿童中很普遍，他们想得到自己没有的东西，并且会不经思考地拿到这些东西。被攻击的孩子的反应——哭泣或使劲抓住发起攻击的孩子——在2岁前后的儿童中也更典型。

反应性攻击在幼儿中比较普遍，几乎所有儿童在受到别人的攻击时都会以某种方式做出反应，随着情绪调节能力的增强，对这种反应的控制也越来越好。如果幼儿形成了情绪控制力和心理理论，他们就不大会以身体攻击的方式做出反应了 (Olson et al., 2011)。

关系攻击（一般是口头攻击）会损害另一个孩子的自尊，破坏其社交网络，随着儿童的成熟，伤害也越来越大。一个幼儿可能会通过跟另一个人说“你不会成为我的朋友”或“你太胖了”，来伤害别人的情感。这就是关系攻击。

第四种，也是性质最恶劣的形式是**欺凌性攻击**，其目的是要支配别人。它在幼儿中并不罕见，但是，由于它对被欺凌者和欺凌者都有特殊的破坏性（见第十三章），这种攻击应该在进入小学前中止。在幼儿期，随着大脑的逐渐成熟，共情能力的逐步增强，几种攻击类型都会逐渐减少。在这一过程中，父母、同伴和幼儿教师起着关键作用。

（三）纪律

因为儿童会破坏家庭和社会规范，培养纪律性对发展学家就成了一个重要的问题。成人的价值观和经验影响着他们在什么时候和怎样进行纪律培养。价值观取决于文化，纪律培养也是如此。

在理想的情况下，成人应该对不良行为有所预期，对儿童的行为方式进行指导，并且把道德标准加以内化，考虑到发展的不成熟性，如表10.2所示。但是，不良行为并不是都能加以阻止的。如果读者认为可以被说服的孩子就能一直表现得很好，那就来看看对母亲与3岁幼儿在快到傍晚时（有压力的时间）的研究结果。冲突（包括口头争吵）大约每2分钟就有一次 (Laible et al., 2008)。请见下面的例子：

儿童：我想穿鞋。

母亲：你不需要穿鞋。你走路就穿那双小熊凉鞋。

儿童：不不不不不。

母亲：（叫孩子名字）你不用穿别的鞋。

儿童：（大声喊叫）

母亲：不行，你不需要别的鞋。你要走路就穿那双小熊凉鞋。

儿童：哼——想穿漂亮衣服。（哭）

母亲：给，你的漂亮衣服。

儿童：呀！

母亲：你可以改天再穿它。

儿童：不不不不不。（大哭）

(Laible et al., 2008, pp. 442–443)

表 10.2　纪律与儿童思维

1. 记住心理理论。幼儿逐渐能从别人的角度理解事物。5 岁时鼓励儿童共情（如果有人那样对你，你觉得怎样？）会增加亲善行为，减少违反社会规则行为。
2. 记住自我中心主义。幼儿正在形成关于“我是谁”的感觉。成人可以通过不坚持分享等措施保护正在出现的自我。
3. 记住快速绘图。幼儿渴望谈话和思考，但他们说得多，理解得少。儿童“不听话”可能因为他们听不懂。
4. 记住幼儿缺乏逻辑。5 岁前的幼儿分不清谎话和愿望，并且会忘记自己为什么被惩罚。

很多发展学家考察了儿童的思维对其行为的影响。这里列出的四点都是第九章的内容，可应用于培养幼儿的纪律性。儿童往往认为自己之所以被惩罚，是因为父母生气了，而不知是因为自己犯了错。

这项研究中有 64 名幼儿及其妈妈，安全型依恋儿童发生的冲突与不安全依恋儿童同样多。但是与上述对话不同，安全型依恋儿童能做出更多的妥协和解释 (Laible et al., 2008)。这是最恰当的反应吗？可能是，也可能不是。

1. 体罚

在美国，幼儿挨巴掌、被扇耳光和被殴打的情形多于婴儿和年长儿童。很多成人记得自己受过这样的惩罚，认为这种惩罚管用。体罚（因为其伤害身体而被称为肉体惩罚）可能在当时起作用——打屁股会中止错误行为——但追踪研究发现，遭受体罚的儿童更有可能变成欺凌者、违法者，成为虐待人的成人，而且在校学习落后 (Straus & Paschall, 2009)。

在一些国家（新西兰是最新的例子），体罚是违法的；在另一些国家，体罚是正常的。体罚在美国的大多数学校是非法的（虽然有时仍会被使用），尤其是在幼儿园。有些成人认为，体罚是给儿童“上一堂课”，使他们听话，但儿童从中得到的教训往往是“强权即公理”。等他们长大变得更强壮时，他们就会对别人实施体罚。

当然，被扇耳光的儿童不一定都会变成暴力型成人。一些专家认为，相关只是相关，不是因果。例如，十几岁的少女妈妈更可能打孩子，她们的孩子很可能在学校学习不良，违纪违规，但这并不能证明打骂是其原因。打骂可能增加了学业不良和犯罪的危险，但是与青少年父母相关的其他因素（贫穷、受教育少、冲动或反社会人格）可能起更大作用。很多发展学家不理解父母为什么会选择这种手段。赞成打孩子的唯一理由是，代替体罚的其他方法都不管用，无论是为了控制坏行为还是培养道德价值观 (Larzelere et al., 2010)。但是，在得出这条结论之前，请再看看别的方法。

2. 心理控制

心理控制(psychological control)：一种靠威胁孩子如果表现不好就收回爱和支持，并依赖孩子对父母的负疚与感恩的教育方法。

培养纪律性的另一种方法是**心理控制**，指的是用儿童的羞愧、内疚和感恩来控制他们的行为 (Barber, 2002)。心理控制和打骂一样，也会降低学习成绩。

来看对芬兰出生的完整的年龄群儿童（这是获得无偏样本的最好方法）的研究结果 (Aunola & Nurmi, 2004)。他们的父母被问到有关教育孩子方法的 20 个问题。下面四个问题测量的是心理控制，记分为 1—5（从“根本不像我”，到“非常像我”）：

1)“我的孩子应该知道我为他做了多少事情。”
2)“我让我的孩子知道，在他做错事时，我有多么失望和羞耻。”
3)“我的孩子应该知道我为他做出了多大牺牲。”
4)“我期望我的孩子因为他身上的全部优点而令人愉快、被人欣赏。”

父母在这四个心理控制问题上的得分与他们子女的数学成绩呈负相关，而且随着时间的推移，这种负相关关系越来越显著。令人奇怪的是，如果父母在喜爱孩子上的得分也高（如频繁拥抱孩子），孩子的数学成绩受的影响最大，这可能是因为这种父母的失望增强了儿童的负疚感 (Aunola & Nurmi, 2004)。

另一项研究发现，心理控制会抑制儿童的学习成绩、创造性和社交接纳 (Soenens & Vansteenkiste, 2010)。和体罚相比，受到心理控制惩罚的儿童不大可能变成身体上的欺凌者，但是可能成为关系攻击者 (Kuppens et al., 2009)，成为抑郁、焦虑的人 (Gershoff et al., 2010)。

3. 暂停与引导

暂停 (time-out)：让儿童在一段时间里与别人分开的行为规训技术。

在北美，培养纪律性的最常用的方法是**暂停**，即成人要求犯错误的儿童在没有玩具和玩伴的情况下，自己安静地坐一会儿 (Barkin et al., 2007)。暂停是北美很多教育专家主张的方法。例如，在第九章介绍的启智项目发现，多使用暂停法，少用打孩子的方法，被看作父母教育方法的明显进步 (U.S. Department of Health and Human Services, 2010)。

但是，对暂停方法有效性的研究因以不同形式使用这种方法而引起了人们的注意。有些父母会生气地让孩子待在角落里，冲孩子大叫“待在这儿”，直到父母消了气。其效果和体罚很相似，会使儿童感到自己被拒绝了。要想使暂停有效果，暂停时间必须短暂，最好随着儿童年龄的增加而增长：每增加 1 岁，时间延长 1 分钟。

可以代替惩罚和心理控制的另一种方法是引导法 (induction)，父母与犯了错误的孩子做引导性谈话，让孩子明白，自己的行为为什么不对。谈话可以帮孩子把标准内化，但引导法需要时间和耐心。因为 3 岁儿童会把因果弄混，他们不能对“你为什么那样做”之类的愤怒的问题做出回答，也听不懂一个长长的解释。而简单的引导（“你惹他伤心了”）则更容易理解。

在儿童严重地冒犯别人之前，使用引导法可能是最有效的。一项研究考察了在年幼的弟弟妹妹违反规则和做出冒险行为时，父母和哥哥姐姐的反应，父母更可能跟孩子谈话，鼓励他们改变其行为，而哥哥姐姐会等到弟弟妹妹做出明确的冒犯行为，然后大叫“暂停”。

如果目的是把对错标准内化，那么发展学家一般会推荐使用引导法 (Turiel, 2006)。在日本有个有趣的例子。在日本，体罚比较罕见，亲密而保护性的母子关系很常见，日本杀人犯的比例是美国的 1/10，是牙买加的 1/100。一些心理学者认为，引导式教育法是原因之一 (Guerra et al., 2011)，当然，对这种相关还有许多别的解释。

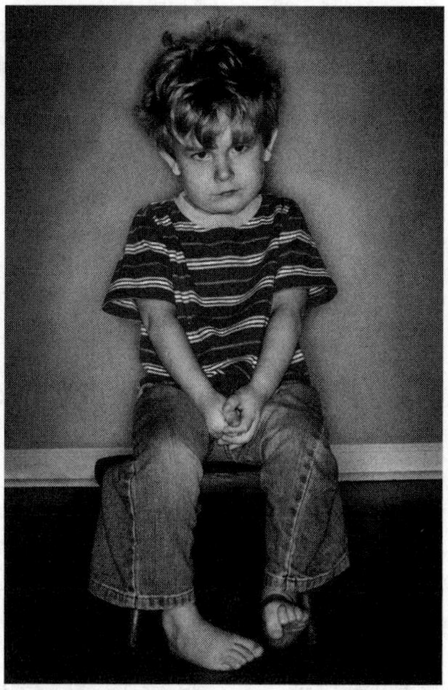

坏孩子还是坏父母？　对有些儿童和文化来说，独自坐在这里是有效的惩罚方式；对另一些儿童和文化来说，这种方法会培养出愤怒的儿童。

4．没有简单的答案

教育方法的结果和有效性因儿童的气质、文化和亲子关系的不同而不同。例如，假使儿童愿意和别人在一起，而且发出了暂停指令的人不带有怒气，那么暂停就是有效的。像第二章所说的，对年长儿童实施暂停的一种方式是暂停上学。但是，如果儿童讨厌上学，停学就相当于强化，而不是惩罚。

在每个国家和每个家庭，成人对适当行为的期望不同，对违犯规则行为的反应也不同。在一个社会里被认为是“粗鲁”“下流”的行为，在另一个社会可能被接受，甚至被鼓励。家庭内部的冲突（如子女与父母之间的冲突）在有些家庭（包括美国的很多家庭）被认为是需要理解和协商的，但在另一些家庭则完全不可接受。

为人父母者常常意识不到自己的族群理论，所以他们也没有想到该向孩子进行解释，那就难怪他们的孩子会持不同意见、不听父母的话和感到失望了 (Harkness et al., 2011)。如果父亲和母亲的童年背景不同，或学校文化与家庭文化不同，这样的儿童更可能变得不顺从和不尊重别人——而且他们在没意识到的情况下就会变成这个样子。

由于上述原因，父母可能索性放弃孩子，任其自己发展。但是不要忘记，儿童需要指导，只有给予有效的指导才能养成情绪调节能力，取得幼儿期的其他进步，而放任型和忽视型教养方式只能培养出不幸福的儿童。

所有成人都同意，道德发展很重要，而且所有的发展学家都同意，幼儿期的认知与情感特征使幼儿期成为培养道德行为的关键期。但是，正如“科学观点：文化与惩罚”专栏所说的，我们仍无法确切说出哪些品德是至关重要的，怎样才能培养这些品德。不要觉得诧异，因为惩罚不是一个简单的问题。一个因为打人受到惩罚的幼儿会辩称，“有时候我只是忍不住要打人。”理想的情况是，不要“只是因为成人忍不住”就给予孩子惩罚。

科学观点

文化与惩罚

在世界各地，儿童纪律培养方面的文化差异很明显。例如，加拿大会扇孩子耳光和打孩子的父母只有美国父母的一半 (Oldershaw, 2002)。美国的很多校区禁止在学校使用体罚，但美国最高法院在 2004 年决定，教师和父母可以使用“合理的武力”惩罚儿童 (Bugental & Grusec, 2006)。在很多发达国家（如澳大利亚、克罗地亚、塞浦路斯、丹麦、芬兰、德国、以色列、意大利、挪威、新西兰和瑞典），任何人——父母、教师、兄弟姐妹、陌生人——对儿童的体罚都是违法的，因为体罚被看作侵犯人权 (Bitensky, 2006)。

也许美国的专制型父母比其他国家多。但是即使在美国国内，地区和收入方面的文化差异也很明显 (Giles-Sims & Lockhart, 2005)。在南方各州和低收入家庭，父母打孩子的情况多于新英格兰各州及富裕家庭。

文化差异可能是近期在美国引起了一场争论的原因，一些教派建议惩罚那些说脏话的孩子，可以往他舌头上滴一滴辣酱油（让他的舌头烧得慌）。这种方法取自一本书，书名是《创造性的矫正》(*Creative Correction*; Whelchel, 2005)。但是多数父母和发展学家都认为这种方法是虐待。但是两派意见严重对立。例如，根据这本书的多数评论（来自 2011 年亚马逊书店网站帖子），读者对这些方法要么非常赞成（90 位读者评价为 5 分），要么非常反对（66 位读者评价为 1 分），评价为 2 分、3 分、4 分的总共只有 30 人。

一位母亲这样写道：

“把辣酱滴到你的孩子的舌头上呢？我敢打赌，作者自己也不敢这样做，看着那些可恶的东西从她自己嘴里喷出来。作为一个重生的信徒和母亲，我从来没有照这本书说的做过。书中的内容令人作呕。她关于矫正的观点也没有任何“创造性”——那些东西不过是我们父母用过的老掉牙的虐待方法的新版本而已。”

一位女性对这本书大加赞赏，她写道：

“我从来不需要墨西哥辣酱油，但是我不反对这种方法。我敢肯定，这种做法会给孩子留下深刻印象，使用一次就不需使用第二次。儿童虐待？算不上。让孩子自由自在地在家里看电视、上网才是儿童虐待。问问任何一个小学老师，她班上的问题儿童是什么样的，肯定是在家里毫无纪律约束的孩子。而行为良好的儿童会长成行为良好的成人。这个世界当然需要更多这样的人。”

还记得对拉丁美洲母亲和她们 4 岁孩子的研究吗 (Livas-Dlott et al., 2010)？她们很少使用引导法，几乎不用暂停法：其隐含的观念是，即使在培养孩子的纪律性时，母子之间的关系也不应该被破坏。在墨西哥裔美国家庭中，不顺从的孩子需要听他们妈妈的话；如果他们不服从，儿童可能会被从禁止行为的场景中领走，同时告诉他必须听话的原因（一位妈妈让他儿子去收拾起居室，并且说不应该只有她一个人整理房间）。在不听话的孩子中，只有 3% 的孩子挨了妈妈的打。

当进行国际比较时，多数美国人都认为日本母亲对孩子太放任了。日本母亲几乎从不惩罚 6 岁以下的孩子。她们只会采用劝说、共情和表达失望等方法。她们可能被看作放任型父母。在放任型家庭长大的美国儿童往往会变成不成熟、不开心的人，但是那些在放任型家庭长大的日本儿童往往发展得很好。其原因可用“甘え”这个日语词来概括，它指的是儿童对母亲撒娇的特殊的依赖感情或行为，这是日本母子关系的典型特征 (Rothbaum et al., 2000)。对很多日本儿童来说，母亲的认可重于一切，所以不需要任何惩罚。在西方人眼里，过度依赖于放任的母亲并向她撒娇的 6 岁儿童在日本是很正常的。

父母的基本态度可能是非常重要的。对非裔美国母亲的一项研究发现，如果她们不赞成打孩子，行动上却这样做，她们的孩子可能变得抑郁；然而，如果打孩子的母亲坚信打孩子是她们应该做的，她们的孩子反而很正常 (McLoyd et al., 2007)。同样，使用体罚和羞辱的华裔美国父母培养出的孩子相对比较快乐而且适应良好，他们之所以用这些方法，是因为他们赞同中国古老的思想 (Fung & Lau, 2009)。

所有这些观察能否得出一个总的结论呢？也许只能说，对多元文化的理解使人们很难判断哪种方法是最好的，但是长期后果和即时后果都应该考虑到。所有儿童都需要指导，能提供这种指导的途径则有很多。

小　结

道德发展在整个儿童期和青少年期一直在持续。在幼儿期，儿童学到的最强有力的道德品质是恰当的亲善行为和对攻击性的控制。在理想情况下，儿童能学习互做好朋友，尤其要避免无理由的攻击行为。父母以多种方式培养孩子的纪律性，教会儿童辨别对错。要使道德标准内化，引导法可能是最有效的方法。■

给父母的问题　假设你同意打孩子有害的观点，但有时你又会被孩子的行为气得不得了，于是打了孩子一巴掌。你觉得这样做合适吗？（答案见第 348 页）

五、成为男孩和女孩

生物学决定了儿童是男还是女。第三章和第四章讲过，受精卵形成后大约 8 周，Y 染色体上决定性别的基因发出指令，使生成的器官初步形成其外形，然后，雄性激素对脑、身体和后期行为施加精细的内部控制。缺少了决定性别的基因，胎儿将形成女性器官，并生成其他激素，启动孕期发育并影响脑。

然而，性别同一性是比生物学更复杂的东西，到幼儿期，其模式和偏好才逐渐明显。幼儿每长大 1 岁，他们的性别意识就更明确一点 (Ruble et al., 2006)。2 岁儿童已能正确地、一贯地使用性别标签了（如女士、先生）。到 4 岁时，儿童已经确信，一定的玩具（如娃娃或卡车）只适合一种性别，而不适合另一种；一定的角色（不仅是爸爸、妈妈，还有护士、教师、警察、士兵等）更适合一种性别，而不是另一种。

（一）生物性别与社会性别

性别差异 (sex differences)：男性和女性之间在器官、激素和身体外形方面的生物学差异。

性别角色差异 (gender differences)：男性和女性在文化规定的角色和行为方面的差异。

科学工作者区分了**性别差异**和**性别角色差异**，性别差异指男性和女性之间的生物学差异，性别角色差异特指文化规定的角色和行为。从理论上来说，这是很明确的划分，但是由于天性与教养的区别，性别与性别角色之间的相互作用使二者很难分开 (Hines, 2004)。

幼儿特别容易把性别角色和性别搞混，部分是因为文化更强调性别角色。一个小女孩会说，"等我长大时，我会长出一个'小鸡鸡'"；一个小男孩出主意说要给他妈妈买一个"小鸡鸡"。一个3岁的小男孩可能会表现出对生物学和性别的无知，他跟着爸爸到邻居家看新出生的一窝小猫。回到家后，他跟妈妈说，小猫里有三个女孩和两个男孩。妈妈问："你怎么知道的？"他回答："爸爸把小猫拿起来看了，它们肚子上写着呢。"

近年来，性别和性别角色的问题变得越来越复杂，因为对不同性别取向的文化接受性日益增强，给一些人带来了愤怒，给另一些人带来了快乐。成人可能是女性同性恋、男性同性恋、双性恋、变性者、"异性恋为主"或完全异性恋 (Thompson & Morgan, 2008, p. 15)。尽管人们越来越接纳性别多样性，但是在大约5岁时，很多儿童头脑中的性别和性别角色观念已经相当牢固了。如果5岁的男孩需要一双新鞋，但是适合他的只有红色的鞋，那么多数男孩宁愿打赤脚。3岁时，男孩就会拒绝红色的玩具，而女孩则喜欢红色 (LoBue & DeLoache, 2011)。

（二）性别角色发展理论

>>回答父母（问题见第347页） 不合适。在你生气时打孩子是最要不得的。你会对孩子造成严重伤害，将来孩子愤怒时也会出现暴力行为。你最好学会控制自己的愤怒，采用别的办法管教孩子，预防其不良行为。

有多种理论解释了男孩和女孩为什么是男孩和女孩，男人和女人为什么是男人和女人，怎样根据两性的所作所为认识他们。动力系统观提醒我们，在从一个阶段发展到下一个阶段时，态度、角色甚至是性别的生物学的差异和相似性都会发生变化；相关的理论也会发生变化 (Martin & Ruble, 2010)。

生物学的差异似乎很小——只涉及46条染色体中的1条。但是那条染色体几乎影响了一切（如嬉闹游戏、情绪调节、父母对不规矩行为的反应等），虽然在青春期之前，其影响还不算大。例如，男孩在嬉闹游戏中更多的是追逐打闹，但是这并不会妨碍成千上万的女孩也追逐打闹。

如果让儿童从幼儿园的十几个同伴中选择玩伴，那么女孩通常喜欢和女孩玩，男孩更愿意和男孩玩。不论父母和老师的意见如何，男孩和女孩都会说，"不带女孩（男孩）玩！"就连青少年都认为，族群歧视比性别歧视更严重 (Møller & Tenenbaum, 2011)。对此应该作何解释呢？

1. 精神分析理论

性器期 (phallic stage)：弗洛伊德理论中人格发展的第三个阶段，生殖器成为关注与快乐的焦点。

弗洛伊德把3—6岁称为**性器期**，因为他认为，这一年龄的儿童最关注的是生殖器。弗洛伊德指出，大约三四岁时，由于成熟，男孩意识到了他的男性性器官。男孩开始玩弄"小鸡鸡"，害怕被阉割，同时对他妈妈形成了性的情感。

这种情感使每个男孩都嫉妒自己的父亲——弗洛伊德认为，每个儿子都希望取代他的爸爸。弗洛伊德称之为**恋母情结**（或称**俄狄浦斯情结**），俄狄浦斯是希腊神话中一位国王的儿子。他在婴儿时被遗弃，在一个遥远的王国长大，后来俄狄浦斯回到他出生的国家，在不知道自己身份的情况下，杀死了自己的父亲，娶了自己的母亲。后来他知道了真相，在极度愧疚中弄瞎了自己的眼睛。

恋母情结 / 俄狄浦斯情结 (Oedipus complex)：年幼男孩想取代其父亲，赢得母亲的浪漫爱情的无意识愿望。

弗洛伊德认为，2000 年后，根据这个古老神话改编的经典话剧《俄狄浦斯王》之所以在希腊重新上演，原因是它把所有男孩对父母既爱又恨的情感用戏剧化的形式表现了出来。每个男人都会为深藏于无意识中的乱伦与谋杀冲动而感到内疚。为了自卫，男孩形成了称为**超我**的强有力的意识，它能快速做出判断和惩罚。根据精神分析理论，超我标志着道德的产生。该理论认为，男孩对超级英雄、枪支和中国功夫的着迷似乎都来源于他们想杀死父亲的无意识冲动。成年男性同性恋、同性恋恐惧症或强迫性惩罚都可以被解释为性器期冲突未解决。后期的精神分析理论家也赞成，道德产生于儿童期的无意识愿望与父母禁止这些愿望的冲突中 (Hughes, 2007)。

超我 (superego)：精神分析理论的术语，把父母的道德标准内化而形成的人格审判官。

弗洛伊德描述了女孩在性器期的一些特征。一个特征是**恋父情结**（或称**厄勒克特拉情结**——以希腊神话中阿伽门农的女儿厄勒克特拉命名，她为报杀父之仇而和弟弟合谋杀死了自己的母亲）。和恋母情结差不多，有恋父情结的小女孩希望排除妈妈，与父亲结成亲密关系。女孩也会形成超我，但弗洛伊德认为，女孩的超我不如男孩那么强烈。

恋父情结 / 厄勒克特拉情结 (Electra complex)：年幼女孩希望取代母亲，赢得父亲的浪漫爱情的无意识愿望。

按精神分析理论的说法，男孩和女孩都要用**自居作用**来克服内疚和恐惧；也就是说，他们想成为像同性别父母那样的人。结果，男孩模仿其父亲的行为方式、意见、行动等，女孩则模仿母亲。男孩和女孩都会夸大男性或女性的角色。由于超我产生于性器期，而且弗洛伊德认为，性别同一性和表达方式对心理健康非常重要，所以他建议父母应该鼓励男孩和女孩遵循适当的性别角色，让每个孩子接纳他们的性别同一性。

自居作用 (identification)：通过模仿别人的行为和态度来捍卫自我概念的心理作用。

20 世纪中期以前的社会科学家都相信，弗洛伊德对性与道德发展的解释“不符合社会学和历史证据”(David et al., 2004, p. 139)。我在读研究生时，老师们也说弗洛伊德是不科学的。但是，第一章曾经说过，发展学家总是力图把研究、理论和经验结合起来。我自己的经验令我不得不反思我对弗洛伊德理论的拒绝有没有道理，请看“批判性思考：凯斯琳·伯格尔与弗洛伊德”专栏里关于我自己的经验。

2. 行为主义

和精神分析理论相比，行为主义者认为，所有的角色、价值观和品德都是习得的。在行为主义者看来，性别角色差异是强化和惩罚以及社会学习的产物。

有证据支持学习理论对性别角色的解释。父母、同伴和教师对“符合性别”行为的赞赏都多于对“不符合性别”行为的赞赏 (Berenbaum et al., 2008)。例如，“当一个女孩穿裙子时，成人会给予称赞，但是当她穿裤子时，就不会得到

批判性思考

凯斯琳·伯格尔与弗洛伊德

我家的第一段“恋父情结”发生在我和大女儿贝莎妮的对话中，当时她大约4岁。

贝莎妮：等我长大了，我要和爸爸结婚。

妈　妈：但是爸爸和我结婚了。

贝莎妮：那也没关系，等我长大了，你大概就死了。

妈　妈：（下决心为自己辩护）爸爸的年龄比我还大，所以等我死了，他大概也死了。

贝莎妮：那好。等他再出生一次，我和他结婚。

说到这儿，我想不出用什么来回答。我不知道她从哪儿来的人会再生的想法。贝莎妮看到我的脸沉下来了，便对我表示了同情：

贝莎妮：别担心，妈妈。等你再次出生以后，你可能是我们的宝宝。

第二段情节是二女儿蕾切尔5岁时我和她的一次谈话：

蕾切尔：等我结婚时，我要和爸爸结婚。

妈　妈：爸爸已经娶了我。

蕾切尔：（带着一种找到了奇妙的解决办法的高兴神情）那咱们就能举行双重婚礼了！

第三段情节更生动。我的三女儿爱丽莎8岁时，把一份“情人节的礼物”放在我丈夫的枕头上。右边的图画就是她当时送的礼物。

最后一段是我的小女儿萨拉，她5岁的时候也表达了想和我丈夫结婚的愿望。我跟她说不行，因为他已经娶了我，她的反应揭示出看太多电视造成的另一个风险：“哦，没关系，一个男人可以有两个妻子。我在电视上看见过。”

我不是唯一被自己孩子说的话吓一跳的主张男女平等的发展学家。南希·达坦(Datan, 1986)曾经描述了一段俄狄浦斯冲突：“我有一个儿子，从他5岁的那一天到现在，我就再也不认为弗洛伊德是错的了。”但是，正如第一章讲的，单一的例子（或来自另一个家庭的四个女儿）不能证明弗洛伊德是正确的。行为主义者对此的解释可能是我的女儿们希望模仿我的样子，因此天真地认为，嫁给我的丈夫就能做到这一点。我的两个小孙子每天都在提醒我年龄群的变化，这可能意味着，我的外孙们（但不是外孙女）未来可能会找一个和他们妈妈非常不同的人结婚——或许可能根本就不结婚。

他们也许会使我的观点再次发生改变。你们有自己的理论和经验，而且我仍然认为，弗洛伊德在很多方面是错的。但是他对性器期的描述并不像我一度认为的那样匪夷所思。

枕头上的谈话 爱丽莎把这幅画[①]放在我丈夫的枕头上，并在旁边——我的枕头上——放了一张既没有这么多色彩，也没有这么用心设计的纸条（这是我事后的想法），上面写着“亲爱的妈妈，我也爱你。”

---

① 画的大意是：送给爸爸。甩掉妈妈，跟我在一起吧。我爱你。——译著注

称赞”(Ruble et al., 2006, p. 897)。根据社会学习理论，儿童会注意到男人和女人的行为方式，当他们的行为不恰当时，会受到惩罚（通常不是体罚，而是用一些羞辱的语言，如“男孩子不哭”或“做个好女孩”）。他们逐渐把所看到的标准内化，当他们的行为像个“小绅士”或“小淑女”时，他们会感到自豪 (Bandura & Bussey, 2004; Bussey & Bandura, 1999)。

有趣的是，男性的性别角色比女性更显著 (Banerjee & Lintern, 2000; David et al., 2004)。娘娘腔的男孩比像个假小子的女孩受到的批评更多。父亲尤其希望女儿甜美，儿子坚强。

行为主义者认为，儿童学习适当行为的方式不但有直接的（得到一个适合性别角色的玩具或成人的赞扬），还有间接的——通过社会学习而习得。儿童会模仿被他们理解为照顾人的人、强有力的人、和自己相似的人。对幼儿来说，那些人是他们的父母，以及正在养育幼儿且最具性别典型性的男人和女人；幼儿还不懂得，妈妈在家里做家务而爸爸外出工作的这种安排只是临时性的。

3. 认知理论

认知理论为 5 岁左右开始明显的性别同一性提供了一种不同的解释。认知理论家关注儿童怎样理解各种想法。儿童形成了有关自己经验的概念。在这时候，**性别图式**就是儿童对性别差异的理解 (Kohlberg et al., 1983; Martin et al., 2002; Renk et al., 2006)。

性别图式 (gender schema)：基于人的经验的认知概念或一般观念，在此指儿童对性别差异的理解。

幼儿拥有很多与性别角色相关的经验，但是尚不具备认知深度。他们倾向于用简单的方式看待世界。由于这个原因，他们把男性和女性看成对立的，即使有证据可以否定这种性别歧视者的观点。有关性别角色的细微差别、复杂性、例外和程度的不同（像其他所有事情一样）都不是前运算儿童的能力所及的。随着他们对文化理解的加深，他们接触了大量的风俗习惯、禁忌和有关性别角色标准的说法。对前运算儿童来说，看重表面和静态思维使他们相信，已经发生的事情是不可逆转的。

此外，形成自我概念的需要可帮助幼儿把自己划分为男性或女性，并且按照他们的第一个概念行事。因此，认知理论认为“吉尔说她是个女孩，因为她穿着新的褶边袜，这是她的性别角色同一性的真实表达”(David et al., 2004, p. 147)。同样，一个 3 岁半的男孩，听见他的阿姨说他可爱时，坚持说自己应该是帅气 (Powlishta, 2004)。显然，他已经有了以性别角色为基础的标准，他希望别人把他看成符合他的概念的自己。

想象　万圣节前夕是最能让孩子们发挥想象的时间之一。你能想象图中两个男孩穿得像女孩一样，而女孩则穿男孩的衣服吗？如果你可以，说明你没有被文化标准所困，但你可能也会意识到，如果孩子们身上穿的戏服有悖于他们的性别标准，他们或许就笑不出来了。

4. 性别角色与普遍社会秩序

精神分析、行为主义和认知理论这三大理

论在幼儿理解男性和女性的问题上，给出了不同的解释。近期的理论有另外的解释，新的研究不断发现传统理论必须改变 (Martin & Ruble, 2010)。进化论坚称，性吸引力对人类多数人的欲望和后代的繁衍至关重要；因此，男性和女性都试图吸引异性，并想方设法达到这一目的。社会文化理论认为，性行为取决于文化（男人与男人手牵手，是禁忌还是可接受的，取决于当地的习俗），很多差异都和社会组织的一般模式有关。进化论鼓励两性差异；社会文化理论则认为，如果人们被其他价值观干扰，性别差异是可以改变的。

各种理论都提出了一个问题：儿童应该学习什么性别角色模式？每个人都应该把男女两性最好的东西兼收并蓄（称为双性化）吗？性别角色刻板印象应该随着年龄的增长而消失吗（像圣诞老人和牙仙子一样）？还是说，男性和女性的差异应该作为人类家庭的基本要素而被鼓励？发展学家、母亲、父亲和不同的文化对这些问题都有不同的回答。如果我不让我的学生跟贝莎妮说“女孩不打架”，是对还是错？

小　结

在大约 6 岁时，性别角色刻板印象的影响力最强大。每一种理论、每一个学科以及每一个为人父母者对这种现象都有自己的解释：弗洛伊德描述了无意识乱伦冲动；行为主义者强调社会强化；认知理论描述了不成熟的分类。此外，人们的道德反应也不同，从考虑到作为道德基础的性别角色自居作用，到认识到性别角色刻板印象的幼稚性和破坏性。■

本章总结

一、情绪发展

1. 在幼儿期，学会调节和控制情绪非常重要。大脑（尤其是前额叶）的成熟以及与父母、同伴的交往经验，使情绪调节成为可能。
2. 埃里克森的心理发展阶段理论认为，主动性对内疚感是幼儿期的危机。儿童大多能感受到自豪感，但有时会把它与内疚感混淆。羞耻感也明显出现了，尤其是在一些文化中。
3. 外化问题和内化问题都表明自我控制受到了损害。幼儿期的一些情绪问题是心理疾病的指标。
4. 男孩比女孩更容易出现外化问题，女孩则更容易出现内化问题。无论对男孩还是女孩，大脑成熟和早期教育质量都会影响他们的情绪控制。

二、游戏

5. 所有幼儿都喜欢游戏——与其他同性别儿童（最适宜）玩、自己玩或跟成人玩。嬉闹游戏可以教儿童很多社交技能，这可以发生在任何地方，尤其是在男孩中，前提是他们必须有适合追赶跑跳的场地。
6. 在安全环境中进行的社会剧游戏可以促进情绪和角色发展。男孩和女孩都喜欢参加社会剧游戏，但女孩喜欢玩过家家，而不大喜欢暴力主题的游戏。

三、对成人的挑战

7. 家庭教养方式主要有三种：专制型、放任型和权威型。一般来说，如果父母和蔼可亲并且能给予指导，儿童就更容易取得成功而且更快乐。

8. 第四种教养方式（忽视型）总是会造成伤害。父母教养方式的特点反映了文化及儿童的气质。

9. 儿童是多种电子媒体的重要消费者，他们经常在没有父母参与的情况下，每天花几小时投入其中。媒体内容是最重要的。接触电子媒体带来的问题是攻击性越来越多，而创造游戏越来越少。

四、道德发展

10. 幼儿的自我感和社交觉知是道德的基础。这一点在亲善行为和违反社会规则行为中都有明显的体现。

11. 攻击行为有四种：工具性攻击、反应性攻击、关系攻击和欺凌性攻击。所有儿童都会使用工具性攻击，但随着年龄的增长逐渐减少。无缘无故的伤害（欺凌）被认为是儿童的错误，也是成人的错误。

12. 父母采用的惩罚可能具有长远后果。体罚是父母面对不想让孩子学的行为时给孩子教训的一种方式。其他惩罚也具有长期后果。

五、成为男孩和女孩

13. 2 岁儿童已能正确使用有性别特色的标签。幼儿从穿着、玩具、未来职业和玩伴中体会到了性别角色的差异。

14. 弗洛伊德强调，儿童会被异性父母吸引，并最终从同性别父母那里寻求同一性，或调整自己的角色。行为主义者认为，与性别角色相关的行为是通过强化和惩罚（尤其是男孩）和社会榜样习得的。

15. 认知理论家注意到，过于简单的前运算思维导致了性别角色图式及相应的性别刻板印象。社会文化理论家认为，每个社会中的许多性别差异都是社会教给儿童的。

16. 进化论认为，性与性别角色差异对物种的生存和繁衍是至关重要的。

关键术语

超我，p349
反应性攻击，p342
放任型教养方式，p334
工具性攻击，p342
共情，p341
关系攻击，p342
忽视型教养方式，p334
恋父情结/厄勒克特拉情结，p349
恋母情结/俄狄浦斯情结，p349
内化问题，p327
内在动机，p325
欺凌性攻击，p342
亲善行为，p341
情绪调节，p323
权威型教养方式，p334
社会剧游戏，p331
外化问题，p327
外在动机，p325
违反社会规则行为，p341
嬉闹游戏，p331
想象的朋友，p325
心理疾病，p327
心理控制，p344
性别差异，p348
性别角色差异，p348
性别图式，p351
性器期，p348
厌恶，p341
暂停，p344
主动性对内疚感，p324
专制型教养方式，p334
自居作用，p349
自我概念，p324

你学到了什么？

一、情绪发展

1. 大脑发育的哪些方面支持了情绪调节？
2. 羞怯和内疚之间有何差异？
3. 主动性和自主性（分别属于埃里克森的第三和第二阶段）有何差异？
4. 心理疾病和情绪调节之间有何关系？
5. 对人们来说，哪些情绪难以调节？为什么？
6. 儿童是怎样学会情绪调节的？
7. 读一本书的内在动机和外在动机分别是什么，举例说明。

二、游戏

8. 儿童从嬉闹游戏中学到了什么？
9. 儿童为什么喜欢与同伴游戏胜过与成人游戏？
10. 社交游戏的发展受到文化的什么影响？
11. 社会剧游戏帮助儿童学习到了什么？
12. 男孩和女孩的典型游戏有何差异？

三、对成人的挑战

13. 在鲍姆琳德的三种教养方式中，父母对孩子的期望有何不同？
14. 放任型父母的子女为什么经常不快乐？
15. 在美国，为什么很多非欧裔父母比其他父母对子女的要求更严格？
16. 美国多数儿童工作者对幼儿与电视提出了什么建议？
17. 幼儿使用电子媒体取代了幼儿的什么？

四、道德发展

18. 皮亚杰对儿童道德发展持什么观点？
19. 天性观在人的道德形成方面持什么观点？
20. 同情、共情和厌恶之间各有何差异？
21. 亲善行为有何优势和短处？
22. 四种攻击行为有何相似之处，又有何差异？
23. 为什么发展学家希望父母在培养孩子纪律性之前，应该先和孩子讨论？
24. 体罚有什么优势和劣势？
25. 为什么体罚在很多国家是违法的？
26. 暂停在什么情况下有效，在什么情况下无效？
27. 使用引导法来惩罚有何优势和劣势？

五、成为男孩和女孩

28. 儿童怎样与何时认识到了男性和女性之间的性别差异？
29. 儿童怎样与何时认识到了男孩和女孩之间的性别角色差异？
30. 为什么许多社会科学工作者质疑弗洛伊德的性别角色发展理论？
31. 如果性别角色发生变化，对社会来说，哪些容易做到，哪些较难做到？

应　用

1. 观察两个或多个幼儿之间的互动。把观察结果分为四类：情绪、原因、结果和情绪调节。记录每一个可观察的情绪（通过笑声、哭声等来反映）、产生这些情绪的原因、结果、有没有情绪调节。例如："愤怒：朋友抢走了玩具；儿童提出要分享；可能有情绪调节。"
2. 向三位父母询问关于惩罚的问题，包括他们常用的惩罚方式、在什么年龄使用、对何种不良行为使用以及由谁来惩罚。询问这三个人小时候受到过什么惩罚，对他们有何影响。如果三个人意见一致，就再找一个观点不同的父母（或同学）。

3. 儿童电视节目被指含有族群、性别和道德刻板印象。看 1 小时的儿童电视节目，最好是周六上午的节目，记录其内容和包含的广告。引用证据得出关于这些刻板印象的结论（而不是仅仅报告你的印象）。

4. 性别角色标志往往被忽视了。到一个公共场合（公园、餐厅、繁华的街道），用 1 小时记录性别角色差异的实例并计数，包括服装款式、特殊习惯、互动方式和活动。

第三部分 幼儿期的发展成果

幼儿期

生物社会性

身体变化 从2—6岁，儿童继续成长，但速度放慢。一般来说，5—6岁时的身体质量指数低于一生中的其他时期。儿童往往会吃很多不健康食品，拒绝同时吃其他一些食物，在食物和日常习惯方面坚持〝照例行事〞。

大脑发育 神经通路的扩散和髓鞘化仍在继续。大脑的各个部分（如胼胝体、前额叶、杏仁核、海马与下丘脑）互相联结，使左右两半球继续单侧化并使身体左侧和右侧更协调；它还减少了冲动性和固着性。大动作技能发展放慢了脚步。

伤害与虐待 幼儿期的伤害控制非常必要，因为全世界死于可避免的意外伤害事故的儿童远多于因病死亡的儿童。儿童虐待和忽视在任何家庭都可能发生，但也更可能发生在多子女家庭和贫困家庭中。

认知

皮亚杰和维果茨基 皮亚杰强调幼儿的自我中心主义和不合逻辑的观点，这使儿童难以理解诸如守恒这样的概念。维果茨基强调文化背景，注意到儿童不但会向良师益友——父母、教师和同伴——学习，还会从社会背景中学习。儿童能形成自己的理论（包括心理理论），使他们懂得并不是每个人都和他们想的一样的。

语言 语言快速发展。6岁时，儿童一般能掌握1万个单词和丰富的语法知识。在幼儿期，如果受到其社会背景的鼓励，幼儿可能成为平衡的双语者。

幼儿教育 幼儿十分渴望学习。以儿童为中心教育法、教师指导型教育法和干预项目都是鼓励学习的；其结果取决于教师的能力和课程的特征。

心理社会性

情绪发展 幼儿通常有较高的自尊。自我概念在埃里克森所说的主动性对内疚感阶段出现，同时形成调节情绪的能力。外化问题是情绪调节太少的结果，内化问题则是自我控制太多的结果。

父母 和蔼可亲、以鼓励为主的父母教养方式，结合良好的沟通和较高的期望（权威型）是最有效的，它有助于促进儿童的自尊、自律和自我控制。专制型和放任型教养方式效果较差。长时间看电视和玩其他电子媒体可能会破坏儿童的家庭生活。

道德发展 品德在多大程度上是与生俱来的，在多大程度上是习得的，人们对此尚无一致意见。品德在幼儿期得以表现。共情会导致亲善行为；厌恶导致违反社会规则行为。攻击性有几种形式；欺凌性攻击是不祥的预兆。父母的各种惩罚方式都有长期后果。

成为男孩和女孩 幼儿形成了关于性别（生物学）和性别角色（文化）的带有刻板印象的概念。各种理论对此做出了不同的解释。

第四部分

（第十一章—第十三章）

小 学 期

每个年龄都有快乐和烦恼，都有获得与丧失。但是如果让你选择一段最好的时间，你可能会选择6—11岁。很多儿童在这段时间里都经历了身体健康、发育稳定的时光。他们掌握了许多新的运动技能，学习了数千个词汇，对家人的依赖性减小了。他们大多喜欢自己的父母，结交新朋友，为自己的国家和信仰感到自豪。他们的生活安宁幸福，青少年期那些危险的事情（毒品、性、暴力等）此时还未出现。但是在一些成人的记忆里，这几年是最差的而不是最好的时光。一些儿童憎恨学校，一些儿童生活在有破坏性的家庭，一些儿童没有自己稳定的家庭，一些儿童在与肥胖症、哮喘病、学习能力低下或欺凌者做斗争。下面三章既要赞美6—11岁的欢乐，也承认这一年龄段要遭遇各种挑战。

第十一章

小学期的生物社会性发展

你将学到什么？

1. 如果有更多的父母让孩子“去户外游戏”，结果会怎样？
2. 儿童肥胖症的流行应该归咎于父母、学校还是社会政策？
3. 为什么智商测验没有几十年前用得那样多？
4. 如果所有儿童都有某方面的不正常，为什么针对特殊需要的早期诊断有好处？

在我上小学二年级期间，我家搬到了1600多公里远的另一个地方。我进入了一所新学校，而我的口音让新同学们感到很古怪；我自己也意识到了这一点，并且感到很孤独。辛西娅笑起来显得很友好，她脸上长着一些雀斑，头发是红色的。更重要的是，她愿意跟我说话。所以我请她做我的朋友。但是她说：“我们不能做朋友，因为我是民主党。”我回答：“我也是。”（我知道我家人支持民主党。）她说：“不，你不是。你是共和党。”我目瞪口呆，伤心极了。我们一直没成为朋友。辛西娅和我都没意识到，所有孩子都有不同寻常的地方（可能由于外貌、文化或家庭的缘故），但还是能和不像自己的孩子做朋友。辛西娅和我本可以做好朋友，但我们都不懂这一点。她的父母跟她说了我父母在政治上的一些事情，我对那些也根本不懂。后来，辛西娅在那年就离开了那所学校，走的时候还没有朋友。而我则交了别的朋友。本章将讲到，小学生不但有相似之处，而且有很大差别——在身高、体重、健康、学习能力和其他很多方面。在本章后面，我们将专门介绍有特殊需要的儿童——他们需要朋友，却很难找到朋友。

一、一个健康的时期

遗传和环境因素保证了大约在6—11岁的**小学期**（或儿童中期）儿童的发展，这是幼儿期之后、青少年期之前的时期。一种解释来自进化论观点。小学期的儿童死亡意味着抚养的努力付之东流 (Konner, 2010)。由于各种原因，这一时期的致命疾病和意外事故都减少了。当代小学儿童得到了更多的保护：关于危险的教育和更多的疫苗。总而言之，小学期是人的一生中最健康的时期（见图11.1）。

小学期 (middle childhood)：幼儿期之后、青少年期之前的时期，大约从6岁到11岁。亦称儿童中期。

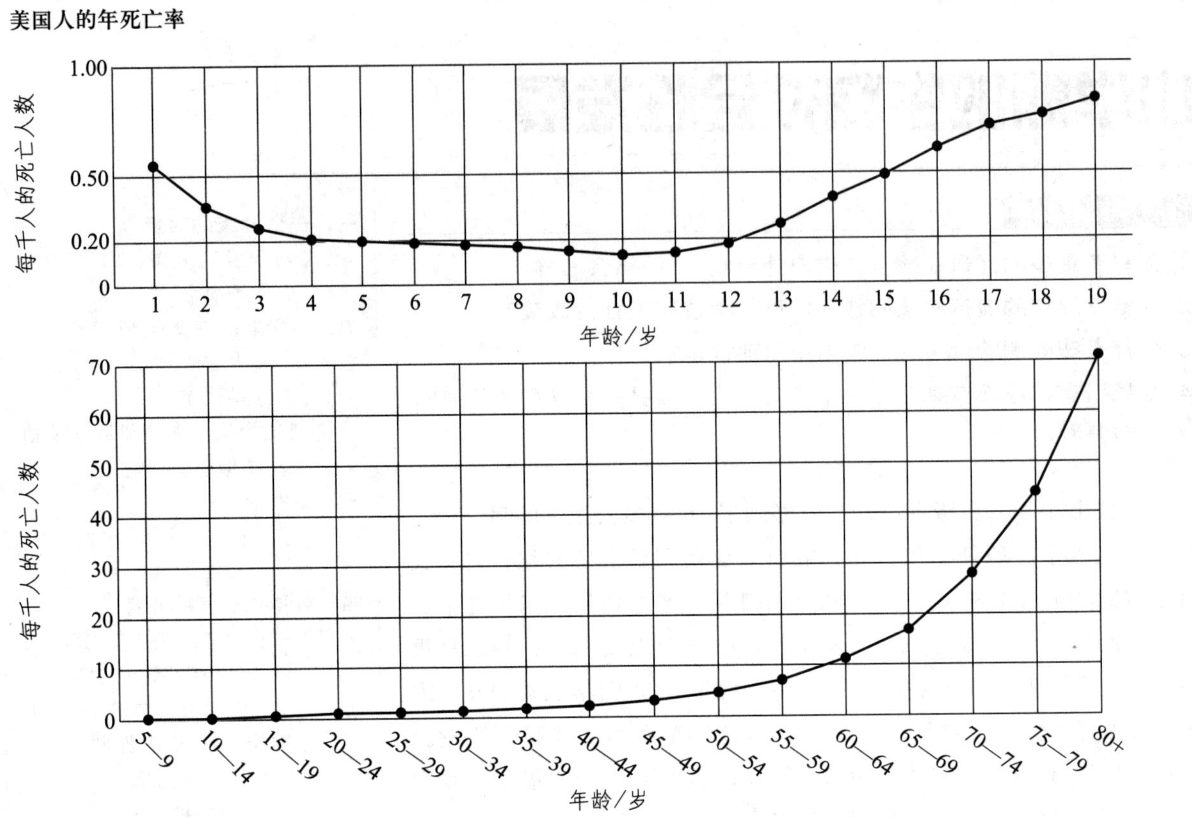

图 11.1

早年死亡？几乎没有！　从各方面衡量，小学生都非常健壮。图中显示，其死亡率低于 6 岁以下、11 岁以上儿童，约是成人死亡率的 1%。

据 National Center for Health Statistics, 2008.

观察小测验　从图 11.1（上）来看，9—19 岁儿童的健康状况同样很好，但是在图 11.1（下）里，情况发生了很大的变化。对此该如何解释？（答案见第 361 页）

（一）发育放慢，力量更强

小学儿童与婴幼儿或青少年不同，他们的发育缓慢而稳定。他们更会照顾自己了，从刷牙到穿衣服，从自己给自己做午饭到和同学一起走去学校。到了学校，他们能够坐在位子上做作业，而不会弄断铅笔，撕破纸，也不会用胳膊肘攻击同学。在小学这几年，儿童相当能干而自信，不像青少年那样会因为身体变化和冲动而苦恼。

小学生的肌肉更强壮，例如，10 岁儿童能把球抛得比 6 岁儿童远一倍。心肺机能也更强，心脏力量和肺活量都越来越好。结果，每长大 1 岁，儿童都能跑得更快，跳得更远 (Malina et al., 2004)。成人看重的一些体育项目（如篮球和橄榄球）都要求比学龄儿童拥有更高的身材、更壮的身体，但小学生在每一项体育技能方面都比他们小时候强得多。

小学生很少有严重营养不良者。只要他们所在的整个社会不再挨饿，小学生就都能吃饱饭。随着对“照例行事”的强迫减弱，他们会尝试吃很多新的东西，在朋友家吃饭时尤其会这样。像第八章所说的，早期营养不良表现在身高而不是体重上。在小学期，来自最贫穷国家的儿童比富裕国家的儿童可能矮好几厘米，而那些身材矮小但体重超重的儿童的健康前景则很不乐观 (Worthman et al., 2010)。

>> **观察小测验（第 360 页）答案** 从纵坐标可知，从 1 岁到 20 岁，年死亡率都低于 1‰。

（二）身体活动

儿童往往玩得很开心，他们“完全彻底地沉浸于其中”(Loland, 2002, p. 139)。除了从游戏中寻找乐趣，身体活动的益处——尤其是小学生已能玩的规则游戏——可能会持续一生。其益处如下：

- 改善整体健康状况；
- 减小肥胖的可能性；
- 学习什么是合作和公平；
- 增强解决问题的能力；
- 学会尊重各族群和国籍的队友和对手。

但是，身体活动也有一些危险：

- 降低自尊（队友和教练有时很无情）；
- 受伤（“少棒肘”① 就是一例）；
- 歧视被强化（尤其是性别歧视）；
- 增大压力（因激素变化和失眠等原因而导致）。

儿童在什么地方既能从活跃游戏中获得收益，又能避免危险呢？有三个地方或许能做到这一点：居住社区、学校和体育俱乐部。

1. 邻里游戏

邻里游戏很灵活。规则和场地边界可以和环境相适应（例如，“过了那棵树”或“超过那辆停着的卡车”就算出界）。诸如棍球②、触身式橄榄球③、老鹰捉

专业的眼睛，手的合作 小学期动作技能的发展特点取决于文化。这个吹长笛的孩子已经能熟练演绎许多名曲了。

① 主要是重复性的外翻压力造成的疾病，在少年棒球投手中最易发生，结果就是内上髁生长板的压力性骨折。——译著注

② 儿童在街头玩的类似棒球的游戏。——译著注

③ 美式橄榄球的变种，以单手或双手触及对方持球人的身体代替抱住和摔倒动作。——译著注

拥抱树　一些成人会蔑视另一些声称要保护大自然的成人，但是对全世界的儿童来说，爬树都是一种快乐。并不是每个孩子都有这种机会。

小鸡、捉迷藏和其他各种跑来跑去的捉人游戏，儿童都可以一直玩下去，或至少玩到天黑。这些游戏都是活跃的、互动性的和包容性的——对儿童来说都是理想的游戏。它们还有道德教育作用，一位学者写道：

> 儿童爱玩老鹰捉小鸡、捉迷藏或迷你篮球。他们互相竞争，但是始终遵守规则，他们能自觉地遵守规则，而不需要一个公平的裁判。对不按规则玩的处罚是不让玩了，即社会排斥……
>
> (Gillespie, 2010, p. 398)

对小学生来说，“社会排斥”是为坚持自己的做法而付出的巨大代价。所以他们学会了合作。遗憾的是，当代儿童可能上不好这一课，因为现代生活使邻里游戏难有施展的余地。空的场地和田野已消失大半。

一个世纪以前，世界上90%的儿童生活在农村；而现在，大多数儿童住在大城市或城市边缘的棚户区。发展中国家的城市快速扩张，游戏场地和公园尤其罕见，即使在发展节奏较慢的发达国家，人口增长也相当可观。例如，20世纪90年代，得克萨斯州达拉斯都市圈的人口不到400万人，2010年已超过700万人。

对城市儿童来说，另一个问题是，父母更愿让他们待在家里，因为“陌生人很危险”——尽管一位专家写道，“你的孩子会因为待在家里而变得肥胖，而且这一概率远远大于他被诱拐的概率(引自 Layden, 2004, p. 86)。在每个国家，室内活动（如做作业、看电视、玩视频游戏）都在和户外游戏竞争，可能美国的情况更严重。一位澳大利亚学者写道：

> 澳大利亚的孩子们很幸运。这里的主流观点是，儿童放学后的时间是闲暇时间。在美国，能享受闲暇时间的儿童好像越来越少了。如果一个孩子在校成绩不佳，娱乐时间马上就变成了补课时间。成绩好的学生放学后也常常会把时间花在学习更多知识上。
>
> (Vered, 2008, p. 170)

2. 学校体育活动

如果没有机会玩邻里游戏，学校体育活动就是一个很好的选择。但是由于学校被迫增加了学生的阅读和数学学习的时间（见第十二章），体育活动和休息时间不得不减少了。对美国得克萨斯州的小学的研究发现，有24%的学校在一天当中根本没有安排休息时间，只有 1% 的学校每天有几次休息时间 (W. Zhu et al., 2010)。

美国的一项大型的、对上万名三年级小学生的研究发现，大约有 2/3 的学生每天至少有 15 分钟的休息时间。遗憾的是，那些休息时间最少的学生，偏偏是最需要休息的学生——住在城市贫民区，忧心忡忡的父母不让他们到外面去玩 (Barros et al., 2009)（见“研究设计”专栏和图 11.2）。很多学校都必须设有有体育馆，但选相关课程的学生人数往往多到不能很好地进行活跃游戏。

研究设计

研究者：Romina M. Barros, Ellen J. Silver, and Ruth E. K. Stein.

发表期刊：《儿科》(*Pediatrics*, 2009)

参与者：来自一项幼儿期追踪研究的 11 000 名 8 岁儿童。该研究开始于幼儿园学前班，参与者包括不同地区、不同族群和不同家庭收入水平的儿童。研究者对这些儿童在三年级时报告的数据进行了分析。不包括留级生、移民儿童和后转学来的儿童。对父母和教师也进行了调查。

设计：由教师报告儿童每天在校有多少休闲时间（非组织的游戏时间）。最低选项是 0 ～ 15 分钟，选择此项的达到 30%。把这一变量与班级行为、班级规模、男女比例、体育课次数、父母社会经济地位、学校类型和所在地区做了相关计算。

结果：发现了很多显著差异。与较少的休闲时间相关的因素有低社会经济地位、班级“难于管理”、公立学校、大城市、美国南方各州以及体育课时间少。与休闲时间不相关的变量包括班级规模和男女学生比例。

主要结论：休闲时间与课堂行为之间存在相关，其他研究也发现，休闲时间与儿童的学习、注意和肥胖之间有相关。因此，研究者提示，所有儿童都能从每天至少 20 分钟的休闲活动中获益。这对那些注意力不集中的儿童尤其重要。研究者担忧，那些最需要休闲活动的学生最不可能有休闲活动的机会，因为“很多处于不利背景的儿童，除非有父母陪伴，就不能在社区中、甚至不能在自家院子里玩耍。对这些儿童来说，休闲活动是他们向其他儿童学习社交技能的唯一机会”(p. 434)。研究者还注意到，美国有 40% 的学校为了给阅读和数学留出更多时间，砍掉了休闲时间，而在国际学生成绩测验中成绩领先的亚洲国家的学校，每天都有几次休闲活动，加起来超过 1 小时。

评论：鉴于样本大、具代表性、进行了专门的独立调查（可避免研究者偏见和结果偏差），本研究报告的数据比较可信。很多成人错误地认为，品德不端、学习困难的学生应该少玩，多学习。本研究得出的结论正相反——休闲活动不但能够锻炼身体，而且能提高学习成绩。

问题不但包括在学校的休息时间与体育活动时间均减少了，就连在体育课上，有一些学生坐着候场的时间也比活动时间长。一个互相矛盾的结论是，在校体育锻炼能够促进学习成绩的提高 (Carlson et al., 2008)。美国疾病控制中心建议，学生在体育课上最少要有一半的时间从事活跃的体育活动 (Khan et al., 2009)。这是最低目标，但很多学校还是达不到。

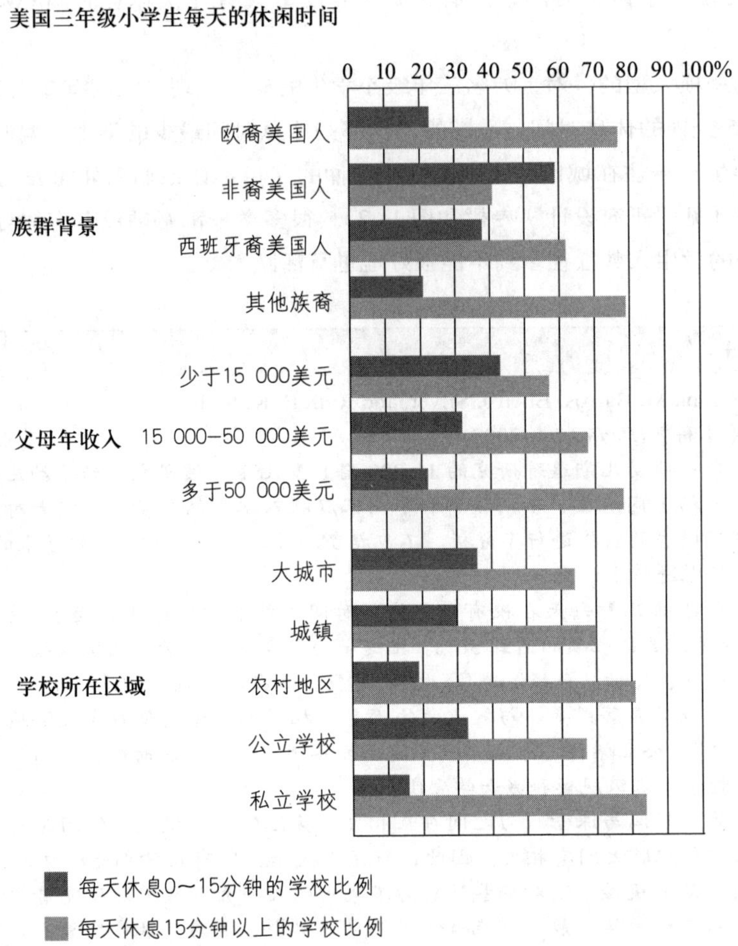

观察小测验 假如一个儿童是非裔美国儿童，来自低社会经济地位家庭，在美国南方一座大城市的公立学校读书，这个儿童每天在校休闲时间少于15分钟的机会有多大？（答案见第365页）

图 11.2

休息时间 很多研究发现，如果儿童每天都有休闲时间，他们的学习成绩会更好，而且休闲可以避免肥胖，增强社交技能，但美国仍有1/3的儿童每天的休闲时间不足15分钟。有很多学校根本没有休闲时间。

据 Earros et al., 2009.

3. 体育俱乐部和体育联盟

私营的或非营利的俱乐部和组织给儿童从事锻炼提供了另外的机会。文化与家庭影响着这些活动的特征：有的儿童会学打高尔夫球，有的学网球，有的练拳击。板球和英式橄榄球在英国和像印度、澳大利亚和牙买加这样的前英国殖民地国家很普遍，棒球在日本、美国、古巴、巴拿马和多米尼加共和国很流行，足球在欧洲、非洲和拉丁美洲的很多国家最受欢迎。

美国最著名的有组织的儿童体育项目是美国棒球小联盟。它于1939年建立时只有三支由9—12岁儿童组成的棒球队。现在，它包括女队、年幼儿童和年长儿童球队，有22 000名残疾儿童，每年在100多个国家有18万支球队、270万儿童参加棒球与垒球的训练和比赛。很多教练是父母志愿者，他们不一定善于鼓励每个孩子。但大多数儿童都喜欢参加这些活动。一个成人是这样说的：

> 我曾经是一个令人讨厌的小联盟球手。如果有人客气地问起我的表现，那么准确的形容是不善于配合、个子矮小而笨拙……但是我有热情。穿上棒球服——漂亮的网格帽、嘎嘎作响的聚酯棒球服、老式的无带球裤、不舒服的鞋钉以及不合脚的棒球鞋——都给我一种自豪感。那种感觉很特别，使我产生了一种我是某种重要事物的一部分的想法。
>
> (Ryan, 2005)

>>观察小测验（第364页）答案　该图没有这个准确的统计数字，但是由于这个儿童处于各项指标的最低百分位，75%～95%的任何估计数字都是正确的。

作为“某种重要事物的组成部分”带来了一个问题：很多儿童终将出局(Collins, 2003)。不是所有父母都付得起校外体育训练的费用，或有时间带孩子去训练场；很多人没有精力给球队欢呼喝彩，能当教练的人就更少了。来自低社会经济地位家庭的儿童、不善于配合的儿童或有残疾的儿童很少能加入体育俱乐部——能够加入的是那些具备力量、积极性和项目必需的团队精神的儿童。

对所有儿童来说，尤其是低收入阶层的儿童，参加有组织的体育活动与学习成绩有相关关系；加拿大的一项研究发现，一些受欺凌但参加体育活动的6—7岁儿童的学习成绩会有所提高(Perron et al., 2011)。(那些受欺凌又没参加体育活动的儿童，以及没受欺凌且参加了体育运动的儿童，其学习成绩有所下降。）参加课外活动，特别是体育活动，使低收入家庭的儿童比其他儿童获益更多，但这些儿童不大可能参加这些活动，即便有现成的免费课外活动。其中的原因有很多，而后果则很可悲(Dearing et al., 2009)。

给体育教师的问题　一些四、五年级学生的家长请你劝说学校领导，同意成立一支竞技体育队伍。你应该给这些家长提供什么建议？（答案见第366页）。

小　　结

小学生通常健康、强壮而能干。基因和免疫给予了他们对疾病的抵抗力，而且过去几十年的卫生保健也得到了改善。此外，儿童的发展促进了力量、理解力和协调能力的发展，使他们能够照顾自己，这为他们在学校的高效率学习并拥有健康的成年打下了基础。一些具体的习惯和坚持锻炼能促进学习。邻里游戏、学校体育活动和社会体育运动联盟都能给儿童提供其所需的运动机会，一些儿童比另一些儿童更多地投入到充满活力的游戏中；但令人遗憾的是，最需要这些游戏的儿童反而最缺乏这样的机会。■

二、小学期的健康问题

如果妨碍了学习、游戏和同学友谊，一些慢性病可能会带来更大的麻烦。有些病在上学期间会恶化，如图雷特综合征(Tourette syndrome)、口吃和过敏症。即使是一些小毛病（如近视、经常咳嗽、不断地擤鼻涕甚至是有明显的胎记）也会影响儿童的自我意识。

让有慢性病的儿童在青少年期之前养成良好的卫生习惯非常重要：青少年可能会把头发染成绿色的或去文身，但只要养成了好习惯，他们就能坚持吃药和看医生。如果青少年的反叛行为使他们不遵从医嘱，那么那些有严重慢性病（包括糖尿病、苯丙酮酸尿症、癫痫、癌症、哮喘病和镰状细胞贫血症）的人就会忽视特殊饮食、服药，而使病情加重 (Dean et al., 2010; Suris et al., 2008)。为了防止这种情况的发生，小学生必须对自己的健康负责，养成可维持其生命的好习惯。研究者越来越清楚地认识到，每一种身体和心理疾病都受社会环境的影响，而且它们也会反过来影响社会环境 (Jackson & Tester, 2008)。父母和儿童并不只是在做出反应，根据动力系统理论（见第一章），个体和环境是相互影响的。下面来看两个例子：肥胖症和哮喘病。

（一）儿童肥胖

身体质量指数（body mass index, BMI）：用人的体重的公斤数除以身高（米）的平方所得的数值。

超重（overweight）：根据美国疾病控制中心 1980 年公布的一定的年龄生长发育标准，体重高于本年龄组的第 85 百分位。

肥胖症（obesity）：根据美国疾病控制中心 1980 年公布的标准，体重高于本年龄组的第 95 百分位。

和其他年龄相比，5—6 岁儿童的身体脂肪最少，**身体质量指数**最低。但是很多年幼儿童已经超重了。身体质量指数在该年龄组的第 85 百分位以上，则被定义为**超重**。身体质量指数在该年龄组的第 95 百分位以上，则为**肥胖症** (Barlow et al., 2007)。这两个百分位是根据美国疾病控制中心 1980 年公布的儿童生长发育标准确定的，该标准可以解释为什么第 95 百分位以上的儿童可能多于 5%。

和 1980 年相比，北美三个国家（墨西哥、美国和加拿大）儿童肥胖的比例已经翻了 1 倍。美国最新的数据显示，这种上升趋势已经停止了，但仍处于很高的水平。2005 年，美国 18 岁以下儿童有 1/3（32%）超重，其中一半（16%）为肥胖，11% 达到了过胖的水平 (Ogden et al., 2008)。采用同样的标准，加拿大的 2—17 岁儿童有 28% 超重，小学期的比例更大 (Shields & Tremblay, 2010)。

超重儿童更可能患哮喘病、高血压和高胆固醇（尤其是“坏”胆固醇）。此外，由于超重，儿童学习成绩下降，自尊降低，孤独感加强。美国的很多研究发现，小学生很可能拒绝肥胖的同学，而这些肥胖的同学往往讨厌学校 (Zeller et al., 2008)。随着时间的推移，情况会变得更糟：如果儿童一直超重，就有患糖尿病、心脏病和中风的危险，而结婚、找职业、活到老年期的可能性都会下降。由于肥胖，今天的儿童可能成为比其父辈死亡年龄更小的第一代人 (Devi, 2008; Yajnik, 2004)。

1．导致儿童超重的原因

为了防止儿童肥胖的蔓延，很多人都在寻找原因。问题在于，肥胖不是单一原因所致。“如果没有数千个，也有数百个相关的影响因素” (Harrison et al., 2011, p. 51)。

>>回答体育教师（问题见第 365 页） 与父母讨论他们希望成立运动队的原因。儿童需要体育活动，但竞技体育的某些方面更适合成人，而不适合儿童。

第一，有的人有身体脂肪比例高的遗传倾向。超过 200 个基因通过影响活动水平、食物偏好、体型和新陈代谢而影响体重 (Gluckman & Hanson, 2006)。有两个相同的 FTO 等位基因者（欧裔美国人天生拥有这两个等位基因者占 16%），肥胖和患糖尿病的可能性会增加 (Frayling et al., 2007)。基因的代际变化很小，因此不可能导

致肥胖的明显增加 (Harrison et al., 2011)。围绕着这些基因的各种因素可能使其作用加剧——重量很轻的胎儿会变成超重儿童，但是儿童养育看来比基因更重要。一位评论家说，"肥胖来自家族遗传，也来自炒菜锅" (S. Jones, 2006, p. 1879)。

第二，父母教养方式在很多方面已经变得更差了。在非母乳喂养的婴儿中，在长时间看电视、喝饮料的幼儿中，在坐车上学、很少在户外游戏的小学生中，肥胖者越来越多 (Institute of Medicine, 2006; Patrick et al., 2004; Rhee, 2008)。父母对这些都有责任，但是在小学期，儿童自己可能会改变家庭生活方式。有一个被称为"纠缠力"——儿童反复和父母纠缠的能力——的重要因素在起作用。通常情况下，儿童会缠着父母给他们买高热量的食物，但是也有些儿童正好相反——缠着让父母和自己打球，参加运动队，等等。学校健康教育可以让儿童了解更健康的饮食。

一顿快乐的午餐 仔细看这张照片，就知道这是麦当劳餐厅的场景，地点在瑞士——是欧洲几百家连锁点之一，在那里，很多6岁时体重正常的儿童在12岁时变成了超重儿童。

第三，儿童期肥胖还"嵌在社会政策中" (Branca et al., 2007)。国家与社会决定着学校午餐的质量，包括小食品贩卖机上卖的东西、公园的多少、自行车道、人行道、补贴的是玉米油还是新鲜蔬菜，等等。一项报告列出了可供当地政府减少超重者的24种方法 (Khan et al., 2009)。

食品广告对儿童有特殊的吸引力。在美国，每年有数十亿美元花在引诱儿童吃不健康食品的广告上。父母们很少会意识到，他们的孩子看了多少这样的广告 (Linn & Novosat, 2008)。这类广告在有些国家是违法的，在有些国家会受限制，在有些国家则一直不受限制——一个国家的儿童肥胖率与儿童看食品广告的多少存在相关 (Lobstein & Dibb, 2005)。

给教师的问题 你们班的一个学生体重超重，但是你还没考虑好怎么跟他的父母说，因为他们也超重，你也不想让他们感到难堪。你到底应该怎么做？（答案见第368页）

由于基因、父母和政策这三个因素都与儿童肥胖有关系，所以难怪父母会把责任推给基因或政策，医务人员和政治领导人又责怪父母，而媒体则声称做广告是因为广告出价者说这是言论自由和资本主义自由竞争行为。每一方都可能是对的：究竟什么手段可以减少肥胖，至今尚不清楚。

例如，儿童期的体重与每天看电视的小时数呈正相关 (Philipsen & Brooks-Gunn, 2008)——当然，相关不等于因果。如果家长不限制孩子看电视，很可能也不限制孩子吃零食，结果可能是零食而不是电视造成了超重问题。也许，电视的内容很关键。一项研究发现，儿童的肥胖跟教育电视节目和无广告的视频都无关，但是与高热量食品广告有关 (Zimmerman & Bell, 2010)。和儿童发展的其他方面研究一样，对儿童的实验研究不能证实是电视使儿童发胖的，因为我们不能把不看电视组与一个等质的、每天看几小时电视的组做比较。如果不能查明某个单一因素的作用，那就需要用动力系统观来说明：随着时间的推移，很多因素导致了儿童的超重 (Harrison et al., 2011)。

给父母的问题 假如你总是在吃晚饭时打开电视，调到新闻节目，希望孩子能一边吃饭一边了解世界形势。这种做法有没有害处？（答案见第368页）

（二）哮喘病

哮喘病 (asthma)：一种慢性呼吸系统疾病，炎症导致呼吸道狭窄和呼吸困难。

哮喘病是一种慢性气管炎症疾病，可导致呼吸困难。所有年龄的人都可能患哮喘病，但小学期的发病率最高，且在全世界的发病率有增加的趋势 (Cruz et al., 2010)。美国自 1980 年以来，所有年龄组的儿童的哮喘病发病率都增加了 2 倍。据父母报告，5—9 岁的儿童有 10% 患哮喘病，在过去一年里有 6% 的儿童有过一次发作。

哮喘病与族群有关，包括基因或文化（可能与二者都有关系）。美国 18 岁以下儿童有 14% 至少有一次被诊断为哮喘病。波多黎各儿童的发病率为 26%，非裔美国儿童为 21%，墨西哥裔美国儿童为 10%，欧裔美国儿童为 13%(Bloom et al., 2009; National Center for Health Statistics, 2011)。

1. 哮喘病的原因

很多研究者都在寻找哮喘病的原因。已查明几个等位基因是潜在因素，但哮喘病有很多遗传根源，不是这几个等位基因孤立地起作用 (Bossé & Hudson, 2007)。环境与基因相结合起着至关重要的作用 (Akinbami et al., 2010)。空气污染，尤其是交通拥堵导致的污染，加重了哮喘病在体弱儿童中的蔓延 (Gilliland, 2009)。

现代生活方式——铺地毯、养宠物、窗户紧闭、户外游戏减少——也对哮喘病发病率的增高起一定作用 (Tamay et al., 2007)。引起哮喘病发作的很多过敏原（宠物皮屑、吸烟、蟑螂、螨虫及霉菌）都大量存在于当今隔绝良好的家庭中。

一些专家提出了一个卫生学假设，认为现代儿童处于过度卫生的环境中，被过度保护并隔离于病毒和细菌，这使儿童不会发生可增强人的免疫系统的轻度感染和疾病 (Busse & Lemanske, 2005; Tedeschi & Airaghi, 2006)。这一假设得到了数据的支持：（1）头生儿比后生儿患哮喘病的更多；（2）农村儿童的哮喘病和过敏症发病率远低于其他儿童。

>>回答教师（问题见第 367 页） 告诉他们，不要责备孩子而要帮助孩子（因为你知道，基因和文化是影响体重的主要因素）。提醒他们，孩子超重带来的社交与健康问题。多数父母会担心孩子的身心健康，并和你一道改进孩子的饮食，加强身体锻炼。

但是，农村儿童哮喘病发病率低不能证明这一卫生学假设。其他可能性还有遗传因素和饮用未经高温消毒的牛奶 (von Mutius & Vercelli, 2010)。令人惊奇的是，剖宫产儿童的哮喘病发病率最高，是不是因为他们的分娩过程过于无菌了？一篇卫生学综述指出，哮喘病的发病原因“可能复杂得令人沮丧”(Couzin-Frankel, 2010, p. 1168)。随着国家变得富足，哮喘病的发病率也在增高，这在巴西和中国尤其明显。卫生条件改善是一种解释，城市化也是一种解释，因为城市化与更多的汽车、更强的污染和家庭规模变小相关 (Cruz et al., 2010)。

>>回答父母（问题见第 367 页） 习惯看电视与肥胖有相关，所以你可能会伤害孩子的健康，而不是促进他们的智力。如果把晚饭时间变成关于国内外事件的谈话时间，可能对孩子更有益。

2. 哮喘病的预防

第八章讲过的预防的三种层次可以应用在所有健康问题上。

基础预防要求整个社会做出改变。加强学校和家庭的空气流通，减少污染、蟑螂，少吃抗生素，多到户外游戏，这可以使所有人受益，同时减少哮喘病。次级预防可以减少哮喘病在高危儿童中的发作。如果有哮喘病家族史，可以延长母乳喂养时间，减少灰尘和吸烟，不要养猫，消灭蟑螂，这样可以把哮喘病发作的

概率减少一半 (Elliott et al., 2007; Gdalevich et al., 2001)。

三级预防包括及时注射和使用呼吸器。使用低过敏性材料（如纯棉床罩）也可以减少哮喘病发作，但效果不太显著，也许是因为太迟了 (MMWR, January

研究个案

两个患哮喘病的 8 岁儿童

几位社会科学研究者在分析数据和个人访谈的基础上写了一部书《美国的措施》(*The Measure of America*)，把美国和其他国家的发展做了比较 (Burd-Sharps et al., 2008)。在他们的研究个案中，有两个患哮喘病的 8 岁儿童，苏菲和亚历克莎。

"苏菲是一个充满生气的孩子，她在 2 岁时被诊断为哮喘病。她家住在纽约市郊的一栋住宅里，有街头公园和新鲜空气——一个不会引发哮喘病的环境。

她家有个人健康保险，这得益于她父亲的职业，可享有额外的预防保健和患者教育。她父母的职业都可享个人假期和病假，因此有时间带她去看医生。经历了早期的一些困难并找到了适当的药物之后，苏菲开始稳定地每天使用吸入式药物（每月花费 500 美元，全部由保险金支付），每年打流感疫苗，感冒生病时则进行特殊治疗。苏菲会定期去看她的儿科医生，每年看一次一流的哮喘病专家，在严重发作时，家里有喷雾器可快速减缓病情；在学校上课时和在课外活动中，也可以使用喷雾器。

苏菲在病情发作时从没有去过急诊室，她经常去健身房，每年只因为与哮喘有关的问题请两三天假。

亚历克莎也是个活泼的 8 岁孩子，3 岁时被诊断出严重的哮喘病。她和母亲住在纽约布鲁克林的一栋公寓里，三条街之外就有一个垃圾转运站，每周有 1.3 万吨垃圾在那里接收、分类和转运。除了呛人的垃圾味之外，公寓里的蟑螂也很多，其粪便经常成为过敏原，导致亚历克莎哮喘病发作。她母亲的工作收入微薄，带亚历克莎看病、去买急诊室开的药、在亚历克莎生病时回家照顾她，都要扣工资。

亚历克莎的母亲有资格得到国家儿童健康保险，可以给亚历克莎提供健康保险，但是她从未听说过有这回事。但是因为和外祖母住在一起，外祖母享受国家医疗补助计划，其受益者可扩展到亚历克莎。她每年看一次医生，虽然外祖母担心亚历克莎不能从最近哮喘病保健的进步中获益。

亚历克莎每年要请 12 ~ 15 天假修养而不能上学，她不去健身房，每年要在医院急诊室度过多达 8 个可怕的夜晚。只要请假不能上学，她就得加倍努力补功课。她真希望能像同学那样到处跑。"

(Burd-Sharps et al., 2008, p. 67)

这些案例是初次发表的、强调经济差距的案例。只有少数家庭能够负担苏菲得到的那种一流的保健服务，而且也不是每个低收入家庭的孩子都能获得像亚历克莎获得的国家儿童健康保险。儿童期肥胖症和严重哮喘病可以被归咎于基因、父母、学校、医生、邻居，也可以归咎于涉及贫穷和保健的公共政策。该责怪谁是一个争论不休的政治问题，但是所有人都会赞成，亚历克莎不应该每年在医院度过多达"8 个可怕的夜晚"。有些人，也许是所有人，都应该帮助她。

14, 2005)。即使三级预防不能治愈哮喘病，对患病儿童也有帮助，来看下面的例子。

儿童期哮喘病的增多是令人沮丧的。但这种情形也是有可能改变的。在一项研究中，133 名家里有患哮喘病孩子的拉丁美洲（主要是波多黎各）成人吸烟者同意让一位讲西班牙语的咨询师多次来到他们家里 (Borrelli et al., 2010)。咨询师把一个香烟监测器放在他们孩子的房间里，一周后告诉他们，孩子吸了多少二手烟。之后，咨询师分三次，在对吸烟成瘾的一流研究基础上，对这些父母进行了戒烟咨询，其中特别留意了拉丁美洲的价值观。

3 个月后，1/4 的吸烟父母完全戒掉了烟。其他很多父母减少了吸烟量。儿童接触香烟的量平均减少了一半，哮喘病的问题也有所减弱 (Borrelli et al., 2010)。可见，传播知识、给予鼓励是必要的——并不是所有父母都能得到这些。但多数父母还是希望给孩子良好的养育，只是不知道该怎么做。

小　结

一些儿童有慢性健康问题，因而妨碍了他们学习和交友。其中肥胖和哮喘病在所有国家都是逐渐增多的问题，二者均由遗传和环境原因导致。儿童期肥胖表面上无害，但会导致与同学的社交困难以及后期的严重健康问题。哮喘病有更直接的伤害：患哮喘病的儿童经常请假，要到急诊室看病，呼吸困难。家庭教育和生活方式是肥胖和哮喘病增加的部分原因，社会政策和文化习俗也使问题变得更严重。 ■

三、脑发育

前面已经讲过，情绪调节、新理论和大脑左右半球的协调都发生在幼儿期。成熟的胼胝体把单侧化的大脑两半球相连接，使两侧达到平衡，双手得以协调；髓鞘化则加快了思维和行为的速度。前额叶皮层——大脑的执行区——开始做计划、监控和评价。神经系统的所有这些发展在小学期都得以继续和超越。下面来看小学期的进步。

（一）协调的联结

进一步的成熟导致“在 7—8 岁时，大脑内大量的相互联结” (Kagan & Herschkowitz, 2005, p. 220)。这些联结对儿童必须完成的复杂任务是至关重要的 (M. H. Johnson et al., 2009)。学习阅读就是一个例子，这也许是小学儿童最重要的智力成就。阅读不是本能的：我们的祖先不曾阅读，一两千年前，人类才把一些符号变成文字，使它们具有一定的意义。那时的大脑并没有专门的区域掌管阅读，它只掌管说话和做出姿势 (Gabrieli, 2009)。

在大脑没有特定结构的情况下，人是怎样阅读的？答案是“大量的联结”。第八章已经讲过大脑中的这些联结上的白色物质（髓鞘化）在前额叶皮层和胼胝体中增加得最显著。这些联结增强了执行功能，执行功能则使各种教育形式更容易，读写能力就是被研究得最多的例子。

手指数学 一些教师不让儿童用手和手指来数数，但是“具体化的认知”从史前期就是人类思维的一部分。当人类意识到像这个孩子一样以 10 为单位数数是一种最简单的办法时，就能在数学的知识上取得进步。

大脑有几个区域参与阅读——第一个区域负责声音，第二个区域负责辨认字母，第三个区域负责次序，第四个区域负责理解，等等 (Booth, 2007)。很多社交技能（比如，决定相信什么人，理解什么是公平，解释模糊不清的姿势与表情）也需要这些联结。幼儿还不善于理解社交线索（因此他们总是被告知“别跟陌生人说话”）。到小学期，大脑各部分的联结使他们能够做出社交决策 (Crone & Westenberg, 2009)。小学生在从事很多活动时都会比成人用到更多的脑区，所以需要更多的联结 (M. H. Johnson et al., 2009)。

更好地协调大脑各部分的关键在于前额叶皮层对各种冲动的控制能力，这在有关幼儿期的几章中已经讲过。“能够做到自我控制的心理控制过程”(Verté et al., 2005, p. 415)，使人能对未来做出计划，这已超出了缺乏耐心的幼儿的能力。小学生能在愤怒地打人或委屈地流泪之前，分析可能的后果，因此知道什么时候说出一句骂人的话算恰当（如在游戏场所面对一个欺凌者时），什么时候不恰当（在班里和家里）。能算出从现在到放假还有多少天，就是对未来做计划的例子。

前额叶皮层的成熟需要几十年。那些想成为火箭科学家、拥有亿万财富的股票分析师或脑外科医生的孩子，尚不可能把那些遥远的目标与当前行为或社会现实联系起来。但无论如何，大脑各部分之间的联结是非常关键的，因为神经科学家认为，“社会性和语言障碍可能是大脑联结路径遭破坏、而不是神经元本身的损坏所致的”(Minogue, 2010, p. 747)。

1. 思维加快但还嫌太慢

做计划和控制冲动的进步得到**反应时**加快的支持，它指的是对一个刺激做出反应所需的时间。反应时是冲动从一个神经元传向另一个神经元的快慢的标志，从出生到 16 岁，每长 1 岁，反应时都会因为髓鞘化的进程而加速。

反应时 (reaction time)：对刺激做出反应所需的时间，反应可能是生理的（如眨眼反射动作），也可能是认知的（一个想法）。

一个简单的例子是把一个快速飞来的足球踢给队友；较复杂的例子是想好什么时候该说一句机智的话，什么时候该沉默。这两件事都是幼儿做不来的；而思维更敏捷的小学生有时能做到；在一个比拼反应速度的视频游戏中，只有少数成人才能够打败青少年。

2. 注意

神经系统的进步不但使儿童的信息加工速度更快，而且能对环境中最重要的东西给予特别的注意。**选择性注意**——即把注意集中于某些刺激，忽略其他刺

选择性注意 (selective attention)：把注意集中在某个刺激上的同时忽略另一些刺激的能力。

运转中的大脑 露娜与尼古拉斯像所有八九岁的孩子一样，都喜欢玩游戏。经常玩游戏使大脑的某些联结自动化，使玩家能聚焦于最难玩的方面。但是和过去几代的八九岁儿童不同，今天的游戏通常要用一些软件，而不是大皮球。

激——的能力在7岁时进步明显。小学生不但能注意到多个刺激（这是注意的一种形式），而且能在几种可能性发生冲突时，选择恰当的反应 (Rueda et al., 2007)。

选择性注意使小学生能在课堂上专心听讲，做简单的笔记，忽略分心的事情（这些对6岁儿童很难，但对10岁儿童则很容易）。在餐厅的喧闹环境中，小学生能理解彼此的身体语言和表情并做出反应。在棒球场上，较年长的儿童击球手能够忽略对方球员的干扰，场内球员能快速启动，尽快跑向球落下的位置。选择性注意为小学期逐渐形成的各种能力打下了基础。“使皮层各区域互相协作的网络”非常必要 (M. H. Johnson et al., 2009, p. 151)，因为注意参与的不是一种机能，而是三种机能：提醒、定向和执行控制 (Posner et al., 2007)。

3. 自动化

自动化 (automatization)：思维和动作的次序经多次重复而成为例行程序，不再需要有意识思维的过程。

小学期大脑机能的最后一个进步是**自动化**，指思维和动作次序经多次重复、成为自动执行或习惯性的东西。起初，在意识控制下的所有行为都需要认真而缓慢的思维参与。经过多次重复后，由于神经元按顺序激活，动作变成了自动的和模式化的。此时不再需要那么多的思维参与，因为一组神经元的激活形成了一个反应链——这就是自动化。

还是以阅读为例。起先，眼睛（有时需要手指帮忙）要专心地看，费力地把字母和发音匹配。逐渐形成了对音节和单词的知觉。后来，这一过程变成了自动化的，例如，当你看书时，自动化使你专注于概念，而不用思考字母的事情。自动化对所有的技能都有帮助。学习说第二种语言、背乘法表、写出一个人的名字，开始时都较慢，而后逐渐自动化。

（二）心理测量

在远古时代，如果一个成人强壮而且能生育后代，那已足够值得称赞了。但是到了20世纪，认知能力变得很重要；一个愚蠢的人即使强壮且能生育，也不值得称颂。因为心理变得越来越重要，所以人们创造出了很多种测量智力的方法。

能力倾向 (aptitude)：掌握某种特殊技能或学习某方面知识的潜力。

1. 能力倾向、成就与智商

智商测验 (IQ test)：为测量智力能力倾向或在校学习的能力而编制的测验。智商起初被定义为心理年龄除以实际年龄所得的商数再乘以100，因此称为智力商数，或智商。

理论上，**能力倾向**指掌握一种特殊技能或学习某方面知识的潜力。智力能力倾向通常用**智商测验**来衡量。在字面上，智商分数是一个智力商数，即心理年龄（达到某个智力水平的儿童年龄）除以一个儿童的实际年龄，所得的商数乘以100。现在，智商的计算方法比较复杂，但智商为100仍然表示全体人群的平均数（见图11.3）。

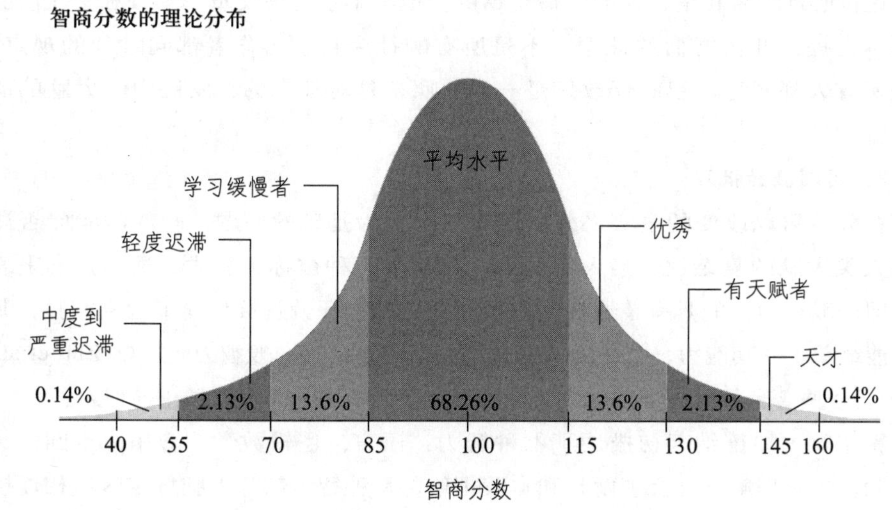

图 11.3

理论上多数人处于平均数附近　约 70% 的人的智商分数处于正常范围内。但要注意，这是一项常模参照测验。一些国家的实际智商分数较高，在那里，100 分不是准确的中点。此外，在实际测量中，低于 50 的分数可能略多于这条正态曲线所包含的频次，因为严重迟滞不是正态分布的结果，而是遗传和孕期因素的结果。

观察小测验　一个人的智商分数为 110，这个分数属于哪一类？（答案见第 374 页）

理论上，成就指学习的实际结果，而不是学习潜力（能力倾向）。学校的**成就测验**（见第十二章）可以把每个人的分数与年级常模比较。例如，在三年级阅读测验中成绩中等（成就测验有全国常模）的学生，就可以说他们在阅读方面达到了三年级的水平。但是要注意，成就测验不反映年龄，因为 7 岁、8 岁和 9 岁儿童都可能达到三年级的阅读水平。之所以把“理论上”这个词放在能力倾向和成就测验定义的前面，是因为学习潜力和学习成绩是不同的。但无论在个体内还是在儿童群体与不同国家内部，智商分数与成绩分数都有高相关 (Lynn & Mikk, 2007)。

成就测验 (achievement test)：对阅读、数学、写作、科学或其他科目的掌握与熟练情况的测量。

人们曾经认为，能力倾向是出生时就有的一种混合特征。但追踪研究显示，情况并非如此。低智商的儿童可能变成智商高于平均数的人，甚至变为天才，就像我的外甥戴维一样（第一章介绍过）。整个国家的智商分数也发生了实质性地提高，这种现象被称为**弗林效应**，以首次发现这一现象的研究者的名字命名 (Flynn, 1999, 2007)。

弗林效应 (Flynn effect)：在很多国家几十年内持续发生的平均智商分数升高的现象。

一位心理学教授以其个人经验抨击了智力的遗传论：

> 五年级的时候，我错过了一周的课，当时学校正好在教分数，此后，我的算数遇到了麻烦。之后，直到小学毕业，我都没从挫折中恢复过来。我的父母很同情地跟我说，我们家的人数学都不好。他们把数学看成要么能学好、要么学不好的东西，主要是由遗传决定的。
>
> (Nisbett, 2009, p. 1)

>>观察小测验（第373页）答案　此人属于平均水平。分数在85～115的为平均智商。

这位心理学者相信，他的父母是错的。他收集了有关父母、学校和文化能够从根本上提高儿童智商的证据。不是所有的社会科学工作者都同意他的观点。但是所有人都同意，智商分数只是一张快照，是对动态的、发展中的大脑的静态一览。

2．对测验的批评

在分数可以改变的事实之外，还有一个更为基础的问题，一次测验能否测量出人类大脑的复杂性。当人们假设，存在着一种被称为智力（通常用g来表示，即一般智力）的具有普遍性的东西时，这种批评就直接指向了智商测验。儿童可能继承了一套能力，有的强，有的弱，而不是一种一般智力（如Q. Zhu et al., 2010）。一些著名的发展学家也相信，人具有**多元智力**，而不仅是一种智力。

多元智力(multiple intelligences)：人的智力包含多种能力而不是单一的综合智力的观点。

霍华德·加德纳起初描述了七种智力：语言、逻辑数学、音乐、空间、身体运动、人际理解（社会理解）和自我理解，每种智力都与大脑特定区域相连接(Gardner, 1983)。后来他又提出了第八种智力（自然智力：对大自然的理解，如生物学、动物学和农业）和第九种智力（存在主义智力：对生死进行思考）(Gardner, 1999, 2006; Gardner & Moran, 2006)。

所有正常人都至少在这九种智力中拥有一种，但加德纳认为，每个人都在某些方面比在另一些方面更好。例如，有的人可能在空间智力方面有天赋，但是在语言方面没有（一位视觉艺术家不会描述他的作品），或者具有人际沟通智力而没有自然智力（一位临床心理学者家里种的花都死了）。

加德纳的理论已经对教育产生了影响，尤其是儿童教育(如Armstrong, 2009; Rettig, 2005)，因为教师们可以让儿童用他们自己的方式展现知识，例如，用画图而不是文字来说明一段历史。不同的学生可以分别用听、看和动手做来学习——这种观点引发了对各种学习方式的研究。

3．脑扫描

心理测量的一种方式是直接测量大脑，它可以避免纸笔测验或个别提问题带来的弊病。但即使是用这种方法，在解释脑部扫描的结果（尤其是正常儿童的结果）时，人们也有不同意见。大脑不活跃表示智力活动较少，这看起来符合逻辑，但这样的结论可能是错误的。

其实，年幼儿童大脑的很多区域是同时激活的，随着练习，自动化减少了对大脑活动的需要，所以，聪明的儿童在某些情境中的大脑活跃区域会减少。同样，一些研究发现，皮层较厚与能力较强相关，但天才儿童的皮层厚度增长更为缓慢(Karama et al., 2009; Miller, 2006)。这种天才模式令人困惑，所以还需要对脑进行更多的研究。

神经科学研究者得出以下三条结论：

给教师的问题　用加德纳的九种智力来指导你的课程教学有何优势和劣势？（答案见第375页）

1) 大脑发育仰仗于人的特有经验，因为“大脑、身体和环境是……以动力形式共存的”(Marshall, 2009, p. 119)。因此，大脑扫描只在三者共轭的那一刻才准确。

2) 大脑发育持续终生。小学期非常重要，但此前和此后也很重要。

3) 有心理障碍的儿童往往有不寻常的大脑模式，对他们的大脑进行训练可能有帮助。但是，大脑极其复杂，神经方面的补救并不一定成功。

这带出了本章最后一个问题：有特殊需要的儿童。

>>回答教师（问题见第374页） 优势是所有儿童都能学习人类多方面的知识，很多儿童能够发展其潜力。艺术、音乐和体育应该是完整教育的一部分，而不要与知识学习相分离。劣势是儿童投入阅读和数学方面的时间和精力得减少，导致在这些学科中的标准化测验成绩下降，招致父母和学校领导的批评。

小　结

小学期神经系统的成熟导致更快、更自动化的反应。选择性注意让儿童能在学习和游戏中集中注意力。能力倾向测验，包括智商测验，把心理年龄与实际年龄相比较，实际的学习成就则由成就测验来衡量。智商分数比人们起初想象的变化更大，因为儿童和文化都要适应变化的环境。智商分数可以测出人的基本能力倾向的概念受到霍华德·加德纳等人的挑战，他们认为，人的智力不止一种，而是有多种。神经科学研究者发现，大脑活动与智商分数之间并没有可信的相关。■

四、有特殊需要的儿童

发展心理病理学把一般发展研究与有关障碍的研究结合起来 (Cicchetti & Toth, 2009)。已经介绍过的所有论题，包括“遗传学、神经科学、发展心理学……必须和心理疾病如何形成、怎样预防结合起来”(Dodge, 2009, p. 413)。

发展心理病理学 (developmental psychopathology)：用一般性发展的观点理解和治疗发展障碍的研究领域。

首先应该强调发展心理病理学的四条基本原则：

1) **异常行为是正常的**。大多数儿童都会偶尔有反常行为。同时，有严重障碍的儿童在很多方面和别人一样。

2) **能力低下随年龄的增长而发生变化**。多数障碍具有**共病性**，即多于一种问题在同一个人身上同时存在。哪一种障碍最能致残会随着损伤程度的变化而变化。

共病性 (comorbid)：两种或更多种不同的疾病同时在一个人身上得以表现。

3) **成年期的生活可能改善，也可能恶化**。预后是困难的。很多有严重残疾的儿童（如失明）后来变成了富有创造性的成人。相反，一些疾病（如双相障碍）会变得更加具有破坏力。

4) **诊断和治疗反映了社会背景**。在动力系统中，每个人都和周围环境相互作用，包括家庭、学校、社会和文化，从而会矫正、恶化甚至制造出心理疾病。

由于小学生是按年龄分班、按作息时间表来学习的，因此发展性心理疾病与他们的关系更密切。因为这种学习方式容易使一些与众不同的儿童变得尤为突出。但是，如果治疗及时而有针对性，小学期的一些障碍是可以缓解的。

还有一个问题：虽然治疗开始得越早，就越容易成功，但是儿童年龄越小，准确诊断就越困难，这不但因为障碍的共病性，而且因为症状随年龄的不同而不同。因与果之间没有一个简单联系，这意味着，对儿童来说，一个特殊行为既可能是正常的，也可能是严重问题的早期信号。如前面讲过的，差异不一定是缺陷——但也不意味着差异一定是良性的。

多结果性 (multifinality)：发展心理病理学的一条基本原理，一种原因可能导致多种临床表现。

殊途同归性 (equifinality)：发展心理病理学的一条基本原理，一种症状可能由多个原因导致。

发展心理病理学的两条基本原理——多结果性和殊途同归性——导致医生对诊断和治疗更谨慎 (Cicchetti & Toth, 2009)。**多结果性**指一种原因可能有多种临床表现。（一个在婴儿期遭遇应激激素的儿童既可能变得多动，也可能变得出人意料的平静；既可能容易生气、很快哭起来，也可能根本不受影响。原因是不同的婴儿的脆弱性表现在不同方面。）**殊途同归性**指同一种症状可能有多种原因（例如，一个 6 岁的不说话的儿童可能有孤独症、听力困难、心理发育迟缓或选择性沉默）。

在这里，我们着重讨论三个论题（注意缺陷障碍和双相障碍、学习能力低下和泛孤独障碍），每个都有多种组合。这三个集群性障碍说明了儿童期心理疾病的一般原理。（对任何一种疾病感兴趣的读者，可阅读扩展性的相关研究。）

（一）注意缺陷 / 多动障碍、双相障碍和破坏性心境调节异常障碍

之所以把注意缺陷 / 多动障碍和双相障碍放在一起讨论，因为这两种障碍往往是共病的，很容易混淆 (Miklowitz & Cicchetti, 2010)。破坏性心境调节异常障碍是一种新的诊断，它有助于解决二者混淆的问题。

1．注意缺陷 / 多动障碍

注意缺陷 / 多动障碍 (attention-deficit/hyperactivity disorder, ADHD)：一种心理疾病，个体不但不能集中注意，而且精力涣散、冲动、过于活跃。

大约有 10% 的年幼儿童有**注意缺陷 / 多动障碍**，他们很难集中注意力，也可能充满难以控制的活跃冲动，或者表现出冲动行为。有这种障碍的儿童可能是涣散的、冲动的、过于活跃的，因此当成人让他们安静时，他们会表现出破坏性 (Barkley, 2006)。有多动障碍的男孩约是女孩的 2 倍，对美国小学生的近期估计表明，男孩约占 12%，女孩约为 6% (National Center for Health Statistics, 2011)。

几乎不可能　做家庭作业时集中精力是 11 岁的克林特做不到的，他因为注意缺陷 / 多动障碍而服药。注意看他痛苦的表情。

有注意缺陷 / 多动障碍的儿童在做家庭作业时可能会东张西望，问问题，想着去玩，喝饮料，烦躁不安，扭动身体，敲桌子，摇晃双腿，去卫生间——然后重复这些动作。这样的儿童会学习困难，他们很难从中学和大学毕业 (Loe & Feldman, 2007)。

美国被诊断为注意缺陷 / 多动障碍的儿童从 1980 年的 5% 增加到现在的 10%。发病率与族群有关：患有这种障碍的欧裔美国儿童多于拉丁美洲儿童——至少根据药物的使用情况来看是如此。欧洲儿童的患病率是美国儿童的 2 倍 (如 Hsia & Maclennan, 2009; van den Ban et al., 2010)。

2. 双相障碍

双相障碍的特征是心境在两个极端之间摇摆，从欣快转为深度抑郁。患双相障碍的儿童至少能体验到一种被夸大的场景。例如，他们可能相信，自己是全校最聪明的人，命中注定要拯救全世界。换一个时间，这个儿童可能陷入严重抑郁，不愿意或不能阅读，不和朋友玩，不去上学 (Miklowitz & Cicchetti, 2010)。

双相障碍 (bipolar disorder)：一种不是因外部经验导致的心理疾病，特征是心境在两个极端之间摇摆，例如，从欣快到深度抑郁。

据美国的一项研究报告，1995—2003 年，被初步诊断为双相障碍的 18 岁以下儿童与青少年来就诊者增加了 40 倍，同一时间段，被诊断为双相障碍的成人只增加了 1 倍 (Moreno et al, 2007)。这种高速增长提示一些评论家，儿童期双相障碍存在于观察者的心里，而不是对儿童心境的一种诊断。另一些人认为，这种诊断中的快速增长是过去错误诊断而不是当前过度诊断的结果 (Markowitz & Chicetti, 2010; Santosh & Congraman, 2008)。

3. 破坏性心境调节异常障碍

这些评论都不值得怀疑，但是很多家长（或教师介绍）带孩子来看儿科医生和心理咨询师，因为即使在他们得意的时候，也经常狂怒或易激惹。这些儿童不是那些正度过困难时期的儿童，而是具有长期性愤怒的儿童，他们的行为发生在家里，也发生在学校，时间长达几个月。在新版 DSM–5 中，引进了一种新型的抑郁障碍，**破坏性心境调节异常障碍**，描述了这类儿童的行为。这些儿童可能尖叫着把一个蛋卷冰激凌摔到地上，在房间里扔一个遥控器，而不是与别人分享——即使他们不发脾气，看上去也显得悲伤或愤怒。这些行为可能不是成人双相障碍的前兆，但可以预测以后的焦虑和抑郁障碍，现在只是不可调节的情感暴风雨的表面现象。

破坏性心境调节异常障碍 (disruptive mood dysregulation disorder, DMDD)：一种心理障碍，患有这种障碍的儿童长期表现出易激惹和愤怒，经常以既不符合环境要求，也不符合其年龄的方式发怒。

4. 对各种障碍的辨别

双相障碍“众所周知是很难与年轻人的其他精神疾病加以区别的”(Phillips, 2010, p. 4)。如果诊断得更准确一些，被诊断为注意缺陷 / 多动障碍或双相障碍的很多儿童应该是患了其他障碍。有些症状是相同的：当成人要求儿童规矩点儿时，有任何障碍的儿童都会烦躁，甚至大怒。多数有心理障碍的儿童会睡眠失常，此时异常活跃，彼时又陷入抑郁。

在父母有障碍的儿童中，这两种障碍就更多了，这充分显示出了遗传的作用。但是，父母能力低下的特点就不同了。有注意缺陷 / 多动障碍的儿童的父母往往有学习能力低下的问题，而双相障碍儿童的父母更可能有心境混乱的问题，包括抑郁或进食障碍（也是殊途同归，不是所有进食障碍都与情绪问题有关，但很多是有关的）。

儿童的这两种障碍还和与众不同的大脑模式有关，也许是结构上，也许是活动方面，虽然个体差异也很明显 (Riccio et al., 2010; Santosh & Canagaratnam, 2008)。一项研究让儿童看一些面孔的照片，同时测量其大脑活动。有这两种障碍的儿童在分辨情绪方面都不如对照组儿童，但是与双相障碍儿童相比，多动儿童的杏仁核的唤醒部位不同 (Brotman et al., 2008, 2010)。但是，这两种障碍都还没有

给保健人员的问题 家长要求你给上幼儿园的孩子开一些药，说其孩子过于活跃，难以管教。你该怎样回答？（答案见第 380 页）

任何确定的生物学或神经学信号。但愿对新的破坏性心境调节异常障碍的诊断能带来更准确的诊断和更有效的治疗。

治疗方法包括：(1) 对家庭和儿童进行咨询和训练；(2) 向教师演示怎样帮助儿童学习；(3) 用药物稳定双相障碍儿童的心境，使多动儿童更平静。持续监控非常重要，因为药物对多动儿童可能有帮助，但是对双相障碍儿童有伤害。即使诊断准确，每个儿童对每一种药物的反应也不同，而且反应会随着时间的变化而变化。儿童的精神药物带来了很多问题，正如专栏所说的那样。

科学观点

儿童药物

在美国，有超过200万的18岁以下儿童和青少年用处方药来调节情绪和行为。近年来，这一比例有所下降，但仍处于很高的水平，大约每20个小学生就有一人服用了精神药物，其中以多动症居多 (Scheffler et al., 2009; Vitiello et al., 2006; Zuvekas et al., 2006)。在很多其他国家，近年来，小学生用药也有所增多 (如 Hsia & Maclennan, 2009; van den Ban et al., 2010)。

最常用的处方药是治疗多动症的利他林（盐酸哌甲酯），还有至少20种其他药物用于治疗小学期的抑郁症、焦虑症、发育迟缓、孤独症、双相障碍和其他疾病。服用这些药物的幼儿（2—5岁）的比例有所增加，但这一比例（约1/600）远低于年长儿童的服药比例 (Olfson et al., 2010)。由于这些药物未经过针对儿童的充分检验，所以其中很多药物的使用是“超范围”的——是不准用于该年龄或该病症的。发病率、年龄、比例和超范围使用都存在问题。美国公众对任何儿童期精神病药物都有很多质疑 (dosReis & Myers, 2008; McLeod et al., 2004; Rose, 2008)。

很多儿童心理学家相信药物可能有帮助，但药物又带来了一些问题 (Mayes et al., 2009)。他们发现，一些父母会惩罚孩子，而不是寻求帮助，发展学家深知，对每个儿童对症下药是很难的。此外，由于儿童的体重和新陈代谢的变化，一种剂量在此时可能正确，彼时则不正确。

剂量过低或过高对发展中的大脑和习惯尤其具有破坏性，但只有大约一半的服用精神药物的2—5岁儿童受到了心理健康专业人员的评价和监控 (Olfson et al., 2010)。被诊断为多动症的儿童只有大约一半服用治疗该病的某种药物 (National Center for Health Statistics, 2011)。

多数专业人员相信研究结果，即药物可以帮助有情绪问题（尤其是多动症）的小学生 (Epstein et al., 2010; King et al., 2009; Scheffler et al., 2009)。另一些专业人员认为，在服用药物之前，应该进行背景性干预（指导父母、教师怎样更好地管理这类儿童 (Daley et al., 2009; Pelham & Fabiano, 2008)。

相比之下，父母则不那么相信药物。对多动症儿童父母的研究发现，大约20%的家长认为绝不应该给儿童使用药物，29%的人相信药物对治病来说是必需的，其余51%的人持其他态度 (dosReis et al., 2009)。这是一项小型研究结果（包括48个家庭）。另一项大型研究发现，在美国，56%的孩子被诊断为多动症的父母会每天

给孩子吃药 (Scheffler et al., 2009)。非裔美国儿童患多动症的人较多，但是吃药的人较少，原因包括支离破碎的医疗保健和对医生不信任 (Miller et al., 2009)。

公众态度与研究数据之间相互矛盾，结果一些儿童不吃药但得到了好处；一些儿童在缺乏必要监控的情况下吃药；一些儿童服药，直到症状消除。一组来自美国和加拿大多个城市的多动症儿童，在接受了认真的检验后，开始服用恰当的药物。他们的症状得到了改善。但是 8 年后，很多人已停止吃药。在这一追踪研究中，一直服药者和停止吃药者在学校都有学习困难且成绩分数较低 (Molina et al., 2009)。因此，药物并不能根除问题。

服药有什么长期效果？很多问题还有待查明，对此意见纷纭。但是，有两个担忧并不成立：（1）儿童期服药者将变为药物成瘾的青少年；（2）服药者的生长将受到阻碍。对多动症儿童中的吃药者和不吃药者加以比较的追踪研究发现了相反的结果：儿童期服药降低了青少年期使用毒品的危险，而且对生长发育没有不利影响 (Biederman et al., 2010; Faraone et al., 2003)。

如果使用得当，服药可能有助于儿童交朋友、在校学习、感觉快乐和行为表现更好。但是，正像对多动儿童的追踪研究所发现的，问题并没有消失，儿童期有情绪问题的孩子到青少年时在学习和人格方面较少成功，无论他们吃药与否 (Geller et al., 2008; Loe & Feldman, 2007; Molina et al., 2009)。只要儿童有特殊需要，父母和教师就应该给予支持和训练。药物可能有帮助，但不是解决问题的根本。

（二）学习能力低下

现在，DSM–5 对**特殊学习障碍（学习能力低下）**的诊断把对知觉或信息加工中的各种缺陷的诊断结合起来；在涉及这类障碍时，诊断通常很困难。很多人有某种特殊的学习障碍，使他们难于掌握多数人容易掌握的特殊技能。根据加德纳的多元智力观点，几乎每个人都可能在一两个方面有缺陷。某个人可能比较笨拙（运动智力差），另一个人能大声唱歌却跑了调（音乐智力差）。

特殊学习障碍/学习能力低下 [specific learning disorder/learning disability]：特殊学习领域的明显缺陷，导致该缺陷的不是生理能力低下、智力能力低下，也不是压力巨大的家庭环境。

这类学习能力低下多数不是致命的（跑调的歌手在合唱团里可以学会放低声音），但每个小学生都被期望学好阅读和数学。在这两门学科上的能力低下往往会降低学习成绩，使儿童感觉无能、羞愧和愚笨。但愿这些儿童能够找到（或有人教会他们）补偿办法：让他们学会应对方法，到成年期使他们其他方面的能力大显身手。温斯顿·丘吉尔、阿尔伯特·爱因斯坦和汉斯·克里斯蒂安·安徒生小时候都曾经被认为是学习能力低下者。

1. 诵读困难

在学习能力低下中，被诊断最多的是**诵读困难**，这是一种非同寻常的阅读困难。没有一种单一的测验能对诵读困难做出准确诊断（其他学习能力低下也同样），因为每一次的学习成绩都包括很多特征 (Riccio & Rodriguez, 2007)。一个阅读能力低下的儿童可能在字词发声方面有困难，但是在书面文字的理解与记忆方面表现优异；另一个儿童的问题可能正相反。现已查明了诵读困难的十几种类型

诵读困难 (dyslexia)：非同寻常的阅读困难，被认为由神经系统发育不良导致。

>>回答保健人员（问题见第 377 页） 药物可以帮助一些多动儿童，但不是全部。它对这个孩子可能管用，但是应该先尝试其他干预措施。要表扬父母对孩子的关心，然后向他们介绍一位幼儿期专家，征得其评估和建议。在特殊情境下应首选行为管理技术，而不是药物。

和原因。

早期理论曾经假设，视觉困难——如字母倒序（把 was 读成 saw）、镜像（把 b 读成 d）——导致了诵读困难，但是后来发现，诵读困难往往源于言语和听力问题 (Gabrieli, 2009)。如果一个 3 岁儿童不能清楚地说话，或者还没出现命名激增（见第六章），就是一个早期的警示信号。早期言语治疗能减弱或预防后期的诵读困难。

2．计算障碍

相似的建议也适用于数学学习能力低下，即*计算障碍* (dyscalculia)。关于数与数概念的早期帮助（在小学一年级之前）可以预防儿童在感觉自己愚笨时的焦虑情绪 (Butterworth et al., 2011)。可以回忆一下，幼儿期甚至婴儿期的多数儿童已能看到多个点，并能对点的多少做出估计。这种基本的数感正是计算障碍儿童的缺陷，它为早期补救提供了线索 (Piazza et al., 2010)。

如果一个幼儿不能完成其他儿童能轻松完成的任务，这样的问题就会反映在大脑扫描中。例如，让一个小学二年级的学生估计一个普通房间的高度时，他可能回答“60 米”，或者问他卡片上的 5 颗心和 8 颗心哪个更多时，他必须先数数卡片上心的数量才能正确回答 (Butterworth et al., 2011)。使用计算机来训练有计算障碍的儿童可以取得一些成效，但是根据殊途同归原理，这种方法不能帮助所有儿童。

（三）泛孤独障碍

在有特殊需要的所有儿童中，孤独症儿童也许是问题最大的，不仅因为他们的问题很严重，而且因为孤独症的原因和治疗是一个热门的争议话题。多数孤独症儿童在 1 岁前已有征象，但有些在 1 岁前看上去相当正常，之后才恶化。

父母对此的反应不同，从非理性的希望到深度失望，从责备医生和公共政策到深深的内疚。发展学家一般认为，基因是孤独症的一个因素，但是也不应该归咎于父母。如果在儿童小时候，父母和教师能够通力合作，能给孤独症儿童带来很大帮助。

1．症状

泛孤独障碍 (autism spectrum disorder)：一种以社会交往和社交互动困难为特征的发展障碍，不能从别人的角度看待事物，以及刻板、重复的行为、兴趣和活动模式。

泛孤独障碍的典型特征是社交技能差，以及行为、兴趣和活动的刻板、重复模式。半个世纪以前，它被认为是一种单一而罕见的障碍，只会影响不到千分之一的儿童，表现为“极端的孤独感，在任何可能的情况下，对来自外界的事物采取漠视、忽略和封闭的态度”(Kanner, 1943)。那些发育缓慢但并不非常退缩的儿童曾被诊断为智力能力低下，或一种“普遍性发展障碍”。

过去几十年，很多事情发生了变化。现在，曾被认为是智能低下的不少儿童被认为具有泛孤独障碍，发生率约为 1/110, 其中男孩是女孩的 3 倍，欧裔美国人多于拉丁裔、亚裔和非裔美国人 (Lord & Bishop, 2010)。这些儿童中的很多人在智力上根本没有能力低下。

如上述，泛孤独障碍有两个标志性特征：(1) 社交互动和使用社交语言方面的问题；(2) 刻板、重复的行为模式。造成这些特征的是一个情绪盲区 (Scambler et al., 2007)。有各种形式孤独症的儿童都难以理解别人的情感，使他们感觉与别人不相容，好像“火星上的一位人类学家”，这是患有孤独症的一位教育家和作家坦普尔·葛兰汀的描述（引自 Sacks, 1995）。这使他们不想说话、游戏，不想和别人交往，他们的心理理论发展得尤其迟缓 (Senju et al., 2010)。

泛孤独障碍包括轻重不同的许多症状。有的儿童从不说话，很少笑，有的常常连续几小时玩一个东西（如一个陀螺或一个玩具火车）。有些是所谓“高机能性”儿童——他们在一些特殊的领域（如绘画或几何学）极富天资。有人一直认为，这种高机能性儿童有阿斯伯格综合征，但多数临床医生和 DSM–5 认为，这是泛孤独障碍的一种。不少人会以非同寻常的方式显露其才华 (Dawson et al., 2007)，其中包括葛兰汀——一位受人尊敬的动物保护专家 (Grandin & Johnson, 2009)。但他们的社交互动总会受到伤害。葛兰汀就一直被浪漫爱情困惑。

现在有泛孤独障碍的儿童比 1990 年增多了，要么是因为这种障碍的发生率增加了，要么是因为被诊断为这种障碍的儿童增多了。前面说到，每 110 个儿童中就有 1 人患有孤独症。这是基于认真评估的结果，有些研究得出的比例更高——大约是 1/40。造成这种高估计的原因是缺乏诊断孤独症的确定方法：很多人社交能力差，不善于沟通——他们都有某种程度的孤独症吗？回答是否定的。对泛孤独障碍的诊断来说，一个人的症状必须严重到明显影响其能力发挥的地步。

有人假设是诊断更多了而不是患上该障碍的人更多了，美国得克萨斯州的一项详尽研究支持了这一假设，它揭示出，在最富裕的学校区域，被诊断为孤独症的儿童在 6 年中增加了 2 倍，而在最贫穷的区域，这一数字没有变化（Palmer et al., 2005; 见“研究设计”专栏）。

2. 治疗

殊途同归性原理也可以用到孤独症上：一个儿童可能因为很多原因患孤独症，要选择有效的治疗方法很难。一种干预能帮助一些儿童，但是对另一些儿童毫无价值。生物因素（基因、出生并发症、孕期伤害、化学毒素以及大脑模式异常等）至关重要；孤独症不是家庭养育造成的 (G. Dawson, 2010)。但是，一个家庭因素可能有影响：生下一个孩子后马上生另一个。出生间隔不到一年的儿童比出生间隔 3 年或更长的儿童患孤独症的概率多 1 倍 (Cheslack-Postava et al., 2011)。

大量治疗方法用于儿童泛孤独障碍，但没有一种是完全成功的。有些父母说，某种治疗对孩子有帮助，但对另一些父母来说，这种方法不管用。学者也意见纷纭。例如，一种常用的治疗方法是让儿童在高压氧舱里呼吸更多的氧。两项高压氧治疗的研究——都是随机取样、随机分为实验组和控制组——得到的结果相互矛盾，一项认为该疗法有用 (Rossignol et al., 2009)，另一项认为无效 (Granpeesheh et al., 2010)。问题可能部分由于多结果性和殊途同归性：患有泛孤独障碍的儿童的核心症状是一致的，但出现这些症状的原因和结果不同。

> **研究设计**
>
> **研究者**：Raymond Palmer, Stephen Blanchard, and David Mandall designed the study, and C. R. Jean provided critical interpretation.
>
> **发表期刊**：《美国公共健康杂志》(*American Journal of Public Health*, 2005).
>
> **参与者**：1994—2001 年美国得克萨斯州的全部 1040 个校区。
>
> **设计**：根据富裕程度——根据收入、薪资、贫困学生比例等综合评定——把校区分为十类。计算每类校区患孤独症儿童的人数，每年统计一次。
>
> **主要结论**：被诊断为泛孤独障碍的学生随着富裕程度的增加而增加，最富裕的前两类校区的患病人数在 6 年间增加到原来的 3 倍。最不富裕的第十类校区无变化。最富裕校区的孤独症患病率为 21/10 000，最不富裕的校区为 3/10 000。
>
> **评论**：基于全州数据的这些研究结果显示，孤独症发病率的增高可能是因为诊断技术进步、医生人数增多、特殊教育进步，也许还与父母对诊断和治疗的坚持有关。

另一个问题是父母与专业人员之间的分歧。硫汞撒 (thimerosal) 就是一个例子，它是一种含汞的抗菌剂，曾用于儿童免疫接种。很多父母在自己的婴儿接种后发现了异常，于是相信原因在于硫汞撒。但是没有一位研究者同意这种看法，因为大量研究多次否定了这一免疫假设 (Offit, 2008)。硫汞撒已在几十年前从疫苗中移除，但是孤独症发病率仍然在升高。很多医生担心，那些坚信这一假设的父母会伤害千百万儿童，他们会因为拒绝给孩子免疫而使儿童患上本不该患的疾病。

一些孤独症儿童吃特殊饮食和维生素补品或服药。一种叫作利培酮的药可以缓解某些症状（虽然有研究发现了它的副作用，包括导致体重增加），但没有证据可证明它能缓解主要病情。如前所述，所有药物都是有争议的：一个儿童吃利培酮是否有效取决于症状之外的很多因素 (Arnold et al., 2010; Rosenberg et al., 2010)。

人们还尝试了很多改善说话技能和社会化的行为治疗法，结果再次得到了很多混合性的结果 (Granpeesheh et al., 2009; Hayward et al., 2009; Howlin et al., 2009)。一些临床医生采用综合性行为分析、感觉游戏和沟通疗法帮助泛孤独障碍儿童发展想象游戏、认知灵活性以及对别人情感的理解力。对儿童及其父母的及早的、个别化的教育已经取得了成效，尽管如下所述，我们还不能确定障碍与特殊教育之间的关系。

（四）特殊教育

发展学家认为，生物社会性领域、认知领域和心理社会性领域是相互重叠的，每个儿童在每个领域的发展都受到其他领域的影响。但是，要确定一个儿童是否需要特殊教育，不是一件简单的事情，与具体的特殊需要也没有密切关系。这里提到的教育是从发展心理病理学的角度来谈的，但是障碍与教育之间的联系尚存不明之处。（包括下一章在内，各章对教育的讨论都站在认知发展的角度。）

1. 改革法律与实践

在美国，对正常和异常之间差别的认识还不明确（这是发展心理病理学的第一个原则），这导致了对有特殊需要的儿童的治疗和教育方面的一系列改革。根据1975年颁布的《残疾儿童教育法》，有特殊需要的儿童必须在**最小受限环境**中受到教育。

最小受限环境 (least restrictive environment, LRE)：一种法律要求，让有特殊需要的儿童在普通教育环境中学习。

在大多数情况下，最小受限环境意味着，有特殊需要的儿童要和其他儿童一起在一个正规的班级里接受教育，这有时被称为主流化教育（或回归主流教育），而不是让他们在特殊班级或特殊学校接受教育。有时，教育者会把儿童送到资源室，由一位教师为他进行定向辅导。有时候，是把一个班作为包含班，把有特殊需要的儿童"包含"在普通班里，给他们"适当的帮助和服务"（通常由和正常班教师一起工作的经过训练的教师来提供）(Kalambouka et al., 2007)。

美国最近有一种教育方法，称为**干预反应法** (RTI; Fletcher & Vaughn, 2009; Shapiro et al., 2011)。小学低年级成绩低于平均分的所有学生（可能占全班学生的一半）都要接受一些特殊干预。其中多数学生在成绩上会取得进步，对没有反应（成绩没有取得进步）的学生要给予更多的干预。对重复干预仍没有做出反应的儿童要进行测验和观察，以便对问题做出诊断。

干预反应法 (response to intervention, RTI)：一种采用特殊干预手段帮助那些成绩低于平均水平的儿童的教育法。

专业人员会采用成套测验（而不只是智商测验或成就测验）来做出诊断，并提出推荐意见。如果他们发现一个儿童有特殊需要，就会与家长进行讨论，制订出**个人教育计划**，为儿童确定特殊的教育目标。

个人教育计划 (individual education plan, IEP)：为有特殊需要的儿童确定教育目标和计划的文件。

2. 年龄群与文化

从表11.1上可以看出年龄群效应。在1977年，每4名儿童中有超过1人有特殊需要，当时人们称这些儿童"心理迟滞"，这一类型现在称为"智力低下（智力残疾）"。当前，在需要特殊教育的儿童中，被确定为智力低下的儿童只占1/14。但是在2010年，在有特殊需要的儿童中，孤独症儿童大约占5%，发展迟缓儿童约占6% (Snyder & Dillow, 2011)。1977年的两种类型都不复存在了。显然，如果把在20世纪70年代被认为是心理迟滞的儿童拿到今天来诊断，他们可能会被称为孤独症儿童或发展迟缓儿童。疾病名称的变化比症状的变化还要快。

从国际角度看，特殊需要与教育之间的关系有所不同，原因是文化上的，与儿童无关。在非洲和拉丁美洲的很多国家，没有儿童被认为有特殊需要；在亚洲的很多国家，对于特殊需要，基本上是根据身体残疾而定的。

（五）超常儿童

有非凡天赋的儿童也常被认为有特殊需要，但是针对残疾人的联邦法律不包括他们。美国每个州都会对超常儿童进行选拔和教育，但是具体情况不同——这也是一个热门的争议话题。一位学者写道："对天赋这个术语……的质疑从来没有像今天这么多" (Dai, 2011, p. 8)。教育者、政治领袖、科学工作者与其他人都在争

表 11.1　经特殊评定 * 的有特殊需要儿童的比例

	1977 年	1997 年	2007 年
学习能力低下	21.5 (1.8**)	46 (5.9)	39 (5.2)
言语障碍	35.2 (2.9)	17 (2.3)	22 (3.0)
心理发育迟滞	28 (2.2)	10.0 (1.3)	7.6 (1.0)
情绪紊乱	7.7 (0.6)	7.7 (1.0)	6.7 (0.9)
听力不佳和听力丧失	2.4 (0.2)	1.2 (0.2)	1.2 (0.2)
失明和视力差	1 (0.1)	0.4 (0.1)	0.4 (0.1)
发展迟缓			5.4 (0.7)
泛孤独障碍		0.7 (0.1)	4.5 (0.6)
骨骼残疾	2.4 (0.2)	1.2 (0.1)	1.0 (0.1)
其他健康问题 ***	2.8 (0.3)	3.2 (0.5)	9.7 (1.3)

* 基于美国公立学校教师的评价。

** 括号内的数字是在所有美国公立学校儿童中所占的比例。

*** 由哮喘病、镰状细胞贫血症和糖尿病等疾病引起的无力、无活力或无机敏性。

据 Snyder & Dillow (2010).

论：什么人算天才，对他们应该做些什么。超常儿童是有非凡的智力，还是出众的才华或创造性？他们是否应该跳级，采用分离教学，学更多的知识；是应该被插在普通班里，还是应该让他们单独学习？

100 年前，对天才的定义很简单：高智商。一项著名的追踪研究追踪了上千个“天才”儿童，他们在斯坦福－比纳智力测验中的得分都在 140 左右 (Terman, 1925)。即使在今天，有些学校系统仍把智商分数达 130 及以上定义为天才儿童（比例为 1/50），有时定位在 145 及以上（比例为 1/1000）。

超前法 (acceleration)：让天才儿童与有相同心理能力而不是相同实际年龄的其他儿童一起学习的方法。

一百年前，解决这一问题的教育方法也很简单：按照这些儿童的心理年龄而不是实际年龄进行教学，被称为**超前法**。现在，这种方法已经很罕见了，因为那些接受超前法教学的儿童通常会遭到欺凌、感觉不快乐，很难掌握恰当的社交技能。一位女性回忆道：

> 九岁的女孩们对一个更小的女孩非常残酷。我比她们小得多，自然，她们让我干什么，我就得干什么。在学习上，我感觉很轻松，但是在情感上，我难以招架。有时，也许真的是我错了，我总是挨骂。我就像操场边上的一棵野草。
>
> (Rachel, quoted in Freeman, 2010, p. 27)

野草也要生长，不管它长在哪里，对成千上万名儿童的研究发现，天才儿童知道自己和其他儿童不同，但他们同样需要情感和社会性教育。必须教育出一个完整的儿童，而不仅仅是一个聪明的儿童 (Winner, 1996)。

还有一种特殊儿童的类型，常常被称为有才华的儿童，而不是天才儿童，他们在加德纳九种智力的一种上表现得非常出众。莫扎特就是这样，他 3 岁时会作曲；帕布洛·毕加索也是如此，他 4 岁就创造出了画作。历史上，很多音乐家、艺术家和科学家都在儿童期显露奇才，被他们的父亲发现（往往因为他们的父亲在同一领域也有成就），并给予他们特殊教育。莫扎特的父亲记录了儿子的早期的创作，带着他在欧洲游历演出。毕加索的父亲在他上二年级的时候让他退学，整天在家里画画（毕加索说他从没学会念书写字）。

这种高强度的早期教育虽然培养了天才，但莫扎特和毕加索成年以后都不幸福。相似的情形不胜枚举，如天才运动员（美国高尔夫球运动员“老虎”伍兹和德国女子网球运动员斯特菲·格拉芙）和一些博学人士。近期有一个例子：

> 2000 年，13 岁的苏菲亚·优索夫开始在牛津大学攻读数学学位。她的父亲完全支配着她，教她学习。但是在期末考试结束的那天，她离家出走了。警察找到了她，但是她拒绝回家，她在一封电子邮件中问她父亲：“你难道一点也没想到我离开家的原因是 15 年来遭受的身体和精神虐待吗？我已经受够了！”她父亲声称她是被引诱和洗脑了。她拒绝和父亲来往。现在她成了一名非常快乐的、收入颇丰的高级妓女。
>
> (Freeman, 2010, p. 286)

需要特殊教育的第三种儿童是具有非凡创造力的儿童 (Sternberg et al., 2011)。他们是发散思维者，对每一个问题都能找出很多解决方案，提出更多的问题。这样的学生会在课堂上说笑话，躲避苦差事，抵制死记硬背，让老师头疼。但他们将来可能会成为革新者、发明家和创新力量。

创造性儿童常常不遵从社会标准。他们不是善于在学校考试中选择正确答案的常规思维者。查尔斯·达尔文就是这样一个人，学校给他的评语多次抱怨他对学习不感兴趣，感兴趣的只是打猎、骑马和收集甲虫 (Freeman, 2010, p. 283)。其他一些最具创造性的人物也都不是好学生，如爱因斯坦、弗洛伊德、牛顿和很多现代改革家。

由于超前法和父母高强度教学法都会导致后期问题，于是教育天才儿童的第三种方法被应用得越来越普遍（至少在美国）。把那些聪明的、有天赋或有创造性的儿童组成一个班进行教学——班里的同学年龄相同，但各有特殊能力。在理想的情况下，这些儿童既不会无聊，也不会孤独，每个人都可接受挑战，也能受到赞赏。

神经科学近期发现了另一个优势：脑发育。很多研究发现，给儿童发挥其音乐才能的机会可以促进其脑结构的发展，从而增强其音乐才能。这种专门化的脑发育也适于有运动才能和数学才能的儿童。这表明，对每一种天才，都可能在儿童期发生神经系统的专门化。众所周知，儿童的脑具有很强的可塑性，所有儿童都能学习他们所处的环境教给他们的任何东西。因此，通过特殊教育，天才可以得到发展，而不是被浪费。

批判性思考

这公平合理吗？

学校系统怎么知道哪些儿童是天才的？班里的某个捣蛋鬼究竟代表了需要保护的创造精神，还是需要管教的害群之马？创造性测验已经编制出来了，但这些测验无法区分哪些儿童是“学习天才”，哪些是“创造天才”。这两类天才都需要专门化的教育，但是其具体的特点不同 (Renzulli, 2009)。遗憾的是，在对所有天才儿童进行辨别和因材施教上，人们做得并不成功 (Dai, 2010)。如果一个儿童的智力在平均分以上（智商在 120 以上），他最终的成功可能要更多地仰仗其动机、人格和好运气，而不是教学和测验分数。

此外，我们怎么知道这种辨别是公平合理的？来自低社会经济地位家庭或处于不利地位的族群的天才儿童可能被不公正地排除在外了。对女孩或对男孩的偏见也可能带来问题。

这种担忧不是毫无根据的。来看美国 2006 年的数据 (Snyder & Dillow, 2011)。在肯塔基州，每 150 个儿童中有 23 个被确定为天才儿童和有特殊才华的儿童；但是马萨诸塞州的这一比例只有 1∶150。显然，影响这一结果的是两个州的文化或政治因素，而不是儿童的天性。

在多数州的超常班里，女孩都比男孩多 10%（是性别歧视，还是生物学原因？）。但是在堪萨斯、新墨西哥和南达科他这三个州，超常班里的男孩比女孩多 10%（平等吗？）。在大多数州，超常班里的白人儿童所占的比例都是其他少数民族的 2 倍（是政治原因，还是生物学原因？），但是犹他州的这一比例几乎相同（公平？）。在多数州，非裔美国儿童中的天才儿童占比都高于西班牙裔，但是得克萨斯州的情况正相反（是政治原因，还是生物学原因？）。

一位著名教育家认为，我们应该放弃对天才儿童和有才华儿童的指定，并且

> “放弃‘正常’、‘能力低下’和‘天才’的概念，不要把这些概念应用于学校，尤其不要为了分类和分班而使用它们，只需作为规律而接受它。”
>
> (Borland, 2003, p. 121)

现在，所有发展学家都认识到了，辨认和教育超常儿童有很多有效的途径，最好的解决办法应能反映文化背景。但是最好的解决办法的具体特征是什么，尚不明确。

小　　结

由于脑发育方面的问题，很多儿童有特殊的学习需要。发展心理病理学者强调，没有一个人在所有方面都是正常的；有时候，时间的推移能给有特殊需要的儿童带来进步，有时则不能。有注意缺陷障碍、学习能力低下和泛孤独障碍的儿童可能会机能不全，或有持续一生的问题，这取决于很多因素，如问题的严重性、家庭、学校和文化环境，以及是否有共病性疾病。诊断、预后、用药和教育都是有争论的问题；没有一个儿童在学习和行为上和另一个儿童完全相同，也没有一种教育方法可以完全成功地用在每一个儿童身上。■

本章总结

一、一个健康的时期

1. 小学期是稳定发育、很少患重病的时期。日益增长的独立性和自我照顾能力使大多数小学生快乐而有能力。
2. 医疗保健的进步减少了儿童期的疾病和死亡。免疫接种发挥了效用，接触有毒物质的儿童减少了，早期诊断和治疗使很多疾病得以缓解。
3. 身体活动以多种方式带来了健康和乐趣。但是，当前的社会环境条件使非正式的邻里游戏减少了，学校体育活动开展得不广泛，各种体育俱乐部也不欢迎小学生加入。

二、小学期的健康问题

4. 儿童期肥胖症是一种遍布世界的流行病。基因是原因之一，但锻炼减少、不健康食品的大量存在是主要原因，使当代儿童比 50 年前的儿童重了很多。父母和社会政策对此都负有责任。
5. 哮喘病的发病率整体有所增长，其中有显著的族群差异。哮喘病源于遗传，而诱发哮喘病的是环境中特殊的过敏原。预防手段包括延长母乳喂养期，增加户外游戏的时间，减少空气污染，尤其是汽车尾气污染。

三、脑发育

6. 小学期大脑的继续发育促进了各方面的发展。值得注意的是反应时和自动化方面的进步，它使大脑的很多区域得以更快、更好地协调。
7. 智商测验把智力能力倾向量化。这类测验大多强调语言和逻辑能力，以及对学习成绩的预测。智商分数有时会随着时间而变化，其部分原因在于成熟，主要原因在于经验。
8. 成就测验通常可测量某一特定学习领域的成绩。能力倾向与学习成绩之间有相关，这种相关发生在个体中，也发生在各个国家中。
9. 一些评论家认为，智力以多种方式得以表现，常规的智商测验因其局限性无法对此进行测量。多元智力包含创造力和实践能力，以及在北美学校不受重视的一些技能。

四、有特殊需要的儿童

10. 发展心理病理学采用了一种对正常发展的解释来诠释对非正常发展的研究。其基本原则有四条：异常是正常的；能力低下会随着时间而变化；青少年期和成年期会使疾病改善或恶化；诊断取决于背景。
11. 患注意缺陷/多动障碍的儿童有三个方面的潜在问

题：注意难以集中、冲动性和过于活跃。镇静药往往可以帮助多动儿童学习，但儿童用的任何药物都必须被谨慎监控。

12. 患双相障碍使儿童的心境在欣快与抑郁两个极端之间摆动。这种障碍有时被错误地等同于注意缺陷/多动障碍。

13. 有特殊学习障碍者，在别人可以轻松掌握的特殊技能上表现出了非同寻常的困难。在学龄期最普遍的学习能力低下是诵读障碍。

14. 泛孤独障碍儿童通常表现出了社交互动与沟通困难，以及行为、兴趣或活动的刻板、重复模式。孤独症的假定原因有很多。遗传是部分原因；现在已没有人认为父母教养方式不当是孤独症的主要原因。治疗方法有很多种，但对所有方法都有不同意见，没有一种是肯定有效的。

15. 在美国全部学龄儿童中，大约有13%接受特殊教育服务。这种服务从个人教育计划开始，然后把儿童安排到最小受限环境（通常是正规班级）中去学习。

关键术语

超前法，p384
超重，p366
成就测验，p373
多结果性，p376
多元智力，p374
发展心理病理学，p375
反应时，p371
泛孤独障碍，p380
肥胖症，p366
弗林效应，p373
干预反应法（RTI），p383
个人教育计划（IEP），p383
共病性，p375
能力倾向，p372
破坏性心境调节异常障碍（DMDD），p377
身体质量指数（BMI），p366
殊途同归性，p376
双相障碍，p377
诵读障碍，p379
特殊学习障碍/学习能力低下，p379
小学期，p359
哮喘病，p368
选择性注意，p371
智商测验，p372
注意缺陷/多动障碍（ADHD），p376
自动化，p372
最小受限环境（LRE），p383

你学到了什么？

一、一个健康的时期

1. 在6—11岁出现了哪些身体能力？
2. 儿童期卫生习惯对成年期的健康有何影响？
3. 小学期的身体游戏有何主要优点和缺点？
4. 儿童能在学校体育课上获得哪些收益？
5. 社会经济地位、性别角色和文化对校外活动有何影响？

二、小学期的健康问题

6. 在儿童期的肥胖症上，有何国家间差异和年龄群差异？
7. 为什么一个比较瘦的6岁儿童不需要胖起来？
8. 天性与教养对儿童期哮喘病各起什么作用？
9. 儿童期肥胖症的基础预防指的是什么？
10. 为什么对儿童期哮喘病的良好的三级预防不能使所有儿童受益？

三、脑发育

11. 为什么较快的反应时能促进学习能力的发展？
12. 脑机能的变化是怎样使一个儿童更安静地坐在教室里的？

13. 在什么情况下教师应该采用能力倾向测验而不是成就测验?
14. 如果多元智力理论是正确的，应该废弃智商测验吗? 为什么应该，为什么不应该?
15. 为什么有些智能比另一些更有价值? 举例说明。
16. 脑部扫描应该取代传统的智力测验吗? 为什么应该，为什么不应该?

四、有特殊需要的儿童

17. 儿童的哪些行为在一种文化中正常、在另一种文化中不正常?
18. 举例说明多结果性与殊途同归性之间的差别。
19. 为什么要给患注意缺陷 / 多动障碍的儿童推荐药物?
20. 父母为什么该请医生给自己的孩子开利他林这种药?
21. 为什么对儿童双相障碍很难做出诊断?
22. 儿童与成人的双相障碍有何不同?
23. 哪些特殊学习能力低下在当前的美国尚未被认识到?
24. 在什么情况下，一个成人会有一种从未诊断出的学习能力低下?
25. 如果一个成功的成人患有高机能性孤独症，你希望这个人会从事什么职业? 有什么样的家庭生活?
26. 为什么有些类型的发展性心理疾病的发生率会增多，有些类型会减少?
27. 泛孤独障碍的标志有哪些?

应　用

1. 把儿童玩邻里游戏的场地加以比较——在理想情况下应包括城市、市郊和农村地区。记下场地的大小、安全性和使用情况。你观察到的差异可能对儿童的体重和动作技能带来什么影响?
2. 发展心理学家认为，每个教师都应该根据儿童的不同需要进行教学。你们学院或大学的教师培训课程能否反映这一目标? 是所有教师都应该选择同样的课程，还是有些教师应该选择特殊课程? 为什么?
3. 互联网资源在不同专题上的质量各异，在为有特殊需要儿童的父母设计的网页上，这一点尤其正确。针对一种儿童期能力低下或疾病，找几个有关该疾病的网站。了解父母对这些网站提供的信息会怎样评价?
4. 对特殊教育师资的需求量很大。在你所在地区的公立学校里，正规教师与特殊教育教师的比例如何? 在独立教室、资源室和包含型班级里各有多少人? 你的数据能反映出你所在社区的特殊教育的哪些问题?

第十二章

小学期的认知发展

你将学到什么？

1. 是让儿童从经验中学习，还是教给他们所需的知识？
2. 儿童为什么会根据他们的听众而改变词汇、语法、声调和手势？
3. 哪一种学校类型对 6—11 岁儿童最好？

我 9 岁的时候，想养一只小狗。我的父母说不行——因为我已经有达斯蒂（我们家的狗）了。我用一首诗来承诺“把它的皮毛刷得光又亮”“用牛奶把它喂得饱又饱”（这当然不对：不应该给狗喂牛奶。）我父亲夸奖了我的诗，我得到了塔菲——一只金色西班牙猎犬。

我的小女儿萨拉 10 岁的时候想打耳洞。我说不行——这对她的三个姐姐不公平，她们都是等到十几岁才打耳洞的。萨拉写了一封宣誓书，劝说她的姐姐们签字，宣称她们无异议。于是萨拉戴上了金色的耳坠。

萨拉和我的做法都很典型，尽管我们的愿望因年龄群而不同，采用的方法因家庭而不同。萨拉知道，我不会因为一首诗而让步，但是我会尊重那封签了名的文书。所有的小学生都能游刃有余地应对他们所处的背景下出现的问题：把分数除开，在网上冲浪，记住饶舌的歌词，说服父母，等等。

本章将介绍小学期令人赞叹的认知发展。先来看皮亚杰、维果茨基和信息加工理论是怎样描述小学期的认知的。然后讨论怎样把这些理论应用到语言上，以及儿童应该怎样在学校学习和学什么等争议颇多的问题。

一、小学期的认知理论

小学期的学习是快速的。11 岁时，有些儿童能在象棋上打败比自己大的孩子，可以演奏成人需要付钱听的音乐，还能出版诗歌，赢得奖杯。而有些儿童则在街上流浪，参加内战，学习孩子不应该学的东西。是什么使他们学得如此之快？

（一）皮亚杰的小学期认知理论

皮亚杰把小学期的认知称为**具体运算思维**，它使儿童能够运用逻

具体运算思维（concrete operational thought）：皮亚杰的术语，对直接经验和知觉进行逻辑推理的能力。

辑。运算这个词来自拉丁文“operare”，有“工作、产出”之意。皮亚杰把这一阶段称为运算思维，强调的是能产性思维。小学生不再被自我中心主义束缚，可以进行逻辑运算。儿童能把新的推理技能应用到具体情境中——可观察、可触摸的真实事物（而非抽象事物）。儿童的思维变得更加系统化、客观化和科学化——因此更可接受教育。

1. 分类的层级

分类 (classification)：事物可能按照一些共享特征被组织到群组（或类别、种属）中的逻辑原理。

分类是一个逻辑概念，指的是根据事物的共享特征把它们组织到群组（或类别、种属）中。例如，家庭包括父母、兄弟姐妹、表兄弟姐妹等。人、动物、玩具和食物都是常用的类别。每个类别都包括一些要素，排除其他要素，每一类都是一个层级的一部分。

例如，食物是一个类别，这一层级的较低水平是肉类、谷类、水果等。大多数亚类都可继续划分，肉类可分为禽肉、牛肉、猪肉等，其中每一种可以再次划分。成人都懂得，处于一个层级底端的项目都属于一个较高水平的类别：培根属于猪肉、肉类和食物。幼儿可能知道培根属于猪肉，但他们不懂得向较低和较高层级的心理运算。

皮亚杰设计了很多实验来考察儿童对分类的理解。例如，给儿童看 9 朵花，其中 7 朵是黄色雏菊，2 朵是白色玫瑰 (revised and published in Piaget et al., 2001)。研究者确认儿童知道花、雏菊和玫瑰这些词，然后问：“是雏菊多还是花多？”7 岁前的儿童往往会回答“雏菊多”。幼儿对他们的回答说不出理由，但有些 6—7 岁的孩子会说，“黄色的花比白色的花多”，或“雏菊是雏菊，它们不是花”(Piaget et al., 2001)。大多数 8 岁儿童能够分类，他们会说：“花比雏菊多”。

2. 其他逻辑概念

传递推理 (transitive inference)：找出一个事实与另一个事实之间隐含的、未说明的关系的能力。

逻辑运算的另一个例子是理解事物之间隐含的关系而不仅是明确关系的能力。皮亚杰研究了**传递推理**，即找出（推理）一个事实与另一个事实之间未明说的关系（传递）的能力。“约翰比吉姆高，吉姆比戴维高。那么约翰和戴维谁更高？”前运算阶段的儿童可能搞混。他们无法做出这个简单的传递推理，因为他们只知道直接告诉他们的事情，而不是隐含的事情。小学儿童则能对这样的关系进行推理。

后来的研究考察了传递推理与海马成熟的关系，发现 7 岁是一个关键年龄，使传递推理和其他类型的心理逻辑运算成为可能 (DeVito et al., 2010; Zalesak & Heckers, 2009)。这似乎证实了皮亚杰的发现，但是神经学与比较研究发现，传递推理比皮亚杰所认为的既简单又复杂 (Goodwin & Johnson-Laird, 2008)，因为一些动物也能完成简单版本的传递推理。

传递推理与皮亚杰所说的另一种逻辑概念有关，即序列——把事物按一定的逻辑顺序加以排列的知识。序列对使用（不只是记忆）字母表和数序至关重要。多数 5 岁的儿童可以数到 100, 但他们不能准确地估计出任意一个两位数处在 0 ～ 100 这条线上的位置。这一般要到 8 岁才能做到 (Meadows, 2006)。

小学生的逻辑能力能够帮助他们学习算数。例如，儿童需要理解 12 + 3 = 3 +

12, 而且不管 15 是怎么得来的，它总是 15（守恒）。可逆性则使儿童意识到，如果 5 乘以 7 等于 35, 那么 35 除以 5 必得 7。小学生的序列和分类能力与数学技能相关，尽管其他很多因素也和数学成绩有关 (Desoete et al., 2009)。

3. 皮亚杰研究结果的意义

虽然逻辑运算与数学概念相关，但研究者发现，数学技能中的连续性要多于不连续性。因此，皮亚杰是错误的：在前运算思维和具体运算思维之间没有突然的转换。事实上，一些儿童通过数学学会了逻辑，而不是反过来。如第九章所说，分类能力早在小学期以前就出现了 (Halford & Andrews, 2006)，前面刚提到，传递推理也不是只有人类才会的。

尽管如此，皮亚杰的实验还是揭示了一些重要的东西。小学儿童能比幼儿更灵活、更善于归纳和更及时地运用心理分类和亚分类 (Meadows, 2006)。他们是更先进的思维者，在智力上拥有幼儿不具备的能力。

在“大吃一惊”之后 当他看到了同伴期待着会令他吃惊的放大图像之后，他会分析自己的观察吗？在理想情况下，具体运算思维使儿童能够运用新的逻辑思维解释他们的经验。

（二）维果茨基的小学期认知理论

和皮亚杰一样，维果茨基也认为教育者应该考虑儿童的思维过程，而不仅仅是思维结果。他发现，年长儿童理解的一些概念常令幼儿感到困惑。儿童是求知欲强、有创造力的学习者。由于这个原因，维果茨基相信，死记硬背的教育使儿童“在尝试把习得的知识加以灵活运用时无能为力”(Vygotsky, 1934/1994, pp. 356–357)。

1. 指导的作用

和皮亚杰不同的是，维果茨基认为指导是至关重要的。同伴和教师通过指导性参与、搭脚手架和最近发展区，在儿童发展潜力与所需的知识技能之间架起了一座桥梁（见第二章和第九章）。

由于入学时间不恰当而造成的较年长的学前班儿童和较年幼的一年级学生可以证实社会互动和指导的作用。在学年结束时，6 岁的一年级学生的成绩远远高于年龄只小一个月的学前班儿童 (Lincove & Painter, 2006; NICHD, 2007)。显然，他们从一年级教师那里学到了很多。

维果茨基相信，教育无处不在，而不只发生在学校。儿童在一起游戏时就在互相指导。他们的学习场合包括电视、和家人一起吃晚饭、在街上看到的人们以及每一个日常经验。这种教育从婴儿期就开始积累了。

对美国 1000 多名 3—5 岁城市儿童的阅读和数学成绩的研究发现，到小学以后成绩较好的学生是在幼儿期受到大量认知刺激的儿童。智力活动有三个主要来源：家庭（如学步儿的父母每天给他们读书）、幼儿园课程（各种丰富的学习活动）和一年级（强调个别评价的读写练习）。虽然来自低社会经济地位的儿童在这

给教师的问题 皮亚杰和维果茨基的思想对三年级的地理课教学有何帮助？（答案见第395页）

三种环境中获得大量刺激的可能性较小，但是那些拥有这三种影响的低社会经济地位的儿童的成绩甚至超过高社会经济地位的儿童 (Crosnoe et al., 2010)。

2. 国际背景

一般来说，维果茨基对社会文化背景的强调与皮亚杰主张的自我发现是对比鲜明的。维果茨基认为，文化（工具、习俗和良师）可以教儿童知识技能。例如，一个孩子身边的成人都以阅读为乐，而且周围到处是书架、报纸，大街上到处是文字符号，而另一个孩子则很少接触印刷品，即使这两个孩子在同一个班上学习，前者的成绩也比后者强。课堂经验自然也起作用，有的教师会多给儿童演示单词、说话和写字，鼓励每个学生写字、说话，但有的教师只强调安全和安静。

在国际上，社会背景影响学习的最典型例子来自巴西，那里的儿童在大街上卖水果、糖果和其他商品。其中很多人没上过学，在标准数学测验中的分数很低。对发展学家来说，这不值得奇怪，他们掌握的很多国家的数据能说明，没上过学的儿童在各个学习领域的分数都较低 (Rogoff et al., 2005)。

但是，巴西的一些年幼的小商贩对所卖东西的价格、找零钱等都很娴熟。一些人不识字，但他们会用颜色和图片来计算每一单买卖值多少钱 (Saxe, 2004)。每天，他们会根据通胀情况、批发价、顾客需求等使用他们在实践中积累的方法来计算“复杂的涨价或降价——这些方法是学校里的儿童一无所知的” (Saxe, 1999, p. 255)。比例和分数通常在小学高年级才教，而比他们年幼的街头小贩却懂得这些。他们是通过以下方式学习数学的：

- 社会背景；
- 其他商贩（尤其是年长儿童）；
- 日常经验。

维果茨基对此一点也不奇怪，他相信，同伴是良师。其他很多研究证明，儿童对算数的理解取决于背景：如果他们在学校学习数学，他们就精通学校数学；如果他们在校外学习数学，他们就擅长解决在相似的情境下遇到的问题 (Abreu, 2008)。

从社会背景中学习知识的另一个例子来自印度东北部的瓦拉纳西地区，那里的很多人拥有超强的空间定向感——即使是在无窗的房子里，也知道自己面朝北还是面朝南。在一项实验中，研究者先蒙住儿童的眼睛，让其原地旋转，然后把他们带到第二个房间，其中很多儿童仍然知道他们面对的是哪个方向 (Mishra et al., 2009)。这种技能是在儿童期学习的，在当地文化中的成人和同伴是用指南针的方向给各种物体的所在位置命名的。（具体的说法有别于西方文化，他们不说“狗在门口睡觉”，而说“狗在东南方睡觉”。）知识从一种背景向另一种背景的转移不是自动的。蒙眼儿童在其他地方虽然仍能保持良好的方向感，但是一个瓦拉纳西儿童来到一座繁华大都市的街道上可能就会迷失——他们知道哪边是北，却不知道去市中心该怎么走。

文化不仅影响着学习的内容，而且影响着学习的方法。对美国加利福尼亚州的 80 个儿童的研究证明了这一点 (Silva et al., 2010)。他们都是有相似遗传背景的墨西哥裔美国人：一半来自印第安原住民家庭，儿童通过观察别人和在需要时互相帮助来学习；另一半来自更接近美国标准的家庭，儿童大多通过直接指导而不是通过观察来学习，他们被期望独立做事，而不是与同伴合作。

在这项研究的第一阶段，研究者给每个儿童演示怎样做一个玩具，同时参与者的兄弟姐妹坐在旁边。先让弟弟或妹妹等着，看哥哥或姐姐做一个玩具老鼠，然后让哥哥或姐姐等着，看弟弟或妹妹做一个玩具青蛙。对每个儿童等着转换角色时的行为进行录像，并且以 5 秒钟为一个单位进行编码，编码的行为包括持续注意（警觉和对其同胞的密切关注）、粗略扫视（零星的兴趣但主要关注其他东西）和没注意（看别处）。（见图 12.1 和“研究设计”专栏。）

一周后进行研究的第二阶段（儿童事先不知道有这个环节），给每个儿童材料，让他们自己做其同胞做过的玩具，除非儿童需要帮助，否则实验者不会告诉他们该怎样做（一周前教过其同胞该怎么做）。来自印第安原住民背景的儿童在研究的第一阶段更能注意观察，因此在一周后较少需要帮助 (Silva et al., 2010)。

>>回答教师（问题见第 394 页问题） 有两种最显著的方法：（1）使用逻辑思维。一旦儿童懂得分类和类包含，他们就能理解各州的城市、各个国家中的州（省、邦……）以及各大洲中的国家。通过你的指导，可以使学生的逻辑分类更熟练。（2）利用儿童对具体形象和个人参与的需要。可以先让儿童了解自己所在的地方，然后了解亲戚朋友住的地方，最后再学习超出其经验的地方（通过教科书、地图、视频和特邀讲座）。

研究设计

研究者：Katie G. Silva, Maricela Correa-Chávez, and Barbara Rogoff.

发表期刊：《儿童发展》(*Child Development*, 2010).

参与者：生活在加利福尼亚南部、在公立学校读书的 40 对 5—11 岁的兄弟姐妹。都是墨西哥裔美国人，大多出生在美国，但其家庭是从墨西哥米却肯州来的移民。他们被分为两组，一组接近印第安原住民文化背景，另一组更接近美国城市化背景。例如，两组的母亲教育水平不同：一组的母亲中学毕业，更适应美国的学习方式，另一组平均读书 6 年 (0 ～ 9 年)，学习方式更接近原住民的方式（印第安式的）。两组差异的其他指标还有家庭人口数量（2.4∶3.3) 和父亲的出生地（一组有一半的父亲出生在美国，另一组的父亲几乎都出生在墨西哥）。

设计：一位讲西班牙语的“玩具女士”给每个儿童演示了怎样做一个玩具，弟弟或妹妹等着看哥哥或姐姐做了一只老鼠，然后哥哥姐姐等着看弟弟妹妹做了一只玩具青蛙。儿童可以拿走该玩具。一周以后，单独给每个儿童材料，让他们制作其同胞做过的玩具。玩具女士假装干了一些文书工作，只在儿童需要时给予其怎样做玩具的提示。编码者关注儿童在研究的第一阶段的注意力和在第二阶段需要提示的次数。编码者和玩具女士都不知道研究假设，也不知道儿童的背景，在进行研究的第一阶段之前，玩具女士曾对儿童适应美国文化的程度进行了评价。

结果：没有一个儿童调皮捣蛋，多数都等待着轮换。当他们等着的时候，来自原住民文化背景的儿童更注意同胞的指导和动作；在以 5 秒为单位的编码中，他们集中注意的时间占了 40.4%，而适应美国文化组为 23.6%。一些原住民文化组儿童试图帮助其弟弟妹妹，而在适应美国文化组里，没有人这样做。此外，原住民文化组儿童记得他们看到的东西：一周后，他们当中需要提示的人占 37%，另一组需要提示的人占 47%。

主要结论：虽然儿童当前生活在相同的环境中而且在同样的学校上学，但在怎样学习方面，他们都追随着家庭文化传统。这反映在他们的成绩上，也反映在本研究中对怎样制作玩具的学习上。

评论：这是一项设计良好的研究。有几个细节使儿童感觉很舒适（兄弟姐妹在旁边，说西班牙语的玩具女士），测量方法使数据详细而客观（如采用录像、"盲"编码者和以5秒为一个单位）。这些特征提示，以下结论可能是正确的：在某些条件下，和一些通常学习更好的儿童相比，来自农村、低社会经济地位背景的儿童学得更好。这一结论对所有教师和父母都很有用：儿童身上反映出了其所在文化获取知识的方式。因此，了解儿童特殊的学习方式对儿童教学来说很有益。

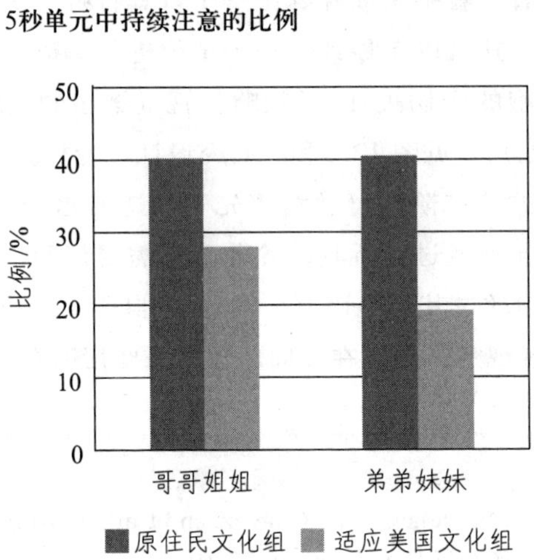

图 12.1

看着你哥哥！　当哥哥或姐姐在学习做一个玩具时，你是注意看着他做，还是看着别处？显然，这在一定程度上取决于你母亲是怎么教你的，不是她直接教的，而是通过她对你的学习方式的期望教会你的。

据 Silva et al., 2010.

观察小测验　在适应美国的学习方式的儿童中，是哥哥姐姐还是弟弟妹妹更注意自己的同胞？为什么？（答案见第397页）

（三）信息加工

今天的教育家和心理学家认为，皮亚杰和维果茨基两人的见解都很深刻，各国的研究都验证了他们的理论是优秀的。皮亚杰描述了普遍的变化；维果茨基更注重文化的影响。

有关认知的第三种新近流派给人们带来了一些重要的启发。第二章已经讲过，信息加工观点获益于技术进步，这种进步使人们能获得50年前不能获得的数据及其分析。考察认知的成千上万的研究者都在运用信息加工方法。但他们并没有把自己看作信息加工研究者，因为"信息加工不是一个独立的理论，而是以大量研究项目所体现的特征为一个框架"(Miller, 2011, p. 266)。

人像计算机一样，能够感觉和知觉到大量信息。然后，人们会：(1) 寻找特殊的信息单位（像搜索引擎那样）；(2) 分析（像软件程序所做的那样）；(3) 得出结论以便让另一个人理解（像连接网络的计算机或打印输出可能做的那样）。通过跟踪这几种机能的通路及其关联，研究者能够更好地了解学习过程。这种方法对学习能力低下的儿童的教学尤其有帮助，因为他们的信息加工往往不正常。诵读障碍或计算障碍是症状，不是学习能力低下的原因 (Waber, 2010)，而是输入和输出之间神经通路阻断的结果。

>>观察小测验（第 396 页）答案　哥哥姐姐的注意更集中。其原因是推测性的，无论你认为原因是什么，它反映的是你自己和兄弟姐妹相处的经验，还是你的文化价值观？

大脑的逐渐成熟证明了信息加工观点的正确性。儿童在校学习成绩也可证明这一点：缺课、假期和更换教师都可能影响儿童的学习，因为每天的学习都建立在前一天的基础上。正在形成的大脑联结和通路都因为重复练习而更加牢固，并导致加工上的进步。对很多小学生来说，教师是最好的促进者，为了让学生掌握新技能，他们会鼓励学生正确地做练习。没有这种练习，神经元之间的脆弱的联系就会中断。

罗伯特·塞格勒是信息加工流派的领军人物之一 (Siegler & Chen, 2008)，他逐日考察了儿童数学认知发展的细节。他发现，儿童不是像人们期望的那样，在达到皮亚杰的具体运算阶段之后，突然理解了数字体系。对数的理解是逐渐积累的，当使用新的、更好的方法尝试计算时，会经过忽略、部分使用、抛弃到最后采用的过程。塞格勒把知识学习比作涨潮时的海浪。经过反复的潮涨潮落，最后达到一个新的水平。

一个特殊例子是让儿童估计一个数字落在一条数轴上的位置，例如，53 位于 0—100 这条线上的什么位置。美国的幼儿园大班儿童往往在这一任务上做得不好[中国的幼儿园大班儿童做得好一些 (Siegler & Mu, 2008)]，从一年级到三年级的儿童会逐渐变得熟练。起先，儿童果断地把 53 放在偏离中心的位置上，然后会把它放在想象的数轴中点的上面一点。这种能力在小学期逐渐进步，它与数字记忆（如记电话号码）存在相关。这使很多信息加工专家主张多让儿童进行数轴练习，以便帮助他们理解其他数学概念。

1. 记忆

考察记忆的很多研究者都采用了信息加工方法。他们发现，各种输入、储存和提取的方法影响着小学期认知能力的增长。成熟和经验影响着记忆过程三阶段的每一阶段，包括感觉记忆、工作记忆和长时记忆。

感觉记忆（亦称感觉登入）是人的信息加工系统的第一个组成部分。是在接收到刺激之后的瞬间储存，对声音的储存时间略长于对景物的储存时间。使用第五章解释过的术语，*感觉*会被短时间保留，然后有些感觉会变为*知觉*。这种初步的感觉意识在幼儿期已经相当好了，在约 10 岁时略有进步，直到成年晚期仍有充分的保留。

感觉记忆 (sensory memory)：信息加工系统的组成部分，刺激信息被瞬间储存，以便可以被加工。亦称感觉登记。

当一些感觉变为知觉后，大脑就会选择那些有意义的知觉，把它们转移到**工作记忆**中做进一步分析。在工作记忆（曾称为*短时记忆*）中，当前的有意识的心理活动出现了。在 4—15 岁，每增长 1 岁，工作记忆都有稳定而显著的进步 (Gathercole et al., 2004)，原因是大脑的成熟和经验的积累 (Baddeley, 2007)。第

工作记忆 (working memory)：信息加工系统的组成部分，当前有意识的心理活动在其中出现。

十一章讲过，前额叶的髓鞘化进程和树突的形成尤其重要，因为这会带来“大量的相互联结”。

对感觉的加工，而不仅仅是暴露在其中，对把信息转入工作记忆非常关键，这就是为什么工作记忆在小学期会得到明显改善 (Cowan & Alloway, 2009)。学龄期工作记忆的改进出现在两个重要的区域：一个是语音环路 (phonological loop)，负责储存声音；一个是视觉 – 空间模板 (visual–spatial sketchpad)，负责储存景物 (Meadows, 2006)。由于大脑成熟，学龄儿童能使用幼儿不会使用的记忆方法（见表 12.1）。

表 12.1 从婴儿期到 11 岁记忆的发展

儿童年龄	记忆能力
2 岁以下	婴儿能记忆他们参与其中的行为和日常活动。记忆是内隐的，由光和声引发（如一个可以与他互动的玩具、养育者的声音）
2—5 岁	词被用于编码和提取记忆。外显记忆开始出现，但儿童还不会使用记忆策略。儿童凭借死记硬背来记住各种东西（如电话号码、幼儿园教的韵律歌），但对它们尚不理解。
5—7 岁	儿童懂得一些东西应该记住，开始使用简单的记忆策略，以复述为主（一遍一遍地重复）。这种方法不是很有效，但是随着多次重复，自动化开始出现。
7—9 岁	儿童使用学到的新策略。他们会利用视觉线索（记住一个拼写特殊的单词的样子）和听觉暗示（韵律、字母发音），这是视觉 – 空间模板和语音环路发展的证据。儿童能把物品加以组织，从而促进了记忆。
9—11 岁	由于儿童从教师和其他儿童那里学到了各种记忆方法，他们的记忆变得更具适应性和策略化。他们还能对材料本身加以组织，形成自己的记忆方法。

据 Based on Meadows, 2006.

像塞格勒比喻的认知海浪那样，这些记忆方法不是突然出现的。它们在从学步儿期到青少年期逐渐得到了改善 (Schneider & Lockl, 2008)，从而使学龄儿童最终懂得怎样增强其工作记忆 (Camos & Barrouillet, 2011)。

在一项实验中，研究者让 7—9 岁儿童记忆两列物品，每列有 10 个物品，结果显示出了记忆策略、分类能力和工作记忆的关系 (M. L. Howe, 2004)。一些儿童所记的一列是玩具，另一列是车辆；另一些儿童所记的两类物品是混合在一起的，每一列都是既有玩具，又有车辆。一天以后，让每个儿童回忆两列中的一列。结果发现，把玩具和车辆分开记忆对 7 岁儿童的记忆确有帮助，但是 9 岁儿童的获益更大。把玩具和车辆分开记忆的 9 岁儿童不但比 7 岁儿童记得更好，而且也好于把玩具和车辆混合起来记忆的 9 岁儿童。

其他研究也证明了年长儿童使用记忆策略的能力。例如，另一项实验的任务也是记忆一列一列的东西，结果发现 10 岁儿童明显好于 8 岁儿童，因为他们很少依靠死记硬背；他们较多地采用积极记忆，重复一串项目从而记住它们 (Lehmann & Hasselhorn, 2010)。（串词类似于另一种被称为“组块”的分组方法，只不过在串词方法中，学习者是按一定次序学习一组项目的）。小学生意识到，这样记忆比单个记忆效果更好 (Cowan, 2010)。

最后，来自工作记忆的信息会进入**长时记忆**，长时记忆可以把信息储存几分钟、几小时、几天、几个月甚至几年。到小学期的最后阶段，长时记忆的容量（指大脑中可以装填多少东西）已经非常大了。长时记忆会和感觉记忆、工作记忆一起对思想和行为进行组织。对长时记忆来说，重要的不仅是*储存*（储存了多少材料），还有*提取*（过去学习的东西有多少可以重新回到工作记忆中）。对各个年龄的每个人来说，总有一些东西（往往是生动的、具有强烈情绪经验的东西）比另一些东西更容易提取。对每个人来说，长时记忆都是有缺陷的：我们都会忘记或扭曲一些东西。

长时记忆 (long-term memory)：信息加工系统的组成部分，其中储存的保持时间长短不一的信息量是无限的。

2. 知识

根据信息加工研究的观点，人知道得越多，学习就越有成效。具有一个很大的**知识库**，或在一个特殊领域拥有大量知识，就更容易掌握新信息。

知识库 (knowledge base)：在某一特定领域的大量知识，使该领域的新信息掌握起来更容易。

三个因素可以促进知识库的增大：过去经验、现在的机会和个人动机。但儿童的知识库并不总是像他们的父母和老师所希望的那样。小学生能够记住流行歌曲的歌词和曲调，知道电视剧的情节和人物，能说出橄榄球运动员的名字和经历——但他们可能不知道发生在20世纪初的第一次世界大战，或阿富汗是亚洲国家还是非洲国家。动机为教师提供了启发：新的概念如果和个人经历、情绪体验有联系，掌握起来就更容易 (Schneider & Lockl, 2008; Wittrock, 1974/2010)。

3. 控制进程

掌管记忆、加工速度和知识库的机制称为**控制进程**；它负责在系统内调节对信息的分析和信息的传递。控制进程包括第十章和第十一章讲过的*情绪调节*和*选择性记忆*。同样重要的还有**元认知**，即“对认知的认知”。元认知是终极的控制过程，因为它能使人对一个认知任务做出评价，决定怎样完成这一任务，监控自己的行为并做出调整。

控制进程 (control processes)：把记忆、加工速度和知识相结合的机制（包括选择性记忆、元认知和情绪调节），负责对信息加工系统内的信息的分解与流动进行调节。亦称执行进程。

控制进程要求大脑像公司的首席执行官那样对心理操作加以组织、排定优先次序并给予指导。因此，控制进程也称为*执行进程*，这就是说，无论何时，只要人把注意力集中到任务的相关部分，即可运用知识库去联结新信息，或应用记忆策略。这种控制在10岁儿童身上比在4—6岁儿童身上更明显 (Bjorklund et al., 2009)。四年级学生可以专心听老师讲尼罗河，而忽略同学嚼口香糖或传纸条的行为，这就是控制。

元认知 (metacognition)：“对认知的认知”，人通过元认知，对一个认知任务进行评价，决定怎样完成该任务，监控并调整完成任务的行为。

元认知和控制进程都会随着年龄的增长而进步。例如，在一项研究中，让学生做一份填空测验并说明对每个回答是否有信心。然后他们可以删去一些问题，留下容易答的问题。9岁的儿童就能对自己回答的正确性做出估计，11岁的儿童

给教师的问题　小学四年级学生要学习2000个词汇，你对记忆的理解对学生在四年级时的词汇学习有何帮助？（答案见第402页）

则能更熟练地看出该删去哪些问题 (Roebers et al., 2009)。有时候，过去的经验与新知识并无直接联系，但总会对新知识的学习有影响。这一点放在讲流利双语的儿童身上　尤其正确，他们在说话的时候必须说一种语言，抑制另一种语言。他们在控制进程上的优势不但体现在语言上，而且体现在更抽象的控制手段上 (Bialystok, 2010)。

批判性思考

球滚了下去

元认知需要教吗？还是等儿童长大了能自然形成？这一问题成了几十年来的研究焦点（Orlich et al., 2009; Pressley & Hilden, 2006）。注重“发现”学习（受皮亚杰启发）和外显学习（来自信息加工观）的很多研究都发现了一些文化差异（维果茨基强调的）。

答案取决于文化的目标和方法。有些文化看重专注于单一任务，有些文化注重同时执行多个任务；有些文化强调显性教学法，有些文化强调借助观察进行内隐学习。后者的效率不一定低，一位研究者指出，“当学习取决于对进行中的事件进行观察时，自发地注意可能是重要的”(Correa-Chavez et al., 2005, p. 665)，前面介绍的制作玩具的研究可以证明这一点(Silva et al., 2010)。

为了验证指导的作用，一项研究让儿童学习在一项客观的科学实验中同时控制几个相关变量并测量其中一个变量（Klahr & Nigam, 2004）。研究者给112名小学三年级和四年级的学生演示两个球从几个坡道上滚下去的装置（见图12.2）。其中有四个变量：球是高尔夫球或橡胶球，斜坡较陡或较缓，坡道平滑或粗糙，下坡长或短。

先让儿童自己设计四个实验：两个用于确定下坡距离的影响，两个用于确定坡道陡与缓的影响。在112个儿童中，只有8人设计的实验对变量进行了控制。不控制变量，就无法得出正确的结果（变量组合不恰当）。例如，儿童设计的实验是，先用高尔夫球滚下一个缓坡，再用橡胶球滚下陡坡，结果什么也搞不清。

把其余不能自发地控制变量的104个儿童分为两组。一组被告知要自己设计实验；另一组得到了明确的指导，让他们看两个演示实验，然后研究者问儿童，演示的两个实验能否“肯定地说明”一个特定的变量影响了球的滚动距离。在每个儿童做出了回答之后，研究者解释了正确的答案，并强调了一次只检验单一变量的重要性。

然后，让这104个儿童像原来一样，重新设计四个实验。在得到了直接指导的52个儿童中，有40人正确地对变量加以分离；而在自己探索的52个儿童中，只有12人做出正确的分离。一周以后，对儿童是否真正学会了控制变量的重要性进行了评价，研究者让那些看来已经理解了这一问题的儿童（40个加12个）检查两份假装是11岁儿童制作的科学海报，并问他们这些海报的制作者是否“有充分的资格参加州里的科学博览会”，并做出评论。接受过指导的40个学生和12个通过发现来学习的学生都以恰当的方式对这两份海报做出了评价。这项研究显示，如果有教师的积极参与，学生是可以学会这些方法的。这与

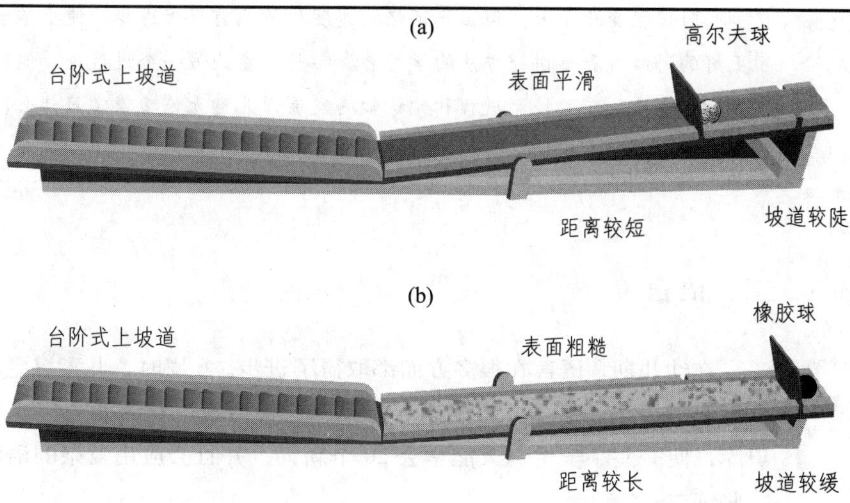

图 12.2

设计了一个令人困惑的实验　有两个坡道，儿童可以选择坡道的陡缓、坡道光滑与否、坡道的长度以及球的种类。这个令人困惑的实验对两种情形进行了比较：(a) 高尔夫球沿着较陡、较平滑、较短的坡道滚下去；(b) 橡胶球沿着较缓、较粗糙、较长的坡道滚下去。

据 Klahr & Nigam, 2004.

信息加工理论所预测的结果完全相同。

当然，科学认识不只包括对变量的理解：它意味着可以对结论进行质疑，并且能意识到答案是可以改变的。儿童是怎样形成这种能力的？是像皮亚杰所期望的那样通过发现和经验，还是像信息加工理论所说的，通过明确的指导——这是教育者密切关注的问题。此外，对生活进行逻辑性的批判思考对科学工作者也非常重要，但是这些也可能取决于文化：在有些社会，提问、批判和怀疑可能会受阻。理解人的发展可能会有所帮助。正如一位专家所说的：

> “发展学家可能会帮助人们了解哪些东西需要发展，并描绘其发展过程，甚至从中得到启发，探讨其中的机制。”
>
> (Kuhn, 2009, p. 115)

什么样的经验能帮助儿童学习？答案是不同的。在教儿童元认知技能的问题上，无论观点如何，维果茨基都会问：“你的个人经验和文化传统会怎样影响你的回答？”

小　结

所有认知理论都认为，小学生是热切的学习者，他们能在已有的知识基础上主动地学习。皮亚杰强调儿童自己的逻辑思维，具体运算思维使他们能理解分类和传递推理。由维果茨基和社会文化流派激发的研究揭示，文化差异可能有强大的影响，具体的指导方式和实践经验会因背景的不同而不同。每个儿童都在本地文化的指导下学会了不同的技能。

信息加工理论强调思维的多种成分，这些成分在小学期得到了发展。小学期的感觉记

>>回答教师（问题见第 400 页） 对这一年龄的儿童可以借助形成工作记忆和长时记忆之间的联结，教给他们一些记忆方法。你可以把一个词汇表分成一组一组的单词，根据词根、与儿童现有知识的联系或应用来分组，也可以按首字母和音韵来分组。积极的社会学习也有帮助；也许可以每天都让儿童在小组内编一个含有 15 个新词的故事。

忆和长时记忆变化不大，但工作记忆的速度和效能有很大进步，使小学生随着成熟而变成了更好的思维者和更讲究方法的学习者。年长儿童的另一个进展是，他们形成了一个容量很大的知识库。随着控制进程和元认知的发展，儿童无论希望学习什么，都能对自己的心理加以指导。■

二、语言

在幼儿期，语言在很多方面都取得了进步。6 岁时，儿童已经掌握了母语的基本词汇和语法。很多儿童能流利地说第二种语言。双语能力形成了一个强大的知识库，使一些小学生每天能学会 20 个新词，并且会应用复杂的语法规则。下面是一些细节。

（一）词汇

6 岁时，儿童知道几千种东西的名字，他们会使用多种词性的单词——形容词、副词、名词和动词。如皮亚杰所说，他们变得越来越灵活和富于逻辑性了；他们能理解前缀、后缀、复合词、短语和修饰语。例如，2 岁儿童知道鸡蛋，而 10 岁儿童儿还知道鸡蛋色拉、蛋花汤和刚进来的那个家伙是颗臭鸡蛋（讨厌的人）。他们知道这里说的每一种东西都和鸡蛋有关，但是和冰箱里的鸡蛋都不同。

1．对隐喻的理解

隐喻、笑话和双关语是儿童最后学会理解的。有些笑话（例如，“什么东西是黑、白、红相间的？”“为什么那只鸡要过马路？”[①]）只有小学生才觉得可笑；幼儿不懂这些话为什么能惹别人发笑；青少年会觉得这些笑话蹩脚而老套，而 6—11 岁儿童喜欢双关语、出人意料的回答和隐喻的说法，因为他们新的认知灵活性和社会意识使这些笑话变得很滑稽。如果对隐喻毫无理解，就算儿童的词汇量再大，也会有明显的认知问题 (Thomas et al., 2010)。幽默可以作为一种诊断工具。

很多成人意识不到，对正在学习一种新语言的幼儿和成人来说，理解修饰语有多难。幽默作家詹姆斯・瑟伯 (James Thurber) 回忆道：

> 我小时候的内心世界令人着迷（双关语：被施了魔法）……在这个世界上，生意人给自己老婆打电话说，他们被绑在（双关语：全神贯注）办公室转椅上动弹不得，大概嘴也被塞住（双关语：呕吐），不能说话，除非出现奇迹才能打电话……然后，有个人在阴云密布中（双关语：心情不高兴地）离开小镇。我时而看到他全身被云包围（双关语：专心致志），

[①] 答案分别是“害羞的斑马”和“因为要到马路的另一边”。——译著注

若隐若现（双关语：变成隐身人）……时而看到有个像沙发大小的东西漂浮在他头上，他走到哪儿，就跟到哪儿……（我记得）有个老太太总是悬在半空（双关语：一筹莫展），她丈夫似乎不能把脚放下来（双关语：固执己见），一个人在着火时丢掉了脑袋（双关语：丧失了理智），却还能大叫着从家里跑了出来。

(Thurber, 1999, p. 40)[①]

家庭作业 这不是老师和学生，而是父亲和女儿，父亲为他 7 岁女儿的科学项目感到激动。如果女孩像她看上去那样充满好奇，她的父亲就既是老师，也是父亲。儿童学习的大多数词汇来自家人和朋友，而不是课堂。

之所以困难，在一定程度上是因为隐喻具有特殊背景。一位在中国生活了几十年的美国人写过一本书，讨论了很多文化差异，其中提到了美国儿童很熟悉而来自其他文化的儿童不熟悉的一些棒球短语。如果老师想让全班同学集中注意，并说，“Keep your eye on the ball（请集中注意力）”，一些移民儿童就可能听不懂。

2. 使词汇适应背景

小学期语言的一个重大进步表现在**语用**上，即语言的实际应用方面，它包括与来自不同背景的听者沟通时调整表达方式的能力。语言学家在比较儿童跟朋友的非正式谈话和跟老师的正式谈话时，明显地发现了这种能力。当儿童掌握语用后，他们就变得更内行了。如果一个 6 岁儿童能很好地运用语用，就能更好地应对社会压力 (Coplan & Weeks, 2009)。

语用 (pragmatics)：语言的实际应用，包括根据听者和背景调整语言沟通方式的能力。

掌握语用使儿童能根据听者的不同而变化其言语表达方式，或对其进行“编码”。每次编码都包含语言的很多方面，如声调、语音、体语、句子长度、成语、词汇和语法。有时，转换发生在正式编码（用于学术背景中）和非正式编码（用于朋友中）之间；有时发生在标准（或正式）用语和方言或土语之间。很多儿童会用代码编辑短消息，例如，数字（233）、缩略语（LOL）和表情符号（^_^）。

给父母的问题 某一天，你已累得筋疲力尽了，但还要去超市购物。你 7 岁的儿子想跟你一起去。你该不该跟他说，这次你想单独去超市，快速采购？（答案见第 404 页）

当儿童在家里说一种语言，在学校说另一种语言时，编码的变化很明显。每个国家都有很多这样的儿童；在全世界的 6000 多种语言中，多数都不是学校通用语言。例如，英语在澳大利亚是教学语言，但是有 17% 的儿童在家里讲其他 246 种语言中的一种 (Centre for Community Child Health, 2009)。在美国，估计有 1/5 的小学生在家里不说英语；其中只有一半儿童的英语说得很好 (Passel, 2011)。此外，一些儿童在家里讲英语方言，这些方言与学校里教的发音和语法很不相同。所有这些转换编码都有不同的重音和词汇模式等。

---

① 括号里的双关语为译者所加。——译者注

学习英语者（English Language Learners, ELLs）：指美国那些不精通英语的儿童——他们的口语或书面测验通常不及格。之所以用这个术语取代“作为第二语言的英语”，是因为很多在家里主要说非英语的儿童也能说英语；他们不是学习英语者。

每个族群都有一些儿童基于他们熟练的英语而被称为**学习英语者**。在西班牙裔美国儿童中，英语说得好的儿童比英语较差的儿童有更好的阅读成绩，但他们的阅读成绩也低于一般的欧裔美国儿童 (Garcia & Miller, 2008)。其原因可能在于文化，因为他们的学习方式可能和老师的方式不同，即使他们的英语说得很熟练。

（二）语言学习的差异

学会用学校语言来说话、阅读、写作，对学习成绩来说非常重要，它是小学教育的基础。儿童使用学校语言的好坏差别很大。有些差异可能是与生俱来的：一个有语言障碍的儿童的学校语言和家庭语言都说得不好。但是儿童之间的语言差别大多来自文化背景，尤其是家庭收入和父母期望这两个因素。

1．家庭贫困

对世界各地长达几十年的研究发现，学习成绩和社会经济地位之间存在高相关。语言是个主要原因。来自低社会经济地位家庭的儿童不仅词汇量优先，而且所用的语法也比较简单，而且他们的句子比较短 (Hart & Risley, 1995; E. Hoff, 2006)。他们的说话、阅读、其他学科的成绩都落后于别人，就连脑电信号语言也较弱 (Hackman & Farah, 2009)。

信息加工观点关注可能影响大脑和学习能力的诸多因素。可能的原因很多，包括父母教养不足、铅中毒、不吃早饭、家庭过于拥挤、家里书籍很少、未成年就为人父母、专制型教养方式、缺乏经验的教师……还可以列出更多。所有这些与低社会经济地位及学习成绩差都有相关，但是其中没有一种被证明是小学期成绩差的主要原因（不只是相关）。

>>**回答父母（问题见第403页）** 你儿子会理解你的理由，但是如果你可以带他去并且不失去耐心，就应该带他去。你不会忽视他对食品和药品的需要；也不要忽视他对学习的需要。在购物时，你可以教他很多词汇（他知道辣椒、意大利辣香肠和玉米片粥吗？）、类别（“块根蔬菜”“淡水鱼”），还有数学（多大盒子装的谷类更便宜？）。事先讲好，他必须帮你找到一样东西并拿给你，而且他只能选一种你没打算买的东西给他。7岁的孩子已能理解规则，也乐意帮助别人。

但是，有三个因素确有因果关系。一个是早期接触的词汇少。和念过大学的父母不同，念书少的父母不能在孩子的婴幼儿期提供丰富多样的语言。例如，文化程度低于中学毕业的母亲每天给2岁孩子读书的只占24%；相比之下，在拥有大学学士学位的母亲中，这一比例为70% (National Center for Education Statistics, 2009)（见图12.3）。

第一章曾经讲过，读书不但是让儿童多接触语言的途径（有些家庭从不给孩子读书，但会和孩子一起谈论孩子感兴趣的事情），而且在美国，读书还标志着一个儿童能获得多少口语输入。让孩子接触语言的另一办法是给孩子唱歌，但不只是几首歌，而是大量歌曲。最理想的是，父母每天都给每个孩子读书和唱歌，同时教他们有关各种活动的丰富词汇（如对幼儿说“我们走的是崎岖不平的鹅卵石路。看那朵枯萎的玫瑰，它是红的、洋红色的还是栗色的？看那辆大卡车，有6个大轮胎——它为什么有这么多轮胎呢？”）。

2．期望

很多国家的研究发现，小学生成绩差的第二个原因是教师和父母的期望不恰当 (Melhuish et al., 2008; Phillipson & Phillipson, 2007; Rosenthal, 1991; Rubie-Davies,2007)。期望还和另一个因素有关：成人是否会教儿童一些高级的词汇和概

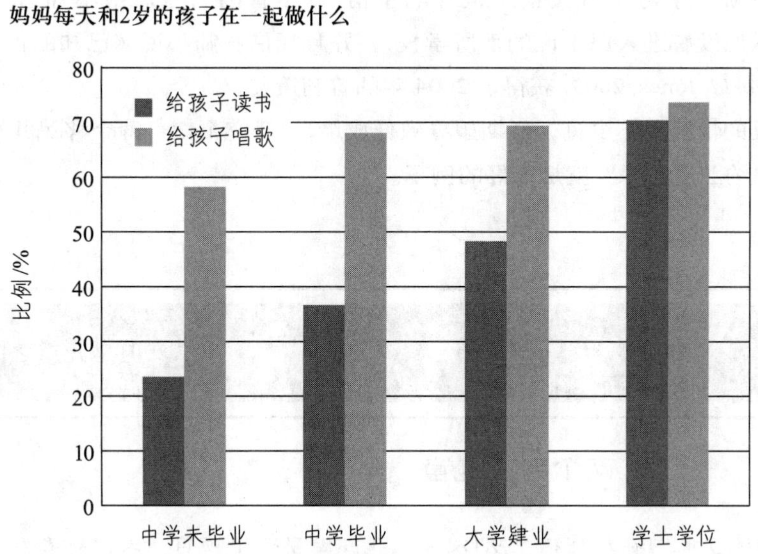

图 12.3

是红鱼还是蓝鱼 多数妈妈会给她们的孩子唱歌，但是受过大学教育的母亲更清楚读书的重要性。就连知道怎样给书翻页或是听到了新的词语组合（小鱼和小车）都和以后的阅读能力相关。

据 National Cenler for Education Slalislics, 2009.

念，尤其是作为今后学习基础的那些词汇，如“协商”“进化”“呼吸”“主张”和“赤字”(Snow et al., 2007)。

国际学习成绩测验分数（后面会讨论）表明，家庭收入差距、学校资源和学生成绩的差异在一些国家比在另一些国家大得多。美国差距最大的一个分数是最低收入家庭的四年级学生的阅读成绩比全国平均分低 35 分。在所研究的 40 个国家里，这一差距的平均分为 23 分，而多数欧洲国家的这一差距分更低（如法国为 11 分）。其原因被认为是一些地方的学校系统对儿童的期望太低，他们强调纪律，而不是迎接学习上的挑战。

琼斯 (E. P. Jones) 是这一社会经济地位趋势的一个例外，他成长在一个贫穷的家庭，由他不识字的单身母亲养大，但她对儿子有很高的期望。琼斯写道：

> 在好多个我能记得的星期天，也许甚至是我还在娘胎里的星期天，我母亲都会指着通向西顿（学校所在地）的那条街给我看，就像我们每个星期天都要去卡梅尔山一样。她说：“你总有一天要去那儿，学习有关整个世界的事情。”
>
> (E. P. Jones, 1992/2003, p. 29)

他的确“学习了有关整个世界的事情”（尽管因为他母亲不知道什么是校区，所以他没有进入原来说的那所学校），并且凭借长篇小说《已知的世界》(*The Known World*; Jones, 2003) 获得了 2004 年的普利策奖。

相反的情况也不少见。低期望导致低成绩，“研究个案：两个移民儿童”专栏里描述的约兰达和保罗就是很好的例子。

研 究 个 案

两个移民儿童

两个墨西哥裔美国儿童描述了他们在加利福尼亚的当地公立学校的经历。

约兰达：

“当我（7 岁时从墨西哥来）到那儿（学校）的时候，我根本不想待在这里（美国），因为我不喜欢那所学校。过了一段时间，三年级的时候，我开始知道了学校的很多事情，并且真的努力了。我真的跟着老师们一起学了……他们开始跟我谈话，他们有点像拉着我往上提高分数，把我推向下一年级，或带着我去什么地方。而且他们总是会向我祝贺。”

保罗：

“我长大了……被迫去学校，马上就遇到了麻烦，试图得到一块钱，那是什么，你知道吗？就是上学路上从商贩那里偷东西，再把偷来的糖果在学校卖掉。那就是我三年级和四年级时干的事情……我经常被带到校长办公室，被停课，被逐出学校，这些都是从三年级开始的。”

我五年级的老师是尼尔森女士，她让我参与了一出戏剧。为什么你愿意让我参与呢？我当时只是个坏小子。但是她还是让我参与了。整个五年级，我觉得那是小学六年当中最好的一年。我学习了革命战争……好多东西……我交了很多好朋友……我们做了一个项目，大家都参加了。尼尔森女士……参与了每个人的事情。我们写了书，这样那样的书。我也写了，而且写了两三本书……她真正深入你的内心。你知道，就像在说，‘加油，你肯定行！’那对我来说是美好的一年，五年级。”

（引自 Nieto, 2000, pp. 220, 249)

值得注意的是，约兰达起初因为不喜欢学校而不喜欢美国，但是她的老师“有点像拉着我往上走”。三年级的时候，她开始“知道了学校的很多事情”。对保罗来说，学校是贩卖偷来的糖果的地方，他上三年级时的老师经常把他送到校长室，校长则会停他的课。尼尔森女士教的五年级是“愉快的一年”，但这已经太晚了——他已经知道他“是个坏小子”了。保罗后来被送到特殊学校，有未经核实的文件显示，他在 18 岁时曾经被逮捕和监禁。约兰达变成了讲流利双语的成功女性。

人们可能会说，这是性别差异所致，女孩一般都比男孩在学校表现得更好。但这种说法太简单了：一些在墨西哥出生的男孩在加利福尼亚州的学校也表现良好——这就提出了一个问题：教师对儿童有何影响：三年级的教师应该对保罗做什么？

小结

在小学期，儿童仍在快速地学习语言。他们变得更灵活，更有逻辑性，知识更广博，能够理解新词的意义并领会隐喻、笑话和修饰语。他们会把跟朋友谈话时用的非正式言语经过正式编码后用于学校。他们能学会别人在任何时候教给他们的语法和词汇，他们还掌握了语用，即对朋友、老师或家人说话时调整其语言的实际应用。在教师和同伴的帮助下，千百万的儿童能熟练地讲第二门语言。过去接触的语言环境以及父母的期望可以影响小学生的学习成绩。

三、教学与学习

如上所述，小学生是令人赞叹的学习者，他们学会了各种方法，积累了知识，丰富了语言，并且能使用逻辑思维。纵观历史，无论在世界的哪个角落，小学期的儿童都被赋予了新的责任，接受了新的指导，因为人的身体和大脑在此时都已做好了准备。很久以前，教学是在家里进行的；现在，全世界有 95% 以上的 7 岁儿童都进入了小学，这是他们的父母和政界领袖希望他们去的地方 (Cohen & Malin, 2010)。例如，2010 年，印度通过了一项为所有 6—14 岁儿童提供免费教育的法律（不考虑儿童的种姓和家庭的收入）。现在，印度有一亿多儿童在小学读书。

在同一个社区，和非父母的成人相比，父母对子女所在的学校会给予更好的评价。美国的一项调查 (Snyder & Dillow, 2011) 发现，在全国范围内，对学校的总体评价较低（C–），对本地学校的评价略高（C+），公立学校学生的父母对当地学校的评价更高（B–）。无论学校教小学生什么东西，父母通常都会感到满意。但是，教育者和发展学家就没有这么满意了，原因如下面所述。

（一）各国的小学教育

无论在世界的什么地方，儿童都要学习阅读、写作、算算术。其目的和年龄有关：由于大脑成熟度和必须按部就班地学习，没有一个国家会教 6 岁儿童三位数乘法或大声朗读有多个段落的文字，但是所有国家都希望 10 岁的儿童能做到这些。在下面的“大约在此时”表格中，列出了普遍公认的阅读和数学学习顺序。各个国家还希望儿童成为好公民，尽管在好公民意味着什么或沿着什么发展路径（在什么年龄教什么课程？）才能达到这一目标等问题上，尚无一致意见 (Cohen & Malin, 2010)。

1. 国家间的差异

读写和计算（阅读和数学）是所有地方都看重的，但是课程的很多特点都因国家、社区和学校的不同而不同。这些差异明显体现在国际测验结果中，在学校的学科设置中，以及在父母、教育者和政界领袖的努力中。

大约在此时

阅 读

年龄	标准与期望
4—5 岁	1. 理解书的基本概念，例如，学习英语和其他语言的儿童都知道，书是从前往后写成的，每页要从左往右看，对插图的说明是用字母组成的词。 2. 认识字母——说出所见到的字母名称。 3. 认识和书写自己的名字。
6—7 岁	1. 知道辅音和元音，知道有的有两种发音（如 c，g，o） 2. 使用读音想出单词。 3. 会读简单的单词，如 cat（猫）、sit（坐）、ball（球）、jump（跳）.
8 岁	1. 出声地读简单句子，每分钟读 50 个词，包括两个音节的词。 2. 理解简单的标点符号、辅音和元音的组合。 3. 理解所阅读的东西。
9—10 岁	1. 阅读并理解段落和章节，包括带有较难的标点符号（如冒号）的句子。 2. 回答有关概念和事实的各种问题。 3. 阅读多音节词。
11—12 岁	1. 快速而流利地口头阅读（每分钟超过 100 个单词）。 2. 理解在不同领域有不同含义的词汇，例如在公民教育中，liberties（自由，权利），environment（环境，外界）都有不同含义。 3. 理解不熟悉的主题的段落。 4. 大声读出新词，根据同根词和上下文想出其意义。 5. 把阅读作为一件快乐的事。
13 岁及以上	1. 继续丰富词汇，强调理解胜过言语表达。理解各门课的课本。

阅读是复杂的综合技能，取决于大脑成熟、教育和文化。这里列出的次序只是粗略估计，不能作为对特定儿童进行测量的标准。

大约在此时

数 学

年龄	标准与期望
4—5 岁	1. 数到 20。 2. 理解物品和数字的一一对应关系。 3. 理解多和少。 4. 认识并说出形状。

6—7 岁	1. 数到 100。 2. 理解大小。 3. 会个位数加减法。
8 岁	1. 两位数加减法。 2. 会简单的乘除法。 3. 会做含两个数的文字题。
10 岁	1. 会做多位数的加减乘除。 2. 分数计算、百分数，各种形状的面积和周长。 3. 会做含三个数的文字题。
12 岁	1. 开始使用如公式和代数这样的抽象概念。
数学学习在很大程度上取决于指导和重复练习，这意味着一些儿童比另一些儿童进步得更快。这个表只是一个大概的指导。	

例如第十一章提到的，每天的体育活动在有些学校是强制性的，而另一些学校根本没有。日本的很多学校有游泳池，而非洲和拉丁美洲的学校则几乎没有。地理、音乐和艺术课在有些地方是重要的课程，有些地方则没有这些课程。

国家与国家之间在隐性课程方面的差异更大，**隐性课程**指的是隐性的价值观和思想，它包含在学校生活的各个方面，如课程选择、作息时间、教师特征、纪律、教学方法、体育比赛、学生管理、课外活动，等等。例如，教师的性别、族群或经济背景如果和学生不同，其中的隐性信息可能是教育对这些学生的日常生活是无关的。如果一些学生被安排在天才班，隐性信息就是，他们的学习能力更强，其他学生不能与他们匹敌（见第十一章）。与社会价值观有关的一个隐性信息可能会从学校的物理环境中体现出来，学校可能有宽敞的教室、宽阔的走廊、绿草如茵的大片游戏场地——也可能是狭窄的、设备不全的教室和水泥地面的游戏场地，或者是只能在街道上游戏。在有些国家，学校就在户外，没有桌椅，没有书本，下雨时学校就要停课。

隐性课程 (hidden curriculum)：包含在学习课程和学校学习各方面的非官方、非正式或隐含的规则和优先考虑的事情。

2. 学习第二语言

学校是否应该提供第二语言的教学？应该在什么时候、怎样、给谁提供？这个问题在不同的国家有不同的回答。一些国家在小学就教两种或两种以上语言，但是有些国家的学校只能说主流语言，如果夹杂其他外国词语就要遭受惩罚。

几乎所有欧洲儿童在 10 岁时都能讲两种语言，加拿大儿童也是如此。非洲儿童中那些足够幸运的能上中学的天才儿童往往能说三种语言。在美国，在 11 岁以下的儿童中，只有 5% 在学校教授英语之外的一种语言 (Robelen, 2011)。在美国的初中，几乎所有学生都要花一年或两年的时间学习英语以外的一种语言，但是认知理论认为，这对于有效的语言学习来说已经太晚了。

第二语言的教学方法有很多，其范围从**浸入法**到与之相反的渐入法。浸入法指教学完全沉浸在新语言中，这是美国对那些完全不会说英语的儿童的传统教学

浸入法 (immersion)：一种教学法，学校所有课程都用儿童正在学习的第二语言（通常是主流语言）来讲授。

法。渐入法指在儿童熟悉的第一语言中，把第二语言当作“外国”语言来教。这种方法在美国很少见，但在其他很多国家被普遍采用。处在这两个极端之间的是**双语教育法**，即用两种语言教学，在北美，第一语言非英语的学习英语者被编入一个班级，以集中的纯英语教学，为他们进入正规班级做准备。

双语教育法(bilinguan schooling)：一种教育方法，学校的课程用学生的母语和第二语言（主流语言）来讲授。

第二语言的教学法有时很成功，有时不成功，到底哪种方法最好，研究至今还没有明确的结论 (Gandara & Rumberger, 2009)。任何一种方法的成功都取决于家庭的读写环境（频繁用任何语言读、写、听均有帮助）、国家的文化以及教师的和蔼可亲、训练和技能。在一些学校，所有教师都懂双语，有些学校则没有教师懂双语——儿童很快就能领会这种隐性课程。有的学生会用不努力学习或放弃学业对学校文化做出反应。

认知研究无可置疑地证明，如果教得合理并且按部就班，小学儿童能够学习第二语言，同时能够保持自己的母语，但学习效果的好坏取决于很多因素，如社会经济地位、家庭的族群理论、父母期望以及国家的政策。

3. 国际测验

在过去的20年间，有50多个国家或地区参加了至少一项大范围的国际教育成就测验。追踪数据显示，哪个国家或地区的学习成绩提高了，哪个国家或地区的经济也有所发展——这看来是因果关系而不仅是相关关系 (Hanushek & Woessmann, 2009)。可能的原因是，受过更好教育的成人能成为更有成效的员工。在这里，我们主要来讨论所测验的年龄最小的儿童（四年级学生）的结果。

数学与科学学习趋向测验，考察的是科学和数学的学习成绩。东亚国家或地区在每次测验中的成绩都处于最顶端。例如，新加坡全国10岁儿童的平均成绩比美国成绩最好的前5%的学生的成绩还要高 (Mullis et al., 2008)。

数学与科学学习趋向(Trends in Math and Science Study, TIMSS)：一项对四年级学生数学与科学技能的国际评价测验。这项测验非常有用，但国家或地区间的分数差异有时不具可比性，因为样本选择、测验实施和内容效度很难统一。

国际阅读与写作能力研究项目，主要测查了阅读能力。近期发表的研究 (Mullis et al., 2007) 显示，加拿大西部省份的儿童成绩接近最高成绩，美国的成绩在各组（多数组表示国家，个别组不是指国家，如加拿大的省份）中排在第15～45百分位。俄罗斯的分数第一，高于5年前的第16名，原因可能是俄罗斯小学低年级教育的巨大变化。东亚只有两个组参加了这一测验，即中国香港和新加坡，这两个地方都用英语教学，其排名在所有国家或地区中位列第二和第四。非洲和中东国家或地区的分数较低，其整体阅读技能低于亚洲人的平均成绩。

国际阅读与写作能力研究项目(Progress in International Reading Literacy Study, PIRLS)：从2001年开始，持续5年的关于四年级学生阅读能力的国际趋向研究。

4. 国际基准线存在的问题

精心设计和内容广泛使得国际数学与科学学习趋向测验和国际阅读与写作能力研究项目堪称有效的测量。认真设计的测验项目更加公平且不受文化或全地区影响；参加测验的儿童有男有女，来自各种收入和各个地区的家庭能够代表全国儿童。把参加测验的儿童的成绩与同年龄的其他小学生做比较，结果得到各国大多数社会科学工作者的承认。但是研究者也承认，由于文化和历史差异，做到绝对公平是不可能的。

测验项目的设计非常困难。例如，应该期望四年级学生理解分数、图形和简单的几何知识，还是只应该聚焦于基本的数字运算？一旦对这些基本问题做出决定，一些项目就难免带有文化偏差。四年级数学测验的一道题是这样的：

> 阿尔想知道他的猫有多重。他先称了自己的体重，看到秤上显示57kg。然后他抱着他的猫站到秤上，看到秤上显示62kg。他的猫重多少kg?
>
> 答案：______kg

这道题只需用到简单的减法。但是美国四年级小学生有40%会答错。是他们不会用62减去57，还不理解题意，还是对千克的缩写感到困惑，因为和多数国家不同，他们对磅更熟悉？在这道题上，也门的成绩最差，有95%的儿童答错。这是因为他们大多没有宠物猫，还是因为他们从来没有在秤上给自己称过体重？

5. 学习成绩的性别差异

除了明显的国家或地区间、族群间和经济条件间的差异以外，研究者还报告了成绩分数的性别差异。国际阅读与写作能力研究项目发现，所有国家的女孩在言语技能上都优于男孩。从传统上来看，男孩在数学与科学上的成绩领先于女孩。

国际数学与科学学习趋向测验发现，数学测验中的性别差异已经在缩窄或消失。男孩的总体平均分略高于女孩（10分），美国的这一差异更小（6分），女孩成绩高于男孩的有四个国家（俄罗斯、新加坡、阿尔及利亚和伊朗）(Gonzales et al., 2009)。这些结果导致了一个性别相似性假设，即男性和女性在大多数测验中的成绩都是相似的，只有“微不足道的”例外 (Hyde et al., 2008, p. 494)。

在几乎所有国家或地区，都显示出了课堂学习的性别差异。女孩的成绩，包括数学与科学，在整体上高于男孩。但是到了青春期，女孩的成绩会下滑，尤其是在科学方面。人们对这一现象的很多原因进行了分析。其中之一是，女孩的生理成熟较早，所以年幼的女孩比较容易坐在座位上专心听讲。当她们比男孩更早地进入青春期后，学习成绩就会下降，因为她们认为，如果她们显得不太聪明，男孩会更喜欢她们。

另一种解释是，由于社会偏见，人们喜欢年轻女孩胜过年轻女人。由于多数小学教师都是女性，低年级小学女生可能觉得（或者就是如此）自己会受到了更多的鼓励。此后，当女孩开始准备承担成人的角色时，她们会寻求女性特有的技能和职业，比如办公室助理，而不是工程师或物理学家 (Weisgram et al., 2010)。由于这个原因，她们学习各个科学学科的动机会减弱。

（二）美国的小学教育

虽然美国国内的一些测验发现美国儿童的成绩有所提高，但是和其他国家或地区相比，美国儿童从1990年到2010年提高得并不多。此外，在四年级学生中，欧裔、拉丁裔和非裔美国儿童之间的差异很大，仍然与多年前一样（见表12.2)，这引起了政界和教育界很多领导人的惊愕。

表 12.2 数学与科学学习趋向测验中 2007 年四年级数学平均分及排名

排名 *	国家或地区	分数	排名 *	国家或地区	分数
1	中国香港	667	12	德国	525
2	新加坡	599		丹麦	523
3	中国台湾	576		加拿大魁北克	519
4	日本	568		澳大利亚	516
5	哈萨克斯坦	549		匈牙利	516
6	俄罗斯联邦	544		加拿大安大略	512
7	英格兰	541		意大利	507
8	拉脱维亚	537		新西兰	492
9	荷兰	535		伊朗	402
10	美国	531		哥伦比亚	355
11	立陶宛	530		也门	224

* 前 12 个国家或地区是按顺序排列的，12 名以后的国家或地区并非其所有行政区都参加了测验。一些国家或地区在过去的 15 年里取得了进步（进步显著的有中国香港和英格兰），有的国家或地区有退步（澳大利亚和荷兰），多数的水平无变化。

据 TIMSS 2007 International Mathematics Report (Mullis et al., 2008).

1. 国家标准

《不让一个儿童掉队法案》(No Child Left Behind Act)：美国于 2001 年颁布的一部法律，要求各州使用联邦教育基金举行标准化测验来考察学生的学校成绩，以此来增强对教育的责任感。

国家或地区间比较和国内差异导致了 2001 年颁布的**《不让一个儿童掉队法案》**，这是旨在提高公立学校的国家标准的联邦法律。关于这部法律，一个有争议的问题是，必须频繁进行测验，来考察儿童是否达到了这些标准。分数低的学校将得不到经费并可能被关闭。这造成了一种令人遗憾的结果，那些成绩中等的儿童被迫尽力达到标准，成绩很高的儿童却被忽视了，因为他们即使无人帮助也能做得足够好。成绩特别差的儿童也可能被忽视，因为他们永远达不到标准。

很多父母和教师赞同《不让一个儿童掉队法案》的目标（责任感和提高成绩），但是不赞同其策略。最强烈的反面意见大致相同——都指向那些完全相同的科学问题 (Hanushek, 2009; Koretz, 2009)。该法案给那些重视艺术、社会研究或体育课的人带来了困扰，因为阅读和数学获得了优先地位，这些科目则会被挤压。另外，对测验和测验的实施也有不同意见。

教育进步国家级评价 (National Assessment of Educational Progress, NAEP)：一项正在进行中的美国全国代表性测量，随着时间的推移，对儿童的阅读、数学和其他学科成绩进行测验，人们称之为“国家级报告卡”。

很多州编制了成就测验，使本州的多数学校取得了进步（以此获得联邦基金）。联邦赞助的测验称为**教育进步国家级评价**，测量的是阅读、数学和其他学科的成绩。一些评论家认为，国家级测验比州一级测验效果更好 (Applegate et al., 2009)，得出这一结论的原因是，在教育进步国家测验中，很少有儿童获得“精通者”称号。

对州一级测验和标准的反对意见导致所有50个州的州长们组建了一个专家组，找出测验标准的统一核心，这一工作已于2010年完成，可以在全国使用。这些标准比多数州级标准更高，更明确，包含对每一年级、每一学科的五六个或更多的特殊期望（表12.3列出了这些特殊标准的样例）。在2011年，这个统一核心已被45个州采用。

表12.3 统一核心：每年级的样例项

年级	阅读与写作	数学
幼儿园大班	掌握所有辅音的基本发音	知道数的名称并且能按顺序读出来
一年级	阅读时能正确拼写单音节词	加减法口算（说出2加2等于几）
二年级	阅读时正确使用带前缀和后缀的词	用两种不同的长度单位，两次测量一个物体的长度，说出两次测量结果与所选择的单位大小的关系
三年级	阅读时使用多音节词	理解一个未知数在除法中的作用；例如，通过想出什么数乘以8得32，想出32除以8等于几
四年级	掌握字母发音、音节类型和词法（词根和前后缀）的综合知识，在上下文中和离开上下文的情况下准确读出多音节生词	使用并且延伸原来对乘法的理解，会用一个整数乘以一个分数
五年级	在同伴和成人的指导和帮助下，掌握并提高写作能力，并将其用于做计划、复习、编辑或尝试使用一种新方法	会在水平坐标线上描点来解决现实生活和数学中的问题

据 National Governor's Association, 2010.

2. 阅读大战、数学大战与认知理论

为了更好地理解为什么教育者要寻求一个统一标准，来看最近关于阅读和数学教学的争论。教育者现在正在打一场疲劳战，他们不再为课程的具体特点而争吵。

关于阅读教学的不同意见导致了“严重的、甚至尖刻的辩论，称之为‘阅读大战’并不为过”(Keogh, 2004, p. 93)。辩论的一方是**语音法**的拥护者（重视字母拼写与正确发音的教学法），另一方是**整体语言法**的拥护者（提倡教儿童完整的语言——谈话、倾听、阅读和写作）。

语音法 (phonics approach)：先教每个字母发音，再教各种字母组合发音的阅读教学法。

整体语言法 (whole-language approach)：鼓励从开始就应用所有语言技能——谈话和倾听、阅读和写作——的阅读教学法。

语音法认为，字母和发音对阅读至关重要，如果不掌握字母和发音，儿童会在阅读时出错，受到挫折，并且失败。如果家庭没有帮孩子做阅读准备，这一方法尤显重要。一位评论者指出，“以儿童为中心的、违反学习规律的”方法不能教给儿童阅读基础，使儿童在缺乏明确标准和基础的情况下显得很无助 (Hirsch, 2008, p. 9)。一些教育家认为，阅读基础就包括字母拼读。

整体语言法的支持者以自己主张“以儿童为中心”而自豪。他们反驳说，对儿童进行字母拼读训练会损害动机，降低理解力，导致10岁儿童不想学习，造成“四年级下坡”。整体语言法的教育者让儿童自己选择书籍和主题，鼓励儿童读他们自己的故事并互相交流，鼓励儿童在他们的最近发展区内学习。

另一场战斗在数学领域爆发。一项报告说，“美国的数学教学在众所周知的‘数学大战’的教育学火焰中已被烧得焦头烂额，这场大战的一方认为，必须大力强调数学的基本技能，另一方则认为，学生缺的是对数学概念的广泛理解(Cavanagh, 2005, p. 1)。

在历史上，美国儿童要记忆各种数学要素，如乘法表，在学习本上做一页一页的题目。为了应对这种方法，很多教育者受皮亚杰和维果茨基的启发，努力把数学教学变得更主动，更具参与性——轻视记忆而重视发现。儿童用积木块或小卡片做加减法，让小学生学习代数，因为他们喜欢未知数 x 和 y 的神秘性。好奇心、发现、同伴合作取代了对大量公式或事实的记忆。

本章前面讲到，信息加工是一种新的认知研究法，它强调学习步步为营的次序。看起来它支持明确而有次序的标准，如字母拼读和数的事实。发起全国性和国际测验，制订统一的核心标准，似乎也是信息加工研究法的结果。在判定当前的认知理论究竟站在哪一方之前，我们应该记住，所有儿童都是令人赞叹的学习者，每个儿童都有特殊的学习需要。

3. 什么人决定着教育实践？

对这两场论战、对隐性课程以及对国家或地区间差异来说，一个基本问题是，父母的选择起着怎样的作用。多数国家或地区重视公立教育——包括课程、教育经费、教师培训等——都由中央政府来决定。与此不同，美国的教育经费和教育方针大多由当地政府提供。父母会通过以下方式对教育产生影响，他们与孩子的老师沟通，积极参加家长－教师协会，把孩子转到特定的校区读书等。此外，只有大约1/3的美国父母把孩子送到了本地校区的公立学校读书。越来越多的家长给孩子选择特许公立学校、私立学校或在家上学。

给学校管理者的问题 在学校穿校服的儿童通常会在阅读测验中得到较高的分数。为什么？（答案见第415页）

特许学校 (charter school)： 一种可以自行设定标准的公立学校，由州政府或所在地政府提供经费和执照。

特许学校是公立学校，学生可免费入学，由各州或本地政府提供经费并授予执照。它们一般也接受私人捐款和赞助。特许学校可以免受一些规定的约束，尤其是一些联合会组织协商签订的合同规定，这类学校对学生入学和开除学生有所控制。出于这个原因，特许学校往往有更多的种族隔离问题，并且很少接纳有特殊需要的儿童。在一般情况下，特许学校的教师比较年轻，工作时间较长，学校规模小于传统公立学校。

一些特许学校办学比较成功，有些并不成功。对特许学校的主要批评意见是，不是每个儿童都能在这种学校读到毕业的。一位研究者指出，“非裔美国男生的辍学率高得令人咂舌 (Miron, quoted in Zehr, 2011, p. 24)。从整体看，离开特许学校的师生要多于离开本校区公立学校的师生，但是由于教师和父母已经选择了特许学校，他们可能会再度选择这类学校，如果他们的期望未得到满足，才会离开。

私立学校的办学经费来自学费、基金会和教堂捐款。美国过去的多数私立学校是由天主教堂开办的，对信教学生进行教育。学费相对较少，因为很多教师是薪酬甚少的修女。过去几十年，很多天主教学校已经关闭，但是独立的私立学校的数量在增多。

私立学校 (private school)：由学费、基金会、宗教或其他非营利组织提供经费的学校。

美国一些地方政府实行**教育券**制度，父母可以用教育券付给私立学校部分或全部学费。这种做法是有争议的，不仅因为它减少了公立学校的经费和生源，而且因为一些家庭用教育券选择教堂捐助的学校，这就破坏了教堂与政府分离的原则。支持者则认为，教育券制度增强了竞争并且对各种学校，包括公立和私立学校都有促进。

教育券 (voucher)：可以给非公立学校交学费的政府补助金。各地的教育券制度差别很大，不仅体现在数额和可用性上，而且体现在限制条件上，如什么人可以得到教育券，哪些学校可以接受教育券等。

在家上学指的是父母决定不让孩子上公立和私立学校，而让孩子在家接受教育。选择这种方式的人数越来越多，但仍然只有少数儿童，大约占 1/35。在家上学在有些国家是违法的，但是在美国合法，当局为在家上学儿童必须学习的内容制订标准，但是允许家庭决定课程、作息时间和纪律规定。在家上学的主要问题不在学习上（有些儿童可在成绩测验中得高分），而在社会性方面，因为这些儿童失去了和班级的社交互动。为了弥补这一缺陷，很多在家上学的儿童的父母给孩子安排了与其他在家上学的儿童的社交互动。

在家上学 (home schooling)：儿童在家里接受教育，通常是由父母来教学。

在一些问题上，研究结果与父母情感发生了冲突。例如，规模小的班级和晚上的家庭作业对家长更有吸引力，但对儿童的好处并不大。在国际测验中分数高的国家或地区里，有的生师比很高（韩国平均为 28∶1），有的生师比较低（芬兰为 14∶1，与美国相似）；不做家庭作业的四年级学生的测验成绩有时高于做家庭作业的学生 (Snyder & Dillow, 2010)。这些研究数据显示，对儿童学习的好坏来说，班级规模和家庭作业并不是关键因素，但是其他解释也可能有道理。

导致很多争论的还有另一个问题：应该由谁来决定儿童学什么，怎么学？每个发展理论可能对教学与学习提出不同的建议 (Farrar & Al-Qatawneh, 2010)，但是没有一种理论会只认可一种课程而排斥其他课程。父母、政治家和发展专家都赞同一些儿童比另一些儿童学得更多，一些教师的教学技能比另一些教师更强，但是家长们对课程——无论隐性课程还是显性课程，却意见纷纭。

对此还需要做更多的定量和定性研究。由 19 位专业人员组成的一个研究组试图查明最适合美国的数学课程，他们回顾了 16 000 项研究，但是“发现严重缺乏能够使我们得出结论的具有可靠测量和严谨设计的研究”(Faulkner, quoted in Mervis, 2008, p. 1605)。无独有偶，一篇关于在家上学、特许学校和教育券制度的综述文章抱怨“关于这一课程的研究文献很难加以解读，多数有偏差，远远达不到社会科学所要求的平衡性”(Boyd, 2007, p. 7)。相同的抱怨还可以用在对阅读和数学论战、关于测验实施与标准、关于班级规模与家庭作业结果的争论中：所以这些问题只能从大规模的、严格控制的研究中得到解决。

>>回答学校管理者（问题见第 414 页） 这种关系是相关关系，不是因果关系。如果校园文化强调学习成绩和努力学习，课堂纪律严格，对破坏纪律的学生给予开除处分，那么，穿校服就比较普遍。

幸好，这样的一些研究正在进行中，即便和十年前比较，全国性和国际性的研究与资料也明显增多。小学生是令人赞叹的学习者：只要科学研究的优点和弱点被人们所理解，父母和其他所有人就应该知道，怎样对他们进行教育是最好的。

小　结

世界各国都意识到，小学生是充满渴望的学习者，公民教育是经济发展的关键条件，这导致入学率的增加：全世界95%的儿童都在各类学校读过至少几年书。在教儿童什么和怎样教方面，不同的学校也不同，国际测验表明，在教育年轻人方面，一些国家或地区远比另一些国家或地区做得好。测验分数，教育的性质与内容带来了思想意识与政治上的不同倾向：这表现在阅读论战、数学论战以及关于显性课程与隐性课程等多方面的问题中。研究发现，直接指导是有用的，包括语音、数学符号和计算过程、词汇、语法和第二语言学习等多方面。同样重要的还有动机、自豪感和社交互动。小学生是令人赞叹的学习者，但他们不能学习所有东西。成人必须对具体的内容做出决定。■

本章总结

一、小学期的认知理论

1. 根据皮亚杰的理论，小学期是具体运算思维阶段，自我中心主义逐渐减弱，逻辑思维逐渐开始。小学生能够理解分类和守恒，并学会传递推理。
2. 维果茨基强调学习的社会背景，包括学校的特殊课程以及向同伴和成人学习。文化不但影响儿童学什么，而且影响儿童怎样学。
3. 信息加工方法以计算机为模型，考察从输入到输出的思维过程的每个步骤。这种方法对了解记忆、知觉和表达很有成效。
4. 记忆开始于信息从感官到达大脑的时刻。然后，对信息的选择和过去经验使一些信息进入工作记忆。最后，长时记忆把图像与观点无限期地保存，并在需要时被提取出来。
5. 丰富的知识库、合理的提取方法和更快的加工速度使小学期儿童的记忆和认知得到全面促进。控制进程至关重要。由于前额叶皮层的成熟，儿童在控制并指导自己的思维方面做得更好。在整个小学期及以后时期，元认知逐渐得到发展。

二、语言

6. 语言学习在很多方面获得了进步，由于单词以符合逻辑的方式相互组合，以及开始理解隐喻，词汇量明显扩大。
7. 小学儿童在语用方面的进步明显，他们对朋友使用一种说话方式，在课堂上用另一种方式。很多儿童的学校语言说得很流利，同时在家说母语。
8. 低社会经济地位儿童的双语技能通常较差，主要因为他们听到的语言较少，父母对他们的期望较低。但对低社会经济地位家庭来说，这不是必然的。

三、教学与学习

9. 各个国家及专家们都认为，小学期的教育非常关键。世界上绝大多数适龄儿童都进入了小学读书。不同学校在教儿童什么和怎样教方面差异很大，尤其是在涉及语言和艺术等方面。
10. 要把各个国家或地区加以比较，国际学习成绩评价很有成效，部分是由于有关学习的客观测量较少。国际阅读与写作能力研究项目用于对阅读的评价，数学与科学学习趋向用于对数学与科学的评价。东亚儿童在这两项测量中成绩优秀，美国儿童则处于中等水平。
11. 美国的《不让一个儿童掉队法案》和“教育进步国家级评价”旨在提高教育标准和整体成绩。由50

个州的州长发起的统一核心的编制是提高国家标准、增强责任感的一种努力。

12. 阅读论战的一方是语音法的拥护者，另一方是整体语言法的拥护者。这种论战已经结束。研究发现，两种方法可能都需要，因为儿童既需要基本技能，也需要更先进的思维方式。

13. 对教育有不同意见不足为怪；一些家长选择特许学校，一些家长喜欢私立学校，另一些家长让孩子在家上学。但是，家长一般比教师更看重班级规模和家庭作业等问题。在如何管理公立教育问题上，各国的情况不同。还需要更多的研究来寻找教育儿童的最佳方式。

关键术语

《不让一个儿童掉队法案》，p412
长时记忆，p399
传递推理，p392
分类，p392
感觉记忆，p397
工作记忆，p397
国际阅读与写作能力研究项目（PIRLS），p410
教育进步国家级评价（NAEP），p412
教育券，p415
浸入法，p409
具体运算思维，p391
控制进程，p399
数学与科学学习趋向（TIMSS），p410
双语教育法，p410
私立学校，p415
特许学校，p416
学习英语者（Ells），p404
隐性课程，p409
语音法，p413
语用，p403
元认知，p399
在家上学，p415
整体语言法，p413
知识库，p399

你学到了什么？

一、小学期的认知理论

1. 皮亚杰为什么称小学期的认知为具体运算思维？
2. 你会怎样对交通运输工具或植物进行分类？
3. 为什么说传递推理是逻辑思维的结果而不是经验的结果？
4. 关于小学期的认知发展，维果茨基的观点与皮亚杰有何不同？
5. 在维果茨基看来，认知发展是什么时候、怎样发生的？
6. 发展学家从巴西儿童小贩的身上了解到什么？
7. 信息加工观与传统认知理论有何差别？
8. 根据信息加工理论，儿童是怎样学习数学概念的？
9. 小学期记忆的哪些方面有明显进步？
10. 元认知技能对学生有何帮助？

二、语言

11. 3 岁儿童和 10 岁儿童的语言学习过程有何不同？
12. 对隐喻和笑话的理解如何受到儿童年龄的影响？
13. 为什么前缀与后缀的使用扩大了词汇量？
14. 为什么儿童言语表达方式可能受到教师的批评，但是能被同伴接受？
15. 哪些因素影响儿童学习语法和扩大词汇量的能力？
16. 社会经济地位对语言学习有何影响？为什么？

三、教学与学习

17. 在小学期儿童的教育方面，各国有何共同点？
18. 显性课程和隐性课程有何不同？
19. 各国在教儿童学校语言的方式上有何不同？
20. 两种普遍采用的国际成绩测验之间有何共同点和不同点？

21.《不让一个儿童掉队法案》的目标是什么？对其有何批评？

22. 在教育测验和学生年级方面，发现了哪些性别差异？

23. 统一核心的制订试图解决什么问题？

24. 为什么有关教育的一些不同意见被称为“战争”，而不仅是差异？

25. 特许学校、私立学校和在家上学有何不同？

26. 由父母选择孩子怎样受教育有何优点和缺点？

应　用

1. 到当地一所小学，考察其隐性课程。例如，儿童是否排队？为什么排队，为什么不排队？什么时候排队？怎样排队？性别、年龄、能力或才能对儿童分组或教师选择有没有影响？墙上有什么？父母是否参与学校活动？如果参与，是怎样参与的？根据你观察到的所有东西，对学校的潜在理念做出猜测。

2. 访谈一个7—11岁的小学生，了解他对数学的知识和理解。把正确和错误的东西与具体运算思维的逻辑性联系起来加以分析。

3. 关于你自己学习阅读的情形，你还记得什么？把你的回忆与另外两个人比较一下，一个至少比你小10岁，另一个至少比你小5岁。关于阅读指导的影响因素你能得出什么结论？如能得出，结论是什么？如果得不出结论，为什么？

4. 和两位小学生家长交谈。他们认为在自己对孩子的教育当中，最好和最差的部分分别是什么？问他们一些具体的问题，然后对结果进行分析。

第十三章

小学期的心理社会性发展

你将学到什么？

1. 哪些因素可以帮助家庭和社区条件差的儿童成长？
2. 父母结婚、出现婚姻危机、回避结婚、回避离婚，哪个更好？
3. 哪些措施可以终止欺凌现象？
4. 在什么时候儿童会为了维护同学友谊而向成人说谎？

我的学生蒂法妮把车开到加油站去换车胎，她写道：

> 我停下车，看见一个很矮的男孩坐在车库门口。我估计他只有八九岁，奇怪他为什么自己坐在那儿。他引导我停车，叫来一个人，那人检查了我的轮胎，跟男孩用一种我听不懂的话说了些什么。然后，这个小男孩用千斤顶把我的车支起来，拧下所有的螺钉，换上了新车胎。我感到震惊。我付钱给那个男人（他是男孩的父亲）时，问他儿子干这个有多长时间了。他说差不多 3 年了。
>
> （引自和蒂法妮的个人沟通，2008 年 3 月 15 日）

像我的学生蒂法妮这样的成人因为知道世界上有很多儿童被迫劳动而感到震惊，根据联合国的儿童权利公约，儿童有权：

> 受到保护，免于经济剥削，免于从事任何可能有危险或影响其教育、健康或生理、心理、精神和社会性发展的工作。
>
> (Convention on the Rights of the Child)

根据国际劳工组织的估计 (Diallo et al., 2010)，全世界有 1.15 亿的 5—14 岁儿童被剥夺了这样的权利，其中有 1.15 亿（占所有儿童的 4.3%）儿童从事着有危险的工作。

换轮胎没有被定义为有危险的工作，但是从事这样的工作是否"会影响儿童的教育"，或是否对这个男孩有任何形式的伤害？答案不清楚。对小学期的几乎所有方面来说，具体细节都非常重要。

所有儿童都需要朋友、家庭和各种技能，但是有些朋友是极其危险的，有些家庭是不正常的，有些技能是不应该学习的。本章将聚焦于影响儿童“生理、心理、精神、道德和社会性发展”的环境因素。内容将涉及童工、同伴文化、欺凌行为、单亲家庭、贫穷、父母离婚等在什么情况下是有害的。我们将从儿童本身谈起，然后讨论家庭、同伴和道德。

一、儿童的天性

如前两章所述，稳定的发育、大脑成熟和智力发展使小学儿童更加独立自主（见“大约在此时”表）。他们需要“越来越强的自我调节能力，去承担责任，培养自控力”——这些优势使这一阶段成为积极成长的时期 (Huston & Ripke, 2006, p. 9)。

自我照料是小学期的积极结果之一。他们不但能自己吃饭，而且能给自己做晚饭；不但能自己穿衣服，而且能自己收拾书包；不但能走路上学，而且能和同伴在游戏场所编排各种游戏。他们敢一个人在户外冒险。男孩更可能到离家很远的地方，从事父母不知道或不赞同的活动 (Munroe & Romney, 2006)。这种独立性的萌芽促进了他们的成长。

大约在此时

小学期心理社会性成熟的标志

1. 能够做各种杂事。
2. 能决定每周花多少零钱。
3. 会谈论时间，会给各种活动分配时间。
4. 完成家庭作业，包括分几天做完的作业。
5. 比幼儿期受到的体罚少。
6. 在穿衣、说话等方面与同伴求得一致。
7. 在放学后由谁照顾、课程与活动等问题上说出自己的偏好。
8. 自己会在没有成人的监管下使用媒体（电视、计算机、视频游戏）。
9. 会照顾弟弟妹妹、宠物，在有些地方要干活儿。
10. 追求脱离父母的独立性。

（一）勤奋与自卑

千百年来，勤奋就是所有文化中的小学儿童的突出特点。他们忙着积极地掌握所在文化重视的各种技能。前两章所说的小学生的心理和身体的成熟使这种活动成了可能。

勤奋对自卑 (industry versus inferiority)：埃里克森所说的人生八个心理危机中的第四个，小学期儿童在努力掌握各种技能，从而形成勤奋感或自卑感，能力感或无能感。

1. 埃里克森的观点

卓有成效与能力不足之间的张力导致了人生的第四个心理危机，埃里克·埃里克森称之为**勤奋对自卑**。他发现，这一时期的儿童“必须忘掉过去的希望和愿景，他们生气勃勃的想象逐渐平淡，被套上缺乏人情味的各种规矩的挽具”“准备

投身于各种技能和任务”(Erikson, 1963, pp. 258, 259)。

请想想学习阅读和加减法——那是多么辛苦和无聊的任务。几十次上百次慢慢地念出“简有一只狗”，或写出“3 + 4 = 7”，这可不是什么令人兴奋的事。但是小学生起劲地练习阅读和数学：他们发自内心地希望能读一页书，写完作业，记住一个生字的笔画，给地图涂上颜色，不一而足。同样，他们很享受他们收集的东西——邮票、贴画、石子或贝壳。这就是勤奋。

一般来说，儿童自己能判断自己是勤奋者还是自卑者——自己有能力还是无能力，是卓有成效还是一事无成，是赢家还是输家。成为卓有成效的人是一种内在的乐趣，它有助于培养自控力，而自控力对防止出现情绪问题非常重要 (Bradley & Corwyn, 2005)。

勤奋感还可以防止致瘾物的早期应用。一项研究在 5 个月的时间里追踪了亚利桑那州的 509 名三年级和四年级小学生。在这段时间里，越来越多的学生说他们已经或被怂恿喝酒了，研究开始时为 58%，研究结束时为 72%，吸烟者则从 18% 增加到 23%。这样做的儿童越来越感到自卑，而不是勤奋 (Jones, 2011)。例如，他们都不认为自己“会坚持做什么事直到把事情做完”，他们也不会为自己做的什么事感到自豪。

2. 弗洛伊德所说的潜伏期

西格蒙德·弗洛伊德称这一时期为**潜伏期**，在这段时间里，情绪驱动力非常平静，无意识性冲突潜伏了起来。有些学者抱怨，“儿童中之所以被忽略，是因为弗洛伊德把这几年贬为乏味的‘潜伏期’状态 (Huston & Ripke, 2006, p. 7)。

潜伏期 (latency)：弗洛伊德描述儿童中期的术语，在这一年龄，儿童的情绪驱力和心理性需要平静下来（潜伏）了。他认为，前几个阶段的性冲突只是暂时潜入无意识中了，到青春期会再次爆发。

但是，弗洛伊德至少在一种意义上是对的：性冲动安静下来了。即使儿童在 12 岁以前已经订了婚（现在非常罕见，但在过去并不少见），年幼的夫妻也很少互动。在世界各地，男孩和女孩都喜欢选择同性别的人交往。男孩挂出“女孩待在外面！”的牌子，女孩抱怨“男孩浑身臭味”，类似的情况并不少见。父母有时担忧性骚扰者，但是小学生的性意识并不强；陌生人很少引诱尚未到达青春期的儿童 (Wolak et al., 2008)。

（二）自我概念

随着儿童的成熟，他们形成了自我概念，即对自己的看法，包括自己的智力、人格、能力、性别角色和族群背景。前面曾经讲过，儿童把自己看作个体，这种想法在学步期就已出现，幼儿则大多能形成积极、全面的自我概念，因此自我概念不是在小学期才形成的。但是小学期的自我概念逐渐变得更具体，更符合逻辑，正如人们预期的那样，小学生的智力发展和社会意识都取得了进步。几位研究者这样说：“对自己的一些具体行为特征（我能跑得快，投得远）做出了更高层次概括的认知能力（我是运动员）……在小学期出现了……” (Pfeifer et al., 2010, p. 144)。

由于自我概念变得更具体，更符合逻辑，它也变得不那么乐观，而且把同伴和整个社会的影响包含进来。例如，一些少数族裔的 6 岁儿童完全意识不到别人对自己族群的偏见，但是 11 岁时，他们意识到了这一点，作为一种防卫，他们会把自豪感纳入自己是拉丁裔或其他族裔的自我概念中 (García Coll & Marks, 2009)。

在正常情况下，“由于小学儿童开始把自己与同伴相比较，他们形成了自尊感、能力感与个性。” (Ripke et al., 2006, p. 261)。很多国家的研究都发现，教焦虑的儿童在朋友面前更自信，同时理解自己的情绪，有助于他们形成更好的自我概念 (Siu, 2007)。课余活动，特别是体育活动，可以为友谊关系及现实的自尊打好基础。

努力控制 (effortful control)：通过努力而不是靠自然倾向调节情绪和行动的能力。

现实的自我概念对学习能力和社交能力有帮助。不现实的高自尊会降低**努力控制**（有意识地克制冲动和情绪）。努力控制的降低会使学习成绩下降，使攻击性增强。假如自尊低得不符合实际，也会有同样的结果，所以最好找到一种适度的自尊——这并不容易，因为儿童可能自我批评过度，或自我批评不够，也因为文化在什么是适度自尊这一点上差异明显。

不容易　报纸在这里不只是可回收的东西。家庭价值观可以从一代传给下一代。成人很容易自己把垃圾搬出来，但是对于照片上的 7 岁儿童，则能够培养社会献身精神、责任感和自豪感。

高自尊既不是普遍被看重、也不是普遍被批评的 (Yamaguchi et al., 2007)。很多种文化都期望儿童谦虚，不要骄傲。例如，澳大利亚人说，“长得高的罂粟花”会被砍断，日本人则不主张为了使某人产生优越感而和别人比较。

虽然日本儿童常常在国际数学测验中表现优异，但他们当中只有 17% 的人对自己的数学能力做出了较高的评价。在美国，学生们在说起国际数学与科学学习趋向测验时，有 53% 的人对自己的数学能力信心满满，但他们的分数明显低于日本儿童 (Snyder & Dillow, 2010)。在爱沙尼亚，低自尊与高学习成绩相关 (Pullmann & Allik, 2008)。

在美国，儿童的成功常常受到赞扬，教师对过度批评的使用则非常谨慎，尤其是在小学期。例如，一些学校在发成绩册时，采用的评级是从“优秀”到“需要改进”，而不是从 A 到 F。但是第十二章讲到的国家教育改革中则出现了相反的趋势，其中对一些学校的评价是“不及格”。显然，文化、年龄群和年龄都影响着自我概念，但它们的长期影响如何则众说纷纭 (Heine, 2007)。

（三）复原力与压力

在婴儿期和幼儿期，儿童的吃喝、学习和生活都直接依赖于家人。此后，“小学期的经验可以维持、扩大学前期形成的那些优点和缺点，也可以使其走向反面” (Huston & Ripke, 2006, p. 2)。支持性的家庭会继续发挥保护作用，但是来自破坏性家庭的儿童可以到大环境中找到适合自己的小生态环境，从而逃离家庭的影响。

令人惊讶的是，由于早期经验，这些儿童中的有些人看起来并没有受到伤害。他们被称为“有复原力的人”，甚至是“不可战胜的人”。当前对复原力的看法（见表 13.1）受到动力系统理论的启发，使问题变得很清楚，尽管一些儿童比另一些儿童应对得更好，但没有一个人会对过去经历或当前背景无动于衷 (Jenson & Fraser, 2006; Luthar et al., 2003)。敏感性的差异非常明显，不仅源于遗传，而且儿童的早期养育、学校教育和社会文化价值观可能使儿童变得更强大。一些儿童很强壮，像蒲公英而不像兰花，但所有人都难以逃离环境影响 (Ellis & Boyce, 2008)。

表 13.1 1965 年至今，关于儿童受到挑战及其应对的观点的发展

1965	所有儿童都有健康发展的需要。
1970	一些条件或情况，如“父亲不在”“青少年母亲”“上班的母亲”和“日托”，对所有儿童都有伤害。
1975	儿童是有差别的。一些儿童有复原力，能够轻松应对会给其他儿童造成伤害的压力。
1980	没有必然会造成伤害的因素。曾被认为是危险因素的母亲就职和学前教育往往对儿童有益。
1985	家庭之外的危险因素，无论是儿童本身的（低出生体重、母亲在孕期喝酒、攻击性气质），还是社会的（贫穷、暴力）对儿童都非常危险。
1990	风险－收益分析发现，一些儿童在会给别人带来破坏的情况下似乎“不会受伤害”，甚至能从中受益（如一些极端贫困的儿童在学校表现很好）。
1995	没有一个儿童有不屈不挠的复原力。危机总是有害的，即使没有表现在学习成绩上，也会表现在情绪上。
2000	风险－收益分析包括对所有三个领域（生物社会性、认知和心理社会性）的相互作用的分析，包括儿童因素（基因、智力、气质）、家庭因素（机能和结构）和社会因素（邻居、学校、宗教和文化）。
2008	焦点从危险转到优势上。儿童优势（智力、人格）、家庭优势（安全依恋和疼爱）、社区优势（好学校、课外活动项目）、国家优势（收入支持，卫生保健）必须得以维护和发展。
2010	优势因文化和国家价值观而不同。普遍观念和各地差异都应被照顾到并受到尊重。
2011	基因和文化实践既可能是优势，也可能是劣势，同样的压力可能对此儿童有益，对彼儿童则有害。

复原力被定义为“对重大逆境做出积极适应的动态过程”(Luthar et al., 2000, p. 543)。这一定义有三部分：

复原力 (resilience)：良好地适应重大逆境并战胜强大压力的能力。

- 复原力是**动态的**，不是稳定的特质。这意味着，某个人在此时有复原力，在彼时可能没有。
- 复原力是对压力的一种**积极适应**。比方说，孩子虽被父母拒绝，但他们与其他

成人形成了密切的关系，这就是积极适应，而不只是消极忍耐。这个儿童就是有复原力的。

- 逆境必须是重大的。一些逆境比较缓和（班级规模大、视力差），一些逆境比较严重（被欺凌、忽视）。儿童必须应对各种逆境，但不是所有的应对都是有复原力的。

1. 累积的压力

一个重要的发现是，压力，包括较小的压力（称为"日常麻烦"）可以随着时间累积起来，形成比孤立的较大压力更严重的逆境。几乎所有儿童都能抵挡一个压力事件，但是重复压力使复原力难以形成 (Jaffee et al., 2007)。在新奥尔良遭遇的卡特里娜飓风中生存下来的儿童就是一个例子。飓风过去的几年后，大约有一半儿童表现出了复原力，但是另一半（以小学儿童为主）的创伤仍未解除。他们产生严重心理问题的风险不但受到飓风本身的影响，而且受到当前问题的影响，如频繁搬家、养育者的变化、学校的损坏，等等 (Kronenberg et al., 2010; Viadero, 2007)。

与此相似，对儿童来说的一个重大压力是看见他们的父亲殴打母亲，如果重复发生才会对儿童造成伤害。一项研究考察了看到这种虐待的儿童，发现其中20% 的人具有复原力，特别是如果他们的母亲离开了虐待者，去寻求更好的生活，而不是自己陷入抑郁 (Graham-Bermann et al., 2009)。

还有一个例子来自斯里兰卡，那里有很多儿童身陷战火、2004 年的海啸、贫穷、亲人死亡和迁徙。这些压力的累积大于任何一种困难，它使疾病增加，成就减少。研究者指出了"多种背景，过去和当前的因素对影响儿童适应的重要性" (Catani et al., 2010, p. 1188)。

应对措施可以削弱重复压力的影响。儿童自己的解释是其中一个因素。对低收入儿童来说，如果他们把事件与自己家庭的贫穷联系起来，把它作为一种个人威胁，而且家庭缺少秩序和常规（因此使日常麻烦事增多），这些儿童体内的皮质醇（应激激素）就会升高 (E. Chen et al., 2010)。如果低收入儿童不认为这些个人和家庭的事情会造成混乱，他们就更具复原力。儿童期生活贫困但现在收入达到了一般性标准的成人不觉得自己是穷人，因此很少受到压力的影响。

在一般情况下，儿童对家庭环境（贫穷、离婚等）的解释，可以决定这种环境对他们有何影响 (Olson & Dweck, 2008)。一些儿童认为，他们的原生家庭只是遭遇了暂时的困难；他们期待着告别儿童期的那一天。另一些儿童产生了父母认同感：他们像父母那样做事，试图照顾所有家人，包括现在的父母 (Byng-Hall, 2008)。遭遇卡特里娜飓风的儿童也受到了自己的积极或消极想法的影响，其影响力甚至超过人们预期的一些因素，如父母的痛苦 (Kilmer & Gil-Rivas, 2010)。

有些儿童交了自己的朋友，参加各种活动，学会了各种技能。等他们长大以后，这些东西将发扬光大，使他们变得“越来越自主和勤奋”(Pagani et al., 2006, p. 132)。很多活动，从四健会（思维、心灵、手脚、身体四健）到午夜篮球队，从唱诗班到小联盟，都能帮助儿童把自己看成勤奋的人，而不是自卑的人。教师和其他成人领导者可以帮助儿童形成积极的自我概念。

在夏威夷进行了一项长达40年的研究，开始时的对象是生在贫穷家庭、父母酗酒或有心理疾病的儿童。在这些儿童中，有很多在婴儿期就显露出了被剥夺的迹象（低出生体重，各种疾病等）。当时专家们预测他们的未来将困难重重。但情况并不一定是这样的。

迈克尔就是这样一个婴儿，他是早产儿，出生体重低于2420克。他父母是低收入的青少年。父亲在他2岁前都不在家，回家以后只是使他妈妈一次又一次地怀孕。迈克尔8岁时，父母离开了他和三个弟弟妹妹，把他们留给了迈克尔的祖父母。但是，迈克尔最后成了一个成功、幸福、可爱的成人 (E. Werner, 1979)。

迈克尔不是复原力的唯一例子。在夏威夷的这些高危婴儿中，有1/3的儿童应对得不错，到小学时，他们找到了回避家庭压力的途径，在学校取得了好成绩，交了好朋友，找到成年的良师益友。成年之后，他们离开了问题重重的家庭（很多人搬到远离家庭的地方），建立起自己的健康关系 (E. Werner & Smith, 1992, 2001)。

对这些儿童中的很多人来说，小学、中学和之后的大学可能是一种让他们逃离家庭的地方。随和的气质和高智商也有帮助 (Curtis & Cicchetti, 2003)，但这些不是决定性的。在夏威夷研究中，“一种现实的目标倾向、坚持性和‘学会的创造性’使他们能够……在个人、社交和职业方面达到令人瞩目的高度”，就连那些学习能力明显较低的儿童也是如此 (E. Werner & Smith, 2001, p. 140)。

2. 社会支持

要想增强应对压力的能力，社会支持是一个主要因素。和待在家里的幼儿相比，小学生有更广阔的社交环境给予他们很多新的机会 (Morris & Kalil, 2006)。亲戚、教师、同伴、宠物、社区项目（甚至是免费图书馆和音乐会）都能帮助儿童应对压力 (Bryant & Donnellan, 2007)。一项研究得出结论说：

> 当儿童尝试寻找可以帮助他们战胜逆境的办法时，最重要的是能够提供帮助的成人或学习机会等资源，这些资源必须是容易得到的，以便其自我复原的潜力得以充分发挥。
>
> (Kim-Cohen et al., 2004, p. 664)

小　结

儿童在小学期变得成熟而有责任感。根据埃里克森的理论，勤奋对自卑的危机使儿童感到自信或自我怀疑。弗洛伊德认为，潜伏期使儿童掌握了各种技能。儿童在家人的帮助下形成了符合实际的自我概念。一些小学儿童具有对重大逆境的复原力，这更多地发生在暂时的压力以及存在应对手段的情况下。儿童不仅会凭借自己的解释应对压力，而且会凭借他们更明显的独立性。他们靠学习成绩、校外活动和支持性的成人帮助他们解决面临的困难。■

二、家庭与儿童

没有人怀疑基因会影响人格和能力，也没有人怀疑，同伴是重要的，而且学校和文化影响着儿童会学习什么和怎样学习。事实证明，基因、同伴和社会的影响巨大，而父母的教养方式只有较小的影响——除非父母对孩子严重施虐 (Harris, 1998，2002；McLeod et al.，2007)。这种看法来自有关环境对儿童发展影响的研究。

（一）共享环境与非共享环境

很多研究发现，儿童较少受到**共享环境**的影响（在相同环境中所受的影响，如两个孩子生活在同一家庭，由他们的父母抚养），而较多受到**非共享环境**的影响（两个同胞孩子拥有不同的经验）。设计严谨的研究发现，大多数人格特质和智力特征可以追溯到基因和非共享环境，由相同的父母养育造成的共享环境只起很小的作用。

家庭团结　想想任何一个家庭——即使像这个家庭一样快乐和富裕——其中每个孩子的家庭经验也是不同的。例如，你是否预期这个女孩受到的对待和她的两个兄弟一样？每个孩子对父母有怎样的情感？

就连心理疾病 (Burt，2009) 和性取向 (Långström et al.，2010) 也主要因基因和非共享环境而形成。为人父母者难道只是提供基本照顾（如食物和住处）的养育者，而不管家庭规则、生活常规和对孩子的反应吗？

近期研究发现，父母也是有影响力的。对共享环境和非共享环境的分析是正确的，但是其结论建立在错误假设的基础上。在一起养育的兄弟姐妹并不共享相同的环境。例如，当一个家庭出现搬家、父母离婚、失业或找到新工作时，每个孩子受到的影响取决于其各自的年龄、基因、复原力和性别。搬家到另一个地方对小学生的影响大于对婴儿的影响，父母离婚对男孩的伤害大于对女孩的伤害，贫穷对学前儿童的伤害可能最大，等等。

上面说的年龄和性别角色变量也不能用在所有的兄弟姐

妹身上：敏感性的差异意味着，一个孩子可能比另一个孩子更容易受到影响，从而变得更好或更差 (Pluess & Belsky，2010)。即使兄弟姐妹在一起被抚养，父母人格的混合体、基因和性别也可能使一个孩子变成违反社会规则的人，使另一个孩子出现人格障碍，使第三个孩子具有复原力、很能干且很强壮 (Beauchaine et al.，2009)。

另外，有些非共享的影响，如学校、邻居、课余活动和同伴，也会受到父母的影响 (Simpkins et al.，2006)。例如，一个非共享差异是，哥哥（姐姐）在当地公立学校上学，而弟弟（妹妹）在 16 公里以外的一所私立学校上学——这是父母决定和家庭收入的结果。即使是同卵双生子，他们共享基因、年龄、性别和家庭，也可能不共享环境，“科学观点：‘我总是穿一件蓝色衣服……’”专栏可以说明这一点。

给研究者的问题　你怎样确定父母是否对他们的所有孩子都一样？（答案见第 430 页）

科学观点

“我总是穿一件蓝色衣服……”

一个研究组比较了由亲生父母抚养的 1000 对同卵双生子 (Caspi et al.，2004)。每对双生子的基因、性别和年龄当然都一样。为了评价每个孩子的气质，研究者请他们的母亲和教师分别填写了一份详细的、标准化的检查表。另外，请每一位母亲描述她的双生子。母亲的态度从非常正面（“孩子是我心中的阳光”）到非常负面（“我希望我从来没生过她……我恨她”）（引自 Caspi et al.，2004，p. 153）。很多母亲描述了两个双生子的不同人格。一位母亲这样描述她的双生女儿：

“苏珊有时候非常亲切。她喜欢小宝宝……有时候她也不让人放心……她静不下来，跑来跑去地跳舞……她听不进别人的话……她特别自负，比安妮自负得多。安妮喜欢玩球，玩得特别好，还爬树，特别像个假小子。一个是纯粹的假小子，一个是纯粹的女孩。还不到 1 岁时，我就给她们一个穿蓝色衣服，一个穿粉红色衣服。”

（引自 Caspi et al.，2004，p. 156）

一些母亲对双生子中的一个比对另一个冷淡得多：

“小时候去医院，人人都叫他‘可怜的杰夫，可怜的杰夫’，当时我就想，‘那我怎么办？我是生下双生子的人。我是经历了这一切的人，他只是个 7 周大的宝宝，什么事情都不知道’……我没对他俩一视同仁，把感情投入到迈克身上。”

(quoted in Caspi et al.，2004，p. 156)

这位母亲还责怪杰夫喜欢他父亲：“杰夫可以帮他爸爸做任何事情，但是什么都不帮我做，我为他们（孩子爸爸和杰夫）做的什么都是不对的” (p. 157)。她说，迈克可爱多了。

在这个追踪项目中，研究者在儿童5岁时测量了他们的人格（根据幼儿园教师的报告评价他们的违反规则行为）。两年后，测量了每对双生子的人格。他们发现，如果母亲对双生子中的一人更消极，这个孩子会比另一个出现更多的违反规则行为。被拒绝的双生子在7岁时比在5岁时更爱打架、偷东西、伤害别人，这是考虑到所有背景因素后的结果。研究者认为，其他许多非共享因素也很重要，包括同伴、教师等。同卵双生子的这种差异得到了父母的确认。因为每个有兄弟姐妹的人都知道，每个孩子的家庭经验都是独特的。

（二）家庭机能与家庭结构

家庭结构(family structure)：生活在同一个家庭内的人们的法律和遗传关系，包括核心家庭、多代家庭、继亲家庭，等等。

家庭机能(family function)：一个家庭满足其成员需要的方式。儿童需要家人提供基本的物质条件，鼓励他们学习，帮他们建立自尊，建立友谊关系，营造和谐稳定的家庭环境。

父母的作用很重要，可以再次确认这一点的研究资料又提出了一个新的问题：怎样的家庭结构可能（或不可能）使家庭更好地发挥机能呢？**家庭结构**指生活在同一住所内的人们的法律和遗传关系。**家庭机能**指家庭怎样照顾、关心其成员。

在每个发展阶段，家庭机能都比家庭结构更重要。无论家庭结构如何，人们都需要家人的爱和鼓励。这种爱的理想表现方式会因年龄而不同。婴儿需要反应及时的养育和社交互动；青少年需要自由与指引；年轻成人需要和睦与隐私权；老年人需要尊重与感恩。但是所有人都需要各种形式的爱。

1. 小学期的家庭机能

小学儿童需要什么样的爱与鼓励呢？

1) **生理需要**。虽然小学生不需要别人帮助就能吃饭、穿衣、睡觉，但家庭要提供食物、衣着和住所。
2) **学习**。小学期是重要的学习时期：家人可以对孩子的教育给予支持、鼓励和指导。
3) **自我尊重**。儿童在大约6岁时，其自我批评和社交意识有明显进步，家人应该赞扬他们的进步，给他们提供成功的机会（如果在学习上难以取得成功，就在体育、艺术和其他特殊技能方面提供机会）。
4) **同伴友谊**。家人可以通过约游戏伙伴、参加集体活动等促进孩子的同伴友谊。
5) **和谐与稳定**。家庭可以提供保护性的、可预测的日常生活，使家庭成为每个人的安全港湾。

>>回答研究者（问题见第429页） 要证明这一点非常困难，因为研究主题是人际互动，而且不可能做随机安排。研究者最好找一些一起抚养的同卵双生子，在几年的时间里观察他们父母的行为。

没有一个家庭能完美地发挥机能，但是世界各地的儿童在家里的处境一般都好于在其他社会结构（如集体住宅）中的处境。上述第五条对小学生非常重要，因为儿童喜欢连续性，不喜欢变化。

具有讽刺意味的是，在小学的这几年里，一些父母常会搬家，换邻居，给孩子换学校，美其名曰，为了给孩子更好的生活。具体来说，在2008年一年里，美国17%的5—9岁儿童搬过家，这一比例是50年前的4倍（U.S. Bureau of the Census, 2010）。由于这只是一年的数据，它显示，在5—11岁的6年中，平均每个儿童至少要搬一次家。像多数量化数据一样，一些个人变量也丢失了。如果一个儿童每年都搬家（这对无家可归儿童并不少见），那么平均来说，必然有另外的5个儿童没有搬家。这一基点是针对所有小学生的——要改变很困难。

缺乏稳定性对军人家庭的儿童也有负面影响。这些儿童有几个优势：参军的父母一般收入较高，福利较好，比相同背景的公民受教育水平高。但是，军人父母会频繁地出差，每隔几年要搬一次家（Titus, 2007）。军人子弟（被称为"军队小鬼"）比起相同年龄和背景的其他儿童，情绪问题更多，学习成绩较差。一位研究者指出：

> 军人父母不断地离家，返回，又再次离家。孩子在学校的学习会受到影响，对男孩的影响比对女孩大，而且……据报告，当父母中的一人参与军队部署时，子女的抑郁情绪和行为问题会增多。
>
> (Hall，2008，p. 52)

正是由于这个原因，美国军队设立了一个特别的项目来帮助军人子女。该项目鼓励这些儿童的养育者避免让孩子的生活变化：不要搬新家，不要定新规矩，也不要转学（Lester et al., 2011）。

2. 家庭结构的多样性

家庭结构的差异是国家间、各代之间诸多差异中的一个。对全世界来说，有两个因素使儿童期的生活和几十年前相比发生了变化：一个是单亲家庭增多，一个是每个家庭子女的减少。具体情况因国家而不同（见图13.1）。这里主要讨论美国2010年的情况，原因部分是由于相关研究大多是在美国发表的。虽然各国的比例不同，但世界各国涉及家庭结构的问题是相似的。

大约2/3的美国小学儿童生活在双亲家庭（见表13.2），其中多数是和亲生父母一起生活的，这种家庭称为**核心家庭**。在美国的核心家庭中，父母通常是正式结婚的，而在其他一些国家，有些核心家庭是由未合法结婚的伴侣组成的。其他的双亲家庭结构还有收养父母、监护人父母、祖父母、外祖父母、一个亲生父母和一个继父母，以及一对同性别伴侣。

核心家庭（nuclear family）：由父亲、母亲和他们18岁以下的子女组成的家庭。

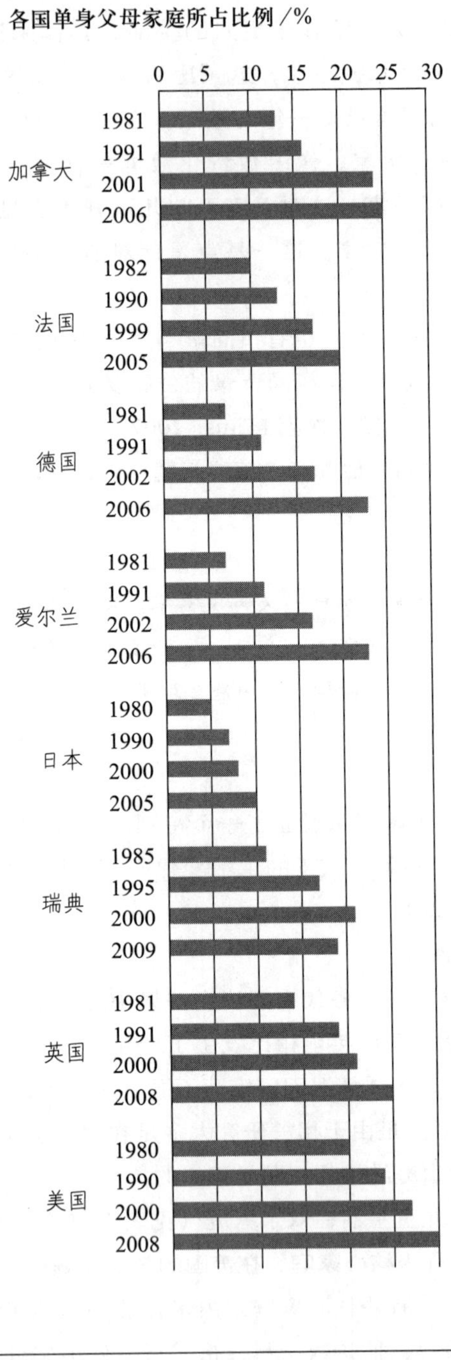

图 13.1

单身父母　在所有有子女的家庭中，单身父母所占比例有所增加。在一些国家，有些家庭由两位未婚父母组成，图中未显示这种情况。

据 U. S. Bureau of the Census, 2010.

表 13.2　家庭结构（美国 6—11 岁儿童所处的各种家庭结构类型的比例）*

一、双亲家庭（69%）

1. 核心家庭（55%）。因原子核而命名（原子核是原子中各个粒子紧密围绕的核心），核心家庭由一个男人、一个女人和他们的 18 岁以下的亲生子女组成。大约一半的小学生生活在核心家庭。传统上说的核心家庭不包括其他成人，但美国大约有 10% 的核心家庭包括祖辈和叔、姑、舅、姨，因此属于大家庭。

2. 继亲家庭（9%）。离婚的父亲大多会再婚，离婚的母亲大约一半会再婚。儿童的父母离婚后，如果他们跟随的父母中的一方再婚，就形成了继亲家庭。如果继亲家庭包括由两对或两对以上夫妇生的孩子（如夫妇前次婚姻生的孩子或新结婚的夫妇生的孩子），这样的家庭则称为“混合家庭”。

3. 收养家庭（2%）。约 1/3 的不孕不育的已婚夫妇会收养孩子，但是因为可收养的儿童很少，所以大多数收养父母只有一两个孩子。被收养的小学生只占 2%，低于收养家庭所占比例。

4. 祖辈二人照养（2%）。一些小学儿童的父母的养育责任由祖辈来承担，因为儿童的亲生父母不在家（因死亡、囚禁、生病、致瘾物成瘾等）。这种情形逐渐增多，尤其是在很多父母死于艾滋病的国家。

5. 同性别父母家庭（1%）。由两个同性别伴侣与子女组成的家庭，其法律状况各异，包括合法结婚、做继父母、收养。

二、单亲家庭（31%）

单亲家庭的数量有所增多，但他们的子女平均少于双亲家庭，所以来自单亲家庭的小学生只占 31%。

1. 未婚单身母亲（12%）。美国由未婚母亲所生的新生儿几乎占到 40%，但这些母亲多数在孩子入小学时已经结婚。大约一半的单亲家庭还包括一位祖辈，因此属于大家庭。

2. 离婚、分居或寡居的单身母亲（13%）。很多婚姻因离婚而终结（美国约占一半，其他国家较少）。一些离婚夫妇无子女。另一些离婚者会再婚。因此只有 13% 的小学生和曾经结婚、现在单身的母亲一起生活。

3. 单身父亲（5%）。大约 5% 的父亲拥有其子女的监护权，并且在母亲不在也没有新妻子情况下养育着子女。这种情况逐渐增多，小学儿童尤其多，但一直比单身母亲的比例小得多。

4. 祖辈一人照养（1%）。有时候，一位祖辈（多为祖母或外祖母）会成为儿童的唯一养育者。

三、多于两个成人养育（15%；同时列出了父母二人和父母中一人的情况）

1. 大家庭（15%）。一些小学儿童与祖辈或其他亲属以及父母中的一人（5%）或二人（10%）一起生活。这种情况在婴儿期最多（20），在小学期仍然不少。

2. 一夫多妻家庭（0%）。在一些国家（不包括美国），男人可以合法地拥有几个妻子。这种家庭结构对成人的好处大于对儿童。无论在何地，一妻多夫（一个女人有几个丈夫）的情况都罕见。

---

*在美国，没有和任何扮演父母角色的成人一起生活的小学儿童不到 1%，本表不包括这种情况。

据 The percentages on this table are estimates, based on data in U.S. Bureau of the Census, 2010, *Statistical Abstract* and Current Population Reports, America’s Families and *Living Arrangements*, 2011; and Pew Social Trends Staff, 2010. The category “extended family” is an estimate higher than the official statistics, since some families do not tell official authorities about relatives living with them.

单亲家庭 (single-parent family)：由父母中的一人与其18岁以下的子女组成的家庭。

大约31%的美国小学儿童生活在**单亲家庭**。有些研究者认为，单亲家庭的比例可能高于31%，因为美国有40%的新生儿是未婚女性所生的。当代美国儿童在18岁以前有一半多生活在单亲家庭，原因有三：(1) 在他们出生时，生母既没结婚，也没与人同居；(2) 他们的父母后来分开或离婚了；(3) 父母中一人去世。但是在任意一个时间，只和父母中的一人一起生活的6—11岁儿童不到1/3。

大家庭 (extended family)：三代人或多代人生活在一起的家庭。

人们常把双亲家庭和单亲家庭结构与**大家庭**相比较，这是一种三代同堂的家庭，通常包括祖父母（外祖父母），有时还包括叔、姑、姨、舅。据2010年统计，美国有1/6的家庭是大家庭，比1980年的1/8有所增加，比1940年的1/5有所减少 (Pew Social Trends Staff, 2010)。在子女年幼时，这种家庭较多，随着孩子接近青春期，多数父母会搬离其父母的家。

大家庭的开支较少，因此在低收入家庭中比较多见（当前的经济状况使贫穷家庭增多，这是大家庭比例提高的原因之一）。其他原因还有文化和便利性：在一些国家，大家庭成员共同承担养育儿童的任务是文化标准。

在实际生活中，单亲、双亲和大家庭之间的区别不像这里说的这么简单。很多年轻的父母住在亲戚家附近，这些亲戚会提供食物、情感支持、金钱、照顾孩子的帮助，起着大家庭的作用。相反的情况也有，尤其是在发展中国家：一些家庭看上去是大家庭，因为几代人住一所房子里，但是各家分开住，每一家都很像核心家庭 (Georgas et al., 2006)。

一夫多妻家庭 (polygamous family)：由一个男人和他的几个妻子以及他们的子女组成的家庭。

在一些国家，**一夫多妻家庭**（一个丈夫有两三个妻子）是被接受的家庭结构。一般来说，一夫多妻家庭中每个孩子的受益会减小，教育（尤其是对女孩的教育）会受到限制 (Omariba & Boyle, 2007)。一夫多妻在美国非常罕见而且是违法的。即使在接受这种家庭的国家，一夫多妻家庭也比30年前减少了。例如在加纳，拥有几个妻子、十几个孩子的男人现在已属罕见 (Heaton & Darkwah, 2011)。

相同情境，相隔万里：幸福的家庭　两张照片上的女孩都是8岁左右。苏菲（左）与她的单身妈妈住在美国东海岸。她上小学以前，妈妈每月要付360美元让两个孩子上托儿中心。艾米（右）生活在一个核心家庭，她没上过幼儿园。哪个女孩的生活更好？回答是不清楚。家庭机能比家庭结构更重要。

（三）家庭结构与家庭机能的关系

对儿童来说，更重要的不是其家庭结构，而是家庭机能。二者是相互联系的，结构影响着（而不是决定着）机能。对小学儿童具有关键意义的是，家庭结构能否较好地发挥前面提到的五种家庭机能（生活需求、学习、自我尊重、朋友、和谐稳定）。

1. 核心家庭的优越性

一般来说，核心家庭的机能是最好的，核心家庭中的儿童在学校的成绩较好，心理问题较少。一位研究者回顾了十几项研究，得出结论说："与两个已婚亲生父母一起生活的儿童，其在教育、社会性、认知和行为结果方面，都比其他儿童更胜一筹 (Brown，2010，p. 1062)。这是为什么？这是否意味着父母都应该结婚而且保持婚姻呢？不一定：有些好处只是相关关系，而不是因果关系。

核心家庭的一些优越性在结婚以前就已显露出来了，因为受教育水平、赚钱的潜能和情感成熟度都能预示一个人将会结婚、有孩子而且维持婚姻。因此，新娘和新郎会给他们的新家庭带来个人资产。换言之，儿童表现好和已婚父母之间的相关在某种程度上是因为结婚的人怎样，而不在于结婚本身。

在理想情况下，夫妻双方婚后的感情交流会鼓励两个人变得比两人单身时更富有、更健康。研究发现，这种情况往往是真实的——上一段说的选择效应不是假想 (Amato，2005；Brown，2010)。如果母亲和父亲在投身于孩子的教育上互相支持，这种父母同盟（第四章曾讨论）就是非常重要的。父母双方一起虐待孩子的风险减小了，使家里有人去理解孩子，检查孩子的家庭作业，邀请孩子的朋友来玩，给他们买新衣服，为孩子将来上学而储蓄。

有关父母帮孩子交大学学费的调查发现，交钱最多的是核心家庭的父母。把双亲家庭与单亲家庭比较时，人们会预期有这种结果，因为单身父母的平均收入低；但是，再婚父母的家庭收入并不比核心家庭低，他们交的大学学费也比较少 (Turley & Desmond，2011)。这项研究和其他研究都发现，核心家庭的这些优势将持续几十年，直到孩子长大以后。

2. 其他双亲家庭

双亲家庭的优势不仅限于亲生父母，尽管他们与子女的遗传关系可以解释他们对孩子的投入。但收养家庭和同性别父母家庭在子女养育方面做得也不错；先单身、后结婚，从而建立双亲家庭的父母往往也会找到能做个好继父、好继母的配偶。如果孩子不到 2 岁，亲生父母与继父母关系融洽，且孩子适应这种家庭，这种情况尤其会发生 (Ganong et al.，2011)。当然，这种双亲家庭并非总能很好地发挥机能，但是具体情况（遗传方面的情况或做出什么选择）提供了朝正确方向发展的推动力。

在同性别夫妇能否发挥好教养孩子的机能的问题上，争议较大。直到近期，在某些国家和地区，男性与男性才可以结婚并养育孩子；因此，把他们与相同年

出人意料吗？　任何族群的人都能形成幸福的双亲家庭，这不值得奇怪。但是一些人可能不理解，同性别的人结婚后也能营造一个机能良好的家庭，例如，这个家庭看上去就很幸福。

令人满意的组合　混合家庭是由丈夫、妻子和夫妻在前次婚姻中生的孩子组成的家庭，它往往会给孩子们带来愤恨、抑郁和反抗。照片上的家庭显然不是这样，而提供了一个乐观的实例，证明任何一种家庭结构都能发挥好其机能。

龄与教育水平的异性家庭进行大样本比较的追踪研究还没有发表。但是，对女性与女性配偶的研究发现，她们的孩子在情感和智力上发展良好 (Biblarz & Stacey, 2010)。除了社会偏见会破坏家庭生活之外，同性关系也有异性关系中存在的那些问题。

继父母的家庭结构既有优势，也有劣势。主要优势体现在经济上，如果把这种家庭与大多数单身父母家庭比较，这一优势更突出。主要劣势表现在，继亲家庭难以满足前述第五个家庭机能——营造和谐与稳定。和其他双亲家庭相比，较年长的继子女可能比较年长的亲生子女更早地离开家，父母再婚和新婴儿的出生会加速这种解体 (Teachman, 2008a)。和谐性也很难实现，尤其是当儿童对两个亲生父母的忠诚因他们两人的不断争吵而被冲击时。如果儿童的父母有三个人——两个因为互相讨厌而离了婚，另一个是闯入儿童生活的新来者，那么牢固的父母同盟就更难形成。

最后一点，父母不在，由祖辈承担养育孩子的责任（称为隔代家庭，是最常见的收养形式）的好处是祖辈可以提供很好的养育，因为他们经验丰富、成熟，对孙辈有献身精神。这些特点可能存在，但是祖辈家庭普遍收入较低，健康问题较多，稳定性不如父母双亲家庭。那些有特殊需要的儿童（如注意缺陷 / 多动障碍儿童和学习能力低下儿童）就更难得到充分的健康护理，可是当初正是由于这些原因，他们才和祖辈一起生活的。所以，隔代家庭需要特别的帮助，却往往得不到这种帮助 (Baker & Mutchler, 2010)。

3. 单亲家庭

给单亲父母的问题　你听说，在单亲家庭长大的儿童到青少年期和长大成人以后很难跟单亲父母形成亲密关系。对这种情况你能做什么？（答案见第438页）

总的来说，单亲家庭结构在养育孩子的机能上不是很好，因为收入和稳定性都有所降低。多数单身父母都身兼几个角色——挣钱者、女儿或儿子（单身父母往往要依靠他们自己的父母），还要做别人的爱人（很多人要寻找新伴侣）——这使他们很难给上小学的孩子带来稳定的情感和学习上的帮助。如果他们陷入抑郁（不少人会这样），就更难满足孩子的需求了。妮莎就是一个例子（见“研究个案：做一个孩子有多难？”专栏）。

研究个案

做一个孩子有多难？

读四年级的妮莎的老师把她带到学校指导组，因为她经常在上课时睡觉，这学期有51天迟到，15天缺课。此时是四年级期末，咨询老师没时间给她咨询了，所以只能让她先回去，到秋季再给她做咨询。期末测验发现，妮莎的阅读和写作达到了七年级水平，数学达到了五年级水平。因为学习上没问题，想必是有什么心理缺陷。

咨询老师和妮莎的母亲塔尼亚谈了话。塔尼亚是个单身母亲，她整天都在为交不起那套小公寓的房租而发愁。她们搬到这个房子住是3年前的事情，当时，妮莎的父亲离开家去和女朋友同居了，现在他们已经生了孩子。塔尼亚说，她和妮莎相处得没有问题，妮莎"更像个小妈妈，不像个孩子"，不像她15岁的儿子迪伦，迪伦在胎儿期深受酒精之害，他父亲出走后，他的行为变得更差了。

最近，迪伦作为一个团伙成员被暴打了一顿，他还说那个团伙"像家一样"。他因为盗窃自行车零件被捕，之后被关进了青少年拘留所。从这里可以看出非共享环境的影响：虽然两兄妹在一起长大，而且父亲离开了他们二人，但12岁的迪伦因此变得桀骜不驯，而7岁的妮莎则变成了"小妈妈"。

塔尼亚说她自己：

"常感觉郁闷，如果晚上不上班，她要么早早上床躺着，要么哭着睡觉。每当这种时候，妮莎就会非常安静地过来安慰她。塔尼亚说，有一天早上醒来时，妮莎把一张亲手做的卡片放在她枕头上。卡片上画着心，贴上装饰片，写着大大的字'我爱你，妈妈。——妮莎'"。

(Wilmhurst, 2011, pp. 150–151)

学校咨询老师也说起妮莎：

"妮莎主动说起，她为很多事担忧，有时这些忧愁使她难以入睡……去年她为自己多次迟到而烦恼，但是早上就是醒不了。她妈妈睡得很晚，因为她要清扫办公室到半夜。妮莎说那是艰难的一年。她觉得又累又烦，根本不能专心学习。她说，她读完一页书之后，常记不住读了什么。妮莎说，走到这一步，她只好放弃了。她和班上的女生相处得不好，她们取笑她上课睡觉，不做作业。她们还给她起外号，像什么'睡虫''哑巴'。起初她觉得伤心，后来气得她快疯了，就开始打她们，让她们住嘴。"

(Wilmhurst, 2011, pp. 152–153)

10岁的妮莎要应对贫穷、抑郁的母亲、父亲离家出走、行为不端的哥哥以及同学的欺凌。压力使她很难专心学习。她的反应是对母亲的认同、反抗和睡觉。她显示出了复原力的迹象——她的学习成绩好得令人难以置信。后来又对妮莎进行了访谈，

"校长接到妮莎母亲的电话，她请求校长不要把她女儿从学校送回家，因为她正想自杀。她手里拿着一把上了膛的枪，她不得不这样做，因为她挣不到这个月的房租。她再也不能拖下去了，但是她不愿意让妮莎回家看到她死了……咨询老师一边继续和她母亲打电话，学校一边报了

警，警察在她用手机打电话时制服了她……上了膛的枪就放在她膝盖上……随后，这位母亲被送进了当地的精神病院。”

（Wilmhurst，2011，p. 154–155）

像许多单身母亲一样，塔尼亚被压垮了。假如妮莎的父亲仍然在，迪伦也许不会把一个团伙当作家，妮莎也许会按时到校。妮莎的复原力能否继续下去，取决于她能不能找到除了母亲以外的帮助。学校也许能提供社会支持，但是妮莎四年级的老师还在欺辱她，让她失败。然而，希望也是有的：

“当学校心理学家问她，想不想找机会再来谈谈她的担忧时，妮莎说，她非常愿意。她走出办公室，又回来，谢谢学校心理学家帮她咨询，临走说了一句话：‘您知道吗？有时候，做个孩子好难啊！’”

（Wilmhurst，2011，p. 154）

对单身父母的社会支持也有差异。例如，法国很多父母是未婚的，他们在美国的研究中可能被划分为单亲父母，但是他们一般会住在一起，共同抚养孩子。法国的同居父母比美国的已婚父母分开的时间还少。由于分居和离婚对孩子有伤害，这提示我们，法国的同居结构发挥的机能好于美国的已婚家庭结构。但是对美国儿童来说，同居结构不如已婚结构，因为同居父母经常分开。这个例子说明一个事实：单亲父母结构机能的好坏受国家风俗的影响（S. L. Brown，2004）。

族群文化也有关系。单亲父母在非裔美国人中更容易被接受（60%的非裔6—11岁小学生只和父母中的一人共同生活）。在该文化中，亲属和朋友通常会帮助单亲父母，如果这些单亲父母属于其他族群，将会孤独并难以正常发挥机能（Cain & Combs-Orme，2005；Taylor et al.，2008）。相比之下，只有14%的亚裔美国家庭是单亲家庭（U.S. Bureau of the Census，2010）。因此，大多数亚裔美国儿童的父母都能照顾他们，而亚裔单亲家庭则显得更孤立。

所有这些都是一般现象，和平均数相比，成千上万的核心家庭也遇到了重重困难，很多继亲家庭能提供很好的养育，很多单亲家庭也是成绩斐然。家庭结构和文化既能保护也能破坏健康的机能发挥，但很多父母会克服结构带来的问题，给孩子以帮助。

（四）家庭困难

>>回答单身父母（问题见第436页） 不要为了给孩子找一个继父或继母而急着结婚。如果你这样做，事情可能变得更糟。最好多交几个能跟你孩子互动的同性和异性朋友。

两个因素妨碍着所有家庭结构、族群和国家的家庭机能的发挥：低收入和高冲突。很多家庭都被这两个因素困扰，因为经济压力会使冲突增多，反之亦然（McLanahan，2009）。

1. 贫穷

假设一个6岁男孩吐出了牛奶（每个6岁的孩子都可能不小心会这样），在一

科学观点

离　婚

研究者希望在经验数据的基础上（当然要这样）提供分析和启发，但是这一任务远远超越了已报告的事实。关于离婚的问题，有数千项研究和各种不同的意见需要思考、分析和整合，这是个难度很大的挑战。一位学者，安卓·切尔林(Andrew Cherlin) 做了这项工作。从 1988 年以来，他研究家庭问题长达 35 年，出版了 13 部专著，发表了 200 多篇论文。

需要分析的事实有以下三类 (Amato，2005；Brown，2010；Potter，2010)：

1. 美国的离婚率、结婚率和再婚率都世界领先。结婚率和离婚率之比，较 30 年前略有下降，但全部婚姻中仍有将近一半以离婚而告终。这是为什么？
2. 单亲父母、同居父母和继亲家庭有时能提供儿童所需的爱和帮助，但是平均来看，在父母结了婚的核心家庭中的儿童发展得更好。这是为什么？
3. 几乎所有研究都显示，平均来看，离婚会在若干年内妨碍儿童的学习成绩和心理社会性发展。这是为什么？

切尔林 (Cherlin，2009) 对这些事实进行了分析。他认为，问题在于美国文化是自相矛盾的：结婚是一种偶像崇拜，而个人自由也是崇拜的对象。结果，很多人主张独立性，认为婚姻用不着顾及他人（如父母和周围人）的意见。但是，当照顾孩子给他们造成了巨大压力时（个人自由意味着国家不会因为父母离开而支付育儿费用），婚姻就会造成紧张，夫妻因此分开。由于婚姻尚存一些理想主义的东西，于是他们责怪前任配偶或自己的草率决定，而不是制度，而且他们渴望再婚。

于是，他们会寻求另一个伴侣；如果可能，就寻求另一次婚姻——这可能导致另一次离婚。（离婚者比同年龄的单身者更可能再婚，第二次婚姻比第一次婚姻更可能失败。）这种情况因文化强调个人自由而持续，但儿童从中得不到任何好处，反复的变故只能使他们深受其害。

出于这种观点，努力劝说未婚父母赶快结婚的行为虽然意图不错，但目光短浅，因为这样的婚姻有离婚的高风险 (Brown，2010)。至少有一项对未婚母亲的追踪研究发现，和未结婚的母亲相比，后来结婚的母亲的情况变得更糟 (Lichter et al.，2006)。对未婚父母的研究发现，很多人把婚姻看作比分娩更大的风险 (Gibson-Davis，2009)。

这给了我们一点启示。切尔林认为，儿童受离婚伤害——以及受同居、单亲父母和继父母伤害——的主要原因不在于其父母婚姻的法律状况，而在于家庭生活缺乏稳定性。

现在，研究者把离婚看作一个发生在正常事件之前和之后的转变和冲突过程 (Magnuson & Berger，2009；Potter，2010)。如前所述，当儿童不得不忍受反复的变化和无尽无休的争吵时，其复原力很难形成——这就是离婚的后果。在儿童处在发展转折期（如进入小学或开始进入青春期），要应对这些情况尤其困难。

鉴于以上情况，美国很多年轻人做出了相反的选择：为回避离婚而回避结婚。这种策略看来有效——第一次婚姻的年龄增大是离婚率减小（而且比结婚率减小得更快）的原因之一 (Amato，

2010)。

除了做出分析、提供启发之外，发展科学的另一个任务是提出具体建议。多数研究者赞同以下四点：

1. 为减小离婚风险，应该谨慎地做出结婚的决定。
2. 一旦结了婚，夫妻就应努力维持亲密关系。在第一个孩子出生以及孩子进入青少年期时，幸福感通常会降低。懂得这一点，夫妻就尤其应该在这些时间段把更多的时间花在共同喜欢的活动中，如跳舞、旅游、祈祷、参加俱乐部，等等。
3. 如果离婚，父母需把过渡期缩到最短，同时保持孩子与亲生父母双方的关系。
4. 在小学期，学校可以给经历家庭变故的儿童提供至关重要的帮助。教师应该确保当家庭做不到时，学校是稳定性的避风港。

这些听起来很理想。但是，另一位毕生研究离婚家庭的女性学者指出：

"尽管离婚使有压力的生活事件增多，但是诸如贫穷、父母的心理和身体疾病以及不恰当的教育方法也很重要，它们关系到能否避免家庭矛盾，新的和谐满意的家庭关系能否建立，以及能否给个人成长与个性化提供机会。"

(Hetherington, 2006, p. 204)

不是所有的为人父母者都应该结婚，不是每一场婚姻都应该延续，也不是每个儿童都会被离婚摧垮。但可以肯定，每个孩子都能从有五种家庭机能（尤其是稳定和谐）的家庭中获益。成人能够提供这些。科学工作者也希望他们能够提供。

个机能良好、经济稳定的家庭，妈妈会指导他用拖把把吐出来的奶擦干净，爸爸会给他再倒一些奶，父母还会说一些能促进家庭和谐的话，如"每个人都会时不时地发生这种意外"。

如果这个6岁的男孩生活在一个单亲家庭，家人正被房租、失业等困扰，家里一个大孩子还要为学校出游交费，会发生什么？如果那盒牛奶是用最后一张食品券买来的，会发生什么？喊叫、大哭和指责几乎不可避免（兄弟姐妹可能会说，"他是故意的。"6岁男孩会反唇相讥，"你推了我。"一位访客可能说，"你应该教他怎样加点小心。"）这个例子说明，贫穷会导致在吐出牛奶时，愤怒也跟着吐了出来。

家庭收入与家庭机能、家庭结构都有相关。贫穷的影响是累积的；如果低社会经济地位从幼儿期持续到小学期，其破坏作用尤其明显 (Duncan et al., 2010)。

研究者希望确切地查明，收入为什么会影响发展。几位研究者提出了一个家庭压力模型，根据该模型，任何危险因素（如低收入、离婚、单亲父母和失业）能否构成问题，关键在于它会不会使压力增加。如果收入低是暂时的，家庭资产（房产所有权、投资等）能够缓冲紧张，贫穷的压力就较小 (Yeung & Conley, 2008)。如果经济困难持续下去，父母受教育很少，这种压力就会使成人与伴侣及孩子的关系紧张并产生敌意 (Conger et al., 2002；Parke et al., 2004)。因此，关键要看怎样对贫穷做出反应。

对富裕的反应也会造成问题。高收入家庭的儿童在发展方面也会遇到问题。一个原因可能是父母对孩子取得成功的期望过高，导致小学期的压力，并造成外化和内化问题，如致瘾物滥用、违法犯罪和进入中学以后成绩不良 (Ansary & Luthar, 2009)。

一些干预项目的宗旨是指导父母对孩子多鼓励，保持耐心 (McLoyd et al., 2006)。但是对低收入家庭来说，这个焦点可能错位了。贫穷本身——伴随着形形色色的问题，如不适当的学校、健康差以及无家可归的威胁——都会造成压力（见“研究设计”专栏）。

研究设计

研究者：Greg J. Duncan, Kathleen M. Ziol-Guest, and Ariel Kalil

发表期刊：《儿童发展》(*Child Development*, 2010)

参与者：在1968—1975年出生的个体，其父母是收入动力学抽样数据研究的参与者，该研究是美国探索家庭收入影响的一项追踪研究。本研究仅选择了从儿童期到成年期参加过重复测量的人员（总体中的1589人）。本研究的目的不仅是考察发展与收入的相关关系，还要考察发展的结果。

设计：在每个人一生的多个阶段收集数据，把详细的、重复测量的家庭经济指标进行合并，包括成人的身体质量指数、健康、教育、是否被逮捕、收入、职业和心理疾病。

主要结论：儿童期贫困对20年甚至30年后的成人的心理机能具有决定性影响，这尤其体现在工作时间和赚钱能力上。研究中控制了随着收入而变化的一些因素（如父母的教育水平和家庭结构）。儿童期（特别是小学期）的贫困本身对成年期的身心健康有破坏作用。

评论：由于低收入与家庭人口多、单亲父母、低教育水平等因素相关，本研究得出的贫困和结果的联系可能反映了第三个变量的影响。由于本研究收集了关于很多个体、很多变量的追踪数据，其结论——儿童期的贫困本身对发展有破坏作用——很可能是有效的。

第一章讲过的动力系统观也可以应用在贫穷问题上：对几代人的研究发现，贫穷既是一个原因，又是一个征象——受教育少的父母加上不成熟的情绪控制力，使他们较难找到好工作，并且教育好孩子，挣不到钱又加剧了困难 (Schofield et al., 2011)。

如果情况如此，那么较多的收入就意味着家庭机能可得到较好的发挥。对这种可能性有所帮助的一种情况是，由单亲母亲养育的儿童，即使其父亲不积极参与孩子的日常生活，但是若能支付赡养费，情况就会好得多 (Huang, 2009)。有些国家（如奥地利和爱尔兰）给单身父母发放补助金，也缩小了低社会经济地位儿童和中产阶层儿童在数学与科学学习趋向测验中的成绩差距。这种做法颇有启发性，但是也有争议和价值差异。有的发展学家报告说，单是提高收入并不能改进

父母养育 (L. M. Berger et al., 2009)。

2. 冲突

关于冲突的问题没有什么争议。研究者一致认为，家庭冲突会伤害儿童，当父母就养育孩子的问题争吵时，尤其会如此。这种争吵在继亲家庭、离婚家庭和大家庭中出现得更多。当然，核心家庭也难避免：如果父母互相虐待，或者一个离家出走，另一个留在家里却心烦意乱，孩子尤其会深受其害。

现在，研究者希望确切地查明家庭冲突的哪些方面是有害的，遗传是否有影响。例如，对"大五"人格的研究表明，基因使一些人更缺乏亲和性、更神经质。他们的子女会遗传这些基因。因此，假如一个生活在充满矛盾的家庭中的儿童出现了什么问题，根源可能是掌管其神经系统的基因的脆弱性，而不仅仅是冲突。

基因影响儿童对冲突的反应的情形在瑞典的一项涉及 867 对双生子的研究中得到了反映。这 867 对双生子都已结婚，都有一个青少年子女。研究者对遗传和冲突分别进行了考察，因为其中有 388 对是同卵双生子，479 对是异卵双生子。研究者还把每个青少年与其堂或表兄弟姐妹（双生子中另一人的孩子）进行了比较 (Schermerhorn et al., 2011)。该研究得到 5202 名个体的资料，其中 1/3 来自成年双生子，1/3 来自双生子的配偶，1/3 来自青少年。冲突评价采用了一份著名的问卷，所有参与者都要填写，包括的项目如"我们家里争吵不断"。研究者发现，虽然基因有一些影响，但是对儿童身心健康影响较大的还是家庭冲突本身。

小　结

父母影响着儿童的发展。对小学儿童来说，家庭发挥着五个机能：提供基本需求，鼓励学习，形成自我尊重，促进友谊，创造和谐性和稳定性。无论家庭结构如何，低收入和家庭冲突都会妨碍这些机能。

核心家庭和双亲家庭最普遍，其次是单亲家庭（美国小学生有超过 1/4 生活在单亲家庭）。有两个亲生父母的家庭倾向于提供较好的收入、稳定性和关注，从而使儿童受益。大家庭、祖辈家庭、继亲家庭、同性双亲家庭都有各自的脆弱性，但也能养育出成功的儿童。没有一种结构可以避免对儿童的伤害，即使是已婚亲生父母家庭也不能保证发挥最佳机能。

■

三、同伴群体

在小学期，同伴的地位越来越重要。幼儿希望向朋友学习，但是由于自我中心主义而会遭到拒绝。对比之下，小学儿童走出了自我中心，能意识到同学的看法、判断和成绩。社会比较是具体运算思维的一个结果。

（一）儿童的文化

同伴关系与成人—儿童关系不同，它是一种伙伴关系，彼此之间能够平等地协商、妥协、分享以及自我防御。结果，儿童在互相交往中积累了社交经验，这些经验不是随着长大而无师自通的。成人有时会命令儿童听话，有时会顺着孩子，但无论如何，他们比孩子年长，身体强壮，他们具有本年龄群的、而不是儿童的价值观和经验。

儿童文化由一些特殊的规则和行为构成，这些东西往往是由稍年长儿童传递给年幼儿童的；不但包括时尚和举止，而且包括价值观和礼仪。跳绳时唱的歌谣、骂人话和迷信往往是同伴文化的一部分。就连过家家的游戏也能反映儿童的文化。例如，“围着玫瑰转啊转，花儿把袋子都装满，花瓣花瓣飘啊飘，我们一起都摔倒”，这首歌最初就是儿童为应对死亡而创作的 (Kastenbaum，2006)。

儿童文化 (child culture)： 反映出与成人社会不同的、儿童特有的一套规则和礼仪，如特殊的习惯、行为方式和价值观念。

世界各地的儿童文化都提倡摆脱成人而独立。同学们会同情那些被父母亲吻的孩子（尤其是男孩），称他们是“妈妈的宝贝”，取笑那些被老师喜爱的孩子，称他们是“老师的宠物”“马屁精”，鄙视那些向老师出卖同学的孩子，称他们是“告密者”“告发者”和“卑鄙小人”。保密是儿童文化的一部分，因此父母甚至难以知道孩子的生活细节 (Gillis，2008)。亲子之间会闹矛盾。例如，很多儿童拒绝穿父母买的衣服，说是太松，太紧，太长，太短，或颜色、式样、品牌不对头，而父母根本没想到。

儿童文化并不都是正面的。比方说，孩子找同学去玩，父母看到孩子能很快地说第二种语言并为此自豪，但是如果孩子滔滔不绝地骂同伴，说土话、脏话，父母就会感到忧虑。儿童为了摆脱成人，寻求独立，会找那些藐视权威的朋友 (J. Snyder et al.，2005)，这样做有时无妨（如上课传纸条），有时有害（如在商店偷东西、吸烟）。

儿童的态度受朋友的影响。第十二章曾引用了约兰达和保罗的例子。他们的朋友都曾影响他们的生活。

约兰达：

我有一个朋友……她总是和我在一起，不管坏事还是好事……她常常跟我说，“坚持下去，你的梦想就能实现。”

保罗：

我想现在去信教，好吗？这样才能做好事，你知道吗？远离毒品那些东西。但是我时常想念那些伙伴。那是一个错误，因为那些伙伴也是我的家，你知道吗？

(quoted in Nieto，2000，pp. 220，149)

约兰达上了大学，保罗进了拘留所。

1. 友谊与社会接纳

儿童都希望被别人喜欢；如果他们有朋友，就能很快地向朋友学习，而且会感到很开心。若让他们选择没有朋友但是在班上很受欢迎（被很多同学看得起）与有朋友但是在班上不受欢迎（被同伴们忽略），多数人宁肯选择有朋友。在小学一年级，这种选择尤其明显，但是在青少年早期，在班上受欢迎则成了优先选择 (LaFontana & Cillessen，2010)。

随着社会认知和努力控制的进步，友谊会变得越来越强烈和亲密。对 6 岁儿童来说，只要同性别、同年龄、愿意跟他们一起玩合作游戏，什么人都能成为朋友。相比而言，10 岁的小学生对朋友的要求较高，较少换朋友，如果友谊中断，又很难找到新朋友，他们会更烦恼。性别差异也表现在活动中（女孩聊天多，男孩玩活跃游戏多），但是男孩和女孩都想交到好朋友。在 11 岁时交不到亲密朋友可以预测 13 岁时的抑郁 (Brendgen et al.，2010)。

在小学期，大多数儿童都在学习怎样做一个好朋友。如果问五年级学生，假如朋友被人取笑了，会怎么办。几乎所有人都说，他们会请朋友跟自己玩点有趣的事情，并且安慰朋友说“每个人都会遇到这种事”(Rose & Asher，2004)。

2. 受欢迎和不受欢迎的儿童

儿童都想交亲密的朋友，这是个普遍存在的事实，但另一个事实是，文化和年龄群影响着哪些因素会使一个儿童受欢迎或不受欢迎。在北美文化中，害羞的儿童是不受欢迎的，但是在 20 世纪 90 年代的上海，害羞的儿童往往会受到尊重而且受欢迎 (X. Chen et al.，1992)。

这是文化差异，但同样是在上海，12 年后，出现了年龄群差异。由于中国文化越来越看重自信，12 年后在同样的几所学校进行的调查发现，害羞的儿童没有 12 年前那样受欢迎了 (X. Chen et al.，2005)。第三项研究发现，在中国农村，害羞仍然被看重，而且能预测成年期的适应性 (X. Chen et al.，2009)。显然，年龄群和文化背景都有关系。

至少在美国，整个小学期，都明显存在着两类受欢迎儿童和三类不受欢迎儿童。那些“善良、诚实、合作”的儿童在小学期是被喜欢的。第二类受欢迎儿童是大约在五年级时的“体育成绩好、很酷、有支配性、有些傲慢而且……有攻击性的”(Cillessen & Mayeux，2004a，p. 147；Rodkin & Roisman，2010)。

攻击—被拒绝儿童 (aggressive-rejected)：因为敌意、对抗行为而被同伴拒绝的儿童。

退缩—被拒绝儿童 (withdrawn-rejected)：因为胆小、退缩和焦虑行为被同伴拒绝的儿童。

在三种不受欢迎儿童中，一类是被忽视而不被拒绝的儿童，他们被同学忽略了，但是同学们并不躲避他们。被忽视的儿童不喜欢学校生活，但是心理上正常，特别是假如他们的家庭能给予其帮助，或者他们有突出才能（如音乐或美术才能）的话 (Sandstrom & Zakriski，2004)。

另两类不受欢迎的儿童在小学期的抑郁风险和难以控制的愤怒风险会逐渐加大。一类是**攻击—被拒绝儿童**，他们因为敌视与对抗而不被同学喜欢；另一类是**退缩—被拒绝儿童**，因为胆小、焦虑而不被同学喜欢。这两类儿童的相似之处是他们常常误读社交情境，不善于情绪调节，而且在家里被虐待。他们可能变成欺凌者和被欺凌者，下面将讨论这一问题。

（二）欺凌与被欺凌

从发展的角度来看，儿童欺凌与攻击性的其他一些方面有关，包括虐待和青少年犯罪（已分别在第八章、第十一章讨论过了）。在这里，我们只谈学校中的欺凌和被欺凌问题。

欺凌的定义是对无能力或不能自我防卫的人进行重复的、一贯的故意攻击行为。欺凌发生在每个国家、每个社区和所有类型的学校（公立学校和私立学校；实验学校和传统学校；很大的学校和很小的学校）。成人往往意识不到，但儿童普遍能意识到。如一个女孩说的，“每个人或多或少都会被欺凌”(Guerra et al., 2011, p. 303)。

欺凌 (bullying)：重复、一贯地以身体、言语和社交形式故意伤害弱小的人。

欺凌有四种形式：

- 身体欺凌（击打、捏或掐、踢）
- 言语欺凌（取笑、嘲弄、起外号）
- 关系欺凌（破坏同伴接纳）
- 网络欺凌（利用电子媒体伤害别人）

前三种形式在小学中比较普遍，甚至会出现得更早，从幼儿园就开始了。网络欺凌是一种破坏性更大的关系欺凌，在中学和大学比在小学多。

欺凌定义中的一个关键词是：攻击是重复的。几乎所有人在小学期的某一时间点上都受到过一次性的攻击或被叫侮辱性的绰号。但是，被欺凌者会一次又一次地忍耐令人丢脸的体验，如被迫付午餐费，被辱骂和嘲笑，饮料或牛奶里被加了清洁剂，等等，防不胜防。被欺凌者不得不“谨慎、敏感、闭住嘴……在学校感到寂寞、被抛弃。一个普遍的规律是，他们在班里没有一个好朋友”(Olweus et al., 1999, p. 15)。虽然被欺凌者常常被认为特别令人讨厌或古怪，但情况通常并非如此。被欺凌者之所以被欺凌，是因为他们的情感脆弱性和社会孤立，而不是因为他们的外貌，虽然有时候一种与众不同的特征会成为被取笑的话题。

一个男孩说道：

> 你会受到欺凌，因为你弱小，惹人讨厌，或者因为你跟别人不同。耳朵大的孩子就会被欺凌。傻瓜会被欺凌。如果你太自私或爱炫耀，也会被欺凌。被老师宠爱会被欺凌。如果你在班里回答正确的次数太多，你也会被欺凌。班里有很多受欢迎的小群体，他们互相欺凌，也欺凌别的群体，你也可能在你自己的群体里被欺凌。如果你不想被欺凌，就不

得不非常低调，但是那样你会觉得悲哀，因为没有一个人会注意你。

(quoted in Guerra et al.，2011，p. 306)

在三类不受欢迎的儿童中，被忽视的儿童不是被欺凌者，他们是被忽略的、“默默无闻”的人。如果他们的家庭关系很好，就会较少受到欺凌之害——这适用于所有被取笑的儿童，但是对被忽视儿童尤其正确 (Bowes et al., 2010)。

欺负人的被欺凌者 (bully–victim)：攻击别人也被攻击的人。亦称挑衅型被欺凌者，因为他们做的事会激怒欺凌者。

但是，被拒绝的被欺凌者通常在家里也有麻烦。他们大多是退缩—被拒绝儿童，但也有些是攻击—被拒绝儿童。后者是**欺负人的被欺凌者**（或挑衅型被欺凌者）(Unnever，2005)，是“同伴群体中最被讨厌的成员”，既没有朋友，又没有同情者 (Sandstrom & Zakriski，2004，p. 110)。一项研究发现，教师往往讨厌那些欺负人的被欺凌者，而这使他们的问题变得更糟糕了 (Khoury-Kassabri，2009)。欺负人的被欺凌者在大多数情况下会受到欺凌，无论欺凌的形式如何 (Dukes et al., 2009)。

除了欺负人的被欺凌者，其他多数欺凌者并未被拒绝。其中一些人有低自尊，其他人很傲慢；之所以欺负人，是因为他们喜欢这样做，觉得欺负人很爽 (Guerra et al., 2011)。欺凌者往往很少有令人赞赏的朋友。他们的社交领悟力很强，能仔细挑选被欺凌者，找出那些被多数人拒绝的同学 (Veenstra et al., 2010)。在整个小学期，他们会巧妙地不让成人知道，欺负那些无抵抗力的被欺凌者。这些特征也适于关系欺凌、身体欺凌和言语欺凌。

欺凌现象在男孩中比在女孩中多。在小学期，多数欺凌者会选择同性别的人去欺负。男孩欺凌者通常比较高大，他们的目标是个头较小、比较瘦弱的男孩。女孩欺凌者往往是尖酸刻薄的孩子，她们专门欺负那些害羞的、低声细语的女孩。男孩通常会使用强力（身体攻击），女孩倾向于嘲笑、愚弄或传播谣言（口

谁受害更重？　一个 12 岁女孩和一个 10 岁男孩正在遭受欺凌，但他们受欺凌的方式不同。一些发展学家认为，口头攻击比身体攻击造成的痛苦更大，因为它持续的时间长。

头欺凌)。男孩和女孩都会使用关系欺凌，尤其是网络欺凌，而且随着年龄的增长越来越多。有趣的是，在小学期，性别角色也扩大到欺凌上了：女孩若欺负男孩会遭到拒绝，而年幼的男孩如果欺负女孩，就可能被其他男孩接纳——但是青春期到来之后（大约在 11 岁），这就行不通了，那时男孩欺负女孩将不再被羡慕 (Veenstra et al., 2010)。

1. 欺凌的原因与后果

欺凌行为可能因遗传素质或大脑异常而产生，但是如果一个学步儿有攻击性，父母、教师和同伴通常会教这个孩子控制冲动，学会情绪调节和努力控制。但相反的情况也可能发生 (Granic & Patterson, 2006)。如果幼儿与父母形成了不安全型依恋，家庭生活充满压力，家长对孩子的管教不力，或兄弟姐妹充满敌意，幼儿的攻击性就会增强。

同伴影响也不可忽视。一些同伴群体盛行关系欺凌，同学之间以互相愚弄和谩骂为乐 (N. E. Werner & Hill, 2010)。但是，如果学生们不赞成欺凌，欺凌的发生率就会降低 (Guerra & Williams, 2010)。

欺凌的后果可能持续若干年。很多被欺凌者会变得抑郁，欺凌者会变得更残忍。但是，这些后果并不是必然发生的。在小学一年级的时候，人们就可查明哪些孩子是欺凌者，哪些是被欺凌者，在他们的行为具有真正的破坏性之前，给予他们"积极的指导和矫正" (Leadbeater & Hoglund, 2009, p. 857)。如果不对欺凌者严加制止，他们和被欺凌者面临的风险包括社会理解力受损，学习成绩下降，很难与同学建立正常的关系 (Ma et al., 2009；Pepler et al., 2004)。旁观者也会深受其害，那些欺凌者在长大的过程中，常常看到家长的欺凌行为 (Monks & Coyne, 2011；Nishina & Juvonen, 2005；Rivers et al., 2009)。

2. 能否制止欺凌行为

很多被欺负的儿童找到了制止欺凌的办法——忽略、以牙还牙、化解或回避。一项研究考察了一些较年长的在一年里被欺负，但是到第二年就不再受欺负的儿童，其中的决定性因素是交到新朋友 (P. K. Smith et al., 2004)。友谊帮助了被欺凌的人，但是怎样做才能同时帮助那些欺凌者呢?

我们知道怎样做不起作用：增强学生的意识，对打架零容忍，或者把爱打架的学生编入一个治疗小组或一个班 (Baldry & Farrington, 2007；Monks, & Coyne, 2011)。这些方法会使一些学生的日常生活轻松了一些，但是能使攻击性增多。

学校的社会生态需要发生整体性变化——包括教师与欺凌旁观者，父母与可提供帮助的人，欺凌者和被欺凌者，大家需要一起改变。整个学校既可能增加、也可能减少欺凌的发生率。例如，美国科罗拉多州的一项对高自尊学生的研究发现，如果整个学校的氛围鼓励学习与合作，那些高自尊的学生就不大可能变为欺凌者。但是如果学校的氛围是敌意性的，高自尊的学生往往会成为欺凌者 (Gendron et al., 2011)。

同伴也起着关键作用：如果同伴只是注意到欺凌行为，只有意识但无所作为，就毫无帮助。如果同伴能与被欺凌者共情，不赞成欺凌行为，就会减少班里的攻击行为 (Salmivalli, 2010)。反对欺凌行为的先驱者丹·奥尔维斯 (Dan Olweus) 主张，所有人——教师、父母和同伴——要共同为减少欺凌而努力 (Olweus, 1993)。努力改变整个学校的氛围已被证明是卓有成效的，这种方法成功地在英格兰的29所学校中减少了欺凌行为 (Cross et al., 2011)，产生同样效果的还有整个挪威、芬兰 (Kärnä et al., 2011) 和一些美国学校 (Allen, 2010; Limber, 2011)。一篇综述 (Berger, 2007) 回顾了成功控制了欺凌行为的所有研究，得出了以下结论：

- 学校里的所有人都需改变，不仅是已被查明的欺凌者。
- 从低年级开始干预更有效。
- 评价至关重要：表面上看起来好的项目，实际上可能会造成伤害。

给欺凌者的父母的问题　一位家长跟你说，你的孩子是个爱欺负人的孩子。你的孩子不承认，辩解说，那个孩子不在乎被取笑。此时，你该怎么办？（答案见第449页）

最后一点的好处值得特别强调。对全校努力的追踪研究发现，有的项目导致了一些变量的差异，有的项目未造成变化，这些变化取决于儿童年龄和欺凌的指标（同伴对欺凌和被欺凌的报告，教师对欺凌发生率的报告等）。长期的努力表明，欺凌可以减少，但无法消除。

小　结

小学生有自己的文化，其中包括习俗所鼓励的相互忠诚。6—11岁儿童都希望并且需要社会接纳和密切的、平等的友谊关系，以防止孤独和抑郁。友谊比广受欢迎更被看重，被拒绝会带来痛苦。

大多数儿童都经历过偶然的同伴拒绝。但是一些儿童成了被欺凌者，被反复拒绝，没有朋友，经受着身体、口头或关系的欺凌。有时候，欺凌者在小学期和青少年早期受到了一些儿童的羡慕，但他们及其受害者可能由于儿童期形成的行为方式而在成年期深受其害。减少欺凌的一些努力取得了成功，另一些则没有。全校共同努力的方法可能是最好的，对于形成一种反对欺凌的文化来说，当事人和旁观者都是非常重要的。■

四、儿童的道德价值观

关于道德在何时出现有不同意见（见第十章），但有一点是无人质疑的，小学时期是道德发展的重要时期。7—11岁的年龄是

> 热切而活跃地探索儿童角色的年代……他们努力理解各种事物，把它们弄明白，并衡量对与错……这是发展道德想象力、用意愿和渴望开

足马力追赶别人的脚步的一段时光。　(Coles, 1997, p. 99)

共情的形成　看看他们的表情。对这个 9 岁的姐姐和 5 岁的妹妹来说，道德发展是很明显的。但不一定所有的兄弟姐妹都这样，可以想象如果两人都是愤怒的表情会怎样。

详尽的研究证实了这种乐观的评价。在小学期，儿童在道德判断、从习俗标准中分出普遍原则方面的能力已经相当强了 (Turiel, 2008)。经验研究显示，在整个小学期，儿童都很愿意为了分辨对错而参加道德争论 (Killen, 2007)。

有很多力量驱使儿童增加对道德问题的兴趣。其中三种是：(1) 同伴文化；(2) 个人经验；(3) 共情。前面已讲过，儿童文化的一部分涉及道德价值观，如对朋友忠诚，在大人面前会互相保护。儿童的个人经验也有关系。例如，多族群学校的儿童比单一族群学校的儿童更善于利用道德价值观来反对族群偏见（Killen et al., 2006）。最后，由于小学生意识到彼此的能力增强，他们的共情能力也有所增强。

>>**回答欺凌者的父母（问题见第 448 页）**　如果别人的指控是真实的，孩子的未来不容乐观。您孩子的否认是存在问题的信号。(一个无辜的孩子会因为知觉错误而感到担忧，而不是直接否认有任何问题存在。) 你可以问问老师，学校对欺凌现象采取了什么措施。家庭咨询可能有帮助。由于欺凌者往往有助纣为虐的朋友，你可能需要监控孩子的朋友，也可以帮助被欺负的孩子。跟孩子谈谈事情的利害关系。忽视这种情形以后会导致什么令人痛心的后果。

不过，这种逐渐增强的知觉也可能走向反面。前面提到的研究就是一例：欺凌者更善于挑选被羡慕欺凌者的同学拒绝的人来欺负 (Veenstra et al., 2010)。但是，小学生共情能力的加强至少能帮助他们做出道德判断，从而注意并且保护那些被不公正地拒绝的儿童。

道德上的进步不是自动发生的。第九章讲过，在家庭和文化影响下、心理理论发展得较迟缓的儿童，共情能力的形成也较慢 (Caravita et al., 2010)。一位考察了 7 岁儿童的学者得出的结论是，“道德胜任力可能是人类共有的特征，但是必须有一个具备特殊要求的情境把这种胜任力转化为实际的亲善行为” (van IJzendoorn et al., 2010, p. 1)。换言之，小学儿童能够进行道德思考，也能做出道德行动，但他们未必总是这样做。

(一) 道德推理

对儿童道德思维发展的不少研究始于皮亚杰所描述的儿童游戏时使用的规则 (Piaget, 1932/1997)。这些研究导致了劳伦斯·科尔伯格 (Lawrence Kohlberg, 1963) 对道德认知阶段的划分。

1. 科尔伯格的道德思维水平

科尔伯格认为，道德推理有三个水平，每个水平有两个阶段（见表 13.3），它们与皮亚杰的认知阶段平行。

前常规道德推理 (preconventional moral reasoning)：科尔伯格道德推理的第一个水平，看重奖励和惩罚。

■ **前常规道德推理**和前运算思维相似，具有自我中心性，儿童寻求个人快乐，回避痛苦，而不是关心周围的人们。

表 13.3　科尔伯格的道德推理的三水平六阶段

水平一：前常规道德推理
这是一个自我中心的水平，目标是得到奖励，免于惩罚。
- 阶段 1：强者为王：（惩罚与顺从倾向）最重要的价值是顺从权威，避免惩罚，使自己得到好处。不要被抓住！
- 阶段 2：先替自己着想：（工具性和相对性倾向）每个人都在意自己的需要。因为你对别人好，别人也对你好。

水平二：常规道德推理
这是一个社会中心水平，强调社会规则。
- 阶段 3："做个好孩子"。恰当的行为是让别人高兴的行为。社会赞许比任何特别的奖赏都重要。
- 阶段 4："法律与秩序"。恰当的行为意味着，即使身边没有警察，也要做一个守法的公民，遵守社会制定的法律。

水平三：后常规道德推理
这是一个以思想为中心的水平，强调道德原则。
- 阶段 5：社会契约。遵守社会规则的原因是它们使每个人受益，而且是通过对等的契约建立的。如果这些规则被破坏，或者一部分人不履行契约，这些契约就不再有约束力。在有些情况下，不遵守法律是符合道德的。
- 阶段 6：普遍伦理原则。一般的、普遍有效的原则，而不是由个人情境（水平一）或社会实践（水平二）决定对与错。伦理价值（如"生命至上"）是通过个人反思形成的，它可以否定自我中心的（水平一）或社会与群体的（水平二）价值观。

常规道德推理（conventional moral reasoning）：科尔伯格道德推理的第二个水平，强调社会规则。

后常规道德推理（postconventional moral reasoning）：科尔伯格道德推理的第三个水平，强调道德原则。

- **常规道德推理**与具体运算思维平行，它与当前可以看到的实际情形有关：儿童看到其父母、教师和朋友怎样做，就照他们的样子去做。
- **后常规道德推理**与形式运算思维相似，它采用逻辑和抽象概念，超越社会上可具体观察到的东西，提出"是什么"的问题，以便决定"应该是什么"。

科尔伯格认为，智力成熟会促进道德思维的发展。在小学期，儿童的回答从前常规水平转换到常规水平：具体思维和同伴经验帮助儿童从原来的两个阶段（水平一）进入下面的两个阶段（水平二）。在青少年期和成年期之前，后常规推理很少出现。

科尔伯格给小学期的男孩（也包括女孩、青少年和成人）编了一些道德两难故事。其中一个故事说的是一个叫海因茨的穷人的妻子快要死了，只有当地一个药房的老板有治疗该病的药，海因茨买不起这种药，因为药的售价是成本的 10 倍。

> 海因茨向他认识的所有人借钱，但是借到的钱只能付一半的药钱。他跟药房老板说，他妻子快死了，请求他卖便宜点，或以后再还他钱。但是药房老板说"不行"。绝望中的海因茨闯入那家药房，偷走了给他妻子治病的药。海因茨应不应该这样做？为什么？
>
> (Kohlberg, 1963, p. 19)

在科尔伯格的研究设计中，关键成分不是做出怎样的回答，而是做出这种回答的原因。例如，有人说，海因茨应该偷药，因为他需要妻子照顾他（前常规水平）；或者因为假如他没有救妻子的命，别人会谴责他（常规水平）；又或者因为，救他妻子的命比遵守法律更重要（后常规水平）。

2．对科尔伯格的批评

科尔伯格因为忽视了文化和性别差异而受到了批评。他最初的研究对象都是男孩，这可能使他忽视了女性照顾人、看重人际关系的价值观 (Gilligan，1982)。科尔伯格似乎看重抽象原则，而轻视个人需要，但是对别人的关爱在道德上的重要性不亚于不偏不倚的公正性 (Sherblom，2008)。

在一个问题上，科尔伯格是无可置疑的。儿童必须用他们的智能来检视他们的道德行为。这在一项实验中得到了证明，其中将 8—18 岁儿童分成三人一组的小组，让每个组决定怎样和另一个三人小组分一笔钱。一些组选择平等分享，另一些组比较自私。在怎样决定方面没有年龄差异，但是在争论的意见中出现了年龄差异。年长儿童，无论是做出了自私选择还是利他选择，都显示出了更复杂的理性化特征 (Gummerum et al.，2008)。

（二）儿童看重什么

多方面的研究显示，儿童在同伴、父母和文化的指导下形成了自己的品德 (Turiel，2006)。一些亲社会价值观在幼儿期已显露出来。其中包括对家人的关心，与其他儿童的合作，以及不能故意伤害别人 (Eisenberg et al.，2006)。即使是很小的幼儿也认为偷窃是不对的。

随着小学生对自己和他人的意识更明确，他们懂得，一个人的价值观可能与另一个人相冲突。具体运算认知使儿童能够观察并且使用逻辑推理，这促使他们去思考道德问题，并尝试让言行符合道德 (Turiel，2006)。由于逐渐长大，儿童能意识到同伴的不道德行为 (Abrams et al.，2008)，稍后，能意识到自己父母、他们自己以及他们所属文化的不道德现象。

1．成人对同伴

当儿童文化与成人道德冲突时，儿童一般会遵从同伴。例如，一个孩子会为了保护朋友而说谎。一项研究在更广泛的水平上发现，在一组儿童中，有 98% 的人认为，无论性别和族群，没有一个孩子应该被排除在一个体育队之外，即使成人社会对这一问题较不宽容。但同样是这些儿童，有些人认为，把一个人从朋友圈中排除是合乎情理的 (Killen et al.，2002)。

在关于教育的重要性的问题上，儿童的文化与成人道德的冲突也很明显。成人大多看重学校，儿童则互相鼓励逃学、考试作弊或退学。同伴的道德价值观有时高于成人的价值观。来看保罗的另一段话：

我不愿意受他们太多的影响，不愿意被拉入我不喜欢的境地。可是多半时候这太难了。你不希望别人说你是傻瓜。"你为什么想上学和我工作？……退学吧！"

（引自 Nieto，2000，p. 252）

难怪保罗后来真的退学了。

6—11 岁儿童有以下三点共同的价值观：

- 保护你的朋友。
- 不要跟大人说发生了什么事情。
- 不要跟同伴太不一样。

这三条价值观可以解释他们厌烦和蔑视的事物，也可以解释令成人困惑的穿着标准（如牛仔裤有时宽松得要掉下来，有时紧得穿不进去——这两种款式我的孩子们都穿过，但她们属于不同的年龄群）。了解了小学生的这些特征，他们不应声附和成人的道德也就不奇怪了。

2．发展中的道德价值观

皮亚杰曾经提出了一个关于道德的问题：惩罚是一种报应（让犯错者感到痛苦），还是一种补偿（赔偿损失）。皮亚杰认为，后者更成熟。他发现，在 8—10 岁时，儿童对惩罚的看法逐渐从报应观向补偿观转变 (Piaget，1932/1997)。为了考察同伴对道德的影响，有人对这一问题进行了重新探讨。

为了查明这一过程是怎样发生的，研究者给 133 名 9 岁儿童讲了下面的故事：

一天下午，一个男孩在自家院子里玩球。他爸爸看见他玩球，就让他在玩球的时候不要离房子太近，否则会打碎窗户。男孩并没有真正听他爸爸的话，还在房子附近玩。突然一下，球弹得很高，打破了窗子飞进了男孩的房间。他爸爸听见响声，过来看发生了什么。他爸爸想用最公正的方法惩罚男孩。他想出了两种惩罚办法。第一种是跟他说："你不听我的话，你必须赔修窗户的钱，我要从你的钱包里拿这笔钱。"第二种是跟他说："你不听我的话，作为一种惩罚，今天晚上你必须一直待在自己的房间里。"你认为这两种惩罚方法哪种最公正？

(Leman & Björnberg，2010，p. 962)

根据儿童的回答，研究者把他们分成两组，让 48 个人两两配对，每对中的两个人都选了不同的答案。研究者让他们就打碎窗户的事件进行讨论，在哪种惩罚最公正的问题上达成一致。作为一种控制，其余人不配对，也不讨论这一两难问题。在配对的 24 对学生中，有 6 对是男孩－男孩组合，有 6 对是男孩－女孩组合（其中的男孩主张补偿观），有 6 对是男孩－女孩组合（其中的女孩主张补偿观），还有 6 对是女孩－女孩组合。讨论只进行 5 分钟，结果选择报应惩罚的组比较多——皮亚杰认为这反映了一种道德上的不成熟。2 周和 8 周后，研究者又给儿童讲了两个内容相似的新故事，并再次提出这个问题，发现儿童的回答在逐渐向更成熟的补偿观演进［见图 13.2（彩）］。参加配对讨论的儿童所取得的进步更明显。

这项研究的主要结论是，儿童“就某一问题的讨论促使其进行个人反思，导致了发展的加速”(Leman & Björnberg，2010，p. 969)。这值得父母和教师注意：给儿童提出道德问题并让儿童谈论这些问题可以促进道德发展——虽不是立竿见影，但是不用等很久。

（三）关于使用童工的道德

现在我们回到本章开头提到的更换轮胎的男孩那件事上。童工在美国被认为是不道德的，但是国际社会中很难教育每个儿童都去争取权利，让一些国家遵守童工标准 (Print et al.，2008)。一些童工明显处于危险中，例如，在可能有致癌污染的矿山工作，或充当无机会逃避的性工作者。对这些儿童，一些国家并没有尽其所能地加以保护 (Diallo et al.，2010)。

然而，对儿童所做的工作很难做出判断。道德也具有可变性，这不仅体现在儿童中，而且体现在文化中。因此，要判断那个年幼的男孩该不该帮助他父亲，首先要回答，他的生活境况是否满足通常认为的儿童期的五种需要。他的物质需要是否得到了满足？他是否在学校学习？他有没有朋友？他是否为自己感到骄傲？以及他的家庭是否给了他和谐与稳定？如果对这些问题的回答都是肯定的，那么蒂法妮的震惊或那位父亲对孩子干活的肯定可能更多地反映了他们各自的文化，而不是男孩的处境。

本章所讲的道德问题主要涉及儿童的心理发展，这种发展需要对儿童做出逐一的谨慎的评价。例如，已婚夫妇家庭通常对儿童有好处，但也并非总是如此；朋友能保护儿童免受欺凌，也会怂恿儿童欺凌别人；自尊是一种积极的归因，但也可能变成过度的自尊。在看待发展的时候，每个儿童、每个家庭、每种文化都是不同的，在得出结论之前，必须考虑到这一点。

小　结

小学生对道德问题有浓厚的兴趣，在道德问题上他们受到文化、父母、特别是同伴的影响。科尔伯格的道德思维阶段与皮亚杰的发展阶段是平行的，他认为，道德的最高水平超越了任何一个国家的道德标准。儿童形成了自己的道德标准，这些标准可能不同于成人的道德。成熟、反思和讨论都会促进道德发展。

本章总结

一、儿童的天性

1. 所有发展理论都认为，小学生变得更独立且各方面的能力都增强了。埃里克森强调勤奋，儿童忙着努力掌握各种技能。如果他们做得不好，就会感到自卑。弗洛伊德认为这是心理性需求异常平静的潜伏期。
2. 小学期儿童形成了自我概念，和幼儿期相比，他们对自己的能力做出了更符合实际的评价。高自尊可能降低努力程度，在所有文化中都不被看重；低自尊也有伤害。
3. 家庭内的经常性争吵和巨大压力对儿童不利，累积的压力比单一的压力更可能阻碍儿童的发展。儿童对境况的解释、成人的帮助和同伴的存在可以增强其复原力。

二、家庭与儿童

4. 家庭、基因和同伴对儿童有多方面的影响。虽然多数儿童在小学期与兄弟姐妹共享家庭环境与父母，但兄弟姐妹中的每个人在家里会经历不同的（非共享的）境况。
5. 支持性家庭的五种机能可分别满足儿童的生理需要、学习需要、交朋友的需要、保护自我尊重的需要以及对安全、稳定与和谐家庭生活的需要。
6. 世界上最普遍的家庭结构是核心家庭，有时包括附近的亲戚和能提供帮助的人。其他双亲家庭有收养家庭、同性双亲家庭、祖辈家庭和继亲家庭，其中每一种都可能发挥好教养儿童的机能，但又都有各自的脆弱性。
7. 与双亲一起生活一般比只和父母中的一人生活更好，因为父母同盟能够支持儿童的发展。单亲家庭发生变化的可能性较大（例如，居住地点和家庭人口的变动），而且儿童（尤其是小学期儿童）会受到新环境和条件的压力。
8. 家庭收入影响着家庭机能的发挥。贫困儿童在情绪和行为问题方面有很大风险，因为贫困往往会阻碍父母教养的有效性。家庭不稳定和冲突非常有害。

三、同伴群体

9. 同伴对小学期的社会性发展影响很大。儿童的每个年龄群都有从稍年长儿童那里传递下来的文化。亲密的朋友对小学生的帮助巨大。
10. 受欢迎儿童可能善于合作、容易相处，也可能喜欢竞争、富于攻击。这取决于儿童的年龄和文化。
11. 被拒绝的儿童可能是被忽视的、攻击性强的或退缩的儿童。攻击性强和退缩的儿童的社会认知都有困难，他们对儿童期正常的平等交往做出了错误的解释。
12. 欺凌是小学生中的普遍现象，它会给欺凌者和被欺凌者带来长期后果。欺凌者可能受到羡慕，这使他们的行为更难停止。父母、教师和旁观者多层次的、长期的、全校性的努力是减少欺凌现象的最佳途径。

四、儿童的道德价值观

13. 小学生对分辨对错非常感兴趣。科尔伯格划分了与认知成熟性相关的道德推理的三个水平。有人批评他过分关注抽象概念，忽视道德的文化差异和性别差异，但儿童的确随着成熟而取得了道德思维的进步。
14. 在发生道德价值观冲突时，儿童往往选择忠诚于同伴胜过遵从成人的行为标准。与同伴讨论道德问题有助于儿童对其做出更深思熟虑的回答。

关键术语

常规道德推理，p450
大家庭，p434
单亲家庭，p434
儿童文化，p443
复原力，p425
攻击—被拒绝儿童，p444
核心家庭，p431
后常规道德推理，p450
家庭机能，p430
家庭结构，p430
努力控制，p424
欺负人的被欺凌者，p446
欺凌，p445
前常规道德推理，p449
潜伏期，p423
勤奋对自卑，p422
退缩—被拒绝儿童，p444
一夫多妻家庭，p434

你学到了什么？

一、儿童的天性

1. 埃里克森关于小学期发展阶段的观点与幼儿期有何不同?
2. 为什么小学期的社会比较非常重要?
3. 在看重谦虚还是自豪方面，为什么有文化差异?
4. 在什么情况下，较小的压力比较大的压力更有破坏性? 为什么?
5. 哪些因素有助于儿童复原力的形成?

二、家庭与儿童

6. 对非共享环境的研究为什么没有证明父母是无关紧要的?
7. 五种家庭机能中的哪一种是离婚父母最难提供的?
8. 家庭机能和家庭结构有何不同?
9. 在核心家庭中的儿童有何优势?
10. 继亲家庭有何优势和劣势?
11. 为什么安全、和谐的家庭对小学期尤其重要?
12. 单亲家庭怎样才能给儿童提供五种符合期望的家庭机能?
13. 哪些证据可以证明小学儿童能从家庭的连续性中受益?
14. 大家庭中的儿童有何优势和劣势?

三、同伴群体

15. 旁观者的不赞成对欺凌者和被欺凌者有何影响?
16. 儿童的穿着怎样反映了儿童文化?
17. 儿童受欢迎与否受到了文化和儿童年龄的哪些影响?
18. 欺凌者和欺负人的被欺凌者有何不同?
19. 在被欺凌者、教师和其他儿童中，什么人最能够制止欺凌行为? 为什么?

四、儿童的道德价值观

20. 根据科尔伯格的理论，道德的最高阶段是什么?
21. 对科尔伯格道德发展理论的主要批评是什么?
22. 儿童的互相讨论怎样影响了他们的道德推理?
23. 为什么儿童不能一直接受其父母的道德标准?

应　用

1. 到一个有小学生聚集的地方（如校园、公园或社区中心），对他们做最少半小时的自然观察。描述受欢迎儿童、一般儿童、退缩儿童和被拒绝儿童分别在做什么。至少注意一次潜在冲突（如在欺凌、嬉闹游戏中）。对事件发生顺序和结果加以描述。

2. 关注口头欺凌行为，描述至少两次某人说伤害你的话的事情，再描述两次你说的可能伤害别人的话的情况。两种情境有何区别?

3. 如果你的家庭结构与实际的不同，你的童年生活会有何不同。例如，若你和祖辈一起（或不在一起）生活，你的父母离婚（或没离婚），或你被收养（或没有被收养）。

小学期

生物社会性

一个健康的时期 在小学期，儿童的生长发育比幼儿期和青少年期都慢一些。身体游戏对健康和快乐非常关键。流行的身体问题（如肥胖和哮喘病）具有遗传根源，也有心理后果。

脑发育 脑继续发育，导致儿童的反应更快，自我控制力更强。儿童要掌握哪些特殊技能主要取决于文化、性别和遗传的能力，它们都在智力测验中得到了反映。儿童拥有多元智能，其中多数未在智商测验中得到反映。

特殊需要 一些儿童有特殊的学习需要。早期辨认、定向的教育和心理支持可以帮助他们，包括有双相障碍的儿童、患注意缺陷/多动障碍的儿童、特殊学习能力低下的儿童以及患泛孤独障碍的儿童。有特殊需要的儿童是否应该和其他儿童一起接受教育？对此，回归主流法引起了争议，尤其是在对待天才儿童上。

认知

小学期的认知理论 皮亚杰发现，儿童在大约 7 岁时具备了具体运算思维，包括理解分类和传递推理等逻辑原理的能力。维果茨基强调，儿童会以更开放的方式向良师（包括成人和同伴）学习。信息加工能力的进步包括记忆、知识、控制和元认知能力的增强。

语言 儿童对语言结构和可能性的理解力增强并扩展了他们的认知范围和词汇。儿童掌握了各种语言表达方式，包括正式的和非正式的，很多儿童能流利地掌握多于一种语言。

教育 国际比较揭示出国家或地区之间在显性课程和隐性课程以及学习方法上存在明显差异。美国对高标准教学的强调使测验的重要性增加，在实践中引起了争议。阅读大战和数学大战反映了传统教育与全人学习法之间的竞争。其他学校结构，包括在家上学和特许学校，是推进美国小学生学习的尝试。

心理社会性

儿童的天性 理论家们一致认为，很多小学生形成了各种能力、情绪控制以及应对压力的态度。一些儿童具有良好的复原力，能较好地应对困难，并且在朋友、家庭、学校和社会上找到支持。

家庭 父母继续影响着儿童，他们既能使问题加剧，也能使问题缓解。在小学期，家庭应能满足儿童的基本需求，鼓励儿童学习，培养自我尊重感，帮助儿童交朋友，以及——最重要的——提供和谐性与稳定性。核心家庭通常能提供这些，但单亲家庭、继亲家庭、同性双亲家庭或祖辈家庭同样能发挥好养育儿童的机能。没有一种家庭结构能保证发挥最佳机能。殷实的收入、低冲突和家庭稳定性会使所有年龄的儿童（尤其是小学儿童）受益。

同伴与道德 同伴群体变得越来越重要，对父母的依赖越来越少，使小学生更多地依赖朋友以求得帮助，互相忠诚并分享共同的兴趣。同伴拒绝和欺凌会导致严重的问题。道德发展受到同伴的影响，并在小学期取得进步。

附录 A

补充图表

对发展研究者来说，对详细数据进行检查是有用的，甚至是迷人的。数据可以揭示出一般性总结显示不出来的趋势和细微差别。本附录中的每个图形和表格都包含一般难以知晓的信息。

儿童越多，学校越差？（第一章）

出生率高的国家，死亡率也高，而且寿命短，文盲多。系统研究揭示出，这些变量互有关系。例如，蒙台梭利和瑞吉欧幼儿教育法被认为是全世界最好的项目，它们诞生于意大利，而意大利 15 岁以下人口比例为世界最低。

儿童占全国人口的比例

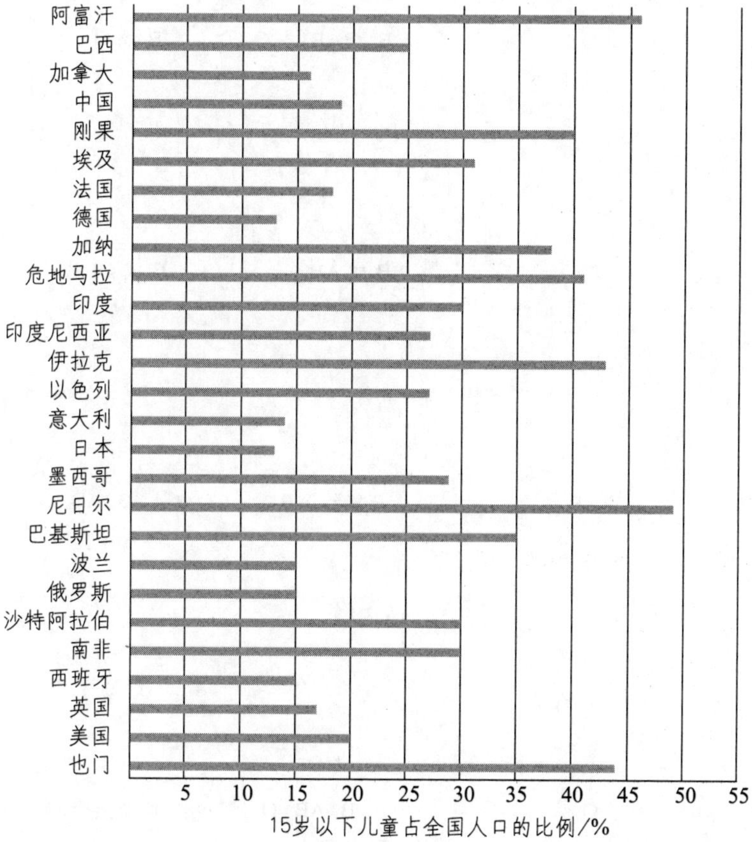

据 United Nations Statistics Division, unstats.un.org, 2011.

血型的遗传（第三章）

A 型和 B 型血具有显性特质，O 型血为隐性特质。表中第一列的百分比表示带有其父母遗传型的不同组合的概率，将具有第二列所示的遗传型。

父母的基因型 *	子女的基因型	表型	可献血给何血型	可接受何血型献血
AA + AA（100%） AA + AB（50%） AA + AO（50%） AB + AB（25%） AB + AO（25%） AO + AO（25%）	AA（从父母各得到一个 A）	A	A 或 AB	A 或 O
AA + OO（100%） AB + OO（50%） AO + AO（50%） AO + OO（50%） AB + AO（25%） AB + BO（25%）	AO	A	A 或 AB	A 或 O
BB + BB（100%） AB + BB（50%） BB + BO（50%） AB + AB（25%） AB + BO（25%） BO + BO（25%）	BB	B	B 或 AB	B 或 O
BB + OO（100%） AB + OO（50%） BO + BO（50%） BO + OO（50%） AB + AO（25%） AB + BO（25%）	BO	B	B 或 AB	B 或 O
AA + BB（100%） AA + AB（50%） AA + BO（50%） AB + AB（50%） AB + BB（50%） AO + BB（50%） AB + BO（25%） AO + BO（25%）	AB	AB	只能给 AB	A, B, AB, O（"万能受血者"）
OO + OO（100%） AO + OO（50%）	OO	O	A, B, AB, O（"万能献血者"）	只能接受 O

续表

父母的基因型 *	子女的基因型	表型	可献血给何血型	可接受何血型献血
BO + OO（50%）				
AO + AO（25%）				
AO + BO（25%）				
BO + BO（25%）				

* 血型与性别无关，因为血型同等地来自父母。

据 Adapted from Hartl & Jones，1999.

拯救生命：儿童与青少年免疫接种（第五章）

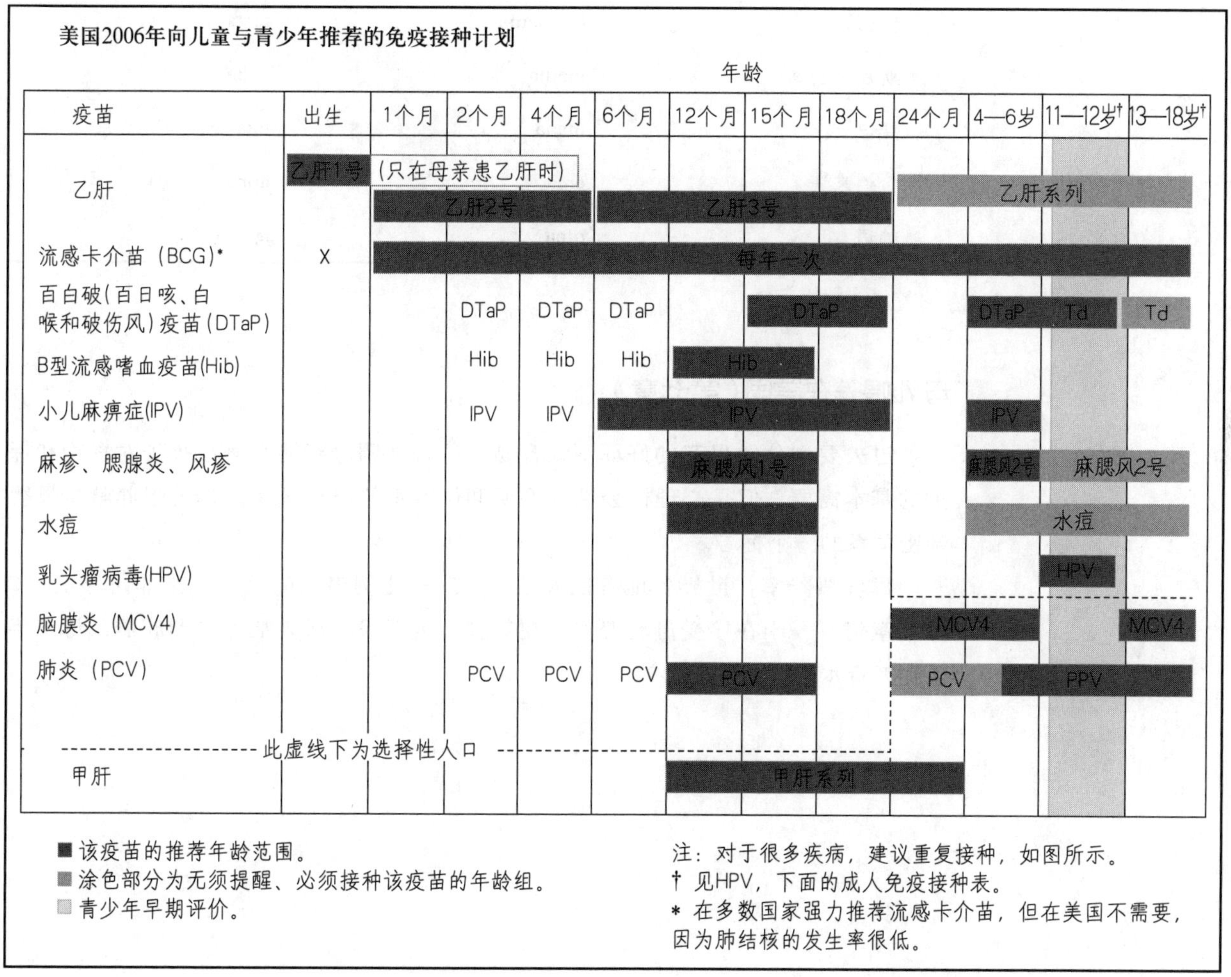

多种语言最早的发声和最早的词的相似性（第六章）

语言	婴儿向母亲说出的词	婴儿向父亲说出的词
英语	mama，mommy	dada，daddy
西班牙语	mama	papa
法语	maman，mama	papa
意大利语	mamma	babbo，papa
拉脱维亚语	mama	te-te
叙利亚	mama	baba
班图语	ba-mama	taata
斯瓦希里语	mama	baba
梵语	mana	tata
希伯来语	ema	abba
韩语	oma	apa

母乳喂养在美国（第七章）

过去要划分做母亲的好坏不太容易，过去强调母亲能否满足孩子对食物和保护的基本需要。但是心理社会性发展要仰仗敏感的母婴关系。母乳喂养就是母婴亲密关系的一个标志。

母乳喂养率在世界各地有巨大差异。这一比例最高的地方在南非，那里的2岁儿童仍有一半在接受母乳喂养。在美国，是否采用母乳喂养受到族群、母亲年龄和教育水平等因素的影响。

社会人口学因素	曾经母乳喂养的比例 /%	母乳喂养到 6 个月的比例 /%	母乳喂养到 12 个月的比例 /%	纯母乳 * 到 3 个月的比例 /%	纯母乳 * 到 6 个月的比例 /%
全美国	74.6	44.3	23.8	35.0	14.8
婴儿性别					
男	75.4	42.6	22.0	33.1	12.9
女	74.6	43.5	22.8	32.9	13.7
出生顺序					
头生	74.5	44.1	23.7	33.4	13.8
非头生	75.6	41.8	20.8	32.6	12.6
族群					
原住民（印第安人）	73.8	42.4	20.7	27.6	13.2
亚洲和太平洋岛国	83.0	56.4	32.8	34.1	14.5
西裔或拉丁裔	80.6	46.0	24.7	32.4	13.2
非裔（非－西裔）	59.7	27.9	12.9	22.7	8.2
欧裔（非－西裔）	77.7	45.1	23.6	35.3	14.4
母亲年龄					
小于 20	59.7	22.2	10.7	18.1	7.9
20 ～ 29	69.7	33.4	16.1	28.8	10.2
大于 30	79.3	50.5	27.1	36.6	15.5
母亲教育水平					
中学未毕业	67.0	37.0	21.9	33.7	9.2
中学毕业	66.1	31.4	15.1	25.8	8.9
大学肄业	76.5	41.0	20.5	34.1	14.4
大学毕业	88.3	59.9	31.1	45.9	19.6
母亲婚姻状况					
已婚	81.7	51.6	27.5	39.0	16.7
未婚†	61.3	25.5	11.9	20.9	6.4
居住地点					
市中心	75.5	43.9	24.4	32.8	13.3
市区	77.9	45.3	22.3	34.9	13.9
郊区和农村	66.4	35.0	17.4	28.8	11.8

* 纯母乳喂养的定义是只喂母乳，不喂固体食物、水和其他饮料。

† 未婚包括从未结婚、寡居、分居和离婚。

据 National Immunization Survey，Centers for Disease Control and Prevention，Department of Health and Human Services，2011.

美国0—18岁儿童的身高（第五、八、十一章）

美国儿童的身高和体重的范围。标有“第50百分位”的列表示平均数；标有“第90百分位”表示身高或体重超过90%的同龄人；标有“第10百分位”表示其身高只超过了10%的同龄人。注意，女孩的平均身高略低于男孩。

美国0—18岁儿童的身高/厘米

年龄	男			女		
	第10百分位	第50百分位	第90百分位	第10百分位	第50百分位	第90百分位
出生	47.5	50.5	53.5	46.5	49.9	52.0
1个月	51.3	54.6	57.7	50.2	53.5	56.1
3个月	57.7	61.1	64.5	56.2	59.5	62.7
6个月	64.4	67.8	71.3	62.6	65.9	69.4
9个月	69.1	72.3	75.9	67.0	70.4	74.0
12个月	72.8	76.1	79.8	70.8	74.3	78.0
18个月	78.7	82.4	86.6	77.2	80.9	85.0
24个月	83.5	87.6	92.2	82.5	86.5	90.8
3岁	90.3	94.9	100.1	89.3	94.1	99.0
4岁	97.3	102.9	108.2	96.4	101.6	106.6
5岁	103.7	109.9	115.4	102.7	108.4	113.8
6岁	109.6	116.1	121.9	108.4	114.6	120.8
7岁	115.0	121.7	127.9	113.6	120.6	127.6
8岁	120.2	127.0	133.6	118.7	126.4	134.2
9岁	125.2	132.2	139.4	123.9	132.2	140.7
10岁	130.1	137.5	145.5	129.5	138.3	147.2
11岁	135.1	143.33	152.1	135.6	144.8	153.7
12岁	140.3	149.7	159.4	142.3	151.5	160.0
13岁	145.8	156.5	167.0	148.0	157.1	165.3
14岁	151.8	163.1	173.8	151.5	160.4	168.7
15岁	158.2	169.0	178.9	153.2	161.8	170.5
16岁	163.9	173.5	182.4	154.1	162.4	171.1
17岁	167.7	176.2	184.4	155.1	163.1	171.2
18岁	168.7	176.8	185.3	156.0	163.7	171.0

据美国全国卫生统计中心（National Center for Health Statistics，NCHS）、卫生资源管理部门（Health Resources Administration，DHHS）。这些数据基于俄亥俄州黄温泉市费尔斯研究所（Fels Research Institute，Yellow Springs，Ohio）的研究。数据转换曾得到罗斯实验室的威廉·莫尔（William M. Moore，M.D.，of Ross Laboratories）的协助，在此致谢。

相同的数据，不同的形式

上表显示了各年龄儿童身高范围的详细而准确的数据。其中 2—6 岁儿童的数据和本图中的数据是相同的。专门用图列出 2—6 岁的情况是因为这一年龄是饮食习惯养成的重要时期。图和表这两种数据哪种更容易看懂呢？

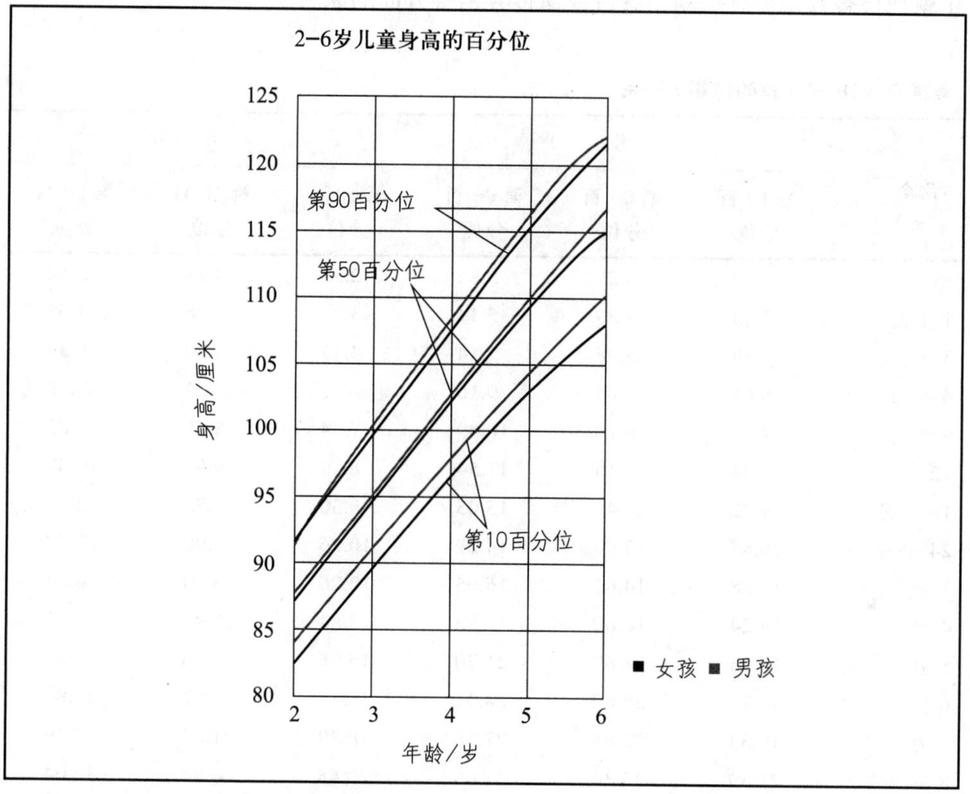

美国 0—18 岁儿童的体重（第五、八、十一章）

有关身体和体重的图表提供的是粗略的指引；一个儿童虽然可能与这些标准有差异，但仍是健康和正常的。但是，如果一个儿童的身高和体重不平衡（如身高在第 90 百分位，而体重在第 20 百分位），或远高于或低于同年龄标准，儿科医生就应检查其是否有疾病、虐待或遗传异常等方面的原因。

美国 0—18 岁儿童的体重 / 千克

年龄	男			女		
	第 10 百分位	第 50 百分位	第 90 百分位	第 10 百分位	第 50 百分位	第 90 百分位
出生	2.78	3.27	3.82	2.58	3.23	3.64
1 个月	3.43	4.29	5.14	3.22	3.98	4.65
3 个月	4.78	5.98	7.14	4.47	5.40	6.39
6 个月	6.61	7.85	9.10	6.12	7.21	8.38
9 个月	7.95	9.18	10.49	7.34	8.56	9.83
12 个月	8.84	10.15	11.54	8.19	9.53	10.87
18 个月	9.92	11.47	13.05	9.30	10.82	12.30
24 个月	10.85	12.59	14.29	10.26	11.90	13.57
3 岁	12.58	14.62	16.95	12.26	14.10	16.54
4 岁	14.24	16.69	19.32	13.84	15.96	18.93
5 岁	15.96	18.67	21.70	15.26	17.66	21.23
6 岁	17.72	20.69	24.31	16.72	19.52	23.89
7 岁	19.53	22.85	27.36	18.39	21.84	27.39
8 岁	21.39	25.30	31.06	20.45	24.84	32.04
9 岁	23.33	28.13	35.57	22.92	28.46	37.60
10 岁	25.52	31.44	40.80	25.76	32.55	43.70
11 岁	28.17	35.30	46.57	28.97	36.95	49.96
12 岁	31.46	39.78	52.73	32.53	41.53	55.99
13 岁	35.60	44.95	59.12	36.35	46.10	61.45
14 岁	40.64	50.77	65.57	40.11	50.28	66.04
15 岁	46.06	56.71	71.91	43.38	53.68	69.64
16 岁	51.16	62.10	77.97	45.78	55.89	71.68
17 岁	55.28	66.31	83.58	47.04	56.69	72.38
18 岁	57.89	68.88	88.41	47.47	56.62	72.25

据美国全国卫生统计中心、卫生资源管理部门。

批判性思考问题 怎样解释男孩和女孩身高和体重的这种发育差异？（答案见第 467 页）

比较

看到了吗？第 464—465 页图中显示的男孩和女孩的身高的发展曲线比本图中

的男孩和女孩体重曲线更靠近。18 岁时，男孩和女孩身高的第 10 百分位和第 90 百分位之间只相差 15 厘米，但是体重相差近 30 千克。

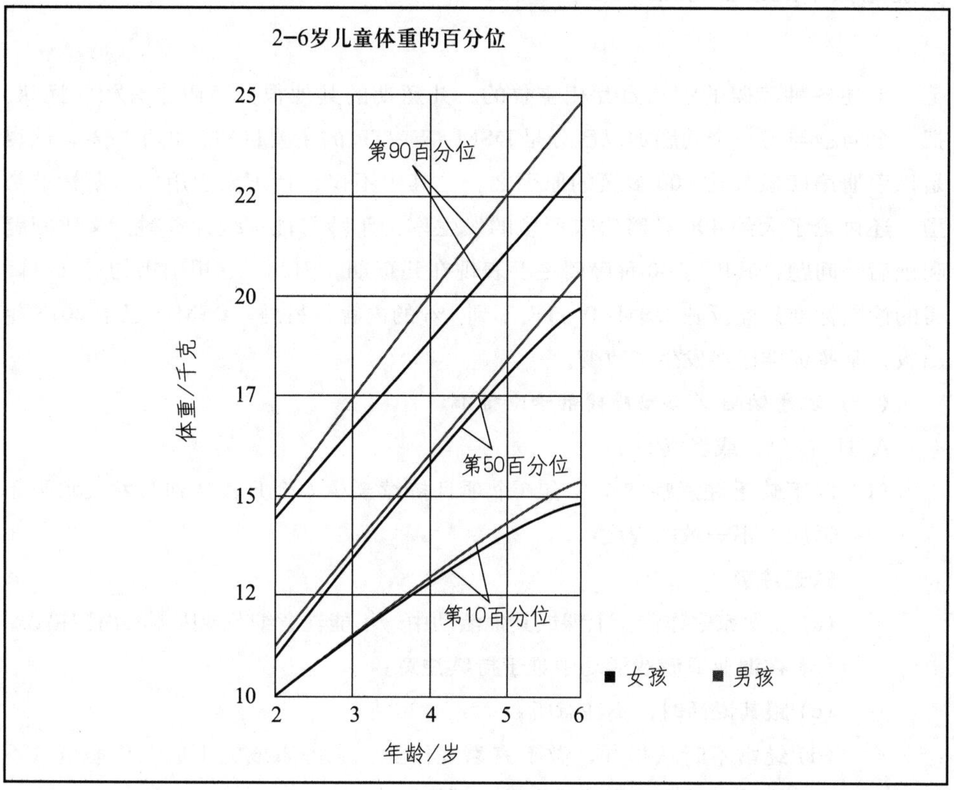

>>回答批判性思考（问题见第 466 页） 在美国，营养一般没有问题，这是身高差异很小的原因。但是饮食习惯在很大程度上受到家庭和文化的影响，结果使几乎一半的北美人超重或肥胖。

《精神疾病诊断与统计手册》第四版修订版（DSM-IV-TR）对注意缺陷/多动障碍、孤独症、阿斯伯格障碍、雷特综合征、阅读能力低下和数学能力低下的诊断标准（第十一章）

上述各种障碍的症状是互相重叠的。儿童期的其他很多障碍也有相同症状。把一个问题与另一个问题加以区分是DSM-Ⅳ-TR的主要目的。此非易事，这也是该手册第四版长达900多页的原因之一。其中不仅包括下面引用的诊断标准类型，还讨论了大约400种障碍或亚型的发生率、年龄与性别统计资料、文化问题和预后等问题，其中有40种障碍主要表现在儿童期。因此，这里引用的对五种障碍的诊断标准只能反映DSM-Ⅳ-TR不到1%的内容。另外，DSM-5已于2013年出版，某些标准已经发生了改变。

（一）注意缺陷／多动障碍的诊断标准

A. 具有（1）或者（2）：

（1）以下缺乏注意症状至少有6个项且持续至少6个月，达到与发展水平不适应、不一致的程度：

缺乏注意

(a) 在做家庭作业、上课或其他活动中，不能注意细节或因粗心而犯错误；

(b) 在课业或游戏活动中难于持续注意；

(c) 跟其说话时，不注意听；

(d) 经常不听从指导，做不完家庭作业、家务事或完不成工作职责（不是因为反抗行为或对指导不理解）；

(e) 安排课业和活动常有困难；

(f) 经常回避、厌恶或勉强投入需持续的心理努力的课业（如学校作业和家庭作业）；

(g) 经常丢失课业或活动需要的东西（如玩具、学校作业、笔、书或文具）；

(h) 经常因外界刺激而分心；

(i) 经常忘记日常活动。

（2）下列多动－冲动症状中有6条（或更多）且至少持续6个月，达到不适应、不符合发展水平的程度：

多动

(a) 在座位上经常动手动脚，不老实；

(b) 在课堂上或其他需要坐在座位上的场合离开座位；

(c) 经常在不适当的场合到处跑、攀爬（对青少年或成人而言，可能有坐立不安的主观感觉）；

(d) 经常不能玩安静的游戏或从事安静的休闲活动；

(e) 经常"忙个不停"或"身上像装了发动机，停不下来"；

(f) 经常过分地说话。

冲动

(g) 经常在问题没说完之前就不假思索地说出答案；

(h) 发生变化时很难等待；

(i) 经常打断或干扰别人（如莽撞地介入别人的谈话或游戏）。

B. 导致障碍的一些多动－冲动性或注意力不集中的症状常在 7 岁前表现出来。

C. 症状导致的障碍表现在两种或多种背景中，如学校（或工作场合）和在家里。

D. 必须查明在社交、学习或职业机能方面造成明显缺陷的证据。

（二）孤独症的诊断标准

A. 总共有 6 项（或更多）症状来自（1）、（2）和（3），其中至少有两项来自（1），一项来自（2），一项来自（3）：

（1）社交互动的本质性缺损，至少表现出以下两项：

(a) 使用各种非言语行为的缺损，如使用眼对眼注视、面部表情、体语和手势调节社交互动；

(b) 不能建立适合于发展水平的同伴关系；

(c) 不能自发地与别人分享快乐、兴趣或成功（如不能把感兴趣的事物展示给别人、引起别人注意或向别人指出来）；

(d) 缺乏社交或情感的相互性。

（2）沟通能力的本质性缺损，至少表现出以下 1 项：

(a) 口语发展迟缓或完全缺乏（也不试图使用手势或哑语等其他沟通方式加以补偿）；

(b) 在个人的适当言语方面，明显缺乏发起与别人的谈话或维持谈话的能力；

(c) 刻板、重复地使用语言或使用与众不同的语言；

(d) 缺乏适合发展水平的各种自发的假装游戏或社会模仿游戏。

（3）行为、兴趣与活动的有限的、重复的和刻板的形式，至少表现出以下 1 项：

(a) 以一种或多种刻板而有限的感兴趣方式，表现出全神贯注行为，其强度和力度均超乎寻常；

(b) 明显地、固执地坚持一些特殊的、不起作用的惯常的或仪式行为；

(c) 刻板、重复的怪癖动作（如手或手指的拍打或屈伸，或复杂的全身动作）；

(d) 持续地全神贯注于物品的一些部分。

B. 3 岁前发作，在以下至少 1 个方面发展迟缓或不能正常发挥机能：

（1）社交互动；

（2）在社交沟通中使用语言；

（3）象征性游戏或想象游戏；

C. 对症状的评价不好于雷特障碍或儿童期分裂障碍。

（三）阿斯伯格障碍的诊断标准

A. 社交互动的本质性缺损，至少表现为以下 2 项：

（1）使用多种非言语行为的明显缺损，如使用眼对眼注视、表情、体语、手势来调节社交互动；

（2）不能建立适合于发展水平的同伴关系；

（3）不能自发地寻求与别人分享快乐、兴趣或成功（如不能把感兴趣的事物展示给别人、引起别人注意或向别人指出来）；

（4）缺乏社交或情感的相互性。

B. 行为、兴趣与活动的有限的重复、刻板形式，至少表现出以下一项：

（1）以一种或多种刻板而有限的感兴趣方式，表现出全神贯注的行为，其强度和注意力表现异常；

（2）明显地、固执地坚持一些特殊的、不起作用的惯常或仪式行为；

（3）刻板、重复的怪癖动作（如手或手指的拍打或屈伸，或复杂的全身动作）；

（4）持续地全神贯注于物品的一些部分。

C. 障碍导致社交、职业或心理机能的其他重要领域在临床上的明显缺损。

D. 临床上未发现明显的一般性语言迟滞（如 2 岁时说出单词句，3 岁时使用沟通短语）。

E. 临床上未发现以下方面的明显迟滞：认知发展、适合年龄的自我照顾技能、适应行为（而不是社交互动行为），以及在儿童期对环境的好奇心。

F. 此标准不适于另一种特殊的广泛性发展障碍或精神分裂症。

（四）学习障碍的诊断特征

当个体在阅读、数学或写作标准化测验中的成绩大幅低于符合其年龄、所受教育和智力水平的成绩时，即被诊断为学习障碍。学习困难明显影响学习成绩，也会影响需要阅读、数学、写作技能的日常活动。所采用的不同统计方法会造成其显著性的差异。

“大幅低于”通常被定义为成绩和智商之间的差异超过 2 个标准差。成绩与智商之间的较小偏差（如 1 ～ 2 个标准差）有时也会使用，特别是在以下场合中：个人智商得分受到认知加工方面某种相关障碍的影响，受到一种共生性心理障碍或一般身体疾病的影响，或受到本人所属的族群或文化背景的影响。如果有感觉缺失，则学习困难必然大于通常与缺失有关的障碍造成的困难。学习障碍可能会持续到成年期。

相联系的特征与障碍

自暴自弃、低自尊和社交技能缺失可能与学习障碍相联系。据报告，有学习障碍的儿童与青少年的辍学率接近 40%（或相当于平均辍学率的 1.5 倍）。有学习障碍的成人则有明显的求职与社交适应困难。在有行为障碍、对立性违抗障碍、注意缺陷/多动障碍、重度抑郁障碍或轻度抑郁障碍的人中，有10%～25%的人同时有学习障碍。有证据表明，语言发展迟滞可能与学习障碍（尤其是阅读障碍）同时发生，尽管这些迟滞不能充分确认对沟通障碍的单独诊断。学习障碍还可能与发展性协调性障碍的较高比例相关。

在认知加工方面的一些潜在异常（如视知觉、语言加工、注意或记忆等方面的缺陷，或这些缺陷的组合），往往在学习障碍之前发生，或与学习障碍相关。对这些过程的标准化测验的信度和效度通常低于心理教育测验。遗传素质、围生期伤害、各种神经疾病或身体疾病可能与学习障碍的发展有关，但这些疾病不一定能对最终的学习障碍做出预测，有学习障碍的很多人并没有这些病史。但是人们多次发现，学习障碍多次与各种一般疾病相关（如铅中毒、胎儿酒精综合征或脆性X综合征）。

特殊的文化特征

应该谨慎地对待智力测验的方法，以确保充分注意到每个人的族群或文化背景。为此，通常要同时使用一些测验，其中要用标准化的测验样本来代表个体的相关特征，或者雇用熟悉个体族群或文化背景的测验人员。要对学习障碍做出诊断，个别化的测验是必不可少的。

发生率

对学习障碍发生率的估计为2%～10%，取决于所探查的性质和采用的定义。美国公立学校大约有5%的学生被确定有学习障碍。

（五）315.00 阅读障碍的诊断标准

A. 本人参加阅读准确性或理解力标准化测验的成绩大幅低于预期，这种预期的依据是本人的实际年龄、智力测验结果和所接受的适合于年龄的教育。

B. 标准A中的情况影响到学习成绩或需要阅读技能的日常活动。

C. 如果有感觉缺陷，阅读困难的程度将超过通常与该缺陷相关的障碍。

（六）315.1 数学障碍的诊断标准

A. 由标准化测验测得的数学能力大幅低于预期，预期的依据是个人实际年龄、智力测验分数和适合于年龄的受教育水平。

B. 标准A中的情况影响到学习成绩或需要数学技能的日常活动。

C. 如果有感觉缺陷，数学能力的困难将超过通常与该缺陷相关的障碍。

（七）299.80 雷特综合征的诊断标准

A. 下列情况全部有表现：

（1）孕期或围生期发育明显正常；

（2）出生后前5个月，精神运动发展明显正常；

（3）分娩时头部状况正常。

B. 在正常发育期后出现以下症状：

（1）在5个月—48个月，头部发育减慢；

（2）在5个月—30个月，失去原来学会的有目的的手部技能，随后出现刻板行为（如扭绞双手行为或洗手行为）；

(3) 失去早期发展过程中已有的社交参与行为（尽管以后会形成社交互动能力）；

(4) 出现明显不协调的步态或躯干动作；

(5) 表达性和接受性语言严重缺陷，同时出现严重的精神运动迟缓。

是动机还是成绩？（第十二章）

国际学生评估项目（Programme for International Student Assessment，PISA）是一项测查学生运用知识能力的国际测验。对中国学生高分数和美国学生低分数的解释是学生的动机：中国年轻人被认为是想为民族争光。多数专家相信，美国学生没有抱着如此强烈的动机去学校学习，所以他们的成绩较差。

科学		阅读		数学	
国家或地区	PISA **分数**	**国家或地区**	PISA **分数**	**国家或地区**	PISA **分数**
中国上海	575	中国上海	556	中国上海	600
芬兰	554	韩国	539	新加坡	562
中国香港	549	芬兰	536	中国香港	555
新加坡	542	中国香港	533	韩国	546
日本	539	新加坡	526	中国台湾	543
韩国	538	加拿大	524	芬兰	541
新西兰	532	新西兰	521	列支敦士登	536
加拿大	529	日本	520	瑞士	534
爱沙尼亚	528	澳大利亚	515	日本	529
澳大利亚	527	荷兰	508	加拿大	527
荷兰	522	比利时	506	荷兰	526
中国台湾	520	挪威	503	新西兰	519
德国	520	爱沙尼亚	501	比利时	515
列支敦士登	520	瑞士	501	澳大利亚	514
瑞士	517	波兰	500	德国	513
英国	514	冰岛	500	爱沙尼亚	512
斯洛文尼亚	512	美国	500	冰岛	507
波兰	508	列支敦士登	499	丹麦	503
爱尔兰	508	瑞典	497	斯洛文尼亚	501
比利时	507	德国	497	挪威	498
匈牙利	503	爱尔兰	496	法国	497
美国	502	法国	496	斯洛伐克	497
总平均分	501	中国台湾	495	**总平均分**	497
捷克共和国	500	丹麦	495	奥地利	496
挪威	500	英国	494	波兰	495
丹麦	499	匈牙利	494	瑞典	494
法国	498	**总平均分**	494	捷克共和国	493
冰岛	496	葡萄牙	489	英国	492
瑞典	495	意大利	486	匈牙利	490
奥地利	494	拉脱维亚	484	卢森堡	489
拉脱维亚	494	斯洛文尼亚	483	美国	487
葡萄牙	493	希腊	483	爱尔兰	487

6—11 岁儿童每周花在各种活动中的时间变化（第十二章）

事实是科学的基石，但事实可能以多种方式呈现，对事实也有多种解释。你对下列事实的看法反映了你的价值观，可能与这些儿童的父母、教师的价值观相当不同。

使用媒体的总时间

8—18 岁的儿童和青少年一天中使用各种媒体的平均时间：

	2009 年
电视节目	4:29:00
音乐或音频	2:31:00
计算机	1:29:00
视频游戏	1:13:00
平面媒体	0:38 :00
看电影	0:25:00
接触媒体的总时间	10:45:00
多种活动所占比例	29%
使用媒体的总时间	7:38:00

据 Generation M2: Media in the Lives of 8- to 18-Year-Olds, A Kaiser Family Foundation Study, January 2010.

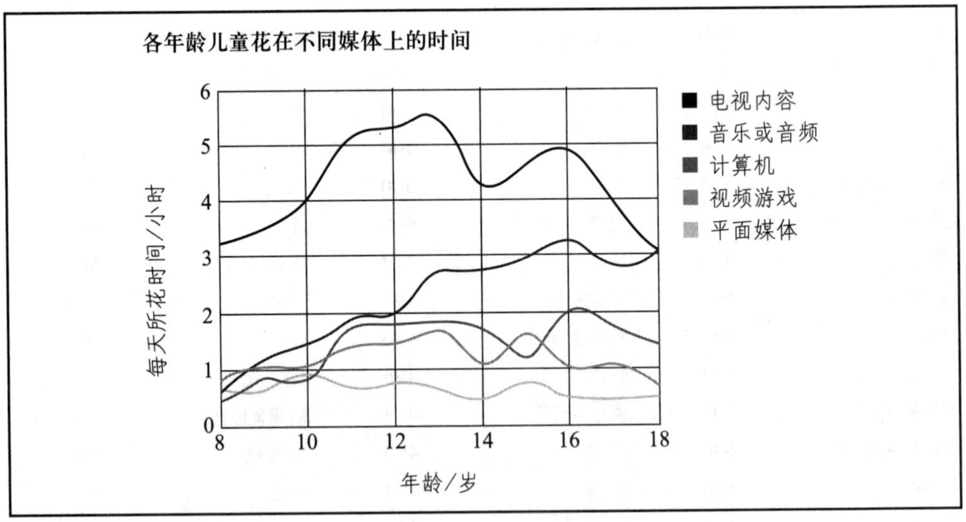

附录 B

与本书相关的美国幼儿教育协会标准

本部分是对本书与 2010 年美国幼儿教育协会初级与高级专业准备大纲标准的相互关系的一览。初级标准的要素表示为“初”，高级标准的要素表示为“高”；若初级和高级标准相同的，则表示为“初与高”。

正像人们对一本儿童发展教科书所预期的那样，本书与标准 1（促进儿童发展与学习）和标准 2（建立家庭与社区关系）的相关最高，这些知识是准备从事幼儿教育工作的人必须掌握的。和本书内容有适度相关的还有，标准 3 中的要素 3a 和 3b（用于帮助幼儿及其家庭的观察、记录和评价）标准 4 的要素 4a 和 4b（使用有效促进发展的方法），尽管这些标准与知识的实际应用而不是知识的获得有更直接的关系。

标准 3（要素 3c 和 3d）、标准 4（要素 4c 和 4d）、标准 5（运用足够的知识，设计有意义的课程）、标准 6（怎样成为专业人员）和标准 7（幼儿期的经验积累）主要涉及准备从事幼儿教育人员把知识和方法加以应用的能力，因此已超出本书涵盖的内容。

美国幼儿教育协会标准是为 8 岁以下儿童的教育工作者编制的。下面列出的相关内容可以应用到这一年龄，尽管本书定义的小学期是 6—11 岁。

标准 1　促进儿童发展与学习

标准 1 的要素

（初与高）1：知道并理解从出生到 8 岁儿童的特点和需要。

（初与高）1b：知道并理解对早期发展与学习的多重影响。

（初与高）1c：运用发展的知识为幼儿营造健康、尊重、支持性和挑战性的学习环境。

0—2 岁

第二章

- 介绍了几个主要的发展理论：精神分析理论、行为主义或社会学习理论，以及认知或信息加工理论。包括对如厕训练方法的潜在影响的“批判性思考”专栏。
- 介绍了晚近的理论：社会文化理论（维果茨基等人）、人本主义和进化论。

第三章

- 介绍了有关染色体与遗传变量的知识，这些因素导致了影响儿童生物社会性、认知和心理社会性发展的可查明的症状，如唐氏综合征、血友病、脆性X综合征、镰状细胞贫血症、囊性纤维化和地中海贫血。
- 用表格归纳了20种常见的遗传疾病以及对每种病的简要介绍。

第五章

- 介绍了从出生到2岁的身体变化。
- 讨论了正常睡眠模式、睡眠问题及其潜在影响。
- 介绍了0—2岁正常的脑发育，包括脑的基本结构、神经网络的形成以及经验对脑发育的影响。
- 讨论了刺激缺乏、压力、社交剥夺和婴儿摇晃综合征对脑发育的影响，以及处于危险中的家庭的干预。
- 讨论了五种感觉的发展和作用，感觉和知觉的区别；皮层语言区的成熟及其对语言发展的影响；感觉对社会交往的适应；有关婴儿痛知觉的争论。
- 讨论了大动作和精细动作技能的发展，包括不同文化影响导致的动作技能差异。
- 讨论了婴儿的营养需求、母乳喂养的好处，以及营养不良对生理与认知的影响。

第六章

- 介绍了0—2岁的认知发展。
- 介绍了皮亚杰的感觉运动智力阶段。
- 介绍了信息加工理论和婴儿记忆问题。
- 介绍了0—2岁语言发展：语言习得的普遍次序、命名激增以及语言学习的经典理论。

第七章

- 介绍了0—2岁婴儿期和学步期的情绪发展。
- 讨论了婴儿的情绪，包括微笑和大笑、愤怒和悲伤、恐惧（陌生人警觉和分离焦虑）。讨论了学步儿的情绪，包括自豪、羞怯、内疚、难堪和自我觉知的发展。
- 讨论了大脑成熟对社交动力的支持作用；压力造成的异常脑发育及其对情绪发展的负面影响。
- 讨论了纽约追踪研究划分的四种气质类型、气质的连续性和不连续性、气质对亲子关系的影响（良好匹配）。
- 讨论了婴儿心理社会性发展的理论：精神分析理论、行为主义或社会学习理论、认知理论（工作模型的发展）、社会文化理论（族群理论及其对近端和远端父母教养法的影响）。

- 讨论了社会纽带的形成，包括同步性、依恋的阶段、依恋类型和社会参照。
- 讨论了非母亲看护的日托形式，包括高质量日托的特征（对每个婴儿的充分注意、鼓励语言和感觉运动发展、关注健康和安全、和蔼可亲且反应敏捷的专业看护者；可见表 7.3），以及日托对婴儿和学步儿的影响。

2—6 岁

第八章

- 介绍了幼儿期的一般生长模式、营养需求、营养问题（营养不良、超重和肥胖）对身体发育的潜在影响，以及口腔卫生的重要性。
- 介绍了大脑发育，包括大脑主要结构的详解图［图 8.2（彩）］。
- 介绍了髓鞘化、快速思维加工和反应时。
- 介绍了大脑单侧化和胼胝体的发育；包括关于左利手的差异等于缺陷谬误。
- 介绍了前额叶皮层的成熟及其带来的神经控制的发展；讨论了冲动性和固着性的文化差异。
- 介绍了边缘系统的成熟，对下丘脑的详细图解（图 8.5），就儿童情绪反应向教师提出实际建议，以及压力对边缘系统的影响（皮质醇分泌过多，学习和记忆的永久性缺陷）。
- 介绍了幼儿期动作技能的发展，用表列出了正常发展情况下掌握各种技能和成就的大约年龄；可帮助动作发展的各种反射与活动；动作技能发展时机的性别差异。
- 讨论了伤害发育中的身体和大脑、阻碍平衡性、手指灵活性和动机的环境危险（污染、铅、农药、双酚、吸烟等）；讨论了不同文化背景下的环境危险以及危险与社会经济地位之间的关系。
- 讨论了预防可避免伤害的三个水平，包括有关安全环境的规定。
- 介绍了虐待，包括性虐待和忽视对生物社会性、认知和心理社会性的短期和长期影响；说明了虐待的警示信号。

第九章

- 介绍了 2—6 岁的认知发展。
- 讨论了皮亚杰前运算思维的特征（自我中心性、中心论、关注表面、静态推理、不可逆性、守恒、泛灵论）。
- 介绍了维果茨基认知理论的各个要素（指导性参与、最近发展区、搭脚手架、个人言语）。
- 讨论了别人指导和语言对儿童认知成就的重要性，这些成就包括理解数概念、逻辑性和记忆；文化对掌握数概念的影响。

- 讨论了幼儿期的认知进展，包括理论－理论和心理理论；脑成熟和文化对认知发展的影响。
- 介绍了2—6岁的语言发展（以及脑成熟、髓鞘化、搭脚手架和社交互动的影响）；介绍了词汇激增、快速绘图、语法的习得以及双语学习。
- 讨论了文化和社会经济地位对语言发展的影响。
- 幼儿教育：
  - 讨论了家庭和学校环境对发展的影响；家庭生活质量的重要性以及教师个人的作用。
  - 讨论了以儿童为中心方法和教师指导方法的特征，包括两种方法所依据的教育理论，以及在每种环境类型中的儿童日常经验的实际差异。
  - 介绍了各种干预项目（启智项目和州级项目）；双语教育中的文化影响；以及加强型教育的长期收获。

第十章

- 讨论了儿童情绪调节方面的成就。
- 介绍了埃里克森的主动性对内疚感阶段；保护性乐观主义；自我概念发展中的问题。
- 主动性的萌芽与大脑成熟的关系（尤其是边缘系统的髓鞘化、前额叶的发育以及长时记忆的广度）。
- 讨论了内在动机、外在动机以及激发内在动机的方法。
- 讨论了儿童被期望调节的情绪的文化差异，以及控制策略的文化差异。
- 有关心理疾病的讨论：
  - 内化和外化问题。
  - 情绪调节的性别差异。
  - 虐待对儿童调节情绪能力的影响（以及男孩和女孩反应方式的差异——男孩以外化问题、女孩以内化问题做出反应）。
- 关于游戏的讨论：
  - 同伴关系在情绪调节发展中的重要性，共情和社交理解力。
  - 游戏的文化差异。
  - 帕顿的五种游戏类型。
  - 活跃游戏怎样促进了计划能力和自我控制力；嬉闹游戏促进前额叶皮层发育因而使儿童学会练习社交技能、调节情绪并增强身体的理论。
  - 社会剧游戏的好处（儿童对社会角色加以探索和预演；学习怎样解释自己的想法并说服玩伴同意；通过假装的恐惧、愤怒和勇敢等练习情绪调节；以非强迫方式形成自我概念。）
- 讨论了鲍姆琳德的教养方式及其特点，以及各种方式对儿童的影响；介绍了教养方式和教师互动方式的文化差异。

- 讨论了有关儿童接触电子媒体的赞成和反对意见。
- 讨论了道德发展问题：
  - 导致共情和厌恶、亲善行为和违规行为发展的因素。
  - 攻击性的四种主要类型。
  - 培养纪律手段及其效果（体罚、心理控制、驱逐和谈话）；培养纪律的文化差异。
- 讨论了性别差异和性别角色差异之间的不同。
- 介绍了性别角色发展的重要理论（精神分析理论、行为主义理论、认知理论）。

6—11 岁

第十一章

- 介绍了正常生长模式（生长放慢，力量增强）。
- 讨论了医疗卫生的进展，以及儿童卫生习惯对发展的影响。
- 讨论了身体活动的好处（和潜在的劣势）；讨论了参加邻里游戏、学校锻炼、体育俱乐部和联盟比赛对身体、认知和社会性的影响。
- 关于健康问题：
  - 儿童期肥胖的逐渐增多、其原因和后果（包括对国际比较和社会经济地位的思考）。
  - 哮喘病的潜在原因、其治疗和预防。
- 关于脑发育的讨论：
  - 在 7 岁或 8 岁形成的“大规模相互联结的大脑”。
  - 这种大脑成熟的结果，包括思维速度加快，反应时加速（心理和生理反应时都加速），注意广度扩大，思维和动作的自动化。
- 关于认知潜力或能力的测量：
  - 能力倾向与成绩之间的差别。
  - 采用智商测验和成绩测验对能力倾向和成绩的评价，对测验方式（包括文化偏见）的批评。
  - 加德纳的九种智力类型。
  - 大脑扫描及其揭示的儿童大脑机能。
- 关于有特殊需要的儿童的讨论：
  - 发展心理病理学的四个一般原则：异常即正常；低能会逐年改变；成年期的生活可能变好，也可能变差；诊断和治疗是社会背景的反映。
  - 注意缺陷 / 多动障碍和双相障碍的潜在原因及治疗（包括对药物治疗的争论）。
  - 学习能力低下（诵读障碍、计算障碍）的诊断和治疗。
  - 泛孤独障碍的症状、治疗和影响。
  - 改进有关特殊教育的法律和实践。
  - 天才儿童的教育。

第十二章

- 介绍了皮亚杰的具体运算思维，儿童在思维中使用逻辑能力、分类、传递推理和序列能力的进步。
- 介绍了维果茨基的观点，社交互动和指导性游戏在儿童认知发展中的作用。
- 讨论了文化与环境对儿童学什么、怎样学和什么时候学的影响。
- 介绍了信息加工理论：感觉记忆、工作记忆和长时记忆（见表 12.1，不同年龄记忆的进步）；儿童在学习基础上所掌握知识的影响；控制进程和元认知的发展。
- 关于语言的讨论：
  - 词汇和语法建构的进步（使用前缀、后缀、复合词、短语、修辞法）。
  - 对比喻的理解和使用。
  - 语用（儿童言语适应社交背景的能力）。
  - 社会经济地位对儿童接触和习得语言的影响。
  - 父母和教师的期望对儿童习得并熟练地使用语言的影响。
- 对教学与学习的讨论：
  - 不同国家、不同社会、不同学科之间的差异（国际测验结果的证据；学科的混合；父母、教育者和政治领导人的影响力）。
  - 不同年龄数学与阅读成绩基准（见第 408 ～ 409 页“大约在此时”表）。
  - 隐性课程（隐性价值观和目标，体现在课程选择、作息时间、分轨制、教师特点、纪律管理、教学方法、体育比赛、学生管理、课外活动等各方面）。
  - 第二语言的学习（浸入法、双语教育法、英语语言学习者）。
  - 学生在校表现的性别差异。
  - 阅读教学的语音法和整体语言法。
  - 教育实践的决定因素（州政府、当地行政部门、教师、父母）。
  - 美国的学校类型（公立、私立、特许学校、在家上学）及每种类型的特征。

第十三章

- 介绍了埃里克森的第四个心理危机（勤奋对自卑），儿童对勤奋或自卑的自我评价，高效能与自我控制之间的关系。
- 讨论了弗洛伊德的潜伏期理论。
- 讨论了自我概念的发展（儿童关于自己的智力、人格、能力、性别角色和族群背景的看法），由于认知发展和社会觉知，儿童的自我概念变得更独特、更符合逻辑。
- 讨论了复原力和压力，累积的压力对各方面发展的影响（包括社会支持的重要性）。
- 关于道德推理的讨论：
  - 科尔伯格的道德思维水平以及对他研究的批评。
  - 同伴、父母和文化对儿童道德价值观发展的影响。

- 在同伴价值观与成人价值观相冲突时，附和同伴价值观。
- 关于童工的道德。

标准2 建立家庭与社会之间的联系

标准2的要素

（初与高）2a：了解并领会多样性的家庭与社会特征。

（初与高）2b：以尊重和互惠关系帮助并参与到家庭和社区中去。

（初）2c：为促进幼儿的发展与学习而参与到家庭和社区中去。

建立并维护家庭与社会之间联结的重要性在全书中得以体现。具体例子如下：

第一章

- 介绍了布朗芬布伦纳的生态系统论，他提出的相互重叠的几个系统如何影响发展的思想，特别是小环境——家庭、同伴群体、班级、邻居、教堂等——以互动的方式影响着个体发展。

第七章

- 讨论了早期形成的关系帮助婴儿形成一个内心工作模型的方式，它是一套关于周围人以及他们如何行动的预想，并成为后来人生中的一个参照框架。

第八章

- 讨论了对可避免的伤害的预防，包括社会可能采取的保证儿童安全的各种措施。

第九章

- 讨论了学校与家庭之间良好沟通的重要性。

第十章

- 讨论了社区在确保安全和充足的游戏空间中的作用。

第十一章

- 讨论了参加邻里游戏、学校锻炼、体育俱乐部和体育联盟对身体、认知和社会性的影响。
- 讨论了各州政府、当地行政部门、教师和家长在决定学校教什么、怎样教问题上的联系。为此，还讨论了不同地区的学校在确认有特殊需要的儿童（包括学习困难儿童和天才儿童）和给他们营造恰当教育环境问题上的差异。

第十二章

- 讨论了维果茨基的理论，社交互动和指导在儿童认知发展中的作用；文化与环境对儿童学什么、怎样学和什么时候学的影响，以及父母、教育者和政治领导人在确定学校课程中的影响力。
- 讨论了家庭与社会对第二语言学习的影响，以及儿童学习第二语言对移民家庭的影响。

第十三章

- 定义了家庭结构和家庭机能。
- 讨论了家庭对儿童的五种主要机能：（1）满足生理需要；（2）在教育上给予帮助、鼓励和指导；（3）鼓励并提供机会，使儿童形成自我尊重；（4）促进同伴友谊；（5）营造家庭的和谐性和稳定性。
- 讨论了家庭结构的多样性（表13.2对家庭结构做了归纳——双亲家庭：核心家庭、大家庭、一夫多妻家庭、继亲家庭、收养家庭、祖父母或外祖父母单独抚养家庭、同性双亲家庭。单亲家庭：单亲母亲、未婚母亲；单亲母亲又分为离婚、分居或寡居母亲家庭；单亲家庭和一位祖辈家庭）。
- 分析了各种家庭结构在满足五种家庭机能方面的能力和挑战。
- “科学观点”专栏：离婚及其对儿童的潜在影响。
- 讨论了贫困对家庭的影响；分析了家庭压力模型，包括来自低和高社会经济地位家庭儿童所体验到的压力。
- 讨论了家庭冲突的影响，包括社会支持网络的重要性。

标准3　对支持儿童与家庭情况的观察、记录和评价

标准3的要素

（初与高）3a：理解评价的目的、好处和应用——包括使用评价为幼儿确立恰当的目标、课程和教学方法。

（初）3b：了解有关与家庭和专业人员合作营造有效学习环境的评价。

第十二章（学习成绩）

- 讨论了对每个学生的评价产生影响的以下因素：
  - 国家之间、社区之间、学科之间的课程差异（国际测验的结果，学科的混合，父母、教育者和政治领导人的影响力都显示出这些差异）。
  - 各年龄数学和阅读的成绩基准（见第408～409页“大约在此时”表）。
  - 隐性课程（隐性价值观和观念，体现在课程选择、作息时间、分轨制、教师特征、纪律管理、教学方法、体育比赛、学生管理、课外活动等方面）。
  - 学习第二语言（浸入法、双语教育法、作为第二语言的英语）。

- 学习成绩的性别差异。
- 阅读教学的语音法和整体语言法。
- 教育实践的决定因素（各州政府、当地行政部门、教师、父母）。
- 美国的学校类型（公立、私立、特许学校和在家上学）以及各类学校的特征。

- 讨论了四年级阅读和数学成绩的国际标准化基准（分别为数学与科学学习趋向测验和国际阅读与写作能力研究项目）。
- 讨论了根据2001年《不让一个儿童掉队法案》进行评价的目的和结果。
- 讨论了联邦政府资助的“教育进步全国性评价”对阅读、数学和其他学科的成绩评价。
- 全书多次提到温情、教养关系对儿童发展所有方面的积极影响，以及充满压力的关系的消极影响。

标准4　采用有助于发展的方法

标准4的要素

（初与高）4a：理解作为教育幼儿基础的积极关系和支持性互动。

（初与高）4b：对早期教育的有效方法和工具，包括恰当使用技术手段加以了解和领会。

- 全书中一直强调要密切关注儿童在三个领域的发展。各章的“大约在此时”表格归纳了儿童在身体、认知和心理社会性方面达到一定基准的年龄，提供了对每个儿童在这三个领域进行评价的框架。

第七章

- 讨论了社会文化理论以及文化和环境对儿童认知发展的重要意义。

第九章

- 介绍了维果茨基的认知理论，尤其是最近发展区、指导性参与和搭脚手架在帮助和鼓励儿童学习中的作用。
- 讨论了良师益友指导和语言在儿童认知成就中至关重要的作用，这些成就包括理解数概念、逻辑和记忆；文化对熟练掌握数学的影响。

总术语表

（按汉语拼音排序，每条术语后面的数字表示该术语首次出现在第几章。）

参考文献

Aarnoudse-Moens, Cornelieke S. H., Smidts, Diana P., Oosterlaan, Jaap, Duivenvoorden, Hugo J., & Weisglas-Kuperus, Nynke. (2009). Executive function in very preterm children at early school age. *Journal of Abnormal Child Psychology, 37,* 981–993.

Abrams, Dominic, Rutland, Adam, Ferrell, Jennifer M., & Pelletier, Joseph. (2008). Children's judgments of disloyal and immoral peer behavior: Subjective group dynamics in minimal intergroup contexts. *Child Development, 79,* 444–461.

Abreu, Guida de. (2008). From mathematics learning out-of-school to multicultural classrooms: A cultural psychology perspective. In Lyn D. English, Maria Bartolini Bussi, Graham A. Jones, Richard A. Lesh, & Bharath Sriraman (Eds.), *Handbook of international research in mathematics education* (2nd ed., pp. 323–353). New York, NY: Routledge.

Abrevaya, Jason. (2009). Are there missing girls in the United States? Evidence from birth data. *American Economic Journal: Applied Economics, 1,* 1–34.

Accardo, Pasquale. (2006). Who's training whom? *The Journal of Pediatrics, 149,* 151–152.

Ackerman, Joshua M., & Kenrick, Douglas T. (2009). Cooperative courtship: Helping friends raise and raze relationship barriers. *Personality and Social Psychology Bulletin, 35,* 1285–1300.

Adam, Emma K., Klimes-Dougan, Bonnie, & Gunnar, Megan R. (2007). Social regulation of the adrenocortical response to stress in infants, children, and adolescents: Implications for psychopathology and education. In Donna Coch, Geraldine Dawson, & Kurt W. Fischer (Eds.), *Human behavior, learning, and the developing brain: Atypical development* (pp. 264–304). New York, NY: Guilford Press.

Adams, Caralee J. (2011, June 9). Popularity offers challenges for community colleges. *Education Week,* pp. 14–17.

Adamson, Lauren B., & Bakeman, Roger. (2006). Development of displaced speech in early mother-child conversations. *Child Development, 77,* 186–200.

Adolph, Karen E., & Berger, Sarah E. (2005). Physical and motor development. In Marc H. Bornstein & Michael E. Lamb (Eds.), *Developmental science: An advanced textbook* (5th ed., pp. 223–281). Mahwah, NJ: Erlbaum.

Adolph, Karen E., Vereijken, Beatrix, & Shrout, Patrick E. (2003). What changes in infant walking and why. *Child Development, 74,* 475–497.

Afifi, Tracie O., Enns, Murray W., Cox, Brian J., Asmundson, Gordon J. G., Stein, Murray B., & Sareen, Jitender. (2008). Population attributable fractions of psychiatric disorders and suicide ideation and attempts associated with adverse childhood experiences. *American Journal of Public Health, 98,* 946–952.

Ahmed, Parvez, & Jaakkola, Jouni J. K. (2007). Maternal occupation and adverse pregnancy outcomes: A Finnish population-based study. *Occupational Medicine, 57,* 417–423.

Ainsworth, Mary D. Salter. (1973). The development of infant-mother attachment. In Bettye M. Caldwell & Henry N. Ricciuti (Eds.), *Review of child development research* (Vol. 3, pp. 1–94). Chicago, IL: University of Chicago Press.

Akiba, Daisuke, & García Coll, Cynthia. (2004). Effective interventions with children of color and their families: A contextual developmental approach. In Timothy B. Smith (Ed.), *Practicing multiculturalism: Affirming diversity in counseling and psychology* (pp. 123–144). Boston, MA: Pearson/Allyn and Bacon.

Akinbami, Lara J., Lynch, Courtney D., Parker, Jennifer D., & Woodruff, Tracey J. (2010). The association between childhood asthma prevalence and monitored air pollutants in metropolitan areas, United States, 2001–2004. *Environmental Research, 110,* 294–301.

Al-Sayes, Fatin, Gari, Mamdooh, Qusti, Safaa, Bagatian, Nadiah, & Abuzenadah, Adel. (2011). Prevalence of iron deficiency and iron deficiency anemia among females at university stage. *Journal of Medical Laboratory and Diagnosis, 2,* 5–11.

Albert, Dustin, & Steinberg, Laurence. (2011). Judgment and decision making in adolescence. *Journal of Research on Adolescence, 21,* 211–224.

Alexander, Robin. (2000). *Culture and pedagogy: International comparisons in primary education.* Malden, MA: Blackwell.

Allen, Elizabeth, Bonell, Chris, Strange, Vicki, Copas, Andrew, Stephenson, Judith, Johnson, Anne, et al. (2007). Does the UK government's teenage pregnancy strategy deal with the correct risk factors? Findings from a secondary analysis of data from a randomised trial of sex education and their implications for policy. *Journal of Epidemiology & Community Health, 61,* 20–27.

Allen, Joseph P., Porter, Maryfrances R., McFarland, F. Christy, Marsh, Penny, & McElhaney, Kathleen Boykin. (2005). The two faces of adolescents' success with peers: Adolescent popularity, social adaptation, and deviant behavior. *Child Development, 76,* 747–760.

Allen, Kathleen P. (2010). A bullying intervention system in high school: A two-year school-wide follow-up. *Studies In Educational Evaluation, 36,* 83–92.

Allen, Nicholas J. (2008). *Early human kinship: From sex to social reproduction.* Malden, MA: Blackwell.

Allen, Shanley. (2007). The future of Inuktitut in the face of majority languages: Bilingualism or language shift? *Applied Psycholinguistics, 28,* 515–536.

Alloy, Lauren B., & Abramson, Lyn Y. (2007). The adolescent surge in depression and emergence of gender differences: A biocognitive vulnerability-stress model in developmental context. In Daniel Romer & Elaine F. Walker (Eds.), *Adolescent psychopathology and the developing brain: Integrating brain and prevention science* (pp. 284–312). New York, NY: Oxford University Press.

Alm, Bernt. (2007). To co-sleep or not to sleep. *Acta Pædiatrica, 96,* 1385–1386.

Almond, Douglas. (2006). Is the 1918 influenza pandemic over? Long-term effects of in utero influenza exposure in the post-1940 U.S. population. *Journal of Political Economy, 114,* 672–712.

Alsaker, Françoise D., & Flammer, August (2006). Pubertal development. In Sandy Jackson & Luc Goossens (Eds.), *Handbook of adolescent development* (pp. 30–50). Hove, East Sussex, UK: Psychology Press.

[1] 为了环保，也为了减少您的购书开支，本书参考文献不在此一一列出。如需要完整参考文献，请登录 www.wqedu.com 下载。您在下载中遇到什么问题，可拨打 400-698-1619 咨询。

万千心理

儿童心理与家庭类书目

书号	书名	著、译者	定价(元)
儿童心理成长系列			
2310	启动孩子的科学大脑	J. Smart著　穆岩译	48.00
2177	反思的爱——看见自己，看见孩子	R. Pally著　戴艾芳译	58.00
2043	儿童创伤记忆的遗忘与再现	L. Terr著　王建玉等译	62.00
0649	依恋的形成	R. Karen著　赵晖译	88.00
1785	依恋创伤的预防与修复——安全感圆环干预	B. Powell等著　刘剑箫等译	88.00
9469	心理治疗中的依恋	D. J. Wallin著　巴彤等译	70.00
6120	儿童绘画心理学	Claire Golomb著　李甦译	50.00
4721	儿童绘画与心理治疗	Malchiodi著　李甦 李晓庆译	18.00
9894	儿童与青少年认知与行为疗法	E. Szigethy等主编 王建平等译　傅宏审校	78.00
1786	给父母的婴幼儿活动计划	D. Fein等著　倪萍萍译	58.00
9823	动力取向儿童心理治疗	M. Chethik著　高桦 闵容译	45.00
0459	婴儿研究和神经科学在心理治疗中的运用	J. Rustin著　郝伟杰等译	36.00
儿童心理成长合计			699.00

万千亲子系列			
2094	和宝宝玩神奇的心理游戏	S. Gallagher著　张旭彤译	48.00
2176	把握0—9岁儿童心理成长	C. E. Schaefer等著　王佳莹译	62.00
2171	0—2岁宝宝想表达什么？	S. Boswell等著　林苑珊译	58.00
2170	3—5岁幼儿为什么问个不停？	L. Emanuel等著　杨维玉译	52.00
2169	6—9岁孩子为何喜欢装大人？	C. Aves等著　杨维玉译	48.00
2168	10—14岁青少年，你在想什么？	R. Bergese等著　杨维玉译	48.00
万千亲子系列合计			316.00

家庭系列			
0912	妈妈的心灵课	D. W. Winnicott著 魏晨曦译 赵丞智审校	52.00
2152	温尼科特与为人父母者的谈话	D. W. Winnicott著　赵丞智译	52.00
9487	重建信任——爱情与背叛的心理学	J. Amodeo著　夏天 冯迦宁译	28.00
8585	家庭治疗技术（第二版）	J. Patterson等著　王雨吟译	42.00
8657	如何做家庭治疗	R. Taibbi著　黄峥等译	40.00
6810	萨提亚转化式系统治疗	John Banmen著　钟古兰等译	18.00
6735	萨提亚冥想——内在和谐、人际和睦与世界和平	John Banmen著　钟谷兰译	16.00
7836	精神分析的伴侣治疗	David Scharff等著　徐建琴等译	42.00

……